Leitfaden der DIN-Normen

Entwicklung Konstruktion Fertigung

Herausgegeben vom
DIN Deutsches Institut für Normung e.V.

Von Klaus G. Krieg
und Wedo Heller
Gunter Hunecke

Mit 291 Bildern, 233 Tabellen
und 60 Beispielen

1983

B. G. Teubner Stuttgart
Beuth Verlag Berlin und Köln

Die Verfasser

Dipl.-Ing. K.G. Krieg
Technischer Direktor im DIN und Mitglied der Geschäftsleitung

Dipl.-Ing. W. Heller
Referent im DIN

Dipl.-Ing. G. Hunecke
Leiter der Prüfabteilung im DIN

CIP-Kurztitelaufnahme der Deutschen Bibliothek

Krieg, Klaus G.:
Leitfaden der DIN-Normen : Entwicklung, Konstruktion, Fertigung / von Klaus G. Krieg u. Wedo Heller, Gunter Hunecke. Hrsg. vom DIN, Dt. Inst. für Normung e.V. – Stuttgart : Teubner ; Berlin ; Köln : Beuth, 1983.
ISBN-13: 978-3-519-06320-9 e-ISBN-13: 978-3-322-82994-8
DOI: 10.1007/ 978-3-322-82994-8
NE: Heller, Wedo:; Hunecke, Gunter:

Satz: Schmitt + Köhler, Würzburg-Heidingsfeld
Einbandgestaltung: W. Koch, Sindelfingen

Geleitwort des Herausgebers

Wichtigste Aufgabe des DIN Deutsches Institut für Normung e. V. ist es, im Zentrum der technischen Regelsetzung unseres Landes durch Gemeinschaftsarbeit aller interessierten Kreise zum Nutzen der Allgemeinheit Deutsche Normen zu erstellen, diese Normen in die westeuropäischen und weltweiten Harmonisierungsbemühungen einzubringen und sie ständig dem sich wandelnden Stand der Technik anzupassen.

Die zentrale Funktion, die das DIN im Rahmen des Systems der technischen Regelsetzung der Bundesrepublik Deutschland dabei zu erfüllen hat, erwuchs ihm u. a. aus folgenden Gründen:

- Das Deutsche Normenwerk ist mit seinen rund 20 000 DIN-Normen das mit Abstand größte Regelwerk und umfaßt als einziges technisches Regelwerk alle Bereiche der Technik.
- Die internationale und die westeuropäische Harmonisierung technischer Regeln in ISO/IEC und CEN/CENELEC vollzieht sich ausschließlich über das DIN und seine Organe.

  Die Harmonisierung von Normen und die Übernahme internationaler und regionaler Normen in die nationalen Normen hat dazu geführt, daß im Deutschen Normenwerk eine Vielzahl von DIN-ISO-, DIN-IEC- und DIN-EN-Normen enthalten sind, auf die in diesem Leitfaden an den entsprechenden Stellen Bezug genommen worden ist. Der Anwender dieses Leitfadens ist dadurch in die Lage versetzt, nicht nur den Stand der Technik in Deutschland kennenzulernen, sondern auch regional und weltweit anerkannte Regeln der Technik benutzen zu können.
- Das Deutsche Informationszentrum für technische Regeln (DITR) im DIN ist die zentrale Informationsstelle für alle in unserem Land zu beachtenden technischen Regeln; unabhängig ob sie von privaten Institutionen oder von staatlichen Einrichtungen erarbeitet wurden. Es erfüllt seine Aufgaben insbesondere im Rahmen des GATT-Normenkodex une Europäischen Verträge und somit auch im Auftrag der Bundesregierung.
- Das DIN Deutsches Institut für Normung e. V. ist mit seinem Beuth Verlag eine wichtige zentrale Bezugsquelle für technische Regeln.

Ein wesentlicher Aspekt der zentralen Funktion des DIN ist es, die Öffentlichkeit, die potentiellen Anwender mit der Normung vertraut zu machen.

Hierzu gehört es, Informationsquellen zu erschließen, Lehrgänge für im Beruf stehende Ingenieure zu veranstalten, den Erfahrungsaustausch in Sachen Normung zu fördern usw. Der Einstieg in die Normung muß dabei zu einem möglichst frühen Zeitpunkt ermöglicht, das Verständnis der Zusammenhänge in der technischen Regelsetzung rechtzeitig geweckt werden.

Aus diesem Grunde unterstützt das DIN Deutsches Institut für Normung e.V. die Herausgabe eines elementaren Leitfadens der DIN-Normen durch die Verlagsgemeinschaft B. G. Teubner/Beuth Verlag. Dieser Leitfaden soll dem Zweck dienen, nicht nur das Kennen- und Verstehenlernen der deutschen Normen schon während der Berufsausbildung zu erleichtern, sondern darüber hinaus den Besuchern weiterführender Schulen und Lehrgänge sowie den Studienanfängern und dem in die betriebliche Praxis eintretenden technischen Nachwuchs eine Richtschnur an die Hand zu geben, um entsprechend den Entwicklungs- und Fertigungsphasen von Produkten die jeweils benötigten Normen erkennen und anwenden zu können.

Diese erste Auflage des Leitfadens der DIN-Normen entspricht dem Stand des Deutschen Normenwerkes Mitte des Jahres 1983. Weitergehende Informationen über das Deutsche Normenwerk sind dem in der gleichen Verlagsgemeinschaft erschienenen umfassenden Nachschlagewerk für Lehre und Anwendung „Klein, Einführung in die DIN-Normen" sowie der Normungsliteratur, die durch die Beuth Verlag GmbH, Berlin und Köln, vertrieben wird, zu entnehmen.

Berlin, im Herbst 1983

DIN Deutsches Institut
für Normung e. V.
Dr.-Ing. H. Reihlen

Vorwort der Verfasser

DIN-Normen bieten eine umfassende Zusammenstellung des Wissens und der Erfahrungen der Fachwelt. Sie enthalten Handlungsanweisungen für technisch sachgerechtes Verhalten und bilden damit eine wichtige Grundlage, auf der sich Kreativität und Fortschritt entwickeln können.

DIN-Normen stehen jedoch nicht jeweils für sich allein und sind auch nicht unabhängig voneinander anzuwenden. Sie sind, unter Berücksichtigung technisch-wissenschaftlicher und wirtschaftlicher Gegebenheiten, als Teil eines Gesamtsystems mit wechselseitigen Auswirkungen und gegenseitigen Bezügen erarbeitet worden.

DIN-Normen sind in allen Phasen der Erzeugnisentwicklung, Konstruktion und Fertigung notwendig. Dieser Gedanke war die Grundlage für die Konzeption des vorliegenden Buches „Leitfaden der DIN-Normen". Dieser grundlegende Leitfaden soll in Ausbildung, Weiterbildung, Studium und Praxis als eine erste Orientierungshilfe dienen, die dem Benutzer ermöglicht, sich in das Deutsche Normenwerk einzuarbeiten. Durch eine sorgfältig getroffene Auswahl und Zusammenstellung wird der Leser mit den wichtigsten Normen, die von der Entwicklung eines Produktes bis zu seiner Fertigung benötigt werden, vertraut gemacht. Damit bietet dieses Buch gleichzeitig dem technischen Nachwuchs ein Spiegelbild der industriellen Praxis.

Der einleitende Abschnitt „Grundlagen der Normung" befaßt sich mit den systematischen Zusammenhängen in der Normung. In den folgenden Kapiteln wurden die DIN-Normen unter dem zuvor erwähnten Aspekt des Produktionsprozesses zusammengestellt, so daß es für den Anwender einfacher ist, einen Einstieg in die DIN-Normen zu finden. Dabei wurden in vielen Fällen verschiedene DIN-Normen in übersichtlicher Weise zusammengefaßt, um das Nachschlagen an verschiedenen Stellen bzw. die Aufnahme von Querverweisen nach Möglichkeit zu minimieren. Um den Umfang des vorliegenden Buches nicht über Gebühr auszuweiten, wurden vielfach nur die wesentlichen Erkenntnisse aus den DIN-Normen wiedergegeben. Dabei wurde folgende Verweisungsart benutzt: Ein Hinweis „s. Norm" bedeutet, daß diese DIN-Norm im Leitfaden nicht weitergehend behandelt worden ist. Dagegen ist ein Verweis auf eine DIN-Norm-Nummer ein Hinweis dafür, daß diese DIN-Norm im vorliegenden Buch aufgeführt ist.

Der Anwender, der weitere Detailkenntnisse aus den DIN-Normen benötigt, wird daher beim Nachschlagen in dem weiterführenden Werk „Klein – Einführung in die DIN-Normen" bzw. in den Original-DIN-Normen verschiedentlich die hier verwendeten Tabellen nicht wiederfinden, obwohl die Zahlenwerte selbstverständlich unverändert aus den DIN-Normen stammen.

Die Normung unterliegt einer Dynamik, die es unmöglich macht, den Inhalt dieses Buches auf einen bestimmten Wissensstand zu fixieren. Aus diesem Grunde ist die Angabe, daß es dem Stand des Deutschen Normenwerkes Mitte des Jahres 1983 entspricht, nur relativ gültig.

In den Kommentaren und Darlegungen der Normen ist bereits der Inhalt von Norm-Entwürfen, von denen bei Redaktionsschluß abzusehen war, daß sie sich nicht mehr ändern werden, berücksichtigt. Insofern wird also auf Zukunftsaspekte aufmerksam gemacht bzw. es wurde, sofern es möglich war, der Stand der Technik dargestellt, der für den Zeitpunkt der Auslieferung dieses Werkes abzusehen war.

DIN-Normen werden regelmäßig auf ihre Aktualität hin überprüft. Stellt das entsprechende Fachgremium fest, daß sie noch dem Stand der Technik entsprechen, werden sie nicht überarbeitet. Dabei muß eine Änderung auf SI-Einheiten kein Grund für eine Überarbeitung sein. Im vorliegenden Buch wurden jedoch sämtliche verwendete Einheiten auf die gesetzlichen Einheiten umgestellt, auch wenn dies in den zugrunde liegenden DIN-Normen noch nicht geschehen ist. Desgleichen wurden auch international genormte Formelzeichen stets berücksichtigt, um Einheitlichkeit zu gewährleisten und dem Anwender auch künftige Entwicklungstendenzen aufzuzeigen.

Maßangaben in Zeichnungen und Tabellen sind, falls nichts anderes angegeben, immer in mm.

Anregungen zur Weiterentwicklung dieses Buches werden von den Verfassern gerne entgegengenommen.

Berlin, im Herbst 1983

K.G. Krieg
W. Heller
G. Hunecke

Inhalt

Seite

1 Grundlagen der Normung

Definition der Normung DIN 820 T1 (Feb 1974)

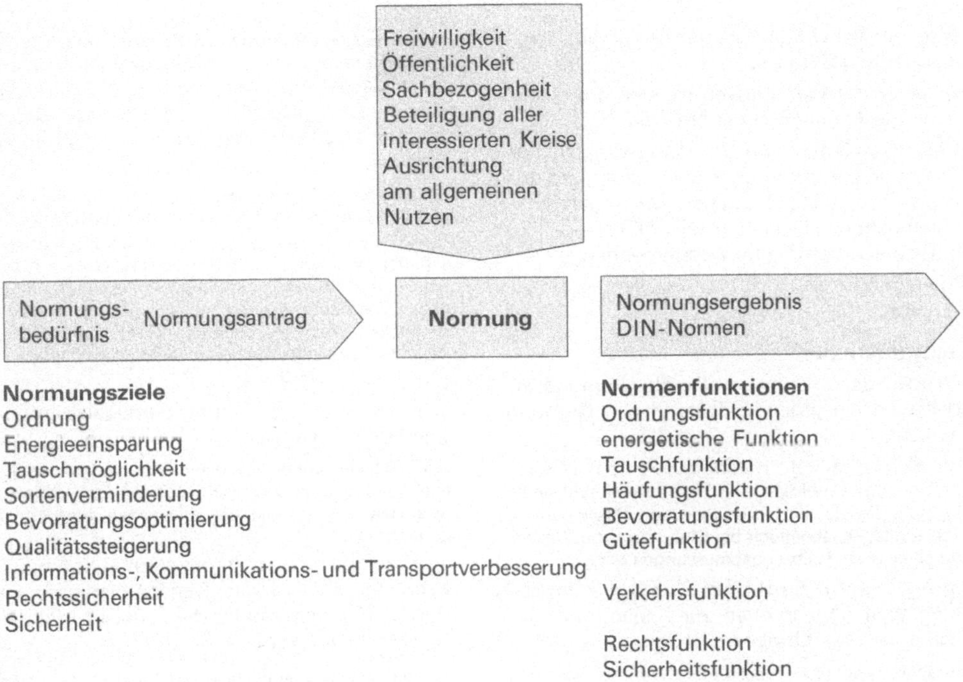

Freiwilligkeit
Öffentlichkeit
Sachbezogenheit
Beteiligung aller interessierten Kreise
Ausrichtung am allgemeinen Nutzen
Normungs-bedürfnis
Normungsantrag
Normung
Normungsergebnis
DIN-Normen
Normungsziele
Ordnung
Energieeinsparung
Tauschmöglichkeit
Sortenverminderung
Bevorratungsoptimierung
Qualitätssteigerung
Informations-, Kommunikations- und Transportverbesserung
Rechtssicherheit
Sicherheit
Normenfunktionen
Ordnungsfunktion
energetische Funktion
Tauschfunktion
Häufungsfunktion
Bevorratungsfunktion
Gütefunktion
Verkehrsfunktion
Rechtsfunktion
Sicherheitsfunktion

Bild 1.1 Kenngrößen des Normungsprozesses

Normung ist die planmäßige, durch die interessierten Kreise gemeinschaftlich durchgeführte Vereinheitlichung von materiellen und immateriellen Gegenständen zum Nutzen der Allgemeinheit. Sie darf nicht zu einem wirtschaftlichen Sondervorteil einzelner führen.

Sie fördert die Rationalisierung und Qualitätssicherung in Wirtschaft, Technik, Wissenschaft und Verwaltung. Sie dient der Sicherheit von Menschen und Sachen ebenso wie dem Umweltschutz und der Qualitätsverbesserung in allen Lebensbereichen.

Sie ermöglicht außerdem eine sinnvolle Ordnung und umfassende, verschiedenen Interessen gerecht werdende Information auf dem jeweiligen Fachgebiet (Normungsgebiet) (Bild **1**.1).

Die Normung wird auf nationaler, regionaler und internationaler Ebene durchgeführt (Bild **1**.2).

Anwenderspezifisch
Allgemeingültigkeit
Internationale Normen
ISO/IEC
Regionale Normen
CEN/CENELEC
Nationale Normen
DIN
Werknormen
(innerbetriebliche Normen)

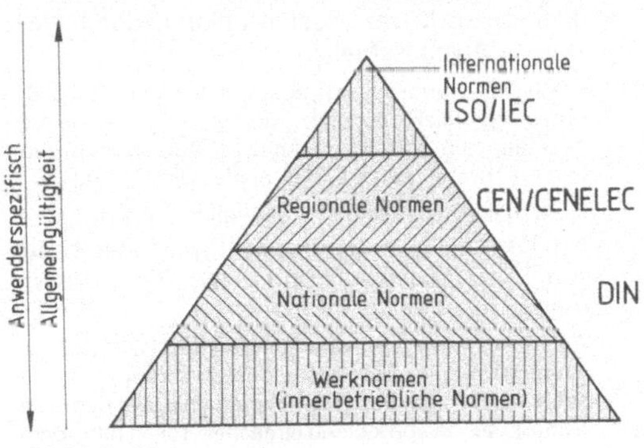

Bild **1**.2 Normungsebenen

1.1 Aufgaben und Ziele der Normung

Funktionen der Normung

Die Vorteile der Normung ergeben sich aus deren Aufgaben und Zielen.

Ableiten und erklären lassen sie sich am besten anhand der Funktionen der Normen:

Eine Normenfunktion ist der zwangsläufige Zusammenhang zwischen einer Norm und den von ihrem Inhalt abhängigen Wirkungen. Normenfunktionen bestehen teils allgemein, teils hinsichtlich bestimmter Zusammenhänge.

Folgende Normenfunktionen werden unterschieden:

Grundfunktionen

– Ordnungsfunktionen. Durch Normungsarbeit wird ein größerer Zustand von Ordnung erreicht.

Als Beispiel sei auf die Normzahlen nach DIN 323 (s. Anhang) verwiesen. Die Normzahlen sind heute Grundlage vieler Entwicklungen von Baureihen, so von Getrieben, aber auch bei Stufungen von Wellendurchmessern, Halbzeugabmessungen usw.

– energetische Funktion. Durch die Umstellung vom ungenormten zum genormten Zustand wird die Effizienz gesteigert.

Beispiele sind hier insbesondere Normen aus dem Bauwesen wie DIN 4108, Wärmeschutz in Hochbau (s. Norm), DIN 52616, Wärmeschutztechnische Prüfungen (s. Norm), DIN 4701, Regeln für die Berechnung des Wärmebedarfs von Gebäuden (s. Norm) usw.

Weitere Funktionen

– Tauschfunktion. Kostensenkung durch genormte Austauschteile.

Die in DIN-Normen festgelegten Maßordnungen, z. B. für Teile der Elektrotechnik (Abschn. 2.2.3) sowie die Normung z. B. von Riementrieben, Kupplungen und Lager (Abschn. 2.2.2) bilden hierfür die Grundlage.

– Häufigkeitsfunktion. Gezielte Normungsarbeit führt zur Verringerung der Typenvielfalt und somit zur Kostensenkung bzw. Rationalisierung.

Bei der Anwendung der Normzahlen (DIN 323; s. Anhang) zeigt es sich, daß die Reduzierung, d. h. die sinnvolle Beschränkung der Vielfalt und eine geplante Stufung schon von kleinen einfachen Teilen nach dem Größenfortpflanzungsgesetz der Technik, den gleichen Effekt bei den davon abhängigen Teilen oder Baugruppen auslöst. Eine einmal für einen Gegenstand gewählte technische Größe pflanzt sich auch auf andere Gegenstände fort, sofern diese Gegenstücke oder Halbzeuge sind bzw. dem gleichen Kraftsystem (Funktionssystem) angehören.

– Bevorratungsfunktion. Erleichterte Lagerhaltung und Verteilung sowohl in wirtschaftlicher wie in technischer Hinsicht.

Aufbauend auf der Normung des Papierformats (DIN 476; Abschn. 2.1.2) konnte ein gut funktionierendes System für die gesamte Bürowirtschaft geschaffen werden, das die optimale Nutzung des Materials bei Berücksichtigung des gesamten möglichen Arbeitsablaufs – Beschriften, Zusammentragen, Verpacken, Versand, Kopieren, Verfilmen, Ablegen, Abheften, evtl. Bearbeitung auf unterschiedlichen Maschinen – einschließt.

– Gütefunktion. Sicherung der Qualität durch genormte Erzeugnisse.

Als Beispiele können hier die in DIN-Normen festgelegten technischen Lieferbedingungen für Werkstoffe und Halbzeuge sowie die zahlreichen Prüfnormen genannt werden.

– Verkehrsfunktion. Informations-, Kommunikations-, aber auch Transportverbesserung durch Festlegen von für die Funktion grundlegenden Parametern.

Um zu einer systematischen maßlichen Abstimmung technischer Teile in einem oder mehreren technischen Bereichen zu kommen, wurden Grundlagen für die Erstellung und Anwendung von Modulordnungen sowie eine Basisgröße in DIN 30798 T1 bis T4 (s. Normen) festgelegt. Hierdurch wird die maßliche Koordination zwischen verschiedenen technischen Bereichen (vom Bauwesen über die Elektrotechnik bis zum Transportwesen) wesentlich erleichtert.

– Rechtsfunktion. Normen als Grundlage für Gesetze und Rechtsverkehr.

Die Möglichkeit der Verknüpfung von Rechtsvorschriften und DIN-Normen entlastet den Gesetzgeber davon, technische Regeln selbst erarbeiten zu müssen. Beispiele hierfür sind die rund 600 DIN-Normen, die im Anhang zur Verwaltungsvorschrift zum Gerätesicherheitsgesetz genannt sind.

– Sicherheitsfunktion. Schutz des Menschen durch Sicherheitsnormen.

Ein Beispiel hierfür ist die grundlegende, fachübergreifende Norm DIN 31 000/VDE 1000, Sicherheitsgerechtes Gestalten technischer Erzeugnisse; Allgemeine Leitsätze (s. Norm). Für den elektrotechnischen Bereich sei als Beispiel auf DIN 57100/VDE 0100 (mehrere Teile; s. Abschn. 2.5.2) verwiesen.

1.2 Nationale Normung

Das DIN Deutsches Institut für Normung e.V.
DIN 820 T1 (Feb 1974), **T4** (Feb 1974), **T21** (Dez 1980)

Das DIN ist ein privater eingetragener und als gemeinnützig anerkannter Verein mit Sitz in Berlin. Gegründet wurde es 1917.

Das DIN vertritt Deutschland in den internationalen Normungsgremien. Bis 1961 hat es dies gemäß Kontrollratsbeschluß aus dem Jahre 1946 für alle vier Besatzungszonen getan. Seit 1968, als die Mitgliedsfirmen aus der DDR ihren Austritt aus dem DIN erklärten, bezieht sich seine Tätigkeit auf das Bundesgebiet einschließlich Berlin (West).

Oberstes Organ des DIN ist die Mitgliederversammlung (Bild **1**.3). Mitglied des DIN können Firmen oder Verbände sowie alle an der Normung interessierten Körperschaften, Behörden und Organisationen sein. Einzelpersonen können nicht Mitglied des DIN werden. Zur Zeit hat das DIN etwa 6000 Mitglieder.

Der Finanzbedarf des DIN wird gedeckt aus:

- Mitgliedsbeiträgen und zweckbestimmten Fachförderungen. Der Beitrag zum DIN wird nach der Anzahl der Mitarbeiter eines Mitglieds errechnet (etwa 20% Anteil am Haushalt des DIN).
- Zuwendungen von Bund und Ländern als Projektmittel für im Interesse der Öffentlichkeit durchgeführte Normungsarbeiten (etwa 20% Anteil am Haushalt des DIN).
- Erlöse aus dem Verkauf der Arbeitsergebnisse. Etwa 60% der Einnahmen des DIN werden hauptsächlich durch die Verkaufserlöse der Normen und Norm-Entwürfe sowie der DIN-Taschenbücher erreicht.

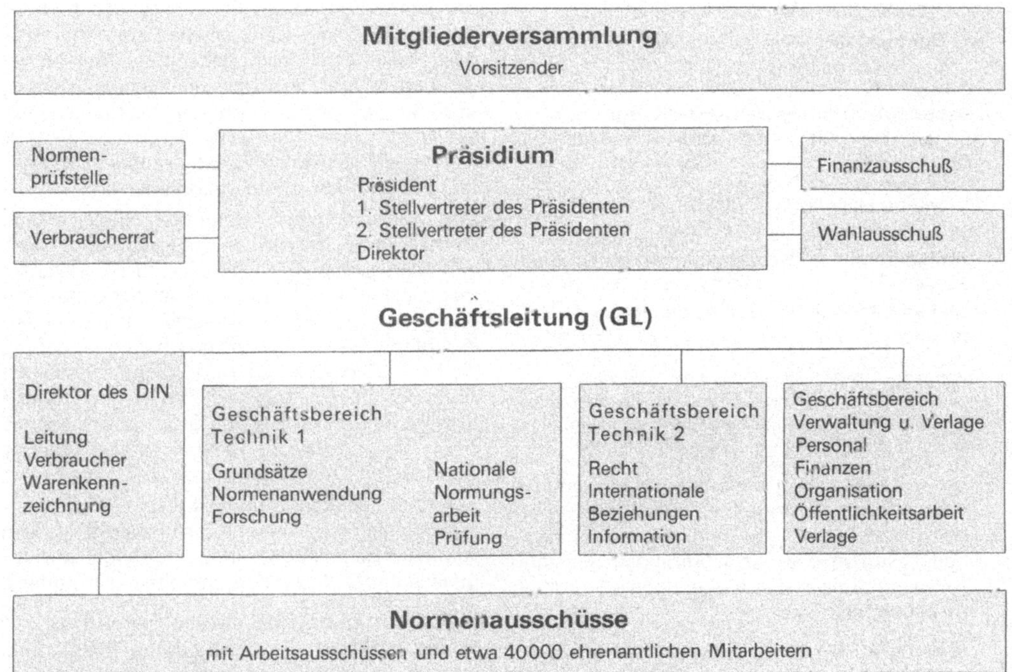

Bild **1**.3 Organe des DIN Deutsches Institut für Normung e.V.

Normungsarbeit und Normungstechnik

Entsprechend den Grundprinzipien, wie sie für die Normungsarbeit des DIN gelten, sind DIN-Normen keine von Behörden oder Körperschaften öffentlichen Rechts erlassenen Verordnungen, sondern ihrem Charakter nach Empfehlungen – entstanden in freiwilliger Gemeinschaftsarbeit der interessierten Kreise unter Beteiligung der Öffentlichkeit –, deren Anwendung der Entscheidung des einzelnen unterliegt. Ihre Festlegungen sind am Stand der Wissenschaft und Technik orientiert und im Konsensverfahren von maßgeblichen Fachleuten erarbeitet.

Arbeitsausschüsse, die in Normenausschüssen (NA) nach fachlichen Gesichtspunkten zusammengefaßt sind, leisten die Normungsarbeit im DIN. Der Arbeitsausschuß ist das verantwortliche Arbeitsgremium für die Normungsarbeit auf bestimmten Teilen eines Fachgebietes.

Die fachliche Arbeit in den NA wird von ehrenamtlichen Mitarbeitern geleistet, die dabei von hauptamtlichen Bearbeitern des DIN unterstützt werden.

Die ehrenamtlichen Mitarbeiter sind Fachleute aus den interessierten Kreisen (z.B. Hersteller, Verbraucher, Behörden und Wissenschaft).

Das Normungsverfahren gliedert sich in folgende Stufen der Erarbeitung:

Behandeln eines Normungsantrags. Ein begründeter Normungsantrag kann von jedermann gestellt werden.

Vor Beginn jeder Normungsarbeit ist vom zuständigen Normenausschuß zu klären,

- ob hierfür ein Bedarf besteht oder zu erwarten ist,
- ob die interessierten Kreise bereit sind mitzuarbeiten,

Wenn der Arbeitsausschuß feststellt, daß wichtige von dem Normungsvorhaben betroffene Gruppen auch nach Aufforderung nicht bereit sind, die Normungsarbeit mitzutragen, soll nicht genormt werden.

- ob in regionalen (westeuropäischen) oder in internationalen Normenorganisationen entsprechende Normungsvorhaben bereits bearbeitet werden oder ein Normungsgegenstand für die regionale oder internationale Normung in Betracht kommt,

Soweit bereits Ergebnisse regionaler oder internationaler Normungsarbeiten bestehen, sollen diese möglichst ohne Änderungen übernommen werden.

- ob Erfahrungen hinsichlich der Normungswürdigkeit bzw. Dringlichkeit des betreffenden Normungsvorhabens vorliegen.

Der Entscheidungsprozeß über die Erarbeitung/Nichterarbeitung einer Norm hangt wesentlich von dem zu erwartenden Kosten/Nutzenverhältnis der in Aussicht genommenen Regelung ab.

Gegen die etwaige Ablehnung eines Normungsantrags, die dem Antragsteller unverzüglich mit schriftlicher Begründung mitgeteilt werden muß, kann die Geschäftsleitung und gegen deren Entscheidung das Präsidium des DIN angerufen werden, das dann verbindlich entscheidet. Die Annahme eines Normungsantrags wird im „DIN-Anzeiger für technische Regeln" der „DIN-Mitteilungen + elektronorm" veröffentlicht (s. Unterabschn. Normen-Informationen).

Jedermann hat die Möglichkeit, hierzu Stellung zu nehmen (z.B. sich zur Mitarbeit bereit zu erklären oder Ansprüche aus Schutzrechten, Patenten, Warenzeichen o.ä. anzumelden).

Erstellen einer Norm-Vorlage und Bearbeitung/Beratung im Ausschuß bis zur Verabschiedung als Norm-Entwurf. Die Bearbeitung beginnt anhand einer ersten Norm-Vorlage, der dann aufgrund des Fortschritts der Beratungen weitere folgen können. Die Beratungen sind nicht öffentlich. Sitzungsberichte, Beratungsunterlagen und insbesondere Norm-Vorlagen sind nur für die zuständigen Mitarbeiterkreise bestimmt. Diese Vertraulichkeit ist notwendig, damit alle Beteiligten ihre Erfahrungen, auch ihre Mißerfolge offen darlegen können.

Der Inhalt einer Norm soll im Wege gegenseitiger Verständigung mit dem Bemühen festgelegt werden, eine gemeinsame Auffassung zu erreichen, möglichst unter Vermeidung formeller Abstimmung. Das im Wege des Ausgleichs konkurrierender Interessen im Konsens geschaffene Ergebnis, die DIN-Norm, soll sich als anerkannte Regel der Technik einführen. Das kann sie jedoch nur durch Beachtung des festgelegten Grundsatzes, daß die Normung „nicht zu einem wirtschaftlichen Sondervorteil" einzelner führen darf.

Es ist außerdem der Grundsatz festgelegt, daß vertragsrechtliche Bestimmungen und Festlegungen kaufmännischer Art nur in begründeten Ausnahmefällen in DIN-Normen enthalten sein dürfen.

Veröffentlichung des Norm-Entwurfes mit Einspruchsfrist. Ist die Beratung/Bearbeitung einer Norm-Vorlage soweit gediehen, daß das Ergebnis der Öffentlichkeit zur Stellungnahme vorgelegt werden kann, schließt der Ausschuß mit der Verabschiedung des Norm-Entwurfes vorläufig seine Beratungen ab.

Der Norm-Entwurf wird nach Prüfung durch eine Normenprüfstelle – auf Einhaltung der Grundsätze und Regeln der Normungsarbeit, Widerspruchsfreiheit, Eindeutigkeit, inhaltliche Abstimmung mit anderen Normen – vom Beuth-Verlag GmbH veröffentlicht (in der Regel auf gelbem Papier gedruckt). Das Erscheinen des Entwurfs wird im „DIN-Anzeiger für technische Regeln" (Bestandteil der Zeitschrift „DIN-Mitteilungen") bekanntgegeben.

Zum Inhalt des Norm-Entwurfs kann jeder Zustimmungen, Stellungnahmen, Einsprüche u.ä. innerhalb einer festgelegten Frist einreichen. Die Frist, in der Regel vier Monate, ist auf dem Norm-Entwurf angegeben. Ein Norm-Entwurf stellt noch nicht die endgültige Fassung der beabsichtigten Norm dar; er ist deshalb auch noch nicht zur Anwendung bestimmt.

Behandlung der eingegangenen Stellungnahmen unter Beteiligung des Einsprechers. Über die eingegangenen Stellungnahmen berat und entscheidet der Arbeitsausschuß, der den Entwurf erstellt hat. Zu den Beratungen sollen die Stellungnehmenden eingeladen werden, damit sie ihre Stellungnahme vor dem Arbeitsausschuß vertreten können. Soweit ein Einsprecher nicht an der Beratung teilgenommen hat, ist er über das Beratungsergebnis durch einen Sitzungsbericht oder den entsprechenden Auszug daraus zu unterrichten.

Gegen die Entscheidung des Ausschusses kann ein Schlichtungsverfahren oder ein Schiedsverfahren beantragt werden (DIN 820 T 4, s. Norm).

Verabschiedung der Normen, formelle Aufnahme in das Normenwerk. Ist über alle Einsprüche verhandelt und beschlossen, schließt der Arbeitsausschuß die Arbeiten an dem Manuskript der Norm ab und leitet es der Normenprüfstelle zu. Diese nimmt nach Überprüfung die Norm im Auftrag des Präsidiums des DIN in das Deutsche Normenwerk auf, veranlaßt den Druck und gibt den Verkauf durch den Beuth-Verlag GmbH frei. Das Erscheinen der DIN-Norm (Bild 1.4) wird im „DIN-Anzeiger für technische Regeln" bekanntgegeben.

Bestehen hinsichtlich der Anwendung einer Norm noch in einigen Abschnitten Vorbehalte, so wird diese Norm als Vornorm herausgegeben, d.h. es soll zunächst versuchsweise nach ihr gearbeitet werden, bevor aufgrund der gemachten Erfahrungen eine endgültige Norm herausgegeben wird.

Das Verfahren der Erarbeitung von Normen stellt sicher, daß die Öffentlichkeit die Arbeit von Anbeginn beeinflussen kann. Es werden keine Normen „verordnet", sondern sie werden durch die aufeinander abgestimmten Wünsche der interessierten Kreise getragen.

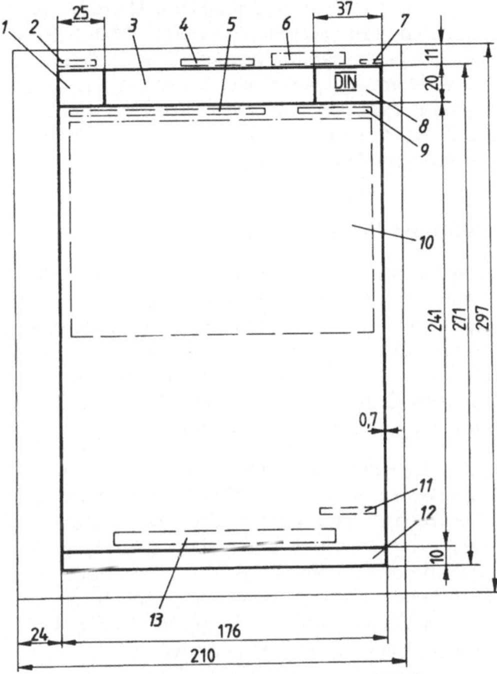

Bild 1.4 Aufteilung der Titelseite einer DIN-Norm

1 Frei für Benutzereintragungen (z.B. Firmenzeichen)
2 Angabe der DK-Zahl (DK = internationale Dezimalklassifikation)
3 **Titelfeld**
4 Angabe „DEUTSCHE NORM"
5 Angabe der fremdsprachigen Titel
6 Angabe „Entwurf"
7 Angabe der Ausgabe durch Monatsname und Jahreszahl; z.B. September 1977
8 Nummerfeld
9 Angabe der Einspruchsfrist und Hinweis auf Anwendungswarnvermerk, sowie Ersatzvermerk
10 Angabe von
- Vorbemerkung für Vornorm oder für Beiblatt
- Kennzeichnung als VDE-Bestimmung

11 Angabe des Fortsetzungsvermerkes („Fortsetzung Seite 2...")
12 Fußleiste; frei für Eintragungen der Benutzer
13 Angabe des Trägers (erste Zeile) und darunter gegebenenfalls des Mitträgers (Träger ≙ erstellenden NA)

Die Normungsarbeit ist durch die Grundsätze „Öffentlichkeit" und „Konsens" geprägt.

Die Öffentlichkeit der Arbeit ist dadurch gewährleistet, daß Beginn (Arbeitstitel der vorgesehenen Normungsaufgabe), Zwischenergebnis (Norm-Entwurf) und die endgültige Fassung der Norm der Öffentlichkeit im „DIN-Anzeiger für technische Regeln" angekündigt werden.

Die endgültige Fassung einer DIN-Norm soll auch nicht in strittigen Fragen durch Mehrheitsbeschluß herbeigeführt werden. Die Festlegungen einer Norm sollen von allen interessierten Kreisen getragen werden. Nur eine im Konsens erarbeitete DIN-Norm ermöglicht eine breite und allgemein akzeptierte Anwendung.

Normen-Informationen

Der Nutzen der Normung kann nur dann seine volle Wirkung erzielen, wenn die Informationsquellen über die Normung den potentiellen Anwendern bekannt sind und die Informationsbeschaffung problemlos zu handhaben ist. Aus diesem Grunde hat das DIN folgende Informationsmöglichkeiten geschaffen.

DIN-Normen sind eine wichtige Erkenntnisquelle für fachgerechtes Verhalten, die den Stand der Technik und Wissenschaft berücksichtigen. Alle Normen, ob Erstausgaben oder Folgeausgaben und Norm-Entwürfe sowie alle vorhandenen Übersetzungen können durch den Beuth-Verlag GmbH, Burggrafenstraße 4–10, 1000 Berlin 30, bezogen werden.

DIN-Mitteilungen + elektronorm. Die DIN-Mitteilungen + elektronorm, eine Zeitschrift, ist das Zentralorgan der deutschen Normung und die Chronik des Deutschen Normenwerks. Sie enthält monatlich Informationen, in denen alle Veränderungen am Deutschen Normenwerk und anderen technischen Regelwerken (AD, VDI, VdTÜV usw.) aufgezeigt werden.

DIN-Katalog für technische Regeln. Der „DIN-Katalog für technische Regeln" verzeichnet die Formaldaten von rund 30 deutschen technischen Regelwerken sowie von Gesetzen und Verordnungen des Bundes und der Länder mit technischem Bezug. Er erscheint jährlich in zwei Bänden und wird durch monatlich herausgegebene Ergänzungshefte ständig aktualisiert.

Der erste Band des Gesamtkatalogs, der sog. Sachteil, gestattet es, alle wesentlichen technischen Regeln, eingeteilt in 786 Sachgruppen, jeweils „auf einen Blick" zusammen zu übersehen. Der zweite Band bietet die entsprechenden Nummernverzeichnisse und über alle Regelwerke greifende Stichwortverzeichnisse in deutsch und englisch. Außerdem sind für alle Regelwerke die Bezugsquellen (Verlage bzw. Herausgeber) mit Anschriften aufgelistet.

DIN-Taschenbücher enthalten auf A5 verkleinerte wichtige DIN-Normen eines Fach- oder Anwendungsbereiches.

Deutsches Informationszentrum für technische Regeln (DITR). Die Dienstleistung des DITR umfassen:

- Auskünfte zu einzelnen Fragen über Normen durch Telefon, Telex oder Brief
- regelmäßig erscheinende Kataloge und Teilverzeichnisse
- Listen, die wahlweise als Schnelldruckprotokoll oder auf Magnetband angeboten werden. Hierbei werden Themen und Umfang der Information entweder durch DITR definiert (Standardprofile) oder vom Benutzer gewählt (Individualprofile).
- Direktanschluß mit Datensichtgerät an die DITR-Datenbanken

Bibliothek. In der Bibliothek des DIN können viele deutsche technische Regelwerke eingesehen werden.

Auslandsarchiv. Das DIN tauscht mit den nationalen Normungsinstituten von mehr als 70 europäischen und überseeischen Ländern seine Normen aus. Die Anzahl der Auslandsnormen, die für die deutsche Wirtschaft zur Verfügung stehen, beträgt rund 400000 Exemplare.

DIN-Bezugsquellenverzeichnis für normgerechte Erzeugnisse im Seibt-Industriekatalog. Bestandteil des Seibt-Industriekataloges ist ein DIN-numerischer Bezugsquellenteil für DIN-genormte Erzeugnisse und deren Hersteller bzw. Händler.

Beuth-Kommentare. In den Beuth-Kommentaren werden bereits zum Erscheinungstermin von wichtigen Normen eines Fachgebietes Hinweise und Vorschläge zur Anwendung sowie Beispiele aus der Praxis für dieses Gebiet gegeben.

Darüber hinaus wird über den Zusammenhang mit Gesetzen, Verordnungen und Richtlinien sowie sonstigen Festlegungen von Staat und Wirtschaft informiert.

1.3 Internationale und regionale Normenorganisationen

Die internationalen Normenorganisationen

Die meisten nationalen Normungsinstitutionen der Industrieländer wurden in den Jahren nach 1900 gegründet. Sie entstanden meist aus der Absicht heraus, die Industrialisierung durch Rationalisierung weiter voranzutreiben sowie durch ein System genormter Festlegungen mit gegenseitigen Bezügen, den Warenverkehr zwischen Herstellern und Anwendern und zwischen einzelnen Ländern zu erleichtern.

Nach der Gründung der nationalen Normungsinstitutionen formierte sich auch relativ bald die internationale Normung. Hier zuerst auf dem Gebiet der Elektrotechnik. Bereits 1906 wurde die International Electrotechnical Commission (IEC) (Bild **1**.5) gegründet. Die Mitglieder sind „Nationale Komitees der IEC", die alle an der elektrotechnischen Normung in diesem Land interessierten Kreise umfassen sollen.

Gegenwärtig sind die nationalen Komitees aus 44 Ländern Mitglieder der IEC; Europa ist mit 23 Mitgliedern am stärksten vertreten. Deutsches Mitglied in der IEC ist die Deutsche Elektrotechnische Kommission im DIN und VDE (DKE).

Historisch bedingt hatten sich auch in Deutschland zwei Organisationen entwickelt, die die Normungsarbeit einerseits auf dem Gebiet der Elektrotechnik (Verband Deutscher Elektrotechniker e.V.; VDE) und andererseits auf den nichtelektrischen Gebieten (DIN Deutsches Institut für Normung e.V.) betrieben. Sie gründeten 1970 die, die Deutschen Interessen in der IEC vertretende Deutsche Elektrotechnische Kommission im DIN und VDE (DKE).

Als Forum der Vereinheitlichungsarbeit auf nichtelektrotechnischem Gebiet wurde 1946 die „International Organization for Standardization (ISO)" (Bild **1**.6) als Nachfolgeorganisation der „International Federation of the Standardization Association (ISA)" gegründet. Beide, ISO und IEC, haben ihren Sitz in Genf.

Mitglieder der ISO sind die nationalen Normenorganisationen. Derzeit gehören der ISO 89 Mitgliedsorganisationen an, davon 17 mit Beobachterstatus. Das Deutsche Mitglied ist seit 1952 das DIN Deutsches Institut für Normung e.V.

Die Mitglieder der ISO repräsentieren heute etwa 95% der Weltproduktion und des Weltmarkts. 60% der ordentlichen und korrespondierenden ISO-Mitglieder sind der Dritten Welt zuzuordnen. Diese Länder tragen dabei weniger als 4% zur technischen Arbeit der ISO bei.

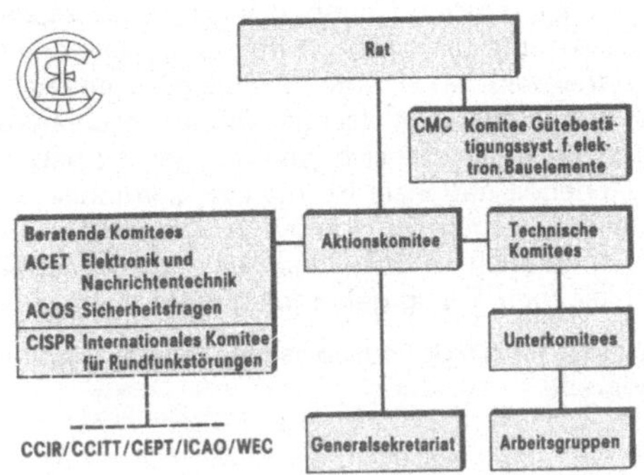

Bild **1**.5 Organisation der International Electrotechnical Commission (IEC)

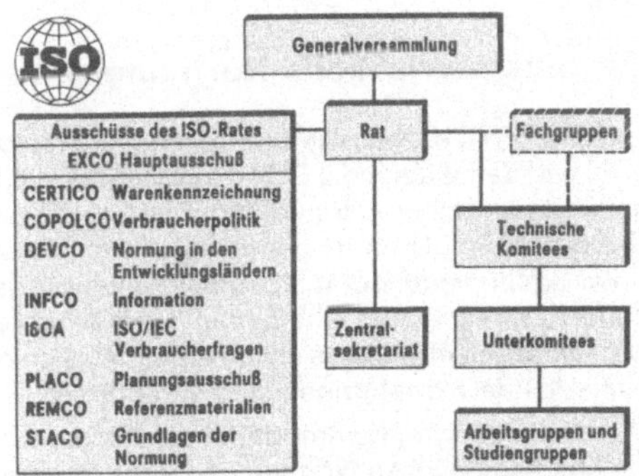

Bild **1**.6 Organisation der International Organisation for Standardization (ISO)

Die Organisationsformen von ISO und IEC sind die eines Vereins nach Schweizer Zivilrecht; sie sind also keine Regierungsorganisationen, auch wenn eine Reihe ihrer nationalen Mitglieder Behördenorganisationen sind, z. B. Mitglieder aus den Staatshandelsländern und den meisten Ländern der Dritten Welt.

Zur Zeit bestehen etwa 6760 Internationale Normen der ISO und IEC.

Die internationalen Normen erscheinen in englischer und französischer Sprache.

Die Übernahme von Internationalen Normen der ISO und IEC in das Deutsche Normenwerk als DIN-ISO- und DIN-IEC-Normen ist in DIN 820 T15 (s. Norm) geregelt.

Die regionalen europäischen Normenorganisationen

Mit wachsender wirtschaftlicher Verflechtung benachbarter Länder und Ländergruppen wird eine übereinstimmende Normung in diesen Gebieten immer wichtiger. Diese Aufgaben übernehmen regionale, auf Kontinente oder kleinere miteinander verflochtene Wirtschaftsräume beschränkte Organisationen, die sich zum Ziel gesetzt haben, bestehende nationale Normen zu harmonisieren und neue regionale Normen zu entwickeln auf die dann auch im Zuge einer regionalen Rechtsangleichung Bezug genommen werden kann.

Es gibt folgende europäische Normenorganisationen:

- Europäisches Komitee für Normung (CEN) und Europäisches Komitee für Elektrotechnische Normung (CENELEC) für Westeuropa (EG- + EFTA-Staaten)
- Normenkommission des Rates für gegenseitige Wirtschaftshilfe (RGW) der Staatshandelsländer Osteuropas.

Die regionalen westeuropäischen Normeninstitutionen CEN und CENELEC sind nichtstaatliche, gemeinnützige Vereinigungen mit Sitz in Brüssel.

Europäische Normen des CEN und CENELEC (EN-Normen) gibt es in englischer, französischer und deutscher Sprache.

1.4 Einführen und Anwenden von DIN-Normen

Die innerbetriebliche Normungsarbeit (Werknormung)

Historisch haben sich die überbetrieblichen Normen und damit auch die DIN-Normen aus Werknormen einzelner Firmen entwickelt. Dieses System ist im Grunde genommen auch heute noch bestimmend, nur mit dem Unterschied, daß heute umfangreiche, überbetriebliche Normenwerke bestehen, auf die sich die Unternehmen bei ihren Handelsbeziehungen stützen können.

Der Werknormung kommt dabei die Aufgabe zu, die überbetrieblichen Normen in die Praxis einzuführen, d.h. u.a. die für das jeweilige Unternehmen notwendige Auswahl aus der zwar eingeschränkten, aber doch recht großen Vielzahl von den in überbetrieblichen Normen festgelegten Möglichkeiten zu treffen.

Erst wenn für ein bestimmtes Problem keine überbetriebliche Norm besteht, wird der Normeningenieur entweder eine eigene Werknorm erarbeiten oder/und den Weg der direkten Mitarbeit in dem entsprechenden nationalen (oder auch internationalen) Normungsgremium beschreiten (Bild 1.7).

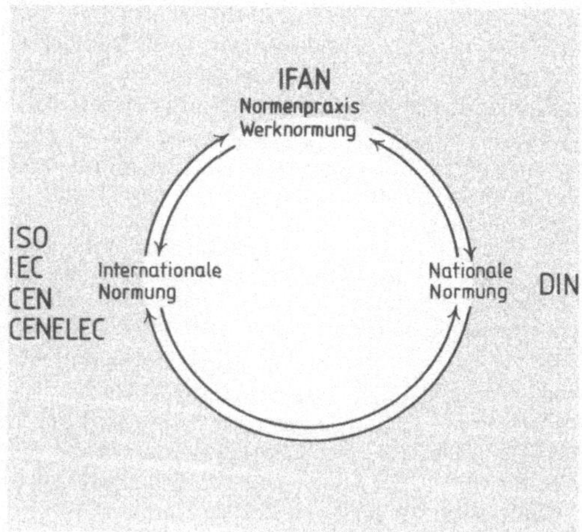

Bild 1.7 Regelkreis der Normung

Die Vorteile, die die Normung den Unternehmen bringt, entstehen nicht allein nur durch das Benutzen von DIN-Normen. Voraussetzung ist vielmehr eine die überbetriebliche Normung des DIN sowie die der internationalen Normenorganisationen ergänzende innerbetriebliche Normung (Werknormung).

„Normung erstrebt unter den jeweiligen wirtschaftlichen und technischen Gegebenheiten die Bestlösung sich wiederholender Aufgaben". Es gilt daher, in betrieblicher Gemeinschaftsarbeit die beste Lösung einer Aufgabe zu ermitteln, das Ergebnis festzuhalten und für weitere Anwendungen bereitzustellen.

Jeder Betrieb, der die Vorteile der Normung auswerten will, muß unabhängig von seiner Mitarbeiteranzahl eine Stelle oder eine Abteilung beauftragen und für die Durchführung der Normungsaufgaben im Unternehmen verantwortlich machen.

In einer kleinen Firma kann das eine Teilaufgabe eines Konstrukteurs, in einem mittleren oder großen Betrieb die Aufgabe eines Normeningenieurs oder einer Normenabteilung sein und in einem Konzern das Einrichten einer zentralen Normenabteilung und mehrerer Werksabteilungen erforderlich machen. Die Aufgaben sind im Prinzip in allen Betrieben gleich, sie unterscheiden sich nur ihrem Umfang nach.

Die Aufgaben der innerbetrieblichen Normung

Zu dem Aufgabenbereich einer Normenabteilung gehören unter anderem:

- Die zentrale Auswahl und Beschaffung von nationalen, regionalen und internationalen Normen (DIN, EN, ISO usw.) und anderer überbetrieblicher Vorschriften (VDE, VDI, UVV usw.) zur Informationsbereitstellung für alle Unternehmensbereiche.
- Die Aufbereitung der im Betrieb zur Anwendung gelangenden überbetrieblichen Normen, z. B. durch Ergänzung, Kürzung oder Änderung derselben, um sie den speziellen Bedürfnissen eines Unternehmens anzupassen.
- Die Ausarbeitung von unternehmensspezifischen Werknormen, welche z. B. der Vereinheitlichung von Halbzeugen, Teilen und Baugruppen, der Vereinfachung der Konstruktionsarbeit (Zeichnungs- und Stücklistennormen, Kostenvergleichsblätter usw.) oder der Rationalisierung des Organisationsablaufs eines Betriebs (Sachnummernsystem) dienen.
- Die Zusammenstellung und Verteilung von Werknormensammlungen (deren Inhalt z. B. auf die Arbeitsbereiche der verschiedenen Stellen im Unternehmen abgestimmt ist) mit dem notwendigen Änderungsdienst.
- Die Prüfung von Zeichnungen, Stücklisten und anderer technischer Unterlagen im Hinblick auf die Einhaltung der (Werk-) Normen und sonstigen Vorschriften, um z. B. eine eindeutige Aussage, wirtschaftliche Produktion und einfache Beschaffung zu gewährleisten.
- Das Aufstellen von Wiederholteillisten [z. B. mit Hilfe nach DIN 4000 T 1 (s. Norm) genormter Sachmerkmal-Leisten], um ein unnötiges Anwachsen des Teilespektrums zu vermeiden und damit das Lagerwesen zu vereinfachen.
- Die Normung zur Instandhaltung von Betriebseinrichtungen, um notwendige Informationsunterlagen im Notfall sofort zur Hand zu haben, das Sortenspektrum der Hilfs- und Betriebsstoffe und auch das der Ersatzteile übersichtlich und so gering wie möglich zu halten,

usw.

Darüber hinaus haben die Aktivitäten einer Normenabteilung zwei grundsätzliche Zielrichtungen.

Auf der einen Seite sind auf dem Beschaffungs- und Absatzmarkt des Unternehmens Informationen über erforderliche Qualitätsanforderungen von Erzeugnissen zu sammeln und durch Hinweise auf Abnahmebedingungen und Bewertungsverfahren zu vervollständigen.

Auf der anderen Seite müssen die Interessen des Unternehmens wirkungsvoll in allen nationalen und internationalen Normungsgremien vertreten werden bzw. es müssen die technischen Entwicklungstrends und die Tendenzen der überbetrieblichen Normungsarbeit beobachtet werden, um **zukünftige Anforderungskriterien** rechtzeitig erkennen und mit beeinflussen zu können.

Normenpraxis

Schon frühzeitig hat das DIN erkannt, daß besondere Maßnahmen notwendig sind, um die Einführung und Anwendung nationaler und internationaler Normen in die Praxis zu fördern und um die Arbeit der in der innerbetrieblichen Normung tätigen Mitarbeiter, die Normenpraktiker, zu unterstützen.

Eine Norm ist erst wirksam, wenn sie angewendet wird. Je stärker Normen angewendet werden, desto größer ist der wirtschaftliche Nutzen, der aus der Normung erwächst. Deshalb ist es vordringlich, die Einführung der Normen in die Praxis zu erleichtern, sowie der Allgemeinheit die Vorteile der Normung aufzuzeigen. Vielfach besteht die Befürchtung, daß die Normung die individuelle Gestaltungsfreiheit einschränkt. Vergessen wird aber, daß einmal Genormtes nicht wieder „erfunden" werden muß und die kreativen Kräfte sich dank der Normung auf das Neue konzentrieren können. Aus diesem Grunde wurde der Ausschuß Normenpraxis (ANP) bereits 1917 gegründet, der sich aus Mitarbeitern zusammensetzt, die in der Industrie, Wirtschaft, Wissenschaft und Verwaltung in der Normung tätig oder an der Normung besonders interessiert sind.

Der ANP selbst stellt, im Gegensatz zu den Normenausschüssen (NA) des DIN, keine Normen auf.

Der Schwerpunkt seiner Arbeit liegt neben der Zweckmäßigkeitsbeurteilung in der Einführung der Normen in die Praxis sowie in der Vertiefung der Aufgeschlossenheit für die Normung.

Durch den in 13 Arbeitskreisen betriebenen Erfahrungsaustausch wird der Ausschuß Normenpraxis der Aufgabe gerecht, ein wirksames Instrument der Normenkontrolle, der Zweckmäßigkeitsbeurteilung und der Einführung der Normen in die Praxis zu sein. Damit ist die erforderliche Informationsrückkopplung zwischen den Normenausschüssen des DIN als den Normensetzern und den Anwendern (Normenpraktikern) gegeben (Bild **1**.7).

Die immer stärkere Anwendung regionaler und weltweiter Normen einerseits und die enge Verflechtung multinationaler Unternehmen andererseits machten es darüber hinaus notwendig, daß sich auch die nationalen Ausschüsse Normenpraxis über die Landesgrenzen hinweg orientierten.

Im Jahre 1974 wurde deshalb die Internationale Föderation der Ausschüsse Normenpraxis (IFAN) gegründet. Sie zählt derzeit 14 Mitglieder aus aller Welt.

Das Ziel der IFAN ist es,

- die Zusammenarbeit zwischen den Organisationen Normenpraxis zu fördern,
- die einheitliche Einführung von internationalen Normen in die Praxis zu fördern,
- Studien auf internationaler Ebene durchzuführen,
- eine auf die Normenpraxis ausgerichtete Dokumentation zusammenzustellen sowie
- Konferenzen, Kolloquien, Seminare und Tagungen zu veranstalten.

2 Normen in Entwicklung und Konstruktion

2.1 Technisches Zeichnen

2.1.1 Zeichnungssystematik

Zeichnungs- und Stücklistensatz

DIN 199 (Sep 1962), **T2** (Dez 1977) **und T5** (Okt 1981), **DIN 6763 T1** (Jul 1972), **DIN 6789** (Feb 1965)

Der Zeichnungs- und Stücklistensatz bildet die Summe aller zur Erstellung eines zusammengesetzten Gegenstands, d.h. eines Erzeugnisses oder einer Gruppe, notwendigen Zeichnungen und Stücklisten.

Erzeugnisse

sind in sich geschlossene, aus einer Anzahl von Gruppen und/oder Teilen bestehende funktionsfähige Gegenstände (z.B. Maschinen, Geräte) als Fertigungs-Endergebnisse.

Gruppen

sind in sich geschlossene, aus zwei oder mehr Teilen und/oder Gruppen niederer Ordnung bestehende Gegenstände. Sie werden nach dem Gesichtspunkt der Fertigung (Zusammenbau) gebildet.

Teil. Ein Teil ist ein Gegenstand, für dessen weitere Aufgliederung aus der Sicht des Anwenders kein Bedürfnis besteht.

Es werden vor allem unterschieden:

Einzelteil. Ein Einzelteil ist ein Teil, das nicht zerstörungsfrei zerlegt werden kann.

Eigenteil. Ein Eigenteil ist ein Teil eigener Entwicklung und eigener Fertigung.

Fremdteil. Ein Fremdteil ist ein Teil fremder Entwicklung und fremder Fertigung.

Normteil. Ein Normteil ist ein Gegenstand, der in einer Norm festgelegt ist.

Halbzeug ist der Sammelbegriff für Gegenstände mit bestimmter Form, bei denen mindestens noch ein Maß unbestimmt ist. Es sind insbesondere durch Walzen, Ziehen, Pressen, Schmieden, Weben hergestellte Bleche, Stangen, Rohre, Seile, Bänder, Gewebe usw.

Zeichnung. Meist maßstäbliche aus Linien bestehende bildliche Darstellung eines oder mehrerer Teile und/oder eines oder mehrerer Sachverhalte mit den jeweils notwendigen Ansichten, Schnitten und sonstigen Angaben.

An Stelle der Darstellung kann ein Foto mit ergänzenden Angaben (Maße usw.) treten (Fotozeichnung). Darstellungen auf Folien zum Kleben auf Transparentpapier oder dgl. fallen auch hierunter.

Haupt-Zeichnung (Bild **2**.2). Zeichnung, die eine Anlage, ein Bauwerk, eine Maschine, ein Gerät o.ä. in zusammengebautem Zustand zeigt.

Gruppen-Zeichnung. (Bild **2**.2). Darstellung einer Gruppe (Baueinheit), eines Erzeugnisses, die diese in lösbar und/oder unlösbar zusammengebautem Zustand zeigt.

Teil-Zeichnung. Darstellung eines Teiles (Einzelteiles).

Stückliste. Die Stückliste ist ein für den jeweiligen Zweck vollständiges, formal aufgebautes Verzeichnis für einen Gegenstand (Teil oder Gruppe), das alle zugehörenden Gegenstände (Teile oder Gruppen) unter Angabe von Bezeichnung (Benennung, Sachnummer), Menge und Einheit enthält.

Als Stücklisten werden nur solche Verzeichnisse bezeichnet, die sich auf die Menge 1 eines Gegenstands beziehen.

Baukasten-Stückliste. Die Baukasten-Stückliste ist eine Stücklistenform, bei der in einer Stückliste alle Teile und Gruppen der nächsttieferen Stufe aufgeführt sind.

Besteht eine Position einer Baukasten-Stückliste aus einer Gruppe, so besteht für diese Gruppe eine eigene Stückliste (einstufige Aufgliederung).

Haupt-Stückliste ist die Benennung für die Baukasten-Stückliste der obersten Strukturstufe eines Erzeugnisses (Bild **2**.1).

Strukturstufe (Stufe). Durch fortschreitende Auflösung eines Erzeugnisses in Einzelteile und/oder Gruppen entstehen Gliederungsebenen, die als Strukturstufen bezeichnet werden (Bild **2.1**).

Sachnummer. Nummer eines Gegenstands (einer Sache, eines Teils). Die Sachnummer muß den Gegenstand identifizieren und kann ihn darüber hinaus auch klassifizieren.

Sachnummer ist die Benennung für den Oberbegriff, der z.B. Erzeugnisnummer, Teilenummer, Materialnummer und Unterlagennummer umfaßt.

Identifizieren. Ein Nummerungsobjekt (z.B. Teile) eindeutig und unverwechselbar bezeichnen, ansprechen oder erkennen.

Klassifizieren. Nummerungsobjekte in Gruppen (Klassen) einordnen, die nach vorgegebenen Gesichtspunkten gebildet worden sind (z.B. Teile in Dreh-, Fräs- und Stanzteile).

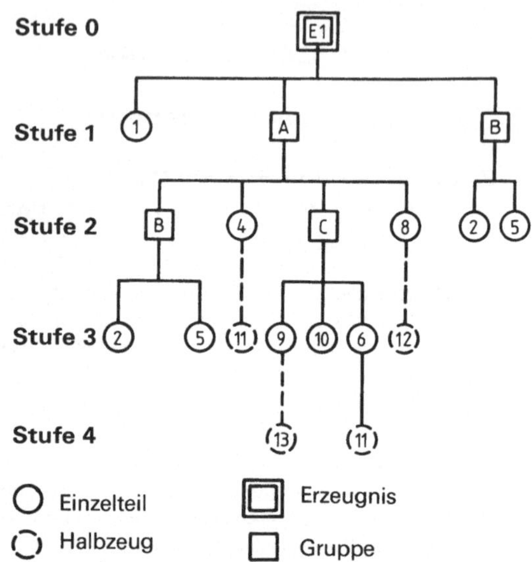

Bild **2.1** Beispiel einer Erzeugnisstruktur dargestellt nach Gesichtspunkten des Zusammenbaus

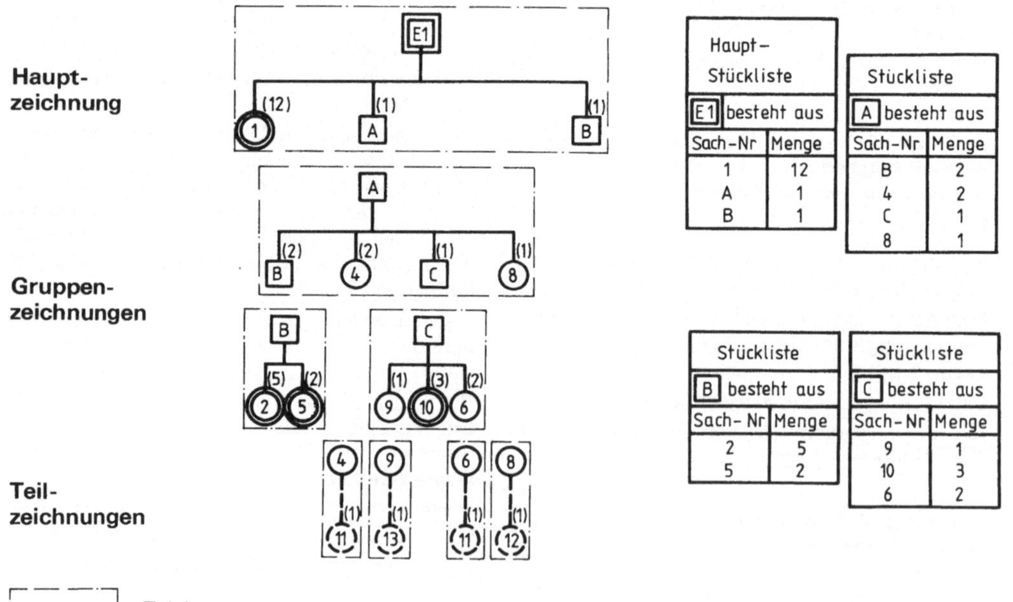

Haupt-Stückliste

E1 besteht aus	
Sach-Nr	Menge
1	12
A	1
B	1

Stückliste

A besteht aus	
Sach-Nr	Menge
B	2
4	2
C	1
8	1

Stückliste

B besteht aus	
Sach-Nr	Menge
2	5
5	2

Stückliste

C besteht aus	
Sach-Nr	Menge
9	1
10	3
6	2

Bild **2.2** Beispiel eines Zeichnungs- und Stücklistensatzes (Baukasten-Prinzip) eines Enderzeugnisses

Zeichnungs- und Stücklistensatz

DIN 30 T6 (Apr 1975), DIN ISO 6433 (Sep 1982), DIN 6774 T1 (Jul 1979), DIN 6789 (Feb 1965)

Funktion von Zeichnungen und Stücklisten

Die Zeichnung dient als Unterlage für die Fertigung.

Die Konstruktionsstückliste gibt Auskunft über die in der Zeichnung dargestellten Gegenstände.

Die Konstruktionsstückliste kann fest (auf der Zeichnung) oder lose sein. Stückliste und Zeichnung gehören jedoch immer unbedingt zusammen.

In die Zeichnung gehören alle Angaben über Form und Eigenschaften (z.B. über Oberflächen, Werkstoff) des Gegenstands im Endzustand, in die Stückliste gehören alle Angaben zur Disposition der Fertigung.

Aufbau des Zeichnungs- und Stücklistensatzes

Der Aufbau des Zeichnungs- und des Stücklistensatzes muß dem Zusammenbaufluß entsprechen („fertigungsgerechter" Zeichnungs- und Stücklistensatz) (Bild **2**.2).

Dies bedeutet, daß der Zeichnungs- und Stücklistensatz nach Fertigungsgruppen aufzugliedern ist (Bild **2**.1).

So muß z.B. ein Teil, das funktionsmäßig zur Gruppe (Funktionsgruppe) „Bremse" gehört, aber an den Rahmen angeschweißt wird, zeichnungs- und stücklistenmäßig der Gruppe (Fertigungsgruppe) „Rahmen" zugeordnet werden.

Eine wesentliche Voraussetzung für eine sachgemäße und klare Aufgliederung des Zeichnungs- und Stücklistensatzes ist eine eindeutige Benennung der Zeichnungsinhalte.

Die Teile sind möglichst nach ihrer Art und/oder Gestalt zu benennen.

Der Aufbau des Zeichnungs- und des Stücklistensatzes muß übereinstimmen. Für jede Gesamt- und jede Gruppen-Zeichnung ist eine Stückliste aufzustellen.

Die Stückliste ist eine vollständige Aufzählung der auf der Zeichnung dargestellten Teile, Gruppen usw. einschl. der Normteile (Bild **2**.3).

Die Stückliste gibt ferner, soweit vorhanden, die Zeichnungs-, Waren-, Stoff- oder Sach-Nr. der einzelnen Teile an.

Die Stückliste des vollständigen Erzeugnisses gibt durch ihre laufenden Nummern (Positionen) an, welche Gruppen und Einzelteile ein-

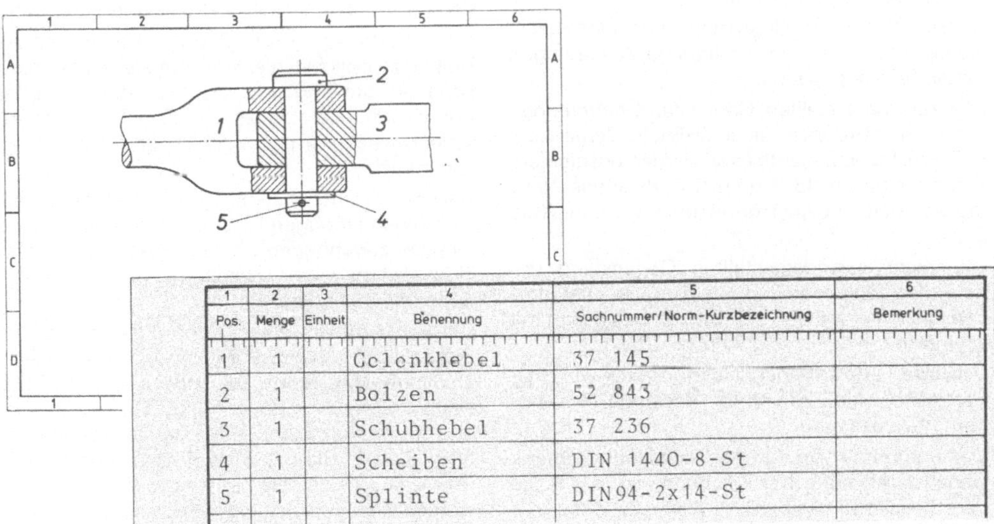

1	2	3	4	5	6
Pos.	Menge	Einheit	Benennung	Sachnummer/Norm-Kurzbezeichnung	Bemerkung
1	1		Gelenkhebel	37 145	
2	1		Bolzen	52 843	
3	1		Schubhebel	37 236	
4	1		Scheiben	DIN 1440-8-St	
5	1		Splinte	DIN94-2x14-St	

Bild **2**.3 Beispiel für Teilkennzeichnung in Zeichnung und Stückliste (Form A nach DIN 6771 T2)

schließlich Verbindungselemente zum Zusammenbau des vollständigen Erzeugnisses nötig sind.

Die Stücklisten der Gruppen geben an, welche untergeordneten Gruppen, Teile, Verbindungselemente und Hilfsstoffe zum Zusammenbau oder zum Anbau erforderlich sind. Gleiches gilt für die Stücklisten untergeordneter Gruppen.

Teile, die durch kurze Angaben in der Stückliste eindeutig bezeichnet werden können, brauchen nicht gesondert herausgezeichnet zu werden, z.B. Teile, die lediglich durch Abtrennen von Halbzeug gewonnen werden, fertig bezogene Normteile usw.

Aufbau der Zeichnungen und Stücklisten

Zeichnungen und Stücklisten sollen so aufgestellt sein, daß sie für andere Anwendungsfälle (z.B. andere Baumuster, andere Aufträge, Instandsetzungen, Ersatzteillieferung) wieder verwendbar sind (Rationalisierung). Daraus folgt:

Zeichnungen dürfen keine auftragsgebundenen Angaben tragen.

Verwendungsangaben können in das entsprechende Feld des Zeichnungsvordrucks eingetragen werden.

Die in den Stückzahlspalten der Konstruktionsstücklisten angegebenen Stückzahlen sind auf die Einheit des dargestellten Gegenstandes zu beziehen, nicht aber auf die je Erzeugnis oder je Auftrag benötigte Stückzahl.

Werkstoffe und Stückgewichte von Einzelteilen werden nur auf den Fertigungs-Zeichnungen dieser Teile angegeben.

Alle zum dargestellten Gegenstand gehörenden Teile und Gruppen einschließlich Schrauben, Muttern, Schweißnähte usw. werden positioniert, d.h. sie erhalten lfd. Nummern (Positions-Nrn.) die als breite Vollinie gezeichnet werden (Bild 2.3).

Alle nicht zum dargestellten Gegenstand gehörenden Teile und Gruppen, die mehr erläuternden Charakter haben (z.B. Situationen), sind mit schmalen Linien zu zeichnen (s. DIN 15).

Gleiche Teile auf einer Zeichnung bzw. auf einer Stückliste sind zu einer Positions-Nr. zusammenzufassen.

Das Zusammenfassen der Darstellung mehrerer Gegenstände auf einer Zeichnung ist eine Frage der Zweckmäßigkeit (Bild 2.4). Es dient der Vereinfachung der Zeichenarbeit, der Übersicht über bestehende Varianten (z.B. verschiedene

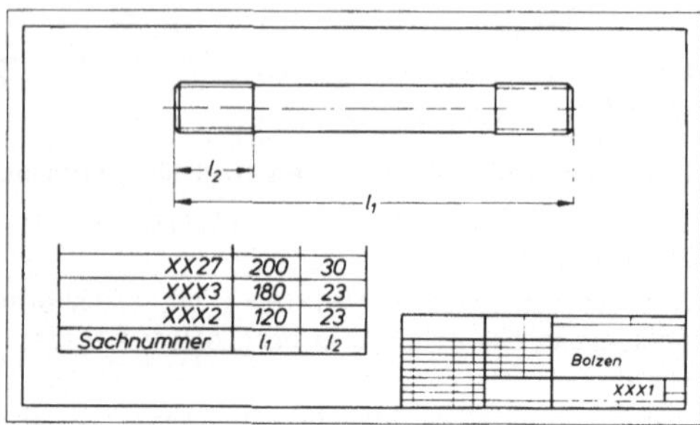

Bild 2.4 Beispiel einer Sammel-Zeichnung für formgleiche Teile unterschiedlicher Größe (DIN 30 T 6)

Größen, Rechts- und Linksausführung) und damit der Rationalisierung.

Zusammengefaßt werden sollten primär Sorten oder Größen eines Teils oder einer Gruppe, die sich nur geringfügig in ihrer Form oder in wenigen Maßen voneinander unterscheiden (s. DIN 30 T 6).

Nicht zusammengefaßt werden dürfen Sorten unterschiedlicher Bauart (z.B. ein- und zweiarmige Hebel), grundsätzlich verschiedene Teile oder Gruppen (z.B. Ketten, Dichtungen, Gußstücke o.ä. auf einer Zeichnung) und Teile oder Gruppen verschiedener Fertigungsarten, verschiedenen Fertigungsablaufs (z.B. Drehteile und Stanzteile).

Das Aufteilen einer Zeichnung in mehrere Blätter (möglichst gleiche Formate verwenden) kann zweckmäßig sein, wenn sie ein zu großes Format annimmt oder um eine zu dichte zeichnerische Darstellung aufzulockern und dadurch zu verdeutlichen.

Bei einer solchen Aufteilung ist auf der ersten der zusammengehörigen Zeichnungen eine Aufzählung der zugehörigen Blätter notwendig, um eine Übersicht über den Gesamtinhalt (z.B. Ansichten, Schnitte) zu haben.

Die beim Aufteilen einer Zeichnung entstehenden Blätter haben gleiche Benennung und gleiche Zeichnungsnummer. Sie sollen jedoch durch einen Untertitel zur Benennung (z.B...., Schnitte) und ein Zusatzzeichen hinter der Zeichnungs-Nr. (z.B. Blatt 1, Blatt 2, Blatt 3 usw. oder A, B, C usw.) kenntlich und unterscheidbar gemacht werden. Die Stücklisten dieser Blätter bilden auch bei festen Stücklisten eine einzige zusammengehörende Stückliste.

2.1.2 Ausführungsregeln

Papierformate – Zeichnungsvordrucke

DIN 476 (Dez 1976), **DIN 823** (Mai 1980), **DIN 6774 T1** (Jul 1979)

Grundsätze der Formatordnung

Metrische Formatordnung. Die Formate basieren auf dem metrischen Maßsystem (internationales Einheitensystem). Die Fläche des Format A0 als Ausgangsformat ist daher gleich der metrischen Flächeneinheit (Quadratmeter), d.h. $A = x \cdot y = 1\,m^2$.

Formatentwicklung durch Hälften. Die Formate lassen sich durch fortgesetztes Hälften des Ausgangsformats A0 entwickeln. Die Flächen zweier aufeinanderfolgender Formate verhalten sich daher wie 2:1 (Bild **2**.5).

Ähnlichkeit der Formate. Die Seiten x und y der Formate verhalten sich zueinander wie die Seite eines Quadrates zu dessen Diagonale. Daraus ergibt sich die Gleichung $x:y = 1:\sqrt{2}$ (Goldener Schnitt; die Formate sind also einander ähnlich). Es ist damit eine lineare Vergrößerung bzw. Verkleinerung möglich (Bild **2**.6).

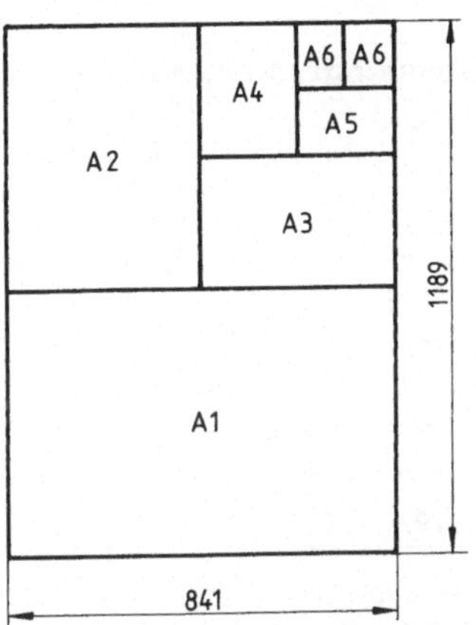

Bild **2**.5 Entwicklung der A-Reihe durch fortgesetztes Hälften des Ausgangsformates A0 (841 mm × 1189 mm)

Haupt- und Zusatzreihen

A-Reihe B-Reihe C-Reihe

Kurz- zeichen	A-Reihe	Zusatzreihen B	C
B0		1000 × 1414	
C0			917 × 1297
A0	841 × 1189		
B1		707 × 1000	
C1			648 × 917
A1	**594 × 841**		
B2		500 × 707	
C2			458 × 648
A2	420 × 594		
B3		353 × 500	
C3			324 × 458
A3	297 × 420		
B4		250 × 353	
C4			229 × 324
A4	210 × 297		
B5		176 × 250	
C5			162 × 229
A5	148 × 210		

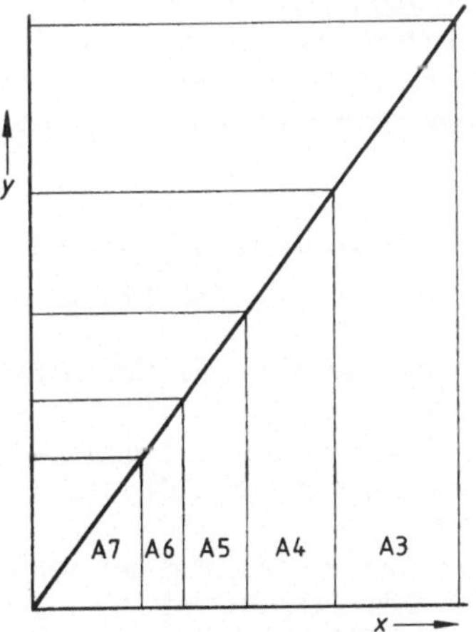

Bild **2**.6 Lineare Vergrößerung und Verkleinerung aufgrund des feststehenden Seitenverhältnisses der A-Reihe von $x:y = 1:\sqrt{2} = 1{,}414$

Hauptreihe (A-Reihe). Die Formate der Hauptreihe (A-Reihe) werden bei Papiererzeugnissen, wie Geschäftsbriefen, Vordrucken, Prospekten, Zeichnungsvordrucken, Zeitschriften, angewendet.

Zusatzreihen (B- und C-Reihe). Die Formate der Zusatzreihen (B- und C-Reihe) werden bei Papiererzeugnissen angewendet, die zur Unterbringung von Papiererzeugnissen in Formaten der A-Reihe bestimmt sind, wie Briefhüllen, Mappen, Aktendeckel.

Blattgrößen/Zeichnungsvordrucke

Blattgrößen nach DIN 476 Reihe A	Beschnittene Zeichnung und beschnittene Lichtpause (Fertigblatt)	Zeichenfläche	Unbeschnittenes Blatt (Rohblatt für den Einzeldruck) min.
A0	**841 × 1189**	831 × 1179	880 × 1230
A1	**594 × 841**	584 × 831	625 × 880
A2	**420 × 594**	410 × 584	450 × 625
A3	**297 × 420**	287 × 410	330 × 450
A4	**210 × 297**	200 × 287	240 × 330

Die Zeichenfläche ist jeweils aus den Maßen der beschnittenen Zeichnung unter Berücksichtigung des Schriftfeldabstands von 5 mm errechnet. Die wirklich zur Verfügung stehende Zeichenfläche ist um das Schriftfeld, den Heftrand usw. kleiner.

Die Blätter aller Größen können in Hoch- und Querlage verwendet werden. Die Lage des Schriftfeldes ist meist in der rechten unteren Ecke (Bild **2.**7).

Es wird empfohlen, alle Zeichnungen mit einem nicht beschrifteten Vergleichsmaßstab mit metrischer Teilung und einer Länge von 100 mm (in Zentimeter unterteilt) zu versehen (Bild **2.**8).

Der Vergleichsmaßstab mit metrischer Teilung soll vorzugsweise symmetrisch zu einer Mitte-Kennzeichnung und neben der Umrandung angebracht werden.

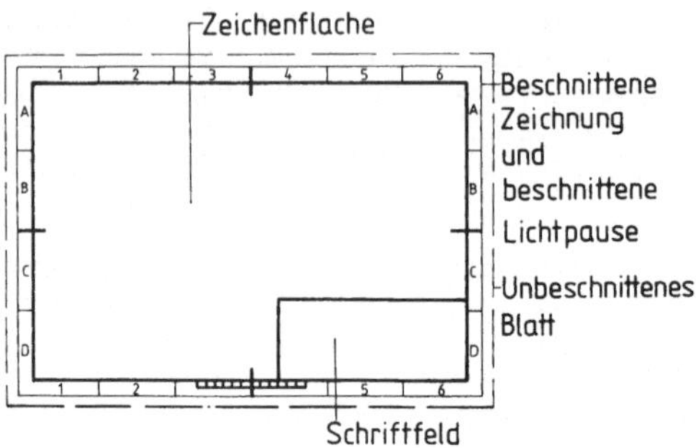

Bild **2.**7 Zeichnungsvordruck

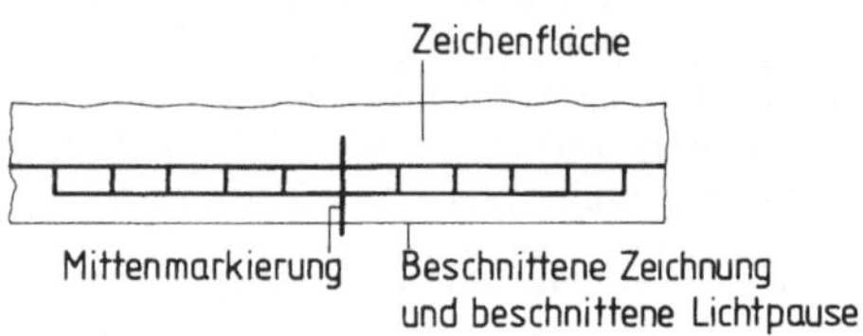

Bild **2.**8 Vergleichsmaßstab

Schriftfelder-Zeichnungen/Stücklisten
DIN 6771 T1 (Dez 1970) und T2 (Sep 1975), DIN 6774 T1 (Jul 1979)

Anwendungshinweise für das Schriftfeld für Zeichnungen

② Eintrag der zulässigen Abweichung für Maße ohne Toleranzangaben nach DIN 7168 (Abschn. 3.1)

③ Angabe der geforderten Oberflächenbeschaffenheit nach DIN ISO 1302 z.B. für Rauhtiefen nach DIN 4768 (Abschn. 3.2)

⑪ Kennzeichnung der Firma oder Behörde

⑫ Zeichnungsnummer (häufig gleich der Sachnummer (s. 2.1.1)) des dargestellten Teiles

⑬ Bei Aufteilung in mehrere Blätter (s. 2.1.1) Blatt-Nr. und -anzahl insgesamt angeben.

⑭ Ist die Zeichnung aus einer anderen Zeichnung entstanden, so kann die Nummer der Ursprungszeichnung eingetragen werden.

Anwendungshinweise für den Stücklistenvordruck Form A

Bei Anwendung der Stückliste Form A (Bilder **2.**3 und **2.**13) erscheinen Werkstoffangaben auf der Zeichnung.

Spalte 1 und 2	S. Abschn. 2.1.1, Aufbau der Zeichnungen und Stücklisten
Spalte 4	S. Abschn. 2.1.1, Aufbau des Zeichnungs- und Stücklistensatzes
Spalte 5	S. Abschn. 2.1.1, Begriffe
Spalte 6	Hier können erläuternde bzw. ergänzende Angaben (Bild **2.**13) z.B. für die Arbeitsvorbereitung gemacht werden.

(Verwendungsbereich) ①
(Zul. Abw.) ②
(Oberfläche) ③
Maßstab ④
(Gewicht) ⑤
(Werkstoff, Halbzeug)
(Rohteil-Nr) ⑥
(Modell- oder Gesenk-Nr.)
⑦
Datum
Name
Bearb.
Gepr. ⑧a ⑨a
Norm
⑧ ⑨
(Benennung) ⑩
⑪
(Zeichnungsnummer) ⑫
Blatt ⑬
Bl.
Zust. Änderung Datum Name (Urspr.) ⑭
(Ers. f.:)
(Ers. d.:)

Bild 2.9 Grundschriftfeld für Zeichnungen und (ohne Felder 1 bis 6 sowie anderer Benennung für Feld 12) für Pläne und Stücklisten

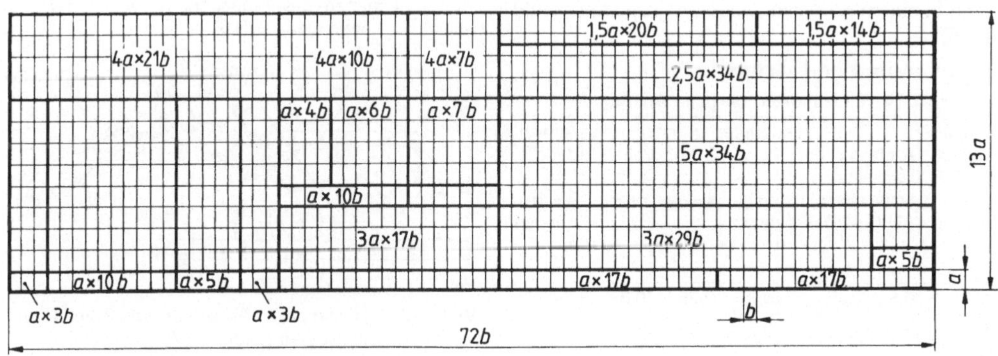

Bild 2.10 Maße und Raster des Grundschriftfeldes. Die in den einzelnen Feldern eingetragenen Zahlen geben die Größe der Felder in den Rastermaßen *a* und *b* an (Tabelle 2.11).

Tabelle 2.11 Rastermaße für Schriftfeld und Stücklistenvordruck

Format	Rastermaße *a*	*b*
A4 bis A0	4,25	2,6

Tabelle 2.12 Linienbreiten für das Schriftfeld

Linien	Linienbreiten
Begrenzung des Schriftfeldes	0,7 mm
Begrenzung der Hauptfelder	0,35 mm
Ubrige Linien	0,18 mm

71×b; b/2; b; 2a; a

1 Pos	2 Menge	3 Einheit	4 Benennung	5 Sachnummer/Norm-Kurzbezeichnung	6 Bemerkung
1	1		Gehäuse	387541	weich geglüht
2	1		Nabe	425683	
3	2		Zahnrad	523453	$m=3$, $z=60$
4	4		Stehbolzen	581774	
5	1		Feder	435627	
6	1		Zapfenschraube	M12×90 DIN 931	4,6 verwenden
7	1		Sechskantmutter	M12 DIN 936	

Bild 2.13 Stücklistenvordruck Form A

Maßstäbe, Linienarten und -breiten, Beschriftung

DIN 15 T1, T2 (Entw., beide Nov 1982), **DIN ISO 5455** (Dez 1979), **DIN 6774 T1** (Jul 1979), **DIN 6776 T1** (Apr 1976)

Maßstäbe

Der Maßstab ist das Verhältnis der in einer Originalzeichnung dargestellten linearen Maße eines Bereichs zur wirklichen Abmessung desselben Bereichs eines Gegenstands.

Der in der Zeichnung angewendete Hauptmaßstab ist in das Schriftfeld der Zeichnung einzutragen (Bild **2.**9 Feld ④).

Vergrößerungsmaßstäbe	5:1	2:1	10:1
Natürlicher Maßstab			1:1
Verkleinerungsmaßstäbe	1:2	1:5	1:10

Einzelheiten, die zu klein sind für eine vollständige Bemaßung, werden in einer gesonderten Darstellung in einem größeren Maßstab gezeichnet (Bild **2.**15).

Bei Darstellung eines kleinen Gegenstandes mit großem Maßstab (5:1 und 10:1) ist eine Darstellung im natürlichen Maßstab (vereinfacht durch seinen Umriß dargestellt) hinzuzufügen.

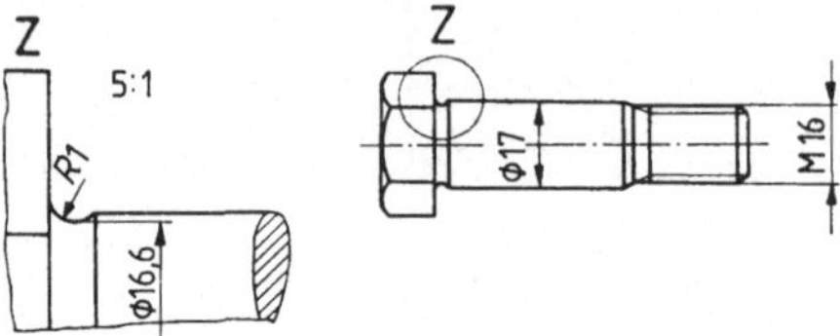

Bild **2.**15 Bei Einzelheiten wird die herauszuzeichnende Stelle eingerahmt (z. B. Kreise, Ellipsen usw. in schmaler Vollinie). Als Kennbuchstaben (Großbuchstaben) sind die letzten Buchstaben des Alphabets (Z, X, W usw.) zu verwenden (DIN 6)

Linienbreiten und -arten

Tabelle **2.**14 Linienbreiten und ihre Anwendung

Liniengruppe	Linienbreiten in mm: zeichnerische Darstellungen, Linienarten AHJ	Linienbreiten in mm: zeichnerische Darstellungen, Linienarten BCDFGK	Schriftgröße: mittlere	Schriftgröße: kleine	Schriftgröße: große	Anwendung für Zeichnungen im Format
0,5	0,5	0,25	0,35	0,25	0,5	< A1
0,7	0,7	0,35	0,5	0,35	0,7	≧ A1

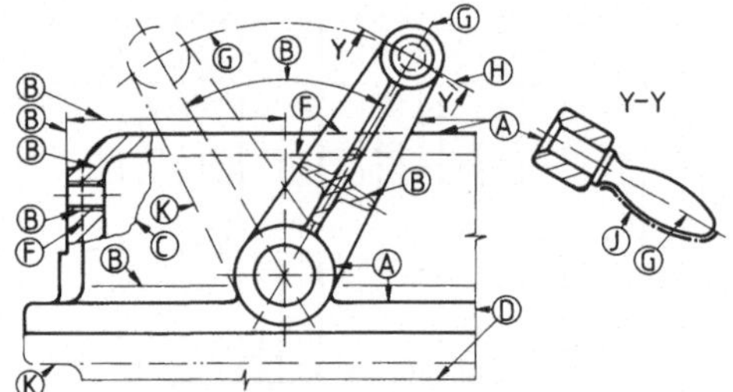

Bild **2.**16 Linienarten – Anwendungsbeispiel (Kennbuchstaben s. Tab. **2.**17).

Tabelle **2.**17 Linienarten und ihre Anwendung

Bezeichnung		Darstellung	Anwendung	Kennbuchstabe
Vollinie	breit	————	sichtbare Umrisse und Kanten	Ⓐ
	schmal	————	Lichtkanten, Maßlinien, Maßhilfslinien, Hinweislinien, kurze Mittellinien, Schraffur, Gewindelinie	Ⓑ
Freilandlinie	schmal	～～～	Begrenzung abgebrochener und unterbrochener Darstellungen	Ⓒ
Zickzacklinie	schmal	—⁄\—⁄\—	bei maschineller Zeichnungserstellung	Ⓓ
Strichlinie	schmal	– – – – – –	Verdeckte Umrisse und Kanten	Ⓕ
Strichpunktlinie	schmal	—·—·—·—	Mittellinie, Symmetrielinie, Trajektorien, Lochkreise	Ⓖ
	schmal, jedoch an den Enden und Richtungsänderungen breit	┌—·— —·—┘	Schnittebenenverlauf	Ⓗ
	breit	—·—·—·—	Schnittebenen, Kennlinie für Oberflächen und Wärmebehandlung	Ⓙ
Strich-Zweipunktlinie	schmal	—··—··—	Umrisse angrenzender Teile, Grenzstellungen beweglicher Teile, ürspungliche Umrisse vor der Verformung (Bild **2.**25)	Ⓚ

Beschriftung

Schriftgrößen

mittlere für Maßangaben, Maßstab und Beschriftungen (Textangaben) auf der Zeichenfläche

kleine für Toleranzen, Indizes und Exponenten

große für Schnitt- und Ansichtskennzeichnung, Positionsnummern u. ä.

Tabelle 2.18 **Schriftform B – Maße –**

Beschriftungsmerkmal (Bild 2.20)		Maße			
Schrifthöhe der Großbuchstaben	h	2,5	3,5	5	7
Schrifthöhe der Kleinbuchstaben (ohne Ober- oder Unterlängen)	c	—	2,5	3,5	5
Mindestabstand zwischen Schriftzeichen	a	0,5	0,7	1	1,4
Mindestabstand zwischen Grundlinien	b (b)	3,5 (4,0)	5 (5,7)	7 (8,0)	10 (11,4)
Mindestabstand zwischen Wörtern	e	1,5	2,1	3	4,2
Linienbreite (Tab. 2.14)	d	0,25	0,35	0,5	0,7

Klammerwerte (b) bei Schriftzeichen mit Ober- bzw. Unterlängen

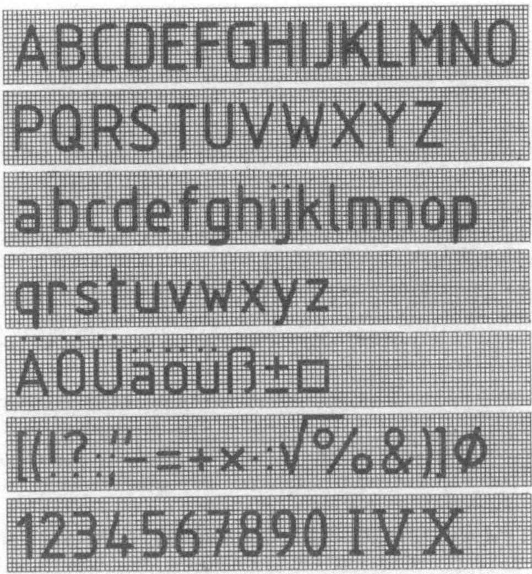

Bild 2.19 Schriftmuster für Schriftform B, vertikal

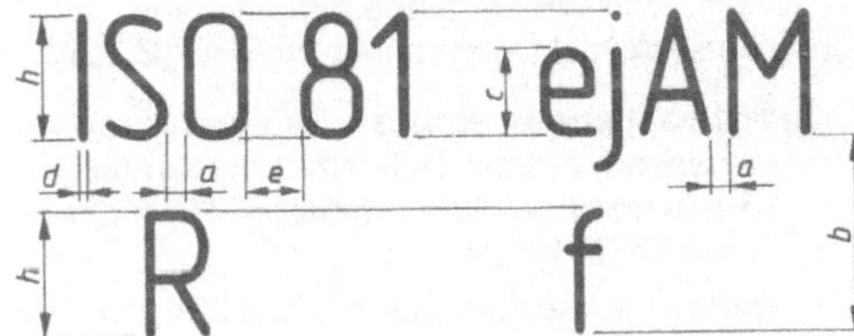

Bild 2.20 Schriftbild (Maße s. Tab. 2.18)

2.1.3 Darstellungen, Projektionen

Grundregeln für die Darstellung

DIN 6 (Mrz 1968), **DIN 15 T2** (Entw., Nov 1982), **DIN 406 T2** (Aug 1981)

Besondere Darstellung: für Gußstücke s. Abschn. 3.3.1; für Schweiß- und Lötverbindungen s. Abschn. 3.3.4.3; für wärmebehandelte Teile s. Abschn. 3.3.6.

Ansichten

Ist die Vorderansicht (Hauptansicht) gewählt, bilden die anderen Ansichten damit und zwischen sich Winkel von 90° oder einem Vielfachen davon (Bild 2.21).

Falls erforderlich (z. B. im internationalen Verkehr), ist zur Unterscheidung von anderen im Ausland z. T. üblichen Darstellungsmethoden das Unterscheidungszeichen nach Bild 2.21 (im) über dem Schriftfeld anzuführen.

Es sind nur so viele Ansichten darzustellen, wie zum eindeutigen Erkennen und Bemaßen eines Gegenstandes erforderlich sind.

Die Vorderansicht zeigt das Teil meist in Funktionsstellung. Teile, die in jeder Lage verwendet werden können, z. B. Schrauben oder Bolzen, sollten in der Lage ihrer Herstellung gezeichnet werden.

Sonderansichten. Muß von der vorstehenden Regel abgewichen werden, so ist die Blickrichtung und die entsprechende Ansicht zu kennzeichnen (Bild 2.22a und b).

Wenn es nicht notwendig ist, den Gegenstand in vollständiger Ansicht darzustellen, kann eine Teilansicht (2.22b), unter der Voraussetzung,

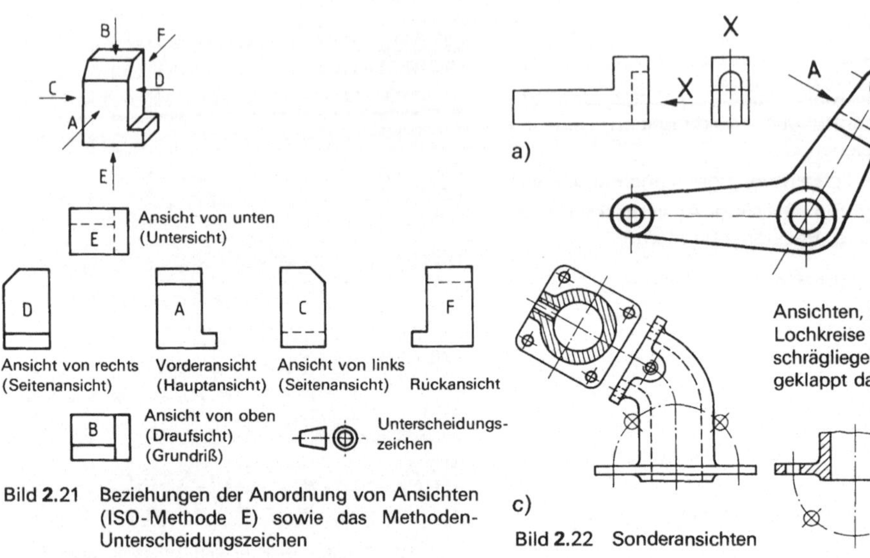

Bild **2**.21 Beziehungen der Anordnung von Ansichten (ISO-Methode E) sowie das Methoden-Unterscheidungszeichen

Ansichten, Schnitte und Lochkreise werden um schrägliegende Kanten geklappt dargestellt.

Bild **2**.22 Sonderansichten

daß die Darstellung eindeutig ist, eine örtlich begrenzte Ansicht gezeichnet werden (**2**.22c).

Unterbrochene Ansichten. Um Platz zu sparen ist es zulässig, nur die Teile eines langen Gegenstandes zu zeichnen, die für dessen Bestimmung ausreichen (Bild **2**.23).

Im Falle der Darstellung nach Bild **2**.23c muß z.B. bei Rundkörpern entweder aus der Bemaßung oder einer Seitenansicht auf die geometrische Form des Gegenstandes geschlossen werden können.

Ansichten symmetrischer Gegenstände. Um Zeit und Platz zu sparen, dürfen symmetrische Teile als Bruch der Vollansicht dargestellt werden (Bild **2**.24). Die Symmetrieachse wird im Fall **2**.24b an jedem Ende durch zwei schmale, kurze parallele Linien gekennzeichnet, die im rechten Winkel zur Achse stehen.

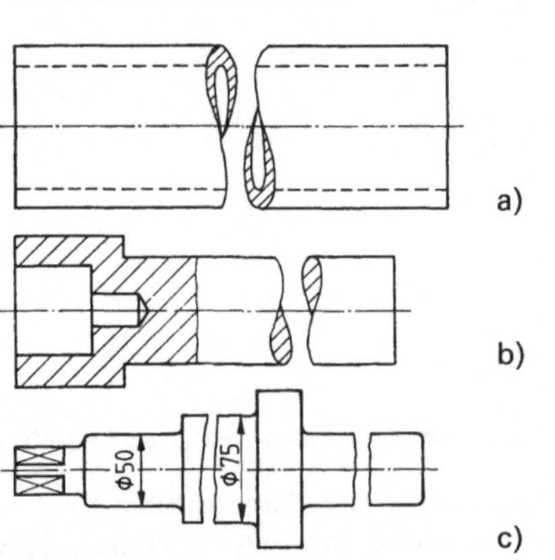

Bild **2**.23 Der Bruch a) hohler b) und c) voller Rundkörper

Ursprüngliche Stückform

Die Form eines Teiles vor einer Verformung wird durch eine schmale Strich-Zweipunktlinie dargestellt (Bild **2**.25) (Bemaßung und Berechnung s. auch Abschn. 3.3.2).

Besondere Vereinbarungen für ebene Oberflächen

Mit einem Diagonalkreuz (schmale Vollinie) können z.B. bei fehlenden Seitenansichten ebene Flächen (Seitenflächen eines Quaders oder eines Pyramidenstumpfes, Anflächungen eines Rundkörpers) gekennzeichnet werden (Bild **2**.23c).

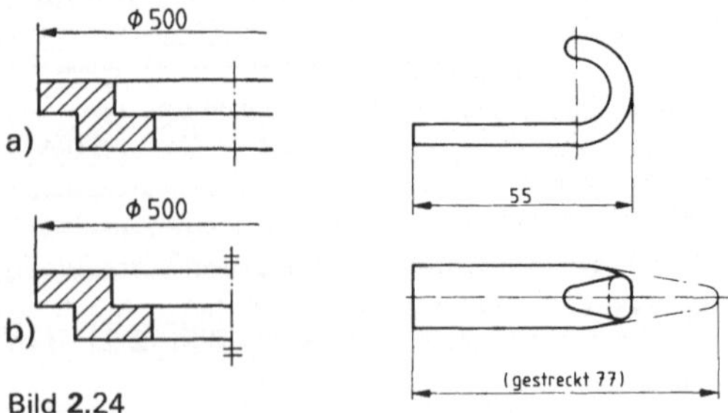

Bild **2**.24 Darstellung symmetrischer Teile

Bild **2**.25 Darstellung eines Teils vor der Verformung

Schnittdarstellungen

DIN 6 (Mrz 1968)

Schnitte

Ein Schnitt ist das gedachte Zerlegen eines Gegenstands durch eine oder mehrere Ebenen senkrecht zur Zeichenebene.

Die in der Schnittebene liegende Fläche wird Schnittfläche genannt.

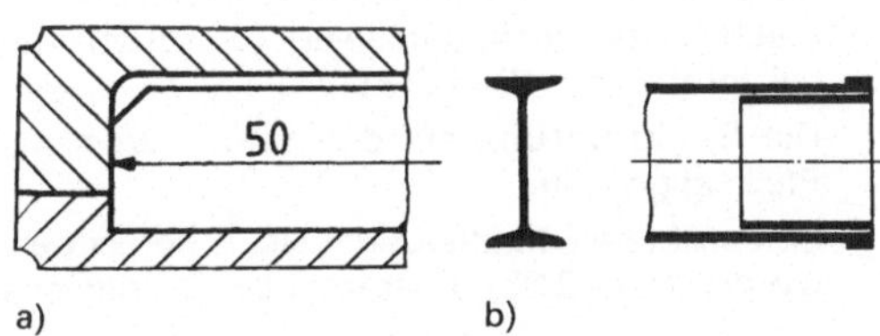

Bild **2**.26 Große a) und schmale b) Schnittflächen

Schnittarten

Nach Umfang und Lage des Schnitts werden unterschieden:

Vollschnitt (Bild **2**.27 und **2**.28)

Halbschnitt (Bild **2**.30)

Teilschnitt (Bild **2**.29)

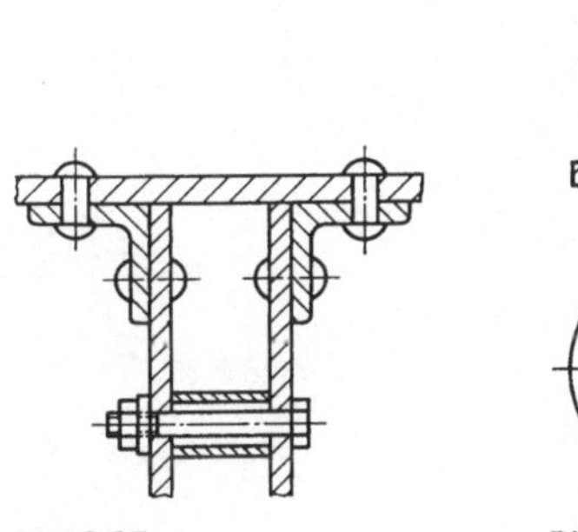

Bild **2**.27 Schnitt durch einen Verbindungsaufbau

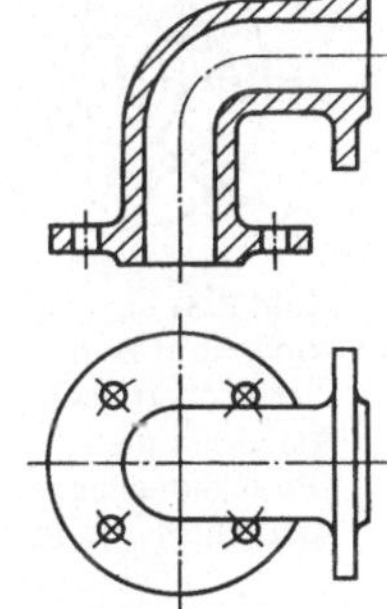

Bild **2**.28 Schnitt eines Flansches

Zeichnerische Darstellung

Schraffur der Schnittflächen. Schnittflächen werden mit schmalen Vollinien möglichst unter 45° zur Achse oder zu den Hauptumrissen schraffiert.

Die Schraffur ist für Maßzahlen und Beschriftung zu unterbrechen (Bild **2**.26a).

Bei großen Schnittflächen kann die Schraffur auf eine Randzone beschränkt bleiben (Bild **2**.26a).

Schmale Schnittflächen können voll geschwärzt werden (Bild **2**.26b).

Aneinandergrenzende Schnittflächen verschiedener Teile werden unterschiedlich schraffiert (Bild **2**.27).

Alle Schnittflächen und Ausbrüche desselben Teiles in einer oder mehreren Ansichten werden in gleicher Art schraffiert (Bild **2**.29 und **2**.30).

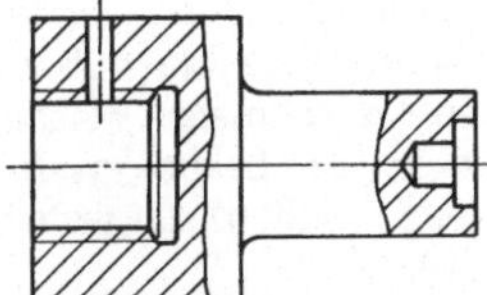

Bild **2**.29 Ausbrüche an einem Drehteil (Teilschnitt)

Schnitte in einer Ebene. Ist die Anordnung der Schnittfläche und damit auch der Schnittverlauf offensichtlich, ist keine Angabe der Lage bzw. Kennzeichnung notwendig (Bild **2**.28 bis **2**.30).

Bei Schnitten von Flanschen mit Rippen und Löchern sowie von ähnlichen Teilen werden die Flanschlöcher in die Schnittebene gedreht (Bild **2**.28 und **2**.22c). Liegen Speichen, Rippen, auch Wellen, Schrauben, Niete, Bolzen usw. in der Schnittebene, so werden sie nicht im Längsschnitt dargestellt (Bild **2**.27 und **2**.30).

Wenn der Schnitt auf der Stelle gedreht ist (Bild **2**.30, Querschnitt der Speiche), wird die Körperkante durch eine ununterbrochene schmale Linie dargestellt.

Symmetrische Teile, insbesondere Rundkörper, können zum Teil als Ansicht und zum Teil als Schnitt gezeichnet werden (Bild **2**.30).

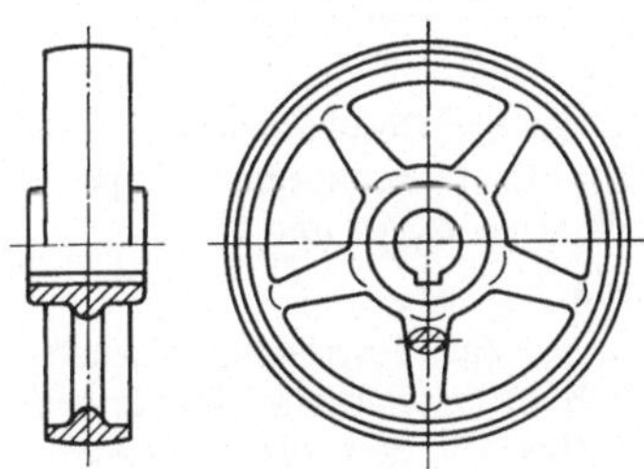

Bild **2**.30 Halbschnitt an einem Schwungrad

Schnitte in mehreren Ebenen (Bilder **2.**31 bis **2.**33). Ist der Schnittverlauf, durch einen Körper nicht ohne weiteres ersichtlich, so wird er durch breite Strichpunktlinien (Schnittlinien) gekennzeichnet (Bild **2.**31).

Die Blickrichtung auf den Schnitt wird durch Pfeile angedeutet.

Sind mehrere Schnitte durch einen Körper gelegt worden (Bild **2.**33), oder muß ein Schnittverlauf besonders gekennzeichnet werden, so sind die Schnittlinien mit Großbuchstaben zu versehen, die an den Anfang, an das Ende und – falls notwendig – an etwaige Knicke der Schnittlinie in alphabetischer Reihenfolge gesetzt werden (Bild **2.**32).

Wird ein Schnitt durch zwei parallele Ebenen gelegt, werden die Schraffurlinien versetzt, z. B. längs der Mittellinie gezeichnet (Bild **2.**32).

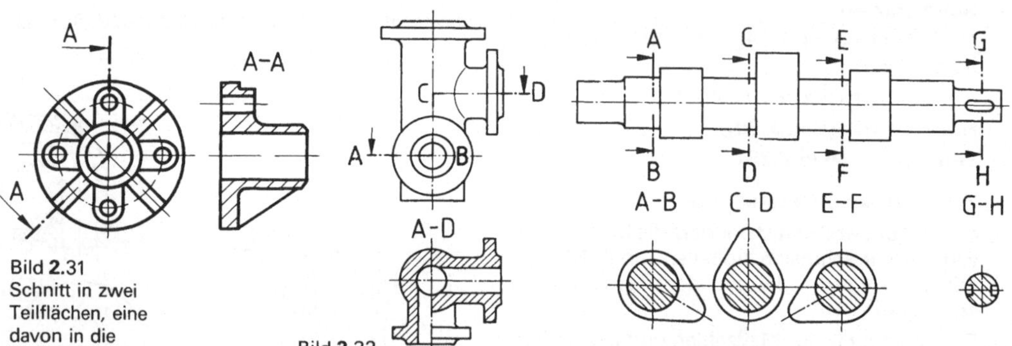

Bild **2.**31 Schnitt in zwei Teilflächen, eine davon in die Projektionsfläche gedreht dargestellt

Bild **2.**32 Schnitt in zwei parallelen Ebenen

Bild **2.**33 Gegenstand, der in mehreren getrennt liegenden Ebenen geschnitten ist.

Gewindedarstellungen, -bemaßung

DIN 76 T1 (Entw. Apr 1982), **DIN 78** (Entw. Apr 1982), **DIN 406 T2** (Aug 1981), **DIN ISO 6410** (Aug 1982)

Grundlagen

In Achsrichtung gesehen, werden Bolzengewinde-Kerndurchmesser und Muttergewinde-Außendurchmesser durch einen, in schmaler Vollinie gezeichneten Dreiviertelkreis (vier, beliebig wählbare Lagen im Achsenkreuz möglich) dargestellt (Bild **2.**34, **2.**35 und **2.**39).

Als Gewindebegrenzung wird eine breite Vollinie gezeichnet (Bild **2.**34, **2.**36a, **2.**37 bis **2.**39).

Da der Gewindeauslauf außerhalb der nutzbaren Gewindelänge liegt, wird er in der Regel nicht gezeichnet (Bild **2.**34a, **2.**37 bis **2.**41).

Bolzengewinde

In Achsrichtung auf das Gewindeende gesehen, werden Kegel- und Linsenkuppe in gleicher Weise dargestellt (Bild **2.**34a und b).

Muttergewinde

In Achsrichtung auf das Gewindeloch gesehen, wird eine im Schnitt gezeichnete Senkung des Gewindeloches (bis auf den Gewinde-Außendurchmesser) nicht dargestellt (Bild **2.**35b).

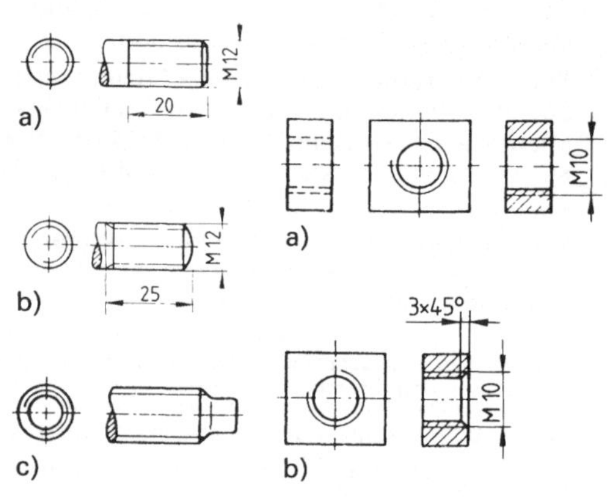

Bild **2.**34
a) Kegelkuppe
b) Linsenkuppe
c) Zapfen

Bild **2.**35
Muttergewinde
a) ohne Senkung
b) mit Senkung

Gewindegrundloch

Der Bohrlochkegel wird ausgehend von den Kernlochlinien mit dem 30°-Winkel gezeichnet (Bild **2**.36 und **2**.38).

Schraubverbindungen

Bei der Darstellung zusammengeschraubter Teile erscheint das Muttergewinde im Schnitt nur dort, wo es durch den Bolzen nicht verdeckt ist. Das Bolzengewinde hat den Vorrang (Bild **2**.37 und **2**.38).

Sind Sechskant-Muttern und -Schraubenköpfe maßstäblich zu zeichnen, werden die Fasenkanten vereinfacht als Kreisbögen gezeichnet; Bild **2**.39 gibt eine Regel für das Auffinden der Mittelpunkte bei der Darstellung von Sechskanten. Der Wert für das Maß *e* ist der Norm DIN ISO 272 (DIN 475) zu entnehmen.

Gewindebemaßung

Für genormte Gewinde werden Kurzbezeichnungen nach DIN 202 angewendet. Im allgemeinen setzt sich die Kurzbezeichnung zusammen aus:

- dem Kurzzeichen für die Gewindeart, z. B. M
- dem Nenndurchmesser
- der Steigung, ggf. der Teilung
- der Gangzahl und
- ggf. aus zusätzlichen Angaben, z. B. Gangrichtung, Toleranz.

Der Nenndurchmesser bezieht sich bei Außengewinden auf die Gewindespitze und bei Innengewinden auf den Gewindegrund.

Rechts- und Linksgewinde von gleichem Durchmesser an demselben Teil sind nach Bild **2**.40 zu kennzeichnen. In der Regel wird nur das Linksgewinde (LH = Left Hand) besonders gekennzeichnet.

Der Gewindeauslauf wird nur dann gezeichnet, wenn das Maß der nutzbaren Gewindelänge einbezogen und wenn dies in besonderen Fällen notwendig ist (Bild **2**.34b und **2**.36).

Beim Einschraubende der Stiftschrauben rechnet der Gewindeauslauf mit zur nutzbaren Gewindelänge. Somit ist das Ende des Gewindeauslaufs auch die Begrenzung der Gewindelänge (Bild **2**.34b).

Gewindebolzen mit Gewindefreistich sind nach Bild **2**.41 zu bemaßen.

Sollen Gewindesenkungen bemaßt werden, sind Senkwinkel und Senktiefe (Bild **2**.35b) anzugeben.

Gepreßte und gespritzte Gewinde in Formstoffen und dergleichen mit einer Schutzsenkung werden nach Bild **2**.42 bemaßt.

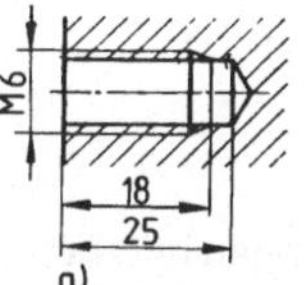

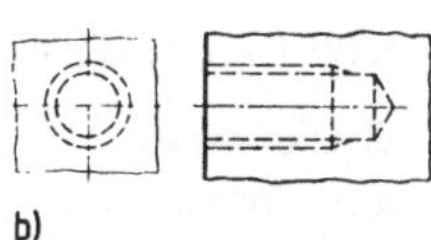

Bild **2**.36 Gewindegrundloch mit dargestelltem Gewindeauslauf
a) Schnittdarstellung
b) verdeckt

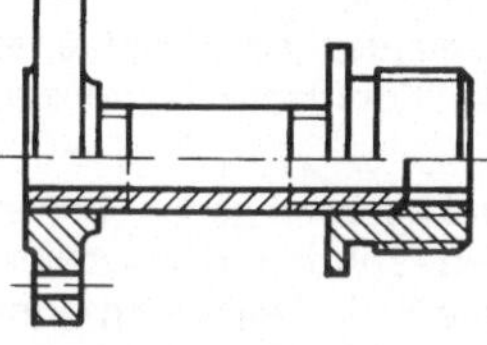

Bild **2**.37 Zusammengeschraubte Teile

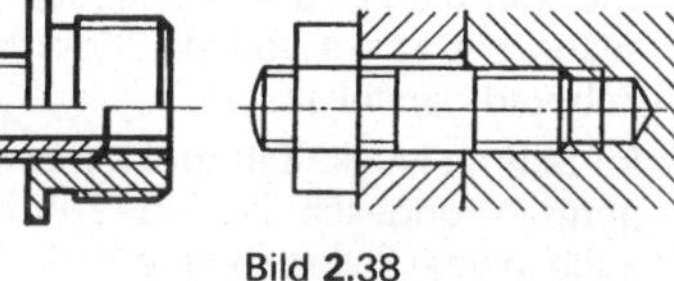

Bild **2**.38 Eingeschraubte Stiftschraube. Mutter vereinfacht dargestellt

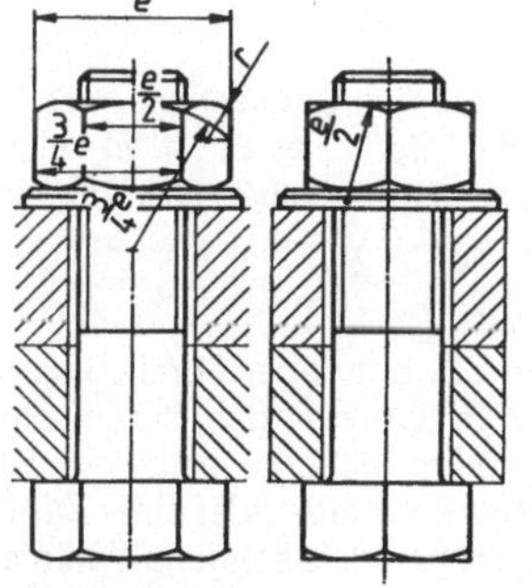

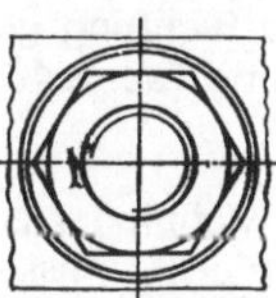

Bild **2**.39 Verbindung mit Sechskantschraube und -mutter

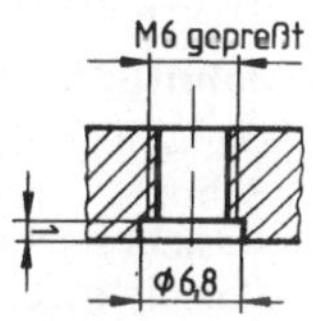

Bild **2**.42 Gewinde in Formstoff gepreßt

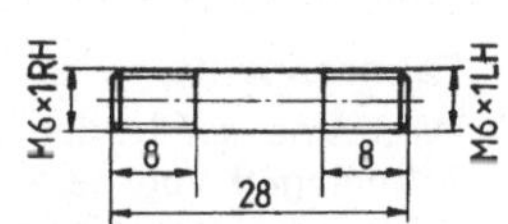

Bild **2**.40 Links- und Rechtsgewinde (fein) an einem Teil

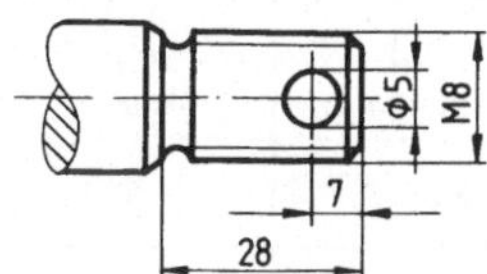

Bild **2**.41 Gewindelänge bei dargestelltem Freistich

Darstellungen von Zahnrädern
DIN ISO 2203 (Jun 1976)

Grundlagen

Ein Zahnrad wird in Teilzeichnungen und Zusammenstellungszeichnungen grundsätzlich (ausgenommen in Schnittdarstellungen) als ein ganzes Teil ohne einzelne Zähne dargestellt (Bild **2**.43 bis **2**.45 und 2.47).

Konturen und Körperkanten

Die Konturen und Körperkanten jedes Zahnrades sollen ein volles von der Kopffläche begrenztes Zahnrad darstellen.

Im Schnitt ist ein Zahnrad mit zwei gegenüberliegenden ungeschnittenen Zähnen darzustellen, auch in dem Fall, wenn die Räder keine Stirnzähne oder eine ungerade Zähnezahl haben.

Bezugsfläche

Die Bezugsfläche (Fußkreis) wird als eine schmale Strichpunktlinie dargestellt (s. Bild **2**.43 bis **2**.45).

Zahnfußfläche

Die Zahnfußfläche wird grundsätzlich nur in Schnitten dargestellt. Soll sie doch in einer Ansicht erscheinen, so wird sie mit einer schmalen Vollinie gezeichnet.

Zähne

Das Zahnprofil wird zB. entweder durch Bezugnahme auf eine DIN-Norm oder durch eine Zeichnung in geeignetem Maßstab festgelegt. Die Flankenrichtung eines Zahnrads oder einer Zahnstange kann durch drei parallele schmale Vollinien in der entsprechenden Form und Richtung gekennzeichnet werden (Bild **2**.43 und Tab. **2**.46).

Zahnradpaare

Wird eine der beiden gepaarten Zahnräder am Zahneingriff von dem andern verdeckt, müssen die verdeckten Körperkanten nicht dargestellt werden, wenn sie die Eindeutigkeit der Zeichnung nicht beeinträchtigen (Bild **2**.45).

Tabelle **2**.46 Kennzeichnung der Flankenrichtung

Verzahnungsart	Beispiel	
Schrägzahnrad	(rechtssteigend)	(linkssteigend)
Schrägzahnrad mit Pfeilverzahnung		
Schneckenrad		

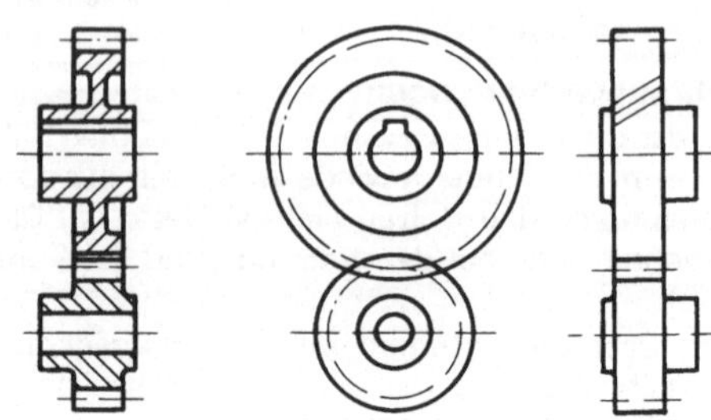

Bild **2**.43 Stirnrad mit außenliegendem Gegenrad

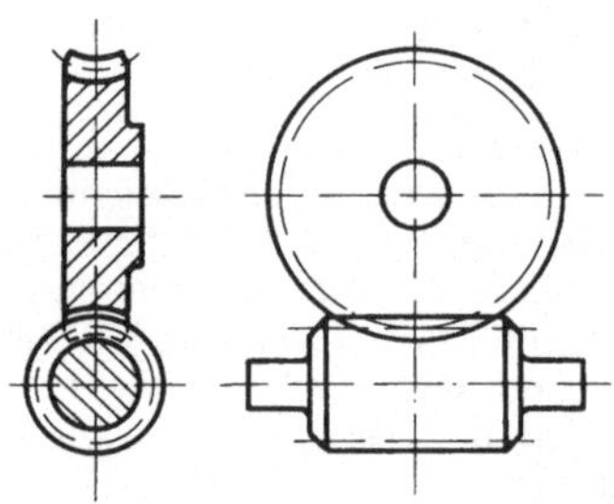

Bild **2**.44 Schnecke mit Schneckenrad

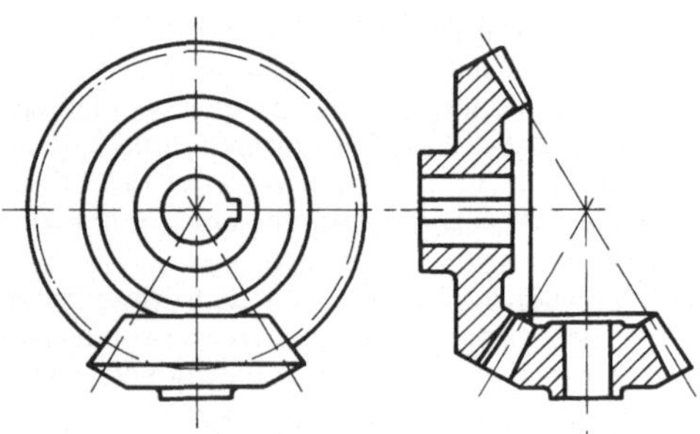

Bild **2**.45 Kegelräder

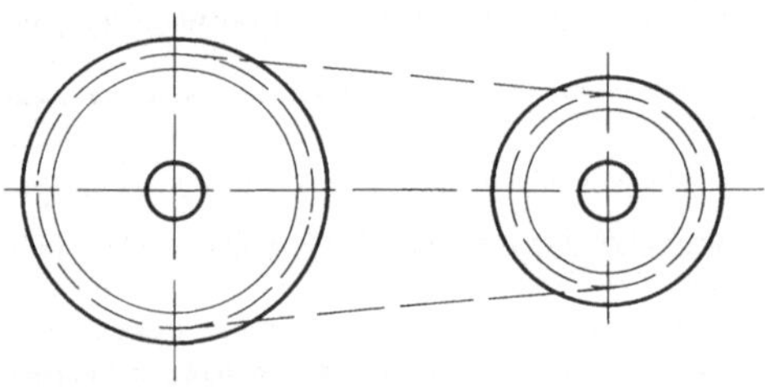

Bild **2**.47 Kettenräder

Darstellung von Federn
DIN ISO 2162 (Jun 1976)

Grundlagen

Um Zusammenstellungszeichnungen nicht zu unübersichtlich werden zu lassen, können die in der tabellarischen Bildübersicht **2.**48 angeführten Sinnbilder für die Darstellung von Federn verwandt werden.

Wickelrichtung

Die in **2.**48 gezeigten Beispiele stellen rechtsgewickelte Federn dar. Linksgewickelte Federn müssen entweder in der Wickelrichtung gezeichnet werden oder sind durch Wortangaben zu kennzeichnen.

Querschnitt des Federdrahtes

Der Querschnitt des zu verwendenden Federdrahtes ist mit Wortangabe oder Symbol (**2.**48 lfd. Nr. 1.1 und 1.2) zu kennzeichnen.

Die zylindrischen Schraubendruckfedern nach lfd. Nr. 1.1 sind aus Draht mit rundem Querschnitt und die nach lfd. Nr. 1.2 aus Draht mit quadratischem Querschnitt.

Maßeintragungen/Berechnungen

Für Maßeintragungen, Berechnungen usw. gelten u. a. folgende Normen:

Zylindrische Schraubendruckfedern
DIN 2089 T1, DIN 2090, DIN 2095, DIN 2096 T1 und T2, DIN 2098 T1 und T2, DIN 2099 T1

Zylindrische Schraubenzugfedern
DIN 2089 T2, DIN 2097, DIN 2099 T2

Zylindrische Schrauben-Drehfedern
DIN 2088

Tellerfedern
DIN 2092, DIN 2093

Spiralfedern
DIN 8255 T1, DIN 8287, DIN 43801 T1

Dokumentation/Bestellung

Für die Bestellung von zylindrischen Schraubenfedern (Zug- und Druckfedern) wird die Verwendung von Vordrucken (Formblätter mit Zeichnung) empfohlen, die so gestaltet sind, daß sie auch innerbetrieblich als technische Zeichnung Anwendung finden können. Festgelegt sind diese Vordrucke in DIN 2099 (s. Norm).

Tabelle **2.**48 Federdarstellungen

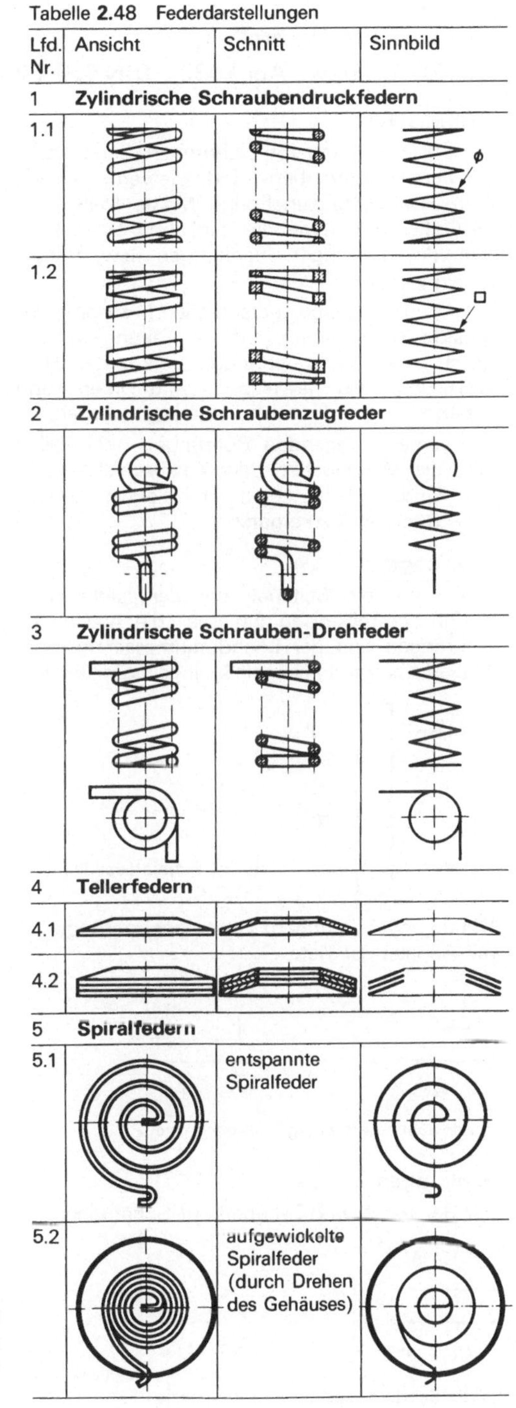

Vereinfachte Darstellungen

DIN 30 T1 (Entw., Apr 1982), **DIN 406 T2** (Aug 1981)

Grundlagen

Bei der Darstellung von Bohrungen, Senkungen, Gewinden, Schrauben- und Nietverbindungen können einzelne zugehörige Maße, Maß- und Maßhilfslinien sowie die bildlichen Darstellungen, der Bohrungen, Senkungen usw. fortgelassen werden.

Sie müssen durch entsprechend zusammengefaßte Maßangaben (z.B. bei Teilungen) oder durch DIN-Kurzbezeichnungen, die mittels Hinweislinien den jeweiligen Mittellinien und -kreuzen zugeordnet werden, ersetzt werden.

Bei verdeckt liegenden Bohrungen oder Teilen sind die Maßangaben oder Kurzbezeichnungen der Eindeutigkeit wegen, mit einem Zusatz R (= Rückseite) zu ergänzen.

Bohrungen

Wenn nur die Seitenansicht dargestellt wird, dürfen der Teilkreisdurchmesser, die Anzahl der Bohrungen und der Lochdurchmesser in einer Maßangabe zusammengefaßt eingetragen werden.

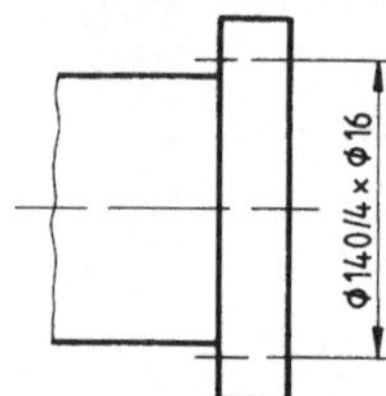

in der Schnittdarstellung

Durchgangsbohrungen; Grundlochbohrungen mit Angabe der Tiefe

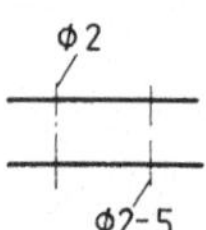

in der Schnittdarstellung

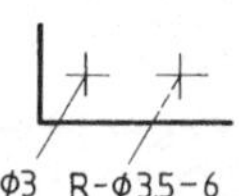

in der Ansicht

Senkungen

Für Senkkopf- und Zylinderkopf-Schrauben

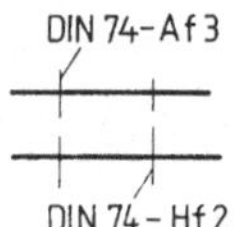

in der Schnittdarstellung

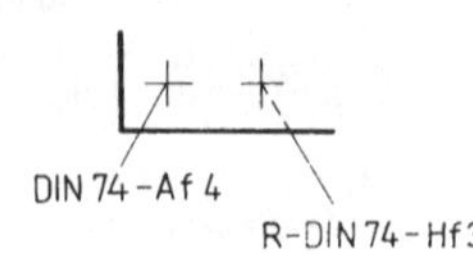

in der Ansicht

Anflächungen

für eine Gewindebohrung; es sind nur die Maße und Oberflächenangaben einzutragen

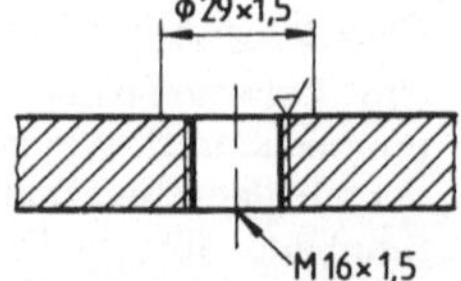

in der Schnittdarstellung

Gewinde

Durchgangsbohrungen mit Gewinde; Grundlochbohrungen mit Gewinde sowie Angabe der nutzbaren Gewindelänge und Kernlochtiefe

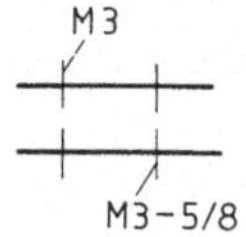

in der Schnittdarstellung

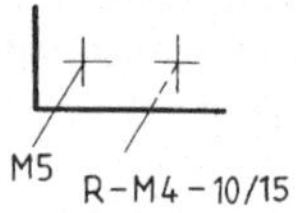

in der Ansicht

Schraubenverbindung

Verbindung mittels Sechskantschraube sowie Scheibe und Sechskantmutter

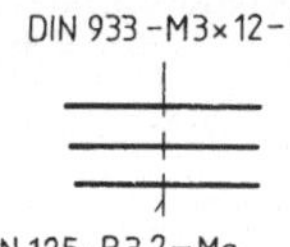

in der Schnittdarstellung

DIN 933-M4×12-5,6
Rückseite
DIN125-B4,3-Ms
DIN934-M4-Ms

in der Ansicht

Nietverbindung

Niet mit Senk- und Schließkopf

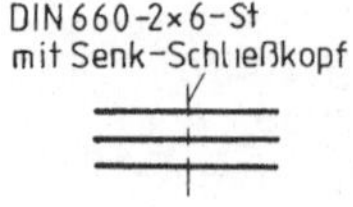

in der Schnittdarstellung

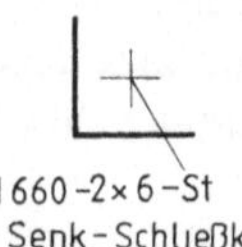

DIN 660-2×6-St
mit Senk-Schließkopf

in der Ansicht

Schweißnähte

Art und Ausführung der Schweißnaht freigestellt; allgemeines Schweißzeichen

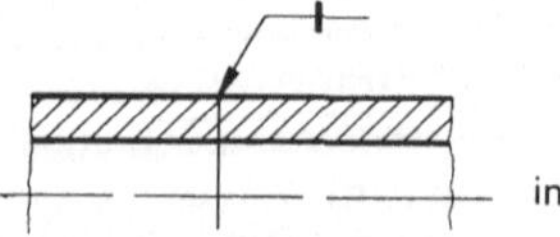

in der Schnittdarstellung

Schweißnahtbewertung durch Symbolangabe

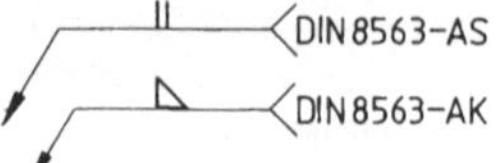

Maßeintragungen

DIN 406 T1 (Apr 1977) und T2 (Aug 1981)

Maßeintragungen für Toleranzen und Passungen s. Abschn. 3.1; für Oberflächenbeschaffenheiten s. Abschn. 3.2; für Auftragsschweißungen s. Abschn. 3.3.5.1; für Gußstücke s. Abschn. 3.3.1; für Schmiedestücke s. Abschn. 3.3.2

Grundlagen

Das Ziel einer Maßeintragung ist es, unter Beachtung der auftretenden Toleranzen das funktionsgerechte Zusammenpassen von zueinander gehörenden Teilen oder Gruppen zu gewährleisten.

Prüfbezogene Maßeintragungen sollen die direkte Nachprüfung durch Messen ohne Umrechnung sicherstellen.

Maßangaben

Nach DIN 7182 setzen sich Maße (Längen-Winkelmaße) aus einer Maßzahl und einer Maßeinheit zusammen.

Einem Maß sind stets direkt oder indirekt Toleranzangaben zugeordnet (s. Abschn. 3.1).

Bei Millimetermaßen kann auf die Angabe der Maßeinheit in technischen Zeichnungen verzichtet werden.

Von der Einheit mm abweichende Einheiten, z. B. cm, m oder ° (Grad) müssen an der betroffenen Maßzahl eingetragen werden.

Maßlinien

Sie werden im allgemeinen rechtwinklig zu den Körperkanten oder parallel zu dem anzugebenden Maß angeordnet (Bild **2.**50 und **2.**53 b und c).

Sie können auch als Bogen zwischen den Schenkeln eines Winkels gezeichnet werden (Bild **2.**53a).

Abstand von der Körperkante ungefähr 10 mm, untereinander ungefähr 7 mm.

Maßlinien werden vorzugsweise durchgezogen; sie dürfen durch Maßlücken unterbrochen werden, wenn dies erforderlich ist (Bild **2.**51).

In abgebrochenen Ansichten oder Schnitten und bei Halbschnitten (Bild **2.**51) sind die davon betroffenen Maßlinien nur mit einer Maßlinienbegrenzung zu versehen.

Maßlinien sollen sich mit anderen Hilfslinien und untereinander möglichst nicht schneiden.

Mittellinien, Maßhilfslinien und Schraffuren sind im Bereich der Maße zu unterbrechen (Bild **2.**26 und **2.**51).

Maßhilfslinien

Sie stehen im allgemeinen rechtwinklig zur Maßlinie und gehen 1 bis 2 mm über diese Linie hinaus.

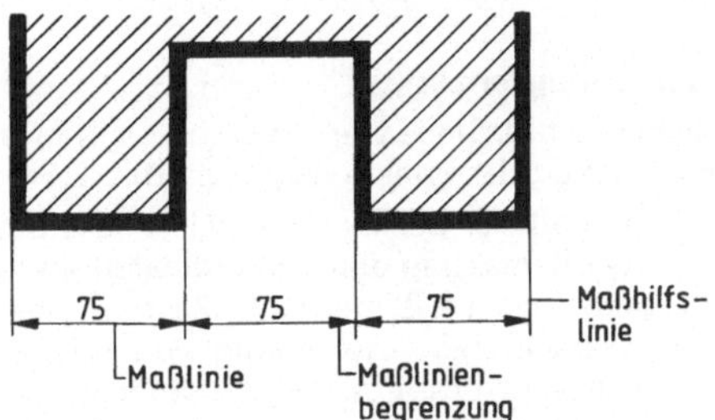

Bild **2.**49 Elemente einer Maßeintragung

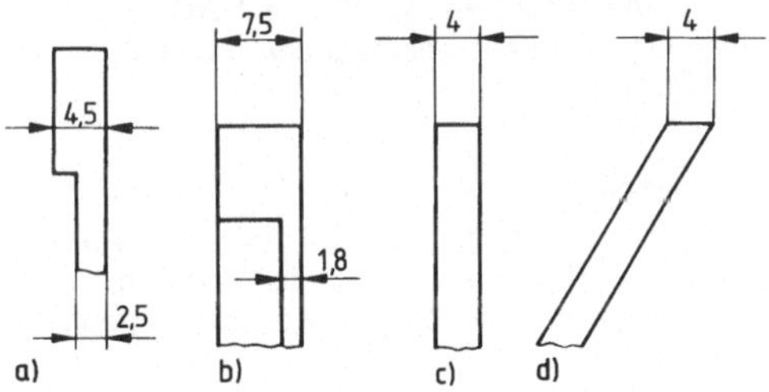

Bild **2.**50 Anordnung der Maßlinien und Maßzahlen

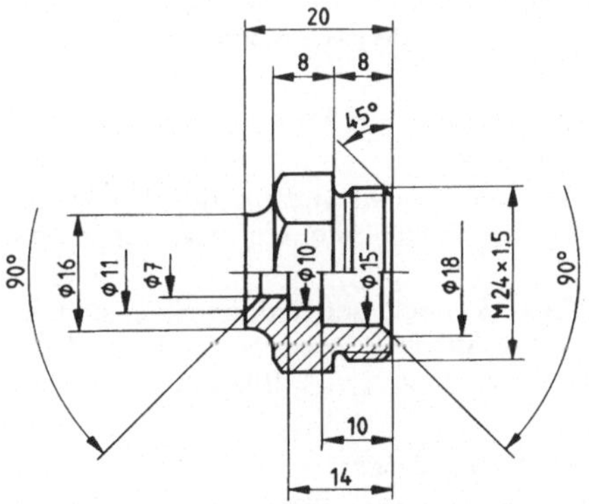

Bild **2.**51 Maße mit Maßhilfslinien herausgezogen

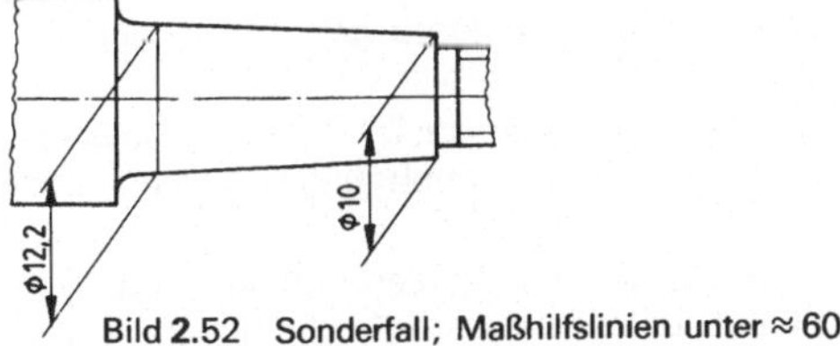

Bild **2.**52 Sonderfall; Maßhilfslinien unter ≈ 60°

Maßhilfslinien an besonders breit dargestellten Körperkanten s. Bild **2**.49.

Nur in besonderen Fällen dürfen Maßhilfslinien unter einem Winkel (etwa 60°) zur Maßlinie stehen (Bild **2**.52).

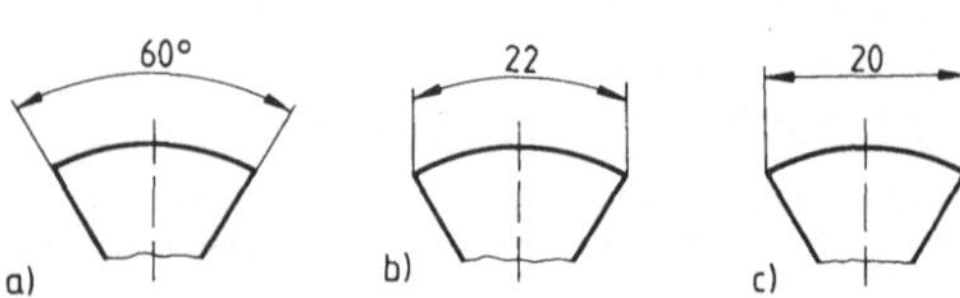

Bild **2**.53 a) Winkelmaß, b) Bogenmaß, c) Sehnenmaß

Maßlinienbegrenzung

Die Enden der Maßlinie werden durch Maßpfeile, Schrägstriche oder Punkte begrenzt (Bild **2**.54).

Der Punkt darf nur bei Platzmangel (Bild **2**.55) oder bei der Bemaßung durch Koordinaten sowie bei Angabe einer Maßkette (Bild **2**.63 a) angewendet werden. Bei Anwendung von offenen Pfeilen soll statt des Punktes ein Schrägstrich gesetzt werden.

Bei Maßlinien am Kreisbogen für Radien und Durchmesser ist als Maßlängenbegrenzung immer ein Maßpfeil anzuwenden (Bild **2**.58 und **2**.59).

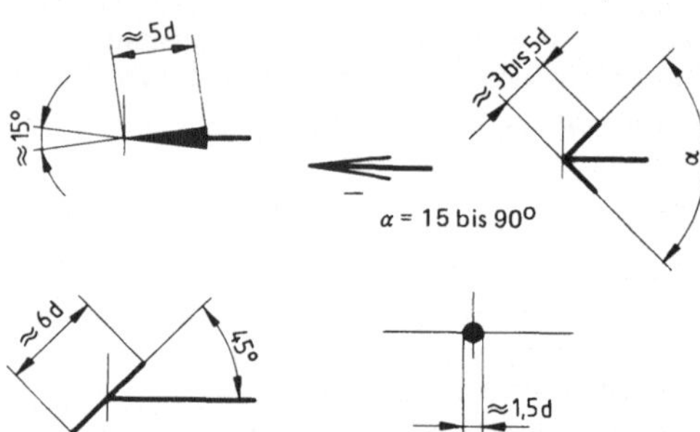

Bild **2**.54 Maßlinienbegrenzungen
(d ≙ Linienbreite der breiten Vollinie)

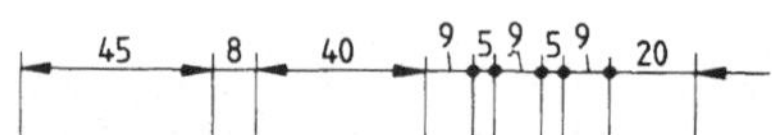

Bild **2**.55 Anwendung der Maßlinienbegrenzungen

Hinweislinien

Sie sind schräg aus der Darstellung herauszuziehen und dürfen bei Platzmangel auch als Bezugslinien für Maße angewendet werden (Bild **2**.61 b, c).

Hinweislinien sollen an einer Körperkante durch einen Pfeil begrenzt werden, in einer Fläche mit einem Punkt und an allen anderen Linien z. B. Mittellinien ohne Begrenzungszeichen.

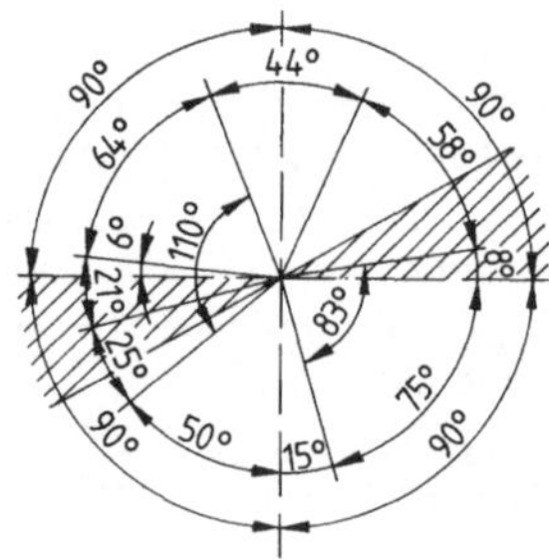

Bild **2**.56 für Winkelangaben zu vermeidende Bereiche

Schreibrichtung von Maßen, Symbolen und Wortangaben

Für Maßeintragungen verläuft die Schreibrichtung in der Regel wie die dazu gehörende Maßlinie.

Alle Maße, Symbole und Wortangaben sind von unten oder von rechts lesbar einzutragen (Zeichnung in Leserichtung, s. a. Bild **2**.56 und **2**.57).

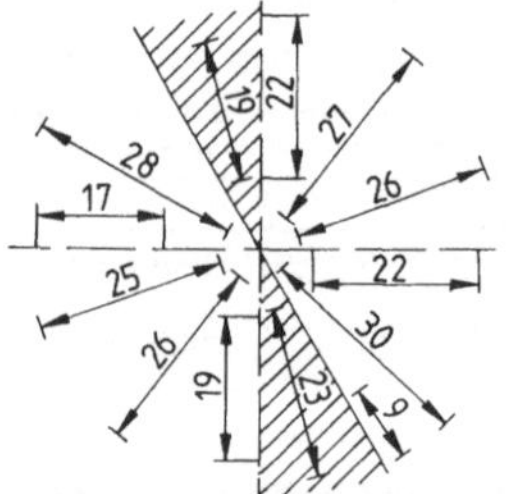

Bild **2**.57 Für Maßzahlen zu vermeidende Bereiche

Radien (Halbmesser)

Radien werden in allen Fällen durch den vor die Maßzahl zu setzenden Großbuchstaben R gekennzeichnet. Der Mittelpunkt des Radius muß durch ein Mittellinienkreuz gekennzeichnet werden (Bild **2**.58).

In eindeutigen Fällen (z. B. Rundungshalbmesser) darf auf die Kennzeichnung des Mittelpunktes verzichtet werden.

Die Maßlinien für Radien erhalten nur eine Maßlinienbegrenzung am Kreisbogen.

Muß bei großen Radien die Lage des Mittelpunkts maßlich festgelegt werden, so darf aus Platzgründen die Maßlinie rechtwinklig abgeknickt und verkürzt gezeichnet werden. Der mit dem Maßpfeil versehene Teil der Maßlinie muß auf den geometrischen Mittelpunkt gerichtet sein.

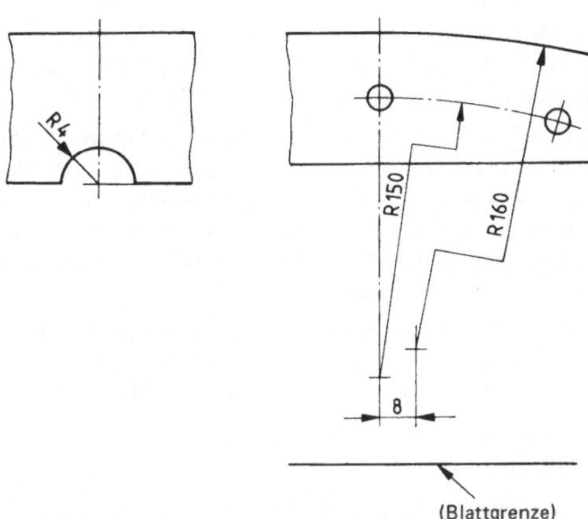

Bild **2**.58 Radius mit Mittelpunktkennzeichnung

Durchmesser

Durchmesser werden in der Regel durch ein vor die Maßzahl zu setzendes Durchmesserzeichen gekennzeichnet, wenn der Durchmesser in der betreffenden Ansicht nicht eindeutig erkennbar ist (Bild **2**.62 a).

Das Durchmesserzeichen ist auch dann anzuwenden, wenn die Durchmesserangaben zwar an einem Kreispunktbogen stehen, aber nur eine Maßlinienbegrenzung haben (Maß 30 in Bild **2**.59).

Bei Durchmesserangaben, deren Maßlinien zwei Maßlinienbegrenzungen tragen (Maß 40 in Bild **2**.59), entfällt das Durchmesserzeichen.

Kugel

Die Kugelform wird durch die Wortangabe „Kugel" vor dem Radius- oder Durchmesserzeichen gekennzeichnet (Bild **2**.60).

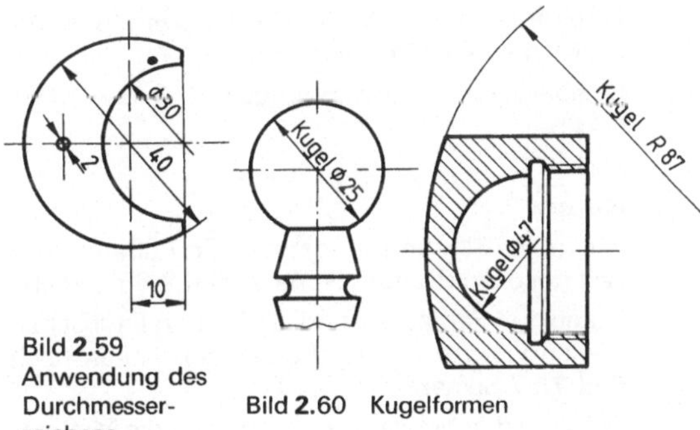

Bild **2**.59 Anwendung des Durchmesserzeichens

Bild **2**.60 Kugelformen

Quadratische Formen

Quadratische Formen werden vorzugsweise in der Ansicht bemaßt, in der die Form erkennbar ist.

Sind sie in der Ansicht, in der die entsprechenden Maße stehen nicht erkennbar, werden sie durch ein vor die betreffende Maßzahl zu setzendes Quadratzeichen gekennzeichnet (Bild **2**.61 a).

Bei genormten Vierkanten, bei denen die Form aus der Darstellung oder der Benennung (z. B. Vierkantschraube) hervorgeht, genügt die Angabe der Schlüsselweite (SW in Bild **2**.61 c). Sinngemäß gilt das auch für die in Bild **2**.61 b) dargestellte Schlüsselfläche.

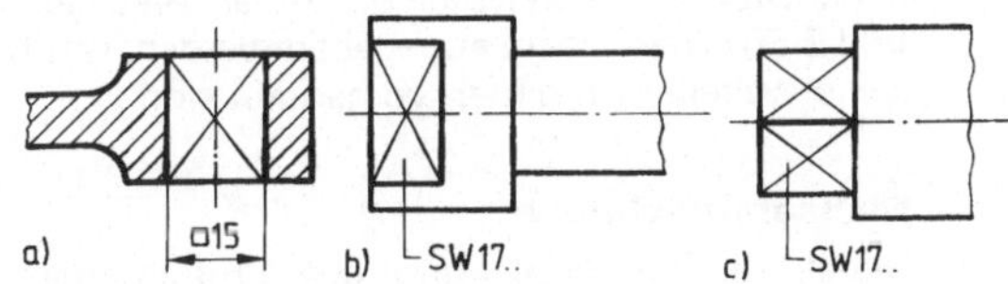

Bild **2**.61 Quadratische Formen, Schlüsselflächen

Fasen und Senkungen

Bei Drehteilen mit Fasen sind diese in das Längenmaß einzubeziehen (Bild **2**.62a).

Für Fasen von 45° (Bild **2**.62b) oder Senkungen von 90° (Bild **2**.62 c) sind vereinfachte Bemaßungen zulässig.

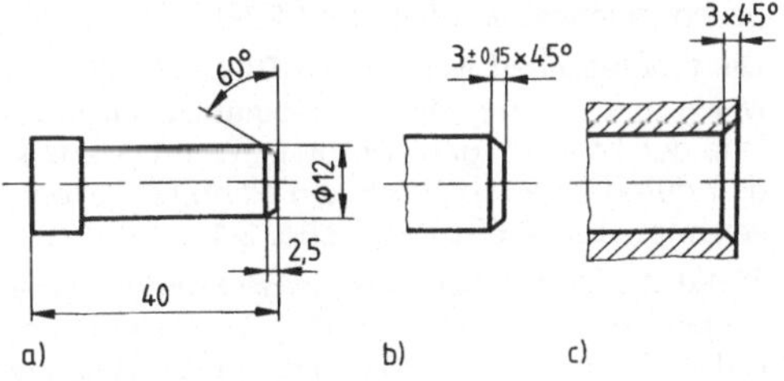

Bild **2**.62 Fasen und Senkungen

Teilungen

Als Teilung gilt die Aufeinanderfolge mehrerer Abstände, die auf einer Geraden oder einem Kreisbogen liegen (Bild **2**.63).

Die vereinfachte Bemaßung als Maßkette ist nur bei Teilungen gleicher Abstände und gleicher geometrischer Elemente anwendbar.

Die Summierung der Einzeltoleranzen wird vermieden, wenn die Maßeintragung einzeln, von einem gemeinsamen Bezugselement aus vorgenommen wird. Dieses Bezugselement kann z. B. eine Körperkante (Bild **2.**63 a und b) oder eine Lochmitte (Bild **2.**63 c) sein.

Bei der Eintragung von Ortstoleranzen nach DIN 7184 Teil 1 wird die Toleranzsummierung ebenfalls vermieden (Bild **2.**63 b) (Abschn. 3.1).

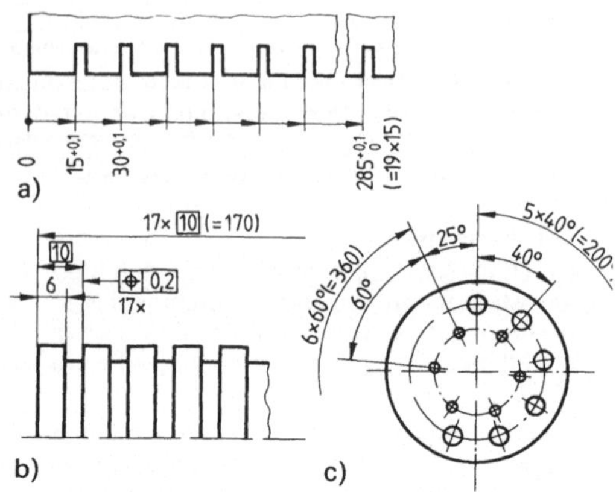

Bild **2.**63 Teilungen auf einer Geraden und einem Kreisbogen

Kegel

An Gußteilen, Schmiedeteilen u. ä. werden die spanlos zu formenden kegeligen Übergänge nur durch die beiden Durchmessermaße und die Kegellänge bestimmt (Bild **2.**64).

Eintragung von Maßen und Toleranzen für Kegel nach DIN ISO 3040 (s. Norm).

Beispiele für Maßeintragungen s. Bilder **2.**65 a und b.

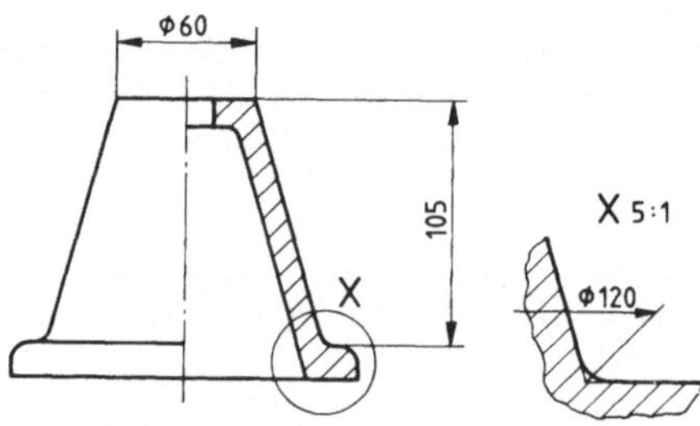

Bild **2.**64 Kegeliger Übergang

Nuten

Nuten in Bohrungen werden für Paßfedern in zylindrischen Bohrungen nach Bild **2.**66 bemaßt.

Nuten für Paßfedern und Keile in zylindrischen Wellen werden bei durchgehenden Nuten nach Bild **2.**67 bemaßt.

Bei nicht durchgehenden Nuten wird die Maßeintragung nach Bild **2.**68 a vorgenommen.

In der Draufsicht von Nuten darf deren Tiefe nach Bild **2.**68 b vereinfacht angegeben werden, wenn keine weiteren Ansichten vorhanden sind.

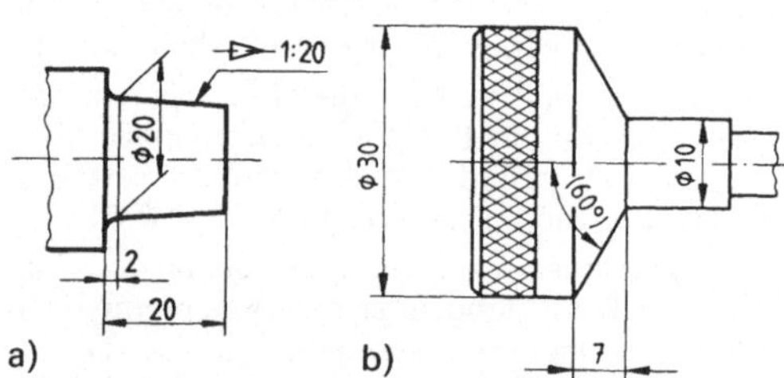

Bild **2.**65 a) Kegelbemaßung von einer Bezugskante aus
b) Maßeintragungen bei Angabe des Einstellwinkels als Hilfsmaß

Maßkennzeichnung

Maße, die bei Festlegung des Prüfumfanges besonders beachtet werden sollen, z. B. um die Funktion des Gegenstandes sicherzustellen, können durch einen Rahmen in schmaler Vollinie gekennzeichnet werden (Bild **2.**69).

Die theoretischen Maße nach DIN 7184 T1 sind Maße, die zur Angabe der geometrischen Ideallage der Toleranzzone erforderlich sind. Sie werden durch einen rechteckigen Rahmen gekennzeichnet (Bild **2.**63 b) (Abschn. 3.1).

Maße, die für die geometrische Bestimmung eines Gegenstandes nicht erforderlich sind, werden als Hilfsmaße durch runde Klammern gekennzeichnet (Bild **2.**69).

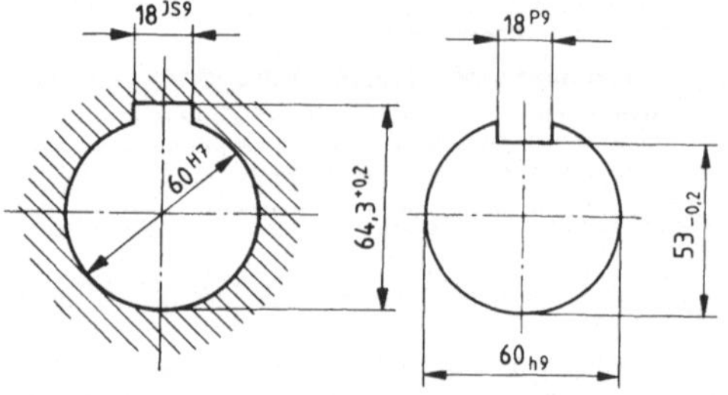

Bild **2.**66 Nuten in Bohrungen

Bild **2.**67 Nuten in zylindrischen Wellen, durchgehend

Anordnung der Maße

Bei dicht aneinander liegenden Maßlinien sollen die Maße möglichst versetzt angeordnet werden.

Vereinfachte Angabe der Werkstückdicke t und Werkstücklänge l bei flachen Teilen s. Bild **2.**70a, b.

Die Maßeintragung für Löcher darf von unterschiedlichen Bezugsebenen oder von Mittellinien aus vorgenommen werden und sich auf Lochmitten oder Lochkanten beziehen (Bild **2.**70a, b).

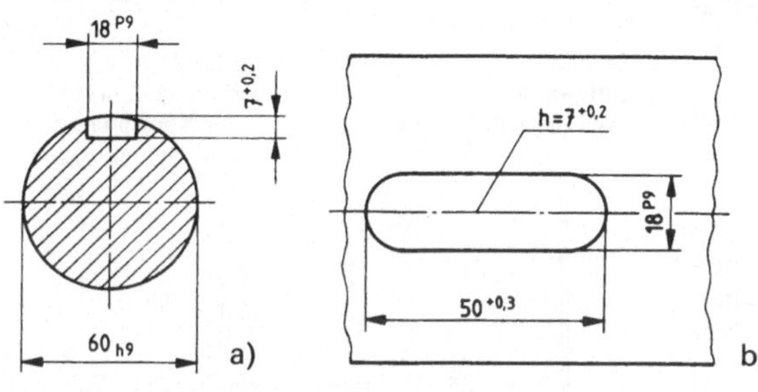

Bild **2.**68 Nuten in zylindrischen Wellen, nicht durchgehend

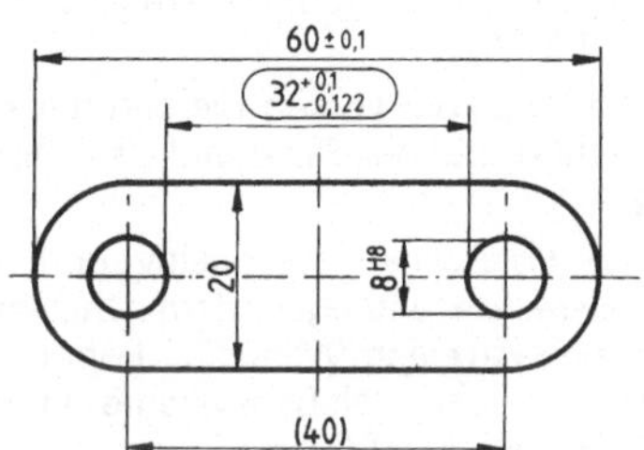

Bild **2.**69 Prüfmaße und Hilfsmaße

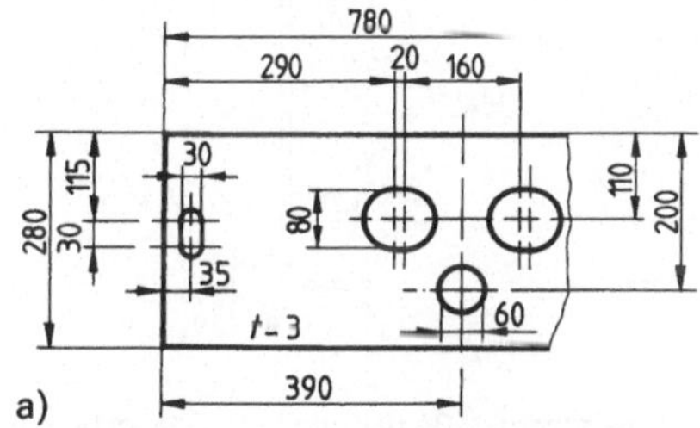

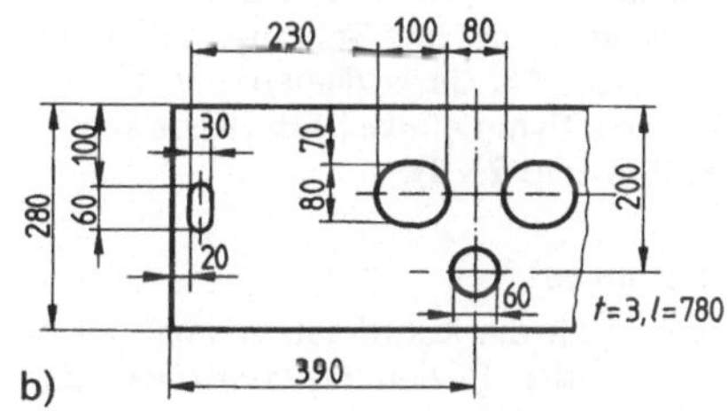

Bild **2.**70 Maßeintragungen für Löcher

Bemaßung durch Koordinaten
DIN 406 T3 (Jul 1975)

Bemaßung von NC-gefertigten Teilen s. auch Abschn. 3.4.1.4

Grundlagen

Ziel der Koordinatenbemaßung ist es, eine Vereinfachung und Erleichterung der Maßeintragung für die manuelle Programmierung z. B. von NC-Werkzeugmaschinen zu erreichen.

Koordinatensysteme

Für die Bemaßung sind von den Einflüssen der Werkzeugmaschine unabhängige Koordinatensysteme festgelegt worden:

Das kartesische Koordinatensystem (Bild **2.**71) und das Polarkoordinatensystem (Bild **2.**72).

Kennzeichnung

Die Koordinatenachsen sind durch die Koordinaten-Nullpunkte und die Richtung der Bemaßung festgelegt (Bild **2.**73).

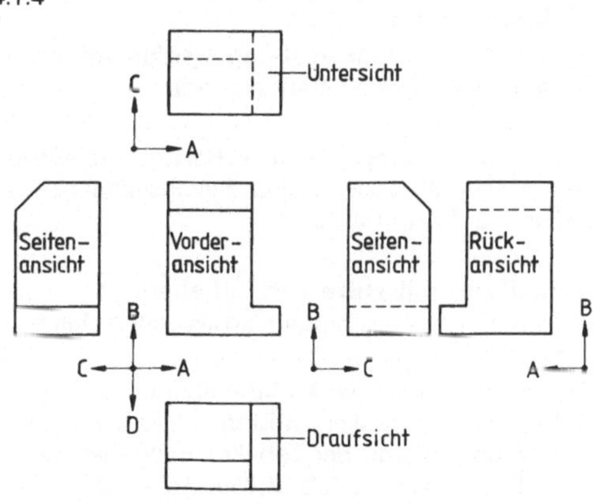

Bild **2.**71 Werkstückbezogene Koordinatenachsen

Werden für die Koordinaten-Nullpunkte anstelle von Maßen Positionsnummern eingetragen, sollen zur Kennzeichnung Großbuchstaben angewendet werden (Bilder **2**.71 und **2**.76).

Die Positionsnummer eines Koordinatenpunktes setzt sich aus der Nummer des Koordinaten-Nullpunktes und der Zählnummer des betreffenden Koordinatenpunktes zusammen (z. B. 1.4 in Bild **2**.76).

Die Polarkoordinaten werden mit Hilfe des Leitstrahl R und des Polarwinkels φ bezeichnet (Bild **2**.72).

Der Polarwinkel ist positiv und wird von der Polarachse entgegen dem Uhrzeigersinn angegeben. An einem Werkstück können Koordinaten-Haupt- und -Nebensysteme auftreten (Bilder **2**.75 und **2**.76).

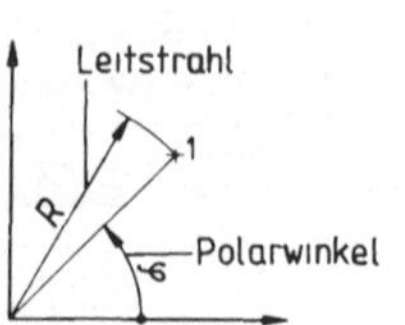

Bild **2**.72 Eintragung der Polarkoordinaten

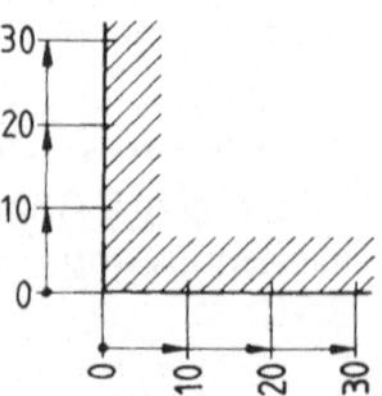

Bild **2**.73 Kennzeichnung der Koordinaten und Bemaßung

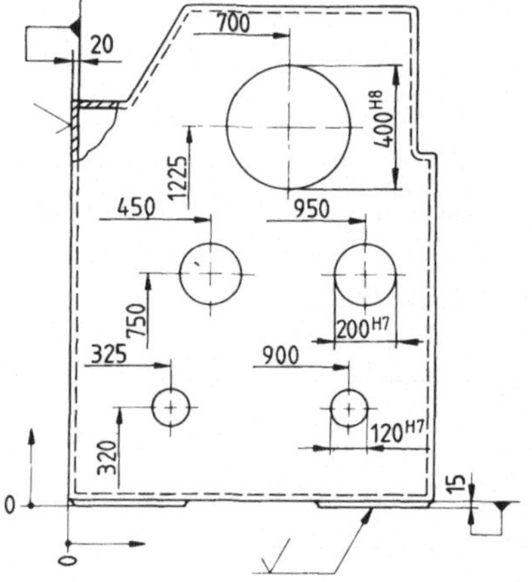

Bild **2**.74 Vereinfachte Bemaßung in Bezugsbemaßung bei nur einem Koordinaten-Nullpunkt

Koordinaten-Nullpunkt

Der Koordinaten-Nullpunkt ist der für ein Bemaßungssystem festgelegte Schnittpunkt der Koordinatenachsen. Als Basis dienen z. B. Flächen (Bild **2**.74) oder Symmetrieachsen (Koordinaten-Nullpunkt 2 in Bild **2**.76).

Bezugselemente

Die Grundlage für die Koordinatenbemaßung ist das Festlegen der Beziehung zwischen dem Bezugselement und dem Koordinatensystem.

Bezugselemente können Symmetrielinien, unbearbeitete oder bearbeitete Flächen sein (in den Bildern **2**.74 bis **2**.76 ist das Bezugselement eine Fläche).

Maßeintragung

Für die Koordinatenbemaßung werden vor allem die folgenden Systeme angewendet:

Bezugsbemaßung. Bei der Bezugsbemaßung gehen die Maße vom gleichen Bezugselement aus (Bildern **2**.74 und **2**.75).

Bemaßung mit Hilfe von Tabellen. Die Positionsnummer ist das Bindeglied zwischen Darstellung und Tabelle.

Die Einzelheiten eines Koordinatenpunktes (z. B. Bohrungsdurchmesser) dürfen entweder in der Darstellung oder in der Tabelle angegeben werden (Bild **2**.76 und Tab. **2**.77). Toleranzen o. ä. Angaben können in der Tabelle in zusätzlichen Spalten eingetragen werden.

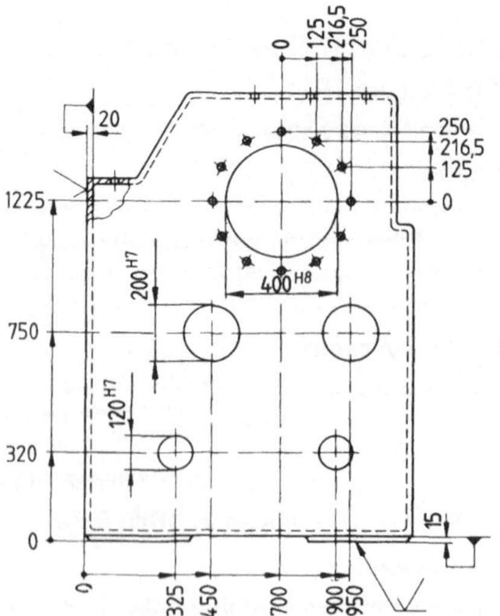

Bild **2**.75 Steigende Bemaßung mit Koordinaten-Haupt- und Nebensystem

Tabelle **2**.77 Koordinaten- und Maßtabelle für Bild **2**.76

Koordinaten-Nullpunkt	Koordinatentabelle (Maße in mm)					
	Pos. Nr.	Koordinaten				Bohrungsdurchmesser
		A	*B*	*R*	*φ*	
1	1	0	0			
1	1.1	325	320			120 H 7
1	1.2	900	320			120 H 7
1	1.3	950	750			200 H 7
1	1.4	450	750			200 H 7
1	2	700	1225			400 H 8
2	2.1	250	0	250	0°	26
2	2.2	216,5	125	250	30°	26
2	2.3	125	216,5	250	60°	26
2	2.4	0	250	250	90°	26
2	2.5	−125	216,5	250	120°	26
2	2.6	−216,5	125	250	150°	26
2	2.7	−250	0	250	180°	26

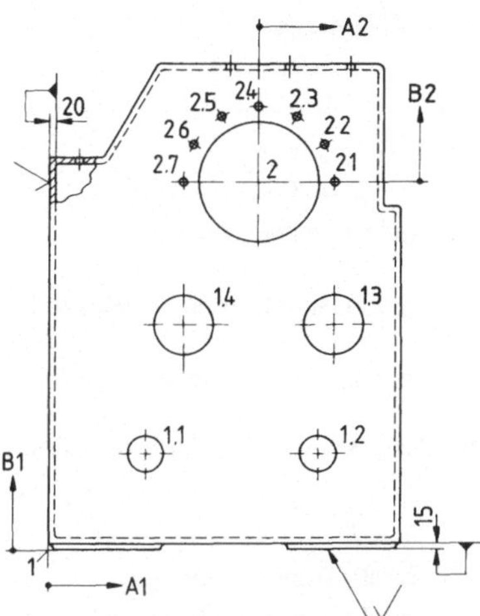

Bild **2**.76 Bemaßung mit Hilfe von Tabellen; die Koordinatenpunkte im Nebensystem 2 werden durch Polarkoordinaten festgelegt

Axonometrische Projektionen DIN 5 T1 und T2 (Dez 1970)

Grundlagen

Bei axonometrischen Projektionen liegt der Fluchtpunkt der Körperkanten im Unendlichen.

Am Körper parallel laufende Kanten werden daher bildlich durch parallele Linien dargestellt.

Arten

Genormt sind die isometrische Projektion und eine bevorzugte Art der dimetrischen Projektion.

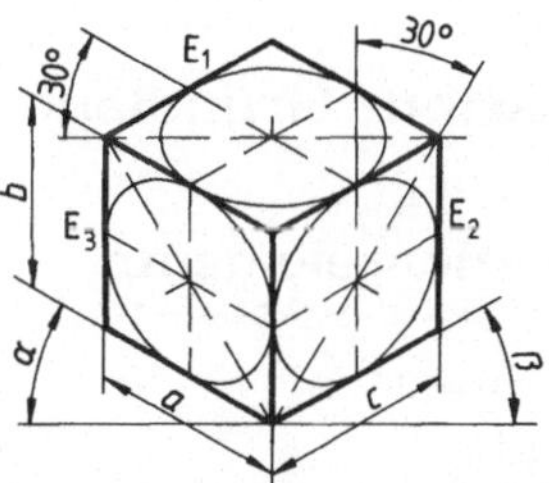

Bild **2**.78 Isometrische Projektion. Darstellung eines **Würfels und der Kreise in 3 Ansichten**

Anwendung

Isometrische Projektion. Sie wird immer dann angewendet, wenn das Wesentliche eines Körpers in 3 zu einem Bild vereinigten Ansichten dargestellt werden soll (Bild **2**.78 und **2**.79).

Sie hat sich vor allem im Rohrleitungsbau, aber auch im Maschinen- und Anlagenbau für Angebots-, Montage und Fertigungszeichnungen eingeführt.

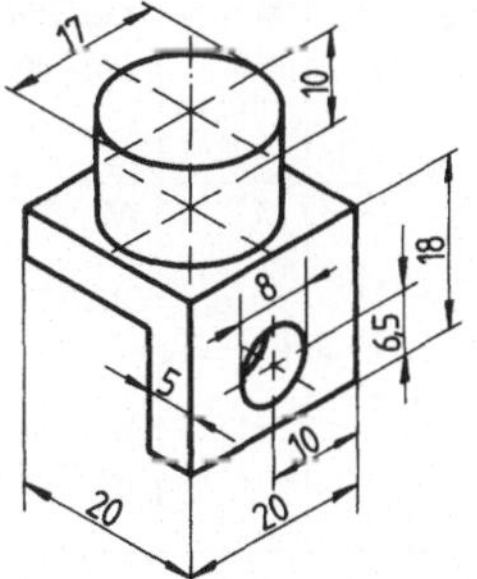

Bild **2**.79 Isometrische Projektion. Beispiel für die Darstellung eines Werkstückes mit Bemaßung

Dimetrische Projektion. Sie wird dann angewendet, wenn ein Körper zusätzlich auch räumlich dargestellt werden soll. Sie zeigt das Wesentliche in der Hauptansicht (Bild **2**.80 und **2**.81).

Geometrische Eigenschaften

Isometrische Projektion (Bild **2**.78 und **2**.79)

Seitenverhältnis:	$a:b:c = 1:1:1$ $\alpha = \beta = 30°$
Ellipse E_1:	große Achse waagerecht
Ellipsen E_2 und E_3:	große Achsen rechtwinklig zu 30°
Achsenverhältnis:	bei allen drei Ellipsen 1 : 1,7

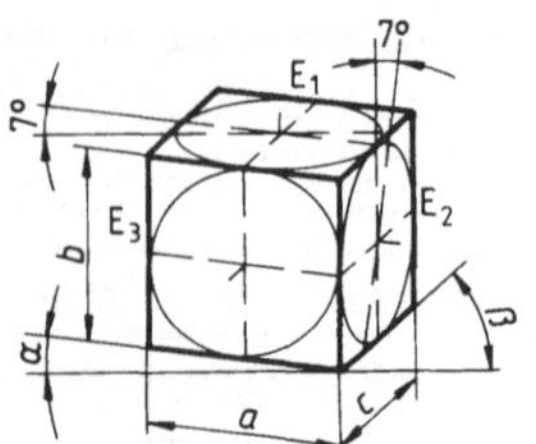

Bild **2**.80 Dimetrische Projektion. Darstellung eines Würfels und der Kreise in 3 Ansichten

Dimetrische Projektion (Bild **2**.80 und **2**.81)

Seitenverhältnis:	$a:b:c = 1:1:0{,}5$ $\alpha = 7°$ $\beta = 42°$
Ellipse E_1:	große Achse waagerecht
Ellipse E_2:	große Achse rechtwinklig zu 7°
Ellipse E_3:	vereinfacht zum Kreis
Achsenverhältnis:	bei den Ellipsen E_1 und E_2 1 : 3

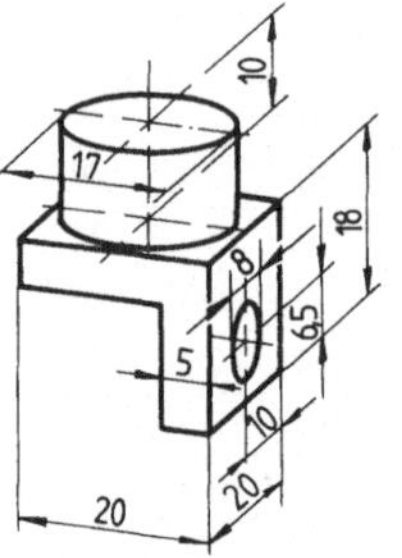

Bild **2**.81 Dimetrische Projektion. Beispiel für die Darstellung eines Werkstückes mit Bemaßung

2.2 Konstruktion; Grundlagen

2.2.1 Konstruktionselemente

Gewindearten, Anwendung
DIN 202 (Dez 1981)

Verschraubungen und Schraubenverbindungen s. Abschn. 3.3.4.2

Tabelle **2**.82 Gewinde nach DIN-Normen und ihre Hauptanwendungsgebiete

Benennung	Profil (Skizze)	Kennbuchstaben	Kurzzeichen Beispiel[1])	Nenndurchmesser oder Gewindegröße	nach Norm	Anwendung
Metrisches ISO-Gewinde	60°	M	M 0,8	0,3 bis 0,9 mm	DIN 14 T2	für Uhren und Feinwerktechnik
			M 30	1 bis 68 mm	DIN 13 T1	allgemein (Regelgewinde)
			M 20 × 1 M 30 × 2 – LH[2])	1 bis 1000 mm	DIN 13 T2 bis T11	allgemein, wenn Steigung des Regelgewindes zu groß

[1]) Gegebenenfalls Zusatzangabe für das Toleranzfeld z.B. M 20 × 2 – 6 H

[2]) Für Linksgewinde übliche Zusatzangabe LH = Left Hand; Bei Teilen mit Rechts- und Linksgewinde sollte auch hinter das Kurzzeichen des Rechtsgewindes die Zusatzangabe RH = Right Hand gesetzt werden.

Tabelle **2.82** Fortsetzung

Benennung	Profil (Skizze)	Kennbuchstaben	Kurzzeichen Beispiel 1)	Nenndurchmesser oder Gewindegröße	nach Norm	Anwendung	
Metrisches Gewinde für Festsitz, nicht dichte Verbindungen	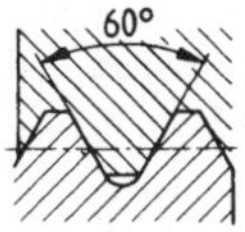	M	M 30 Sn 4 M 30 Sk 6	1 bis 150 mm	DIN 13 und DIN 14 Bbl. 14	für Einschraubende an Stiftschrauben mit Festsitz	nicht dichtend
Metrisches Gewinde für Festsitz, dichte Verbindungen	60°		M 30 Sn 4 dicht	1 bis 150 mm	DIN 13 und DIN 14 Bbl. 15		dichtend
Metrisches Gewinde mit großem Spiel			DIN 2510– M 36	12 bis 180 mm	DIN 2510 T2	für Schraubenverbindungen mit Dehnschaft	
Metrisches zylindrisches Innengewinde			DIN 158– M 30 × 2	6 bis 60 mm	DIN 158	Innengewinde für Verschlußschrauben und Schmiernippel mit kegeligem Außengewinde nach DIN 158	
Rohrgewinde für nicht im Gewinde dichtende Verbindungen (zylindrisch)	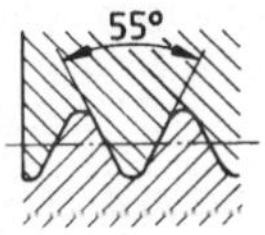 55°	G	G 1 1/2 A G 1 1/2 B	1/16 bis 6	DIN ISO 228 T1 3)	Außengewinde für Rohre und Rohrverbindungen	
			G 1 1/2			Innengewinde für Rohre und Rohrverbindungen	
Whitworth-Rohrgewinde, zylindrisches Innengewinde		R	DIN 2999 – R 1/2	1/10 bis 6	DIN 2999 T1 3)	für Gewinderohre und Fittings	
			DIN 3858 – R 1/8	1/8 bis 1 1/2	DIN 3858	für Rohrverschraubungen	
Whitworth-Rohrgewinde, kegeliges Außengewinde	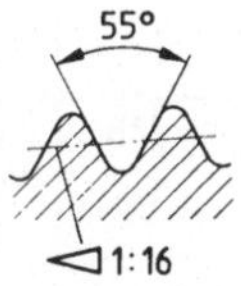 55° 1:16		DIN 2999–R 1/16	1/16 bis 6	DIN 2999 T1 3)	für Gewinderohre und Fittings	
			DIN 3858–R 1/8	1/8 bis 1 1/2	DIN 3858	für Rohrverschraubungen	
Trapezgewinde	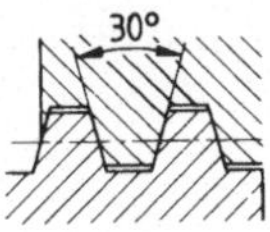 30°		DIN 6341 – Tr 32 × 1,5	10 bis 56 mm	DIN 6341 T2	für Zug-Spannzangen	
Sägengewinde 45°	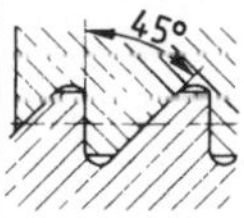 45°	S	DIN 2781 – S 630 × 20	100 bis 1250 mm	DIN 2781	für hydraulische Pressen	

1) s. S. 44
3) s. Abschn. 3.3.4.2

Tabelle **2.**82 Fortsetzung

Benennung	Profil (Skizze)	Kenn-buch-staben	Kurzzeichen Beispiel[1])	Nenndurch-messer oder Gewindegrößen	nach Norm	Anwendung
Rund-gewinde	30°	Rd	Rd 40 × 1/6 Rd 40 × 1/3 P 1/6 [4])	8 bis 200 mm	DIN 405 T1	allgemein
			DIN 15 403–Rd 80 × 10	50 bis 320 mm	DIN 15 403	für Lasthaken
			DIN 7273–Rd 70	20 bis 100 mm	DIN 7273 T1	für Teile aus Blech und zugehörige Verschraubungen
Elektro-gewinde		E	DIN 40 400–E 27	E 14, E 16, E 18, E 27, E 33	DIN 40 400	für D-Sicherungen; E 14 und E 27 auch für Lampensockel und -fassungen
		–	DIN 49 689–28 × 2	28 und 40 mm	DIN 49 689	Außengewinde für Lampenfassungen und Innengewinde für Schirmträgerringe
Stahlpanzer-rohrgewinde	80°	Pg	DIN 40 430–Pg 21	Pg 7 bis Pg 48	DIN 40 430	in der Elektrotechnik
Blechschrau-bengewinde	60°	ST	DIN7970–ST3,5	1,5 bis 9,5 mm	DIN 7970 (z. Z. Entw.)	für Blechschrauben
Holzschrau-bengewinde		–	DIN 7998–4	1,6 bis 20 mm	DIN 7998	fur Holzschrauben
Fahrrad-gewinde	60°	FG	FG 9,5	2 bis 34,8 mm	DIN 79 012	fur Fahrräder
Ventil-gewinde	60°	Vg	DIN 7756–Vg 12	5 bis 12 mm	DIN 7756	Ventile für Fahrzeugbereifungen
Whitworth-Gewinde (kegelig)	55° ▷3 25	W	DIN 477–W 28,8 × 1/14 keg	19,8 mm 28,8 mm 31,3 mm	DIN 477 T1	in Gasflaschen-ventilen
Whitworth-Gewinde (zylindrisch)	55°		DIN 477–W 21,8 × 1/14	21,8 mm 24,32 mm 1 *)		

*) Gewindegröße 1 stimmt überein mit dem Gewinde 1 Inch – 8 B.S.W. nach BS 84, British Standard [1]) s. S. 44

[4]) Hinter dem Kennbuchstaben und dem Gewinde-Nenndurchmesser oder der Gewindegroße folgen die Steigung P_h des mehrgängigen Gewindes in mm, der Buchstabe P (Teilung) und die Teilung in mm.

Rundungen, Freistiche
DIN 250 (Jul 1972), DIN 509 (Aug 1966)

Gewindefreistiche s. Abschn. 3.3.4.2

Rundungshalbmesser

Tabelle 2.83 Halbmesser (Radien) für Rundungen an Werkstücken jeder Art nach Bild 2.84

r	–			0,2	–		0,4	–	0,6		
	1	–	1,6	–	2,5	–	4	–	6		
	10	–	16	20	25	32	40	50	–	63	80
	100	125	160	200							

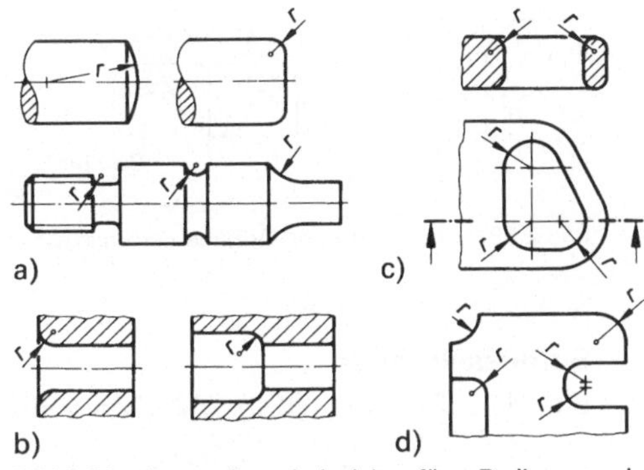

Bild 2.84 Anwendungsbeispiele für Radien nach DIN 250
a) Kuppen, Rundungen und Freistiche an Wellen
b) Rundungen an Bohrungen und Senkungen
c) Rundungen an einer Öse
d) Rundungen an ebenen Platten

Freistiche

Tabelle 2.85 Fertigteilmaße für Freistiche Form E und F sowie für die Senkungen am Gegenstück nach den Bildern 2.86 bis 2.88

Freistiche						Senkungen	
r_1	t_1 +0,1	f_1	g ≈	t_2 +0,05	empfohlene Zuordnung zum Durchmesser d_1 [1]) für Werkstücke mit üblicher Beanspruchung	a Kleinstmaß Form E	F
0,1	**0,1**	0,5	0,8	0,1	bis 1,6	0	0
0,2	**0,1**	1	0,9	0,1	über 1,6 bis 3	0,2	0
0,4	**0,2**	2	1,1	0,1	über 3 bis 10	0,4	0
0,6	**0,2**	2	1,4	0,1	über 10 bis 18	0,8	0,2
0,6	**0,3**	2,5	2,1	0,2	über 18 bis 80	0,6	0
1	**0,4**	4	3,2	0,3	über 80	1,6	0,8
1	**0,2**	2,5	1,8	0,1	–	1,2	0
1,6	**0,3**	4	3,1	0,2		2,6	1,1
2,5	**0,4**	5	4,8	0,3		4,2	1,9
4	**0,5**	7	6,4	0,3		7	4,0

[1]) Aus Fertigungsgründen kann es an einem Werkstück mit unterschiedlichen Durchmessern zweckmäßig sein, mehrere Freistiche in gleicher Form und Größe auszuführen.

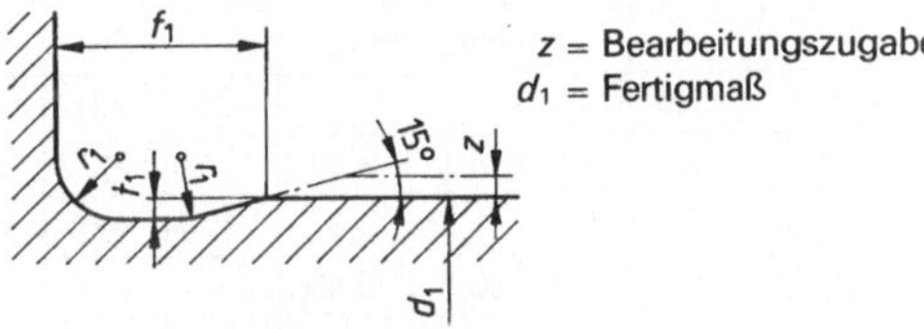

Bild 2.86 Außen-Freistiche an Drehkörpern, Form E für Werkstücke mit einer Bearbeitungsfläche nach DIN 509

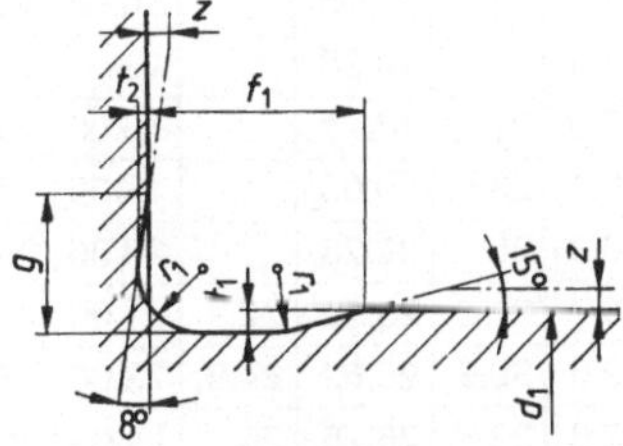

Bild 2.87 Außen-Freistiche an Drehkörpern, Form F für Werkstücke mit zwei rechtwinklig zueinanderstehenden Bearbeitungsflächen nach DIN 509

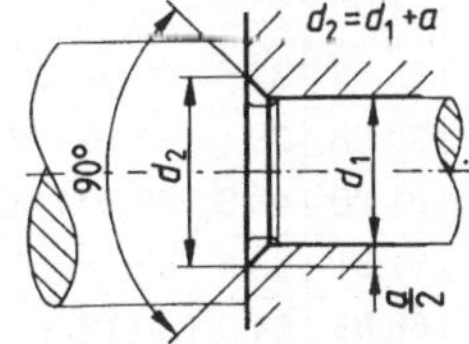

Bild 2.88 Senkung am Gegenstück von Drehkörpern mit Freistich nach DIN 509

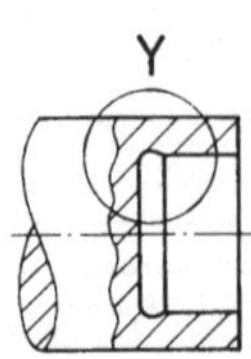

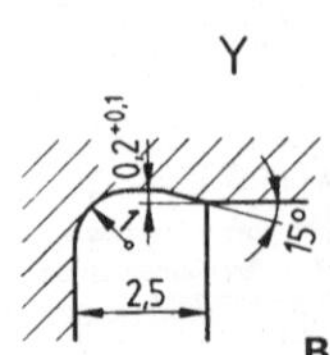

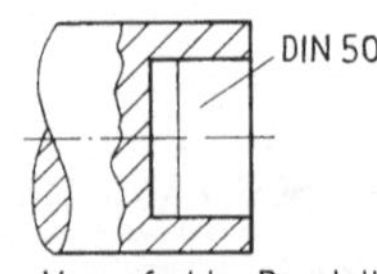

Beispiel Freistich Form E
von Halbmesser r_1 = 1 mm und Tiefe t_1 = 0,2 mm

Bild **2**.89 Darstellung und Angabe der Freistiche nach DIN 509 in Zeichnungen am Beispiel einer Bohrung

Schlüsselweiten
DIN 475 T1 (Mrz 1980), T2 (Nov 1982)

Tabelle **2**.90 Schlüsselweiten und Eckenmaße für Teile nach Bild **2**.91 und **2**.92

Schlüsselweite s	Schrauben, Armaturen, Fittings					Schraubenschlüssel	
	Eckenmaß					Schlüsselweite	
Nennmaß[1]) SW	2kt d	4kt e_1	4kt e_2 min.	6kt e_3 min.	8kt e_5 min.	s min.	s max.
2	2,5	–	–	–	–	2,02	2,08
3,2[2])	3,7	4,5	4,3	3,41		3,22	3,28
4[2])	4,5	5,7	5,3	4,32		4,02	4,12
5[2])	6	7,1	6,5	5,45		5,02	5,12
5,5[2])	7	7,8	7,1	6,01		5,52	5,62
7[2])	8	9,9	9	7,71		7,03	7,15
8[2])	9	11,3	10	8,84		8,03	8,15
10[2])	12	14,1	13	11,05		10,04	10,19
13[2])	15	18,4	17	14,38		13,04	13,24
16[2])[3])	18	22,6	21	17,77		16,05	16,27
18[2])[3])	21	25,4	23,5	20,03		18,05	18,30
20[3])	23	28,3	26	22,23		20,06	20,36
21[2])[3])	24	29,7	27	23,36	22,7	21,06	21,36
23[3])	26	32,5	30,5	25,62	24,9	23,06	23,36
24[2])	28	33,9	32	26,75	26	24,06	24,36
25[3])	29	35,5	33,5	27,88	27	25,06	25,36
26[3])	31	36,8	34,5	29,01	28,1	26,08	26,48
27[2])	32	38,2	36	30,14	29,1	27,08	27,48
28[3])	33	39,6	37,5	31,27	30,2	28,08	28,48
30[2])	35	42,4	40	33,53	32,5	30,08	30,48
36[2])	42	50,9	48	39,98	39	36,10	36,60
46[2])	52	65,1	60	51,28	49,8	46,10	46,60
55[2])	65	77,8	72	61,31	59,5	55,12	55,72
60[2])	70	84,8	80	66,96	64,9	60,12	60,72

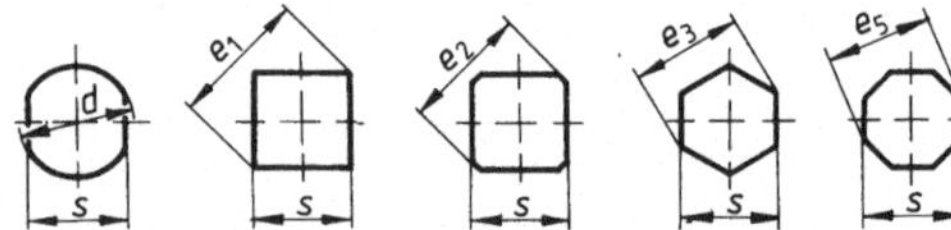

Bild **2**.91 Schlüsselweiten für Teile, die mit und ohne Schlüssel bedient werden nach DIN 475 T1

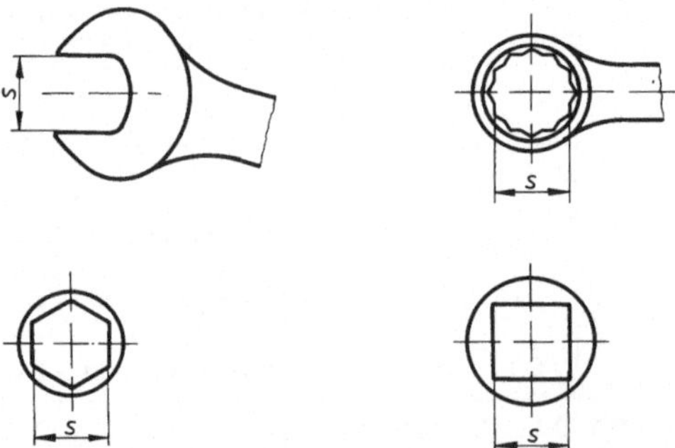

Bild **2**.92 Schlüsselweiten für nicht verstellbare Schraubenschlüssel nach DIN 475 T2

[1]) Für Schrauben, Armaturen und Fittings gleichzeitig das Größtmaß

[2]) entsprechen der Auswahlreihe für Sechskantschrauben und -muttern nach DIN ISO 272

[3]) SW die vor allem im Kraftfahrwesen benutzt werden.

Wellenenden

DIN 748 T1 (Jan 1970), T3 (Jul 1975), DIN 1448 T1 (Jan 1970) DIN 6885 T1 (Aug 1968)

Tabelle 2.93 Abmessungen und Nenndrehmomente von Wellenenden nach den Bildern 2.94 bis 2.96

Durchmesser d d_1	Toleranzfeld[1])	Länge l l_1	zul.[2]) Abw	l_2	l_3	r r_1 max.	Außengewinde d_2	Zul.[3]) Nenndrehmoment bei Dauerleistung Richtwert in Nm
7		16		10	6		M 4	0,25
9		20	0	12	8		M 6	0,63
11		23	−0,2	15				1,25
14		30		18		0,6	M 8×1	2,8
16		40		28	12		M 10×1,25	4,5
19								8,25
22	k6	50		36	14		M 12×1,25	14
24								18
28		60	0	42	18		M 16×1,5	31,5
32		80	−0,3	58	22		M 20×1,5	50
38						1	M 24×2	90
42								125
48		110		82	28		M 30×2	200
55							M 36×3	355
60							M 42×3	450
65		140		105	35	1,6		630
70							M 48×3	800
75								1000
80	m6		0				M 56×4	1250
85		170	−0,5	130	40			1600
90							M 64×4	1900
95						2,5		2360
100							M 72×4	2800
110		210		165	45		M 80×4	4000
120							M 90×4	5300

[1]) Toleranzfeld (für d) k6 und m6 für zylindrische Wellenenden nach DIN 7160; Toleranzfeld der zugeordneten Bohrungen H7 nach DIN 7161

[2]) gelten für Wellenenden nach DIN 748 T 3, s. Bild 2.95

[3]) bezogen auf einen Werkstoff mit einer Mindestzugfestigkeit von ≈ 500 N/mm²

Mit Wellenbund

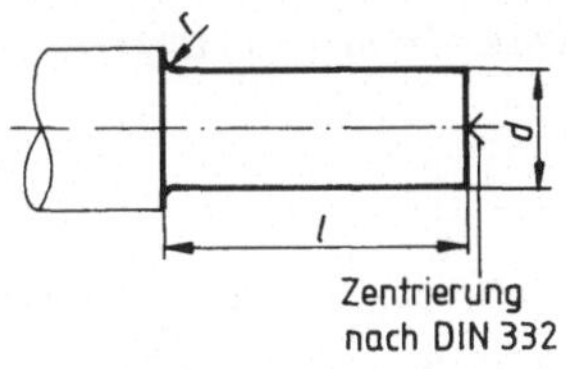

Ohne Wellenbund

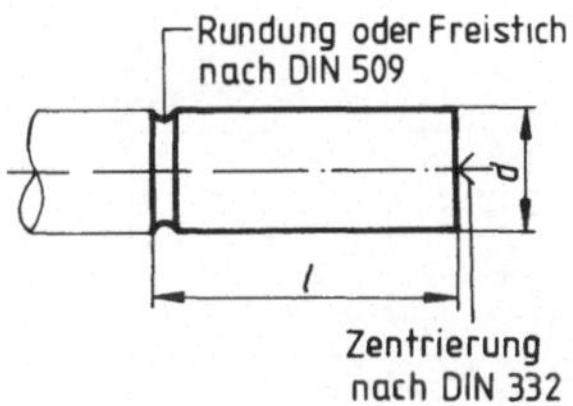

Bild 2.94 Zylindrische Wellenenden nach DIN 748 T1 zur Aufnahme von Riemenscheiben, Kupplungen und Zahnrädern

X
(ohne Paßfeder dargestellt)

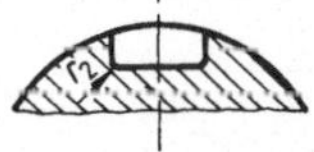

nicht angegebene Maße sind zweckentsprechend zu wählen

Bild 2.95 Zylindrische Wellenenden Form E nach DIN 748 T3 für elektrische Maschinen zur Aufnahme von Riemenscheiben, Kupplungen und Zahnrädern

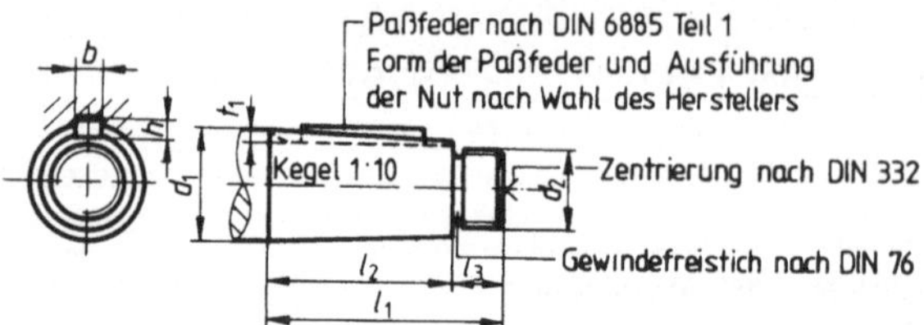

Bild **2**.96 Kegelige Wellenenden nach DIN 1448 T1 zur Aufnahme von Riemenscheiben, Kupplungen und Zahnrädern

Tabelle **2**.97 Nut und Paßfedermaße[2]) nach DIN 6885 T1 für Wellenenden nach den Bildern **2**.95 und **2**.96

Durchmesser d d_1	für zyl. Wellenenden nach Bild **2**.95							nach Bild **2**.96	
	Nutbreite b N 9	t	$d-t$	zul. Abw.	r_2	zul. Abw.	Paßfederquerschnitt[1]) $b \times h$	t_1	Paßfederquerschnitt[1]) $b \times h$
7	2	1,2	5,8	0 −0,1	0,16	0 −0,08	2×2	–	–
9	3	1,8	7,2		0,16		3×3		
11	4	2,5	8,5		0,16		4×4	1,6	2×2
14	5	3	11	0 −0,1	0,25	0 −0,09	5×5	2,3	3×3
16	5	3	13		0,25			2,5	
19	6	3,5	15,5		0,25		6×6	3,2	4×4
22	6	3,5	18,5		0,25			3,4	
24	8	4	20	0 −0,2	0,25		8×7	3,9	5×5
28	8	4	24		0,25			4,1	
32	10	5	27		0,4	0 −0,15	10×8	5	6×6
38	10	5	33		0,4				
42	12	5	37		0,4		12×8	7,1	10×8
48	14	5,5	42,5		0,4		14×9		12×8
55	16	6	49		0,4		16×10	7,6	14×9
60	18	7	53		0,4		18×11	8,6	16×10
65	18	7	58		0,4				
70	20	7,5	62,5		0,6	0 −0,2	20×12	9,6	18×11
75	20	7,5	67,5		0,6				
80	22	9	71		0,6		22×14	10,8	20×12
85	22	9	76		0,6				
90	25	9	81		0,6		25×14	12,3	22×14
95	25	9	86		0,6				
100	28	10	90		0,6		28×16	13,1	25×14
110	28	10	100		0,6				
120	32	11	109		0,6		32×18	14,1	28×16

[1]) Keilstahl nach DIN 6880 (s. Norm)
[2]) Mitnehmerverbindungen durch Nut und Paßfeder s. a. Abschn. 3.3.4.1

Zentrierbohrungen, Maße, Darstellung, Herstellung, Anwendung, Konstruktion

DIN 332 T1 (Nov 1973), T2 (Mai 1983), T7 (Sep 1982) DIN 333 (Nov 1973), DIN 806 (Feb 1971)

Maße

Tabelle 2.98 Zentrierbohrungen 60°; Bild 2.99 und 2.100

d_1	d_2	t[1]) min.	a_1[2])	a_2[2])	b	d_4	d_5
1	**2,12**	1,9	3	3,5	0,4	4,5	5
1,25	**2,65**	2,3	4	4,5	0,6	5,3	6
1,6	**3,35**	2,9	5	5,5	0,7	6,3	7,1
2	**4,25**	3,7	6	6,6	0,9	7,5	8,5
2,5	**5,3**	4,6	7	8,3	0,9	9	10
3,15	**6,7**	5,9	9	10	1,1	11,2	12,5
4	**8,5**	7,4	11	12,7	1,7	14	16
5	**10,6**	9,2	14	15,6	1,7	18	20
6,3	**13,2**	11,5	18	20	2,3	22,4	25
8	**17**	14,8	22	25	3	28	31,5
10	**21,2**	18,4	28	31	3,9	35,5	40
12,5	**26,5**	23,6	36	42,5	4,3	45	50

[1]) Das Maß t ist bei mit Zentrierbohrern hergestellten Zentrierbohrungen abhängig von der Länge l_2 des – auch nachgeschliffenen – Zentrierbohrers nach DIN 333 (Tab. und Bild 2.104 bis 2.106).
Das Maß t_{min} gibt die Grenze an, bis zu der Zentrierbohrer nachgeschliffen werden können.
[2]) Das Abstechmaß a gilt für Zentrierbohrungen, die nicht am Werkstück verbleiben.

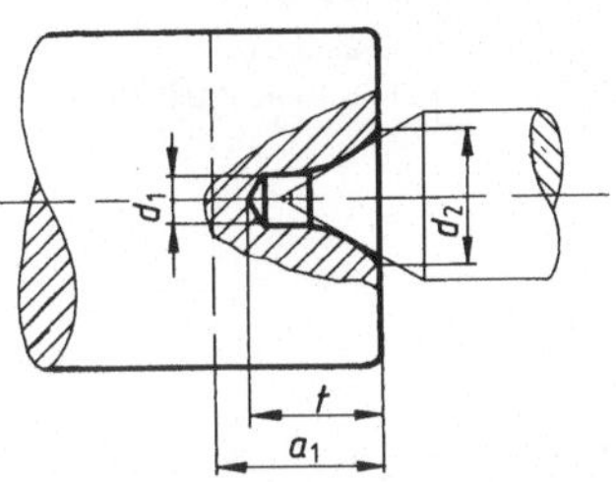

Bild 2.99 Zentrierbohrung 60°; Form R mit gewölbten Laufflächen, ohne Schutzsenkung nach DIN 332 T1

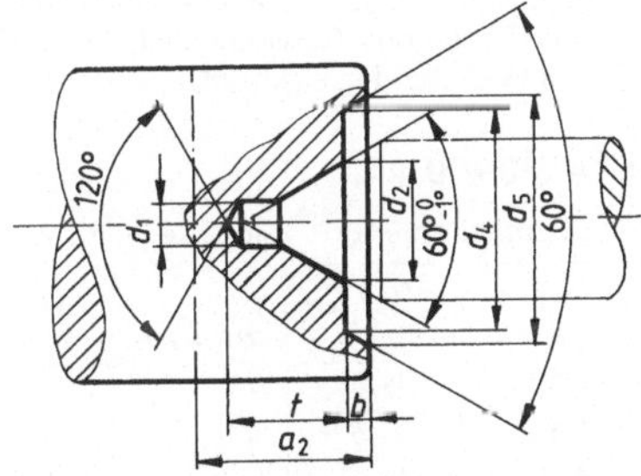

Bild 2.100 Zentrierbohrung 60°; Form C mit geraden Laufflächen, mit kegelstumpfförmiger Schutzsenkung nach DIN 332 T1

Tabelle 2.101 Zentrierbohrung 60°, Bild 2.102

Gewinde d_1	d_2[1])	d_3	d_4	r	t_1 $^{+2}_{0}$	t_2 min.	t_3 $^{+1}_{0}$	t_4 ≈	Zugeordneter Durchmesserbereich **Fertigmaß der Wellenenden** d_6
M 3	2,5	3,2	5,3	4	9	12	2,6	1,8	7 bis 10[2])
M 4	3,3	4,3	6,7	5	10	14	3,2	2,1	über 10 bis 13[2])
M 5	4,2	5,3	8,1	6,3	12,5	17	4	2,4	über 13 bis 16[2])
M 6	5	6,4	9,6	8	16	21	5	2,8	über 16 bis 21
M 8	6,8	8,4	12,2	10	19	25	6	3,3	über 21 bis 24
M 10	8,5	10,5	14,9	16	22	30	7,5	3,8	über 24 bis 30
M 12	10,2	13	18,1	20	28	37	9,5	4,4	über 30 bis 38
M 16	14	17	23	25	36	45	12	5,2	über 38 bis 50
M 20	17,5	21	28,4	31,5	42	53	15	6,4	über 50 bis 85
M 24	21	25	34,2	40	50	63	18	8	über 85 bis 130

[1]) Richtwert für Bohrerdurchmesser nach DIN 336 T1 (s. Norm)
[2]) Für Wellenenden mit durchgehender Paßfedernut muß der Durchmesser des Wellenendes bei Zentrierbohrung M 3 mind. 10 mm, bei M 4 mind. 12 mm, bei M 5 mind. 16 mm sein.

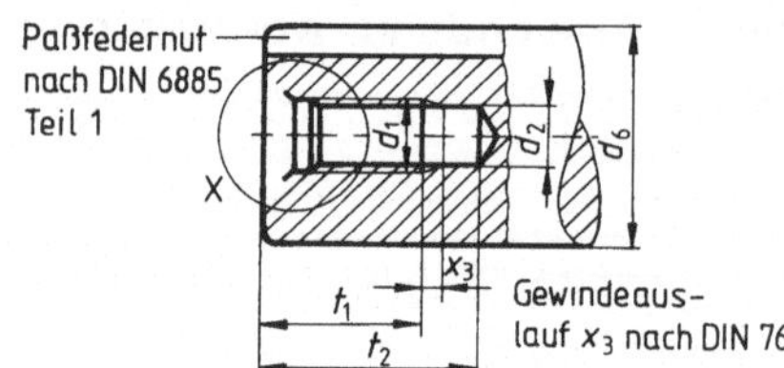

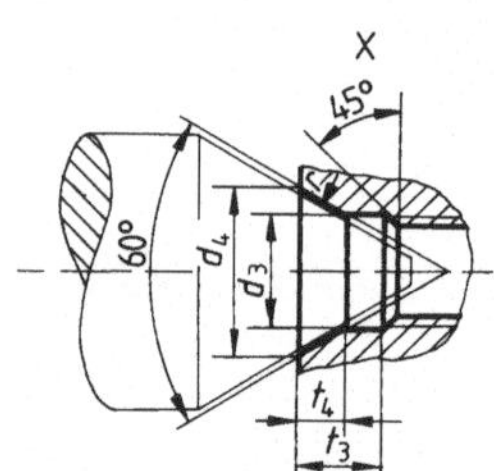

Bild 2.102 Zentrierbohrung 60°; Form DR mit gewölbter Lauffläche und Gewinde nach DIN 332 T 2 für Wellenenden elektrischer Maschinen

Zentrierbohrung ist am fertigen Teil erforderlich

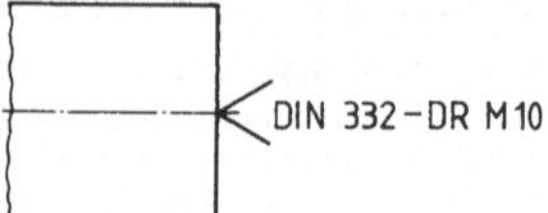

Zentrierbohrung darf am fertigen Teil vorhanden sein

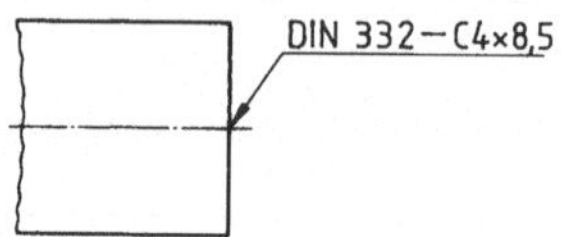

Zentrierbohrung darf am fertigen Teil nicht verbleiben

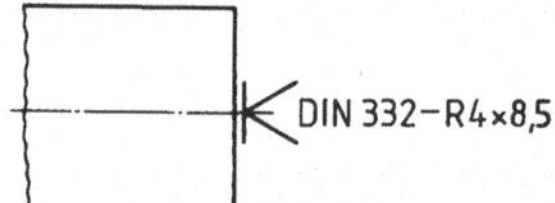

Bild 2.103 Darstellung und Bezeichnung von Zentrierbohrungen in technischen Zeichnungen (DIN ISO 6411 z. Z. Entw., s. Norm)

Werkzeug/Fertigung

Tabelle 2.104 Zentrierbohrer 60°, Bild 2.105 und 2.106

d_1 k13	d_2 h9	l_1 [1]	zul. Abw.	l_2 [1] min.	r max.	r min.	l_3 [1] [2]	zul. Abw.
1	**3,15**	31,5	±2	3	3,15	2,5	1,3	+0,6 / 0
1,25	**3,15**	31,5		3,35	4	3,15	1,6	
1,6	**4**	35,5		4,25	5	4	2	+0,8 / 0
2	**5**	40		5,3	6,3	5	2,5	
2,5	**6,3**	45		6,7	8	6,3	3,1	+1 / 0
3,15	**8**	50		8,5	10	8	3,9	
4	**10**	56	±3	10,6	12,5	10	5	+1,2 / 0
5	**12,5**	63		13,2	16	12,5	6,3	
6,3	**16**	71		17	20	16	8	
8	**20**	80		21,2	25	20	10,1	+1,4 / 0
10	**25**	100		26,5	31,5	25	12,8	
12,5	**31,5**	125		33,5	40	31,5	16,5	

[1]) Die Längenmaße beziehen sich auf den neuen, nicht nachgeschliffenen Zentrierbohrer. Die Möglichkeit des Nachschleifens ist durch das Mindestmaß der Tiefe t der Zentrierbohrung gegeben (s. Tab. 2.98).

[2]) Die Maße des zentrierenden Teiles der Bohrungen Form C – letztere ist für stirnseitig zu bearbeitende Werkstücke vorgesehen – sind denen der Form A gleich.

Werkstoff: Schnellarbeitsstahl

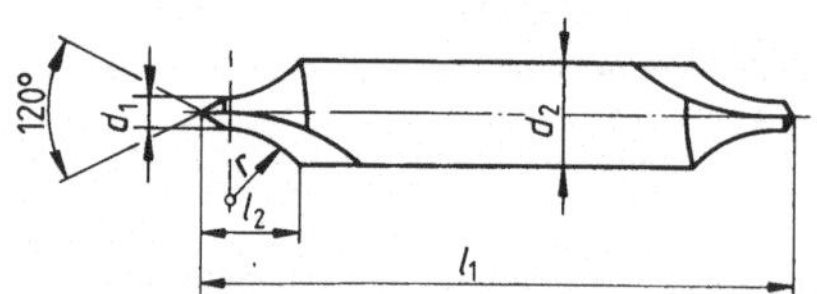

Bild 2.105 Zentrierbohrer 60°; Form R nach DIN 333

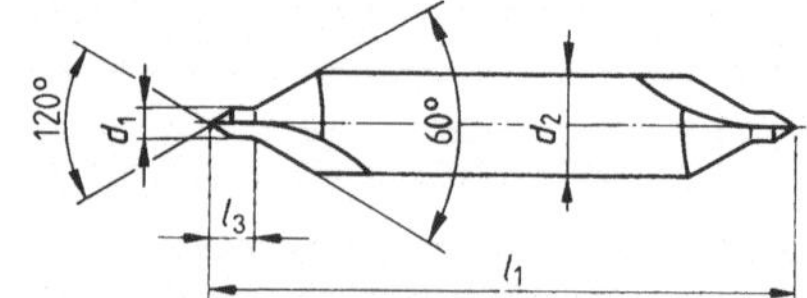

Bild 2.106 Zentrierbohrer 60°; Form A nach DIN 333

Anwendung

Tabelle **2**.107 Zentrierspitzen; Bild **2**.108 und **2**.109

Kegelschaft		Kegel	d_1	d_2 h9	d_3 ≈	h_1	l_1	l_2	l_3	r
Metrischer Kegel	**4**	1:20	4	4,1	0,3	–	23	33	–	–
	6	1:20	6	6,2	0,3	–	32	47	–	–
Morsekegel	**0**	1:19,212	9,045	9,2	0,5	1	50	70	16	2,5
	1	1:20,047	12,065	12,2	0,5	1,5	53,5	80	22	2,5
	2	1:20,020	17,780	18	0,8	2	64	100	30	4
	3	1:19,922	23,825	24,1	0,8	3	81	125	38	4
	4	1:19,254	31,267	31,6	1	5	102,5	160	50	6
	5	1:19,002	44,399	44,7	1,6	7	129,5	200	63	6
	6	1:19,180	63,348	63,8	2	10	182	270	79	10

Werkstoff: Werkzeugstahl

Ausführung: Werkstückaufnahmefläche (60°-Spitze) gehärtet, $HRC = 60 + 3$

Konstruktion

Bestimmung der Größe einer 60°-Zentrierbohrung. Das nachfolgende Verfahren gilt für die Bestimmung der erforderlichen Größe d_1 einer 60°-Zentrierbohrung nach DIN 332 T1 für die Formen A, B und C (Bild **2**.100) bis zu einem maximalen Werkstückgewicht von 28000 kg. Für die Form R (Bild **2**.99) wird empfohlen, gegenüber der nach dieser Norm ermittelten Größe für d_1 ein um mindestens eine Stufe größeres Maß für d_1 zu wählen.

Die Bestimmungsverfahren gelten nur unter der Voraussetzung, daß

$$\frac{D}{d_2} \geqq 3 \quad \text{oder} \quad \frac{D}{d_1} \geqq 6{,}3$$

ist (Bild **2**.110).

Bestimmung der Größe d_1 (Bestimmungsgleichung)

$$d_1 = 1{,}15 \sqrt{(F_{Gi} + F_S)\,\frac{S}{R_{p0,2}}} \qquad (1.1)$$

Hierin bedeutet:

d_1 erstes Nennmaß der Zentrierbohrung in mm

F_{Gi} der an der Zentrierbohrung vorliegende Gewichtskraftanteil in N (bei symmetrischen Drehteilen ist z. B., $F_{G1} = F_{G2} = \frac{F_G}{2}$, wobei F_G die Gewichtskraft des Werkstückes in N ist)

F_S Schnittkraft in N, wobei $F_S = 2{,}5 \cdot q \cdot R_m$ ist

(Fortsetzung S. 55)

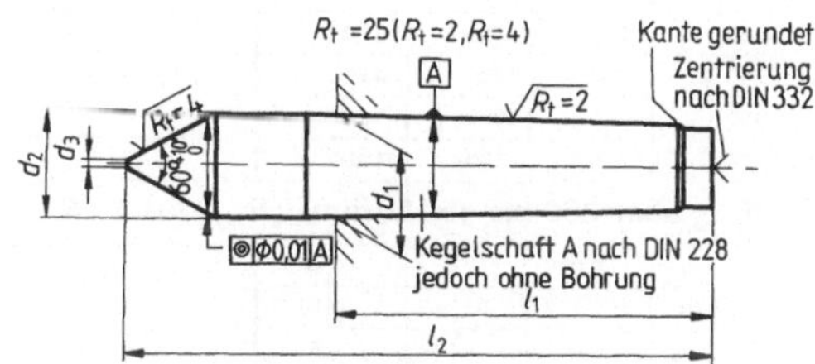

Bild **2**.108 Zentrierspitze mit voller Spitze und metrischem Kegel nach DIN 806 zur Aufnahme von Werkstücken mit Zentrierbohrungen nach DIN 332 (Bild **2**.99 bis **2**.102)

Form H

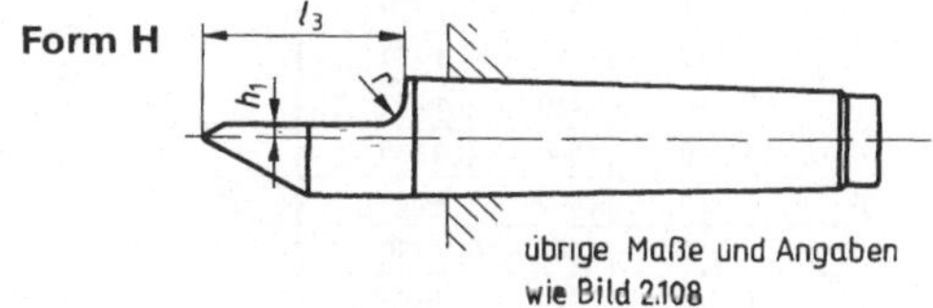

Bild **2**.109 Zentrierspitze mit abgeflachter Spitze und Morsekegel nach DIN 806 zur Aufnahme von Werkstücken mit Zentrierbohrungen nach DIN 332 (Bild **2**.99 bis **2**.102)

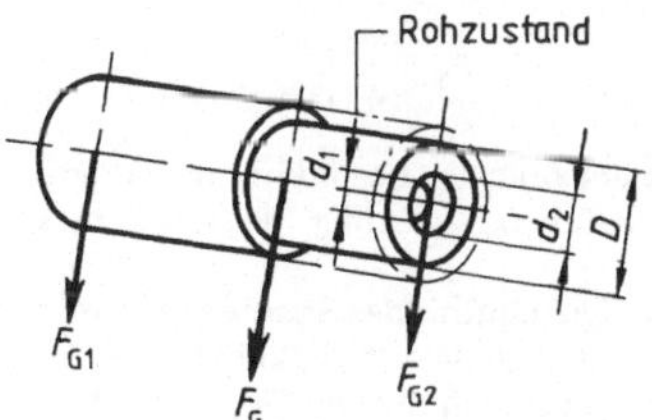

Bild **2**.110 Gewichtskraftanteile am Werkstück

Tabelle **2**.111 Bestimmung von d_1 in Abhängigkeit von $R_{p0,2}$, q, F_G bzw. m (Gewicht) nach DIN 332 T7

Spanungsquerschnitt q mm²			über		0,028	0,071	0,112	0,18	0,28	0,45	0,71	1,12	1,8	2,8	4,5	7,1	11,2	18	28
			bis	0,028	0,071	0,112	0,180	0,28	0,45	0,71	1,12	1,80	2,8	4,5	7,1	11,2	18,0	28	45
Gewicht m kg über	bis	Gewichtskraft F_G N über	bis	d_1 Zentrierbohrungsgröße mm															
$R_{p0,2}$ über 180 bis 280 N/mm² ($R_{p0,2} \approx 0,6 \cdot R_m$)																			
	0,028		0,28																
0,028	0,112	0,28	1,12	0,5	0,8	1	1,25												
0,112	0,45	1,12	4,5					1,6	2										
0,45	1,8	4,5	18							2,5	3,15								
1,8	7,1	18	71	0,8	1	1,25	1,6					4							
7,1	18	71	180	1	1,25	1,25	1,6	2	2,5				5						
18	28	180	280	1,25	1,6	1,6	1,6	2	2,5	3,15				6,3					
28	45	280	450	1,6			2	2	2,5	3,15	4				8				
45	71	450	710	2				2,5	2,5	3,15	4	5				10			
71	112	710	1 120	2,5				3,15	3,15	3,15	4	5	6,3				12,5		
112	180	1 120	1 800	3,15					4	4	4	5	6,3	8					
180	280	1 800	2 800	4							5	5	6,3	8	10			16	
280	450	2 800	4 500	5							6,3	6,3	6,3	8	10	12,5			
450	710	4 500	7 100	6,3									8	8	10	12,5	16		20
710	1 120	7 100	11 200	8										10	10	12,5	16		
$R_{p0,2}$ über 280 bis 450 N/mm² ($R_{p0,2} \approx 0,6 \cdot R_m$)																			
	0,028		0,28																
0,028	0,112	0,28	1,12	0,5	0,8	1													
0,112	0,45	1,12	4,5				1,25	1,6											
0,45	1,8	4,5	18						2	2,5									
1,8	7,1	18	71	0,8	1	1,25					3,15								
7,1	18	71	180	0,8	1	1,25	1,6	1,6				4							
18	28	180	280	1	1,25	1,25	1,6	2	2,5				5						
28	45	280	450	1,25	1,6	1,6	1,6	2	2,5	3,15				6,3					
45	71	450	710	1,6			2	2	2,5	3,15	4				8				
71	112	710	1 120	2				2,5	2,5	3,15	4	5				10			
112	180	1 120	1 800	2,5				3,15	3,15	3,15	4	5	6,3						
180	280	1 800	2 800	3,15						4	4	5	6,3	8			12,5		
280	450	2 800	4 500	4							5	5	6,3	8	10				
450	710	4 500	7 100	5								6,3	6,3	8	10	12,5			
710	1 120	7 100	11 200	6,3									8	8	10	12,5	16	16	

Erklärungen:

-·-·-·-·-· Unterhalb dieser Linie sind die d_1-Werte allein von der Gewichtskraft bestimmt

-------- Wenn $k_F = \frac{F_S}{F_G} \geqq 4$: Die d_1-Werte oberhalb der gestrichelten Stufenlinie werden nur vom Spanungsquerschnitt q bestimmt, die Werte unterhalb der gestrichelten Stufenlinie berücksichtigen den zunehmenden Einfluß der Gewichtskraft

——— Bei Unkenntnis des Spanungsquerschnittes ist entsprechend der Gewichtskraft der maximale d_1-Wert zu wählen. d_1-Werte außerhalb des begrenzten Zahlenfeldes der Tabellen sind unter den gegebenen Bedingungen mit der Gl. (1.1 auf Seite 53) zu bestimmen.

q Spanungsquerschnitt in mm², wobei q = Schnitttiefe · Vorschub ist
R_m Zugfestigkeit des zu zerspanenden Werkstoffes in N/mm²
$R_{p0,2}$ 0,2%-Dehngrenze des zu zerspanenden Werkstoffes in N/mm² ($R_{p0,2} \approx 0,6 \cdot R_m$)
S Sicherheitsfaktor (im Mittel S = 1,75)

Der d_1-Wert gilt auch für unsymmetrische Drehteile bis zu einem Verhältnis

$$k_F = \frac{\textbf{Schnittkraft } F_S}{\textbf{Gewichtskraft } F_G} \geqq 4$$

Bei kleineren k_F-Werten ist der ermittelte d_1-Wert (s. a. Tab. **2.**111) für das schwerere Drehteilende um einen Stufensprung größer zu wählen. Dieser Wert schließt dann Ungleichgewichte von

$$\frac{F_{G1}}{F_{G2}} = \frac{8}{1}$$ ein, worin $F_{G1} + F_{G2} = F_G$ ist.

Bestimmungsbeispiel für die Anwendung der Tab. 2.111

gesucht: d_1

gegeben:

Dehngrenze des Werkstück-Werkstoffes $R_{p0,2}$ = 250 N/mm²
Gewicht des Werkstückes m = 1000 kg
Spanungsquerschnitt q = 10 mm²

Ergebnis:

Aus Tab. **2.**111 ergibt sich d_1 = 12,5 mm

2.2.2 Maschinenelemente

Keilriemen, Keilriemenscheiben
DIN 2215 (Mrz 1975), DIN 2217 T1 (Feb 1973)

Keilriemen

Riemenprofil (s. Bild **2.**112 und Tab. **2.**113)

Wirkbreite b_w. Die Wirkbreite b_w ist die Breite eines Keilriemens, die unverändert bleibt, wenn der Riemen senkrecht zur Basis seines Profils gekrümmt wird (Breite der neutralen Schicht).

Riemenlänge

Innenlänge L_i. Die Innenlänge L_i ist der innere Umfang des noch nicht aufgelegten neuen Riemens.

Wirklänge L_w. Die Wirklänge L_w ist die Länge eines Keilriemens in Höhe seiner Wirkbreite b_w (Länge der neutralen Schicht).

Sie errechnet sich aus

$$L_w = L_i + 2\pi \cdot (h - h_w)$$

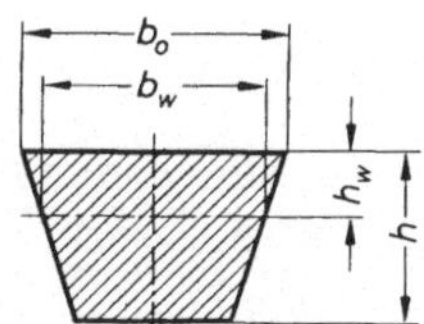

Bild **2.**112 Riemenprofil für endlose Keilriemen nach DIN 2215

Tabelle **2.**113 Riemenprofil nach Bild **2.**112, Maße

Riemenprofil	Kurzzeichen	6	10	13	17	22	32	40
	ISO-Kurzzeichen	Y	Z	A	B	C	D	E
Obere Riemenbreite	b_o	6	10	13	17	22	32	40
Wirkbreite	b_w	5,3	8,5	11	14	19	27	32
Riemenhöhe	$h \approx$	4	6	8	11	14	20	25
Abstand	$h_w \approx$	1,6	2,5	3,3	4,2	5,7	8,1	12
Kleinster Wirkdurchmesser (d_w min.) der zugehörigen Keilriemenscheibe nach DIN 2217 T1 und DIN 2211 T1 (s. Norm)		28	50	71	112	180	355	500

Tabelle **2**.114 Riemenlängen von Keilriemen (Riemenprofil **6** und **32**) nach DIN 2215

Riemenprofil		Riemenlängen													
6	Innenlänge L_i[1])	190	212	236	265	300	335	375	425	475	530	600	670	750	850
	Wirklänge L_w	205	227	251	280	315	350	390	440	490	545	615	685	765	865
32	Innenlänge L_i[1])	3000	3350	3750	4250	4750	5300	5600	6000	6300	6700	7100	7500	8000	8500
	Wirklänge L_w	3075	3425	3825	4325	4825	5375	5675	6075	6375	6775	7175	7575	8075	8575

[1]) L_i ist nach der Normzahlreihe R40 nach DIN 323 (s. Anhang) gestuft

Keilriemenscheiben

Tabelle **2**.115 Keilriemenscheibenprofil nach den Bildern **2**.116 und **2**.117, Maße

Riemenprofil[1]) nach DIN 2215		Kurzzeichen	**6**	**32**	**40**
		ISO-Kurzzeichen	**Y**	**D**	**E**
Wirkbreite		b_w	5,3	27	32
		$b_1 \approx$	6,3	32	40
		c[2])	1,6	8,1	12
Nabendurchmesser		d_3	$\approx (1{,}8$ bis $1{,}6) \cdot d_2$		
Rillenabstand		e[2])[3])	8 ± 0,3	37 ± 0,6	44,5 ± 0,7
		f[2])	6 ± 0,5	24 ± 2	29 ± 2
t[2]) endlose Keilriemen nach DIN 2215			$7^{+0,6}_{0}$	$28^{+0,6}_{0}$	$33^{+0,6}_{0}$
Rillenwinkel α	32°	für Wirkdurchmesser d_w	≦ 63	—	—
	36°		> 63	≦ 500	≦ 630
	38°		—	> 500	> 630
zul. Abw. für α = 32° bis 38°			± 1°	± 30′	± 30′
Kranzbreite b_2[5]) = $(z-1)e + 2f$	für Rillenanzahl z	1	12	48[4])	58[4])
		2	20	85[4])	102,5[4])
		3	28	122	147
		4	36	159	191,5
		6	52	233	280,5
		8		307	369,5
		10		381	458,5
		12		455	547,5

Scheibenprofil (s. Bilder **2**.116 und **2**.117 sowie Tab. **2**.115

▽ ≙ (R_Z = 100) ▽▽ ≙ (R_Z = 25) nach DIN 4768 T1

Bild **2**.116 Keilriemenscheibe (Bodenscheibe) nach DIN 2217

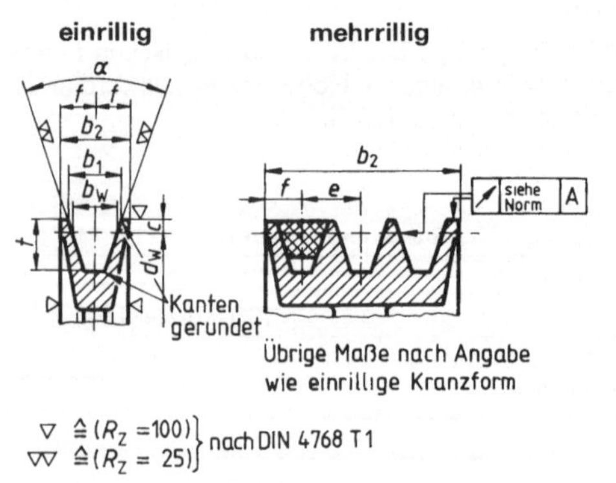

Bild **2**.117 Kranzformen von Keilriemenscheiben nach DIN 2217

Fußnoten s. S. 57 oben

Fußnoten Tabelle **2**.115

[1]) Maße für Riemenprofile 10, 13 und 17 s. DIN 2211 T1 (Keilriemenscheiben für Schmalkeilriemen s. Norm).
[2]) $t \approx 1\,b_w + 1$; $c \approx 0{,}3\,b_w$ (ausgenommen Profil 40); $e \approx 1{,}35\,b_w$; $f \approx 0{,}9\,b_w$
[3]) Die zul. Abweichung des Rillenabstandes nicht aufeinanderfolgender Rillen beträgt das Doppelte der für e angegebenen Werte. Für Blechscheiben und deren Gegenscheiben sowie in Sonderfällen kann e bis zu 3 mm größer sein.
[4]) Keine Nabenabmessungen festgelegt.
[5]) Für Blechscheiben und deren Gegenscheiben sowie in Sonderfällen können sich für b_2 andere Werte ergeben.

Tabelle **2**.118 Kranzbreiten b_2, Nabenabmessungen d_2 max. und l für Bodenscheiben mit Keilriemenprofil **32** (**D**) nach den Bildern **2**.116 und **2**.117

Rillenanzahl z	4		6		10		12	
Kranzbreite b_2	159		233		381		455	
Wirkdurchmesser d_w	d_2 max.	l	d_2 max.	l	d_2 max.	l	d_2 max.	l
355	80	100	90	120	110	180	115	200
400	85	110	95	120	110	180	120	200
450	90	120	100	140	120	180	125	200

Ausführung s. Tab. **2**.119. Werkstoff s. Tab. **2**.119

Wirkdurchmesser d_w. Der Wirkdurchmesser d_w ist der zur Wirkbreite b_w (Breite der neutralen Schicht des Riemens) gehörende Durchmesser. Er ist für die Berechnung des Übersetzungsverhältnisses (s. DIN 2218) maßgebend.

Tabelle **2**.119 Kranzbreiten b_2, Nabenabmessungen d_2 max. und l für Bodenscheiben mit Keilriemenprofil **6** (**Y**) nach den Bildern **2**.116 und **2**.117

Rillenanzahl z	1		2		3		4	
Kranzbreite b_2	12		20		28		36	
Wirkdurchmesser d_w	d_2 max.	l	d_2 max.	l	d_2 max.	l	d_2 max.	l
28	10	20	10	20				
35,5	12	20	14	20	16	28		
40	14	20	14	20	16	28	18	36
50	14	20	16	20	18	28	20	36
63	14	20	16	20	18	28	20	36
80	16	20	18	20	20	36	22	36
100	16	40	20	40	22	40	25	40

Ausführung: Toleranzfeld H7 für d_2/ + IT14 für l / bearbeitete Flächen – DIN 7168 – mittel
Werkstoff: GG20 nach DIN 1691

Berechnung der Antriebe mit endlosen Keilriemen DIN 2218 (Apr 1976)

Die nachfolgenden Berechnungsgrundlagen gelten für Antriebe mit 2 Scheiben (s. Bild **2**.120), die mit Keilriemen nach **DIN 2215** und Keilriemenscheiben nach DIN 2217 ausgerüstet sind. Die Berechnung besonders schwieriger Antriebsprobleme sollte mit Firmen dieses Fachgebiets abgestimmt werden.

Berechnung

Aus der Tabelle **2**.121 wird für die gegebene Antriebs- und Arbeitsmaschine der Betriebsfaktor c_2 abgelesen, der die tägliche Betriebsdauer und die Art der Maschinen berücksichtigt.

Aus dem Diagramm (Bild **2**.122) wird für die Leistung $P \cdot c_2$ und für die Drehzahl n_k ein Riemenprofil und ein Wirkdurchmesserbereich d_{wk} für die kleine Scheibe ausgewählt. Mit Hilfe der einschlägigen Normen, z. B. DIN 2217, kann dann d_{wk} festgelegt werden.

Der Wirkdurchmesser d_{wg} der großen Scheibe ergibt sich aus

$$d_{wg} = i \cdot d_{wk} = \frac{n_1}{n_2} \cdot d_{wk} \quad \text{(kleine Scheibe treibt)}$$

Hierin bedeuten:

P Vom Riementrieb zu übertragende Leistung in kW
i Übersetzung
n_1 Drehzahl der treibenden Scheibe in min^{-1}
n_2 Drehzahl der getriebenen Scheibe in min^{-1}

Der Achsabstand e (vorläufige Wahl) ergibt sich aus dem empfohlenen Größenverhältnis

$$0{,}7\,(d_{wg} + d_{wk}) < e < 2\,(d_{wg} + d_{wk})$$

Die Wirklänge L_w ergibt sich angenähert aus

$$L_w \approx 2e + 1{,}57\,(d_{wg} + d_{wk}) + \frac{(d_{wg} - d_{wk})^2}{4e}$$

Tabelle **2**.121 Bestimmung des Betriebsfaktors c_2 nach DIN 2218

Beispiele von Arbeitsmaschinen	Beispiele von Antriebsmaschinen					
	Wechsel- und Drehstrommotoren mit normalem Anlaufmoment (bis 2fachen Nennmoment) z. B. Synchron- und Einphasenmotoren mit Anlaßhilfsphase; Gleichstromnebenschlußmotoren; Verbrennungsmotoren und Turbinen mit n über 600 min^{-1}			Wechsel- und Drehstrommotoren mit hohem Anlaufmoment (über 2fachem Nennmoment z. B. Einphasenmotoren mit hohem Anlaufmoment, Gleichstromhauptschlußmotoren in Serienschaltung; Verbrennungsmotoren und Turbinen mit n bis 600 min^{-1}		
	Betriebsfaktor c_2					
	für tägliche Betriebsdauer in h			für tägliche Betriebsdauer in h		
	bis 10	über 10 bis 16	über 16	bis 10	über 10 bis 16	über 16
Leichte Antriebe Kreiselpumpen, Bandförderer, Ventilatoren bis 7,5 kW	1	1,1	1,2	1,1	1,2	1,3
Mittelschwere Antriebe Blechscheren, Pressen, Kettenförderer, Generatoren und Erregermaschinen, Dreh- und Schleifmaschinen, Waschmaschinen, Pumpen über 7,5 kW	1,1	1,2	1,3	1,2	1,3	1,4
Schwere Antriebe Mahlwerke Kolbenkompressoren, Schneckenförderer, Becherwerke, Aufzüge, Papiermaschinen, Baggerpumpen, Sägegatter	1,2	1,3	1,4	1,4	1,5	1,6
Sehr schwere Antriebe Hochbelastete Mahlwerke, Steinbrecher, Kalander, Mischer, Winden, Krane, Bagger	1,3	1,4	1,5	1,5	1,6	1,8

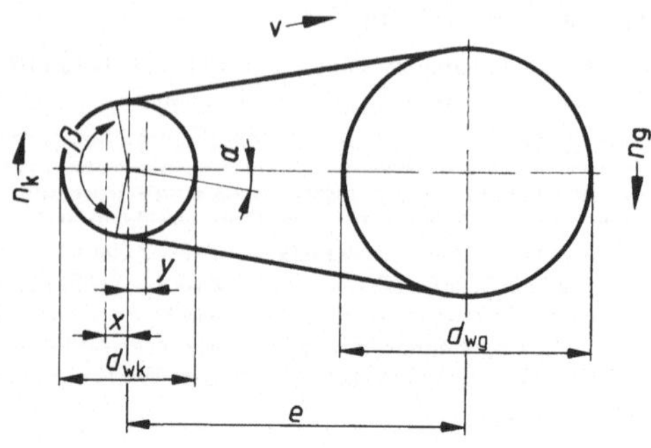

Hierin bedeuten

- d_{wg} Wirkdurchmesser der großen Scheibe (Auswahl nach DIN 2217 T1) in mm
- d_{wk} Wirkdurchmesser der kleinen Scheibe (Auswahl nach DIN 2217 T1) in mm
- e Achsabstand in mm
- n_g Drehzahl der großen Scheibe in min^{-1}
- n_k Drehzahl der kleinen Scheibe in min^{-1}
- v Riemengeschwindigkeit in m/s
- x Verstellbarkeit des Achsabstandes e zum Spannen und Nachspannen des Riemens in mm
- y Verstellbarkeit des Achsabstandes e zum zwanglosen Auflegen des Riemens in mm
- α Trumneigungswinkel $\alpha = 90° - \frac{\beta}{2}$ in ° (Grad)
- β Umschlingungswinkel an der kleinen Scheibe in ° (Grad)

Bild **2**.120 Bestimmungsgrößen von Keilriementrieben

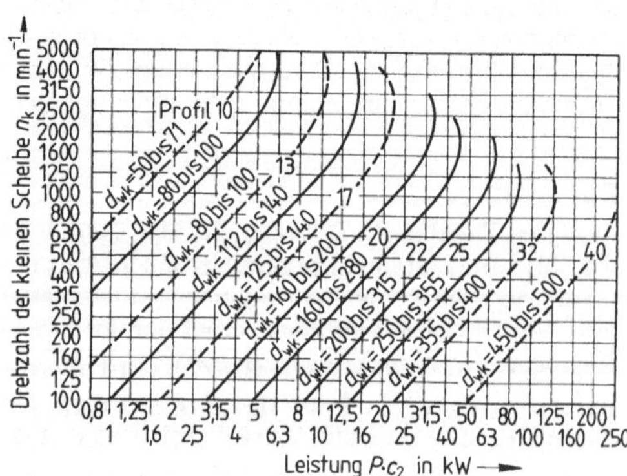

Bild **2**.122 Wahl des Riemenprofils nach Leistung und Drehzahl nach DIN 2218

Mit dem angenäherten Wert werden nach DIN 2215 L_i und L_w ausgewählt.

Es bedeuten:

L_i Innenlänge des Riemens (Auswahl nach DIN 2215) in mm
L_w Wirklänge des Riemens (s. DIN 2215) in mm

Mit der festgelegten Wirklänge L_w errechnet sich der Achsabstand e

$$e \approx p + \sqrt{p^2 - q}$$

darin ist

$$p = 0{,}25\, L_w - 0{,}393\,(d_{wg} + d_{wk})$$

$$q = 0{,}125\,(d_{wg} - d_{wk})^2$$

Die Bestimmung von e wird durch DIN 109 T2 (Achsabstände für Keilriementriebe s. Norm) wesentlich erleichtert. In dieser Norm sind in Tabellen Werte für e in Abhängigkeit von d_w und L_i aufgelistet.

Die Verstellbarkeit des Achsabstandes wird wie folgt berücksichtigt:

$$x \geqq 0{,}03\, L_w \qquad y \geqq 0{,}015\, L_w$$

Die Nennleistung P_N je Riemen ist den Tabellen von DIN 2218 zu entnehmen. Ein Beispiel (für Riemenprofil 6) zeigt Tabelle **2**.123.

Der Umschlingungswinkel β ergibt sich wie folgt

angenähert: **β aus Tabelle 2.124 über** $\dfrac{d_{wg} - d_{wk}}{e}$

oder: $$\beta \approx 180° - 60° \,\frac{d_{wg} - d_{wk}}{e}$$

genau: $$\cos\frac{\beta}{2} = \frac{d_{wg} - d_{wk}}{2e}$$

Die Anzahl der Riemen z errechnet sich aus

$$z = \frac{P \cdot c_2}{P_N \cdot c_1 \cdot c_3}$$

Es bedeuten

c_1 Winkelfaktor (s. Tab. **2**.124)
c_2 Betriebsfaktor (s. Tab. **2**.121)
c_3 Längenfaktor (Tab. in DIN 2217; Beispiel für Riemenprofil 6 s. Tab. **2**.125)

Tabelle **2**.123 Nennleistung P_N je Riemen für Riemenprofil 6 nach DIN 2218

d_{wk}	i oder $\frac{1}{i}$	Drehzahl der kleinen Scheibe n_k in min⁻¹ [1]								
		200	400	700	800	950	1200	1450	1600	2000
		Nennleistung P_N in kW								
28	1	0,015	0,027	0,042	0,047	0,054	0,065	0,08	0,08	0,10
	1,05	0,015	0,027	0,044	0,049	0,056	0,068	0,08	0,09	0,10
	1,2	0,016	0,028	0,045	0,050	0,058	0,07	0,08	0,09	0,11
	1,5	0,016	0,029	0,047	0,052	0,060	0,07	0,08	0,09	0,11
	≧3	0,017	0,030	0,048	0,054	0,062	0,07	0,09	0,09	0,11
35,5	1	0,021	0,039	0,062	0,07	0,08	0,10	0,11	0,12	0,15
	1,05	0,022	0,040	0,064	0,07	0,08	0,10	0,12	0,13	0,16
	1,2	0,023	0,041	0,066	0,07	0,09	0,10	0,12	0,13	0,16
	1,5	0,023	0,043	0,069	0,08	0,09	0,11	0,13	0,14	0,17
	≧3	0,024	0,044	0,07	0,08	0,09	0,11	0,13	0,14	0,17
40	1	0,025	0,046	0,07	0,08	0,10	0,12	0,14	0,15	0,18
	1,05	0,026	0,047	0,08	0,09	0,10	0,12	0,14	0,15	0,19
	1,2	0,027	0,049	0,08	0,09	0,10	0,13	0,15	0,16	0,19
	1,5	0,028	0,050	0,08	0,09	0,11	0,13	0,15	0,17	0,20
	≧3	0,029	0,052	0,08	0,09	0,11	0,13	0,16	0,17	0,21
50	1	0,033	0,061	0,10	0,11	0,13	0,16	0,19	0,20	0,25
	1,05	0,034	0,063	0,10	0,12	0,13	0,16	0,19	0,21	0,26
	1,2	0,036	0,065	0,11	0,12	0,14	0,17	0,20	0,22	0,26
	1,5	0,037	0,068	0,11	0,12	0,14	0,18	0,21	0,23	0,27
	≧3	0,038	0,070	0,11	0,13	0,15	0,18	0,21	0,23	0,28
63	1	0,044	0,08	0,13	0,15	0,17	0,21	0,25	0,27	0,33
	1,05	0,045	0,08	0,14	0,15	0,18	0,22	0,26	0,28	0,34
	1,2	0,046	0,09	0,14	0,16	0,19	0,23	0,27	0,29	0,35
	1,5	0,048	0,09	0,15	0,16	0,19	0,23	0,28	0,30	0,36
	≧3	0,049	0,09	0,15	0,17	0,20	0,24	0,28	0,31	0,38
v in m/s	≈					5				

[1]) grau unterlegt ≙ Lastdrehzahlen für Elektromotore

Tabelle **2**.124 Bestimmung des Umschlingungswinkels β und Winkelfaktors c_1 nach DIN 2218

$\frac{d_{wg} - d_{wk}}{e}$	Umschlingungswinkel β ≈	Winkelfaktor c_1
0	180°	1
0,15	170°	0,98
0,35	160°	0,95
0,5	150°	0,92
0,7	140°	0,89
0,85	130°	0,86
1	120°	0,82
1,15	110°	0,78
1,3	100°	0,73
1,45	90°	0,68

Tabelle **2**.125 Bestimmung des Längenfaktors c_3 für Riemenprofil 6 nach DIN 2218

L_w	284	354	377	444	519	559	869
c_3	0,97	1,02	1,04	1,07	1,11	1,13	1,25

Stehlagergehäuse für Wälzlager
DIN 189 (Jul 1977), DIN 738 (Jul 1967)

Lager sind Bauteile, die der Aufnahme und Führung bewegter (drehender oder schwingender) Teile, insbesondere Wellen dienen (DIN 25 001 T2, s. Norm).

Bei Stehlagergehäusen nach DIN 738 wird die Lagerung der Welle durch Wälzlager nach DIN 625, DIN 630 oder DIN 635 (s. Norm) vorgenommen.

Tabelle **2**.126 Stehlagergehäuse nach Bild **2**.127, Hauptmaße

Wellen-durch-messer d	d_2	D H7	a	b	h js11	l	m	s	Kurz-zeichen nach DIN 738
25	30	52	165	46	40	67	130	M 12	**SN 205**
30	35	62	185	52	50	77	150	M 12	**SN 206**
35	45	72	185	52	50	82	150	M 12	**SN 207**
40	50	80	205	60	60	85	170	M 12	**SN 208**
45	55	85	205	60	60	85	170	M 12	**SN 209**
50	60	90	205	60	60	90	170	M 12	**SN 210**

Werkstoff: Gehäuse aus GG-20 nach DIN 1691
Ausführung: Die Stehlagergehäuse werden als Loslager ausgeführt. Festlager werden sie durch Einlegen von Festringen.
Allgemeintoleranzen: DIN 7168 – m – S
Gußtoleranzen: DIN 1680 – GTB 16 (s. Norm)
Oberflächenrauheiten: für die Bohrung D: Nach DIN 5425 (s. Norm), für die Auflagefläche: R_a = 12,5 μm

Die Riemengeschwindigkeit v ergibt sich aus

$$v = \frac{d_{wk} \cdot n_k}{19100} = \frac{d_{wg} \cdot n_g}{19100}$$

und die Anzahl der Riemenbiegungen f_B aus

$$f_B = \frac{2v}{L_w/1000}$$

Die Riemen müssen so vorgespannt werden, daß nicht mehr als 1 % Schlupf auftritt. Die dazu notwendige Riemenvorspannung, die zu einer entsprechenden Lager- und Wellenbelastung führt, kann annäherungsweise wie folgt berechnet werden.

$$F = \frac{1000 \cdot P}{v} \qquad F_A = 1{,}5 \text{ bis } 2\,F$$

Schlupf und Vorspannung sind zu überwachen.

Es bedeuten
f_B Anzahl der Riemenbiegungen je Sekunde in s^{-1}
F Umfangskraft, statisch in N
F_A Achskraft in N

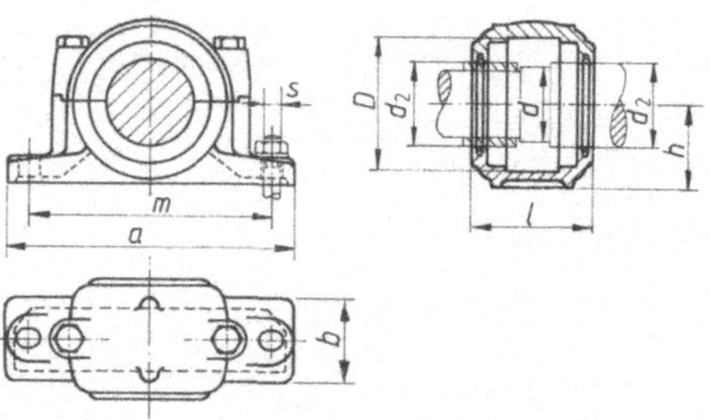

Bild **2**.127 Stehlagergehäuse nach DIN 738 für Wälzlager der Durchmesserreihe Z mit zylindrischer Bohrung nach DIN 625 und DIN 630

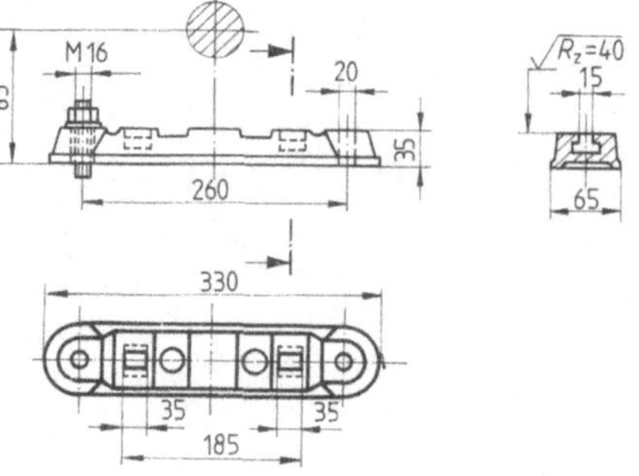

Bild **2**.128 Sohlplatte nach DIN 189 – hier für Stehlagergehäuse nach DIN 738 mit den Kurzzeichen SN 206 und 207 –

Wälzlagerübersicht
DIN 611 (Nov 1973)

Wälzlager ermöglichen die Bewegung zwischen einem stillstehenden und einem umlaufenden Maschinenteil durch das Abwälzen auf den Wälzkörpern.

Aufgrund der Art der Wälzkörperformen unterscheidet man Kugellager, Zylinderrollenlager, Nadellager, Kegelrollenlager und Tonnenlager (s. nachstehende Übersicht).

Theoretische Grundlagen

Grundlagen	DIN
Wälzlager, Maßpläne für äußere Abmessungen	616
Toleranzen der Wälzlager	620 T1 bis 6 ISO 1132
Tragfähigkeit von Wälzlagern, Begriffe, Tragzahlen, Berechnung	622 T1
Statische Tragzahlen	ISO 76
Dynamische Tragzahlen	ISO 281 T1
Einbaumaße für Wälzlager	5418
Passungen für den Einbau von Wälzlagern	5425 Vornorm

Radial-Kugellager

Lagerart	Bauform	Schematische Darstellung	DIN
Rillenkugellager einreihig ohne Füllnuten	zylindrische Bohrung		625 T1
Rillenkugellager zweireihig mit Füllnuten	zylindrische Bohrung		625 T3
	kegelige Bohrung		
Schrägkugellager einreihig	selbsthaltend		628 T1
Schrägkugellager zweireihig			
Pendelkugellager	zylindrische Bohrung		630 T1
	kegelige Bohrung		
Schulterkugellager	–		615

Radial-Rollenlager

Lagerart	Bauform	Schematische Darstellung	DIN
Zylinderrollenlager mit Außenborden einreihig	axial nicht führend		5412 T1
	nur in einer Richtung axial führend		
Zylinderrollenlager mit Innenborden, einreihig	zylindrische Bohrung		5412 T2
Zylinderrollenlager mit Außenborden, zweireihig	zylindrische Bohrung		5412 T1
Nadellager	mit Käfig	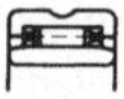	617
Außenring mit Nadelkranz	mit Käfig ohne Innenring		
Kegelrollenlager	–		720
Tonnenlager	zylindrische Bohrung		635 T1
Pendelrollenlager	zylindrische Bohrung		635 T2

Axial-Kugellager

Lagerart	Bauform	Schematische Darstellung	DIN
Axial-Rillenkugellager, einseitig wirkend	mit ebener Gehäusescheibe	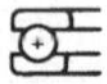	711 T1
Axial-Rillenkugellager, zweiseitig wirkend	mit ebener Gehäusescheibe	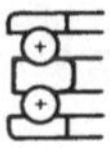	715

Wälzlagerzubehör

Benennung	Schematische Darstellung	DIN
Abziehhulsen		5416
Sicherungsbleche		5406
Nutmuttern		981
Spannhulsen		5415
Sprengringe		5417
Schmierfette	–	51 825 T1

Gehäuse

Bauart	Anwendung	Schematische Darstellung	DIN
Stehlager-gehäuse	für Wälzlager der Durchmesserreihe 2 mit zylindrischer Bohrung		738
	für Wälzlager der Durchmesserreihe 3 mit zylindrischer Bohrung		739
Filzringe, Filzstreifen,	für Wälzlagergehäuse Ringnuten		5419

Einbaumaße für Wälzlager DIN 5418 (Mrz 1981)

Rundungen und Schulterhöhen

Die Rundungen an Welle und Gehäuse müssen die durch den Kantenabstand festgelegten Abfasungen am Innen- bzw. Außenring der Wälzlager freigeben.

Die Schulterhöhen sind so zu bemessen, daß eine genügende seitliche Anlage der Wälzlagerringe sichergestellt ist, andererseits aber auch das Ansetzen von Abziehvorrichtungen ermöglicht wird.

Tabelle **2**.129 Rundungen und Schulterhöhen für Radiallager (mit Ausnahme der Kegelrollenlager) und Axiallager nach Bild **2**.130, Maße

r_{1s}; r_{2s} min.	r_{as}; r_{bs} max.	h [2]) min. Durchmesserreihe nach DIN 616 1; 2; 3
0,3	0,3	1,2
0,6	0,6	2,1
1	1	2,8
1,1	1	3,5
1,5	1,6 [1])	4,5

[1]) Dieser Wert ist nur gültig bei Anwendung von Freistichen nach DIN 509 (s. Norm). Anderenfalls darf 1,5 mm nicht überschritten werden.

[2]) Falls ein Freistich Form F nach DIN 509 vorgesehen wird, muß $h - h_1 \geqq h_{min} - r_{1s\,max}$ sein.

Bei Axiallagern soll die Schulter mindestens bis zur Mitte der Wellen- bzw. Gehäusescheibe reichen.

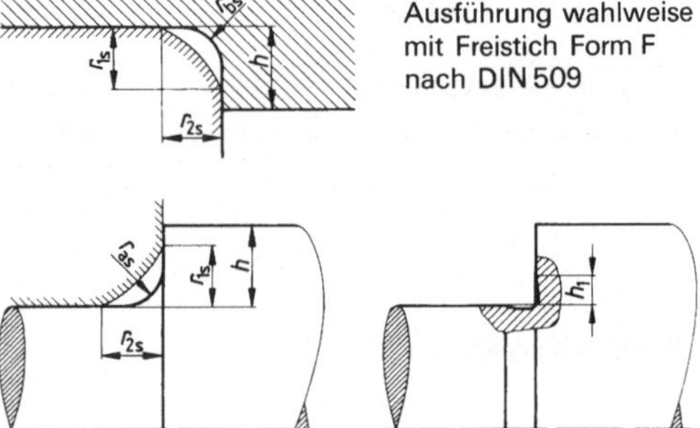

Es bedeuten

h	Schulterhöhe bei Welle und Gehäuse
h_1	Einstichmaß
r_{as}	Hohlkehlradius an der Welle
r_{bs}	Hohlkehlradius am Gehäuse
r_{1s}; r_{2s}	Kantenabstand am Wälzlager (Einzelwert)

Bild **2**.130 Einbaumaße für Wälzlager; Rundungen und Schulterhöhen nach DIN 5418

Einbaumaße für Zylinderrollenlager

Zylinderrollenlager sind auseinandernehmbar. Werden die Anschlußteile nach Tab. **2**.131 bemessen, so können die Gehäuse mit den darin befindlichen Außenringen mit Rollensatz von der Welle und den darauf verbleibenden Innenringen abgezogen werden.

Einbaumaße für Kegelrollenlager

Bei Kegelrollenlagern steht der Käfig über der Seitenfläche der Außenringe vor. Um Anstreifen des überstehenden Käfigs zu vermeiden, sind die Anschlußmaße nach Tab. **2**.133 einzuhalten.

Tabelle **2.**131 Einbaumaße für Zylinderrollenlager nach Bild **2.**132

Lagerbohrung d	D	Lagerreihen NU 2 NU 2 E d_a max.	d_b min.
17	40	21	25
20	47	26	29
25	52	31	34
30	62	37	40
35	72	43	46
40	80	49	52
45	85	54	57
50	90	58	62

Tabelle **2.**133 Schulterdurchmesser, axiale Freiräume, Hohlkehlradien an Wellen und Gehäuse nach DIN 5418 (Maße) für die Anlage von Kegelrollenlager nach DIN 720, Maßreihe 02 (s. Bild **2.**134)

Lagerbohrung d	D	d_a max	d_b min	d_b min	D_a max	D_b min	C_a min	C_b min	r_{as} max	r_{bs} max
17	40	23	23	34	34	37		2		
20	47	27	26	40	41	43				
25	52	31	31	44	46	48	2		1	1
30	62	37	36	53	56	57		3		
35	72	44	42	62	65	67				
40	80	49	47	69	73	74	3	3,5		
45	85	54	52	74	78	80		4,5	1,5	1,5
50	90	58	57	79	83	85				

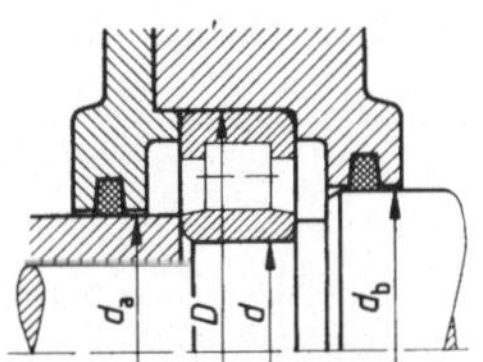

Bild **2.**132 Einbaumaße für Zylinderrollenlager nach DIN 5418

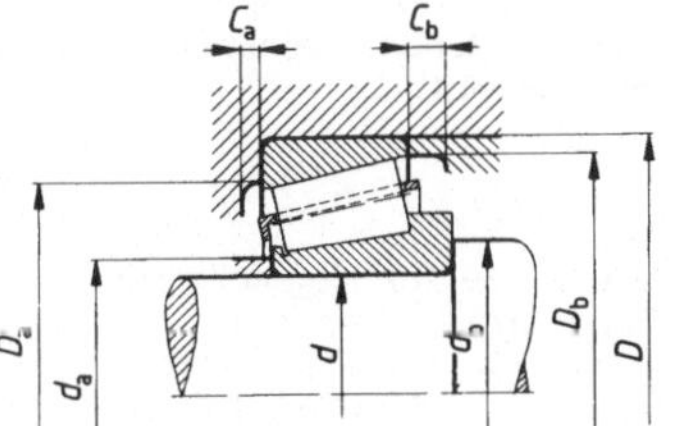

Bild **2.**134 Einbaumaße für Kegelrollenlager nach DIN 5418

Wälzlager

DIN 625 T1 (Sep 1959), DIN 630 T1 (Mai 1960), DIN 711 T1 (Sep 1959), DIN 720 (Feb 1979), DIN 5412 T1 (Jun 1982)

Radialkugellager

Tabelle **2.**135 Hauptmaße für Rillenkugellager nach Bild **2.**136 und Pendelkugellager nach Bild **2.**137.

d	D	B	r[1]) min	Kurzzeichen nach DIN 625 T1	Kurzzeichen nach DIN 630 T1
10	30	9		6200	1200
12	32	10	0,6	6201	1201
15	35	11		6202	1202
17	40	12		6203	1203
20	47	14		6204	1204
25	52	15	1,0	6205	1205
30	62	16		6206	1206
35	72	17		6207	1207
40	80	18	1,1	6208	1208
45	85	19		6209	1209
50	90	20		6210	1210

[1]) Die neuen ISO-Festlegungen über Kantenabstände werden in der Folgeausgabe übernommen und so festgelegt sein. Austauschbarkeitsprobleme entstehen durch diese Änderung nicht, sofern die Hohlkehlen der Anschlußteile nach DIN 5418 ausgeführt sind.

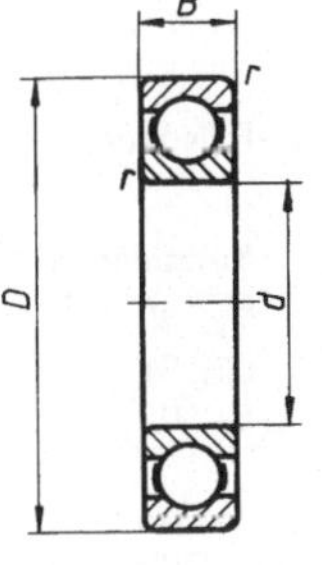

Bild **2.**136 Rillenkugellager mit zylindrischer Bohrung nach DIN 625 T1, einreihige Grundausführung, Maßreihe 02

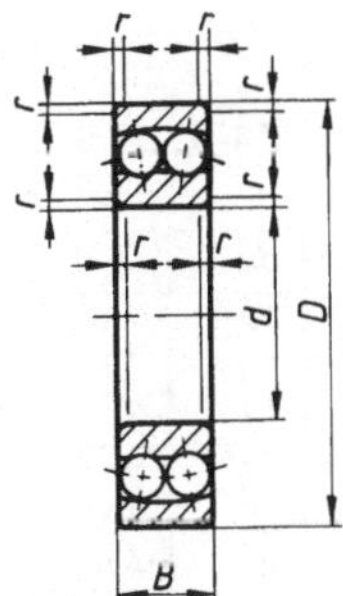

Bild **2.**137 Pendelkugellager mit zylindrischer Bohrung nach DIN 630 T1, Maßreihe 02

Radialrollenlager

Tabelle **2**.138 Hauptmaße für Zylinderrollenlager nach Bild **2**.139

d	D	B	r_s min	r_{1s} min	Kurzzeichen nach DIN 5412 T1
15	35	11	0,6	0,3	NU 202
17	40	12			NU 203
20	47	14			NU 204 E
25	52	15	1,0		NU 205 E
30	62	16		0,6	NU 206 E
35	72	17			NU 207 E
40	80	18	1,1		NU 208 E
45	85	19		1,1	NU 209 E
50	90	20			NU 210 E

E kennzeichnet die verstärkte Ausführung, die zur Anwendung empfohlen wird.

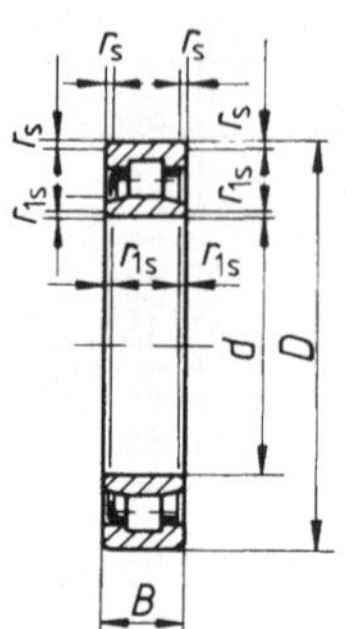

Bild **2**.139 Zylinderrollenlager mit zylindrischer Bohrung nach DIN 5412 T1, Maßreihe 02

Tabelle **2**.140 Hauptmaße für Kegelrollenlager nach Bild **2**.141

d	D	B	C	T	r_1 r_2 min	r_3 r_4 min	Kurzzeichen nach DIN 720
17	40	12	11	13,25			302 03
20	47	14	12	15,25			302 04
25	52	15	13	16,25	1	1	302 05
30	62	16	14	17,25			302 06
35	72	17	15	18,25			302 07
40	80	18	16	19,75	1,5	1,5	302 08
45	85	19	16	20,75			302 09
50	90	20	17	21,75			302 10

Maße für r_5 wurden nicht festgelegt; es dürfen keine scharfen Kanten auftreten.

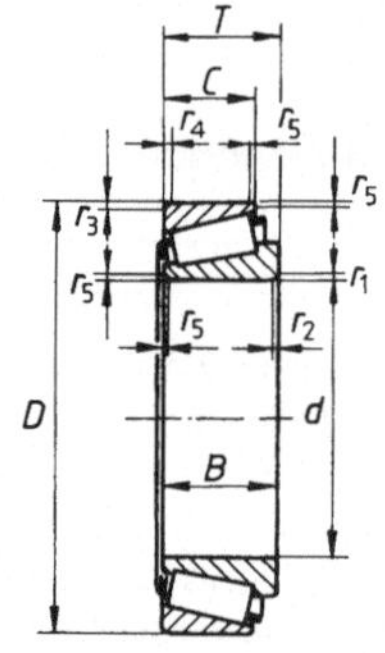

Bild **2**.141 Kegelrollenlager nach DIN 720, Maßreihe 02

Tabelle **2**.142 Hauptmaße für Axial-Rillenkugellager nach Bild **2**.143

d_w	d_g	D_g	H	r	Kurzzeichen
10	12	26	11		512 00
12	14	28	11		512 01
15	17	32	12		512 02
17	19	35	12	1	512 03
20	22	40	14		512 04
25	27	47	15		512 05
30	32	52	16		512 06 X
35	37	62	18		512 07
40	42	68	19	1,5	512 08
45	47	73	20		512 09
50	52	78	22		512 10

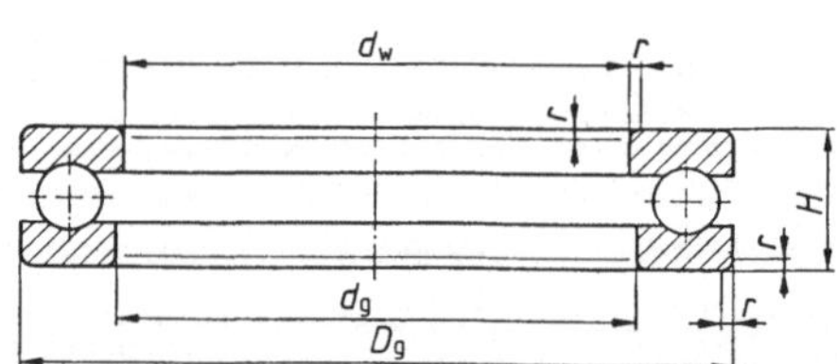

Bild **2**.143 Axial-Rillenkugellager nach DIN 711 T1, einseitig wirkend, mit ebener Gehäusescheibe, Maßreihe 12

Wellendichtungen
DIN 3760 (Apr 1972), DIN 5419 (Sep 1959)

Radial-Wellendichtringe

Tabelle 2.144 Hauptmaße für Radial-Wellendichtringe nach den Bildern 2.145 und 2.146

Wellendurchmesser d_1	d_2 +0,3 +0,15	b ±0,2	c min.
10	24	7	0,3
	26		
12	28	7	0,3
	30		
15	32	7	0,3
	35		
17	35	7	0,3
	40		
20	40	7	0,3
	47		
25	47	7	0,3
	52		
30	52	7	0,4
	62		
35	52	7	0,4
	62		
40	62	7	0,4
	72		
45	65	8	0,4
	72		
50	72	8	0,4
	80		

Form A

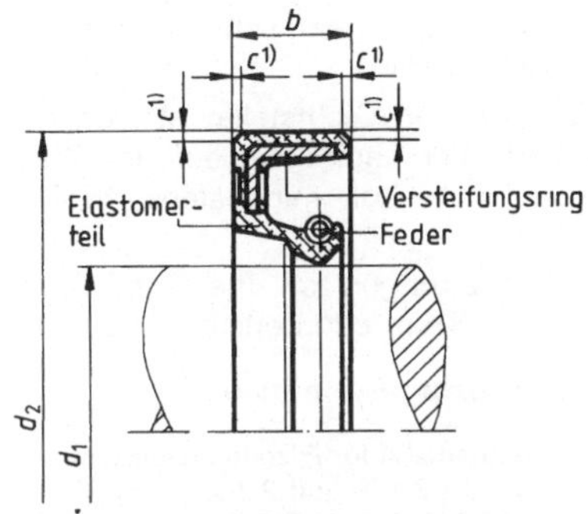

[1]) Kanten abgeschrägt oder gerundet

Form AS
mit Schutzlippe
übrige Maße und Angaben wie Form A

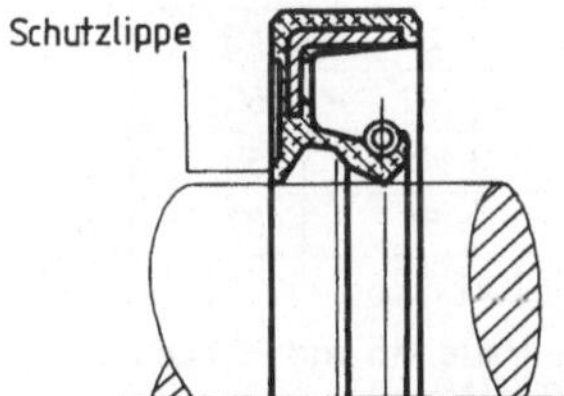

Bild 2.145 Radial-Wellendichtringe nach DIN 3760

Werkstoffe und Oberflächenschutz

Werkstoffe für Versteifungsring und Feder, sowie Oberflächenschutz dieser Teile nach Wahl des Herstellers.

Werkstoff für Elastomerteil

Werkstoffkennbuchstaben	Basis-Elastomer
NB	Nitril-Butadien-Kautschuk
AC	Acrylat-Kautschuk
SI	Silicon-Kautschuk
FP	Fluor-Kautschuk

Die Auswahl des für den vorgesehenen Verwendungszweck geeigneten Basis-Elastomers richtet **sich nach der Art des abzudichtenden Mediums** (z. B. Motoröle, Druckflüssigkeiten, Bremsflüssigkeiten usw.) und der Umfangsgeschwindigkeit der Welle.

Anwendungshinweise

Wellendichtringe Form A. Der Außenmantel aus Elastomer läßt einen dichten und festen Sitz in der Aufnahmebohrung auch bei Gehäusewerkstoffen mit großerer Wärmedehnung als Stahl und im gesamten Temperaturbereich erwarten.

Wellendichtringe Form AS. Die Form AS hat durch die Schutzlippe den zusätzlichen Vorteil, daß Verschmutzungen von der eigentlichen Dichtstelle ferngehalten werden.

Richtlinien für den Einbau (Bild **2**.146)

Die Dichtlippen müssen stets der abzudichtenden Seite zugewendet sein und mit Sicherheit frei liegen, d. h. sie dürfen nicht verklemmt sein.

Wellendichtringe müssen zentrisch und senkrecht zur Welle eingebaut sein.

Die Lebensdauer der Dichtstelle ist von der Oberflächenhärte der Lauffläche auf der Welle abhängig. Die Härte soll mindestens 45 HRC betragen.

Bei Oberflächenhärtungen ist eine Einhärtetiefe von mindestens 0,3 mm erforderlich.

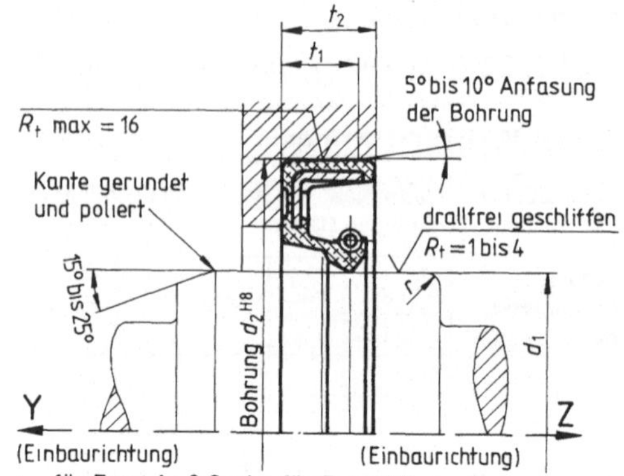

r für Form A: 0,6 min, für Form AS: 1 min
d_1 im Bereich der Lauffläche h11
t_1 min = 0,85 · b; t_2 min = b + 0,3

Bild **2**.146 Einbaumaße und -hinweise für Radial-Wellendichtringe nach DIN 3760

Filzringe für Wälzlagergehäuse

Tabelle **2**.147 Hauptmaße für Filzringe nach den Bildern **2**.148 und **2**.149

d_1 d_3[1])	b	d_2	d_4 H12	d_5 H12	f H13
17	4	27	18	28	3
20		30	21	31	
25		37	26	38	
30		42	31	43	
35	5	47	36	48	4
40		52	41	53	
45		57	46	58	
50	6,5	66	51	67	5

[1]) Toleranzfeld der Welle h11

Werkstoff: Wollfilz der Härte M5 und F2 nach DIN 61 200 (s. Norm)

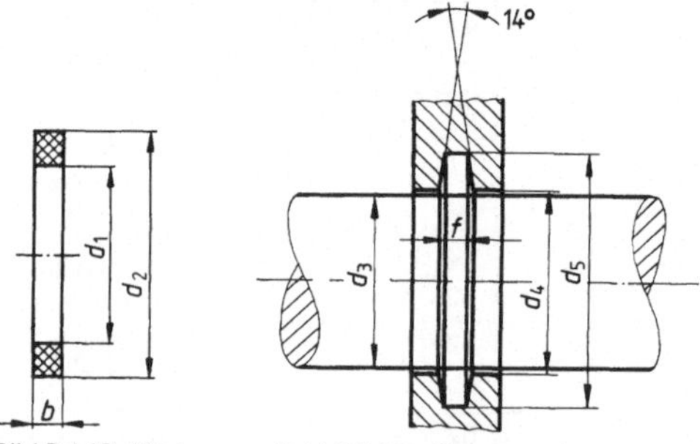

Bild **2**.148 Filzring nach DIN 5419

Bild **2**.149 Einbaumaße (Ringnut) für Filzringe nach DIN 5419

Bedienteile (Vierkante)

DIN 79 (Aug 1971), DIN 99 (Jun 1972), DIN 951 (Apr 1972)

Kegelgriffe

Tabelle **2**.150 Maße für Kegelgriffe nach Bild **2**.151

l_1	a	b_2	b_3	d_1	d_2	d_3	d_5	h ≈	l_2 ≈	s[1]) H11
40	3	7,5	–	6	10	4	M 5	19	38	–
50	4	9,5	–	8	12	5	M 6	24	48	–
80	6	15	14	13	20	9	M10	38	76	7
100	7,5	19	17,5	16	25	11	M12	47	95	9
125	10	25	23	20	32	15	M16	59,5	119	11

[1]) Vierkant nach DIN 79 (Tab. **2**.154)

Werkstoff: Automatenstahl nach DIN 1651

Ausführung: Oberfläche poliert; Allgemeintoleranz: mittel DIN 7168

Anwendungsbeispiel: Bild **2**.193, Spannschrauben

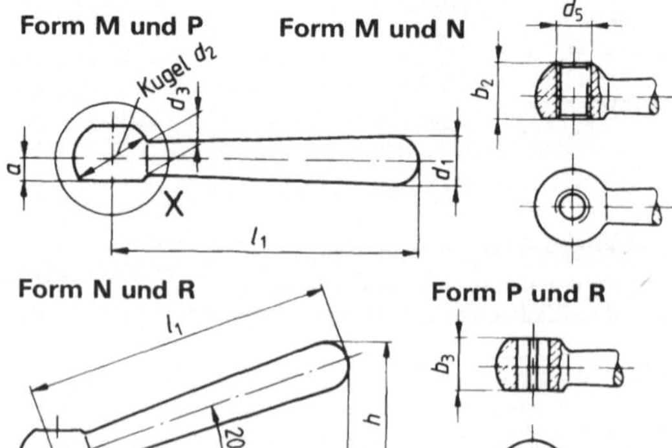

Übrige Maße und Angaben wie Form M und P

Bild **2**.151 Kegelgriffe nach DIN 99, mit Griffaufnahme durch Bohrung (Form M und N) sowie Vierkant (Form P und R)

Handräder mit Vierkant

Tabelle **2.**152 Maße für Handräder nach Bild **2.**153

d_1	a	b_1	b_2	c	d_2	d_3	d_4	e	h_1	h_2	l_1	l_2 ≈	r_1	r_2	r_3	r_4	r_5	r_6	r_7	s[1] H11	Anzahl der Arme
160	19	20	14	7	32	34	38	62	22	19	20	40	8	16	4	18	9	5	12	12	3
200	24	25	17	8	38	40	44	80	26	22	24	45	9	18	5,5	22	11	6	12	14	3
315	40	33	23	11	53	56	65	132	30	26	33	56	12	24	7	28	14	8,5	14	19	5
400	50	37	26	12	65	70	80	171	34	30	38	63	12	24	8	32	16	10,5	17	24	5

[1]) Vierkant nach DIN 79 (Tab. **2.**154)

Werkstoff: GG = GG – 20 nach DIN 1691

Ausführung: Allgemeintoleranzen spanend bearbeitet: mittel DIN 7168
gegossen, unbearbeitet: bei GG Toleranzgruppe B nach DIN 1686 (s. Norm)

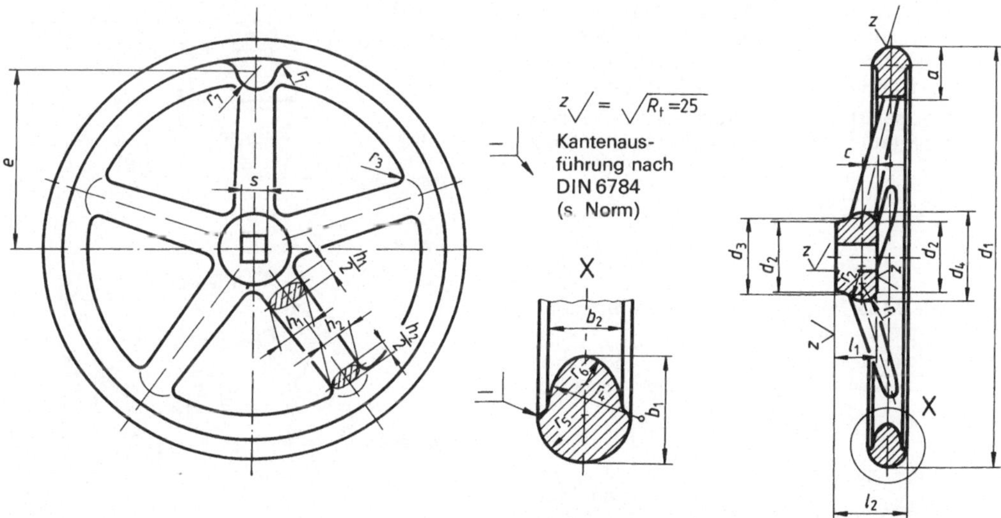

Bild **2.**153 Gekröpfte Handräder nach DIN 951, mit geradem Vierkant als Nabenloch und glattem Kranz (Ausführung B)

Vierkante für Spindeln und Bedienteile (z.B. Handrad)

Tabelle **2.**154 Maße für Vierkante nach Bild **2.**155

Schlüsselweite s H11/h11	d[1]) max.	Eckenmaße e_1 max.	e_1 min.[2])	e_2 min.
7	7,3	9	8,4	9,1
9	9,5	12	10,8	12,1
11	11,6	14	13,2	14,1
12	12,6	16	14,4	16,1
14	14,7	18	16,8	18,1
19	20	25	22,8	25,2
24	25,3	32	28,8	32,2
30	31,7	40	36	40,2

Außenvierkant **Innervierkant**

Bild **2.**155 Vierkante nach DIN 79

[1]) Innenvierkante dürfen im mittleren Drittel jeder Quadratseite ausgespart sein. d max. legt den Bohrungsdurchmesser bei zentrischer Anordnung fest.

[2]) Außenvierkante, die an blankem Rundstahl angearbeitet werden, dürfen das Kleinstmaß um den Betrag der Toleranz zum Rundstahl, d.h. maximal um h11, unterschreiten.

Schmiernippel
DIN 71 412 T1 (Entw. Sep 1981)

Wer rationell hinsichtlich Sauberkeit, Zeitaufwand und Kraftanstrengung schmieren will, bedient sich vorteilhafterweise des Kegel-Schmiernippels nach DIN 71 412 T1. Der größere (und meist teuere) Flach-Schmiernippel nach DIN 3404 (s. Norm) ist besonders zum Füllen von größeren Schmierstoffräumen, der Trichter-Schmiernippel ist nach DIN 3405 (s. Norm) in den Bedarfsfällen zum bündigen und versenkten Einbau geeignet.

Die Verbindung zwischen Schmiernippel und zugehörender Kupplung oder zugehörendem Mundstück ist beim Kegel-Schmiernippel und Flach-Schmiernippel formschlüssig, beim Trichter-Schmiernippel und Kugel-Schmiernippel nach DIN 3402 (s. Norm) kraftschlüssig.

Hinweise zur Instandhaltung, so u. a. zum Verschleiß und zur Schmierung s. Abschn. 3.4.2.

Tabelle **2.**156 Maßangaben für Kegel-Schmiernippel nach Bild **2.**157

Form	Kurzzeichen	Gewinde nach DIN 158[1]) d	l max	Schlüsselweite s Vierkant	Schlüsselweite s Sechskant
A	**AM6**	M 6 keg	–	–	7
	AM8×**1**	M 8×1 keg	–	–	9
	AM10×**1**	M 10×1 keg	–	–	11
B	**BM6**	M 6 keg	10	9	–
	BM8×**1**	M 8×1 keg	10	9	–
	BM10×**1**	M 10×1 keg	11	11	–
C	**CM6**	M 6 keg	14,3	9	–
	CM8×**1**	M 8×1 keg	14,3	9	–
	CM10×**1**	M 10×1 keg	15,3	11	–

[1]) s. Norm

Kegel-Schmiernippel

Der Kegel-Schmiernippel ist die modernste Form aller Schmiernippel. Er eignet sich in gleicher Weise für Schmierpressen mit Handbetrieb und für solche mit maschinellem Antrieb, z. B. Druckluftantrieb oder Fußantrieb. Er entspricht zusammen mit den modernen Greifkupplungen allen Anforderungen bezüglich Abschmierdruck, leckfreiem Arbeiten, schneller Arbeitsweise und leichter Handhabung auch bei schwer zugänglichen Schmierstellen.

Form A

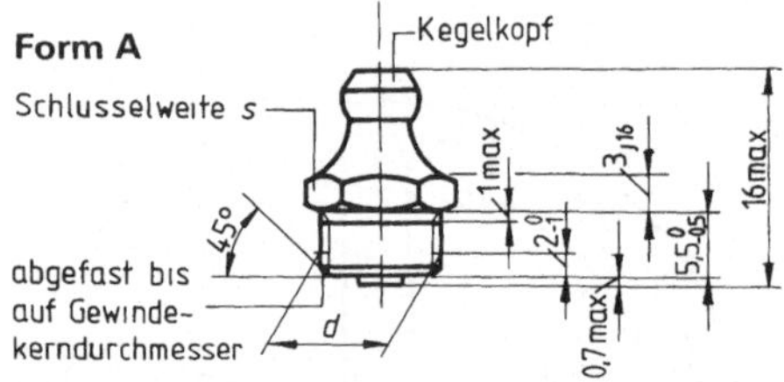

Form B

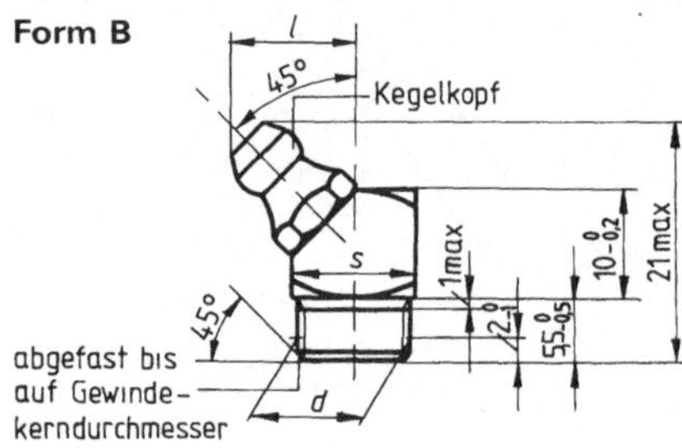

Form C

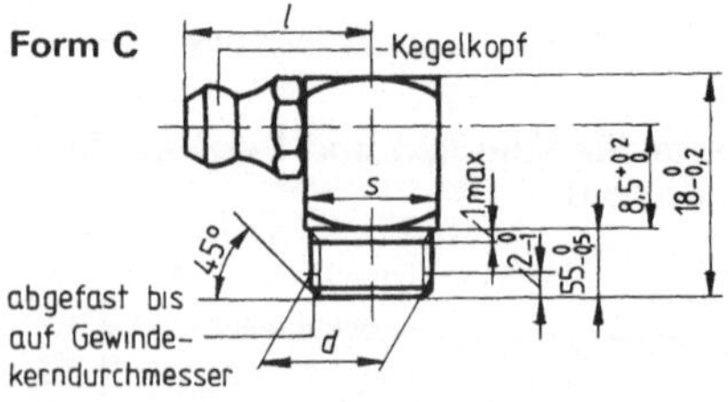

Bild **2.**157 Kegel-Schmiernippel nach DIN 71 412 T1 mit der Festigkeitsklasse 5.8 nach DIN ISO 898 T1

2.3 Normteile

2.3.1 Mechanische Verbindungselemente

Schrauben
Grundlagen für Auswahl und Bezeichnung
DIN ISO 898 T1 (Apr 1979), DIN 962 (Sep 1975)

Gestaltungshinweise für Schraubverbindungen s. Abschn. 3.3.4.2

Bezeichnungssystem

Das Kennzeichen der Festigkeitsklasse besteht aus zwei Zahlen, die durch einen Punkt getrennt sind.

Die erste Zahl entspricht 1/100 der Nennzugfestigkeit R_m nach Tabelle **2.**160.

Die zweite Zahl gibt das 10fache des Verhältnisses der Nennstreckgrenze R_{eL} bzw. $R_{p0,2}$ zur Nennzugfestigkeit R_m (Streckgrenzenverhältnis) an.

Die Multiplikation beider Zahlen ergibt die Nennstreckgrenze (R_{eL} bzw. $R_{p0,2}$) in N/mm².

Tabelle **2.**158 Bezeichnungssystem der Festigkeitsklassen für Schrauben nach DIN ISO 898 T1

Nennzugfestigkeit R_m in N/mm²: 400 500 600 700 800 900 1000 1200

Mindestbruchdehnung A_5 in %: 8, 9, 10, 12, 14, 16, 18, 20, 22

Festigkeitsklassen: 12.9, 10.9, 8.8, 4.8, 5.6

Verhältnis Nennstreckgrenze (R_{eL} bzw. $R_{p0,2}$) zur Nennzugfestigkeit R_m

Zweite Zahl des Bezeichnungssystem		.6	.8	.9
$\frac{\text{Nennstreckgrenze } R_{eL} \text{ bzw. } R_{p0,2}}{\text{Nennzugfestigkeit } R_m} \cdot 100$	in %	60	80	90

Werkstoffe

Tabelle **2.**159 Werkstoffe fur Schrauben nach DIN ISO 898 T1

Festigkeits-klasse	Werkstoff und Wärmebehandlung
4.8	Stahl mit niedrigem oder mittlerem Kohlenstoffgehalt (Automatenstahl)
5.6	Stahl mit niedrigem oder mittlerem Kohlenstoffgehalt
8.8	Stahl mit mittlerem Kohlenstoffgehalt, abgeschreckt und angelassen
10.9	Stahl mit mittlerem Kohlenstoffgehalt, abgeschreckt und angelassen oder Stahl mit mittlerem Kohlenstoffgehalt mit Zusätzen (z.B. Bor, Mn oder Cr) oder legierter Stahl
12.9	legierter Stahl

Mechanische Eigenschaften

Tabelle **2.**160 Mechanische Eigenschaften von Schrauben nach DIN ISO 898 T1

Festigkeitsklasse		**4.8**	**5.6**	**8.8**		**10.9**	**12.9**
Eigenschaft				≦M 16	>M 16[1])		
Zug-festigkeit R_m in N/mm²	Nenn-wert	400	500	800	800	1000	1200
	min	420	500	800	830	1040	1220
Streck-grenze R_{eL} in N/mm²	Nenn-wert	320	300	–	–	–	–
	min	340	300	–	–	–	–
0,2%-Dehn-grenze $R_{p0,2}$ in N/mm²	Nenn-wert	–	–	640	640	900	1080
	min	–	–	640	660	940	1100
Pruf-spannung S_p	S_p/R_{eL} bzw. $R_{p0,2}$	0,91	0,94	0,91	0,91	0,88	0,88
	N/mm²	310	280	580	600	830	970
Bruch-dehnung A_5 in %	min.	14	20	12	12	9	8

[1]) Für Stahlbauschrauben ab M 12

Mindestbruchkräfte

Tabelle **2.**161 Mindestbruchkraft fur Schrauben mit Regelgewinde nach DIN ISO 898 T1

Gewinde-Nenn-durchmesser	Steigung fur Regel-gewinde	Nennspannungs-querschnitt A_s in mm²	Festigkeitsklasse **4.6**	**5.6**	**8.8**	**10.9**	**12.9**
			Mindestbruchkraft ($A_s \cdot R_m$) in N				
3	0,5	5,03	2 010	2 510	4 020	5 230	6 140
4	0,7	8,78	3 510	4 390	7 020	9 130	10 700
5	0,8	14,2	5 680	7 100	11 350	14 800	17 300
6	1	20,1	8 040	10 000	16 100	20 900	24 500
8	1,25	36,6	14 600	18 300	29 200	38 100	44 600
10	1,5	58,0	23 200	29 000	46 400	60 300	70 800
12	1,75	84,3	33 700	42 200	67 400[1])	87 700	103 000
16	2	157	62 800	78 500	125000[1])	163 000	192 000
20	2,5	245	98 000	122 000	203 000	255 000	299 000
24	3	353	141 000	176 000	293 000	267 000	431 000
30	3,5	561	224 000	280 000	466 000	583 000	684 000

[1]) Für Stahlbauschrauben 70 000, 95 500 bzw. 130 000 N.

Tabelle **2.**162 Mindestbruchkräfte für Schrauben mit Feingewinde nach DIN ISO 898 T1

Gewinde-Nenn-durchmesser	Steigung fur Fein-gewinde	Nennspannungs-querschnitt A_s in mm²	Festigkeitsklasse **4.6**	**5.6**	**8.8**	**10.9**	**12.9**
			Mindestbruchkraft ($A_s \cdot R_m$) in N				
8	1	39,2	15 700	19 600	31 360	40 800	47 800
10	1,25	61,2	24 500	30 600	49 000	63 600	74 700
12	1,25	92,1	36 800	46 000	73 700	95 800	112 000
16	1,5	167	66 800	83 500	134 000	174 000	204 000
20	1,5	272	109 000	136 000	226 000	283 000	332 000

Schraubenqualität

Zulässige Maß- und Formabweichungen für Schrauben und Muttern sind in DIN ISO 4759 T1 (s. Norm) festgelegt.

Es werden die Produktklassen A, B und C unterschieden. Die Unterschiede liegen in den Toleranzen der Abmessungen, Mittigkeitsabweichungen und Winkellage von Kopf und Schaft.

Die Produktklassen (A ≙ m (mittel) und B ≙ mg (mittelgroß)) sind praktisch mit den Ausführungen nach DIN 267 T2 (s. Norm) identisch.

Kennzeichnung

Die Kennzeichnung von Schrauben ist ab 5 mm Gewindedurchmesser und ab der Festigkeitsklasse 8.8 vorgeschrieben (s. Bild **2**.163).

Normbezeichnung (Bestellangaben)

Die Normbezeichnung dient der Ansprache von in Normen festgelegten Teilen und wird in Zeichnungen, Stücklisten und anderen technischen Unterlagen zur eindeutigen Bestimmung der jeweiligen Teile eingetragen (s. Bild **2**.164).

Beispiele für Normbezeichnungen

Bezeichnung einer Sechskantschraube nach DIN 931 T1 mit Gewinde d = M 16, Nennlänge l = 160 mm, Festigkeitsklasse (Werkstoff) 8.8, Produktklasse A und mit Oberflächenbehandlung (Phosphatierung nach DIN 50942 (s. Norm) (s. Tab. **2**.165):

Sechskantschraube
DIN 931 – M16 × 160 – 8.8 – A – phr

Bezeichnung einer Zylinderschraube mit Innensechskant und mit Feingewinde (s. Norm) nach DIN 912, mit Gewinde d = M 16, Gewindesteigung 1,5, Nennlänge l = 50 mm und Festigkeitsklasse (Werkstoff) 8.8:

Zylinderschraube DIN 912 – M 16 × 1,5 × 50 – 8.8

Bezeichnung einer Flachkopf-Blechschraube mit Schlitz nach DIN ISO 1481, Gewindegröße ST 4,2, Nennlänge l = 16 mm, Typ C (mit Spitze) (s. Tab. **2**.176):

Blechschraube ISO 1481 – ST 4,2 × 16 – C

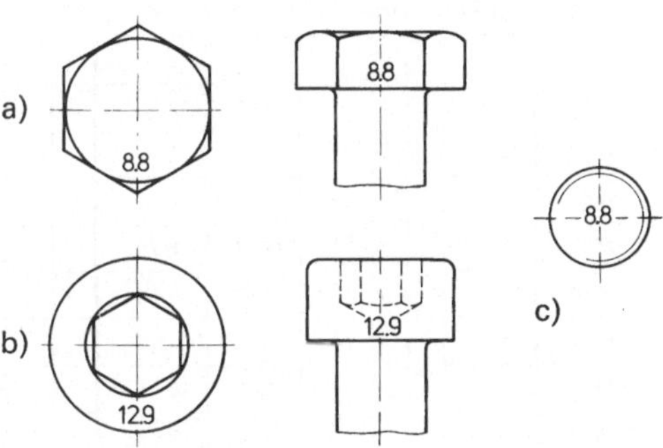

Bild **2**.163 Beispiele für die Kennzeichnung von Schrauben mit der Festigkeitsklasse nach DIN ISO 898 T1
a) Sechskantschraube
b) Innensechskantschraube
c) Stiftschraube

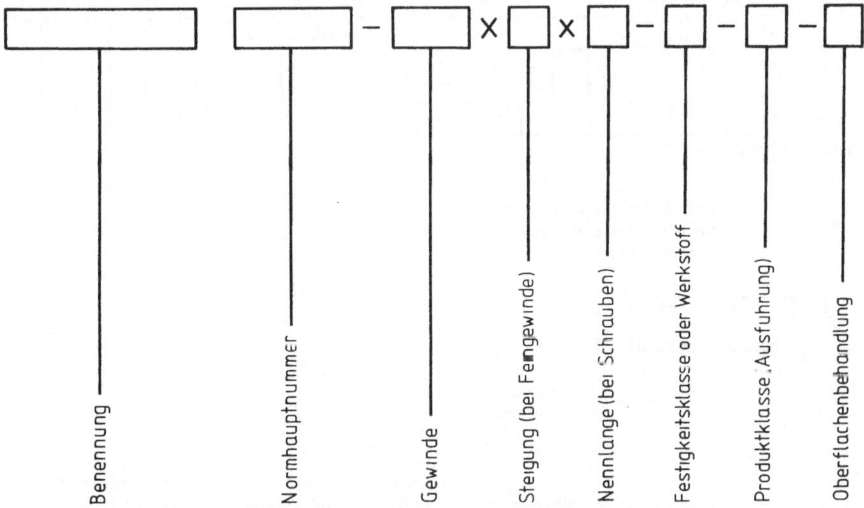

Bild **2**.164 Vereinfachtes Schema der Normbezeichnung nach DIN 962 für Schrauben

Schraubenübersicht, Maßangaben (Schrauben mit metrischem Gewinde nach DIN 13) **DIN 84** (Okt 1970), **DIN 85** (Dez 1972), **DIN 912** (Sep 1979), **DIN 931 T1** (Jul 1982), **DIN 963** (Jun 1970), **DIN 964** (Jun 1970), **DIN 965** (Dez 1971), **DIN 966** (Dez 1971), **DIN ISO 7045** (E Sep 1981)

Tabelle **2.**165 Maßangaben für Schrauben nach den Bildern **2.**166 bis **2.**169

Gewinde oder Nenn ⌀	Schlüsselweite oder Schlitzbreite	Kreuzschlitz Nummer	Kreuzschlitz breite	Kopf ⌀ oder Eckenmaß	Kopfhöhe		Nennlänge l																
d	s, n	–	m	e, d_k	k	f	5	8	12	16	20	25	30	40	50	60	80	100	120	140	160	180	200
Sechskantschrauben DIN 931 T1 (Bild **2.**166)																							
M3	5,5			6,01	2						8	13	18										
M4	7			7,66	2,8							11	16	26									
M5	8			8,79	3,5							9	14	24	34								
M6	10			11,05	4								12	22	32	42							
M8	13			14,38	5,3[1])									18	28	38	58						
M10	16[1])			17,77	6,4[1])									14	24	34	54	74					
M12	18[1])			20,03	7,5[1])										20	30	50	70	90				
M16	24			26,75	10											22	42	62	82	96	116		
M20	30			33,53	12,5[1])												34	54	74	88	108	128	148
M24	36			39,98	15												26	46	66	80	100	120	140
Zylinderschrauben DIN 84 (Bild **2.**167)																							
M4	1,2			7	2,6		22	—	—	—	—	—	—	22									
M5	1,2			8,5	3,3			25	—	—	—	—	—	—	25								
M6	1,6			10	3,9				28	—	—	—	—	—	28								
M8	2			13	5				34	—	—	—	—	—	34								
M10	2,5			16	6				40	—	—	—	—	—	—	40							
Senkschrauben nach DIN 963 und DIN 965 (Bilder **2.**168 und **2.**169)																							
M3	0,8	1	2,9	5,6	1,65		19	—	—	—	—	—	19										
M4	1,2	2	4,4	7,5	2,2			22	—	—	—	—	—	22									
M5	1,2	2	4,6	9,2	2,5			25	—	—	—	—	—	—	25								
M6	1,6	3	6,6	11	3			28	—	—	—	—	—	—	28								
M8	2	4	8,7	14,5	4				34	—	—	—	—	—	34								
M10	2,5	4	9,6	18	5				40	—	—	—	—	—	—	40							

Rechte Randspalte: Sechskantschrauben: Mindest-Klemmlänge l_g max[1]); Zylinderschrauben und Senkschrauben: Gewindelänge b_{min}

[1]) neue international vereinbarte Maße

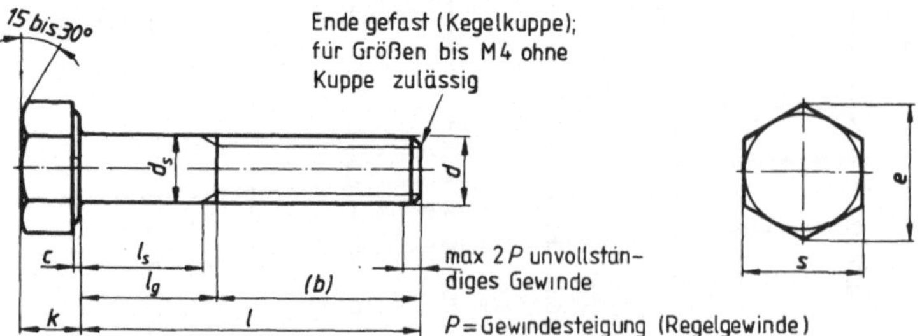

Bild **2.**166 Sechskantschrauben nach DIN 931 T1, Produktklasse A und B (B für Schrauben mit $l > 10d$ bzw. 150 mm – der kleinere Wert ist maßgebend –) in den Festigkeitsklassen 5.6, 8.8 und 10.9
Sechskantschrauben mit Gewinde $d \geqq M\,42$ s. DIN 931 T2 (s. Norm)

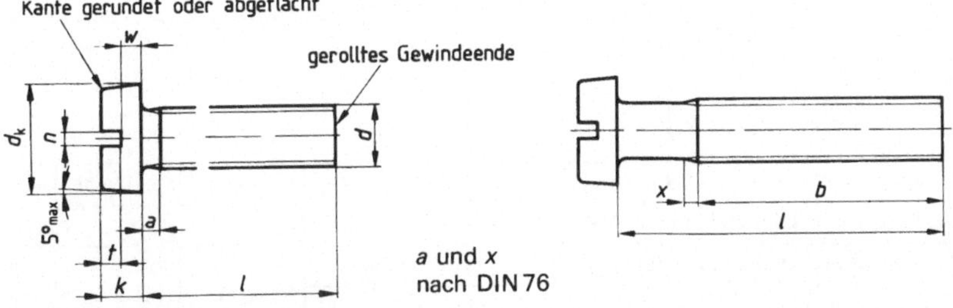

Schrauben mit Nennlängen l = 5 bis 40 (Tab. **2**.165) haben Gewinde annähernd bis Kopf

Schaftdurchmesser ≈ Flankendurchmesser oder = Gewindedurchmesser zulässig

Bild **2**.167 Zylinderschrauben nach DIN 84, Produktklasse A, in der Festigkeitsklasse 4.8

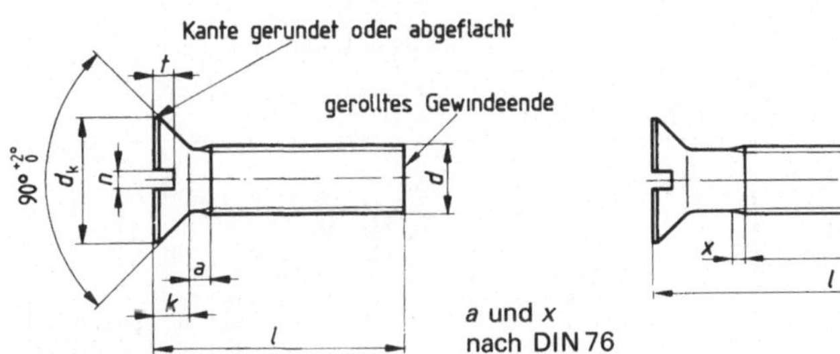

Schrauben mit Nennlängen l = 5 bis 40 (Tab. **2**.165) haben Gewinde annähernd bis Kopf

Schaftdurchmesser ≈ Flankendurchmesser oder = Gewindedurchmesser zulässig

Bild **2**.168 Senkschrauben mit Schlitz nach DIN 963, Produktklasse A, in der Festigkeitsklasse 4.8

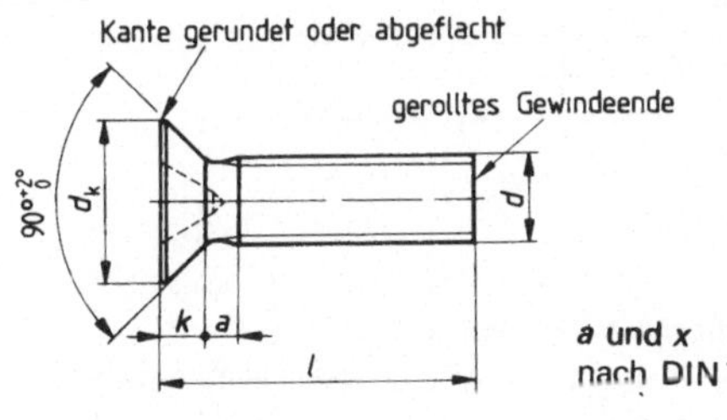

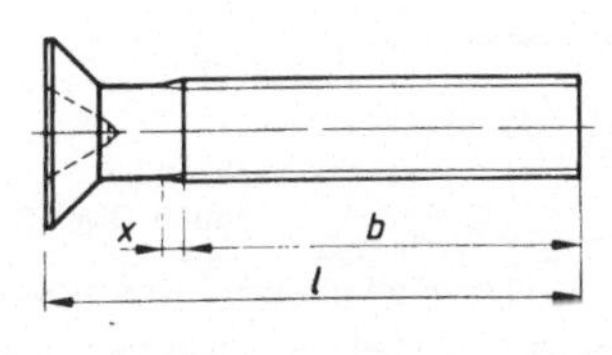

Schrauben mit Nennlängen l = 5 bis 40 (Tab. **2**.165) haben Gewinde annähernd bis Kopf

Schaftdurchmesser ≈ Flankendurchmesser oder = Gewindedurchmesser zulässig

Kreuzschlitz

Kreuzschlitz nach DIN 7962 (s. Norm)

Bild **2**.169 Senkschrauben mit Kreuzschlitz nach DIN 965, Produktklasse A, in der Festigkeitsklasse 4.8

Tabelle **2.**170 Maßangaben für Schrauben nach den Bildern **2.**171 bis **2.**175

Gewinde oder Nenn ⌀	Schlüsselweite oder Schlitzbreite	Kreuzschlitz-nummer	Kreuzschlitz-breite	Kopf-⌀ oder Eckenmaß	Kopfhöhe		Nennlänge *l*																	
d	*s, n*	–	*m*	*e*, d_k	*k*	*f*	5	8	12	16	20	25	30	40	50	60	80	100	120	140	160	180	200	

Linsen-Senkschrauben nach DIN 964 und DIN 966 (Bilder **2.**171 und **2.**172)

d	*s, n*	–	*m*	*e*, d_k	*k*	*f*	5	8	12	16	20	25	30	40	50	60	80	100	120	140	160	180	200	Gewindelänge b_{min}
M3	0,8	1	3,1	5,6	1,65	0,75	19	—	—	—	—	—	19											
M4	1,2	2	4,5	7,5	2,2	1	22	—	—	—	—	—	—	22										
M5	1,2	2	5,3	9,2	2,5	1,25		25	—	—	—	—	—	—	25									
M6	1,6	3	6,8	11	3	1,5		28	—	—	—	—	—	—	28									
M8	2	4	9	14,5	4	2			34	—	—	—	—	—	34									
M10	2,5	4	10	18	5	2,5			40	—	—	—	—	—	—	40								

Flachkopfschrauben nach DIN 85 und DIN ISO 7045 (Bilder **2.**173 und **2.**174)

d	*s, n*	–	*m*	*e*, d_k	*k*	*f*	5	8	12	16	20	25	30	40	50	60	80	100	120	140	160	180	200	Gewindelänge b_{min}
M3	0,8	1	3	5,6	1,8–2,4[2])		19	—	—	—	—	—	19											
M4	1,2	2	4,4	8	2,4–3,1[2])		22	—	—	—	—	—	—	22										
M5	1,2	2	4,8	9,5	3 –3,7[2])			25	—	—	—	—	—	—	25									
M6	1,6	3	6,9	12	3,6–4,6[2])			28	—	—	—	—	—	—	28									
M8	2	4	8,9	16	4,8–6[2])				34	—	—	—	—	—	34									
M10	2,5	4	10,1	20	6 –7,5[2])				40	—	—	—	—	—	—	40								

Zylinderschrauben mit Innensechskant nach DIN 912 (Bild **2.**175)

d	*s, n*	–	*m*	*e*, d_k	*k*	*f*	5	8	12	16	20	25	30	40	50	60	80	100	120	140	160	180	200	Schaftlänge l_g max[1])
M3	2,5[3])			5,5[4])	3		1,5	—	—	—	1,5	7	12											
M4	3[3])			7[4])	4			2,1	—	—	—	2,1	10	20										
M5	4[3])			8,5[4])	5			2,4	—	—	—	2,4	8	18	28									
M6	5[3])			10[4])	6				3	—	—	—	3	16	26	36								
M8	6[3])			13[4])	8				3,75	—	—	—	3,75	12	22	32	52							
M10	8[3])			16[4])	10					4,5	—	—	—	4,5	18	28	48	68						
M12	10[3])			18[4])	12						5,25	—	—	5,25	14	24	44	64	84					
M16	14[3])			24[4])	16							6	—	—	6	16	36	56	76	96	116			
M20	17[3])			30[4])	20								7,5	—	—	7,5	28	48	68	88	108	128	148	
M24	19[3])			36[4])	24									9	—	—	9	40	60	80	100	120	140	

[1]) neue international vereinbarte Maße [2]) Kopfhöhe *k* nach DIN ISO 7045 [3]) *e* min. = 1,14 · *s* min.
[4]) d_k nach DIN 912

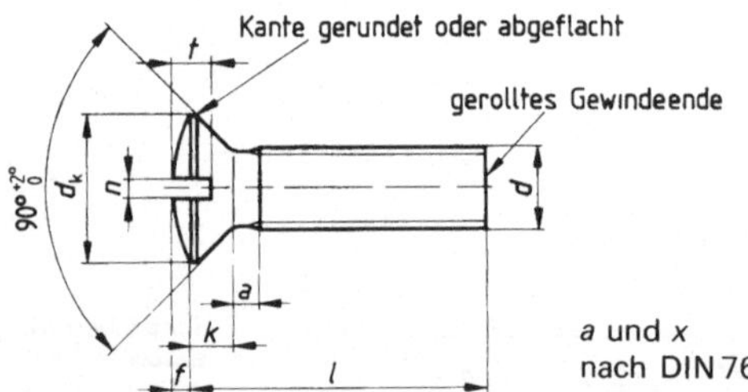

a und x nach DIN 76

Schrauben mit Nennlängen *l* = 5 bis 40 (Tab. **2.**170) haben Gewinde annähernd bis Kopf

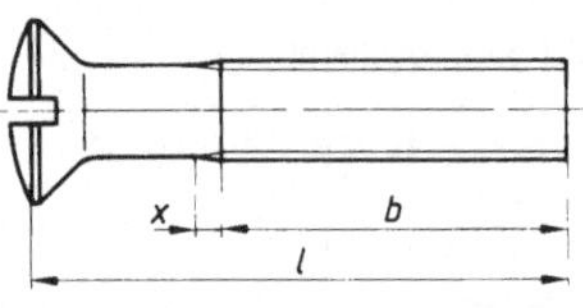

Schaftdurchmesser ≈ Flankendurchmesser oder = Gewindedurchmesser zulässig

Bild **2.**171 Linsen-Senkschrauben mit Schlitz nach DIN 964, Produktklasse A, in der Festigkeitsklasse 4.8

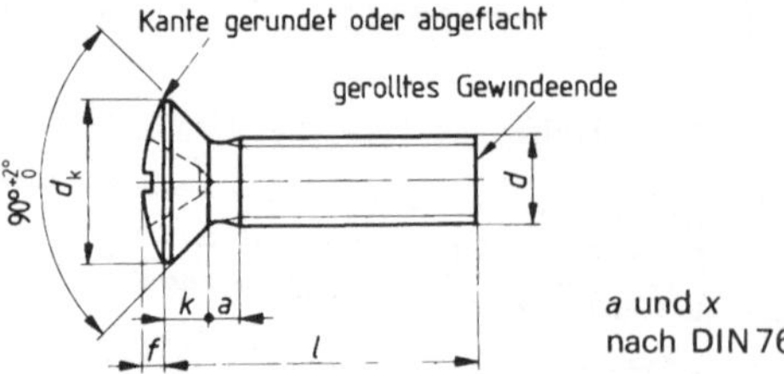

a und x nach DIN 76

Schrauben mit Nennlängen *l* = 5 bis 40 (Tab. **2.**170) haben Gewinde annähernd bis Kopf

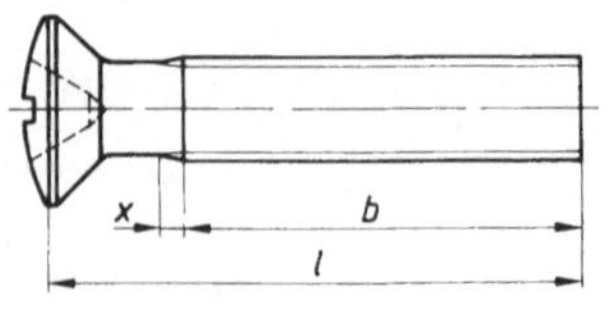

Kreuzschlitz nach DIN 7962 (s. Norm)

Schaftdurchmesser ≈ Flankendurchmesser oder = Gewindedurchmesser zulässig

Bild **2.**172 Linsen-Senkschrauben mit Kreuzschlitz nach DIN 966, Produktklasse A, in der Festigkeitsklasse 4.8

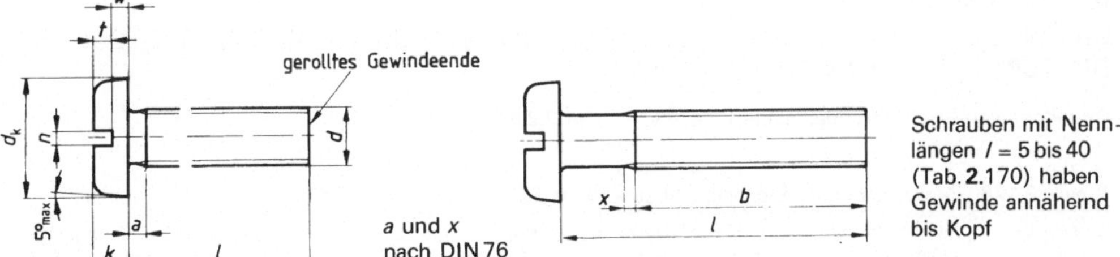

Schaftdurchmesser ≈ Flankendurchmesser oder = Gewindedurchmesser zulässig

Bild **2**.173 Flachkopfschrauben mit Schlitz nach DIN 85, Produktklasse A, in der Festigkeitsklasse 4.8

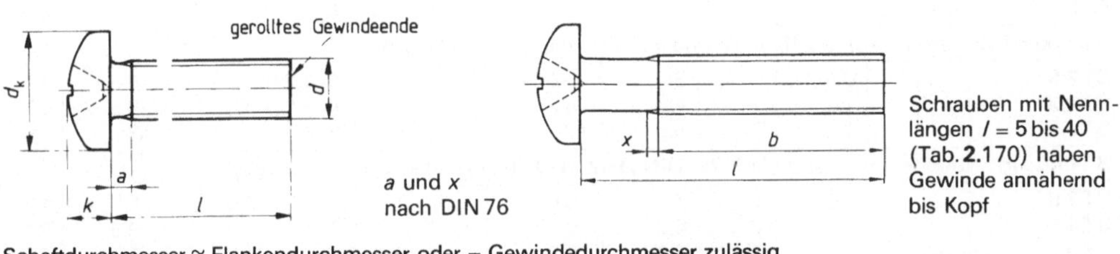

Schaftdurchmesser ≈ Flankendurchmesser oder = Gewindedurchmesser zulässig

Kreuzschlitz

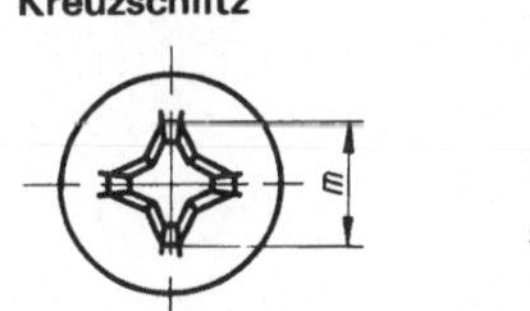

Bild **2**.174 Flachkopfschrauben mit Kreuzschlitz nach DIN ISO 7045, Produktklasse A, in der Festigkeitsklasse 4.8 (Ersatz für DIN 7986)

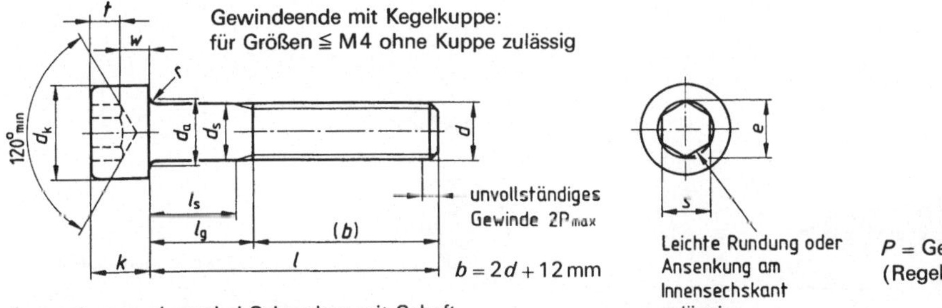

Anmerkung d_s nur bei Schrauben mit Schaft

Bild **2**.175 Zylinderschrauben mit Innensechskant nach DIN 912, Produktklasse A, in den Festigkeitsklassen 8.8, 10.9 und 12.9

Blechschrauben

DIN 7971 (Jul 1970), **DIN 7972** (Jul 1970), **DIN 7973** (Jul 1970), **DIN 7976** (Dez 1972), **DIN 7981** (1970), **DIN 7982** (Dez 1972)

Gestaltung von Blechschraubenverbindungen s. Abschn. 3.3.4.2

Tabelle **2**.176 Maßangaben für Blechschrauben nach den Bildern **2**.177 bis **2**.182

Gewindegröße	Schlüsselweite oder Schlitzbreite		Kreuzschlitz- nummer	breite	Kopf-⌀ oder Eckenmaß		Kopfhöhe		Nennlänge von	bis
	s	*n*	–	*m*	d_k	*e*	*k*	*f*	*l* [1]	
Sechskant-Blechschraube DIN 7976 (Bild **2**.177)										
ST 2,9	5	–	–	–	–	5,4	1,5	–	6,5	19
ST 4,2	7	–	–	–	–	7,59	2,8	–	9,5	32
ST 5,5	8	–	–	–	–	8,71	4	–	13	50
ST 8	13	–	–	–	–	14,26	5,8	–	16	50
Flachkopf-Blechschrauben DIN 7976 und 7971 (Bilder **2**.178 und **2**.179)										
ST 2,9	–	0,8	1	3	5,6	–	1,8–2,2 [2]		6,5	19
ST 4,2	–	1,2	2	4,6	8,2	–	2,4–3,1 [2]		9,5	32
ST 5,5	–	1,6	3	6,5	11	–	3,2–4 [2]		13	38
SE und LISE-Blechschrauben DIN 7972, DIN 7982, DIN 7973 (Bilder **2**.180 und **2**.182)										
ST 2,9	–	0,8	1	3	5,5	–	1,7	0,9	6,5	19
ST 4,2	–	1,2	2	4,7	8,1	–	2,5	1,4	9,5	32
ST 5,5	–	1,6	3	6,8	10,8	–	3,4	1,7	13	38

1) Stufung der Nennlänge *l*: 4,5; 6,5; 9,5; 13; 16; 19; 22; 25; 32; 38; 45; 50
2) Kopfhöhe *k* nach DIN 7981

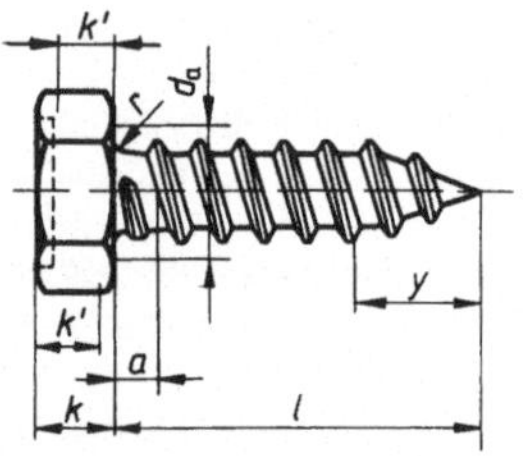

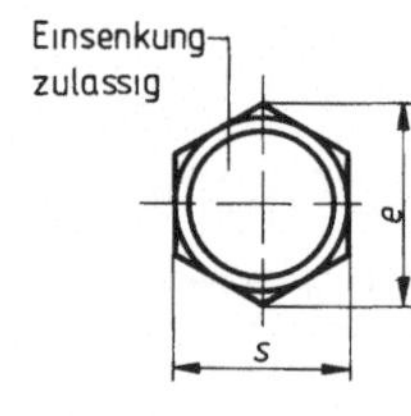

Bild **2**.177 Sechskant-Blechschraube nach DIN 7976, Form B mit Spitze

Kreuzschlitz

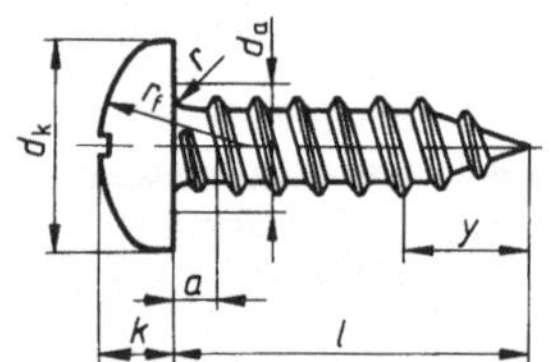

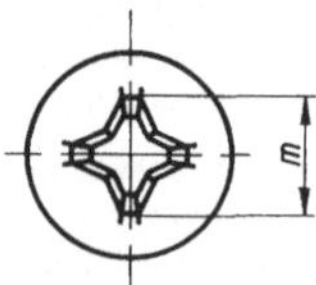

Kreuzschlitz nach DIN 7962

Bild **2**.178 Flachkopf-Blechschraube nach DIN 7981, Form C mit Spitze (bisher Form B)

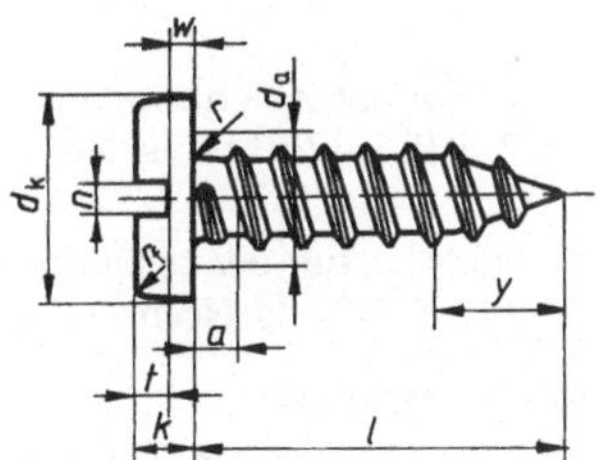

Bild **2.**179 Flachkopf-Blechschraube mit Schlitz nach DIN 7971, Form B mit Spitze

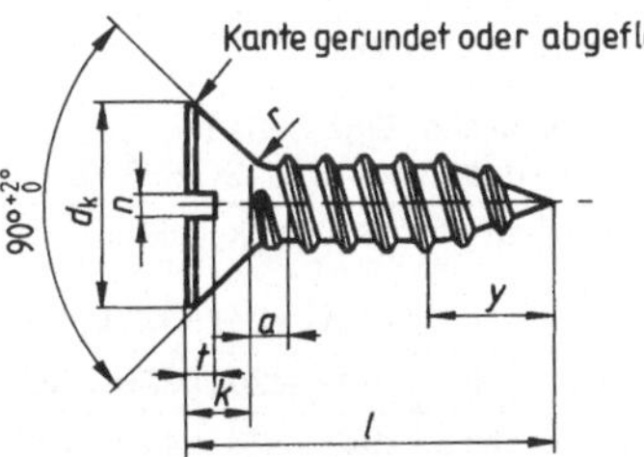

Bild **2.**180 Senk-Blechschraube mit Schlitz nach DIN 7972, Form B mit Spitze

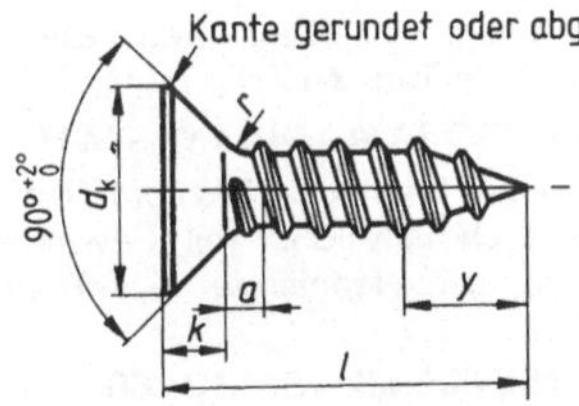

Bild **2.**181 Senk-Blechschraube mit Kreuzschlitz H (s. Bild **2.**178) nach DIN 7982, Form C mit Spitze (bisher Form B)

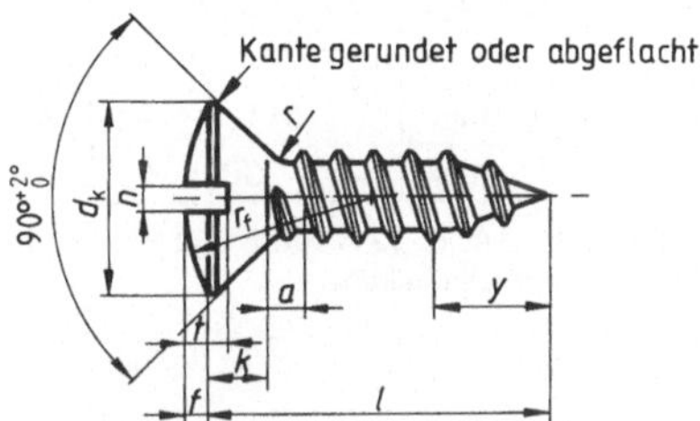

Bild **3.**182 Linsensenk-Blechschraube mit Schlitz nach DIN 7973, Form B mit Spitze

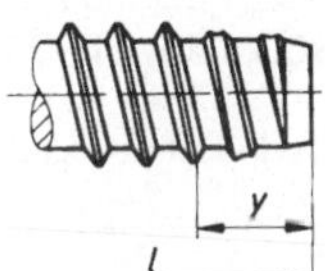

Bild **2.**183 Gewindeende für Blechschrauben nach Tab. **2.**176, Form F mit Zapfen

Gewindestifte (Grundlagen für Auswahl und Bezeichnung)

DIN ISO 898 T5 (Sep 1980)

Bezeichnungssystem

Das Kennzeichen der Festigkeitsklasse besteht aus einer Zahl und einem Buchstaben.

Die Zahl entspricht 1/10 der Mindesthärte nach Vickers (s. Tab. **2.**184).

Der Buchstabe H gilt für Härte.

Tabelle **2.**184 Bezeichnungssystem der Festigkeitsklassen für Gewindestifte nach DIN ISO 898 T5

Festigkeits-klasse	14 H	22 H	33 H	45 H
Vickershärte HV min.	140	220	330	450

In einigen Normen für Gewindestifte werden (noch) zur Bezeichnung der Gewindestifte die Festigkeitsklassen nach DIN ISO 898 T1 angewandt. DIN ISO 898 T1 ordnet die Festigkeitsklassen für Schrauben im wesentlichen jedoch nach Zugfestigkeiten und Streckgrenzen. Diese Festigkeitsklassen sind für Gewindestifte, als vorwiegend auf Druck beanspruchte Teile, jedoch nur bedingt anwendbar.

Werkstoffe

Tabelle **2.**185 Werkstoffe für Gewindestifte nach DIN ISO 898 T5

Festigkeits-klasse	Werkstoff und Wärmebehandlung
14 H	Kohlenstoffstahl
22 H	Kohlenstoffstahl, abgeschreckt und angelassen
33 H	Kohlenstoffstahl, abgeschreckt und angelassen
45 H	Legierter Stahl abgeschreckt und angelassen

Mechanische Eigenschaften

Tabelle **2.**186 Mechanische Eigenschaften von Gewindestiften nach DIN ISO 898 T5

Mechanische Eigenschaft			Festigkeitsklasse[1])			
			14 H	**22 H**	**33 H**	**45 H**
Vickershärte	HV	min.	140	220	330	450
		max.	290	300	440	560
Brinellhärte HB, $F = 30\,D^2$		min.	133	209	314	428
		max.	276	285	418	532
Rockwellhärte	HRB	min.	75	95	–	–
		max.	105	–	–	–
	HRC	min.	–	–	33	45
		max.	–	30	44	53

[1]) Festigkeitsklassen 14 H, 22 H und 33 H nicht für Gewindestifte mit Innensechskant

Schraubenqualität

Zulässige Maß- und Formabweichungen für Gewindestifte sind in DIN ISO 4759 T1 (s. Norm) festgelegt.

Produktklasse A entspricht dabei der bisherigen Ausführung m nach DIN 267 T2 (s. Norm).

Normbezeichnung (Bestellangabe)

Die Normbezeichnung wird wie bei den Schrauben gebildet (s. Bild **2.**164).

Beispiel Bezeichnung eines Gewindestiftes mit Schlitz und Spitze nach DIN ISO 7434, mit Gewinde d = M 6, Nennlänge l = 12 mm und Festigkeitsklasse 14 H (s. Tab. **2.**187)

Gewindestift ISO 7434 – M 6 × 12 – 14 H

Bezeichnung eines Gewindestiftes Form S mit Druckzapfen nach DIN 6332, mit Gewinde d = M 12 und der Nennlänge l = 60 mm (s. Tab. **2.**187)

Gewindestift DIN 6332 – SM 12 × 60

Gewindestifte (Maßangaben)

DIN 417 (Feb 1972), **DIN 553** (Feb 1972), **DIN 914** (Dez 1980), **DIN 915** (Dez 1980) **DIN 6303** (Jan 1971), **DIN 6332** (Jan 1981),

Tabelle **2.**187 Maßangaben für Gewindestifte nach den Bildern **2.**188 bis **2.**191

Gewinde oder Nenn-⌀	Schlitzbreite und Schlüsselweite		Kuppe-⌀ Schneide, Spitze oder Zapfen		Zapfenlänge	Nennlänge von	bis
d	n	s	d_p	d_t	z	l[1])	
Gewindestifte DIN 553, DIN 417, DIN 914, DIN 915							
M2	0,25	0,9	1	0	1,25	4	6
M3	0,4	1,5	2	0	1,75	5	12
M4	0,6	2	2,5	0	2,25	6	16
M6	1	3	4	1	3,25	8	20
M8	1,2	4	5,5	2	4,3	10	25
M10	1,6	5	7	2	5,3	12	35
Gewindestifte DIN 6332							
d_1	—		d_2		l_2	l_1	
M6			4,5		6	30	
M8			6		7,5	40, 60	
M10			8		9	60, 80	
M12			8		10	60, 80 100	

[1]) Stufung der Nennlänge l: 4; 5; 6; 8; 10; 12; 16; 20; 25; 30; 35

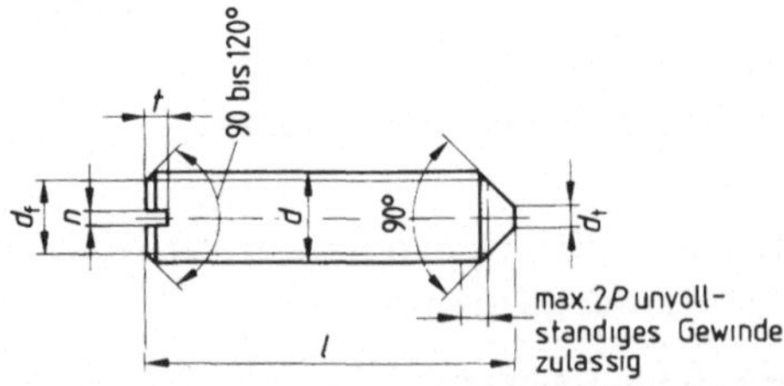

Bild **2.**188 Gewindestifte mit Schlitz und Spitze nach DIN 553, Produktklasse A und Festigkeitsklasse 14 H

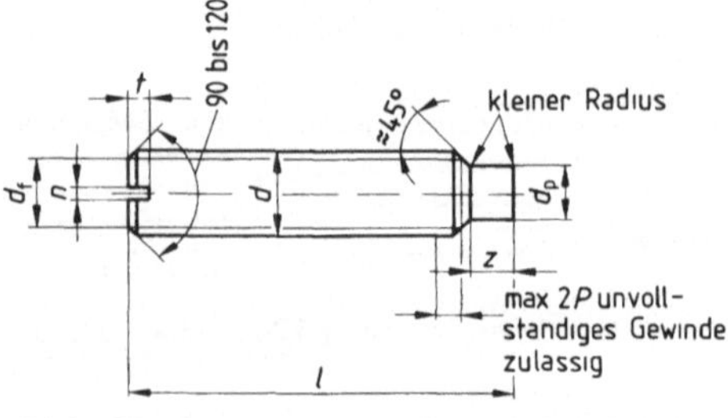

Bild **2.**189 Gewindestift mit Schlitz und Zapfen nach DIN 417, Produktklasse A und Festigkeitsklasse 14 H

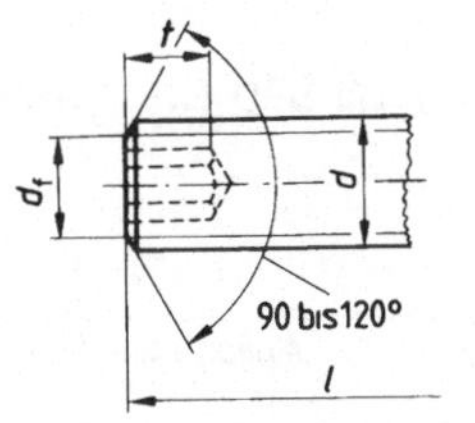

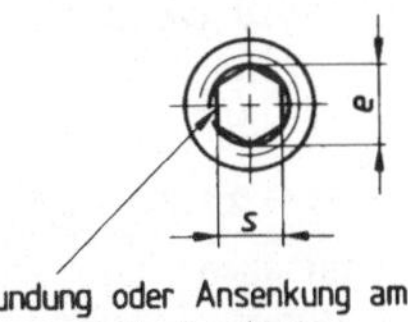

Bild **2**.190 Gewindestift mit Innensechskant nach DIN 914 (mit Spitze) und DIN 915 (mit Zapfen), Produktklasse A und Festigkeitsklasse 45 H

Stiftenden s. Bilder **2**.188 und **2**.189

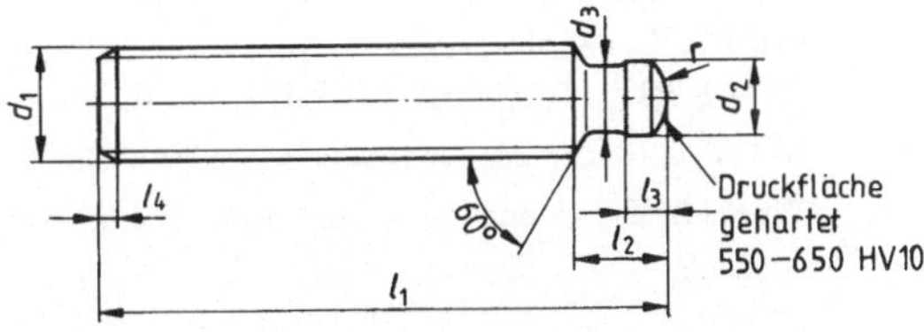

Bild **2**.191 Gewindestifte mit Druckzapfen, Form S (geeignet zur Aufnahme von Druckstücken mit Sprengring) nach DIN 6332, Produktklasse A und Festigkeitsklasse 5.8

Tabelle **2**.192 Maßangaben für Anwendungsbeispiele von Gewindestiften nach DIN 6332 (Tab. **2**.187) nach Bild **2**.193

Rändelmutter DIN 6303	AM6[1]	AM8[1]		AM10[1]		–		
Kegelgriff DIN 99	–	–		N80[2]		N100[2]		
Druckstücke DIN 6311	S12[3]	S16[3]		S20[3]		S25[3]		
d_5	24	30		36				
h_3	14	17		20				
h_4 ≈				38		47		
m ≈				76		95		
l_6	22	30	50	48	68			
l_7				45	65	41	61	81
l_8 ≈	2,2	3		3,6		4,5		
Gewindestift DIN 6332	SM 6 × 30	SM 8 × 40	SM 8 × 60	SM 10 × 60	SM 10 × 80	SM 12 × 50	SM 12 × 80	SM 12 × 100

[1]) Maßangaben für Rändelmuttern s. Tab. **2**.199
[2]) Maßangaben für Kegelgriffe s. Tab. **2**.150
[3]) Maßangaben für Druckstücke s. Tab. **2**.228

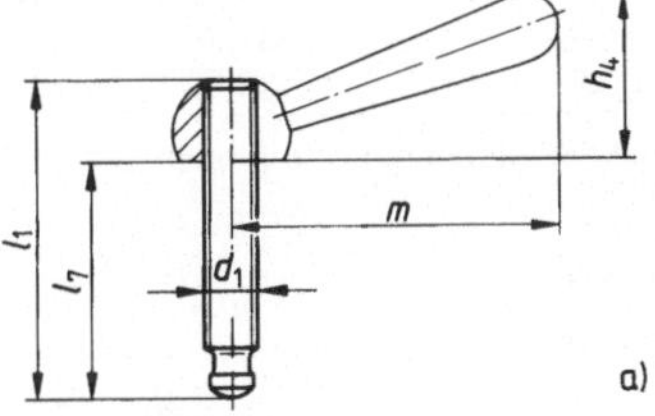

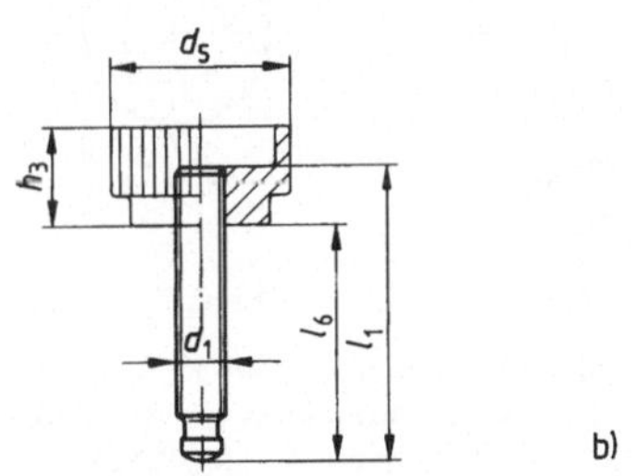

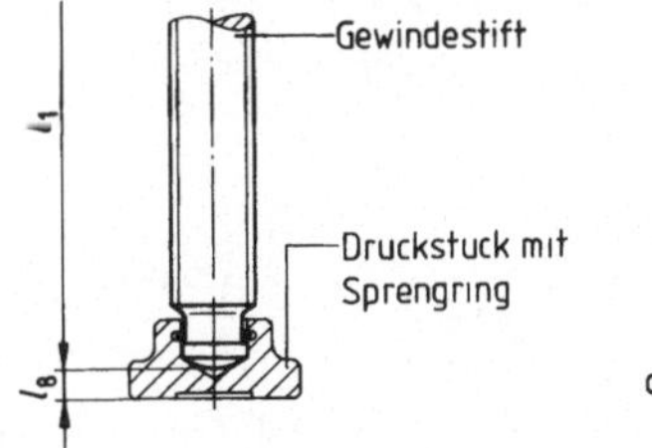

Bild **2**.193 Anwendungsbeispiele für Gewindestift nach DIN 6332 als Spannschraube

a) mit Kegelgriff nach DIN 99, M10 und M12
b) mit Rändelmutter nach DIN 6303 von M6 bis M10
c) Spannschrauben mit Druckstück nach DIN 6311

Muttern, Scheiben und Sicherungen

DIN 125 (Mai 1968), DIN 127 (Dez 1970), DIN 929 (Aug 1983), DIN 970 (Jul 1982), DIN 6797 (Aug 1971), DIN 6924 (Nov 1983)

Sichern von Schraubenverbindungen s. a. Abschn. 3.3.4.2

Tabelle **2.**194 Maßangaben für Sechskantmuttern nach den Bildern **2.**195 bis **2.**197

Gewinde	Schlüsselweite und Eckenmaß			Mutternhöhen					Anschlußmaße		
d	s	s_1	e[1])	m	m_1	m_2	h	h_1	d_2, d_4	a_{min}	a_{max}
M3	5,5	7,5	6,01	2,4	2,15	3	4,5	0,55	4,5	0,63	2,5
M4	7	9	7,66	3,2	2,9	3,5	5	0,65	6	0,75	3
M5	8	10	8,79	4,7	4,4	4	6,8	0,7	7	0,88	3,5
M6	10	11	11,05	5,2	4,9	5	8	0,75	8	0,88	4
M8	13	14	14,38	6,8	6,44	6,5	9,5	0,9	10,5	1	4,5
M10	16	17	17,77	8,4	8,04	8	11,9	1,15	12,5	1,25	5
M12	18	19	20,03	10,8	10,37	10	14,9	1,4	14,8	1,5	5
M16	24	24	26,75	14,8	14,1	13	19,1	1,8	18,8	2	6
M20	30	–	32,95	18	16,9	–	22,8	–	–	–	–
M24	36	–	39,55	21,5	20,2	–	27,1	–	–	–	–

[1]) für Sechskant-Schweißmuttern nach DIN 929 gilt $e_1$min. = 1,12 s_1 min.

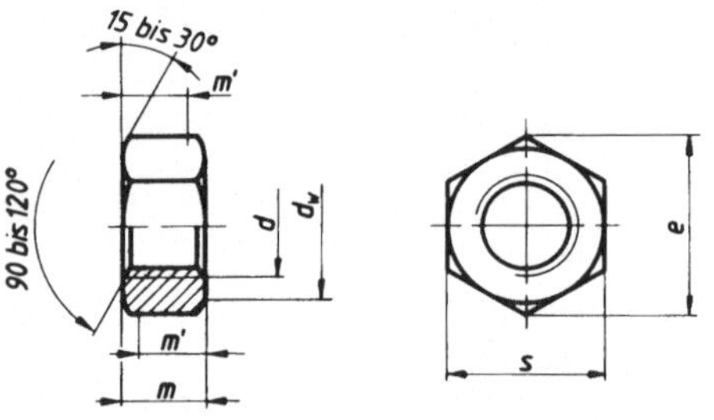

m' Mindesthöhe für den Schlüsselangriff (0,8 m min.)

Bild **2.**195 Sechskantmuttern, Typ 1 nach DIN 970 (ISO 4032 modifiziert), Produktklasse A (≦ M16) und B (> M16) in den Festigkeitsklassen 6, 8 und 10 (< M3 nur 6) (nach DIN ISO 898 T2 s. Norm)

Werkstoff:
Mutterkörper: Stahl
Einsatz: z. B. Polyamid

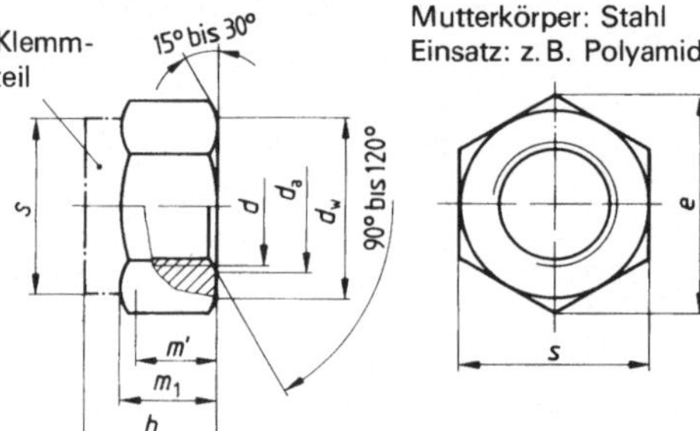

m' Mindesthöhe für den Schlusselangriff (0,8 m min.)

Bild **2.**196 Selbstsichernde Sechskantmuttern (6kt Muttern mit Klemmteil, nichtmetallischer Einsatz) nach DIN 6924, Produktklasse A (≦ M 16) und B (> M 16) (n. DIN ISO 4759 T1 s. Norm) in den Festigkeitsklassen 5, 8 oder 10 (n. DIN ISO 898 T2 s. Norm) (teilweiser Ersatz für DIN 980, Form N, und DIN 982; DIN 985 „nicht fur Neukonstruktion")

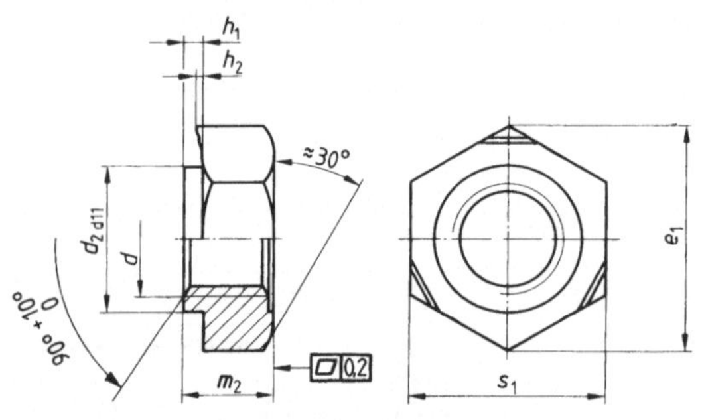

Bild **2.**197 Sechskant-Schweißmuttern nach DIN 929, Produktklasse A, aus Stahl mit einem maximalen Kohlenstoffgehalt von 0,25 %

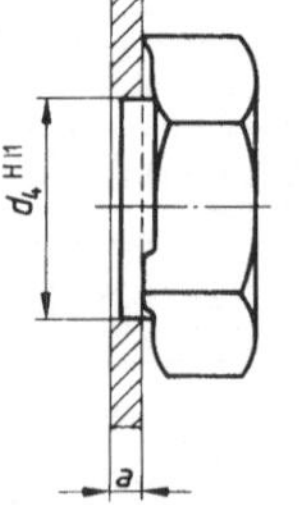

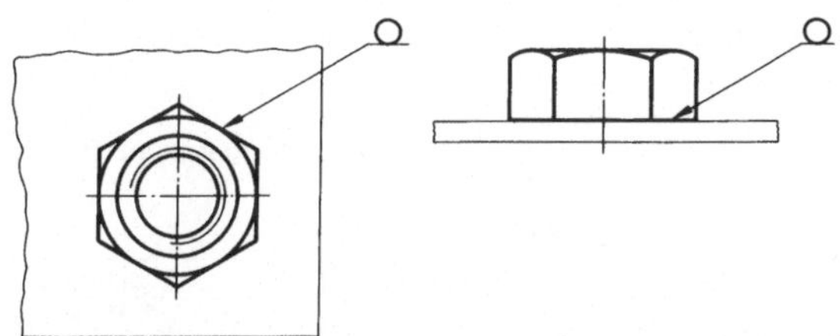

Bild **2**.198 Zeichnungseintragung einer Sechskant-schweißmutter nach DIN 929

Tabelle **2**.199 Maßangaben für Randelmuttern nach Bild **2**.200

Gewinde	Durchmesser			Mutternhöhen		
d_1	d_2	d_3	d_4	h	k	t
M6	24	16	18	14	10	6
M8	30	20	24	17	17	7
M10	36	28	30	20	14	8

Anwendungsbeispiel: Bild **2**.193

Kanten gerundet oder abgefast

Die Muttern sind an der Auflageseite unter 120° bis auf den Gewinde-durchmesser ausgesenkt.

Rändelteilung nach DIN 82/s. Norm

Bild **2**.200 Rändelmutter Form A nach DIN 6303, Produktklasse A und Festigkeitsklasse 5 (nach DIN ISO 898 T2 s. Norm)

Tabelle **2**.201 Maßangaben für Scheiben und Sicherungselemente nach den Bildern **2**.202 bis **2**.204

für Gewinde ⌀	Durchmesser					Dicken		
	d_1	d_2	d_3	d_4	d_5	s	s_1	s_2
3	3,2	7	6	3,1	6,2	0,5	0,4	0,8
4	4,3	9	8	4,1	7,6	0,8	0,5	0,9
5	5,3	10	10	5,1	9,2	1	0,6	1,2
6	6,4	12,5	11	6,1	11,8	1,6	0,7	1,6
8	8,4	17	15	8,1	14,8	1,6	0,8	2
10	10,5	21	18	10,2	18,1	2	0,9	2,2
12	13[1])	24	20,5	12,2	21,1	2,5	1	2,5
16	17[2])	30	26	16,2	27,4	3	1,2	3,5
20	21	37	33	20,2	33,6	3	1,4	4
24	25	44	38	24,5	40	4	1,5	5

[1]) nach DIN 6797 d_1 = 12,5 mm
[2]) nach DIN 6797 d_1 = 16,5 mm

Form A ohne Fase
handelsüblich bis
d_1 = 23 mm

Form B mit Fase
handelsüblich ab
d_1 = 5,3 mm

Bild **2**.202 Scheiben Form A und B nach DIN 125, Ausführung mittel (nach DIN 522 s. Norm)

Form A außengezahnt **Form J innengezahnt**

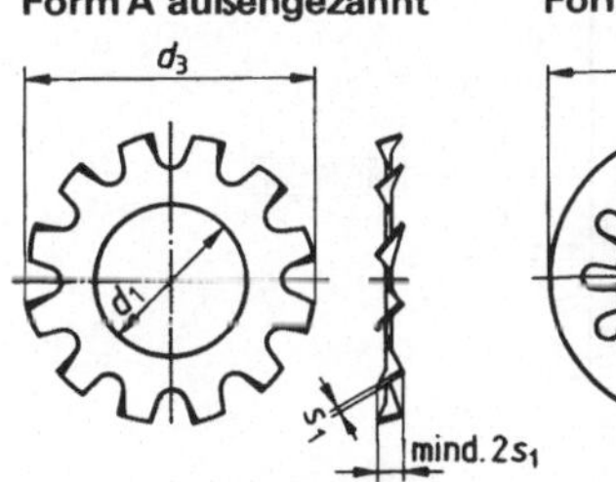

Bild **2**.203 Zahnscheiben Form A und J nach DIN 6797 aus Federstahl nach DIN 17222, gehärtet

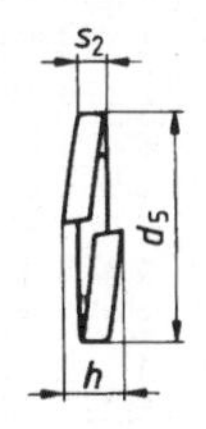

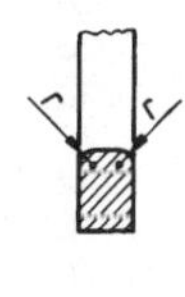

Bild **2**.204 Federringe Form B nach DIN 127 aus Federstahl nach DIN 17221, gehärtet und angelassen

Sicherungsringe und -scheiben, Stellringe
DIN 471 (Sep 1981), DIN 472 (Sep 1981)

Sicherungsringe (Halteringe)

Sicherungsringe sichern die Lage von Konstruktionsteilen auf Wellen oder in Bohrungen gegen Längsverschiebungen.

Sie können erhebliche Axialkräfte aufnehmen und ermöglichen einfache Konstruktionen.

Zum Einbau werden die Ringe mit Zangen nach DIN 5254 und DIN 5256 (s. Normen) so weit gespreizt, wie es zum Aufbringen bzw. Einbringen notwendig ist.

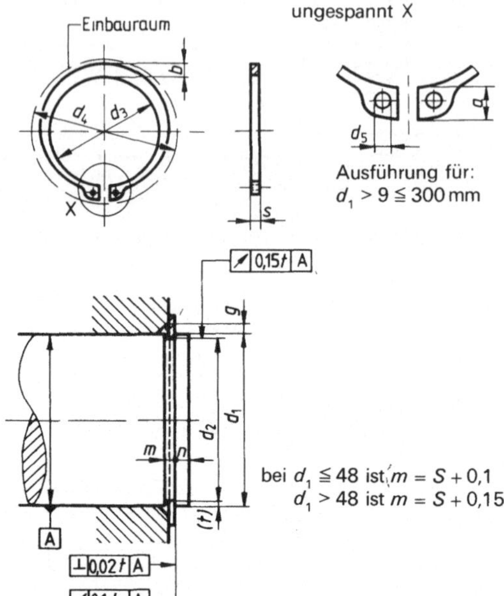

Bild **2**.206 Sicherungsringe fur Wellen nach DIN 471, Regelausführung, aus Federstahl C67, C75 oder CK75 nach DIN 17222

Tabelle **2**.205 Maßangaben für Sicherungsringe für Wellen nach Bild **2**.206

Wellen-nenn-⌀ d_1	Ring				Nut	
	s	d_3	a	b	d_2	n
5	0,6	4,7	2,5	1,1	4,8	0,3
8	0,8	7,4	3,2	1,5	7,6	0,6
10	1	9,3	3,3	1,8	9,6	0,6
12	1	11	3,3	1,8	11,5	0,8
16	1	14,7	3,7	2,2	15,2	1,2
20	1,2	18,5	4	2,6	19	1,3
22	1,2	20,5	4,2	2,8	21	1,5
25	1,2	23,2	4,4	3	23,9	1,7
32	1,5	29,6	5,2	3,6	30,3	2,6
40	1,75	36,5	6	4,4	37,5	3,8
50	2	45,8	6,9	5,1	47	4,5
70	2,5	65,5	8,1	6,6	67	4,5

Bezeichnung eines Sicherungsringes für Wellendurchmesser $d_1 = 40$ mm und Ringdicke $s = 1,75$ mm

Sicherungsring DIN 471-40 × 1,75

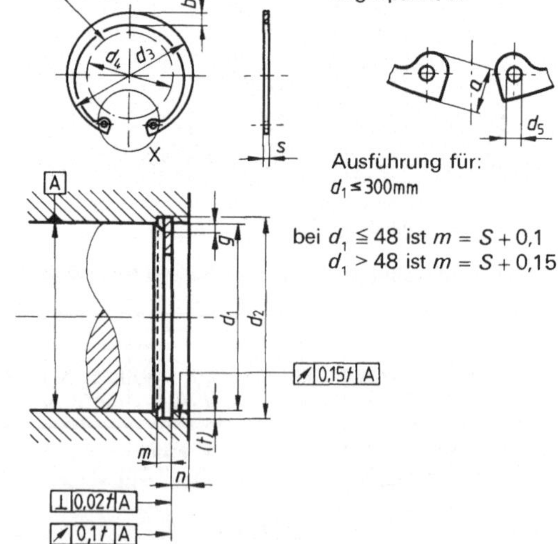

Bild **2**.208 Sicherungsringe fur Bohrungen nach DIN 472, Regelausführung, aus Federstahl C67, C75 oder CK75 nach DIN 17222

Tabelle **2**.207 Maßangaben für Sicherungsringe für Bohrungen nach Bild **2**.208

Bohrungs-nenn-⌀ d_1	Ring				Nut	
	s	d_3	a	b	d_2	n
8	0,8	8,7	2,4	1,1	8,4	0,6
10	1	10,8	3,2	1,4	10,4	0,6
12	1	13	3,4	1,7	12,5	0,8
16	1	17,3	3,8	2	16,8	1,2
20	1	21,5	4,2	2,3	21	1,5
22	1	23,5	4,2	2,5	23	1,5
25	1,2	26,9	4,5	2,7	26,2	1,8
32	1,2	34,4	5,4	3,2	33,7	2,6
40	1,75	43,5	5,8	3,9	42,5	3,8
50	2	54,2	6,5	4,6	53	4,5
70	2,5	74,5	7,8	6,2	73	4,5

Bezeichnung eines Sicherungsringes für Bohrungsdurchmesser $d_1 = 40$ mm und Ringdicke $s = 1,75$ mm

Sicherungsring DIN 472-40 × 1,75

Sicherungsringe und -scheiben, Stellringe
DIN 705 (Okt 1979) DIN 6799 (Sep 1981)

Sicherungsscheiben (Haltescheiben)

Sicherungsscheiben können wie Sicherungsringe nach DIN 471 eingesetzt werden.

Sie lassen sich leicht montieren, nehmen aber nur kleine Axialkräfte auf.

Tabelle **2**.209 Maßangaben für Sicherungsscheiben nach Bild **2**.210

Wellen-∅-Bereich d_1	Scheibe s	d_3	a	Nut d_2	n
3 bis 4	0,6	6,3	1,94	**2,3**	1
4 bis 5	0,6	7,3	2,7	**3,2**	1
6 bis 8	0,7	11,3	4,11	**5**	1,2
9 bis 12	1	16,3	6,52	**8**	1,8
11 bis 15	1,2	20,4	8,32	**10**	2
13 bis 18	1,3	23,4	10,45	**12**	2,5
16 bis 24	1,5	29,4	12,61	**16**	3
20 bis 31	1,75	37,6	15,92	**19**	3,5
25 bis 38	2	44,6	21,88	**24**	4
32 bis 42	2,5	52,6	25,80	**30**	4,5

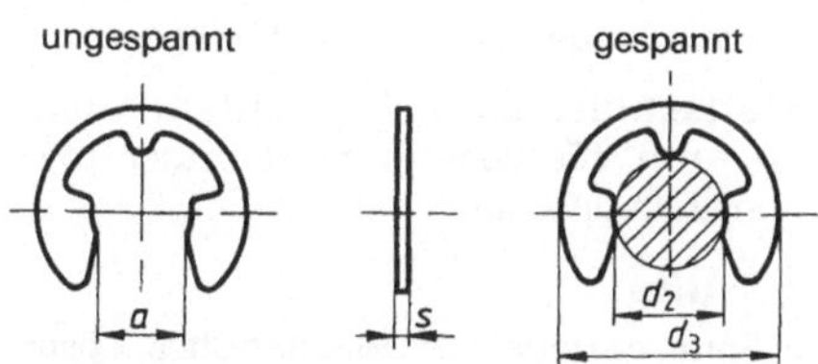

Bezeichnung einer Sicherungsscheibe für Nutdurchmesser d_2 = 3,2 mm:

Sicherungsscheibe DIN 6799–3,2

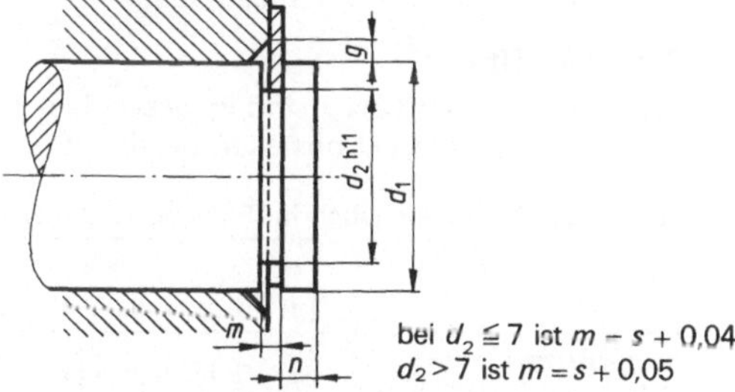

Bild **2**.210 Sicherungsscheiben für Wellen nach DIN 6799 aus Federstahl C67, C75 oder CK75 nach DIN 17222

Stellringe

Stellringe begrenzen die Längsverschiebungen von Wellen oder umlaufenden Teilen und sichern die Lage von Konstruktionsteilen auf Wellen, Stangen und Bolzen.

Bei der Montage der Gewinde-, Kerb- oder Kegelstifte ist darauf zu achten, daß die Stifte nicht überstehen.

Tabelle **2**.211 Maßangaben für Stellringe nach Bild **2**.212

Nenn-∅ d_1	Breite b	Außen-∅ d_2	Gewindestifte[1]) (d_3)	Kerbstifte[2]) (d_4)
5	6	10	M 3×4	1,5×10
8	8	16	M 4×6	2×16
10	10	20	**M 5×8**	3×20
12	12	22		4×22
16	12	28	M 6×8	4×28
20	14	32		5×32
22	14	36	M 6×10	5×36
25	16	40	M 8×10	6×40
32	16	50	M 8×12	8×50
40	18	63	M 10×16	8×60
50	18	80		10×80
70	20	100	M 10×20	10×100

[1]) Im Gegensatz zu Kegelkerbstiften sind Gewindestifte (bis M 10 nach DIN ISO 7434, ab M 12 nach DIN 914 (s. Tab. **2**.187)) Bestandteil des Stellringes.

[2]) Anstelle von Kegelkerbstiften nach DIN 1471 (s. Tab. **2**.219) können auch Spannstifte nach DIN 1481 (s. Tab. **2**.213) oder Spiral-Spannstifte nach DIN 7343 (s. Norm) verwendet werden.

Form A

bis d_1 = 70 mit 1 Gewindestift[1])

über d_1 = 70 mit 2 Gewindestiften[1])

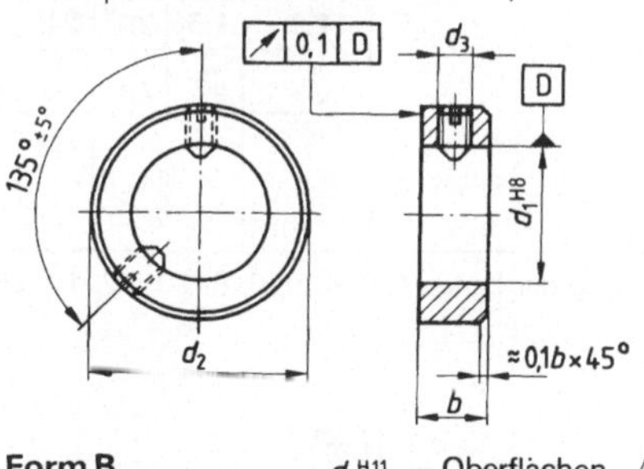

Form B

nur bis d_1 = 150

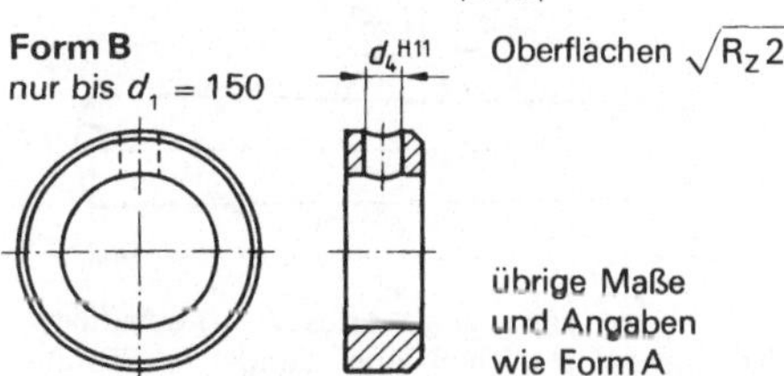

Bezeichnung eines Stellringes Form A, mit Bohrung d_1 = 32 mm und Gewindestift:

Stellring DIN 705 – A32

Bild **2**.212 Stellringe Form A und B nach DIN 705 aus Stahl 9SMnPb28 nach DIN 1651

Stifte und Spannstifte

DIN 1 (Sep 1981), **DIN 7** (Sep 1981), **DIN 1481** (Nov 1978)

Stiftverbindungen haben zwei Funktionen

> Kraftschlüssiges Verbinden und/oder Fixieren (Festlegen) zweier oder mehrerer Konstruktionsteile

Kegelstifte

Ihre Form gestattet ein wiederholtes Lösen der Verbindung, wobei die genaue Lagefixierung und der volle Kraftschluß erhalten bleiben.

Bei Montage der Teile ist die Aufnahmebohrung der Stifte mit Kegel 1 : 50 aufzureiben.

Zylinderstifte

Zylinderstifte nach DIN 7 sind insbesondere zum Fixieren von Konstruktionsteilen bestimmt.

Sollen solche Verbindungen häufiger gelöst werden, sollten Kegelstifte nach DIN 1 eingesetzt werden.

Spannstifte

Spannstifte (auch Spannhülsen genannt) sind aus Federstahlband gerollte Stifte, die einen Längsschlitz sowie Einführfasen aufweisen. Sie werden insbesondere zum Verbinden von Konstruktionsteilen verwendet und können auch Scherkräfte aufnehmen.

Bei Einsatz in Schraubenverbindungen verhindern sie ein Verschieben der Teile gegeneinander. Toleranzfeld der Aufnahmebohrung H 12.

Tabelle **2**.213 Maßangaben für Stifte sowie Stiftverbindungen nach den Bildern **2**.214 bis **2**.218

	Nenndurchmesser d												
	1,5		**2**	**3**	**4**	**5**	**6**	**8**		**10**			
Kegelstifte DIN 1	10/24		12/36	14/50	16/60	20/70	24/90	28/100		32/100		von/bis l	Länge [1])
	4/5	5/6	6/8	8/11	11/17	17/23	23/30	30/38	38/45	45/50	50/75	von/bis d_w	Wellenbereich ⌀
	3,5	4	4,5	5	6	7,5	9	10	11	11,5	13	w	Abstand
Zylinderstifte DIN 7	3/16		4/20	4/32	5/40	5/50	6/60	8/80		10/100		von/bis l	Länge [1])
Spannstifte DIN 1481	1,8		2,4	3,5	4,6	5,6	6,7	8,8		10,8		d_1	Durchmesser
	1,1		1,5	2,1	2,8	3,4	3,9	5,5		6,5		d_2	
	4/20		4/30	4/40	4/50	5/80	10/100	10/100		10/100		von/bis l	Länge [1])
							M3	M4		M5		Schraube	Nenn-⌀
							3,2	4,3		5,3		Scheibe DIN 7349	(Bild **2**.218)

[1]) Stufung der Länge l: 3, 4, 5, 6, 8, 10, 12, 14, 16, 18, 20, 24, 28, 32, 36, 40, 45, 50, 55, 60, 70, 80, 90, 100

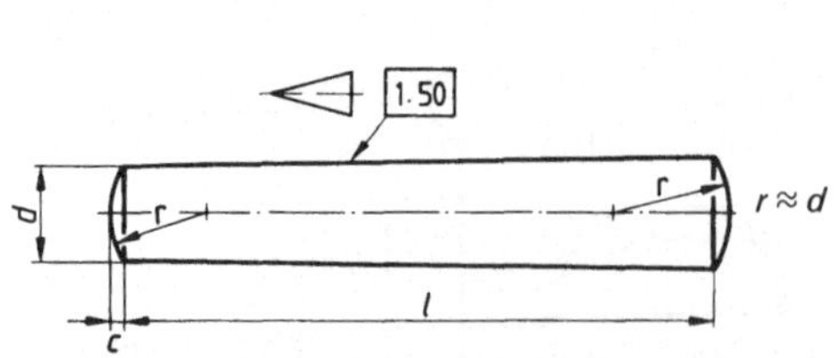

Bezeichnung eines Kegelstiftes A (geschliffen), von Durchmesser $d = 3$ mm und Länge $l = 30$ mm, aus 9 SMnPb 28 K oder St 50 K (St):
Kegelstift DIN 1 – A 3 × 30 – St

Bild **2**.214 Kegelstifte Regelausführung A (geschliffen) nach DIN 1 aus 9SMnPb28K nach DIN 1651 und St50K nach DIN 1652

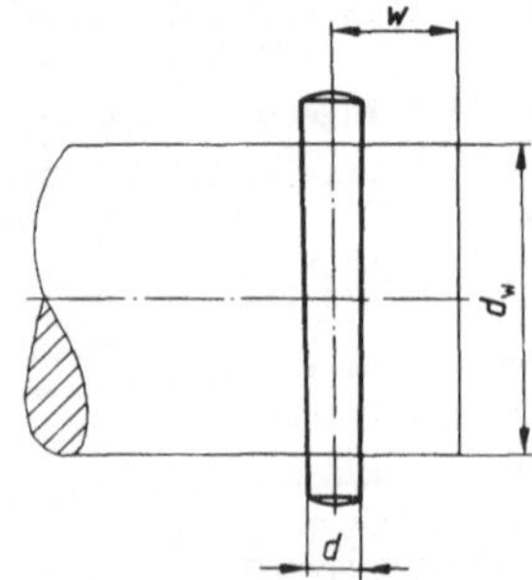

Bild **2**.215 Zuordnung von Kegelstiften nach DIN 1 zu Wellendurchmessern d_w und Mindestabstand w

Toleranzfeld m6
(mit Linsenkuppen)
$d = 1$ bis 50 mm
$r \approx d$

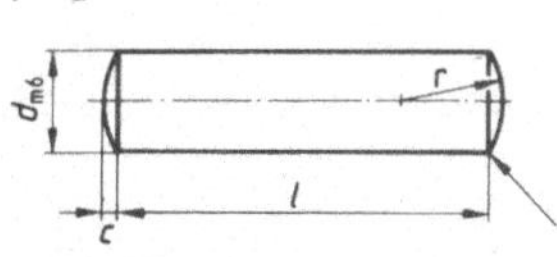

Toleranzfeld h8
(mit Kegelkuppen)
$d = 0{,}8$ bis 50 mm

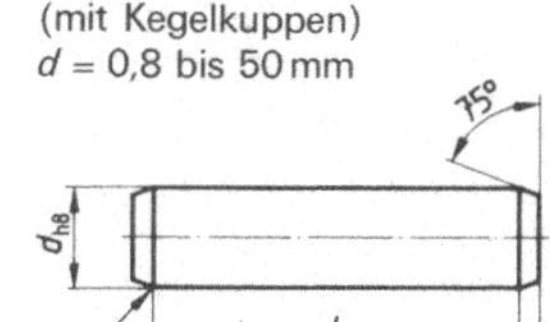

Toleranzfeld h11
(ohne Kuppen)
$d = 0{,}8$ bis 50 mm

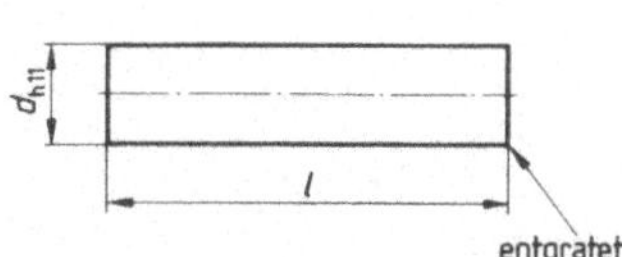

Bezeichnung eines Zylinderstiftes von Durchmesser $d = 4$ mm, Toleranzfeld h11 und Länge $l = 20$ mm, aus 9SMnPb28K oder St50K (St):
Zylinderstift DIN 7 – 4h11 × 20 – St

Bild **2**.216 Zylinderstifte nach DIN 7 aus 9SMnPb28K nach DIN 1651 oder St50K nach DIN 1652

bis 6 mm Nenndurchmesser

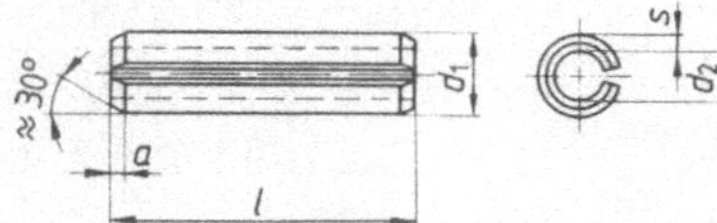

ab 8 mm Nenndurchmesser

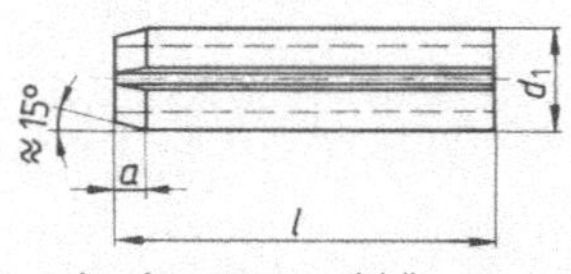

Bezeichnung eines Spannstiftes von 10 mm Nenndurchmesser und Länge $l = 40$ mm:
Spannstift DIN 1481 – 10 × 40

Bild **2**.217 Spannstifte nach DIN 1481 aus Federstahl 55Si7 nach DIN 17222

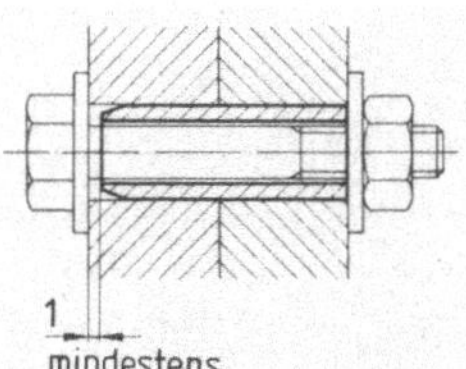

Bild **2**.218 Zuordnung von Spannstiften nach DIN 1481 bei Anwendung für Schraubenverbindungen

Stifte und Spannstifte

DIN 1469 (Nov 1978) DIN 1471 (Nov 1978), DIN 1473 (Nov 1978), DIN 1474 (Nov 1978)

Kerbstifte

Kerbstifte werden als Verbindungselemente verwendet, wobei der Stift fest in der Aufnahmebohrung sitzt.

In die Mantelfläche der Kerbstifte sind je drei Kerben eingewalzt, die den Festsitz der Stifte als form- und kraftschlüssige Verbindung bewirken.

Ein Aufreiben der Aufnahmebohrungen ist nicht notwendig (H 11).

Die Festigkeit des Kerbstiftes muß stets höher als die der Werkstücke sein.

Tabelle **2**.219 Maßangaben für Kerbstifte nach den Bildern **2**.220 bis **2**.227

Nenndurchmesser d_1								
1,5[1]	2	3	4	5	6	8	10	
6[1]	6	8	10	10	12	16	20	von l Länge[2]
20[1]	30	40	60	60	80	100	100	bis

[1] Paßkerbstifte nach DIN 1469 erst ab $d_1 \gg 2$ mm
[2] Stufung der Länge l: 6, 8, 10, 12, 16, 20, 25, 30, 35, 40, 45, 50, 55, 60, 65, 70, 75, 80, 90, 100

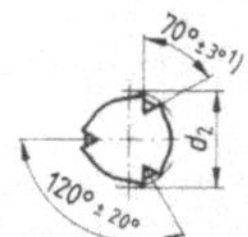

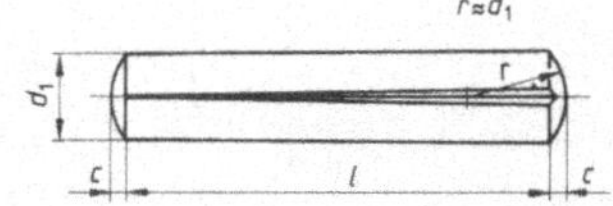

Bild **2**.220 Kegelkerbstifte nach DIN 1471 aus 9SMnPb28K nach DIN 1651

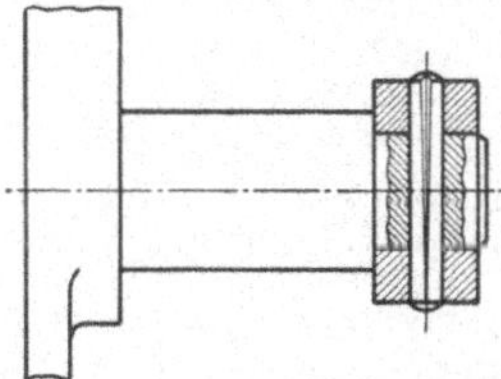

Bild **2**.221 Verwendung eines Kegelkerbstiftes nach DIN 1471 zur Befestigung eines Stellringes nach DIN 705 (s. Tab. **2**.211)

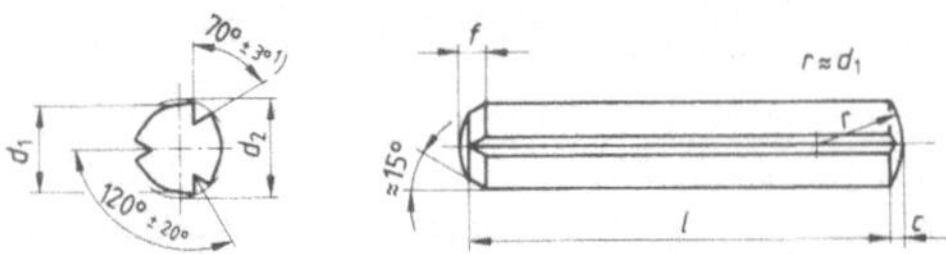

Bezeichnung eines Zylinderkerbstiftes von Nenndurchmesser $d_1 = 5$ mm Länge $l = 30$ mm, aus 9SMnPb28K (St):

Kerbstift DIN 1473 – 5 × 30 – St

Bild **2**.222 Zylinderkerbstifte nach DIN 1473 aus 9SMnPb28K nach DIN 1651

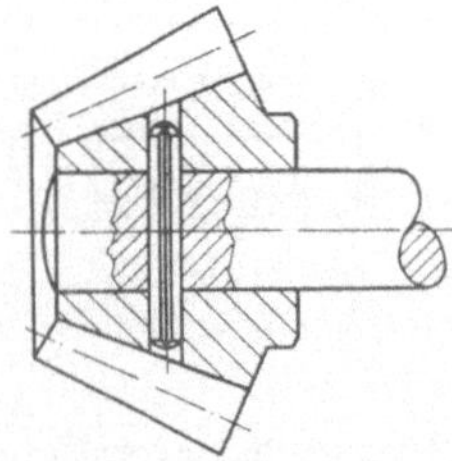

Bild **2**.223 Verwendung eines Zylinderkerbstiftes nach DIN 1473 als Radialstift zum Verbinden eines Kegelrades mit einer Welle

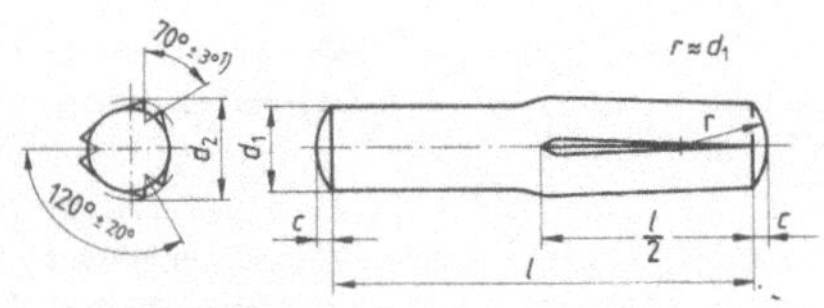

Bezeichnung eines Steckkerbstiftes von Nenndurchmesser $d_1 = 5$ mm und Länge $l = 30$ mm, aus 9SMnPb28K (St):

Kerbstift DIN 1474 – 5 × 30 – St

Bild **2**.224 Steckkerbstifte nach DIN 1474 aus 9SMnPb28K nach DIN 1651

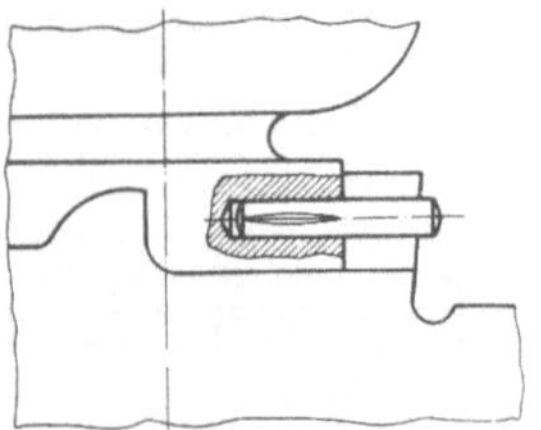

Bild **2**.225 Verwendung eines Steckkerbstiftes nach DIN 1474 als Anschlagstift an einem Gashahn

Form A mit Nut für Sicherungsringe nach DIN 471 Teil 1
Form B mit Nut für Sicherungsscheiben nach DIN 6799

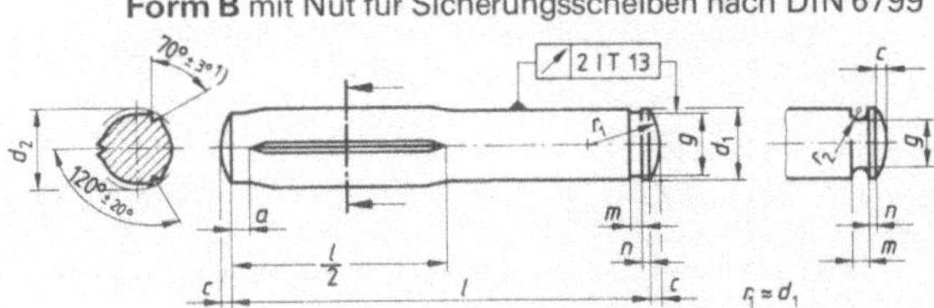

Bezeichnung eines Paßkerbstiftes Form A, von Nenndurchmesser $d_1 = 5$ mm und Länge $l = 30$ mm, aus 9SMnPb28K (St):
Kerbstift DIN 1469 – A 5 × 30 – St

Bild **2**.226 Paßkerbstifte mit Hals nach DIN 1469 aus 9SMnPb28K nach DIN 1651

Form B **Form A**

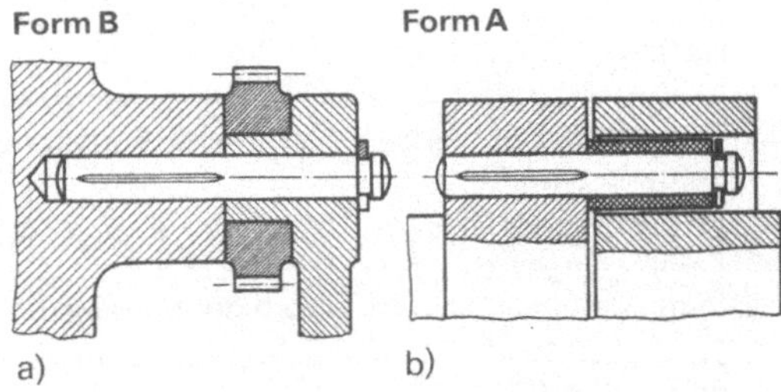

a) b)

Bild **2**.227 Verwendung eines Paßkerbstiftes nach DIN 1469
a) Mit Nut für Sicherungsscheibe nach DIN 6799 als Achse für einen Hebel mit Zahnrad
b) Mit Nut für Sicherungsring nach DIN 471 Teil 1 als Übertragungsbolzen einer Scheibenkupplung

Druckstücke
DIN 6311 (Mai 1968)

Druckstücke werden vorwiegend bei Spannzeugen zur Übertragung der Spannkräfte auf das Werkstück angewendet. Sie ermöglichen ein Anpassen an unebene Spannflächen und vermeiden eine Übertragung der Drehbewegung von den zum Spannen benutzten Schrauben auf das Werkstück. Ihre Anschlußmaße berücksichtigen die Aufnahme auf Gewindestifte mit Druckzapfen Form S nach DIN 6332 (s. Tab. **2**.187 und **2**.192 sowie Bild **2**.193).

Tabelle **2**.228 Maßangaben für Druckstücke nach Bild **2**.229

	Durchmesser d_1			
	12	**16**	**20**	**25**
d_2	4,6	6,1	8,1	8,1
d_4	10	12	15	18
d_5	5	7	8	10
h_1	7	9	11	13
h_2	2,5	4	5	6
t_1	4	5	6	7
t_2	1,8	2	2	3
zugeh. Spreng-ring	s. Bild **2**.229	DIN 9045-6[1])	DIN 9045-8[1])	DIN 9045-8[1])

[1]) s. Norm

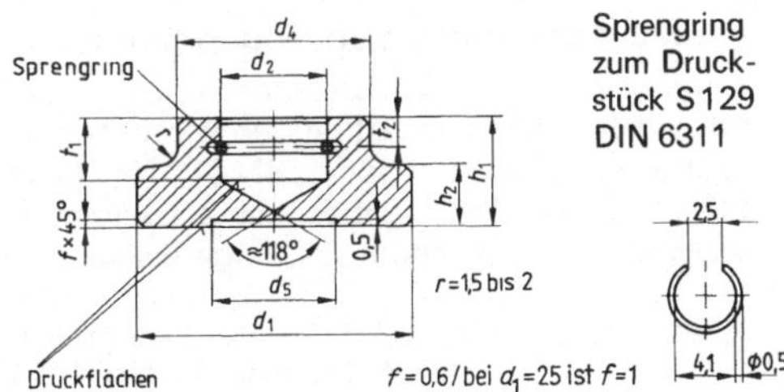

Bezeichnung eines Druckstückes Form S von $d_1 = 25$ mm mit eingesetztem Sprengring:
Druckstück DIN 6311-S 25

Bild **2**.229 Druckstücke Form S (mit Sprengring) nach DIN 6311 aus Stahl

2.3.2 Elektrotechnische Bauelemente

Grundlagen für die Anwendung und Auswahl von Bauelementen
DIN 40825 (Apr 1973), DIN 41 313 (Aug 1976), DIN 41 429 (Nov 1978)

Wertkennzeichnung von Widerständen und Kondensatoren

Buchstabenkennzeichnung von Widerständen und Kondensatoren

Kennzeichnung. Ziffern der Widerstands- bzw. Kapazitätswerte in Klarschrift; Kommastellen werden durch Buchstaben mit der Bedeutung eines Multiplikators ersetzt.

Kennbuchstaben. Die Kennbuchstaben (s. Tab. **2**.230) sind gleichbedeutend (ausgenommen R) mit den SI-Vorsätzen (dezimale Teile oder Vielfache der SI-Einheiten) nach DIN 1301 T1 (s. Anhang).

Die Kennzeichnung der zulässigen Abweichung wird durch einen Großbuchstaben nach Tab. **2**.231 vorgenommen.

Tabelle **2**.230 Kennbuchstaben zur Wertkennzeichnung nach DIN 40825

Kennbuchstabe	Benennung	Multiplikator
p	Pico	10^{-12}
n	Nano	10^{-9}
µ	Mikro	10^{-6}
m	Milli	10^{-3}
R	–	10^{0} (1)
K	Kilo	10^{3}
M	Mega	10^{6}
G	Giga	10^{9}
T	Tera	10^{12}

Tabelle **2**.231 Kennbuchstaben zur Kennzeichnung der zul. Abweichung (in %) nach DIN 40825

Kennbuchstabe	zul. Abweichung in %[1])
B	±0,1
F	±1
J	±5
K	±10
M	±20
Q	+30 −10
T	+50 −10

[1]) Für Kapazitätswerte < 10 pF, zul. Abweichung in pF

Tabelle **2**.232 Beispiele für die Kennzeichnung nach DIN 40825

Nennwert	zul. Abweichung	Kennzeichnung
Widerstände		
0,33 Ω 3,32 kΩ 330 kΩ 9,1 MΩ	±0,1 % ±1 % ±20% ±10%	R33B 3K32F 330KM 9M1K
Kondensatoren		
8,2 pF	±0,1 pF	8p2B
470 pF (0,47 nF)	±5%	470 pJ (n47J)
16 µF	+50% −10%	16 µT

Farbkennzeichnung von Widerständen

Kennzeichnung. Widerstandswerte mit zwei oder drei zählenden Ziffern entsprechend den Nennwerte-Reihen nach DIN 41426 (s. Tab. **2**.236) sowie die Angaben der zulässigen Abweichung werden durch Farbringe ersetzt.

Tabelle **2**.233 Farbschlüssel fur die Kennzeichnung von Fest-Widerstanden nach DIN 41 429 (s. Bild **2**.234)

Kennfarbe	Widerstandswert in Ω		
	zählende Ziffer (1. bis 3. Ziffer)	Multiplikator	zulässige rel. Abweichung
silber	–	10^{-2}	±10%
gold	–	10^{-1}	±5%
schwarz	0	10^{0} (1)	–
braun	1	10^{1}	±1%
rot	2	10^{2}	±2%
orange	3	10^{3}	–
gelb	4	10^{4}	–
grün	5	10^{5}	±0,5%
blau	6	10^{6}	±0,25%
violett	7	10^{7}	±0,1%
grau	8	10^{8}	–
weiß	9	10^{9}	–

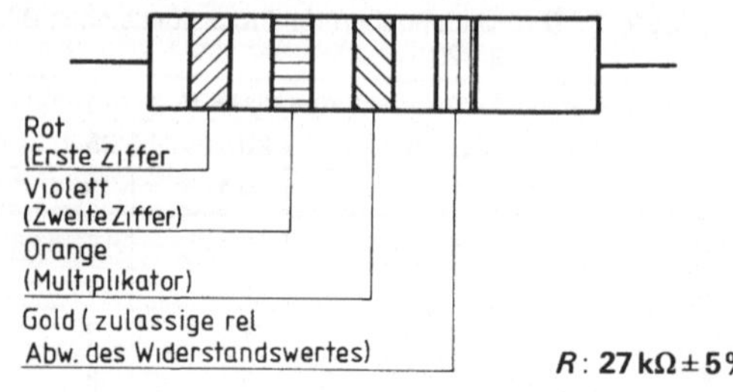

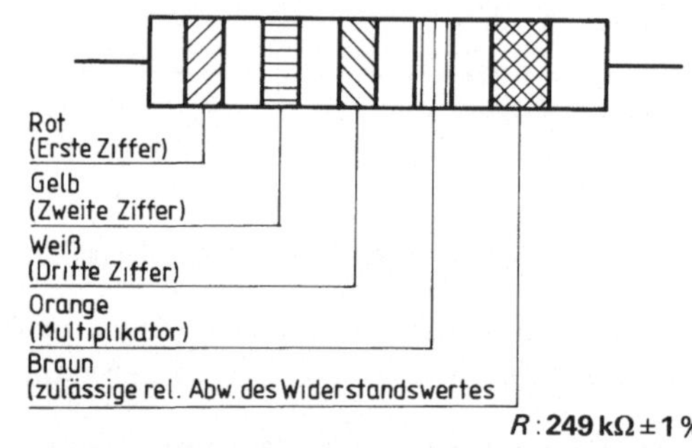

Bild **2**.234 Beispiele für die Farbkennzeichnung von Widerständen nach DIN 41 429

Anschlußkennzeichnung von Kondensatoren

Tabelle **2**.235 Kennzeichnung der Anschlusse von Kondensatoren bis 1000 V- nach DIN 41 313 (s.a. S. 89)

Kondensatorart	Bauformen Gehäusearten Anschlüsse	Kennzeichnung	
Aluminium-Elektrolyt-Kondensatoren nach DIN 41 230, DIN 41 240, DIN 41 332 T1	Zylindrische, quaderförmige Gehäuse, einseitige Anschlüsse	Kennzeichnung des Pluspols durch Pluszeichen in Zuordnung zur Lage des Pluspols	
	Zylindrische Gehäuse, axiale Drahtanschlüsse	Kennzeichnung des Pluspols durch Pluszeichen gleichmäßig auf dem Umfang verteilt. Zusätzliche Kennzeichnung des Minuspols durch einen Strich auf dem Umfang.	
	Unterschiedliche Bauformen, Anschlüsse z.B. Lötfahnen, Schraubanschlusse	Kennzeichnung des Pluspols durch Pluszeichen oder durch Kennzahl 1 oder Farbe rot. Zusätzliche Kennzeichnung des Minuspols durch Minuszeichen.	

Tabelle 2.235 (Fortsetzung)

Kondensatorart	Bauformen Gehäusearten Anschlüsse	Kennzeichnung	
Tantal-Elektrolyt-Kondensatoren nach DIN 44350	Kunststoffumhüllung (Tropfenform) einseitige Drahtanschlüsse	Pluszeichen in Zuordnung zur Lage des Pluspols. Zusätzlich längerer Anschlußdraht des Pluspols	
	Zylindrisches, quaderförmiges Gehause, axiale Drahtanschlüsse	Kennzeichnung des Pluspols durch Pluszeichen gleichmäßig auf dem Umfang verteilt. Zusätzliche Kennzeichnung des Minuspols durch einen Strich auf dem Umfang.	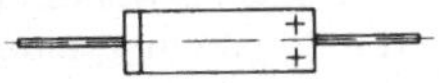
	Zylindrisches, quaderförmiges Gehause, einseitige Anschlüsse	Kennzeichnung des Pluspols durch Formgebung des Gehauses und Pluszeichen in Zuordnung zur Lage des Pluspols.	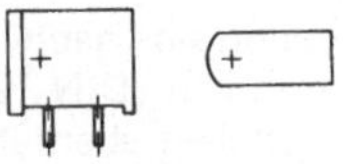
Papier-, Metallpapier und Kunststoffolien-Kondensatoren nach DIN 41 140 DIN 41 180 DIN 41 380 T1 bis T4 DIN 44110 T1	Zylindrische, quaderförmige Gehause, axiale Drahtanschlüsse, Lötfahnen	Kennzeichnung des Außenbelags (Schirmbelag) durch einen Strich auf dem Umfang. Bei KS-Kondensatoren auch als Farbring, der zugleich die Nennspannung kennzeichnet: 5 V – blau, 63 V – gelb, 160 V – rot, 250 V – grün, 400 V – violett, 630 V – schwarz, 1000 V – braun.	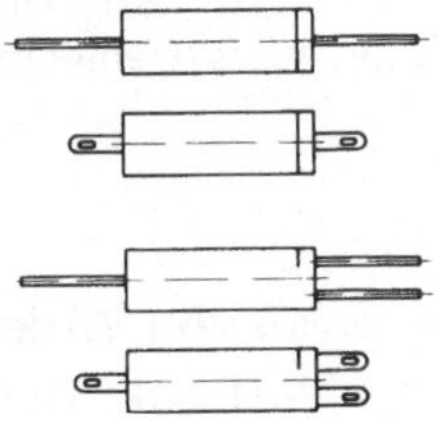
	Zylindrische, quaderförmige Gehause, einseitige Drahtanschlüsse, Lötfahnen	Kennzeichnung des Außenbelags (Schirmbelag) durch einen Strich auf dem Umfang.	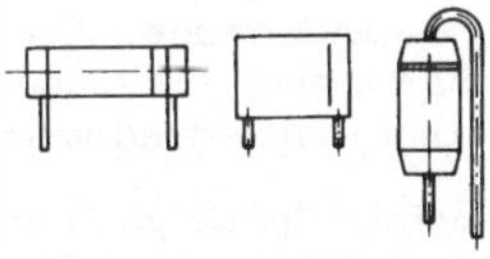
	Zylindrische, quaderförmige Gehäuse	Kennzeichnung des Außenbelags (Schirmbelag) durch das Zeichen ⏊ (s. DIN 40712) auf dem Gehäuse oder auf dem Deckel.	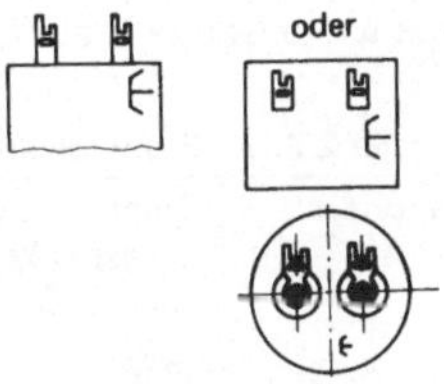 oder
Glimmerkondensatoren nach DIN 41 120	**Alle Bauformen**	**Kennzeichnung des Außen**belags (Schirmbelag) durch das Zeichen ⏊	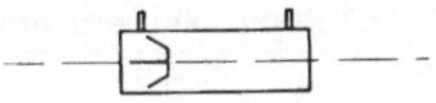
Keramikkondensatoren n. DIN 41920 T1 und T2	Rohrkondensatoren	Kennzeichnung des Innenbelaganschlusses durch das dem Temperaturbeiwert-Typ zugeordnete Farbzeichen nach DIN 41 920 (s. Norm).	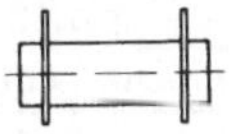

Fur die Anschlußkennzeichnung von Wechselspannungs-Kondensatoren und Gleichspannungs-Kondensatoren, die unter VDE 0101 fallen, gilt DIN 48505 (s. Norm).

Nennwerte-Reihen für Widerstände und Kondensatoren
DIN 41 426 (Mrz 1971)

Nennwert

Der Nennwert ist der Wert, der die Bemessung des Bauelementes unter definierten Bedingungen, z. B. für eine Temperatur von 20 °C kennzeichnet und der auf dem Bauelement angegeben ist. Er dient für die Anwendung des Bauelementes und für die Berechnung einer Schaltung als Rechengrundlage.

E-Reihen

Die E-Reihen sind nach dem gleichen System wie die Normzahlen (DIN 323 T1 s. Anhang) aufgebaut. Sie stellen ebenfalls ganzzahlige Potenzen von $\sqrt[m]{10}$ dar, jedoch ist hier m aus der Reihe 3, 6, 12, 24, 48 usw. entnommen.

Tabelle **2**.236 Vorzugsreihen fur Widerstande und Kondensatoren[1]) nach DIN 41 426

E6	E12	E24	E6	E12	E24
1,0	1,0	1,0	3,3	3,3	3,3
		1,1			3,6
	1,2	1,2		3,9	3,9
		1,3			4,3
1,5	1,5	1,5	4,7	4,7	4,7
		1,6			5,1
	1,8	1,8		5,6	5,6
		2,0			6,2
2,2	2,2	2,2	6,8	6,8	6,8
		2,4			7,5
	2,7	2,7		8,2	8,2
		3,0			9,1

[1]) Für Kondensatoren sind die Reihen E6 und E12 vorzuziehen; Zwischenwerte sind der Reihe E24 zu entnehmen, s. DIN 41 311 (s. Norm)

Bauarten von Widerständen
DIN 41 431 (Okt 1983), DIN 44 051 (Sep 1983), DIN 44 061 (Sep 1983)

Festwiderstände

Festwiderstand. Ein Festwiderstand ist ein Bauelement, das einen festen (nicht veränderbaren) Widerstandswert besitzt.

Schichtfestwiderstand. Der elektrisch leitende Widerstandswerkstoff ist als Schicht (z. B. Kohle- oder Metallschicht) auf einen Trägerkörper aufgebracht und im allgemeinen durch eine Umhüllung gegen mechanische und klimatische Einflüsse geschützt.

Drahtfestwiderstand. Der Widerstandswerkstoff ist als Draht einlagig auf einen Isolierkörper aufgewickelt und gegebenenfalls gegen mechanische und klimatische Einflüsse geschützt.

Tabelle **2**.237 Festwiderstände nach Bild **2**.239, Maße und Kennwerte

Baugröße	Nennbelastbarkeit bei 70 °C in W	Höchste zul. Dauer-Spannung in V	Abmessungen D max in mm	 L max in mm	 d in mm	 e in mm	Nennwerte-Bereich in Ω
Kohleschicht-Widerstände nach DIN 44 051							
0204	0,21	200	1,8	4,1	0,5	7,5	10 bis 220 k
0414	0,57	350	4,2	12,8	0,8	17,5	10 bis 22 M
0922	1,13	750	9,0	21,4	0,8	25	10 bis 22 M
Metallschicht-Widerstände nach DIN 44 061							
0204	0,21	200	1,9	4,6	0,5	7,5	10 bis 100 k
0414	0,57	350	4,1	13,2	0,8	17,5	10 bis 1,5 M
glasierte Drahtfestwiderstände nach DIN 41 431							
AC	2,8	100	6,0	14,0		17,5	1,0 bis 6,8 k
CC	6,0	200	9,0	27,0	0,8	32,5	1,0 bis 27,0 k
EC	12,0	500	11,0	53,0		57,5	2,2 bis 82,0 k

Tabelle **2.238** Festwiderstände nach Bild **2.239**, Kennwerte, Konstruktion und Anwendungshinweise

Festwiderstand nach	zulässige relative Abweichung	Nennwerte-Reihe nach DIN 41426[1])	typische Konstruktion	Anwendung
DIN 44051	±5%	E 24	Pyrolytische Kohleschicht, lackiert, mit axialen oder vorgeformten Drahtanschlüssen	Für Einsatz in Geräten, in denen keine speziellen Anforderungen an hohe Zuverlässigkeit und kleine Widerstandswertanderungen während der Einsatzdauer gestellt werden. Für Leiterplatten geeignet.
DIN 44061	±1% ±2%	E 24 E 96	Metallschicht, gewendelt, lackiert, mit axialen oder vorgeformten Drahtanschlüssen	Für erhöhte Anforderungen hinsichtlich Zuverlässigkeit und zulässiger Widerstandswertanderung. Für Leiterplatten geeignet.
DIN 41431	±10% ±5% ±2%	E 24	Drahtwicklung auf Keramikkörper, glasiert, axiale Drahtanschlüsse	Für professionelle Anwendung. Für Leiterplatten geeignet.

[1]) Nennwerte-Reihe nach DIN 41 426 s. Tab. **2.236**

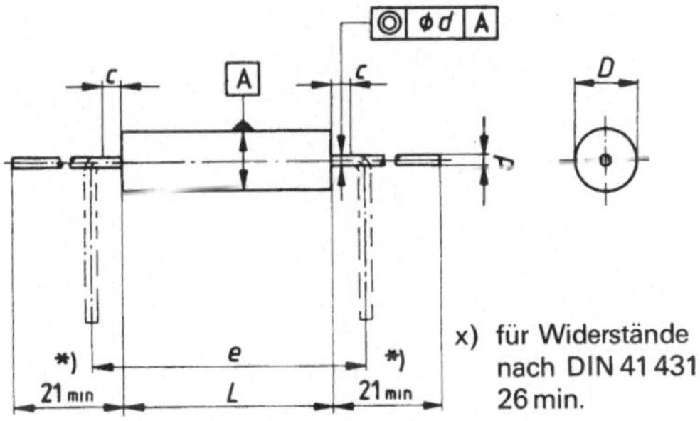

Bild **2.239**
Bauform für Festwiderstände nach:
DIN 44051 Kohleschicht-Widerstände mit kleiner Belastbarkeit
DIN 44061 Metallschicht-Widerstände mit kleiner Belastbarkeit
DIN 41431 Hochbelastbare glasierte Drahtfestwiderstände

x) für Widerstände nach DIN 41431 26 min.

Bauarten von Kondensatoren

DIN 41 237 T1 (Aug 1977), DIN 41 238 (Apr 1978)

Kondensator

Kondensator ist ein elektrisches Betriebsmittel, das aus Isolierstoffen (Dielektrikum) und leitenden Belägen aufgebaut ist.

Richtiger als Kondensatoreinheit bezeichnet, stellt er die bauliche Vereinigung von einem oder mehreren sogenannten Kondensatorelementen (z. B. Kondensatorwickeln) und den Anschlüssen dar, die im allgemeinen von einem Gehäuse umgeben sind.

Elektrolyt-Kondensatoren

Elektrolyt-Kondensatoren haben ein Dielektrikum (z. B. Oxydschicht), dessen eine Seite fest an einer Metallschicht und dessen andere Seite an einem Elektrolyten anliegt. Das Dielektrikum sperrt den Strom nur in einer Richtung.

Gepolte Elektrolyt-Kondensatoren enthalten so angeordnete Dielektrikumschichten, daß sie den

Tabelle **2.240** Abmessungskennzahlen fur Aluminium-Elektrolyt-Kondensatoren nach DIN 41 237 (Bild **2.242**) (Maße nach DIN 41 122 s. Norm)

Kennzahl	d_1	l_1	l_2 max.	e[1]) min.
52	9	17,5	19	22,5
53	9	20	21,5	25
74	13	25	26,5	30
85	15	30	31,5	35
95	17	30	31,5	35
96	17	40	41,5	45
106	19	40	41,5	45
116	21,5	40	41,5	45
126	26,5	40	41,5	45

[1]) Mindestmaß der abgebogenen Anschlußdrahte. Die Stufung soll im Rastermaß 2,5 mm nach DIN 40801 erfolgen.

Strom in einer Richtung sperren. Sie dürfen deshalb nur in der angegebenen Polung an Gleichspannung angeschlossen werden.

Ungepolte Elektrolytkondensatoren enthalten so angeordnete Dielektrikumschichten, daß der Strom in beiden Richtungen gesperrt wird.

Aluminium-Elektrolyt-Kondensatoren

Bei Aluminium-Elektrolyt-Kondensatoren bestehen die Anoden aus Aluminium.

Der Typ IIA ist für allgemeine Anforderungen vorgesehen und hat rauhe Anoden, d. h. durch Aufrauhen vergrößerte Anodenflächen.

Verwendet werden diese Elektrolyt-Kondensatoren insbesondere als Glättungs- und Kopplungskondensatoren (z. B. in Stromversorgungseinrichtungen) sowie als Kondensatoren zum Ableiten von Nieder- und Hochfrequenzströmen.

Tabelle **2.241** Maße für Aluminium-Elektrolyt-Kondensatoren nach DIN 41 237 (Bild **2.242**)

Nennkapazität (zul. Abw. ± 20%)	d_1 max. × l_2 max. Nennspannung in V[1])	
in µF	40	63
2,2	9 × 19 (17,5–22,5)[2])	9 × 21,5 (20–25)
4,7	9 × 21,5 (20–25)	13 × 26,5 (25–30)
10	13 × 26,5 (25–30)	17 × 31,5 (30–35)
22	15 × 31,5 (30–35)	19 × 41,5 (40–45)
47	17 × 41,5 (40–45)	26,5 × 41,5 (40–45)
100	21,5 × 41,5 (40–45)	–

Verlustfaktor, Scheinwiderstand und zulässiger überlagerter Wechselstrom s. Norm

[1]) Spitzenspannung sowie weitere technische Werte und Prüfbestimmungen nach DIN 41 332 T1 (s. Norm).

[2]) Die ( )-Werte geben die Maße $l_1 - e$ min. an

Kennzeichnung nach DIN 41312

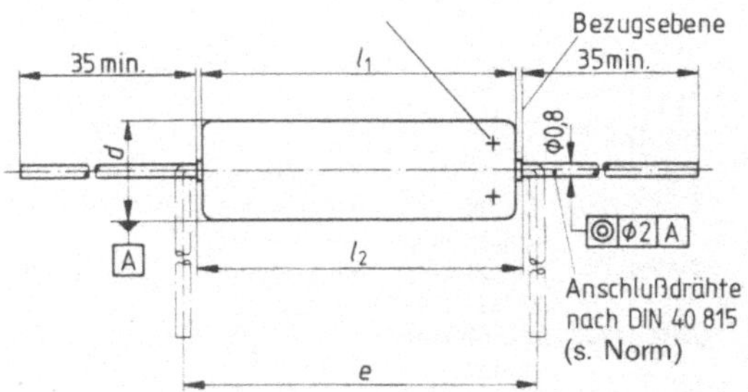

Bild **2.242** Gepolte Aluminium-Elektrolyt-Kondensatoren, Form AA (mit Isolierumhüllung), Typ IIA mit Nennspannung von 40 und 63 V-, für allgemeine Anforderungen nach DIN 41 237 T1

Tabelle **2.243** Maße für Aluminium-Elektrolyt-Kondensatoren nach DIN 41 238 (Bild **2.244**)

Nennkapazität (zul. Abw. $^{+50}_{-10}$ %)	$d_{1\,max} \times l_{1\,max}$ Nennspannung in V[1])					
in µF	**10**	**16**	**25**	**40**	**63**	**100**
220	genormte Kondensatoren für diesen Bereich s. DIN 41 316 T1 (s. Norm)					25,5 × 43
470					25,5 × 43	25,5 × 53
1 000				25,5 × 43	25,5 × 53	30,5 × 63
2 200			25,5 × 43	30,5 × 53	30,5 × 63	35,5 × 83
4 700	25,5 × 43	25,5 × 53	30,5 × 53	35,5 × 63	35,5 × 83	40,5 × 118

Verlustfaktor, Scheinwiderstand und zulässiger überlagerter Wechselstrom s. Norm.

[1]) Spitzenspannung sowie weitere technische Werte und Prüfbestimmungen nach DIN 41 332 T1 (s. Norm)

Form BA **Form BB**

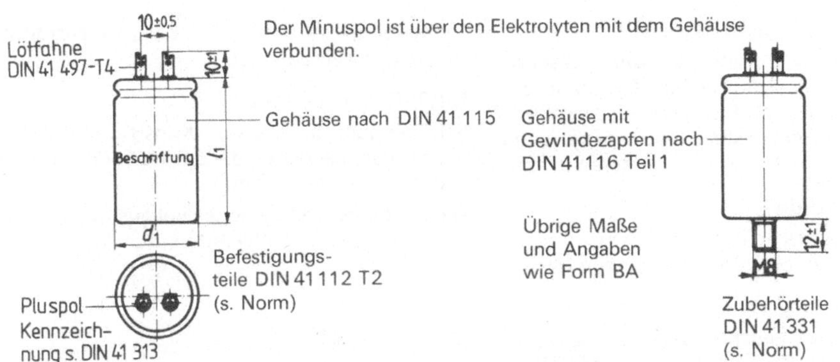

Bild **2.244** Gepolte Aluminium-Elektrolyt-Kondensatoren Form BA und BB, Typ IIA, mit Nennspannung von 10 bis 100 V-, für allgemeine Anforderungen nach DIN 41 238

Tabelle **2.245** Maße für Aluminium-Elektrolyt-Kondensatoren nach DIN 41 238 (Bild **2.246**)

Nennkapazität in µF (zul. Abw. $^{+50}_{-10}$%) Anschlußbesetzung		$d_{1\,max} \times l_{2\,max}$ und ($l_{1\,max}$) Nennspannung in V[1])		
1	5	**10**	**40**	**63**
470		[2])	[2])	25,5 × 51 (43)
1 000		[2])	25,5 × 51 (43)	25,5 × 61 (53)
2 200		[2])	30,5 × 61 (53)	30,5 × 71 (63)
4 700	Minuspol	25,5 × 51 (43)	35,5 × 71 (63)	35,5 × 91 (83)
10 000			35,5 × 91 (83)	40,5 × 126 (118)
22 000		35,5 × 71 (63)		

Verlustfaktor, Scheinwiderstand und zulässiger überlagerter Wechselstrom s. Norm.

[1]) Spitzenspannung sowie weitere technische Werte und Prüfbestimmungen nach DIN 41 332 T1 (s. Norm).
[2]) genormte Kondensatoren für diesen Bereich s. DIN 41 316 T1 bzw. DIN 41 253 (s. Normen)

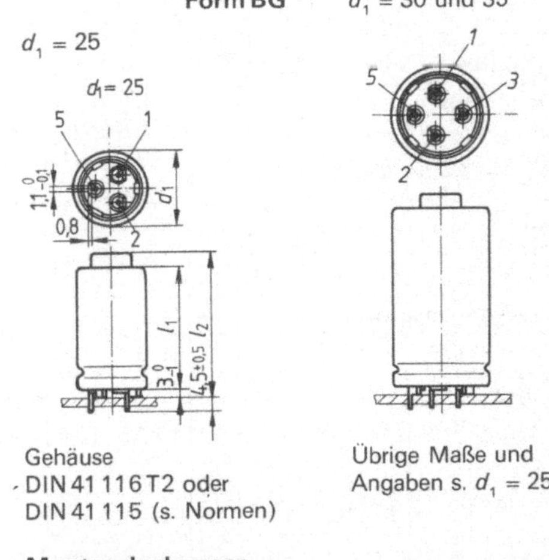

Montagelochungen
Ansicht der kupferkaschierten Leiterplattenseite

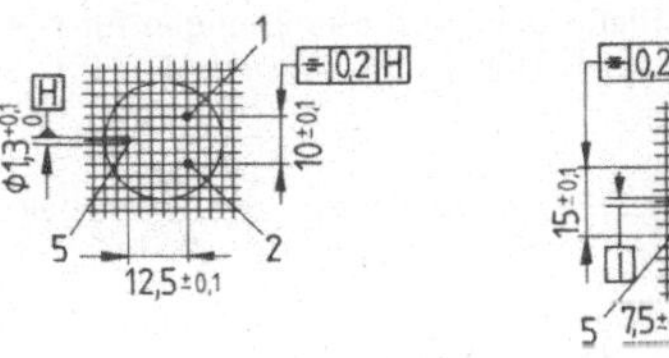

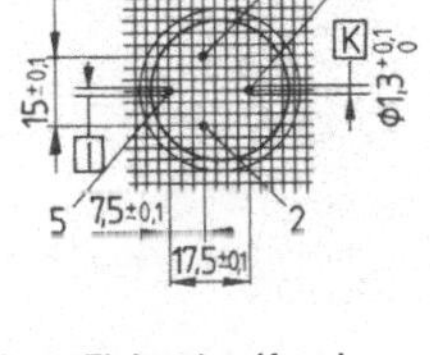

Bild **2.246** Gepolte Aluminium-Elektrolyt-Kondensatoren Form BG, Typ IIA, mit Nennspannung von 10 bis 100 V-, für allgemeine Anforderungen nach DIN 41 238

Bauarten von Kondensatoren

DIN 41 391 (Entw. Okt 1981), **DIN 44112** (Entw. Aug 1981)

Kunststoffolien-Kondensatoren

Kunststoffolien-Kondensatoren sind elektrostatische Festkondensatoren zum Einsatz in der Nachrichtentechnik und Elektronik. Es sind Kondensatoren mit nichteinstellbarer Kapazität und einem Dielektrikum aus Polyäthylenterephthalat.

KT-Kondensatoren

KT-Kondensatoren sind Kunststoffolien-Kondensatoren, bei denen die Beläge aus dünnen Metallfolien bestehen.

Die Kurzform KT ist abgeleitet aus **K**unststoffolie Polyäthylen**t**erephthalat.

MKT-Kondensatoren

MKT-Kondensatoren sind Kunststoffolien-Kondensatoren, bei denen die Beläge auf das Dielektrikum aufgedampft sind.

Die Kurzform MKT ist abgeleitet aus **m**etallisierter **K**unststoffolie Polyäthylen**t**erephthalat.

Tabelle **2.**247 Maße und Kennwerte für Kunststofffolien-Kondensatoren nach Bild **2.**248

Nennkapazität (zul. Abw. ±20%)		Nennspannung[1] [2]) 63 V_				100 V_			
		Maße max.							
		b	*h*	*l*	*e*	*b*	*h*	*l*	*e*
KT-Kondensatoren nach DIN 41 391									
1000	**pF**	–	–	–	–	3	8,5	10	7,5
2200		–	–	–	–	3	8,5	10	7,5
4700		–	–	–	–	3	8,5	10	7,5
0,01	µF	–	–	–	–	3	8,5	10	7,5
0,022		3	8,5	10	7,5	–	–	–	–
0,047		4	10	10,5	7,5	–	–	–	–
0,1		5,2	12	11,5	7,5	–	–	–	–
MKT-Kondensatoren nach DIN 44112									
0,01	µF	–	–	–	–	4	9	10,5	7,5
0,022		–	–	–	–	4	9	10,5	7,5
0,047		–	–	–	–	4	9	10,5	7,5
0,10		–	–	–	–	4	9,5	10,5	7,5
0,22		4	9	10,5	7,5	–	–	–	–
0,47		6,5	13	11	7,5	–	–	–	–
1,0		8	18	11	7,5	–	–	–	–

[1]) Technische Werte und Prüfbestimmungen für KT-Kondensatoren nach DIN 41391 s. DIN 41 380 T1 (s. Norm)

[2]) Technische Werte und Prüfbestimmungen für MKT-Kondensatoren nach DIN 44 112 s. DIN 44110 T1 (s. Norm).

Verlustfaktoren sowie Wechselstrom- und Impulsbelastbarkeit s. Normen

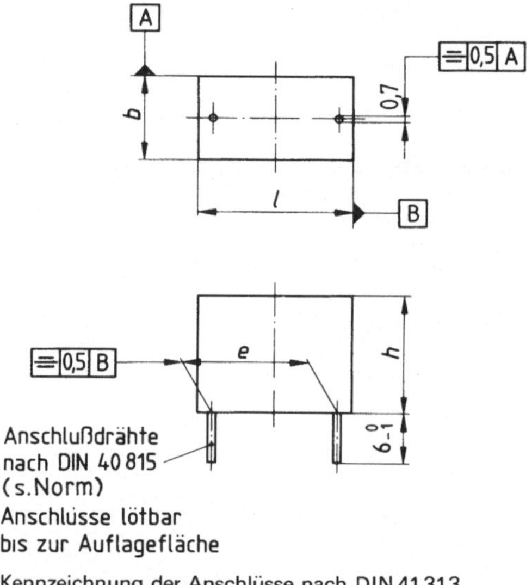

Kennzeichnung der Anschlüsse nach DIN 41 313

Bild **2.**248 Kunststoffolien-Kondensatoren, rechteckig, Bauform 7,5, isoliert, nach
DIN 41 391 KT-Kondensatoren, 63 bis 400 V-, Anwendungsklasse GME
DIN 44112 MKT-Kondensatoren, 50 bis 1000 V-, Anwendungsklasse GPF
Anwendungsklassen nach DIN 40040 (s. Norm)

2.3.3 Starkstromleitungen

Begriffe, Kurzzeichen und Kennzeichnung

DIN 57281 T1/VDE 0281 T1 (Okt 1979), **DIN 57289 T100/VDE 0289 T100** (Nov 1979), **DIN 57293/VDE 0293** (Okt 1977)

Leitungsaufbau

Leiter ist der metallene Teil für die Weiterleitung des Stromes. Leiter können aus einem einzelnen Draht oder mehreren Einzeldrähten, die miteinander verseilt oder verwürgt sind, bestehen.

Lahn ist ein bandförmiger, verzinnter, versilberter oder blanker Leiter (DIN 47104 s. Norm) aus Kupfer oder einer Kupferlegierung.

Lahnfaden ist ein auf einen Trägerfaden (Chemiefaser) wendelförmig aufgewickelter Lahn.

Litze ist ein aus mehreren miteinander verwürgten oder verseilten Drähten (Drahtlitzenleiter) oder verseilten Lahnfäden (Lahnlitzenleiter) bestehender Leiter.

Isolierhülle ist eine den Leiter umgebende Schicht aus isolierendem Werkstoff.

Ader (Aderleitung) ist ein Leiter mit seiner Isolierhülle.

Mehradrige Leitung ist eine Leitung, die aus mehreren Adern besteht und die gegebenenfalls mechanisch geschützt ist (z. B. Mantel, Beflechtung, Bewehrung).

Zwickelfüllung ist eine Füllung, bestehend aus Faserstoffen oder aus einer extrudierten Füllmischung zum Ausfüllen der zwischen den Adern verbleibenden Zwischenräume.

Extrudierte gemeinsame Aderumhüllung ist eine Hülle zum Ausfüllen der Außenzwickel und zur gleichzeitigen Umhüllung der verseilten Adern.

Mantel ist eine geschlossene Hülle zum Schutz der Adern.

Kennwerte für Leitungen

Nennwert ist eine Größe, die zur Bezeichnung dient und oft als gerundete Zahl angegeben ist.

Sollwert ist ein Wert, der mit einer in einer Norm festgelegten Toleranz eingehalten werden muß.

Richtwert ist ein Wert, der im Rahmen einer handelsüblichen oder fertigungstechnischen Toleranz liegen soll. Er dient z. B. der rechnerischen Ermittlung von Abmessungen und wird nicht geprüft.

Nennspannung ist die Spannung, auf die der Aufbau und die Prüfungen der Leitung hinsichtlich der elektrischen Eigenschaften bezogen werden.

Die Nennspannung wird durch Angabe von zwei Wechselspannungen U_0/U in V ausgedrückt:

U_0 Effektivwert zwischen einem Außenleiter und der „Erde" (nichtisolierende Umgebung)

U Effektivwert zwischen 2 Außenleitern einer mehradrigen Leitung oder eines Systems von einadrigen Leitungen.

Betriebsspannung ist die Spannung zwischen Leitern einer Starkstromanlage (oder zwischen Leiter und Erde) örtlich und zeitlich bei ungestörtem Betrieb.

Mit **Strombelastbarkeit** werden die unter bestimmten Bedingungen höchstzulässigen Ströme bezeichnet.

Adernkennzeichnung

Tabelle **2.249** Adernkennzeichnung [1]) nach DIN 57 293/VDE 0293

Anzahl der Adern[2])	Leitungen mit grüngelb gekennzeichneter Ader	Leitungen ohne grüngelb gekennzeichneter Ader
Mehr- und vieladrige Leitungen zum Anschluß ortsveränderlicher Stromverbraucher		
2	–	br/hbl
3	gnge/br/hbl	sw/hbl/br
4	gnge/sw/hbl/br	sw/hbl/br/sw
5	gnge/sw/hbl/br/sw	sw/hbl/br/sw/sw
Adern in mehradrigen Leitungen für feste Verlegung		
2	–	sw/hbl
3	gnge/sw/hbl	sw/hbl/br
4	gnge/sw/hbl/br	sw/hbl/br/sw
5	gnge/sw/hbl/br/sw	sw/hbl/br/sw/sw

[1]) Farbkennzeichnung nach DIN 47 002 (s. Norm)

[2]) Für einadrige Leitungen sind außer den Farben grüngelb und hellblau keine bestimmten Farben vorgesehen. Die Einzelfarben grün oder gelb sowie jede andere Mehrfarbigkeit mit den Farben grün oder gelb außer grüngelb dürfen nicht verwendet werden. Die Farbe der Ader von einadrigen Kabeln und einadrigen ummantelten Leitungen ist stets schwarz.

Typenkurzzeichen

Tabelle 2.250 Typenkurzzeichen-Schlüssel für (harmonisierte) isolierte Starkstromleitungen nach DIN 57 281/VDE 0281

Bezeichnung	Kurzzeichen
Kennzeichen der Bestimmung	
Harmonisierte Bestimmung	H
Anerkannter nationaler Typ	A
Nennspannung U_0/U	
300/300 V	03
300/500 V	05
450/750 V	07
Isolierwerkstoff	
PVC	V
Natur- und/oder Styrol-Butadienkautschuk	R
Silikon-Kautschuk	S
Mantelwerkstoff	
PVC	V
Natur- und/oder Styrol-Butadienkautschuk	R
Polychloroprenkautschuk	N
Glasfasergeflecht	J
Textilgeflecht	T
Besonderheiten im Aufbau	
flache, aufteilbare Leitung	H
flache, nicht aufteilbare Leitung	H2
Leiterart	
eindrähtig	-U
mehrdrähtig	-R
feindrähtig bei Leitungen für feste Verlegung	-K
feindrähtig bei flexiblen Leitungen	-F
feinstdrähtig bei flexiblen Leitungen	-H
Lahnlitze	-Y
Aderzahl	...
Schutzleiter	
ohne Schutzleiter	X
mit Schutzleiter	G
Nennquerschnitt des Leiters	...

Beispiele für vollständige Leitungsbezeichnungen

PVC-Verdrahtungsleitung, 075 mm² feindrähtig, schwarz H05V-K 0,75 sw

Schwere Gummischlauchleitung, 3adrig, 2,5 mm² ohne grüngelben Schutzleiter A07RN-F 3 × 2,5

Auswahl- und Bemessungsgrundlagen
DIN 57100 T523/VDE 0100 T523 (Jun 1981), DIN 57281 T1/VDE 0281 T1 (Okt 1979)

Isolierhülle

Tabelle **2**.251 PVC-Mischungen für Isolierhüllen nach DIN 57 281 T1/VDE 0281 T1

Mischungstyp nach DIN 57 207 T4/ VDE 0207 T4 (s. Norm)	Isolierhüllen für	Höchstwert der Betriebstemperatur am Leiter	
		bei ungestörtem Betrieb	im Kurzschlußfall
TI1/YI1	Leitungen für feste Legung	70 °C	160 °C
TI2/YI2	flexible Leitungen	70 °C	150 °C

Leiterquerschnitte

Tabelle **2**.254 Mindest-Leiterquerschnitte für Leitungen nach DIN 57 100 T523/VDE 0100 T523

Verlegungsart	Mindestquerschnitt in mm² bei Cu
feste, geschützte Verlegung	**1,5**
Leitungen in Schaltanlagen und Verteilern bei Stromstärken	
bis 2,5 A	**0,5**
über 2,5 A bis 16 A	**0,75**
über 16 A	**1,0**
bewegliche Leitungen für den Anschluß von	
leichten Handgeräten bis 1 A Stromaufnahme und einer größten Länge der Anschlußleitung von 2 m,	**0,1**
Geräten bis 2,5 A Stromaufnahme und einer größten Länge der Anschlußleitung von 2 m	**0,5**
Geräten bis 10 A Stromaufnahme, für Gerätesteck- und Kupplungsdosen bis 10 A Nennstrom	**0,75**
Geräten über 10 A Stromaufnahme, Mehrfachsteckdosen, Gerätesteckdosen und Kupplungsdosen mit mehr als 10 A bis 16 A Nennstrom	**1,0**
Lichtketten für Innenräume	
zwischen Lichtkette und Stecker	**0,75**
zwischen den einzelnen Lampen	**0,5**
	s. VDE 0710 T3 (s. Norm)

Mantel

Tabelle **2**.252 PVC-Mischungen für Mäntel nach DIN 57 281 T1/VDE 0281 T1

Mischungstyp nach DIN 57 207 T5/ VDE 0207 T5 (s. Norm)	Mäntel für
TM1/YM1	Leitungen für feste Legung
TM2/YM2	flexible Leitungen

Nennspannung der Leitungen

Tabelle 2.253 Nennspannungen für PVC-isolierte Starkstromleitungen nach DIN 57 281 T1/VDE 0281 T1

Nennspannung U_0/U	Leitungsbauart, z. B.
300/300 V	Zwillingsleitungen und Schlauchleitungen
300/500 V	Verdrahtungsleitungen und Schlauchleitungen
450/750 V	Aderleitungen

Strombelastbarkeit von isolierten Leitungen

Leiter isolierter Leitungen und Kabel dürfen höchstens mit den in Tab. **2**.255 angegebenen Stromstärken dauernd belastet werden, wobei folgende Gruppen zu unterscheiden sind:

Gruppe 1. In Rohren, Installationskanälen, Leitungskanälen, Hohlwänden verlegte Leitungen (z. B. H07V, NYM) und Kabel (z. B. NYY);

Gruppe 2. Leitungen und Kabel im Mauerwerk und auf der Wand (z. B. Mantelleitungen, Bleimantelleitungen, Stegleitungen, bewegliche Leitungen).

Tabelle **2**.255 Strombelastbarkeit I_z isolierter Leitungen bei Umgebungstemperaturen von 30 °C nach DIN 57 100 T523/VDE 0100 T523

Nennquerschnitt in mm²	Gruppe 1 CU in A	Gruppe 2 CU in A
0,75	–	12
1	11	15
1,5	15	18
2,5	20	26
4	25	34
6	33	44
10	45	61
16	61	82

Bauarten von Leitungen

DIN 57281/VDE 0281 T101, T103, T301, T302 (alle Okt 1979), T401, T402 (b. Nov 1979), T403 (Nov 1981), DIN 57282 T817/VDE 0282 T817 (Dez 1981), DIN 57298 T3/VDE 0298 T3 (Aug 1983)

Tabelle **2**.256 PVC- und gummiisolierte Starkstromleitungen, Kennwerte und Hinweise für die Verwendung

Bauart	Bauart-kurzzeichen	Norm DIN/VDE	Teil	Nenn-spannung U_0/U in V	Aderzahl	Leiternenn-querschnitt[2]) in mm²
PVC-Verdrahtungsleitungen	**H05V-U** **H05V-K**	57281/0281	101	**300/500**	1	**0,5** bis **1** **0,5** bis **1**
PVC-Aderleitungen	**H07V-U** **H07V-R** **H07V-K**	57281/0281	103	**450/750**	1	**1,5** bis **16** **6** bis **16** **1,5** bis **16**
Leichte Zwillingsleitungen	**H03VH-Y**	57281/0281	301	**300/300**	2	**0,1** (Lahnlitze)
Zwillingsleitungen	**H03VH-H**	57281/0281	302	**300/300**	2	**0,5 + 0,75**
PVC-Schlauchleitungen 03VV	**H03VV-F** **A03VV-F** **H03VVH2-F**	57281/0281	401	**300/300**	2 und 3 rd[1]) 4 rd[1]) 2 fl	**0,5 + 0,75** **0,75** **0,5 + 0,75**
PVC-Schlauchleitungen 05VV	**H05VV-F** **H05VVH2-F**	57281/0281	402	**300/500**	2 bis 5 rd[1]) 2 fl	**0,75** bis **2,5** **0,75**
PVC-Flachleitungen 05VVH2	**H05VVH2-F**	57281/0281	403	**300/500**	3 bis 12[1])[6])	**0,75 + 1**
Gummischlauch-leitungen	**H05RN-F** **A05RN-F**	57282/0282	817	**300/500**	2 + 3[1]) 4[1]) + 5[1]) 1	**0,75 + 1** **0,75** **0,75** bis **1,5**

[1]) Leitung mit gnge (grüngelb) Ader

[2]) Stufung der Leiterquerschnitte nach DIN 57295/VDE 0295 0,5/0,75/1/1,5/2,5/4/6/10/16

[3]) leichte Handgeräte, z. B. Rasierapparat; nicht zugelassen für Koch- und Wärmgeräte

[4]) leichte Elektrogeräte, z. B. Rundfunkgeräte, Tischleuchten; nicht zugelassen für Koch- und Wärmgeräte

[5]) leichte Elektrogeräte, z. B. Leuchten, Küchen- und Büromaschinen

[6]) Vorzugsadernzahlen: 3, 4, 5, 6, 9, 12

[7]) fur Signalanlagen

bestimmungsgemäße Verlegeart/Verwendungshinweise

im Rohr auf und unter Putz	in geschlossenen Installationskanälen	Geräteverdrahtung	zum Anschluß bewegter Teile	Kabelbäume	Hausgeräte	Werkzeuge	Großgeräte und Maschinen	in gewerblichen Betrieben	in trockenen Räumen	in feuchten Räumen
×		×		×						
× 7)		×	×	×						
×	×	×		×						
×	×	×		×						
×	×	×	×	×						
					× 3)				×	
					× 4)				×	
					× 5)				×	
					× 5)				×	
					×				×	×
					×				×	×
							×	×	×	×
					×	×			×	×
					×	×			×	×

Tabelle **2**.257 Äußere Abmessungen der Leitungen nach Tab. **2**.256

runde Leitungen

Anzahl der Adern und Leiterquer-schnitt	mittlerer Außendurchmesser (Höchstwerte)								
	H05V-U	H05V-K	H07V-U H07V-R*)	H07V-K	H03VV-F	A03VV-F	H05VV-F	A05RN-F	H05RN-F
1×0,5	2,4	2,6						–	
1×0,75	2,6	2,8						5,4	
1×1	2,8	3,0						5,8	
1×1,5			3,3	3,5				6,2	
1×2,5			3,9	4,2					
1×4			4,4	4,8					
1×6			5,4*)	6,3					
1×10			6,8*)	7,6					
1×16			8,0*)	8,8					
2×0,5					6,0				
2×0,75					6,4		7,6		8,2
2×1							8,0		8,8
2×1,5							9,0		
2×2,5							11,0		
3×0,5					6,2				
3×0,75					6,8		8,0		8,8
3×1							8,4		9,2
3×1,5							9,8		
3×2,5							12,0		
4×0,75						7,4	8,6		9,6
4×1							9,4		
4×1,5							11,0		
4×2,5							13,0		
5×0,75							9,6		11,0
5×1							10,0		
5×1,5							12,0		
5×2,5							14,0		

Flachleitungen

Anzahl der Adern und Leiterquerschnitt	mittlere Außenabmessungen (Hochstwerte)			
	H03VH-Y	H03VH-H	H03VVH2-F	H05VVH2-F
2×0,1	3,5×7,0			
2×0,5		3,0×6,0	3,6×6,0	
2×0,75		3,2×6,4	3,9×6,4	5,2×7,6
3×1				4,6×11,5
4×1				4,6×14,0
5×1				4,6×16,5
6×0,75				4,4×19,0
6×1				4,6×20,0
9×0,75				4,4×27,5
9×1				4,6×29,0
12×0,75				4,4×34,5
12×1				4,6×37,0

2.4 Werkstoffe und Halbzeuge

Im Sinne der Konstruktion und Fertigung sind Werkstoff und Halbzeug Unterbegriffe des Begriffs Material (s. Bild **2**.258).

Werkstoff

Unter Werkstoff ist ein entsprechend den an ihn gestellten Anforderungen aufbereiteter Rohstoff in geformtem (z.B. Massel, Barren) oder ungeformtem Zustand (z. B. flüssig, pulverförmig) zu verstehen, der als Ausgangsprodukt für Halbzeuge, Hilfs- und Betriebsstoffe sowie Teile (Gußstücke) dient (s. Bild **2**.258).

Halbzeuge

Halbzeuge sind Gegenstände (z. B. durch Walzen Ziehen, Pressen weiterbearbeitete Werkstoffe) mit bestimmter Form, bei denen mindestens noch ein Maß unbestimmt ist (s. Bild **2**.258).

Hilfsstoffe erfüllen bei der Herstellung und/oder vorgesehenen Nutzung eines Gegenstandes (z. B. Einzelteile, Baugruppen oder Geräte) eine vorgegebene Funktion (z. B. Verbinden, Oberfläche schützen, schmieren) und sind im Enderzeugnis enthalten (s. Bild **2**.258 und Abschn. 3.3.4.4, 3.3.5 und 3.5.2).

Betriebsstoffe sind zur Herstellung eines Gegenstandes notwendig, aber in diesem nicht enthalten (s. Bild **2**.258).

Material

Rohstoff

mineralisch
(z. B. Erz, Roheisen, Bauxit)
pflanzlich
(z. B. Kohle, Fett)
tierisch
(z. B. Fett (Tran), Fossilien-Rohstoffe, wie Rohöl, Erdgas)

Werkstoff

Metalle
Metallegierungen (z. B. Masseln aus Kupfer, Kupferlegierungen, Aluminium, Stahl)
Nichtmetallische Werkstoffe
(Rohglas, Kunststoffpulver)

Halbzeug

Beispiele
- Tafel (z. B. Blechtafel)
- Profil (Hohl- und Vollprofil, Flach- und Rundprofil)
- Granulat
- Stangen
- Gewebe

Hilfsstoff

Beispiele
- Schweißzusatzwerkstoff
- Lot
- Klebstoff
- Schleifpulver
- Lacke
- Schmierstoffe

Betriebsstoff

Beispiele
- Lötfett
- Bohrwasser
- Reinigungsmittel
- Luft

Teil

Beispiele
- Schraube
- Winkel
- Gleitlagerbuchse
- Hebel

Definitionen s. DIN 199 T2 (in Abschn. 2.1.1)

Gruppe

Beispiele
- Winkel mit angeschweißten Muttern
- Hebel vollständig (z. B. mit Buchsen)
- Steuerung

Bild **2**.258 Einordnung der Begriffe Werkstoff und Halbzeug

2.4.1 Metallische Werkstoffe – Eisen und Stahl

Werkstoffbezeichnungen

DIN 17006 T4 (Okt 1949x), **DIN 17007 T1** (Apr 1959x) **T2** (Sep 1961), **T3** (Jan 1971)

Wärmebehandlung von Eisenwerkstoffen s. Abschn. 3.3.6, Werkstoffprüfung s. Abschn. 3.5.2.2

Eisen

Als Eisen-Werkstoffe gelten alle Werkstoffe, bei denen der mittlere Massenanteil an Fe höher als der jedes anderen Elementes ist.

Stahl

Stahl ist ein Eisen-Werkstoff, der in seinem Gefüge kein Eisen-Kohlenstoff-Eutektikum aufweist (in der Regel C < 2%) und sich deshalb im allgemeinen gut bis sehr gut umformen (s. DIN 8580) läßt.

Um Werkstoffe kurz und eindeutig benennen zu können, wurden zwei Bezeichnungssysteme festgelegt:

Kurzzeichen. Buchstaben-, Zahlenkombination nach DIN 17006 (für Eisen und Stahl) und nach DIN 1700 (für Nichteisenmetalle)

Werkstoffnummern. Ziffernkombination für metallische und nichtmetallische Werkstoffe nach DIN 17007

Systematische Bezeichnung von Eisen und Stahl mittels Kurzzeichen s. Bild **2.**259 (für Nichteisenmetalle s. Abschn. 2.4.2)

Tabelle **2.**260 Chemische Symbole der Legierungselemente und ihre Multiplikatoren nach DIN 17006 (Anwendung s. Bild **2.**259)

Legierungszusätze	Multiplikator bei niedriglegierten Werkstoffen
Chrom (Cr), Kobalt (Co), Mangan (Mn), Nickel (Ni), Silizium (Si), Wolfram (W)	4
Aluminium (Al), Beryllium (Be), Blei (Pb), Bor (B), Kupfer (Cu), Molybdän (Mo), Niob (Nb), Tantal (Ta), Titan (Ti), Vanadium (V), Zirkon (Zr)	10
Phosphor (P), Schwefel (S), Stickstoff (N), Cer (Ce), Kohlenstoff (C)	100

Der ungefähre Massenanteil eines Legierungselementes kann durch Dividieren der betreffenden Legierungskennzahl durch den Multiplikator bestimmt werden.

Systematische Bezeichnung von Werkstoffen mittels Werkstoffnummern

Rahmenplan der Werkstoffnummern (Weitere Festlegungen für Nichteisenmetalle s. Abschn. 2.4.2). Siebenstellige Werkstoffnummern bestehen aus drei Gruppen von Ziffern, die durch Punkte voneinander getrennt sind (s. Bild **2.**261).

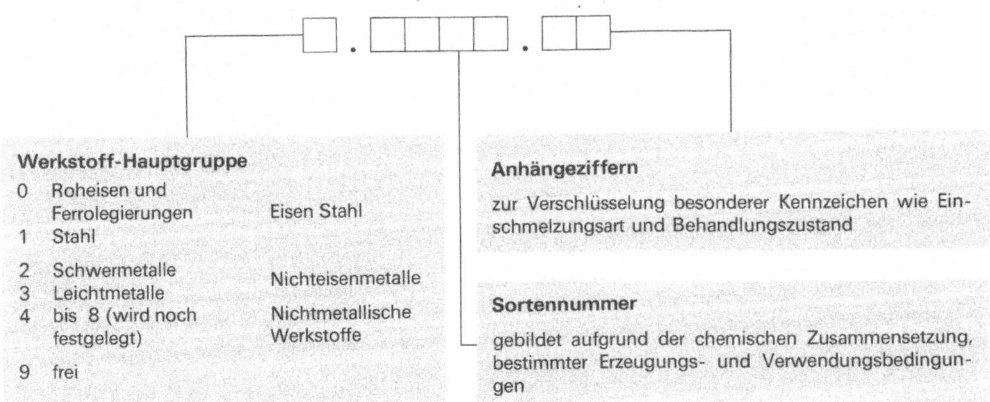

Bild **2.**261 Grundaufbau des Nummernsystems für Werkstoffnummern nach DIN 17007 T1

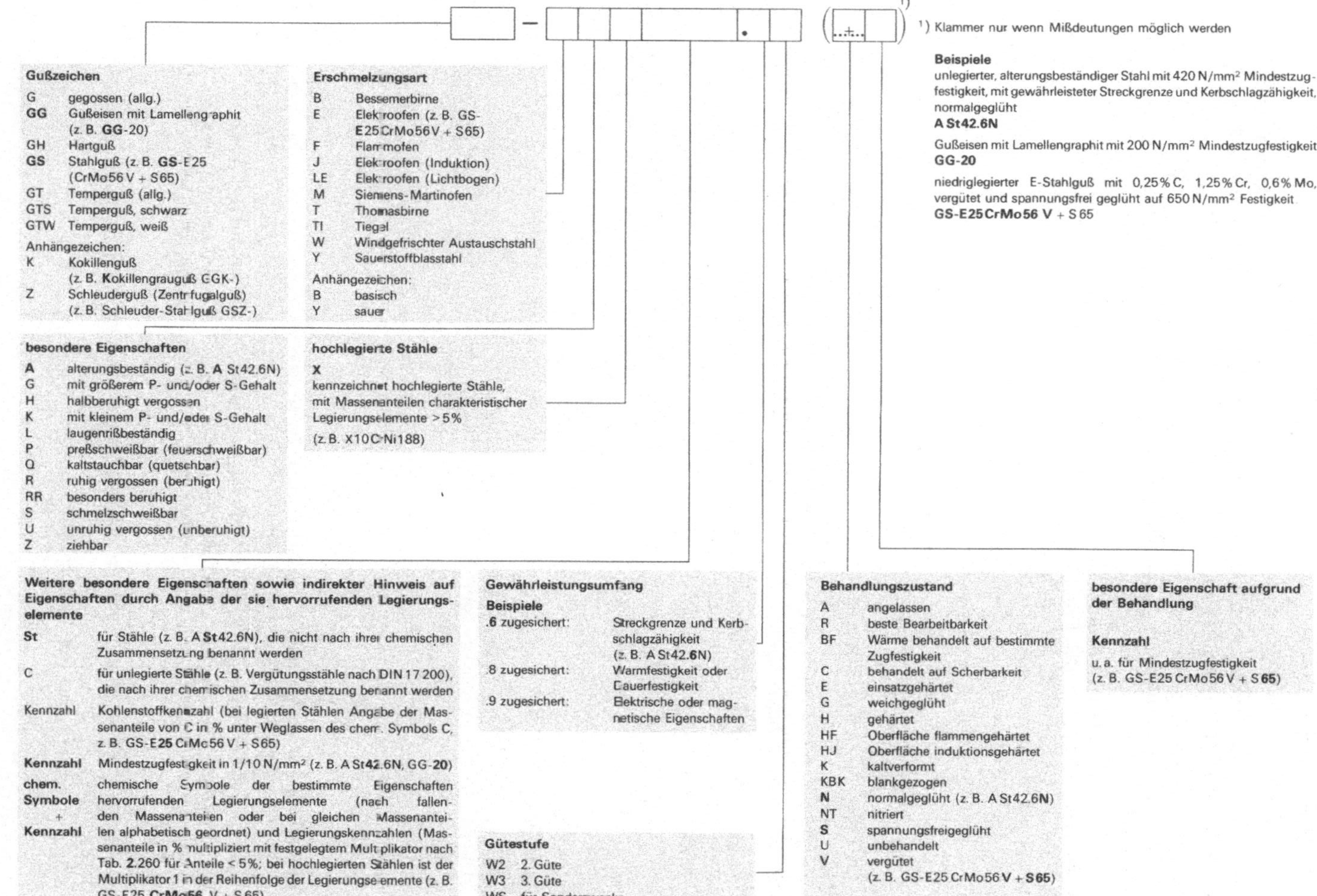

Bild 2.259 Systematische Bezeichnung von Eisen und Stahl nach DIN 17006

Werkstoffnummern für Roheisen, Vorlegierungen und Gußeisen

Hauptgruppe 0 (Bild **2**.262)

Roheisen ist das aus dem Hochofen kommende und noch nicht weiterbehandelte Eisen.

Gußeisen entsteht durch Umschmelzen und Reinigen des Roheisens (vgl. Grauguß und Temperguß).

Vorlegierungen sind Desoxidations- und Legierungsmittel einschließlich der Ferrolegierungen (z.B. Spiegeleisen mit 5 bis 20% Mn), die insbesondere der metallurgischen Herstellung von Eisen und Stahl dienen.

Werkstoffnummern für Stahl

Hauptgruppe 1 (Bild **2**.263)

In der Werkstoffnummern-Hauptgruppe 1 werden alle Stähle, einschließlich Stahlguß, erfaßt.

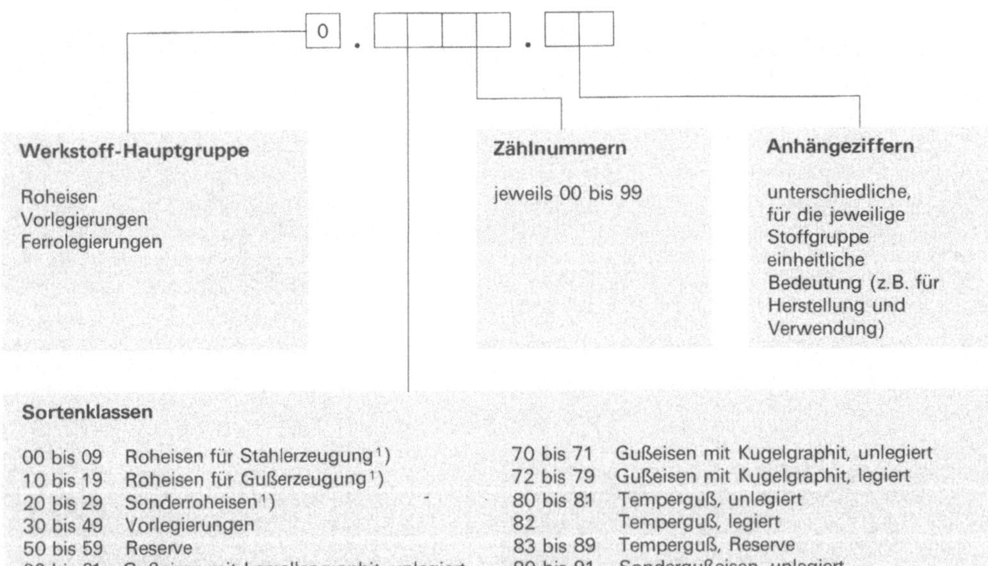

Unterteilung innerhalb dieser Gruppen nach chemischer Zusammensetzung; Einordnung in der Regel aufgrund des Legierungselementes mit dem größten Massenanteil

Beispiele	GG-20 = 0.6020	GGL-NiCr 303 = 0.6676	GTS-45-06 = 0.8145
	Zählnummer nach DIN 1691	Zählnummer nach DIN 1694	Zählnummer nach DIN 1692

Bild **2**.262 Systematik der Hauptgruppe 0 der Werkstoffnummer nach DIN 17007 T3

[1]) Eine Systematik der Sortenklasse für Roheisen ist noch nicht festgelegt.

1 . □□□□ . □□

Werkstoff-Hauptgruppe

Stahl (einschließlich Stahlguß)

Sortenklassen

00 bis 09 Massen- und Qualitätsstähle; allgemeine Sortenunterteilung nach chem. Zusammensetzung und Massenanteilen der Legierungselemente

10 bis 19 Unlegierte Edelstähle; Unterteilung nach chem. Zusammensetzung und Herstell- sowie Verwendbarkeitsmerkmalen

20 bis 29 Legierte Edelstähle; Werkzeugstähle; Unterteilung nach chem. Zusammensetzung

30 bis 39 Legierte Edelstähle; verschiedene Stähle; Unterteilung nach Herstell- und Verwendbarkeitsmerkmalen

40 bis 49 Legierte Edelstähle; chem. beständige Stähle; Unterteilung nach chem. Zusammensetzung

50 bis 84 Legierte Edelstähle; Baustähle; Unterteilung nach chem. Zusammensetzung

85 Legierte Edelstähle; Nitritstähle

88 Legierte Edelstähle; Hartlegierungen

90 bis 99 Massen- und Qualitätsstähle; Sondersorten; Unterteilung nach chem. Zusammensetzung

Zählnummern

jeweils 00 bis 99

Stahlgewinnungsverfahren

0 unbestimmt oder ohne Bedeutung
1 unberuhigter Thomasstahl
2 beruhigter Thomasstahl
3 unberuhigter Stahl sonstiger Erschmelzungsart
4 beruhigter Stahl sonstiger Erschmelzungsart
5 unberuhigter Siemens-Martin-Stahl
6 beruhigter Siemens-Martin-Stahl
7 unberuhigter Sauerstoffaufblas-Stahl
8 beruhigter Sauerstoffaufblas-Stahl
9 Elektrostahl

Behandlungszustand

0 keine oder beliebige Behandlung
1 normalgeglüht
2 weichgeglüht
3 wärmebehandelt auf gute Zerspanbarkeit
4 zähvergütet
5 vergütet
6 hartvergütet
7 kaltverformt
8 federhart kaltverformt
9 behandelt nach besonderen Angaben

Beispiele

GS-52 = 1.0551
Sortenklasse 05 für unlegierte Qualitätsstähle mit > 0,25 > 0,55 % C
Zählnummer nach DIN 1681

UST 37-2 = 1.0036
Sortenklasse 00 für Massenstähle, allgem. Sorte in Handels- und Grundgüte
Zählnummer nach DIN 17 100

Bild **2**.263 Systematik der Hauptgruppe 1 der Werkstoffnummer nach DIN 17 007 T2

Werkstoffgruppen (Stahlgruppen)

Baustähle

Als allgemeine Baustähle gelten unlegierte Stähle, die im wesentlichen durch ihre Zugfestigkeit und Streckgrenze bei Raumtemperatur gekennzeichnet sind und z. B. im Hochbau, Tiefbau, Brückenbau, Wasserbau, Behälterbau sowie im Fahrzeug- und Maschinenbau verwendet werden.

Hinweis 1 Für die Einteilung in unlegierte und legierte Stähle gilt Euronorm 20 (s. Norm). Die Zugehörigkeit einer Stahlsorte zu einer der beiden Gruppen gründet sich hierbei in der Regel auf deren chemische Zusammensetzung, die in der in Betracht kommenden DIN-Norm für das jeweilige Stahlerzeugnis angegeben ist (sie gilt im allgemeinen für die Schmelzanalyse).

Die für die Abgrenzung der unlegierten von den legierten Stählen maßgebenden Gehalte der Legierungselemente sind in Form von Grenzgehalten in der Euronorm festgelegt.

Kennzeichnend für Automatenstähle sind die der Sorte und dem Behandlungszustand entsprechende gute Zerspanbarkeit und Spanbrüchigkeit. Diese Eigenschaften werden im wesentlichen durch erhöhten S-Gehalt, mitunter auch durch weitere Zusätze, z. B. Pb, erreicht. Die Zerspanbarkeit sinkt i. allg. mit steigendem C-Gehalt, sie wird auch durch beruhigtes Vergießen beeinträchtigt; Kaltformung verbessert i. allg. die Zerspanbarkeit.

Vergütungsstähle sind Baustähle, die sich aufgrund ihrer chemischen Zusammensetzung, besonders ihres Kohlenstoffgehaltes, zum Härten eignen und die im vergüteten Zustand hohe Zähigkeit bei bestimmter Zugfestigkeit aufweisen.

Einsatzstähle sind Baustähle mit verhältnismäßig niedrigem Kohlenstoffgehalt, die an der Oberfläche aufgekohlt, gegebenenfalls gleichzeitig aufgestickt und anschließend gehärtet werden. Die Stähle haben nach dem Härten in der Oberflächenzone hohe Härte und guten Verschleißwiderstand, während der Kernwerkstoff hohe Zähigkeit aufweist.

Warmfeste Stähle sind Stähle, die gute mechanische Eigenschaften unter langzeitiger Beanspruchung (z. B. Zeitstandsfestigkeiten) sowie einen guten Relaxationswiderstand bis zu Temperaturen von rund 540 °C (hochwarmfest ~800 °C) aufweisen (z. B. DIN 17 155, DIN 17 240 s. Normen).

Federstähle sind Stähle, die durch Kaltverfestigung und/oder Wärmebehandlung auf ein hohes elastisches Formänderungsvermögen gebracht werden (E- und G-Modul).

Wälzlagerstähle sind Stähle für Teile von Wälzlager, die im Betrieb vor allem hohen örtlichen Wechselbeanspruchungen und Verschleißwirkungen unterliegen. Sie weisen im Gebrauchszustand – zumindest in der Randzone – ein Härtungsgefüge auf (DIN 17 230 s. Norm).

Werkzeugstähle

Werkzeugstähle sind Edelstähle, die zum Be- und Verarbeiten von Werkstoffen sowie Handhaben und Messen von Werkstücken geeignet sind. Sie weisen eine dem Verwendungszweck angepaßte hohe Härte, hohen Verschleißwiderstand und Zähigkeit auf.

Hinweis 2 Die Unterteilung der Stahlgruppen in Grundstähle, Qualitätsstähle und Edelstähle, die sich nach allgemeinen Anforderungen an die Gebrauchseigenschaften von Stählen richtet und für die entsprechende Kennwerte in der Euronorm 20 (s. Norm) festgelegt sind, wird hier nicht weiter behandelt.

Kaltarbeitsstähle sind legierte und unlegierte Stähle für Verwendungszwecke, bei denen die Oberflächentemperatur im Einsatz im allgemeinen unter ~200 °C liegt.

Warmarbeitsstähle sind legierte Stähle für Verwendungszwecke, bei denen die Oberflächentemperatur im Einsatz im allgemeinen über 200 °C liegt.

Schnellarbeitsstähle sind Stähle, die aufgrund ihrer chemischen Zusammensetzung die höchste Warmhärte und Anlaßbeständigkeit haben und deshalb bis zu Temperaturen von rund 600 °C hauptsächlich zum Zerspanen und auch zum Umformen einsetzbar sind.

Chemisch beständige Stähle

Als nichtrostende Stähle gelten Stähle, die sich durch besondere Beständigkeit gegenüber chemisch angreifenden Stoff auszeichnen; sie haben i. allg. einen Chromgehalt von ≧12 Gew.-%. Die niedrig legierten sogenannten witterungsbeständigen Stähle mit lediglich erhöhter Beständigkeit gegen natürliche Atmosphäre gelten nicht in diesem Sinn als nichtrostend.

Baustähle

DIN 1651 (Apr 1970), DIN 17100 (Jan 1980), DIN 17200 (Dez 1969), DIN 17210 (Dez 1969), DIN 17222 (Aug 1979)

Werkstoffeigenschaften und -Verwendung

Tabelle 2.264 Baustähle, Werkstoffdaten und Verwendungshinweise

Kurzzeichen	Härte im Behandlungszustand max	Behandlungszustand	für Erzeugnisdicken oder Durchmesser	Zugfestigkeit R_m	Streckgrenze min	Bruchdehnung ($L_0 = 5 \cdot d_0$) A_5 min	Kerbschlagarbeit Prüftemp min		Hinweise für die Verwendung: für Erzeugnisse	Schmelzschweißen	Preßschweißen	besondere Eigenschaften	
	—	—	in mm	in N/mm²	in N/mm²	in %	in °C	in J					
Allgemeine Baustähle nach DIN 17100													
			Dicken		R_{eH} ²)		**ISO-Spitzkerbprobe**		im unbehandelten (warmgeformten) Zustand (U).			geeignete Stahlsorten zum	
												Abkanten	Gesenkschmieden
USt 37-2	—	U, N		340 bis 470	235 bis 195	26 bis 24	+20	27	Form- u Stabstahl,	x	x	UQSt 37-2	
RSt 37-2		U, N			235 bis 215				Walzdraht, Band Halbprofile und			RQSt 37-2	RPSt 37-2
St 52-3	—	U N	≧ 10 bis ≦ 100	490 bis 630	355 bis 315	22 bis 20	±0 −20	27 bis 23	Halbzeug; im normalgeglühten Zustand (N):	x	x	QSt 52-3	PSt 52-3
St 50-2	—	U, N		470 bis 610	295 bis 255	20 bis 18	—	—	Blech, Breitflachstahl und	—	x	—	PSt 50-2
St 70-2	—	U, N		670 bis 830	365 bis 325	11 bis 9	—	—	Schmiedestücke; St 52-3 für Schrauben und Niete	—	x	—	—
Automatenstähle nach DIN 1651													
			Dicken		R_{eL} ²)								
9 SMn 28 9 SMnPb 28	—	K	bis 10 10 bis 16 16 bis 40 40 bis 63	570 bis 820 520 bis 770 470 bis 720 390 bis 580	450 420 380 310	6 7 8 9	—	—	Flachstahl, Walzdraht, Rundstahl Vierkant- und Sechskantstahl	nur schwierig zu schweißen		gute Zerspanbarkeit	
10 S 20	—	K	bis 10 10 bis 16 16 bis 40 40 bis 63	550 bis 800 500 bis 750 470 bis 720 400 bis 650	420 400 360 300	7 8 9 10	—	—	Stahlwalzdraht für Schrauben und Nieten			und gute Spanbruchigkeit	
45 S 20	—	K + V	bis 10 10 bis 16 16 bis 40 40 bis 63	710 bis 860 710 bis 860 670 bis 820 630 bis 780	490 490 420 380	10 11 13 14	—	—				mögliche Behandlungszustände: U, K, K + G, K + S, K + N, K + V	
Vergütungsstähle nach DIN 17200													
	G **HB 30**		**Durchmesser**¹)		$R_{p0,2}$		**DVM-Probe**						
C 45	207	V	**bis 16** 16 bis 40 40 bis 100	**700 bis 850** 650 bis 800 630 bis 780	500 430 370	14 16 17	— — —		gewalztes oder geschmiedetes Halbzeug,		geeignet	durchschnittlich, gute **Zerspanbarkeit**; für Stähle mit geregeltem S-Gehalt	
CK 45		V	bis 16 16 bis 40 40 bis 100	700 bis 850 650 bis 800 630 bis 780	500 430 370	14 16 17	30 30 30		warmgewalzter Draht, Breitflachstahl, Blech und Band			(von-bis Grenzwerte) bessere Werte, Scherbar in den Behandlungszuständen	
34 CrS 4	223	V	bis 16 16 bis 40 40 bis 100	900 bis 1100 800 bis 950 700 bis 850	700 590 460	11 14 15	40 45 45		warmgeschmiedeten Stabstahl			G und N (im übrigen vereinbaren);	
42 CrMoS 4	241	V	bis 16 16 bis 40 40 bis 100	1100 bis 1300 1000 bis 1200 900 bis 1100	900 750 650	10 11 12	35 40 40		kaltgewalztes Blech und Band Freiform- und Gesenkschmiedestücke			Härtbarkeit; im vergüteten Zustand	
30 CrMoV 9	248	V	bis 16 16 bis 40 40 bis 100	1250 bis 1450 1250 bis 1450 1100 bis 1300	1050 1020 900	9 9 10	25 30 35					hohe Zähigkeit bei bestimmter Zugfestigkeit (s Bild **2.266**)	
30 CrNiMo 8	248	V	16 bis 40 40 bis 100 100 bis 160	1250 bis 1450 1100 bis 1300 1000 bis 1200	1050 900 800	9 10 11	35 40 50					mögliche Behandlungszustände: U, C, G, N, V sowie entsprechende Kombinationen	
50 CrV 4	248	V	16 bis 40 40 bis 100 100 bis 160	1000 bis 1200 900 bis 1100 850 bis 1000	800 700 650	10 12 13	35 35 35						

Fortsetzung s. nächste Seite

Tabelle 2.264, Fortsetzung

Kurzzeichen	Harte im Behandlungszustand max	Behandlungszustand	fur Erzeugnisdicken oder Durchmesser	Zugfestigkeit R_m	Streckgrenze min	Bruchdehnung ($L_0 = 5 \cdot d_0$) A_5 min	Kerbschlagarbeit Pruftemp min	Hinweise fur die Verwendung: fur Erzeugnisse	Schmelzschweißen	Preßschweißen	besondere Eigenschaften
	–	–	in mm	in N/mm²	in N/mm²	in %	in °C in J				
Einsatzstähle nach DIN 17210											
	G **HB 30**		**Durchmesser**		R_{eL} ²)						
Ck 15	146	blindgehartete Querschnitte	11 30	750 600	450 360	12 14	—	gewalztes und geschmiedetes Halbzeug, warmgewalzter Draht, Stabstahl Breitflachstahl, Blech und Band, warmgeschmiedeter Stabstahl, nahtlose Rohre, Freiform und Gesenkschmiedestucke	geeignet	geeignet	durchschnittlich gute Zerspanbarkeit fur Stahle mit geregeltem S-Gehalt (von-bis-Grenzwerte), Kaltscherbar fur B, BF u G, Oberflache kann aufgekohlt, aufgestickt werden Nach dem Harten in der Oberflachenzone hohe Harte, Kernwerkstoff mit hoher Zahigkeit mogliche Behandlungszustande U, G, BF u C
16 MnCrS 5	207		11 30 63	900 bis 1200 800 bis 1100 650 bis 950	650 600 450	9 10 11	—				
15 CrNi 6	217		11 30 63	980 bis 1300 900 bis 1200 800 bis 1100	700 650 550	8 9 10	—				
17 CrNiMo 6	229		11 30 63	1200 bis 1450 1100 bis 1350 1000 bis 1300	850 800 700	7 8 8	—				
Federstähle; Kaltgewalzte Stahlbander fur Federn **nach DIN 17222**											
	HV		**Dicke**			**(L_0=80mm²)**					
C 60	185 350 bis 500 500	G H + A	bis 3 bis 2	620 1180 bis 1680	— —	 13	—	kaltgewalztes Band (Dicke ≦ 5, Breite ≦ 600)			Elastizitatsmodul ~ 206 kN/mm² Schubmodul ~ 78 kN/mm²
C 75	190 390 bis 555	G H + A	bis 3 bis 2,5	640 1320 bis 1870	—	12	—	vorwiegend f Federn und hochbeanspruchte Teile			mogliche Behandlungszustande G, H + A

¹) Anwendbarkeit der fur runde Querschnitte angegebenen Werte auf quadratische und rechteckige Querschnitte s Bild 2.265
²) R_{eH} ≙ obere Streckgrenze, R_{eL} ≙ untere Streckgrenze (DIN 50146)

Beispiel Bei einem Flachstahl mit dem Querschnitt 40 mm × 60 mm ist der maßgebliche Warmebehandlungsdurchmesser 50 mm (s. Tab. 2.264).

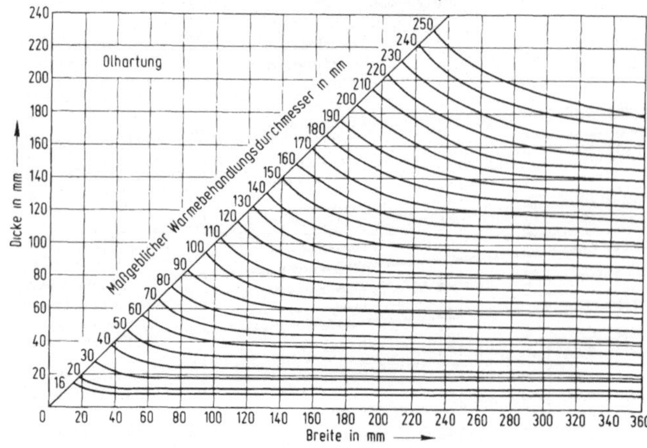

Bild 2.265
Maßgeblicher Wärmebehandlungsdurchmesser für Vergütungsstähle nach DIN 17200 (s. Tab. 2.264) bei quadratischen und rechteckigen Querschnitten

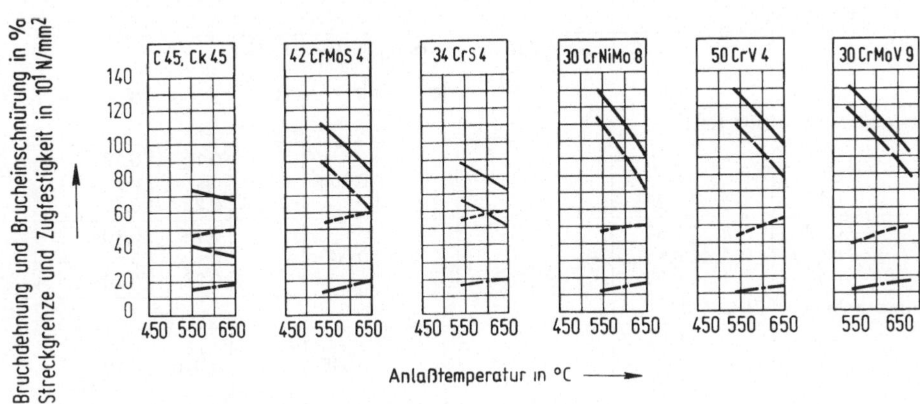

Bild 2.266 Anhalt über den Einfluß der Anlaßtemperatur auf die Kennwerte im Zugversuch für Vergütungstähle nach DIN 17200 (s. Tab. 2.264) (Mittelwerte für einen Querschnitt von etwa 60 mm Durchmesser)

——— Zugfestigkeit
— — Streckgrenze
---- Brucheinschnürung
—·— Bruchdehnung

Werkstoffzusammensetzung

Tabelle 2.267 Chemische Zusammensetzung von Baustählen

Kurzzeichen	Chemische Zusammensetzung in Gewichts-% max.										
	C	Cr	Mn	Mo	N	Ni	P	Pb	S	Si	V
Allgemeine Baustähle nach DIN 17100											
USt37-2	0,17 bis 0,20	—	—	—	0,007		0,050	—	0,050	—	—
RSt37-2					0,009						
St52-3	0,20 bis 0,22	—	—	—	—	—	0,040	—	0,040	—	—
St50-2	~0,30	—	—	—	0,009	—	0,050	—	0,050	—	—
St70-2	~0,50	—	—	—		—		—		—	—
Automatenstähle nach DIN 1651											
9SMn28	≦ 0,14	—	0,90 bis 1,30	—	—	—	0,100	—	0,24 bis 0,32	≦ 0,05	—
9SMnPb28								0,15 bis 0,30			

Fortsetzung s. nächste Seite

Tabelle **2**.267, Fortsetzung

Kurzzeichen	Chemische Zusammensetzung in Gewichts-% max.										
	C	Cr	Mn	Mo	N	Ni	P	Pb	S	Si	V
Automatenstähle nach DIN 1651											
10S20	0,07 bis 0,13	–	0,50 bis 0,90	–	–	–	0,060	–	0,15 bis 0,25	0,10 bis 0,40	–
45S20	0,42 bis 0,50	–	0,50 bis 0,90	–	–	–	0,060	–	0,15 bis 0,25	0,10 bis 0,40	–
Vergütungsstähle nach DIN 17200											
C45	0,42 bis 0,50	–	0,50 bis 0,80	–	–	–	0,045	–	0,045	0,40	–
CK45	0,42 bis 0,50	–	0,50 bis 0,80	–	–	–	0,035	–	0,03	0,40	–
34CrS4	0,30 bis 0,37	0,90 bis 1,20	0,60 bis 0,90	–	–	–	0,035	–	0,020 bis 0,035	0,40	–
42CrMoS4	0,38 bis 0,45	0,90 bis 1,20	0,60 bis 0,90	0,15 bis 0,30	–	–	0,035	–	0,020 bis 0,035	0,40	–
30CrMoV9	0,26 bis 0,34	2,30 bis 2,70	0,40 bis 0,70	0,15 bis 0,25	–	–	0,035	–	0,03	0,40	0,10 bis 0,20
30CrNiMo8	0,26 bis 0,34	1,80 bis 2,20	0,30 bis 0,60	0,30 bis 0,50	–	1,80 bis 2,20	0,035	–	0,03	0,40	–
50CrV4	0,47 bis 0,55	0,90 bis 1,20	0,70 bis 1,10	–	–	–	0,035	–	0,03	0,40	0,10 bis 0,20
Einsatzstähle nach DIN 17210											
Ck15	0,12 bis 0,18	–	0,30 bis 0,60	–	–	–	0,035	–	0,035	0,15 bis 0,35	–
16MnCrS5	0,14 bis 0,19	0,80 bis 1,10	1,00 bis 1,30	–	–	–	0,035	–	0,020 bis 0,035	0,15 bis 0,40	–
15CrNi6	0,12 bis 0,17	1,40 bis 1,70	0,40 bis 0,60	–	–	1,40 bis 1,70	0,035	–	0,035	0,15 bis 0,40	–
17CrNiMo6	0,14 bis 0,19	1,50 bis 1,80	0,40 bis 0,60	0,25 bis 0,35	–	1,40 bis 1,70	0,035	–	0,035	0,15 bis 0,40	–
Federstähle nach DIN 17222											
C60	0,57 bis 0,65	–	0,60 bis 0,90	–	–	–	0,045	–	0,045	0,15 bis 0,35	–
C75	70 bis 0,80	–	0,60 bis 0,80	–	–	–	0,045	–	0,045	0,15 bis 0,35	–

Werkzeugstähle
DIN 17 350 (Okt 1980)

Werkstoffeigenschaften und -Verwendung

Tabelle 2.268 Angaben für Wärmebehandlung und Härte von Werkzeugstählen sowie deren Verwendung

Kurzzeichen	Härte im weichgeglühten Zustand HB max	Anhaltsangaben für das Härten: Härte- Temperatur	Härte- Abschreckmittel	Durchhärten der Durchmesser	Härte nach dem Anlassen: Härte- Temperatur	Härte- Mittel	Anlaßtemperatur	Härte nach dem Anlassen HRC min	Stahlgruppe	Hinweise für die Verwendung
	—	in °C	—	in mm	in °C	—	in °C	—	—	—
Werkzeugstähle nach DIN 17 350										
C 60 W	231	800 bis 830	Öl	12	810	Öl	180	52	unlegierter Kaltarbeitsstahl	Handwerkszeuge aller Art, Schäfte und Körper von Schnellarbeitsstahl- oder Hartmetall-Verbundwerkzeugen, ungehärtete Warmsägeblätter, Aufbauteile für Werkzeuge
115 CrV3	223	760 bis 810 810 bis 840	Wasser Öl bei (< 12 mm ⌀)	—	790	Wasser	180	60	legierter Kaltarbeitsstahl	Gewindebohrer, Stempel; Senker, Stemmeisen, Ausstoßer (vorzugsweise in Silberstahlausführung verwendet)
X40 CrMoV51	229	1020 bis 1060	Öl, Luft, Warmbad	—	1030	Öl	550	51	Warmarbeitsstahl	Gesenke und -einsätze, Schmiedewerkzeuge, Druckgießformen und hochbeanspruchte Strangpreßwerkzeuge für Leichtmetalle, Rohrpreßdorne,
SC 6–5–2	240 bis 300	1180 bis 1220	Öl, Warmbad, Luft	—	1200	Öl, Warmbad	560	65	Schnellarbeitsstahl	Räumnadeln, Spiralbohrer, Fräser, Reibahlen; Gewindebohrer, Senker; Umformwerkzeuge, schneid- und Feinschneidwerkzeuge

Tabelle 2.269 Chemische Zusammensetzung von Werkzeugstählen

Kurzzeichen	Chemische Zusammensetzung max in Gewichts-%: C	Cr	Mn	Mo	N	Ni	P	Pb	S	Si	V	W
Werkzeugstähle nach DIN 17 350												
C 60 W	0,55 bis 0,65	—	0,60 bis 0,80	—	—	—	0,035	—	0,035	0,15 bis 0,40	—	—
115 CrV3	1,10 bis 1,25	0,50 bis 0,80	0,20 bis 0,40	—	—	—	0,030	—	0,030	0,15 bis 0,30	0,07 bis 0,12	—
X 40 Cr Mo V 5 1	0,37 bis 0,43	4,80 bis 5,50	0,30 bis 0,50	1,20 bis 1,50	—	—	0,030	—	0,030	0,90 bis 1,20	0,90 bis 1,10	—
SC 6–5–2	0,95 bis 1,05	3,80 bis 4,50	0,40	4,70 bis 5,20	—	—	0,030	—	0,030	0,45	1,70 bis 2,00	6,00 bis 6,70

Chemische beständige Stähle

DIN 17440 (Dez 1972)

Werkstoffeigenschaften und Verwendung

Tabelle 2.270 Chemisch beständige Stähle; Werkstoffdaten und Verwendung

Kurzzeichen	Härte	Behandlungszustand	Streckegrenze R_{eL} ¹) oder $R_{p0,2}$ min.	Zugfestigkeit R_m	Bruchdehnung ($L_0 = 5\,d_0$) ²) A_5				Kerbschlagzähigkeit DVM-Probe	
					Dicke in mm					
					≦5	> 5 ≦10	>10 ≦20	>20 ≦50	–	> 5 ≦10
					Durchmesser in mm					
	HB				≦15	>15 ≦60	> 60 ≦100	>100 ≦160	≦15	>15 ≦60
	–	–	N/mm²	N/mm²	in %				in J	
Nichtrostende Stähle nach DIN 17440										
X10Cr13	140 bis 180	G	300	550 bis 700	20	–	–	–	85	–
	170 bis 210	V	450	600 bis 750	18	–	–	–	70	–
X22CrNi17	≦275	G	–	≦950	–	–	–	–	–	–
	225 bis 275	V	600	800 bis 950	14	14	9	4	30	30
X5CrNi1911	130 bis 180	abgeschreckt	185	500 bis 700	50			45	85	
X10CrNiTi189	130 bis 190	abgeschreckt	205	500 bis 750	40			35	85	
X10CrNiMoTi1810	130 bis 190	abgeschreckt	226	500 bis 750	40			35	85	

Hinweise für die Verwendung

Kurzzeichen	Anhaltsangaben für kaltverfestigte (federharte) Bleche, Bänder, Drähte					Anhaltsangaben für kaltverfestigte Stäbe				Eignung für			
	Verfestigungsstufe	$R_{p0,2}$ min.	R_m	Lieferbar bis Dicke	Lieferbar bis Durchmesser	Verfestigungsstufe	$R_{p0,2}$ min	R_m	Lieferbare ⌀	Warm- und Kaltumformung	Schmelz-Preßschweißung	Brennschneiden	Weichloten
	–	N/mm²	N/mm²	mm	mm	–	N/mm²	N/mm²	mm				
X10Cr13	–	–	–	–	–	–	–	–	–	×	×	möglich	möglich
X22CrNi17										×	–		
X5CrNi1911	K70	350	700 bis 850	5,0	12	K65	400	650 bis 850	>12 bis 25	×	×		
	K80	500	800 bis 1000	3,0	9	K70	500	700 bis 950	≦12				
X10CrNiTi189	–	–	–	–	–	–	–	–	–	×	×		
X10CrNiMoTi1810	K100	750	>1000 bis 1200	2,5	4	K65	400	650 bis 850	>12 bis 25	×	×		
	K120	950	>1200 bis 1400	2,0	3	K70	500	700 bis 950	≦12				

¹) R_{eL} = untere Streckgrenze ≙ der kleinsten Spannung in Fließbereich (DIN 50145)

²) Zur Ermittlung der Bruchdehnung A_5 muß die Anfangsmeßlänge L_0 am Probestab $5 \times d_0$ (Anfangsdurchmesser der Probe) betragen (DIN 50145)

Werkstoffzusammensetzung

Tabelle **2**.271 Chemische Zusammensetzung von nichtrostenden Stählen

Kurzzeichen	Chemische Zusammensetzung in Gewichts-% max.						
	C	Cr	Mn	Mo	Ni	Si	Ti
Nichtrostende Stähle nach DIN 17440							
X10Cr13	0,08 bis 0,12	12,0 bis 14,0	1,0	–	–	1,0	–
X22CrNi17	0,15 bis 0,23	16,0 bis 18,0	1,0	–	1,5 bis 12,5	1,0	–
X5CrNi1911	≦ 0,07	17,0 bis 20,0	2,0	–	10,5 bis 12,0	1,0	–
X10CrNiTi189	≦ 0,10	17,0 bis 19,0	2,0	–	9,0 bis 11,5	1,0	≧ 5 × %C
X10CrNiMoTi1810	≦ 0,10	16,5 bis 18,5	2,0	2,0 bis 2,5	10,5 bis 13,5	1,0	≧ 5 × %C

Gußwerkstoffe

DIN 1681 (Jun 1967), DIN 1691 (Aug 1964), DIN 1691 Bbl (Aug 1964), DIN 1692 (Jan 1982), DIN 1694 (Sep 1981)

Fertigungs- und Gestaltungshinweise für Gußstucke s. Abschn. 3.3.1

Werkstoffgruppen

Grauguß (GG), ein Gußeisen mit Lamellengraphit ist ein Eisen-Kohlenstoff-Gußwerkstoff (mit ≧ 2% C), dessen als Graphit vorliegender Kohlenstoffanteil weitgehend lamellar ist.

Austenitisches Gußeisen ist ein hochlegierter Eisen-Kohlenstoff-Gußwerkstoff, dessen Grundgefüge durch Legierungszusätze austenitisch ist und dessen Kohlenstoff zum überwiegenden Teil als Graphit vorliegt.

Austenitisches Gußeisen wird in die Werkstoffgruppen

– Austenitisches Gußeisen mit Lamellengraphit **GGL** (Guß-Graphit-Lamellar) und
– Austenitisches Gußeisen mit Kugelgraphit **GGG** (Guß-Graphit-Globular) (Handelsname Sphäroguß)

eingeteilt.

Temperguß (GTS und GTW) ist ein Eisen-Kohlenstoff-Gußwerkstoff, dessen Zusammensetzung besonders hinsichtlich des Kohlenstoff- und Siliciumgehaltes so eingestellt ist, daß das Gußstück bei werkstoffgerechter Konstruktion graphitfrei erstarrt, d. h., daß der gesamte Kohlenstoff im Temperrohguß in gebundener Form als Eisenkarbid (Zementit) vorliegt.

Der Temperrohguß wird einer Wärmebehandlung unterworfen, die zum restlosen Zerfall des eutektischen Eisenkarbids führt.

Je nach Art der Wärmebehandlung unterscheidet man zwei Temperguß-Gruppen, deren Benennung ursprünglich vom Bruchaussehen abgeleitet wurde:

Nicht entkohlend geglühter Temperguß (schwarzer Temperguß, **GTS**)

Entkohlend geglühter Temperguß (weißer Temperguß, **GTW**).

Stahlguß (GS) ist jeder in Formen (keine Kokillen) gegossene Stahl. Unter dem Begriff „Stahlguß für allgemeine Verwendungszwecke" fallen die gegossenen, un- oder niedriglegierten Stähle.

Anhaltsangaben für die Auswahl der Gußeisensorte bei Grauguß

Die mechanischen Eigenschaften eines Gußstückes sind insbesondere abhängig von der Ausbildung des Grundgefüges und des Graphits.

Die Ausbildung des Grundgefüges und des Graphits wird im wesentlichen durch die Abkühlungsgeschwindigkeit während und nach der Erstarrung beeinflußt.

Die Abkühlungsgeschwindigkeit wird stark von der Wanddicke, Größe und Gestalt der Gußstücke, d. h. von dem geometrischen Verhältnis von Oberfläche zu Volumen vorbestimmt.

Der Zusammenhang zwischen den Abmessungen (Oberflächen/Volumenverhältnis) und der Zugfestigkeit der Gußstücke ist im Bild **2**.273 dargestellt. Den Rohgußdurchmessern der Probestücke wurden aufgrund praktischer Erfahrungen Gruppen von Gußstücken mit bestimmten Wanddickenbereichen (maßgebende Wanddicken) zugeordnet.

Die aufgeführten Beispiele auf S. 115 erläutern die Anwendung der Graphik.

Werkstoffeigenschaften und -Verwendung

Tabelle **2.**272 Stahl-Eisengußwerkstoffe, Werkstoffdaten und Verwendungshinweise

Kurzzeichen	Durchmesser des Probestucks in mm	Zugfestigkeit R_m min. in N/mm²	Biegefestigkeit R_b (Mittelwert) in N/mm²	Bruchdehnung ($L_0 = 3d$) A_3 [1] min. in %	Dichte in kg/dm³	Anwendungsbeispiele und Hinweise für die Verwendung
Grauguß nach DIN 1691						
GG-10	Normalprobe nach DIN 50109 (s. Norm): Rohguß ⌀ 30 Nenn ⌀ 20	100	–	–	7,2	Riemenscheiben DIN 111 und DIN 2217; Kupplungen DIN 115 und 116; Lagergehause und -körper DIN 118, DIN 738 und DIN 8221; Kegelgriffe DIN 99; Handräder DIN 951
GG-15		150	300		7,35	
GG-20		200	360			
GG-25		250	420			
GG-30		300	480			
GG-35		350	540			
GG-40		400	600			
Austinitisches Gußeisen nach DIN 1694						
GGL-NiMn137	Probestucke nach DIN 1694 (s. Norm) Zugproben nach DIN 50125 (s. Norm)	140	–	–	7,4	Nichtmagnetisierbare Gußstücke wie Gehäuse für Schaltanlagen, Klemmen, Durchführungen Pumpen, Ventile, Ofenbauteile, Laufbüchsen
GGL-NiCuCr1563		190	–	1 bis 2	7,3	
GGL-NiCr303		190	–	1 bis 3	7,4	Filterteile, Abgasleitungen, Turboladergehäuse
GGG-NiCr301		370	–	13 bis 18	7,45	
GGG-NiSiCr3055		390	–	1 bis 4	7,45	
GGG-Ni35		370	–	20 bis 40	7,6	Maßbeständige Teile für Werkzeugmaschinen, Glaspreßformen (gilt für GGG-Ni35)
Temperguß nach DIN 1692						
GTS-35-10	Probe nach DIN 50149 (s. Norm): 12 oder 15	350	–	10	7,4	Fittings DIN 2950 Drosselklappen und Flansche DIN 42560 Klemmen, -halter DIN 43148, DIN 43151, DIN 43155 Hebel DIN 43313 Absperrklappen DIN 3354
GTS-55-04		550	–	4		
GTS-70-02		700		2		
GTW-35-04	Probe nach DIN 50149 (s. Norm): 12	350	–	4		
GTW-40-05		400		5		
GTW-S 38-12		380		12		
Stahlguß für allgemeine Anwendung nach DIN 1681						
GS-38	Probe nach DIN 50125: min. 30 × 30 × 200; entsprechend maßgeblicher Wanddicke d. Gußstücks	380	–	25	7,85	Flansche DIN 2500 Rohr-Formstücke DIN 2842, 2844, 2854 Rollen DIN 42561 Schieber DIN 3352 Mischer DIN 3336
GS-45		450		22		
GS-52		520		18		
GS-62		620	–	15		
GS-70		700		12		

[1]) Für GS nach DIN 1681 und GGG sowie GGL nach DIN 1694 ist A_5 ($L_0 = 5 \cdot d_0$) festgelegt

Beispiel 1 (zu Bild **2**.273). Ein Gußeisen, dessen Zugfestigkeit im zylindrischen Probestück von 30 mm Rohgußdurchmesser 230 N/mm² beträgt, das also der Sorte GG-20 zuzuordnen ist, wird im Rohstab von 20 mm Durchmesser (oder Gußstücken entsprechender Abkühlungsgeschwindigkeit) eine Zugfestigkeit von ungefähr 260 N/mm² und im Rohstab von 45 mm Durchmesser etwa 190 N/mm² aufweisen.

Beispiel 2 (zu Bild **2**.273). Soll in einem Gußstück, dessen maßgebende Wanddicke bei 30 mm liegt, eine Zugfestigkeit von etwa 270 N/mm² vorhanden sein, so ist die Gußeisensorte GG-30 zu verwenden.

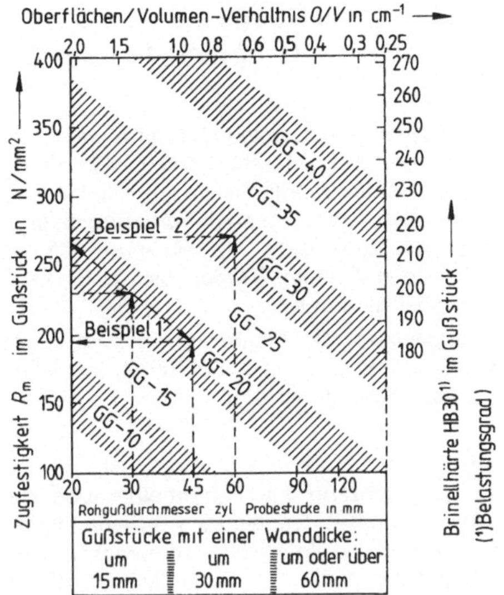

Bild **2**.273
Schaubild zur Abschätzung der Zugfestigkeit und Brinellhärte in Gußstücken aus Gußeisen mit Lamellengraphit (GG) nach DIN 1691 (s. Tab. **2**.272)

Werkstoffzusammensetzung

Tabelle **2**.274 Chemische Zusammensetzung der Eisen- und Stahl-Gußwerkstoffe

Kurzzeichen	Zusammensetzung, Massenanteile in % max.							
	C	Cr	Cu	Mn	Ni	P	S	Si
Grauguß nach DIN 1691								
GG	> 2 bis ~3			bis 1,0				bis 2,7
	keine Werte festgelegt							
Austenitisches Gußeisen nach DIN 1694								
GGL-NiMn137	3,0	0,2	–	6,0 bis 7,0	12,0 bis 14,0	–	–	1,5 bis 3,0
GGL-NiCuCr1563	3,0	2,5 bis 3,5	5,5 bis 7,5	0,5 bis 1,5	13,5 bis 17,5	–	–	1,0 bis 2,8
GGL-NiCr303	2,5	2,5 bis 3,5	–	0,5 bis 0,8	28,0 bis 32,0	–	–	1,0 bis 2,0
GGG-NiCr301	2,6	1,0 bis 1,5	–	0,5 bis 1,5	38,0 bis 32,0	–	–	1,5 bis 3,0
GGG-NiSiCr3055	2,6	4,5 bis 5,5	–	0,5 bis 1,5	28,0 bis 32,0	–		4,0 bis 6,0
GGG-Ni35	2,4	–	–	0,5 bis 1,5	34,0 bis 36,0	–	–	1,5 bis 3,0
Temperguß nach DIN 1692								
GTS-GTW-	keine Werte festgelegt							
Stahlguß nach DIN 1681 [1])								
GS-38	0,25	–	–	0,20 bis 0,50	–	0,40	0,40	0,20 bis 0,60
GS-45	0,25	–	–	0,20 bis 0,50	–	0,40	0,40	0,60
GS-52	≈0,30	–	–	0,20 bis 0,50	–	0,40	0,40	0,30 bis 0,60
GS-62	≈0,40	–	–	0,20 bis 0,50	–	0,50	0,50	0,30 bis 0,60
GS-70	≈0,50	–	–	0,20 bis 0,50	–	0,50	0,50	0,30 bis 0,60

[1]) Werte für die Legierungselemente für GS nach DIN 1681 nicht in Norm festgelegt.

Halbzeuge (Flachzeuge aus Stahl)
DIN 1543 (Okt 1981), DIN 1544 (Aug 1975)

Flachzeug

Als Flachzeug gilt ein Erzeugnis mit etwa rechteckigem Querschnitt, dessen Breite größer als die Dicke ist. Seine Oberfläche ist im allgemeinen glatt und eben, kann aber auch Vertiefungen oder Erhöhungen aufweisen, die ein regelmäßiges Muster bilden (Riffeln, Tränen usw.). Es kann gewellt oder gerippt sein.

Als kaltgewalzt gilt Flachzeug, dessen letzte Dickenabnahme vor dem Schlußglühen ohne vorheriges Erwärmen erfolgt.

Band

Band ist Flachzeug, das unmittelbar von der Fertigwalze aus mit regelmäßig aufeinanderliegenden Kanten zu einer Rolle aufgewickelt wird, so daß die Seitenflächen der Rolle ungefähr in einer Ebene liegen. Das Band hat im Walzzustand leicht gewölbte Kanten, es kann aber auch mit geschnittenen Kanten geliefert werden oder durch Spalten eines breiteren Bandes entstehen.

Blech

Als Blech gilt Flachzeug mit nicht festgelegter Verformung der Kanten, das in ebenen Tafeln meist viereckiger (quadratischer oder rechteckiger) Form, aber auch mit jeder anderen (z. B. runder oder sonstiger) Form geliefert wird, seine Kanten sind roh oder geschnitten.

Kantenbeschaffenheit

NK = Naturwalzenkanten
GK = geschnittene Kanten
SK = Sonderkanten (z. B. scharfkantig gewalzte oder gerundete Kanten)

Tabelle **2.275** Maßangaben für Bander und Bleche aus Stahl

Nenndicke	zul. Abweichung der Nenndicke	Breite	zul. Abweichung der Breite (+)	Kantenausfuhrung	Werkstoff	Oberflächenzustand
Kaltgewalztes Band nach DIN 1544						
	±					
0,10	0,010 bis 0,020	<125	3,0	NK	unlegierte und legierte Stähle mit Ausnahme von nichtrostenden und hitzebeständigen Stählen (Stahlsorte ist anzugeben)	unbehandelt
0,25	0,020 bis 0,030	≧125 <250	3,5	(GK)[1]		
0,60	0,030 bis 0,050	≧250 <400	4,0	(SK)[1]		
1,00	0,040 bis 0,060	≧400 ≦650	4,5			
2,00	0,050 bis 0,080					
4,00 **6,00**	0,080 bis 0,100					

Warmgewalztes Blech nach DIN 1543

von	bis unter	zul. Abweichung der Nenndicke	Breite	zul. Abweichung der Breite (+)	Kantenausfuhrung	Werkstoff	Oberflächenzustand
3	**5**	+0,8 −0,4	600 bis 2000	20	Gk	unlegierte und legierte Stahle mit einem vorgeschriebenen Mindestwert fur die Streckgrenze ≦ 700 N/mm² (Stahlsorte ist anzugeben)	unbehandelt
5	**8**	+1,1 −0,4	2000 bis 3000	25	(Nk)[1]		andere z. B. entzundert oder geolt nach Vereinbarung.
8	**15**	+1,2 −0,5					
25	**40**	+1,4 −0,8	3000 bis 4000	30			
80	**150**	+2,2 −1,0					

[1]) Fur diese Kantenbeschaffenheit gelten andere Werte fur die zulassigen Abweichungen in der Breite

Stabstähle

DIN 1013 T2 (Nov 1976), DIN 1014 T2 (Jul 1978) DIN 1024 (Mrz 1982), DIN 1026 (Okt 1963), DIN 1028 (Okt 1976)

Tabelle 2.276 Maßangaben für Stabstähle nach den Bildern 2.277 bis 2.281

Kurzzeichen	Maße								Werkstoff
	h, *a*	zul. Abweichung	*b*, *d*	zul. Abweichung	*s*		zul. Abweichung		
Warmgewalzter T-Stahl nach DIN 1024									
T20	20	±1,0	20	±1,0	3		±0,5		vorzugsweise Stahlsorten nach DIN 17100 (s. Tab. **2**.264)
T40	40		40		5				
T60	60	±1,5	60	±1,5	7		±0,75		
T80	80		80		9				
T100	100		100		11				
TB30	30	±1,0	60	±1,5	5,5		±0,75		
TB40	40		80		7				
TB60	60	±1,5	120	±2,0	10		±1,0		
Warmgewalzter gleichschenklicher Winkelstahl nach DIN 1028									
20 × 3	20	±1	—	—	3		±0,5		vorzugsweise Stahlsorten nach DIN 17100 (s. Tab. **2**.264)
40 × 4	40				4				
60 × 6	60	±1,5			6		±0,75		
80 × 8	80				8				
100 × 10	100				10				
Warmgewalzter U-Stahl nach DIN 1026									
					s	*t*	*s*	*t*	
U 30 × 15	30	±1,5	15	±1,5	4	4,5	±0,5	−0,5	vorzugsweise Stahlsorten nach DIN 17100 (s. Tab. **2**.264)
U 40 × 20	40		20		5	5,5			
U 60	60		30		6	6			
U 80	80	±2,0	45		6	8			
U 100	100		50		6	8,5			
Warmgewalzter Rundstahl nach DIN 1013 T2									
			16,5	±0,5					Stahlsorten nach **DIN 1651**, DIN 17100, DIN 17200, DIN 17210 (s. Tab. **2**.264)
			24,5						
			30,5	±0,6					
			41	±0,8					
			51	±1					
			62						
			105	±1,5					
Warmgewalzter Vierkantstahl nach DIN 1014 T2									
	17	±0,5							Stahlsorten nach DIN 1651, DIN 17100 DIN 17200, DIN 17210 (s. Tab. **2**.264)
	34	±0,6							
	42	±0,8							
	52	±1,0							
	73								
	103	±1,5							

Rundkantiger hochstegiger T-Stahl (T)

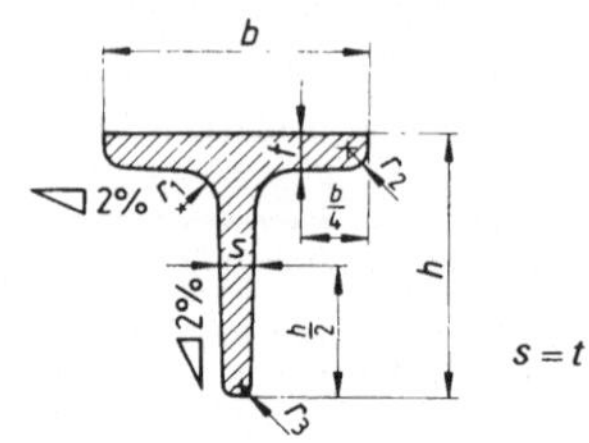

Rundkantiger breitfüßiger T-Stahl (TB)

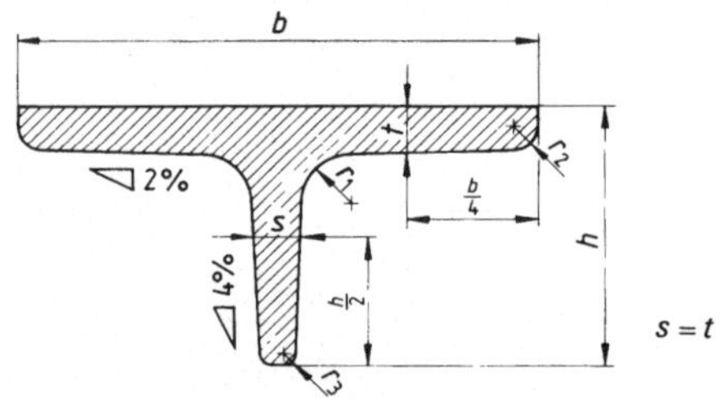

Bezeichnung eines warmgewalzten hochstegigen T-Stahles (T) von Höhe $h = 80$ mm aus einem Stahl mit dem Kurznamen RSt37-2 bzw. der Werkstoffnummer 1.0038 nach DIN 17100:

T-Profil DIN 1024–RSt37-2–T80
oder **T-Profil DIN 1024–1.0038–T80**

Bild **2**.277 Warmgewalzter rundkantiger, hoch- und breitstegiger T-Stahl nach DIN 1024

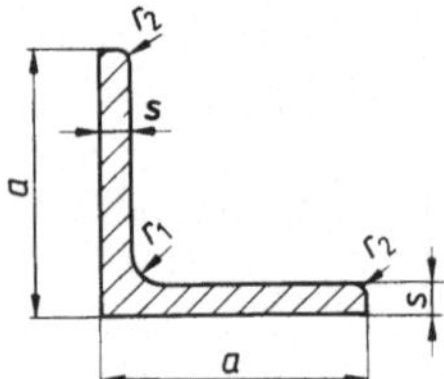

Bezeichnung eines warmgewalzten Winkelstahls von Schenkelbreite $a = 80$ mm, Schenkeldicke $s = 8$ mm aus einem Stahl mit dem Kurznamen USt37-2 bzw. der Werkstoffnummer 1.0036 nach DIN 17100:

Winkel DIN 1028–USt37-2–80 × 8
oder **Winkel DIN 1028–1.0036–80 × 8**

Bild **2**.278 Warmgewalzter gleichschenkliger rundkantiger Winkelstahl nach DIN 1028

Neigung bei $h \leqq 300$ mm: 8 %

Bezeichnung eines warmgewalzten rundkantigen U-Stahls mit einer Höhe $h = 100$ mm aus Stahl mit dem Kurznamen USt37-2 bzw. der Werkstoffnummer 1.0036 nach DIN 17100:

U-Profil DIN 1026–USt37-2–U100
oder **U-Profil DIN 1026–1.0036–U100**

Bild **2**.279 Warmgewalzter rundkantiger U-Stahl nach DIN 1026

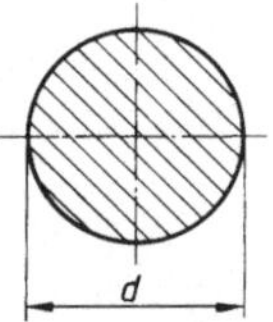

Bezeichnung eines warmgewalzten Rundstahls mit dem Durchmesser $d = 41$ mm mit Regelabweichungen aus Stahl mit dem Kurzzeichen 9SMn28 nach DIN 1651:

Rund DIN 1013–9SMn28-41
oder **Rund DIN 1013–1.0715-41**

Bild **2**.280 Warmgewalzter Rundstahl für besondere Verwendung nach DIN 1013 T2

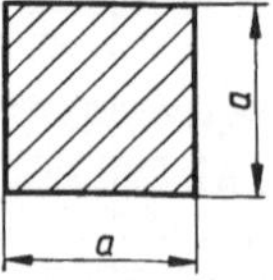

Bezeichnung eines warmgewalzten Vierkantstahls mit einer Seitenlänge $a = 34$ mm aus einem Stahl mit dem Kurzzeichen St52-3 nach DIN 17100:

Vierkant DIN 1014–St52-3-34
oder **Vierkant DIN 1014–1.0570-34**

Bild **2**.281 Warmgewalzter Vierkantstahl für besondere Verwendung nach DIN 1014 T2

Blanke Stähle

DIN 176 (Feb 1972), DIN 668 (Okt 1981), DIN 669 (Okt 1981), DIN 671 (Okt 1981), DIN 59350 (Aug 1982)

Tabelle **2.282** Maßangaben für blanke Stähle nach den Bildern **2.283** bis **2.285**

DIN 668 / **DIN 671** **Blanker Rundstahl** h11 / h9	**DIN 669** **Blanke Stahlwellen** h9	**Blanker Sechskantstahl** nach DIN 176		**Präzisionsvierkantstahl** nach DIN 59350	
Nenndurchmesser *d*		Schlüsselweite *s*	ISO-Toleranzfeld	Seitenlänge *a*	zul. Abweichung
3[1])	kaltgezogen (K[2]))	**3**	h11		
4[1])	kaltgezogen (K[2]))	**4**	h11		
6	kaltgezogen (K[2]))	**6**	h11		
8	kaltgezogen (K[2]))	**8**	h11		
10	kaltgezogen (K[2]))	**10**	h11	**10**	+0,05 / 0
12	kaltgezogen (K[2]))	**12**	h11	**12**	+0,05 / 0
16	kaltgezogen (K[2]))	**16**	h11	**15**	+0,05 / 0
20	kaltgezogen (K[2]))	**21**	h11	**20**	+0,05 / 0
24	kaltgezogen (K[2]))	**27**	h11	**25**	+0,05 / 0
30	kaltgezogen (K[2]))	**30**	h11	**30**	+0,05 / 0
40	kaltgezogen (K[2]))	**41**	h11	**40**	+0,05 / 0
60	geschält (SH)[2]	**60**	h11	**50**	+0,05 / 0
80	geschält (SH)[2]	**80**	h12		
100	geschält (SH)[2]	**100**	h12		
Werkstoff: Stahlsorten nach DIN 1651, DIN 17100, DIN 17200, DIN 17210, DIN 17440 (s. Tab. **2.264** und **2.270**)	**Ausführung**	**Werkstoff:** alle Stahlsorten, vorzugsweise nach DIN 1651 (s. Tab. **2.264**)		**Werkstoff:** legierte Werkzeugstähle nach DIN 17350 in weichgeglühten Zustand Ausführung: Oberflächenrauhheit R_a = max. 2 µm	

[1]) *d* = 3 und 4 mm sind in DIN 669 nicht enthalten
[2]) Blanke Stahlwellen nach DIN 669 sind außerdem noch poliert

Blanker Stahl (auch Blankstahl genannt) ist Stahl, der durch Entzunderung und spanlose Kaltumformung oder durch spanende Bearbeitung eine glatte, blanke Oberfläche erhalten hat und eine hohe Maßgenauigkeit aufweist.

Als **blanke Stahlwelle** wird ein Erzeugnis mit rundem Querschnitt bezeichnet, das durch Entzunderung und spanlose Kaltumformung oder durch spanende Bearbeitung und anschließendes Polieren eine glatte, blanke Oberfläche erhalten hat und das sauber bearbeitete Endflächen aufweist.

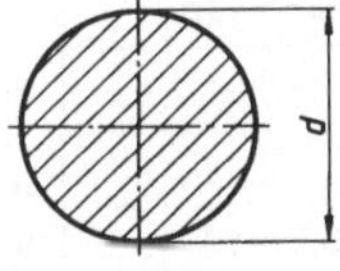

Bild **2.283** Blanker Rundstahl mit zul. Abweichungen nach ISO-Toleranzfeld h11 nach DIN 668, nach ISO-Toleranzfeld h9 nach DIN 671 sowie blanke Stahlwellen mit zul. Abweichungen nach ISO-Toleranzfeld h9 nach DIN 669

Bezeichnung von blankem Rundstahl nach DIN 668 aus 9SMnPb28K nach DIN 1651 mit dem Nenndurchmesser *d* = 20 mm:

Rund DIN 668–9SMnPb28K-20
oder **Rund DIN 668–1.0718.07-20**

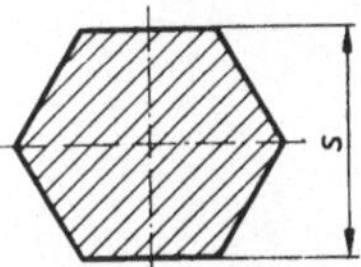

Bild **2.284** Blanker Sechskantstahl nach DIN 176

Bezeichnung eines blanken Sechskantstahls von Schlüsselweite *s* = 10 mm aus der Stahlsorte mit dem Kurznamen 9SMn28K und der Werkstoffnummer 1.0715.07:

Sechskant DIN 176–9SMn28K-10
oder **Sechskant DIN 176–1.0715.07-10**

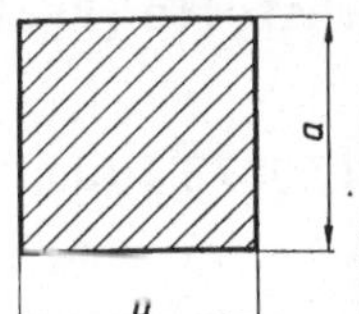

Bild **2.285** Feinbearbeiteter Präzisionsvierkantstahl mit entkohlungsfreien Längsflächen in Stäben von 500 mm Länge nach DIN 59350

Bezeichnung von Präzisionsvierkantstahl aus Stahl X210CrW12 (Werkstoffnummer 1.2436) mit der Seitenlänge *a* = 20,4 mm:

Präz-Vierkant DIN 59350–X210CrW12-20,4
oder **Präz-Vierkant DIN 59350–1.2436-20,4**

Stahl-Hohlprofile

DIN 2448 (Feb 1981), **DIN 2458** (Feb 1981), **DIN 17120** (Entw. Mai 1982), **DIN 17121** (Entw. Mai 1982)

Tabelle **2.**286 Maßangaben fur Stahl-Hohlprofile nach Bild **2.**287

Rohr-, Außendurchmesser d_a	Zulässige Abweichung von d_a	Wanddicke s	Zulässige Abweichung von s	Werkstoff
Nahtlose Stahlrohre nach DIN 17121				
10,2	±1% (±0,5 mm)	1,6	+15% −10%	RSt37-2 St52-3 nach DIN 17100
21,3		3,2		
33,7		4,5		
48,3		5		
60,3		5,6		
88,9		8	+12,5% −10%	
114,3		8,8		
Geschweißte Stahlrohre nach DIN 17120				
10,2	±1% (±0,5 mm)	1,6	+0,30 −0,25	USt37-2
21,3		3,2	+0,45 −0,35	RSt37-2 St52-3 nach DIN 17100
33,7		4,5		
48,3		5		
60,3		5,6		
88,9		8		
114,3		8,8		

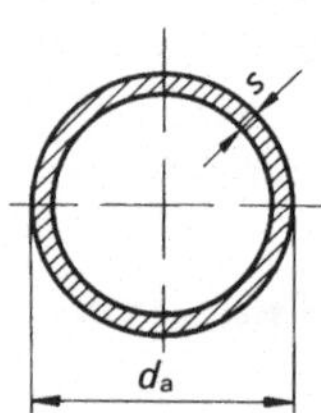

Bezeichnung eines nahtlosen Rohres nach DIN 17121 aus Stahl St52-3 (Werkstoffnummer 1.0570) von 76,1 mm Außendurchmesser und 2,9 mm Wanddicke (entsprechend DIN 2448):

Rohr DIN 17121–ST52-3–76,1 × 2,9–DIN 2448
oder Rohr DIN 17121–1.0570–76,1 × 2,9–DIN 2448

Bild **2.**287 Kreisförmige Rohre aus allgemeinen Baustählen für den Stahlbau
– nahtlose Rohre (Maße noch DIN 2448) nach DIN 17121
– geschweißte Rohre (Maße nach DIN 2458) nach DIN 17120

2.4.2 Metallische Werkstoffe (Nichteisenmetalle)

Werkstoffbezeichnung

DIN 1700 (Jul 1954), **DIN 17007 T4** (Jul 1963)

Werkstoffprüfung s. Abschn. 3.5.2.2

Nichteisenmetalle

Als Nichteisenmetalle gelten alle Werkstoffe, bei denen ein beliebiges Metall – ausgenommen Fe – den größten einzelnen Massenanteil darstellt.

Systematische Bezeichnung von Nichteisenmetallen (Bild **2.**288)

Systematische Bezeichnung von Nichteisenmetallen mittels Werkstoffnummern (Bild **2.**289)

(Rahmenplan für Werkstoffnummern nach DIN 17007 T1 s. Abschn. 2.4.1)

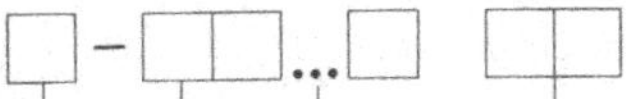

□ – □□ ... □ □□

Kennbuchstaben für Herstellung und Verwendung

E	Werkstoff für die Elektrotechnik
G	Guß (allgemein) (z. B. **G** -CuSn7ZnPb)
GC	Strangguß
GD	Druckguß
GK	Kokillenguß (z. B. **GK**-AlSi5Mgwa)
GZ	Schleuderguß („Zentrifugalguß“)
L	Lot
Lg	Lagermetall
S	Schweißzusatzwerkstoff
V	Vorlegierung
VR	Vorlegierung höheren Reinheitsgrades

Chemische Zusammensetzung

chemisches Symbol des Grundwerkstoffes (größter einzelner Massenanteil)

Beispiele

Cu Kupfer (z. B. G-**Cu**Sn7ZnPb)
Al Aluminium (z. B. GK-**Al**Si5Mgwa und ALMg3F18)

Chemische Zusammensetzung

chemische Symbole der Legierungselemente mit jeweils nachgeordneter Kennzahl für ihre Massenanteile (in %) (z. B. G-Cu**Sn7ZnPb**; GK-Al**Si5Mg**wa; Al**Mg3**F18)

Kennzeichen für besondere Eigenschaften

u. a. F mit Angabe für Mindestzugfestigkeit (1/10 N/mm²) oder Zustandskurzzeichen (wa = warmausgehärtet) (z. B. GK-AlSi5Mg**wa**; AlMg3 **F18**)

Beispiele

Kupfer-Zinn Zink-Gußlegierung (Sandguß) nach DIN 1705 mit einem Cu-Gehalt von 81,0 bis 85,0% sowie Sn-Anteil von 6,8 bis 8,0%, Zn-Anteil von 3,0 bis 5,0% und Pb-Anteil von 5,0 bis 7,0%
G-CuSn7ZnPb

Aluminiumgußlegierung (Kokillenguß) nach DIN 1725 T2 warmausgehärtet (wa) mit 5–6% Si-Anteil sowie 0,4 bis 0,8% Mg, bis 0,4% Mn, 0 bis 0,2% Titan und Rest Al
GK-AlSi5Mg wa

Stangen aus Aluminiumknetlegierung mit 2,0 bis 4,0% Mg, 0 bis 0,4% Mn, 0 bis 0,3% Cr und Rest Al sowie 180 N/mm² Mindestzugfestigkeit nach DIN 1747 T1
AlMg3 F18

Bild **2**.288 Systematische Bezeichnung von Nichteisenmetallen nach DIN 1700

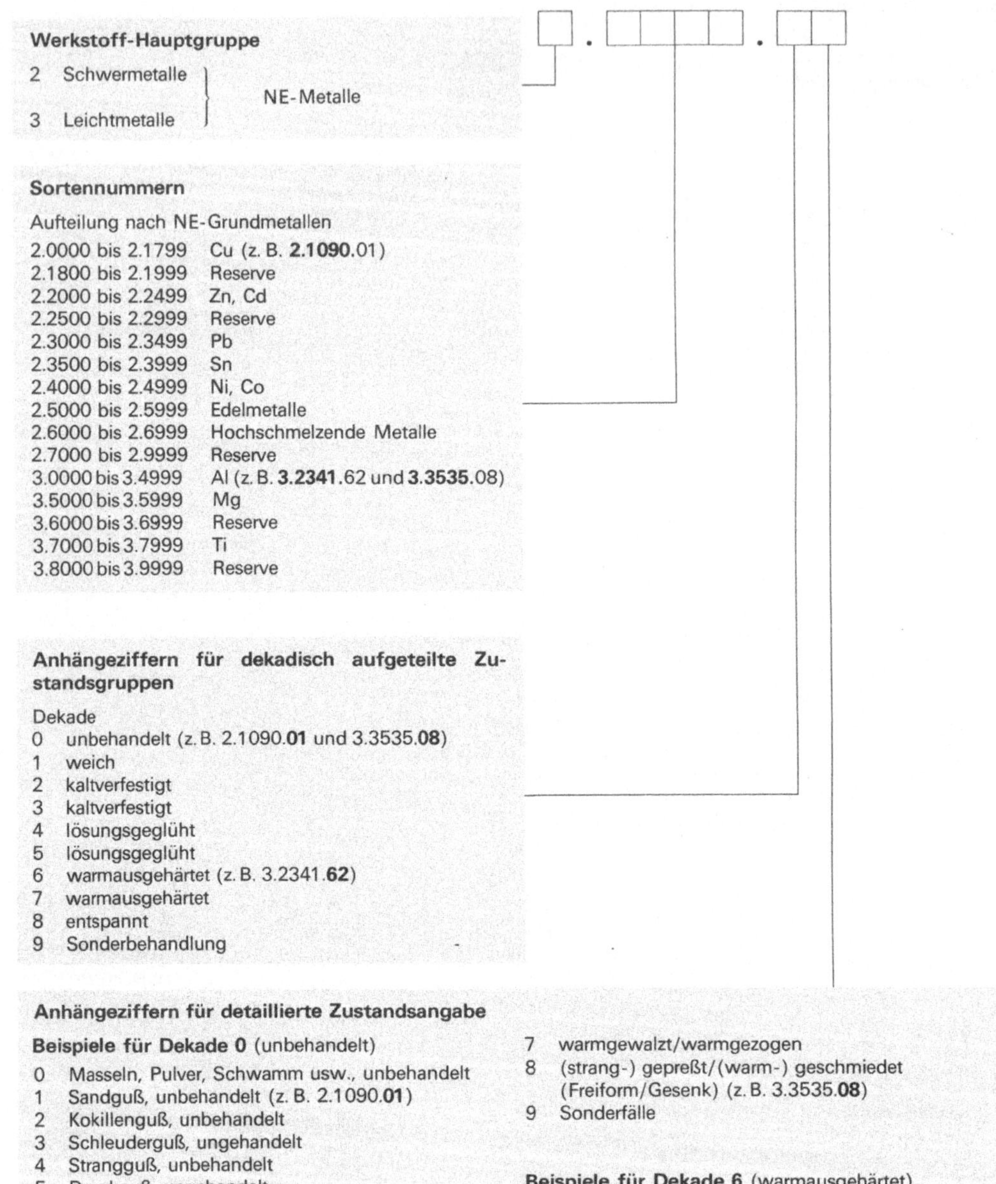

Beispiele G-CuSn7ZnPb = 2.1090.01
GK-AlSi5Mgwa = 3.2341.62
AlMg3F18 = 3.3535.08

Bild **2**.289 Systematik der Hauptgruppen 2 und 3 der Werkstoffnummern nach DIN 17007 T4

Werkstoffgruppen

DIN 1701 (Mai 1980), DIN 1702 (Jan 1967), DIN 1706 (Mrz 1974), DIN 1708 (Jan 1973), DIN 1712 T1 (Dez 1976), T3 (Dez 1976), DIN 1719 (Apr 1963), DIN 17800 (Jul 1961 x), DIN 17850 (Mrz 1970)

Die Nichteisenmetalle werden entsprechend ihrer Dichte in

– Schwermetalle (ϱ>4,5 kg/dm^3) und
– Leichtmetalle (ϱ>4,5 kg/dm^3)

eingeteilt (Tab. **2**.290).

Schwermetall-Legierungen

(Gußlegierungen s. Abschn. Gußwerkstoffe)

Kupferknetlegierungen. Kupfer-Zink-Legierungen (bisher Messing) sind Legierungen mit mindestens 50% Cu-Massenanteil.

Durch Zulegieren von Al, Fe, Mn, Ni und Si (Sondermessing) werden höhere Festigkeit und Korrosionsbeständigkeit erzielt.

Kupfer-Nickel-Zink-Legierungen (bisher Neusilber) sind Legierungen mit 47 bis 64 % Cu, 10 bis 25% Ni und 15 bis 42% Zn. Weitere Elemente können z. B. Pb, Mn oder Sn sein.

Kupfer-Aluminium-Legierung (bisher Aluminiumbronze) sind Legierungen mit bis zu 9% Al.

Durch Zulegieren von Fe, Mn und Ni (Mehrstoff-Aluminiumbronzen) können Festigkeit und Warmfestigkeit sowie Härte und Zugfestigkeit erhöht werden.

Leichtmetall-Legierungen

(Gußlegierungen s. Abschn. Gußwerkstoffe)

Aluminiumknetlegierungen. Aluminiumlegierungen, Basismetall ist Al, werden insbesondere durch Zulegieren von Cu, Fe, Mg, Mn, Si oder Zn hergestellt. Metallurgisch unterscheidet man aushärtbare (kalt- und warmaushärtend) und nichtaushärtbare Legierungen.

Tabelle **2**.290 Schwermetalle/Leichtmetalle – Übersicht – unlegierte (reine) Metalle

Schwermetalle		
Benennung	Kurzzeichen	Hinweise für die Verwendung
Blei nach DIN 1719		
Feinblei	Pb 99,99	Herstellung von Bleimennige, Bleiweiß, Bleiglätte und optischen Gläsern, Akkumulatorenplatten, Bleiblechen, Bleirohren und Bleidrähten für die chemische Industrie. Chemische Apparate nach Anforderung.
	Pb 99,985	
Hüttenblei	Pb 99,94	Ausgangswerkstoff für die Herstellung von Legierungen, von Hartblei für chemische Anlagen.
	Pb 99,9	Ausgangswerkstoff für die Herstellung von Legierungen, außer solchen für chemische Apparate. Trinkwasserleitungen.
Kupfer nach DIN 1708		
Kathodenkupfer	KE-Cu	Zum Einschmelzen von Werkstoffen auf Kupferbasis; Kathoden (Lieferform)
Sauerstoffhaltiges Kupfer	E1-Cu58	Elektrolytisch raffiniertes sauerstoffhaltiges (zähgepoltes) Kupfer mit einer elektrischen Leitfähigkeit im weichen Zustand von mindestens 58,0 m/Ω · mm^2, jedoch ohne Anforderungen an Schweiß- und Hartlötbarkeit. Verwendet zum Herstellen von Halbzeug und Gußstücken.
	E-Cu57	Sauerstoffhaltiges (zähgepoltes) Kupfer mit einer elektrischen Leitfähigkeit im weichen Zustand von mindestens 57,0 m/Ω · mm^2, jedoch ohne Anforderungen an Schweiß- und Hartlötbarkeit. Verwendet zum Herstellen von Halbzeug und Gußstücken.

Fortsetzung s. nächste Seite

Tabelle 2.290, Fortsetzung

Benennung	Kurzzeichen	Hinweise fur die Verwendung
Kupfer nach DIN 1708		
Sauerstoff-freies Kupfer (mit P desoxidiert)	SE-Cu	Desoxydiertes Kupfer mit niedrigem Restphosphorgehalt und hoher elektrischer Leitfähigkeit. Verwendet zum Herstellen von Halbzeug hoher elektrischer Leitfähigkeit und hohen Anforderungen an Umformbarkeit, mit guter Schweiß- und Hartlotbarkeit sowie Wasserstoffbeständigkeit.
	SW-Cu	Desoxydiertes Kupfer mit begrenztem niedrigen Restphosphorgehalt. Verwendet zum Herstellen von Halbzeug ohne festgelegte elektrische Leitfähigkeit (etwa 52,0 m/Ω · mm²), jedoch mit guter Schweiß- und Hartlötbarkeit sowie Wasserstoffbestandigkeit.
	SF-Cu	Desoxydiertes Kupfer mit begrenztem hohen Restphosphorgehalt. Verwendet zum Herstellen von Halbzeug ohne Anforderungen an elektrische Leitfähigkeit, jedoch mit sehr guter Schweiß- und Hartlötbarkeit sowie Wasserstoffbeständigkeit.
Nickel nach DIN 1701 und DIN 1702		
Huttennickel	H-Ni99,96	Huttennickel dient zur Herstellung von Nickelsorten, Nickelbasislegierungen und nickelhaltigen Nichteisenmetall-Legierungen für Halbzeug und Gußstücke sowie von nickelhaltigen Stählen und nickelhaltigem Stahlguß
	H-Ni99,95 H-Ni99,5	Hüttennickel wird außerdem für galvanische Zwecke eingesetzt.
Reinanode	Ni99,7	Nickelanoden
Normalanode	Ni99,0	
Zink nach DIN 1706		
Feinzink	Zn99,995	Feinzinklegierungen nach DIN 1743 (s. Norm) lösliche Anoden; Ätzplatten; Tiefzieh-Messing; Tiefzieh-Kupfer-Nickel-Zink-Legierungen; Zinkbleche, -bänder, -drähte; Drahtverzinkung
	Zn99,95	Tiefzieh-Kupfer-Zink-Legierungen; Zinkbleche, -bänder, -drähte; Verzinkung
Hüttenzink	Zn99,5 Zn97,5	Verzinkung; Zinkbleche und -bänder; Legierungszwecke
Leichtmetalle **Aluminium nach DIN 1712 T1 und T3**		
(Reinst-aluminium) (Hütten-aluminium)	Al99,99R Al99,9H	Ausgangswerkstoffe für die Herstellung von Legierungen und Werkstoffen für Halbzeuge und Gußformaten
	E-AlH	Ausgangswerkstoff für E-Al
Aluminium	Al99,8 Al99,5 Al99	Werkstoffe für Halbzeuge und Gußformate (Walz-, Preß- und Drahtbarren) aus dem Halbzeug hergestellt wird, sowie für Strangpreßprofile und Schmiedestücke, Al99,8 und Al99,5 für Fließpreßteile
	E-Al	Aluminium für die Elektrotechnik mit hoher Leitfähigkeit nach DIN 40501 (s. Norm)
Magnesium nach DIN 17800		
Hutten-magnesium	H-Mg99,95	für zirkonhaltige Mg-Legierungen
	H-Mg99,8	Ausgangswerkstoff fur Legierungen
Titan nach DIN 17850		
Titan	3.7025[1]) 3.7065[1])	Korrosionsbestandiges, meerwasser- und seeluftbestandiges Halbzeug, das auch gegen oxydierende und Chlorionen enthaltene Medien beständig ist.

[1]) Kurzzeichen noch nicht festgelegt

Werkstoffe (Knetlegierungen)

DIN 1725 T1 (Feb 1983), **DIN 1745 T1** (Feb 1983), **DIN 1747** (Feb 1983), **DIN 1748 T1** (Feb 1983), **DIN 1749 T1** (Dez 1976), **DIN 17 606 T1** (Dez 1976), **DIN 17 660** (Apr 1974), **DIN 17 663** (Apr 1974), **DIN 17 665** (Apr. 1974), **DIN 17 671 T1** (Jun 1974), **DIN 17 672 T1** (Jun 1974)

Werkstoffeigenschaften und -Verwendung

Tabelle **2.291** Werkstoffdaten und Anwendungshinweise für Kupfer- und Aluminium-Knetlegierungen

Kurzzeichen		Zugfestigkeit[4] R_m	0,2-Grenze[4] $R_{p0,2}$	Bruchdehnung A_5	Brinellhärte HB 6,2/62,5[5] ca.	für Erzeugnisse[1]	Hinweise für die Verwendung: Zerspanbarkeit	Umformbarkeit	Gesenkschmiedestücke	Freiformschmiedestücke	schweißbar	lötbar	Früheres Kurzzeichen
		in N/mm²		in %		—							
Kupfer-Zink-Legierungen nach DIN 17 660[2])													
CuZn 15	**F 26** **F 38**	(≦)250 bis 310 ≧ 370	(≦)140 bis 160 ≧ 290	43 bis 44 14	65 120	BL, BD, Ro, Sta, Dr, Schlauch- rohre, Druckmeß- geräte	—	sehr gut	—	—	—	—	**Ms 85**
CuZn 37	**F 30** **F 55**	290 bis 370 (≧)540 bis 610	(≦)180 bis 250 (≧)470 bis 490	45 bis 50 6 bis 11	65 bis 75 120 bis 160	BI, BD, Ro, Sta, Dr, Schrauben, Druck- walzen, Bl-Feder	—	kalt tief- zie- hen Prä- gen	—	—	gut	gut	**Ms 63**
CuZn 39 Pb 2	**F 37** **F 50**	≧ 360 ≧490	(≦)250 bis 270 (≧)390 bis 420	32 bis 40 9 bis 10	85 bis 90 145 bis 150	BL, BD, Ro, Sta, Dr, Strp, Uhren- Messing für Räder	sehr gut; gut stanz bar	gut warm, be- grenzt kalt	x	—	—	–	**Ms 58**
CuZn 39 Pb 3	**F 37** **F 51**	≧ 360 ≧ 500	≦ 250 (≧)370 bis 390	30 bis 32 11	90 bis 95 145	Ro, Sta, Dr, Strp Form drehteile	sehr gut; Auto- mat	gut warm	x	—	—	—	**Ms 58**
CuZn 40 Pb 2	**F 37** **F 51**	≧ 360 ≧ 500	≦ 250 (≧)370 bis 390	28 bis 30 11	95 145	Ro, Sta, Dr, Strp	sehr gut;	gut warm	dünn- wan- dige	x	—	—	**Ms 58**
Kupfer-Nickel-Zink-Legierung nach DIN 17 663[2])													
CuNi 12 Zn 24	**F 35** **F 65**	340 bis 440 ≧ 640	≦ 290 ≧ 540	40 bis 45 —	85 195	BL, BD, Ro, Sta, Dr, Bauwesen, Federn, Tafelgeräte	mit- tel	sehr gut kalt, tief- zie- hen	—	—	WIG und Wider- stands- schw. s. gut	weich und hart sehr gut	**Ns 6512**
CuNi 12 Zn 30 Pb	**F 50**	(≧)490 bis 590	(≧)370 bis 410	8 bis 12	150 bis 155	BL, BD, Sta; Schlüssel, Feinmech. Optik	gut	mit- tel kalt	—	—	Wider- stand gut	weich und hart s. gut	**Ns 5712 Pb**

Fortsetzung s. nächste Seite

Tabelle **2**.291, Fortsetzung

Kurzzeichen		Zugfestigkeit[4]) R_m	0,2-Grenze[4]) $R_{p0,2}$	Bruchdehnung A_5	Brinellhärte HB 6,2/62,5[5]) ca.	Hinweise für die Verwendung: für Erzeugnisse[1])	Zerspanbarkeit	Umformbarkeit	Gesenkschmiedestücke	Freiformschmiedestücke	schweißbar	lötbar	Früheres Kurzzeichen
		in N/mm²		in %		—							
Kupfer-Nickel-Zink-Legierung nach DIN 17663[2])													
CuNi 18 Zn 20	**F 40**	390 bis 470	≦ 290	40	95	BL, BD, Ro, Sta, Dr, für Federn gut	mittel	sehr gut kalt, tiefziehen	—	—	WIG und Widerstandsschw. s gut	weich und hart sehr gut	**Ns 6218**
	F 55	540 bis 640	(≧) 440 bis 470	5 bis 6	160 bis 165								
Kupfer-Aluminium-Legierungen nach DIN 17665[2])													
CuAl 8	**F 38**	370 bis 450	120 bis 130	30 bis 35	90	BL, BD, Ro, Sta, Dr, Chem Industrie	—	—	x	x	—	—	**AlBz 8**
CuAl 10 Fe	**F 65** **F 70**	≧ 640 690	290 340	10 7	165 180	Ro, Sta, Apparate zunderbeständiger Teile, Wellen, Schrauben;	—	—	x	x	—	—	**AlBz 10 Fe**
CuAl 9 Mn	**F 45** **F 60**	≧ 440 590	180 250	25 15	120 150	Ro, Sta, hochbelastete Lagerteile, Zahnräder, Ventilsitze	—	—	x	x	—	—	**AlBz 9 Mn**
CuAl 11 Ni	**F 70** **F 85**	≧ 690 830	370 590	5 3	210 240	Ro, Sta, Konstruktionsteile höchster Festigkeit Lagerteile, Ventile	—	—	x	x	—	—	**AlBz 11 Ni**
Aluminiumlegierungen nach DIN 1725 T1[3])													
AlRMg 0,5		140 bis 180	110	8	43	BL, BD, glänzbar	—	fließpressen	—	—	gut	gut	—
Al 99,9 MgSi	**F 24**	235 bis 240	185 bis 195	14	70 bis 75	Strp, glänzbar; aushärtbar	—	—	x $d \leqq 100$	—	—	—	—
AlMg 3	**F 18**	180	80	14	45	Sta, Strp, EQ STA	—	—	x	x	gut	—	—
	F 29	290	250	3	85	BL, BD			Dicke max 100				
AlMgSi 1	**F 21**	205	110	14	65	BL, Strp, Sta; aushärtbar	—	—	—	—	gut	bedingt	—
	F 28	275	200 bis 220	6 bis 12	75 bis 85	BL, Strp ($s \leqq 10$), Sta, aushärtbar, STA			x Dicke max 100	x			

Tabelle 2.291, Fortsetzung

Kurzzeichen		Zugfestigkeit[4]) R_m	0,2-Grenze[4]) $R_{p0,2}$	Bruchdehnung A_5	Brinellhärte HB 6,2/62,5[5]) ca.	für Erzeugnisse[1])	Hinweise für die Verwendung: Zerspanbarkeit	Umformbarkeit	Gesenkschmiedestücke	Freiformschmiedestücke	schweißbar	lötbar	Früheres Kurzzeichen
		in N/mm²		in %		—							
Aluminiumlegierungen nach DIN 1725 T1 [3])													
AlCuMg 2	**F44**	440	290 bis 315	10 bis 13	110 bis 120	BL, BD, Sta, Strp (s = 2-30); aushärtbar, STA	—	—	Festigk. F42 x	x	—	—	—
AlZn 4,5 Mg 1	**F35**	350	270 bis 290	7 bis 10	90 bis 105	BL, BD, Sta, Strp aushärtbar; (s = 3-30); STA	—	—	x Dicke max. 100	x	gut	—	—

[1]) Abkürzungen: BL = Bleche, BD = Bänder, Ro = Rohre, Sta = Stangen, Dr = Drähte, Strp = Strangpreßprofile, EQ = Eloxalqualität STA = geeignet für statisch beanspruchte Konstruktionsteile

[2]) Daten der mech. Eigenschaften nach DIN 17 671 und 17 672 wurden bei Abweichungen voneinander als Bereiche angegeben

[3]) s. Fußnote 2; entsprechende Normen DIN 1745, DIN 1747, DIN 1748, DIN 1749, DIN 17 606

[4]) s. Fußnote 2; ≦ in den Normen sind Höchstwerte, ≧ in den Normen sind Mindestwerte angegeben

[5]) Es sind Ungefährwerte angegeben. Die Härteprüfung nach Brinell (DIN 50 351) wird in der Regel mit einer Kugel von 2,5 mm Durchmesser und einer Prüfkraft von 613 N (62,5 kp) durchgeführt, Kurzzeichen HB 2.5/62.5. Bei geringeren Prüfdicken gelten die Prüfbedingungen für den Belastungsgrad 10 nach DIN 50 351.

Werkstoffzusammensetzung

Tabelle 2.292 Chemische Zusammensetzung von Kupfer-Knetlegierungen

Kurzzeichen	Al	Cr	Cu	Fe	Mg	Mn	Ni	Pb	Sb	Si	Sn	Ti	Zn
	Chemische Zusammensetzung in Gewichts-%												
Kupfer-Zink-Legierungen nach DIN 17 660													
CuZn15	+	–	84,0 bis 86,0	+	–	+	+	+	+	–	+	–	Rest
CuZn37	+	–	62,0 bis 64,0	+	–	+	+	+	+	–	+	–	Rest
CuZn39Pb2	+	–	58,5 bis 59,8	+	–	+	+	1,5 bis 2,5	+	+	+	–	Rest
CuZn39Pb3	+	–	57,0 bis 59,0	+	–	+	+	2,5 bis 3,5	+	+	+	–	Rest
CuZn40Pb2	+	–	57,0 bis 59,0	+	–	+	+	1,5 bis 2,5	+	+	+	–	Rest

Fortsetzung s. nächste Seite

Tabelle **2**.292, Fortsetzung

Kurzzeichen	Chemische Zusammensetzung in Gewichts-%												
	Al	Cr	Cu	Fe	Mg	Mn	Ni	Pb	Sb	Si	Sn	Ti	Zn
Kupfer-Nickel-Zink-Legierung nach DIN 17663													
CuNi12Zn24	–	–	63,0 bis 66,0	+	–	+	11,0 bis 13,0	+	–	–	+	–	Rest
CuNi18Zn20	–	–	60,0 bis 63,0	+	–	+	17,0 bis 19,0	+	–	–	+	–	Rest
CuNi12Zn30Pb	–	–	56,0 bis 58,0	+	–	+	11,0 bis 13,0	0,3 bis 1,5	–	–	+	–	Rest
Kupfer-Aluminium-Legierungen nach DIN 17665													
CuAl8	7,0 bis 9,0	–	Rest	+	–	+	+	+	–	+	–	–	+
CuAl10Fe	9,0 bis 11,0	–	Rest	2,0 bis 4,0	–	1,5 bis 3,5	+	+	–	+	–	–	+
CuAl9Mn	7,7 bis 9,7	–	Rest	+	–	1,5 bis 3,0	+	+	–	+	–	–	+
CuAl11Ni	10,5 bis 12,5	–	Rest	4,8 bis 7,3	–	+	5,0 bis 7,5	+	–	+	–	–	+
Aluminiumlegierungen nach DIN 1725 T1[1])													
AlRMg0,5	Rest	–	–	0,008	0,35 bis 0,6	–	–	–	–	0,01	–	0,008	0,01
Al99,9MgSi	Rest	–	0,05 bis 0,20	0,04	0,35 bis 0,7	0,03	–	–	–	0,35 bis 0,7	–	0,010	0,04
AlMg3	Rest	0,30	0,10	0,40	2,6 bis 3,6	0,50	–	–	–	0,40	–	0,15	0,20
AlMgSi1	Rest	0,25	0,10	0,50	0,6 bis 1,2	0,40 bis 1,0	–	–	–	0,7 bis 1,3	–	0,10	0,20
AlCuMg2	Rest	0,10	3,8 bis 4,9	0,50	1,2 bis 1,8	0,30 bis 0,9	–	–	–	0,50	–	0,15	0,25
AlZn4,5Mg1	Rest	0,10 bis 0,35	0,20	0,40	1,0 bis 1,4	0,05 bis 0,50	–	–	–	0,35	–	+Zr 0,08 bis 0,25	4,0 bis 5,0

\+ Zulässige Beimengungen nach Norm

[1]) Einzelwerte sind Höchstgehalte für die Beimengungen

Gußwerkstoffe

DIN 1705 (Nov 1981), DIN 1714 (Nov 1981), DIN 1725 T2 (Sep 1973)

Fertigungs- und Gestaltungshinweise für Gußstücke s. Abschn. 3.3.1

Kupfer- und Aluminiumguß ist ein Formguß aus Kupfer bzw. Aluminium. Zur Desoxydation und zur Verbesserung der Gießbarkeit werden der Schmelze vor dem Vergießen üblicherweise kleine Zusätze, beispielsweise an Blei, Phosphor, Silizium, Zink, Zinn, Mangan, Magnesium zugesetzt.

Zur Benennung einer bestimmten Kupfer-Legierung oder einer Gruppe von Kupfer-Legierungen wird der Hauptlegierungszusatz, allenfalls zwei Hauptlegierungszusätze, herangezogen.

Kupfer-Aluminium-Gußlegierungen (Aluminiumbronzen)

Cu-Al-Legierungen sind Legierungen aus mindestens 70% Kupfer und dem Hauptlegierungszusatz Aluminium. Üblich sind Aluminiumgehalte bis 14%.

Sie können neben Aluminium Legierungszusätze an Eisen, Nickel, Mangan oder Silizium (jedoch kein Zink) enthalten (Mehrstoff-Aluminiumbronzen). Cu-Al-Gußlegierungen s. DIN 1714 (Tab. **2**.293 und **2**.294).

Kupfer-Zinn-Gußlegierungen (Zinnbronzen)

Kupfer-Zinn-Gußlegierungen sind Legierungen aus Kupfer und Zinn. Üblich sind Zinngehalte bis 20%.

Kupfer-Zinn-Gußlegierungen werden meist mit Phosphor desoxydiert und enthalten dann Phosphor-Restgehalte. (Sie werden deshalb oftmals als Phosphorbronzen bezeichnet. Diese Bezeichnung ist aber zu vermeiden, da der enthaltene Phosphor kein gewollter Legierungsbestandteil ist.)

Kupfer-Zinn-Gußlegierungen siehe DIN 1705 (Tab. **2**.293 und **2**.294).

Kupfer-Zinn-Zink-Gußlegierungen (Rotguß)

Kupfer-Zinn-Zink-Gußlegierungen sind eine Gruppe von Gußlegierungen, die aus Kupfer, Zinn, Zink und gegebenenfalls Blei bestehen.

Kupfer-Zinn-Zink-Gußlegierungen s. DIN 1705 (Tab. **2**.293 und **2**.294).

Gegenüber den Kupfer-Zinn-Gußlegierungen wurde ein Teil des Zinns durch Zink ersetzt.

Werkstoffeigenschaften und -verwendung

Tabelle **2**.293 Gußwerkstoffe Nichteisenmetalle, Werkstoffdaten und Anwendungshinweise

Kurzzeichen	bisheriges Kurzzeichen	Lieferform	Werkstoffeigenschaften [1])				Hinweise für die Verwendung	
			0,2-Grenze $R_{p0,2}$ min. in N/mm²	Zugfestigkeit R_m min. in N/mm²	Bruchdehnung A_5 min. in %	Dichte ≈ in kg/dm³	für Erzeugnisse	sonst. Eigenschaften
Kupfer-Aluminium-Gußlegierung (Guß-Aluminiumbronze) nach DIN 1714								
G-CuAl10Fe GK-CuAl10Fe	G FeAlBz F50 —	Sandguß Kokillenguß	180 200	500 550	15 25	7,5	Mechanisch beanspruchte Teile; Hebel, Gehäuse, Buchsen, Kohlehalterungen in der Elektroindustrie, Ritzel und Kegelräder, im Textilmaschinen- und Automobilbau	—
G-CuAl9Ni GK CuAl9Ni	G-NiAlBz F50 —	Sandguß Kokillenguß	200 230	500 530	20 20	7,5	Korrosionsbeanspruchte Teile; Armaturen für aggressive Wässer, Verstellpropeller, Flanschen für den Schiffbau, Beizkörbe und Kontaktbehälter für die chemische Industrie.	sehr gut schweißbar

Fortsetzung s. nächste Seite

Tabelle **2**.293, Fortsetzung

Kurzzeichen	bisheriges Kurzzeichen	Lieferform	Werkstoffeigenschaften[1])				Hinweise für die Verwendung	
			0,2-Grenze $R_{p0,2}$ min. in N/mm²	Zugfestigkeit R_m min. in N/mm²	Bruchdehnung A_5 min. in %	Dichte ≈ in kg/dm³	für Erzeugnisse	sonst Eigenschaften
Kupfer-Aluminium-Gußlegierung (Guß-Aluminiumbronze) nach DIN 1714								
G-CuAl10Ni GK-CuAl10Ni	G-NiAlBzF60 —	Sandguß Kokillenguß	270 300	600 600	12 14	7,6	Für hinsichtlich Festigkeit und Korrosionsbeständigkeit hochbeanspruchte Teile; Heißdampfarmaturen, Verteilerköpfe im Apparatebau sowie Petrochemie, Laufräder, Pumpengehäuse.	—
Kupfer-Zinn- und Kupfer-Zinn-Zink-Gußlegierungen (Guß-Zinnbronze und Rotguß) nach DIN 1705								
G-CuSn12Pb	—	Sandguß	140	260	10	8,7	Gleitlager mit hohen Lastspitzen (Stoßbelastungen bis 6000 N/mm²) hochbeanspruchte Gleitplatten und Leisten	—
GZ-CuSn12Pb	—	Schleuderguß	150	280	5		Gleitlager mit hohen Lastspitzen für p bis 12000 N/cm², z. B. Kurbel- und Kniehebellager, Kolbenbolzenbuchsen	—
G-CuSn10	G-SnBz10	Sandguß	130	270	18	8,7	Armaturen- und Pumpengehäuse, Leit-, Lauf- und Schaufelräder für Pumpen und Wasserturbinen	—
G-CuSn7ZnPb	Rg7	Sandguß	120	240	15	8,8	Achslagerschalen und Kuppelstangenlager, Gleitlagerschalen für den allgemeinen Maschinenbau (Lastspitzen von p bis 4000 N/cm² zulässig); mittelbeanspruchte Gleitplatten und -leisten. Normal- und hochbeanspruchte Gleitlagerbuchsen und -schalen (z. B. n. DIN 1850 Teil 1)	—
G-CuSn6ZnNi	—	Sandguß	140	270	15	8,7	Armaturen und Pumpengehäuse sowie Gußteile, bei denen vor allem Druckdichtheit verlangt wird.	gut gießbar
G-CuSn5ZnPb	Rg5	Sandguß	90	220	16	8,7	Wasser- und Dampfarmaturengehäuse bis 225 °C, normal beanspruchte Pumpengehäuse und dünnwandige verwickelte Gußstücke	gut gießbar, weich- und bedingt hartlötbar

Fortsetzung s. nächste Seite

Tabelle 2.293, Fortsetzung

Kurzzeichen	Lieferform	Werkstoffeigenschaften[1] 0,2-Grenze $R_{p0,2}$ in N/mm²	Zugfestigkeit R_m in N/mm²	Bruchdehnung A_5 in %	Dichte in kg/dm³	Hinweise für die Verwendung für Erzeugnisse	sonst. Eigenschaften
Aluminium-Gußlegierungen nach DIN 1725 T2							
						Legierungen für allgemeine Verwendung:	
G-AlSi12	Sandguß	70 bis 100	160 bis 210	5 bis 10	2,65	Für verwickelte, dünnwandige, druckdichte und schwinggungsfeste Gußstücke bei sehr guter Korrosionsbeständigkeit	sehr gute bis ausgezeichnete Gießbarkeit, gute bis sehr gute Spanbarkeit, gute bis ausgezeichnete Schweißbarkeit
G-AlSi8Cu3	Sandguß	100 bis 150	160 bis 200	1 bis 3	2,75	Vielseitig angewandte Legierung, auch für verwickelte, dunnwandige Gußstucke, warmfest	
G-AlSi6Cu4	Sandguß	100 bis 150	160 bis 200	1 bis 3	2,75	Vielseitig angewandte Legierung, warmfest	
						Legierungen für besondere Verwendung:	
G-AlSi5Mg ka	Sandguß	150 bis 180	180 bis 250	2 bis 5	2,7	Für korrosionsbeständige, hochfeste (ausgehärtet) Gußstücke (u.a. Nahrungsmittelindustrie, Feuerlöschwesen), gute elektrische Leitfähigkeit erreichbar	gute Gießbarkeit, sehr gute bis ausgezeichnete Spanbarkeit, gute bis ausreichende Schweißbarkeit bzw. nicht angewandt[2]
G-AlMg3Si	Sandguß	80 bis 100	140 bis 190	3 bis 8	2,7	Hervorragende Korrosionsbeständigkeit, besonders gegen Meerwasser sowie schwach alkalische Medien, für Gußstücke mit dekorativer Oberfläche, hoher Festigkeit (ausgehärtet) und warmfest	
GD-AlMg9[2]	Druckguß	140 bis 220	200 bis 300	A_{10}: 1 bis 5	2,6	Für Teile mit hohen Ansprüchen an die Korrosionsbeständigkeit und Oberflächenaussehen, z. B. für optische Industrie, Büromaschinen und Haushaltsgeräte	
						Legierungen mit hohen Festigkeitseigenschaften:	
G-AlSi9Mg wa	Sandguß	200 bis 270	250 bis 300	2 bis 5	2,65	Für verwickelte, dünnwandige Gußstücke mit hoher Festigkeit und guter Zähigkeit (warm ausgehärtet) bei sehr guter Korrosionsbeständigkeit, Luftfahrzeugbau	sehr gute bis ausgezeichnete Gießbarkeit, sehr gute Spanbarkeit, ausgezeichnete Schweißbarkeit
G-AlSi7Mg wa	Sandguß	190 bis 240	230 bis 310	2 bis 5	2,7	Für Gußstücke mit mittlerer bis größerer Wanddicke mit hoher Festigkeit und Zähigkeit (warm ausgehärtet), korrosionsbeständig, Luftfahrzeugbau	

[1]) Diese Werte sind an gesondert gegossenen Probestaben ermittelt worden. Bei Schleuderguß (GZ-CuSn12Pb nach DIN 1705) werden die Probestäbe dem Gußstück entnommen.

[2]) Bei GD-AlMg9 wird schweißen nicht angewandt

Werkstoffzusammensetzung

Tabelle **2**.294 Chemische Zusammensetzung von Nichteisenmetall-Gußlegierungen

Kurzzeichen	Zusammensetzung, Massenanteile in %											
	Al	Be	Cu	Fe	Mg	Mn	Ni	Pb	Si	Sn	Ti	Zn
Kupfer-Aluminium-Gußlegierungen nach DIN 1714												
G-CuAl10Fe GK-CuAl10Fe	8 bis 11	–	min. 83	2 bis 4	–	+	+	+	+	+	–	+
G-CuAl9Ni GK-CuAl9Ni	8,5 bis 10	–	min. 82	1 bis 3	+	+	1,5 bis 4	+	+	+	–	+
G-CuAl10Ni GK-CuAl10Ni	8,5 bis 11	–	min. 76	3,5 bis 5,5	+	+	4 bis 5,6	+	+	+	–	+
Kupfer-Zinn -und Kupfer-Zinn-Zink-Gußlegierungen nach DIN 1705												
G-CuSn12Pb GZ-CuSn12Pb	–	–	84 bis 87	+	–	–	+	1 bis 2	–	11 bis 13	–	+
G-CuSn10	–	–	88 bis 90	+	–	–	+	+	–	9 bis 11	–	+
G-CuSn7ZnPb	–	–	81 bis 85	+	–	–	+	5 bis 7	–	6 bis 8	–	3 bis 5
G-CuSn6ZnNi	–	–	83,5 bis 87,5	+	–	–	1,5 bis 2,5	2,5 bis 4	–	5,5 bis 7	–	1,5 bis 3
G-CuSn5ZnPb	–	–	84 bis 86	+	–	–	+	4 bis 6	–	4 bis 6	–	4 bis 6
Aluminium-Gußlegierungen nach DIN 1725 T2												
G-AlSi12	Rest	–	+	+	+	0 bis 0,4	–	–	11 bis 13,5	–	+	+
G-AlSi8Cu3	Rest	–	2 bis 3,5	+	0 bis 0,3	0,2 bis 0,5	+	+	7,5 bis 9,5	+	+	+
G-AlSi6Cu4	Rest	–	3 bis 5	+	0,1 bis 0,3	0,3 bis 0,6	+	+	5 bis 7,5	+	+	+
G-AlSi5Mg ka	Rest	–	+	+	0,4 bis 0,8	0 bis 0,4	–	–	5 bis 6	–	0 bis 0,2	+
G-AlMg3Si	Rest	n. Vereinb.	+	+	2,5 bis 3,5	0 bis 0,4	–	–	0,9 bis 1,3	–	0 bis 0,2	+
GD-AlMg9	Rest	n. Vereinb.	+	+	7 bis 10	0,2 bis 0,5	–	–	0 bis 2,5	–	+	+
G-AlSi9Mg wa	Rest	–	+	+	0,2 bis 0,4	0 bis 0,05	–	–	9 bis 10	–	+	+
G-AlSi7Mg wa	Rest	–	+	+	0,2 bis 0,4	0 bis 0,05	–	–	6,5 bis 7,5	–	+	+

\+ zulässige Beimengungen (Angaben hinsichtlich der zul. Beimengungen auch von S, Sb und P s. Norm)

Halbzeuge aus Nichteisenmetallen

DIN 1755 T3 (Aug 1969), DIN 1756 (Jul 1969), DIN 1759 (Jun 1974), DIN 1761 (Jul 1969), DIN 1770 (Jun 1974), DIN 1782 (Jul 1969), DIN 1783 (Apr 1981), DIN 1798 (Feb 1968), DIN 1799 (Feb 1968), DIN 59700 (Feb 1968)

Flachzeuge

Tabelle **2**.295 Maß- und Werkstoffangaben fur kaltgewalzte Bleche (BL) und Bander (BD) aus Aluminium-Knetlegierungen nach DIN 1783

Dicke	Werkstoff (s. Tab. **2**.291)					Zul. Abweichung der Dicken
s	AlRMg0,5 G14	AlMg3 F29	AlMgSi1 F21	AlCuMg2 F44	AlZn4,5Mg1 F35	
0,5	BL BD	BL BD		BL BD	BL BD	±0,02 → ±0,06
0,8	BL BD	BL BD		BL BD	BL BD	
1	BL BD	BL BD		BL BD	BL BD	
1,2	BL BD	BL BD		BL BD	BL BD	
1,5	BL BD	BL BD		BL BD	BL BD	
2	BL BD	BL BD		BL BD	BL BD	
2,5	BL BD	BL BD		BL BD	BL BD	bis
3		BL BD	BL	BL BD	BL BD	(Einzelwerte s. Norm)
4			BL		BL	
5			BL		BL	
6			BL		BL	
8			BL		BL	
10			BL		BL	
12			BL		BL	
15			BL		BL	
20			BL			±0,45 → ±0,64

Blechtafelgröße: 1000 × 2000; 1250 × 2500; 1500 × 3000 Bandbreite: <100 bis ≦1650

Stangen

Tabelle **2**.296 Maßangaben und Werkstoffe für Rundstangen aus Kupfer- und Aluminium-Knetlegierungen

Rundstangen (Bild **2**.298) **gezogen**

Cu-Leg.	nach DIN 1756				
Al-Leg.	nach DIN 1798				
	Zul. Abweichungen für Legierungsgruppe				
d	I	II	III	IV	V
4 **6** **8** **10** **12** **14** **16** **20** **32** **40** **50**	h11	h10	h12	h12	h11

Rundstangen (Bild **2**.298) **gepreßt**

Cu-Leg.	nach DIN 1782				
Al-Leg.	nach DIN 1799				
	Zul. Abweichungen für Legierungsgruppe				
d	I	II	III	IV	V
— — —	—	—	—	—	—
10 **12**	±0,5	±0,3			±0,3
14 **16**	±0,6	±0,4			
20 **30**	±0,7	±0,5			
40 **50**	±0,8	±0,6		±1,2	±0,4

Legierungsgruppe I	Legierungsgruppe II	Legierungsgruppe III	Legierungsgruppe IV	Legierungsgruppe V
CuZn15 CuZn37	CuZn39Pb2 CuZn39Pb3 CuZn40Pb2	CuNi12Zn24 CuNi12Zn30Pb CuNi18Zn20	CuAl8 CuAl9Mn CuAl10Fe CuAl11Ni	Al-Legierungen DIN 1725 T1

Tabelle **2**.297 Maßangaben und Werkstoffe für Vierkant- und Rechteckstangen aus Kupfer- und Aluminium-Knetlegierungen

Vierkantstangen (s. Bild **2**.299)					
Cu-Leg.	nach DIN 1761 gezogen				
Al-Leg.	nach DIN 59700 gepreßt				
	zul. Abweichungen für Legierungsgruppe [1])				
a	I	II	III	IV	V
10	h 12	h 11	—	—	±0,3
15			h 13	h 13	
22					
30					
41					±0,4
50					

Rechteckstangen (s. Bild **2**.299)						
Cu-Leg.	nach DIN 1759 gezogen					
Al-Leg.	nach DIN 1770 gepreßt					
	Zul. Abweichungen für Legierungsgruppe [1])					
b × *a*	I		II	III	IV	V
	b	*a*				*b*	*a*
10 × **2** × **3** × **8**	±0,08	±0,05 ±0,08	wie I			±0,35	±0,20 ±0,30
15 × **3** × **8**	±0,10	±0,05 ±0,09				±0,45	±0,20 ±0,30
20 × **4** × **6** × **12** × **18**	±0,15	±0,07 ±0,10				±0,55 — —	±0,25 — —
40 × **8** × **10** × **20**	±0,20	±0,10 ±0,15				±0,65	±0,35 ±0,55

[1]) Legierungsgruppen s. Tab. **2**.296

Rund

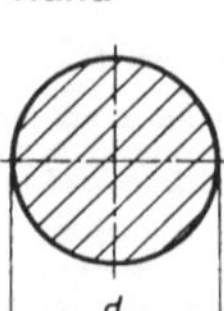

Bezeichnung einer gezogenen Rundstange von Durchmesser *d* = 22 mm aus dem Werkstoff mit dem Kurzzeichen AlMgSi1 F32 oder der Werkstoffnummer 3.2315.72:

Rund DIN 1798–AlMgSi1 F32-22
oder
Rund DIN 1798–3.2315.72-22

Bild **2**.298 Rundstangen, gezogen und gepreßt, aus Nichteisenmetall-Knetlegierungen (s. Tab. **2**.296)

Vierkant

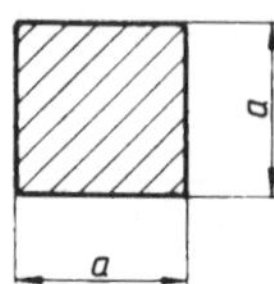

Bezeichnung einer gepreßten Rechteckstange mit der Breite *b* = 200 mm und der Dicke *a* = 15 mm aus dem Werkstoff mit dem Kurzzeichen AlZnMg1 F36 oder der Werkstoffnummer 3.4335.71:

Rechteck DIN 1770 – AlZnMg1 F36 – 200 × 15
oder Rechteck DIN 1770–3.4335.71 – 200 × 15

Rechteck

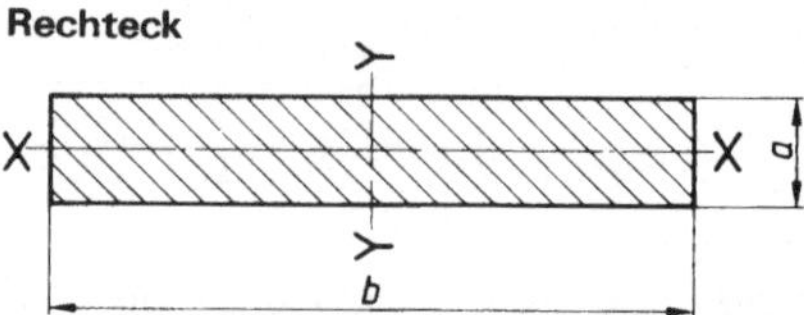

Bild **2**.299 Vierkant- und Rechteckstangen, gezogen und gepreßt, aus Nichteisenmetall-Knetlegierungen (s. Tab. **2**.297)

Rohr

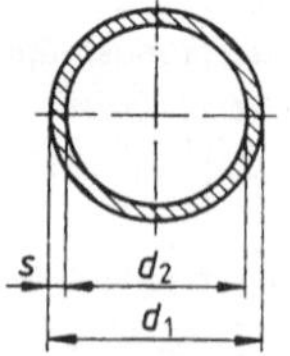

Bezeichnung eines nahtlosen Rohres mit dem Außendurchmesser d_1 = 20 mm und der Wanddicke *s* = 4 mm, aus dem Werkstoff CuZn37F30 (2.0321.10):

Rohr DIN 1755 – CuZn 37 F30 – 20 × 4
oder Rohr DIN 1755 – 2.0321.10 – 20 × 4

Bild **2**.300 Nahtlos gezogenes Rohr für allgemeine Anwendung nach DIN 1755 T3, aus Cu-Knetlegierungen

Rohre

Tabelle **2.301** Maße und Werkstoffe für nahtlos gezogene Rohre aus Kupfer-Knetlegierungen für allgemeine

Außen-durchmesser d_1	Zul. [1]) Abw. $d_{1\,gesamt}$	Wanddicke s 0,5	0,75	1	1,5	2	2,5	3	3,5	4	5	Zugehörige Nennweite
3	±0,07											2
4									[2])			3
5												4
6												5
8	±0,09											6
10												8
12	±0,12				Werkstoff: Legierungsgruppe I und III (s. Tab. 2.296)							10
14												
15												12
16												
18												16
20	±0,18											
22												20
25												
28												25
30												
35	±0,24											32
38												

1) Zulässige Abweichungen des Durchmessers $d_{1\,gesamt}$;
$d_{1\,gesamt}$ ist der Durchmesser einschließlich Unrundheit. Jeder gemessene Durchmesser muß innerhalb dieser zulässigen Abweichungen liegen.

2) Rohre dieser Abmessungen sind nicht in der Norm enthalten.

2.4.3 Nichtmetallische Werkstoffe – Kunststoffe

Kunststoffe sind eine umfangreiche Gruppe verschiedenartiger organischer Werkstoffe, die durch die Abwandlung (Modifizierung, chemische Umwandlung) von Naturprodukten oder durch die Synthese von Kohle-, Erdöl- oder Erdgasprimärprodukten entstehen.

Kunststoffe aus Naturstoffen
(z. B. Milch, Gummibaumsaft und Holz)

Beispiele Acetatseide, Kaseinfarben, Celluloid, Cellophan, Naturgummi, Vulkanfiber

Kunststoffe auf der Basis von Primärprodukten aus Kohle, Erdöl und Erdgas

Kondensationsharz-Kunststoffe

Beispiele Aminoplaste, Phenoplaste, Harnstoffharze

Polymerisations-Kunststoffe

Beispiele Polystrol, Polyvinylchlorid, Polyethylen

Kunststoffe aus mehrfunktionellen Zwischenprodukten

Beispiele Polyurethane, Epoxidharze, Polyesterharze, Silicone

Bild **2.302** Kunststoffe (Übersicht und Beispiele)

Werkstoffbezeichnungen

DIN 7708 T1 (Dez 1980), DIN 7728 T1 (Apr 1978), T2 (Mrz 1980), DIN 16945 (Apr 1976), DIN 16946 T2 (Apr 1976)

(Werkstoffprüfung s. Abschn. 3.5.2.2)

Werkstoff-(Stoff-)Benennungen

Formmassen sind flüssige, pastöse oder feste Stoffe in verarbeitungsfertigem Zustand, die spanlos zu Halbzeugen oder Formteilen geformt werden können.

Formstoffe sind die Werkstoffe, aus denen Halbzeuge und Formteile (konstruktiv gestaltete Kunststofferzeugnisse) hergestellt werden.

Reaktionsharze sind flüssige oder verflüssigbare Harze, die für sich oder mit Reaktionsmitteln (Härter, Beschleuniger u. a.) ohne Abspaltung flüchtiger Komponenten durch Polyaddition bzw. Polymerisation härten.

Anmerkung Man spricht bei diesen Reaktionsharzen auch z. B. von Gieß-, Laminier-, Imprägnier-, Tränk-, Träufelharzen.

Reaktionsmittel

Härter sind Stoffe oder Stoffgemische, die die Polymerisation (z. B. bei Methacrylat- und UP-Harzen) oder Polyaddition (z. B. bei EP-Harzen) und damit das Härten bewirken.

Beschleuniger sind Substanzen, die, in kleinen Mengen zugesetzt, Reaktionen, z. B. die Vernetzungsreaktion, beschleunigen.

Reaktionsharzmassen sind verarbeitungsfertige Mischungen eines Reaktionsharzes mit den erforderlichen Reaktionsmitteln (Härter, Beschleuniger u.a.), mit oder ohne Füllstoffe (z. B. organische oder anorganische Fasern), gegebenenfalls mit Lösungsmittel.

Anmerkung Je nach Verarbeitung und Anwendung spricht man bei diesen Reaktionsharzmassen auch z. B. von Gießharzmassen, Laminierharzmassen, Imprägnierharzmassen, Tränkharzmassen, Träufelharzmassen.

Gießharzformstoffe sind gehärtete Stoffe (Werkstoffe) aus Reaktionsharzmassen, die durch Gießen in Formen und nach dem Härten der Reaktionsharzmasse zu Formteilen (z. B. selbsttragenden Formkörpern) werden.

Glasfaserverstärkte Reaktionsharzformstoffe sind gehärtete Stoffe (Werkstoffe) aus Reaktionsharzmassen und Textilglas (Verstärkungsstoffe nach DIN 61 853 ff. s. Normen).

Werkstoff-(Stoff-)Kurzzeichen

Tabelle **2.**303 Kurzzeichen mit Erklärungen für Kunststoffe (Polymere)[1]) nach DIN 7728 T1

Kurzzeichen	Erklärung	Kurzzeichen	Erklärung
ABS	Acrylnitril-Butadien-Styrol(-Polymer)	EVA	Ethylen-Vinylacetat(-Polymer)
AMMA	Acrylnitril-Methylmethacrylat(-Polymer)	EVAL	Ethylen-Vinylalkohol(-Polymer)
ASA	Acrylnitril-Styrol-Acrylester(-Polymer)	FEP	Tetrafluorethylen-Hexafluorpropylen (Perfluorethylenpropylen)
CA	Celluloseacetat		
CAB	Celluloseacetobutyrat	HDPE	Polyethylen hoher Dichte (PE hart)
CF	Kresol-Formaldehyd(-Harz)	LDPE	Polyethylen niederer Dichte (PE weich)
CMC	Carboxymethylcellulose, Celluloseglykolsäure	MBS	Methylmethacrylat-Butadien-Styrol (-Polymer)
CN	Cellulosenitrat	MC	Methylcellulose
CP	Cellulosepropionat	MDPE	Polyethylen mittlerer Dichte
CS	Casein(-Kunststoff)	MF	Melamin-Formaldehyd(-Harz)
CTA	Cellulosetriacetat	MPF	Melamin-Phenol-Formaldehyd(-Harz)
DAP	Diallylphthalat(-Harz)	PA	Polyamid
EC	Ethylcellulose	PAN	Polyacrylnitril
EEA	Ethylen-Ethylacrylat(-Polymer)	PB	Polybuten-1
EP	Epoxid(-Harz)	(nicht PBT)	
EPE	Epoxidharzester	PBTP	Polybutylenterephthalat
EPS	Expandierbares Polystyrol	PC	Polycarbonat
ETFE	Ethylen-Tetrafluorethylen	PCTFE	Polychlortrifluorethylen

Fortsetzung s. nächste Seite

Tabelle **2**.303, Fortsetzung

PDAP	Polydiallylphthalat	PVCC	Chloriertes Polyvinylchlorid
PE	Polyethylen	PVDC	Polyvinylidenchlorid
PEC	Chloriertes Polyethylen	PVDF	Polyvinylidenfluorid
PEP	Ethylen-Propylen(-Polymer)	PVF	Polyvinylfluorid
PEOX	Polyethylenoxid	PVFM	Polyvinylformal
PETP	Polyethylenterephthalat	PVK	Polyvinylcarbazol
PF	Phenol-Formaldehyd(-Harz)	PVP	Polyvinylpyrrolidon
PI	Polyimid	RF	Resorcin-Formaldehyd (-Harz)
PIB	Polyisobutylen	SAN	Styrol-Acrylnitril (-Polymer)
PIR	Polyisocyanurat	SB	Polystyrol mit Elastomer auf Basis Butadien modifiziert
PMI	Polymethacrylimid		
PMMA	Polymethylmethacrylat	SI	Silicon (-Polymer)
PMP	Poly-4-methylpenten-1	SMS	Styrol-α-Methylstyrol
POM	Polyoxymethylen, Polyformaldehyd, Polyacetal	SP	Gesättigter Polyester
		UF	Harnstoff-Formaldehyd (-Harz)
PP	Polypropylen	UHMWPE	Polyethylen mit ultrahoher molarer Masse
PPC	Chloriertes Polypropylen	UP	Ungesättigter Polyester
PPO	Polyphenylenoxid	VCE	Vinylchlorid-Ethylen(-Polymer)
PPOX	Polypropylenoxid	VCEMA	Vinylchlorid-Ethylen-Methylacrylat (-Polymer)
PPS	Polyphenylensulfid		
PPSU	Polyphenylensulfon	VCEVA	Vinylchlorid-Ethylen-Vinylacetat (-Polymer)
PS	Polystyrol		
PSU	Polysulfon	VCMA	Vinylchlorid-Methylacrylat(-Polymer)
PTFE	Polytetrafluorethylen	VCMMA	Vinylchlorid-Methylmethacrylat (-Polymer)
PUR	Polyurethan		
PVAC	Polyvinylacetat	VCOA	Vinylchlorid-Octylacrylat(-Polymer)
PVAL	Polyvinylalkohol	VCVAC	Vinylchlorid-Vinylacetat(-Polymer)
PVB	Polyvinylbutyral	VCVDC	Vinylchlorid-Vinylidenchlorid(-Polymer)
PVC	Polyvinylchlorid	VPE	Vernetztes Polyethylen

[1]) Polymere: poly (griech.) = viel; meros (griech.) = Teil

Tabelle **2**.304 Kurzzeichen für verstärkte Kunststoffe nach DIN 7728 T2

GFK	Glasfaserverstärkter Kunststoff
BFK	Borfaserverstärkter Kunststoff
CFK	Kohlenstoffaserverstärkter Kunststoff
MFK	Metallfaserverstärkter Kunststoff
SFK	Synthesefaserverstärkter Kunststoff

Anwendungsbeispiel. Hinter dem Kurzzeichen wird – unter Weglassen des Buchstabens K (für Kunststoff) und Einfügen eines Bindestriches – der betreffende Kunststoff mit dem Kurzzeichen nach DIN 7728 T1 (Tab. **2**.303) angegeben:

UP-GF	Glasfaserverstärkter ungesättigter Polyester
PP-GF	Glasfaserverstärktes Polypropylen

Werkstoffgruppen (Gruppierung hochpolymerer Werkstoffe) DIN 7724, Beiblatt zu DIN 7724 (beide Feb 1972)

Grundlagen

Die Gruppierung hochpolymerer Werkstoffe wird nach DIN 7724 nicht anhand von Einzelwerten, sondern mit Hilfe von Funktionen vorgenommen. Hierfür bietet sich die bei bestimmten zeitlichen Bedingungen gemessene Temperaturabhängigkeit viskoelastischer Kenngrößen an.

So spiegelt der Temperaturverlauf des Schubmoduls und des mechanischen Verlustfaktors hochpolymerer Werkstoffe sehr gut die Zustands- und Übergangsbereiche wieder, die der Werkstoff mit zu- oder abnehmender Temperatur durchläuft (s. Bild **2**.305).

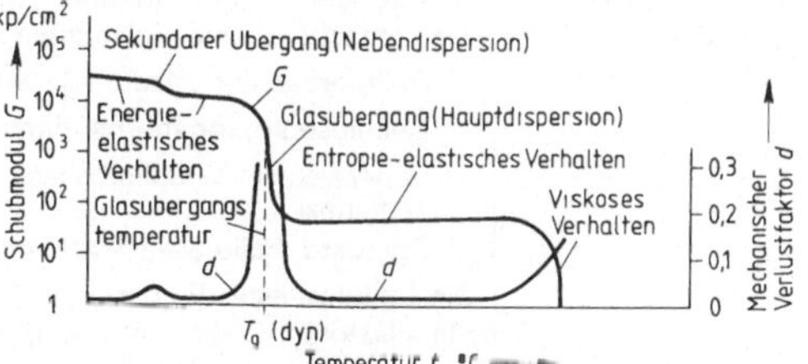

Bild **2**.305 Schematische Darstellung der Zustands- und Übergangsbereiche amorpher, hochpolymerer Werkstoffe anhand des Temperaturverlaufs des Schubmoduls *G* und des mechanischen Verlustfaktors *d*

Die Temperaturabhängigkeit des Schubmoduls und des mechanischen Verlustfaktors werden nach DIN 53445 bzw. 53520 (s. Normen) ermittelt.

Einteilung

Thermoplaste (Plastomere) sind bis zur Zersetzungstemperatur nicht vernetzte – oder nicht homogen vernetzte – hochpolymere Werkstoffe, die sich bei niederen Temperaturen stahlelastisch verhalten und die bei irgendeiner Temperatur unterhalb ihrer Zersetzungstemperatur viskos fließen. Zwischen dem Bereich der Stahlelastizität und dem Fließbereich kann ein mehr oder weniger breites Temperaturgebiet liegen, in dem sich der Werkstoff gummielastisch verhält. Viskoses Fließen ist durch einen Abfall des Schubmoduls auf im Torsionsschwingungsversuch nicht mehr meßbare Werte gekennzeichnet.

Beispiele In der Wärme formbares Polystyrol, in der Wärme formbares Polyethylen, Hart- und Weich-PVC (Polyvinylchlorid), thermolabil vernetzte Urethanpolymere.

Elastomere sind weitmaschig bis zur Zersetzungstemperatur vernetzte hochpolymere Werkstoffe, die sich bei niederen Temperaturen stahlelastisch verhalten und die auch bei hohen Temperaturen nicht viskos fließen, sondern von 20 °C oder einer tieferen Temperatur bis zur Zersetzungstemperatur gummielastisch sind. Gummielastizität ist durch weitgehend temperaturunabhängige Schubmodulwerte ($G \leqq 10^2$ N/mm²) und große reversible Deformierbarkeit gekennzeichnet.

Beispiele Mit etwa 1 bis 10% Schwefel vernetzter Naturkautschuk. Sehr hochmolekulares (durch Kettenverschlaufungen physikalisch vernetztes) Polyisobutylen.

Thermoelaste sind weitmaschig bis zur Zersetzungstemperatur vernetzte hochpolymere Werkstoffe, die sich bei niederen Temperaturen stahlelastisch verhalten und die auch bei hohen Temperaturen nicht viskos fließen, sondern von 20 °C oder einer höheren Temperatur bis zur Zersetzungstemperatur gummielastisch sind. Gummielastizität ist durch weitgehend temperaturunabhängige Schubmodulwerte ($G \leqq 10$ N/mm²) und große reversible Deformierbarkeit gekennzeichnet.

Beispiele Mit über 10% Schwefel vernetzter Naturkautschuk; Weitmaschig vernetztes Polyethylen; Sehr hochmolekulare (durch Kettenverschlaufungen physikalisch vernetzte) Polymethacrylsäureester.

Duroplaste (Duromere) sind engmaschig bis zur Zersetzungstemperatur vernetzte hochpolymere Werkstoffe, die bei niederen Temperaturen stahlelastisch sind und auch bei hohen Temperaturen nicht viskos fließen, sondern sich zwischen 50 °C oder einer höheren Temperatur und der Zersetzungstemperatur bei sehr begrenzter Deformierbarkeit elastisch verhalten. Der Schubmodul unterschreitet bei keiner Temperatur 10 N/mm².

Beispiele Gehärtete Polyesterharze; Gehärtete Epoxydharze; Gehärtete Phenol-Formaldehydharze.

Werkstoffe (Übersicht)

Tabelle **2**.306 Normen über Eigenschaften, Zusammensetzung und Bezeichnung sowie über Prüfverfahren zur Bestimmung dieser und weiterer Eigenschaften für Formmassen

Thermoplaste	
DIN 7742 T1 **DIN 7742 T2** (beide Aug 1981)	**Celluloseester-Formmassen** sind Formmassen aus organischen Celluloseestern mit Weichmachern bzw. Polymerplastikatoren. Organische Celluloseester sind – Celluloseacetobutyrate mit einem Massengehalt an Buttersäure von mindestens 40%, – Cellulosepropionate mit einem Massengehalt an Propionsäure von mindestens 55%, – höher veresterte Celluloseacetate mit einem Massengehalt an Essigsäure von mindestens 55% und – Standard-Celluloseacetate mit einem Massengehalt an Essigsäure von mindestens 52%. Die Celluloseester-Formmassen können Zusätze, z. B. Verarbeitungshilfsmittel, Klima-Stabilisatoren, Farbmittel und Glasfasern, enthalten. **Bezeichnung** einer Höherveresterten Celluloseacetat-Formmasse (CA-H) für die Herstellung von Spritzgußteilen (M) mit einer Vicat-Erweichungstemperatur VST/B/50 von 80 °C (080) und einem Massenverlust von 4,0% (40) ohne Zusatz (kein Zeichen): **Formmasse DIN 7742–CA–H–M080–40**

Fortsetzung s. nächste Seiten

Tabelle 2.306, Fortsetzung

Thermoplaste	
DIN 16778 T1 **DIN 16778 T2** (beide Aug 1980)	**Ethylen-Vinylacetat-Copolymer(EVA)-Formmassen** sind Formmassen auf Basis von Ethylen-Vinylacetat-Copolymerisaten. Sie enthalten, wenn keine zusätzlichen Angaben gemacht werden, die gegebenenfalls für die Verarbeitung notwendige Ausrüstung Bezeichnung einer EVA-Formmasse, VA-Gehalt 17% (EVA18) für Spritzgießen (M) ohne besondere Additive mit einem Schmelzindex bei 190 °C/2,16 kg von 19 g/10 min (D200) **Formmasse DIN 16778–EVA18, M, D 200** Benennung DIN-Nummer Kurzzeichen VA-Gehalt Anwendung Schmelzindex Prüfbedingung Wert
DIN 7744 T1 **DIN 7744 T2** (beide Jan 1980)	**Polycarbonat(PC)-Formmassen** sind Formmassen auf Basis von vorwiegend aromatischen Dihydroxyverbindungen und zwar: – Homopolykondensate, – Copolykondensate oder – Mischungen daraus ohne und mit Zusatz von Kurzglasfasern mit einer durchschnittlichen Länge unter 1 mm oder anderen Füllstoffen. Die PC-Formmassen können noch andere Zusätze, z. B. Verarbeitungshilfsmittel und Farbmittel, bis insgesamt 5% enthalten. **Bezeichnung** einer Polycarbonat-Formmasse (PC) mit einer Viskositätszahl J von 56 cm³/g (55), einem Schmelzindex MFI 300/1,2 von 5,5 g/10 min (045), einem Flammenschutzmittel (FR) und einem Massengehalt an Glasfasern von 30% (GF30): **Formmasse DIN 7744–PC 55–045 FR–GF30**
DIN 16776 T1 **DIN 16776 T2** (beide Apr 1978)	**Polyethylen(PE)-Formmassen** sind Formmassen auf Basis von Ethylen-homo/-Copolymerisaten. Sie enthalten, wenn keine zusätzlichen Angaben gemacht werden, die gegebenenfalls für die Verarbeitung notwendige Ausrüstung. **Bezeichnung** einer PE-Formmasse (PE) für Spritzgießen (M) mit Farbmittel (C) mit einer Dichte von 0,962 g/cm³ (60) mit einem Schmelzindex MFI bei 190 °C/2,16 kg von 19 g/10 min (D200) **Formmasse DIN 16776–PE, MC, 60 D 200** Benennung DIN-Nummer Kurzzeichen Anwendung Additiv Dichtekennzeichen Schmelzindex Prüfbedingung Wert

Fortsetzung s. nächste Seiten

Tabelle **2**.306, Fortsetzung

Thermoplaste	
DIN 7745 T1 **DIN 7745 T2** (beide Jan 1980)	**Polymethylmethacrylat(PMMA)-Formmassen** sind Formmassen auf Basis von Homo- und Copolymerisaten des Methacrylsäuremethylesters (MMA) mit einem Massengehalt an Methylmethacrylat von mindestens 80% und einem Massengehalt an Acrylsäureester oder anderen Monomeren bis 20%. Die PMMA-Formmassen können Zusätze, z. B. Verarbeitungshilfsmittel, Stabilisatoren und Farbmittel, bis insgesamt 5% enthalten. **Bezeichnung** einer Polymethylmethacrylat-Formmasse (PMMA) mit einer Vicat-Erweichungstemperatur VST/B/50 von 110 °C (108) und einer Viskositätszahl *J* von 76 cm³/g (73): **Formmasse DIN 7745 – PMMA 108 – 73**
DIN 16774 T1 **DIN 16774 T2** (beide Apr 1978)	**Polypropylen(PP)-Formmassen** sind Formmassen auf Basis von Propylen-homo/-Copolymerisaten. Sie enthalten, wenn keine zusätzlichen Angaben gemacht werden, die gegebenenfalls für die Verarbeitung notwendige Ausrüstung. **Bezeichnung** einer PP-Formmasse, statistisches Copolymerisat (PP-R) für Extrusion von Folien (F) mit Gleitmittel (S) mit einem Isotaxie-Index von 90% (85) mit einem Schmelzindex MFI bei 230 °C/2,16 kg von 12,2 g/10 min (M090) **Formmasse DIN 16774 – PP-R, FS, 90 M 090** Benennung DIN-Nummer Kurzzeichen Zusätzliche Kennzeichnung Anwendung Additiv Isotaxie Index Schmelzindex Prüfbedingung Wert
DIN 7741 T1 **DIN 7741 T2** (beide Aug 1977)	**Polystyrol(PS)-Formmassen** auf Basis von Styrol-Homopolymerisaten können Zusätze, z. B. Verarbeitungshilfsmittel und Farbmittel, enthalten.. **Bezeichnung** einer PS-Formmasse (PS) mit einer Vicat-Erweichungstemperatur VST/B/50 von 86 °C (085) und einem Schmelzindex MFI 200/5 von 5,5 g/10 min (06): **Formmasse DIN 7741 – PS – 085 – 06**
DIN 7749 T1 **DIN 7749 T2** (beide Jul 1979)	**Weichmacherhaltige Polyvinylchlorid(PVC-P)-Formmassen** sind Formmassen auf Basis von Homo- oder Copolymerisaten des Vinylchlorids (VC) oder Gemischen dieser Polymerisate mit anderen Polymerisaten mit überwiegendem Anteil der VC-Polymerisate. Sie enthalten, neben Weichmachern, Zusätze wie Stabilisatoren, Gleitmittel, Farbstoffe, die für die Verarbeitung notwendig sind oder die Eigenschaften des Formstoffes beeinflussen. **Bezeichnung** einer weichmacherhaltigen PVC-Formmasse (Kurzzeichen PVC-P) für Kabel- und Drahtisolierung (Zeichen K), geliefert als Granulat (Zeichen G) ohne Farbstoffzusatz (Zeichen N) mit einer Shore-A-Härte von 82 (Zeichen A82), einer Dichte von 1,24 g/cm³ (Zeichen 25) und einem Spannungswert σ_{100} von 14 N/mm² (Zeichen 15):

Fortsetzung s. nächste Seite

Tabelle 2.306, Fortsetzung

Thermoplaste	
DIN 7749 T1 **DIN 7749 T2**	**Formmasse DIN 7749 – PVC – P, K G N, A82 – 25 – 15** Kurzzeichen – PVC–P Modifikation – P für Kabel und Drahtisolierung – K Granulat – G ohne Farbstoffzusatz (naturfarben) – N Shore-A-Härte – A82 Dichte – 25 Spannungswert σ_{100} – 15
DIN 7748 T1 **DIN 7748 T2** (beide Jul 1979)	**Weichmacherfreie Polyvinylchlorid(PVC-U)-Formmassen** sind Formmassen auf Basis von Homo- oder Copolymerisaten des Vinylchlorids (VC) oder chloriertem VC-Homopolymerisat (PVC-C) oder Gemischen daraus oder Gemischen dieser Polymerisate mit anderen Polymerisaten mit überwiegendem Anteil der VC-Polymerisate. Sie enthalten, wenn keine zusätzlichen Angaben genannt werden, die gegebenenfalls für die Verarbeitung notwendige Ausrüstung. **Bezeichnung** einer weichmacherfreien PVC-Formmasse (Kurzzeichen PVC U) für Blasformen (Zeichen B), geliefert in Pulverform (Zeichen D), mit erhöhter Transparenz und den physikalischen Eigenschaften Vicat-Erweichungstemperatur VST/B/50 von 76 °C (Zeichen 076) Kerbschlagzähigkeit a_k von 27 kJ/m³ (Zeichen 30) und Elastizitätsmodul E von 2670 N/mm² (Zeichen 28): **Formmasse DIN 7748 – PVC – U, B D T, 076 – 30 – 28** Kurzzeichen – PVC–U Modifikation – U für Blasformen – B Pulver – D erhöhter Transparenz – T Vicat-Erweichungstemperatur VST/B/50 – 076 Kerbschlagzähigkeit a_k – 30 Elastizitätsmodul E – 28
Duroplaste	
DIN 7708 T3 (Okt. 1975)	**Aminoplast-Formmassen** sind warm formbare, warm härtbare Formmassen, deren wesentliche Bestandteile aus aminoplastischen Kunstharzen und Füll- (= Verstärkungs-)stoffen und anderen Zusatzstoffen, wie Farbstoffen, Gleitmittel, bestehen. **Aminoplast/Phenoplast-Formmassen** sind warm formbare, warm härtbare Formmassen, deren wesentliche Bestandteile aus aminoplastischen Kunstharzen und Phenol-Formaldehyd-Harz oder -Harzen und Füll-(= Verstärkungs-)stoffen und anderen Zusatzstoffen, wie Farbstoffen, Gleitmittel, bestehen. Dabei sind zu verstehen unter aminoplastischen Kunstharzen: härtbare Formaldehyd-Kondensations-Produkte auf der Basis von Harnstoff, Dicyandiamid, Melamin oder/und ihren Derivaten,

Fortsetzung s. nächste Seite

Tabelle **2**.306, Fortsetzung

Duroplaste	
DIN 7708 T3	unter Phenol-Formaldehyd-Harz: alle härtbaren Kunstharze auf der Basis von Phenolen, wie Phenol, Kresol. **Bezeichnung** einer Aminoplast-Formmasse Typ 131, die vom Lieferer laufend werkseigen kontrolliert wird (N): **Formmasse DIN 7708 – Typ 131 N** Werkstoffangabe (Formstoff = **FS**) für ein Formteil, das aus Formmasse Typ **131 N** hergestellt ist: **DIN 7708 – FS 131 N** Die Werkstoffangabe geht wie folgt (d.h. ohne DIN-Nr) in die Bezeichnung eines genormten Gegenstandes ein, z.B. **Stab DIN .....–10 × 100 – FS 131 N**
DIN 7708 T2 (Okt 1975)	**Phenoplast-Formmassen** sind warm formbare, warm härtbare Formmassen, deren wesentliche Bestandteile aus Phenol-Formaldehyd-Harz oder -Harzen und Füll-(= Verstärkungs-)stoffen und anderen Zusatzstoffen, wie Farbstoffen, Gleitmittel bestehen. Dabei sind unter Phenol-Formaldehyd-Harz alle härtbaren Kunstharze auf der Basis von Phenolen, wie Phenol, Kresol zu verstehen. **Bezeichnung** einer Phenoplast-Formmasse Typ **31**, die vom Lieferer kontrolliert wird (**N**): **Formmasse DIN 7708 – Typ 31 N** Werkstoffangabe (Formstoff = **FS**) für ein aus Formmasse Typ **31** hergestelltes Formteil: **DIN 7708 – FS 31 N** (DIN 7708-FS31) oder als Werkstoffangabe für ein Normteil, z.B.: **Stab DIN ...-10 × 100 – FS 31 N**

Halbzeuge (Übersicht)

Tabelle **2**.307 Normen für Halbzeuge aus Kunststoff

Halbzeugformen (Abmessungsbereiche) [1]			Werkstoff [1]					
			PC	PE	PMMA	PP	PVC-P	PVC-U
Tafeln	Dicke	≦20 mm	—	DIN 16925	—	—	DIN 16959	—
		<30 mm	—	—	DIN 16957	—	—	DIN 16927 T1 und T2
		1 bis 10 mm	DIN 16801	—	—	—	—	—
Rundstäbe	Durchmesser	3 bis 200 mm	DIN 16800	—	—	—	—	—
		3 bis 500 mm	—	DIN 16815	—	DIN 16816	—	—
		3 bis 400 mm	—	—	—	—	—	DIN 16817
Flachstäbe	Breite × Dicke	300 × (5 bis 100) 500 × (5 bis 60)	DIN 16802	—	—	—	—	—
Rohre	allgemein		DIN 16803	DIN 8072	—	DIN 8077	—	DIN 8062
	Drainrohre		—	—	—	—	—	DIN 1187
	Fahrrohre für Rohrpost		—	—	—	—	—	DIN 6660
	für Abwasserleitungen innerhalb von Gebäuden		—	DIN 19535	—	DIN 19560	—	DIN 19531
	für Trinkwasserversorgung		—	DIN 19533	—	—	—	DIN 19532
	für Entwässerung		—	—	—	—	—	DIN 19534 T1

[1]) Stufung der Maße, Toleranzen, Prüfungen, Werkstoffdaten s. Normen

2.5 Elektrotechnik

2.5.1 Grundlagen der Elektrotechnik

Spannungen, Ströme, Frequenzen

DIN 40001 (Apr 1957), **DIN 40002** (Apr 1973), **DIN 40003** (Mrz 1969), **DIN 40004** (Jul 1983), **DIN 40005** (Dez 1969), **DIN 40030** (Okt 1977), **DIN 40031** (Feb 1977), **DIN 40700 T4** (Jul 1978)

Vorzugs-Nennwerte

Nennspannung ist diejenige Spannung, nach der eine Anlage, ein Betriebsmittel (Stromverbraucher) oder ein Netz benannt wird und auf die bestimmte Betriebseigenschaften bezogen werden.

Netzspannung ist die Spannung des Energieversorgungsnetzes, an das der Eingang einer Anlage, eines Betriebsmittels, z. B. des Stromversorgungsteils einer Einheit mit elektronischen Betriebsmitteln oder die erste Stufe einer Stromversorgungseinrichtung zur Speisung elektronischer Betriebsmittel (Bild **2**.308) angeschlossen ist.

Versorgungsspannung ist die Spannung am Energieversorgungseingang z. B. eines elektronischen Betriebsmittels oder einer nachgeschalteten Stromversorgungsstufe (Bild **2**.308).

Wechselstromsystem ist ein Stromsystem, in und entlang dessen Strombahnen die Augenblickswerte der elektrischen und magnetischen Größen periodische Funktionen der Zeit mit dem arithmetischen Mittelwert (Gleichwert) Null sind.

Drehstromsystem ist die übliche Bezeichnung für ein dreiphasiges Wechselstromsystem.

(Mit Mehrphasensystemen kann man räumlich umlaufende elektrische und magnetische Felder erzeugen. Diese werden Drehfelder genannt. Deshalb werden Mehrphasensysteme allgemein auch als Drehstromsysteme bezeichnet.)

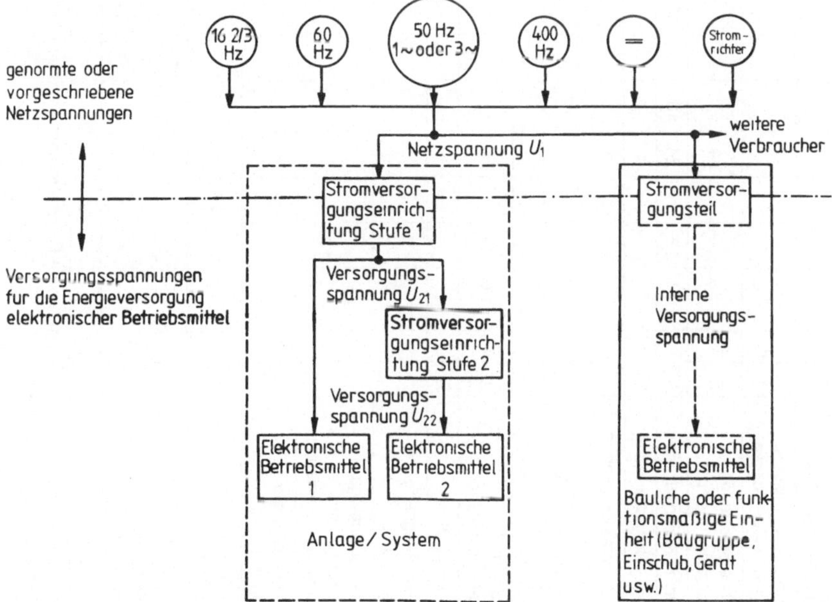

Bild **2**.308 Beispiele einer Energieversorgung von Betriebsmitteln am Schema der Speisung von elektrischen Betriebsmitteln der Informations- und Energietechnik

Tabelle **2**.309 Genormte Nennspannungen in Volt nach DIN 40 001 und DIN 40 002; Auswahl für Gleichstrommotore nach DIN 40 030, für Niederspannungssicherungen nach DIN 57 636/VDE 0636 T1, für die Speisung elektronischer Betriebsmittel nach DIN 40 031

Verwendung		Vorzugs-Nennwerte fur Spannungen																								
		2	4	5	6	12	15	24	40[2])	48	60	80	110	120	150	170	180	220	230	240	260	300	310	380	400	460
Wechselstromsysteme														120/240				220/380		240/415						
Drehstromsysteme 50 Hz													110					220						380		
Stromverbraucher gespeist aus Klingeltransformatoren		2	4		6																					
Elektrisches Spielzeug/ Versorgungsspannung		2	4		6			24																		
Gewerbliche Kleinmotoren						12		24	40		60															
Gleichstrommotore[1])	Nennspannung														150	170			230		260	300			400	460
	Erregerspannung																180						310			
Niederspannungssicherungen	V~																	220						380		
	V–																			250						440
Fernmelde- und Fernsteuerungsanlagen		2	4		6	12		24	40		60	80														
Versorgungsspannungen	Schaltung DV	2																								
	Digitale integrierte Schaltung			5	6																					
	Digitale u. analoge Schaltungen mit diskreten Bauelementen					12																				
	zentrale Versorgungsspannung							24																		
	Digitale u. analoge integrierte Schaltung						15																			
	Leistungsverstärker									48																
	Signaleingaben u. Schaltkontakte										60		110													
Haushaltsgeräte													110					220						380		

[1]) Uber steuerbare Stromrichter direkt gespeiste Gleichstrommotore (nach DIN 40 030)
[2]) als Wechselspannung auch 42 V

Nennstrom ist derjenige Strom, für welchen elektrische Anlagen und Betriebsmittel bemessen sind, nach dem sie benannt sind und auf den sich andere Nenngrößen (z. B. zulässige Nennverlustleistungen bei Sicherungen) beziehen.

Nennfrequenz ist diejenige Frequenz, für die eine elektrische Anlage oder ein Betriebsmittel ausgelegt ist und auf die sich die anderen Nenngrößen beziehen.

Tabelle **2**.310 Genormte Nennströme in Ampere nach DIN 40003 (Auswahl nach VDE 0660, VDE 0663 und DIN 57 636 T1/VDE 0636 T1

Schalter, Anlasser, Steller (VDE 0660) Steckvorrichtungen (VDE 0623)	–	–	–	–	–	–	–		6,3	
	10	–	16	20	25	31,5	40	–	63	80
	100	125	160	200	250	–	400	–	630	–
	1000	–	1600	2000	2500	3150	4000	–	6300	8000
Niederspannungssicherungen bis 1000 V~ und 3000 V_ (DIN 57 636 T1/VDE 0636 T1)	–	–	–	2	–	–	4	–	6	–
	10	–	16	20	25	35	–	50	63	80
	100	125	160	200	250	315	400	500	630	800
	1000	1250	–	–	–	–	–	–	–	–

Die genormte Gesamtreihe sieht die Werte 1 1,25 1,6 2 2,5 3,15 4 5 6,3 8 sowie das 10-, 100- und 1000fache dieser Werte und außerdem noch 10 000 vor.

Tabelle **2**.311 Genormte Nennfrequenzen in Hertz nach DIN 40005

Energieversorgung	50
Installation auf Schiffen	50 60
elektrische Bahnen	$16^2/_3$ 50
Industrielle Anwendung	50 100 150 200 250 300 400 500 1000 2000 4000 10 000
Luftfahrt	400

Daneben gelten für den Export für bestimmte Gebiete 60 Hz und Vielfache davon.
Nicht aufgeführt sind Frequenzen z. B. für die Fernwirktechnik und Nachrichtentechnik, die nicht in den Geltungsbereich von DIN 40 005 fallen.

Kennzeichen und Schreibweisen

Tabelle **2**.312 Spannung und Strom; Kennzeichen nach DIN 40 700 T4 und Schreibweisen nach DIN 40 004

Benennung	Schreibweise (Beispiele)			Kennzeichen	
	ungekürzte	gekürzte		in Schaltunterlagen	in Literatur und Datenverarbeitung
Gleichstrom, Gleichspannung, allgemein *Direct current*	Gleichstrom 10 A Gleichspannung 220 V	=10 A =220 V	DC 10 A DC 220 V	— - - - [1]	DC
Wechselstrom, Wechselspannung, allgemein *Alternating current*	Wechselspannung 380 V Wechselstrom 1000 A	~ 380 V ~ 1 kA	AC 380 V AC 1 kA	∼	AC
Gleich- und Wechselspannung oder Gleich- und Wechselstrom *current (universal)*	Gleich- oder Wechselspannung 250 V	≈ 250 V	UC 250 V	≂	UC

[1]) Anwendung vorzugsweise auf Betriebsmitteln, in Schaltungsunterlagen wenn Verwechslungsgefahr besteht

System zur Anschlußkennzeichnung bestimmter Leiter in Schaltungsunterlagen und am Betriebsmittel

DIN 40705 (Feb 1980), DIN 42400 (Sep 1983)

Verfahren zum Kennzeichnen

Betriebsmittel sind nach einem oder mehreren der in Tab. **2**.313 dargestellten und in den Bildern **2**.314 bis **2**.320 erläuterten Verfahren zu kennzeichnen:

a) durch die räumliche Anordnung von Anschlüssen nach einer bestehenden Norm (z. B. DIN 49441, zweipolige Stecker mit Schutzkontakt, Jun 1972; s. Norm)

b) durch Farbkennzeichnung nach einer bestehenden Norm (z. B. DIN 41788, Farbkennzeichnung der Anschlüsse von Transistoren und Dioden, Aug 1975; s. Norm)

c) durch Schaltzeichen nach den Normen der Reihe DIN 40700 (s. Normen) und folgende, bzw. Bildzeichen der Normenreihe DIN 40100 (s. Normen).

d) durch alphanumerische Zeichenfolge nach den Bildern **2**.314 bis **2**.320.

Prinzip des Systems (Bilder **2**.314 bis **2**.320)

1. Zur alphanumerischen Anschlußkennzeichnung sind lateinische Buchstaben und arabische Ziffern zu verwenden.
2. Die zur Anschlußkennzeichnung der Betriebsmittel verwendeten Buchstaben sind ausschließlich lateinische Großbuchstaben, wobei die Buchstaben „I" und „O" ausgeschlossen sind.
3. Eine vollständige Anschlußkennzeichnung ist aus einer Folge von abwechselnd alphabetischen und numerischen Zeichengruppen zu bilden, von denen jede aus einem oder mehreren Buchstaben bzw. Ziffern besteht.

Tabelle **2**.313 Kennzeichnung der Anschlüsse elektrischer Betriebsmittel nach DIN 42400 sowie der entsprechenden Leiter nach DIN 40705

Art des Leiters[2])		Kennzeichnung einiger besonderer Leiter und ihrer Anschlüsse	Kennzeichnung von Betriebsmittelanschlüssen	Kennzeichnung durch	Kennzeichnung isolierter und blanker Leiter durch
		alphanumerisch	alphanumerisch	graphisches Symbol	Farben
Wechselstromnetz	Außenleiter 1	L 1	U	nach DIN 40712 und DIN 40100 T3 – soweit bereits festgelegt –	nicht zugeordnet[1])
	Außenleiter 2	L 2	V		
	Außenleiter 3	L 3	W		
	Neutralleiter	N	N		hellblau
Gleichstromnetz	Positiv	L +	—	+ nach DIN 40100 T3	nicht zugeordnet[1])
	Negativ	L –		–	
	Mittelleiter	M			hellblau
Schutzleiter		PE	PE	⏚ (im Kreis) nach DIN 40712 und DIN 40100 T3	grün-gelb
Neutralleiter mit Schutzfunktion (PEN-Leiter)		PEN			grün-gelb
Schutzleiter, nicht geerdet		PU	—	—	grün-gelb
Erde		E	E	⏚	nicht zuordnet
Fremdspannungsarme Erde		TE	TE	⏚ (fremdspannungsarm)	
Masse		MM	MM	⊥	

[1]) Bei Innenverdrahtungen mit einadrigen isolierten Leitern ist nach DIN 40705 vorzugsweise schwarz, bei getrennten Leitergruppen zusätzlich noch braun zu verwenden.

[2]) Begriffe s. DIN 57100 T200/VDE 0100 T200

Beispiele für Anschlußkennzeichnung nach DIN 42400

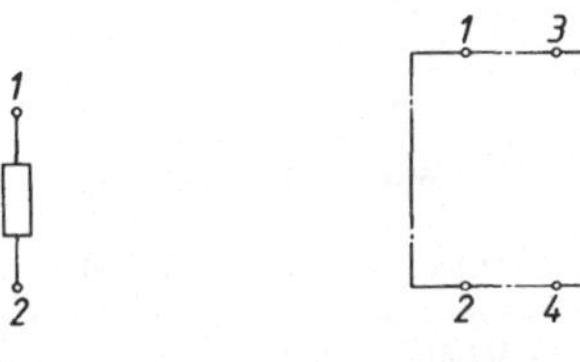

2.314
Element mit 2 Anschlüssen

2.315
Element mit 6 Anschlüssen

2.318
Betriebsmittel mit 6 Anschlüssen, das aus 3 Elementen besteht. (Keine Zuordnung zu den Außenleitern)

2.319
Betriebsmittel zum Anschluß an das Drehstromnetz mit 2 dreisträngigen Gruppen mit je 6 Anschlüssen

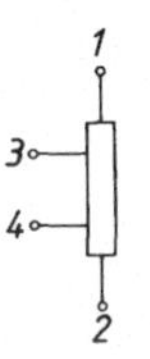

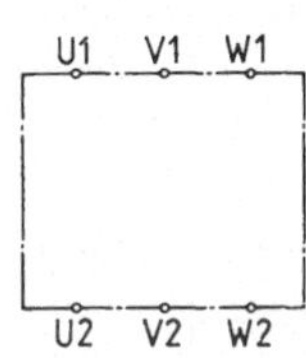

2.316
Element mit 4 Anschlüssen

2.317
Dreisträngiges Betriebsmittel mit 6 Anschlüssen (Zuordnung der drei Elemente zu den 3 Außenleitern)

Weitere Normen zur Kennzeichnung der Anschlüsse elektr. Betriebsmittel

Anschlußbezeichnungen und Drehsinn für umlaufende elektrische Maschinen DIN 57530 T8/VDE 0530 T8
- Grundregeln DIN 42401 T1
- für Kommutatorlose Wechselstrommaschinen DIN 42401 T2
- für Gleichstrommaschinen DIN 42401 T3

Anschlußbezeichnungen für Transformatoren und Drosseln DIN 42402

Anschlußkennzeichnung von Vielkristallhalbleiter-Gleichrichtern DIN 57556a/VDE 0556a

Anschlußkennzeichnung von Kondensatoren s. Abschn. 2.3.2

Anschlußbezeichnungen von Niederspannungs-schaltgeräten
DIN EN 50005
DIN EN 50011
DIN EN 50012
DIN EN 50013

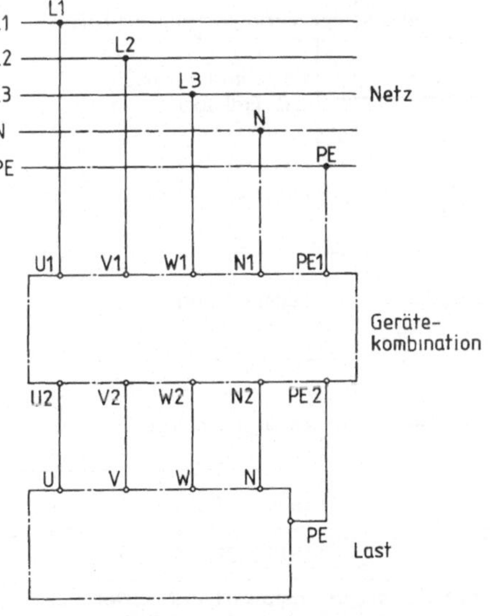

2.320 Verbindung von Betriebsmitteln

Regeln und graphische Symbole für Elektro-Installationspläne DIN 40717 (Nov 1983), DIN 40719 T5 (Nov 1983)

Elektro-Installation

Unter diesen Begriff fallen alle elektrischen Einrichtungen für die Gebäudenutzung, wie Stromversorgung, Beleuchtung, Fernmeldeeinrichtungen, Antennenanlagen, Signalanlagen, Transporteinrichtungen (z. B. Rohrpostanlagen, Aufzüge) usw.

Grafische Symbole

Tabelle **2**.321 Schaltzeichen fur Elektro-Installationsplane nach DIN 40717

Schaltzeichen	Benennung und Bemerkung
Leitersysteme (Leitungen, Kabel, Stromschienen)	
	Leiter, allgemein (DIN 40711 s. Norm)
	Leiter, bewegbar
	Leiter, geschirmt (DIN 40711 s. Norm)
Kennzeichnung der Verlegearten der Leiter	
	Leiter im Erdbereich, z. B. Erdkabel
	Leiter auf Putz
	Leiter im Putz
	Leiter unter Putz
	Leiter in Elektroinstallationsrohr (Kennzeichnung der Rohrart nach VDE 0605 s. Norm)
Kennzeichnung der Leiterart und Leiteranzahl	
NYM-J 3×1,5	Leitung, z. B. Mantelleitung (Kurzzeichen nach DIN 0250 s. Norm)
H05RN-F3G1	bewegbare Leitung, z. B. Gummischlauchleitung (Kurzzeichen nach DIN 57282 T810/ VDE 0282 T810; s. Tab. **2**.256)
	Leitung mit Kennzeichnung der Leiteranzahl, z. B. 3 Leiter (DIN 40711 s. Norm)
3	Vereinfachte Darstellung
Kennzeichnung des Verwendungszweckes	
	Schutzleiter (PE), PEN-Leiter Potentialausgleichsleiter (PL) (DIN 40711 s. Norm)
	wahlweise Darstellung für Schutzleiter (PE)
	wahlweise Darstellung fur PEN-Leiter
	Neutralleiter (N)
	desgleichen, wenn eine Unterscheidung erforderlich ist
	wahlweise Darstellung
	Signalleitung (DIN 40711 s. Norm)
	Fernmeldeleitung (DIN 40711 s. Norm)
3 NYJF 1,5	Stegleitung NYJF mit drei Kupferleitern 1,5 mm² nach VDE 0250 (s. Norm), im Putz verlegt
5 NYM-J 1,5	Mantelleitung NYM-J mit fünf Kupferleitern 1,5 mm² nach VDE 0250 (s. Norm), auf Putz verlegt
Einspeisungen	
	Leiterverbindung
	Abzweigdose Darstellung falls erforderlich
	Dose
	Hausanschlußkasten
	Verteiler, Schaltanlage
	Umrahmungslinie (DIN 40712 s. Norm)

Fortsetzung s. nächste Seite

Tabelle **2**.321, Fortsetzung

Schaltzeichen	Benennung und Bemerkung	
Stromversorgungsgeräte, Umsetzer		
220/6V	Transformator, z. B. Klingeltransformator 220/6 V (DIN 40714 T1 s. Norm)	
	Gleichrichtergerät, z. B. Wechselstrom-Netzanschlußgerät	Im Bedarfsfall können mehrere Stromarten und Spannungen angegeben werden (DIN 40700 T10 s. Norm)
	Wechselrichtergerät, z. B. Polwechsler, Zerhacker	
	Umsetzer, allgemein	
Schaltgeräte		
	Sicherung, allgemein (DIN 40713 s. Norm)	
DII / 10 A	Schraubsicherung, z. B. 10A und Typ D II, dreipolig	
00 / 25 A	Niederspannungs-Hochleistungs-Sicherung (NH), z. B. 25 A Größe 00	
10 A	Schalter, z. B. 10A, dreipolig	Angabe der Polzahl kann entfallen, wenn diese aus der Leiteranzahl eindeutig ersichtlich ist (Antriebsart nach DIN 40703 s. Norm
4	Fehlerstrom-Schutzschalter vierpolig	
	Leitungsschutzschalter	
3	Motorschutzschalter, dreipolig	
I>	Überstromstoßrelais z. B. Vorrangschalter	
	Not-Aus-Schalter	

Fortsetzung s. nächste Seite

Schaltzeichen	Benennung und Bemerkung	
Installationsschalter		
	Schalter, allgemein	Benennung nach DIN 49290 (s. Norm)
	Schalter mit Kontrollampe	
	Schalter 1/1 (Ausschalter einpolig)	
	Schalter 1/2 (Ausschalter zweipolig)	
	Schalter 1/3 (Ausschalter dreipolig)	
	Schalter 5/1 (Serienschalter einpolig)	
	Schalter 6/1 (Wechselschalter einpolig)	
	Schalter 7/1 Kreuzschalter einpolig)	
t	Zeitschalter	
	Taster	
	Leuchttaster	
	Stromstoßschalter	
	Dimmer (Ausschalter)	
Steckvorrichtungen		
	Einfach-Steckdose ohne Schutzkontakt	
	Schutzkontaktsteckdose	
3, N, PE	Schutzkontaktsteckdose für Drehstrom, z. B. fünfpolig	
3	Schutzkontaktsteckdose, z. B. dreifach	
	Fernmeldesteckdose	
	Antennensteckdose	

Tabelle **2**.321, Fortsetzung

Schaltzeichen	Benennung und Bemerkung
Anzeigegeräte, Relais, Tonfrequenz-Rundsteuergeräte	
	Zahler (DIN 40716 T1 s. Norm)
	Schaltuhr, z. B. für Stromtarifumschaltung
t	Zeitrelais, z. B. für Treppenhausbeleuchtung
≈	Tonfrequenz-Rundsteuerrelais
Leuchten	
×	Leuchte, allgemein
× 5×60W	Leuchte mit Angabe der Lampenzahl und Leistung, z. B. 5 Lampen zu je 60 W
	Leuchte mit Schalter
	Leuchte mit veranderbarer Helligkeit
	Sicherheitsleuchte in Dauerschaltung
	Sicherheitsleuchte in Bereitschaftsschaltung
	Leuchte mit zusätzlicher Sicherheitsleuchte in Dauerschaltung
	Leuchte mit zusätzlicher Sicherheitsleuchte in Bereitschaftsschaltung
	Leuchte fur Entladungslampe allgemein
3	Leuchte für Entladungslampen mit Angabe der Lampenzahl z. B. 3 Lampen
	Leuchte für Leuchtstofflampe allgemein
65W	Leuchtenband, z. B. 2 Leuchten je 2 × 65 W
	Vorschaltgerät, allgemein
	vereinfachte Darstellung
	Starter, allgemein

Schaltzeichen	Benennung und Bemerkung
Elektro-Hausgeräte	
E	Elektrogerät, allgemein
	Kuchenmaschine
	Elektroherd, allgemein
	Mikrowellenherd
	Backofen
	Wärmeplatte
	Friteuse
	Heißwasserspeicher
	Durchlauferhitzer
	Heißwassergerät, allgemein
	Infrarotgrill
	Waschmaschine
	Wäschetrockner
	Geschirrspülmaschine
	Handetrockner, Haartrockner

Schaltzeichen	Benennung und Bemerkung
Geräte für Raumheizung, Lüftung, Klimatisierung	
	Raumbeheizung, allgemein
	Speicherheizgerat
	Infrarotstrahler (DIN 40704 T1 s. Norm)
	Lüfter
	Klimagerät
Fernmeldegeräte (Verteiler und Verzweiger)	
HVt	Hauptverteiler
Vz	Verzweiger auf Putz
Vz	Verzweiger unter Putz
Kühlgeräte, Gefriergeräte	
***	Kuhlgerät, z. B. Tiefkühlgerät — Anzahl der Sterne nach DIN 8950 T2 s. Norm
* ***	Gefriergerät
Motore	
M	Motor, allgemein

Schaltzeichen	Benennung und Bemerkung
Fernmeldegeräte	
	Fernsprechgerät, allgemein (DIN 40700 T10 s. Norm)
	Wechselsprechstelle, z. B. Haus- oder Torsprechstelle
	Gegensprechstelle, z. B. Haus- oder Torsprechstelle
Signalgeräte	
	Summer (DIN 40708 s. Norm)
	Gong (DIN 40708 s. Norm)
	Türöffner
ϑ	Temperaturmelder
Lx<	Dammerungsschalter
Rundfunk, Fernsehen und Zubehör	
	Antenne, allgemein (DIN 40700 T3 s. Norm)
	Verstärker (DIN 40700 T10 s. Norm) Die im Leistungszug liegende Spitze des Dreiecks gibt die Verstärkungsrichtung an.
	Lautsprecher
	Rundfunkgerät
	Fernsehgerät

Schaltungsunterlagen

Planarten. In der Elektro-Installation verwendet man außer Elektro-Installationsplänen noch Übersichts-, Stromlauf- und Anschlußpläne.

Entscheidend dafür, welche Schaltplanarten angewendet werden, ist Übersichtlichkeit und sicheres Erkennen der Zusammenhänge zwischen den Betriebsmitteln (s. Bilder **2**.322 bis **2**.324).

Elektro-Installationsplan. Ein Elektro-Installationsplan ist eine annähernd lagerichtige Darstellung elektrischer Betriebsmittel durch Schaltzeichen in den betreffenden Gebäudegrundrissen und deren Zuordnung zu den Stromkreisen (s. Bild **2**.322).

In einem Elektro-Installationsplan sollte folgendes angegeben bzw. enthalten sein: – Seite 152 –

(Die in ( ) hinter den einzelnen Hinweisen aufgeführten Beispiele beziehen sich auf das Bild **2**.322)

- Anschlußstelle des EVU (Elektrizitätsversorgungsunternehmen) (+2M1)
- Annähernd lagerichtige Eintragung der Schaltzeichen für die Betriebsmittel mit Kennzeichnung des Stromkreises (X1.7 = Leuchte im Schlafzimmer; Stromkreis 1)
- Kennzeichnung der Zuordnung von Stromkreisen zu Betriebsmitteln. (1.7 = Wechselschalter der der Leuchte X1.7 zugeordnet ist)
- Verlegeart der Leitungen, Kabel und Rohre (z. B. auf Putz, unter Putz, in Zwischendecke, Ausführung mit oder ohne Abzweigdosen). (s. Legende z. Bild **2**.322)
- Angaben zur Schutzmaßnahme und Schutzart (s. Legende Bild **2**.322)
- Hinweise auf besondere Betriebsstätten und Umgebungsbedingungen, z. B. feuchte und nasse Räume, feuergefährdete Betriebsstätten. (Küche, Bad usw.)
- Angabe zur Höhe der Schalter, Steckdosen u. a. (DIN 18015T3; s. Norm) über Oberkante fertigem Fußboden (OKFFB) s. Legende Bild **2**.322)
- Annähernd maßstabgetreue Darstellung der Längen der Leuchten für Leuchtstofflampen (Küche ⊢—⊣ 2.2)
- Angaben zur Bauart der Leuchten (hier nicht ausgeführt; ansonsten in der Legende z. B. A = Deckenleuchte komp., Schutzart IP.., 65 W, Lichtfarbe 25)

3/N/PE ~ 50 Hz 380 V

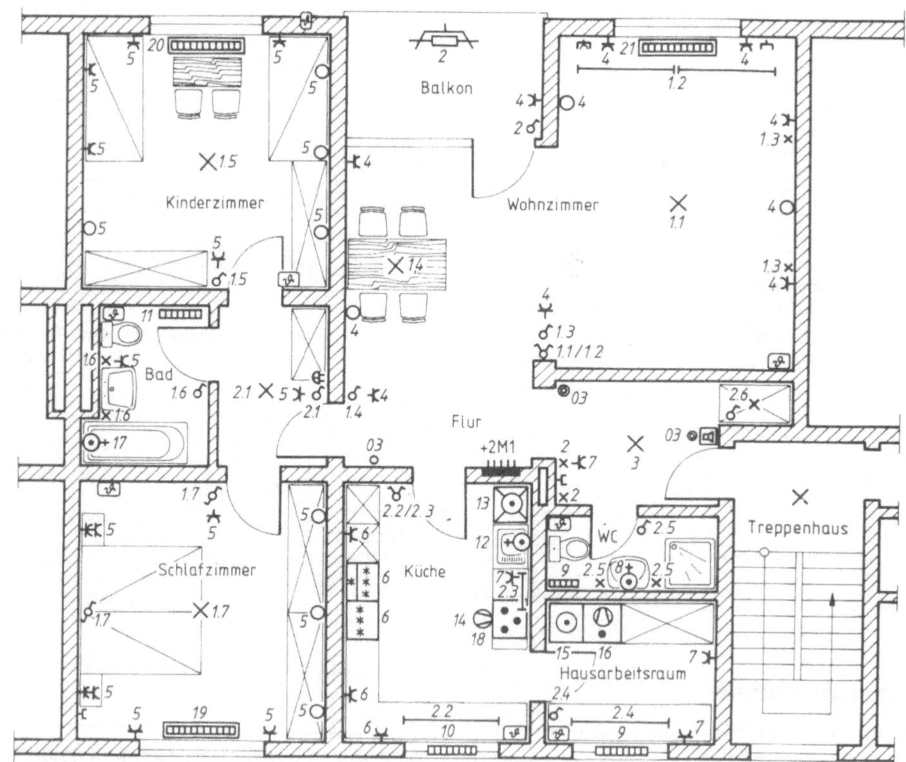

1 Stromkreisnummer
1.4 Stromkreisnummer mit Angabe der Kennziffer für einander zugeordnete Betriebsmittel.

Verlegeart: unter Putz mit Abzweigdosen

Montagehöhe der Inst.-Geräte über OKFFB:

Installationsschalter:	1,10 m
Schutzkontakt-Steckdosen:	
Küche, Hausarbeitsraum	1,10 m
sonstige Räume	0,30 m

Schutzmaßnahme:
Nullung nach VDE 0100 § 10
Fehlerstrom-Schutzschaltung nach VDE 0100 § 13

Bild **2**.322 Beispiel für einen Elektro-Installationsplan nach DIN 40719 T5 für eine Wohnung

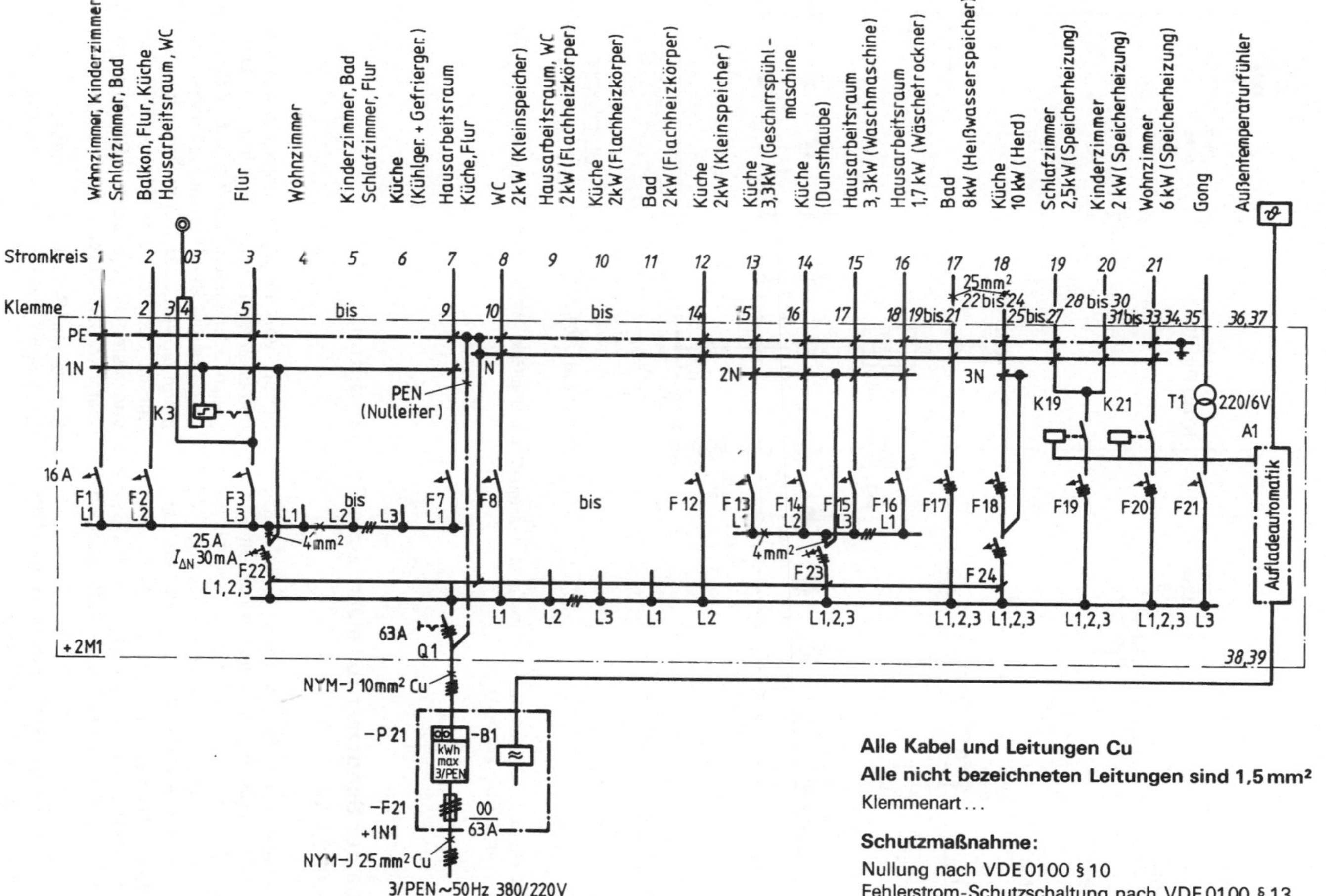

Alle Kabel und Leitungen Cu
Alle nicht bezeichneten Leitungen sind 1,5 mm²
Klemmenart . . .

Schutzmaßnahme:
Nullung nach VDE 0100 § 10
Fehlerstrom-Schutzschaltung nach VDE 0100 § 13

Bild **2**.323 Beispiel für einen Übersichtsschaltplan nach DIN 40719 T4 für die Wohnung nach Bild **2**.322

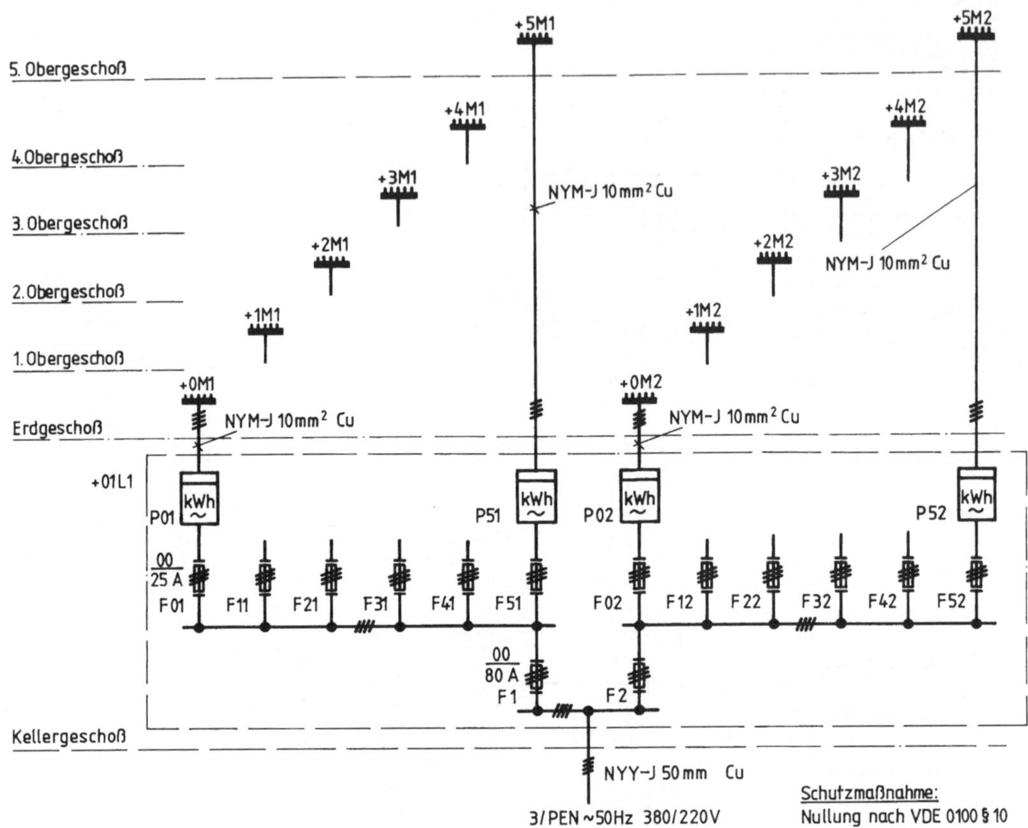

Bild 2.324 Beispiel für einen Ubersichtsschaltplan für ein Wohn- und Geschäftshaus (Wohnung aus Bild 2.322 liegt im 2. Obergeschoß)

Angabe der Schutzart für elektrische Betriebsmittel
DIN 40050 (Jul 1980)

Die für ein elektrisches Betriebsmittel (z. B. Motore, Leuchten) angegebene Schutzart bezieht sich auf den Lieferzustand sowie der festgelegten bzw. üblichen Aufstellung des Betriebsmittels und läßt erkennen, inwieweit eine Gefährdung von Personen durch das Betriebsmittel ausgeschlossen und/oder inwieweit einer Schädigung des Betriebsmittels selbst durch Gehäuse, Abdeckungen oder dergleichen vorgebeugt wurde.

Die in einzelne Grade (Schutzgrade) unterschiedenen Schutzarten umfassen dabei:

a) Schutz von Personen gegen Berühren von betriebsmäßig unter Spannung stehenden Teilen oder gegen Annähern an solche Teile sowie gegen Berühren sich bewegender Teile innerhalb von Betriebsmitteln (Gehäusen) und Schutz der Betriebsmittel gegen Eindringen von festen Fremdkörpern (Berührungs- und Fremdkörperschutz).

b) Schutz der Betriebsmittel gegen schädliches Eindringen von Wasser (Wasserschutz).

Angabe der Schutzart mittels Kurzzeichen

IP □ □[1)]

gleichbleibende Kennbuchstaben: International Protection	Erste Kennziffer für Schutzgrade nach Tabelle **2.**326	Zweite Kennziffer für Schutzgrade nach Tabelle **2.**327

[1)] Wird nur ein Schutzgrad angegeben, ist anstelle der fehlenden Kennziffer der Buchstabe x zu setzen.

Bild **2.**325 Schutzart-Kurzzeichen nach DIN 40050

Bedeutung der Kennziffern

Tabelle **2.**326 Schutzgrade für den Beruhrungs- und Fremdkorperschutz nach DIN 40 050

Erste Kenn-ziffer	Schutzgrad
0	Kein besonderer Schutz
1	Schutz gegen Eindringen von festen Fremdkörpern mit einem Durchmesser größer als 50 mm Kein Schutz gegen absichtlichen Zugang, z. B. mit der Hand, jedoch Fernhalten[1)] großer Körperflächen
2	Schutz gegen Eindringen von festen Fremdkörpern mit einem Durchmesser größer als 12 mm Fernhalten von Fingern oder ähnlichen Gegenständen
3	Schutz gegen Eindringen von festen Fremdkorpern mit einem Durchmesser größer als 2,5 mm Fernhalten von Werkzeugen, Drähten oder ahnlichem von einer Dicke größer als 2,5 mm
4	Schutz gegen Eindringen von festen Fremdkörpern mit einem Durchmesser größer als 1 mm Fernhalten von Werkzeugen, Drähten oder ahnlichem von einer Dicke größer als 1 mm
5	Schutz gegen schädliche Staubablagerungen. Das Eindringen von Staub ist nicht vollkommen verhindert; aber der Staub darf nicht in solchen Mengen eindringen, daß die Arbeitsweise des Betriebsmittels beeinträchtigt wird (staubgeschützt) Vollständiger Berührungsschutz
6	Schutz gegen Eindringen von Staub (staubdicht) Vollstandiger Beruhrungsschutz

[1)] Fernhalten bedeutet, daß ein Körperteil, z. B. Hand oder Finger, oder ein von einer Person gehaltenes Werkzeug oder Drahtstück entweder nicht in das Gehäuse eines Betriebsmittels eindringt, oder wenn es eindringt, ein **ausreichender Abstand** (wird durch genormte Prüfmittel und -verfahren festgestellt) zu unter Spannung stehenden bzw. gefährlich sich bewegenden Teilen eingehalten wird.

Tabelle **2.**327 Schutzgrade für den Wasserschutz nach DIN 40050

Zweite Kenn-ziffer	Schutzgrad
0	Kein besonderer Schutz
1	Schutz gegen tropfendes Wasser, das senkrecht fällt. Es darf keine schädliche Wirkung haben (Tropfwasser).
2	Schutz gegen tropfendes Wasser, das senkrecht fällt. Es darf bei einem bis zu 15° gegenüber seiner normalen Lage gekippten Betriebsmittel (Gehäuse) keine schädliche Wirkung haben (schrägfallendes Tropfwasser).
3	Schutz gegen Wasser, das in einem beliebigen Winkel bis 60° zur Senkrechten fällt. Es darf keine schädliche Wirkung haben (Sprühwasser).
4	Schutz gegen Wasser, das aus allen Richtungen gegen das Betriebsmittel (Gehäuse) spritzt. Es darf keine schädliche Wirkung haben (Spritzwasser).
5	Schutz gegen einen Wasserstrahl aus einer Düse, der aus allen Richtungen gegen das Betriebsmittel (Gehäuse) gerichtet wird. Er darf keine schädliche Wirkung haben (Strahlwasser).
6	Schutz gegen schwere See oder starken Wasserstrahl. Wasser darf nicht in schädlichen Mengen in das Betriebsmittel (Gehäuse) eindringen (Überfluten).
7	Schutz gegen Wasser, wenn das Betriebsmittel (Gehäuse) unter festgelegten Druck- und Zeitbedingungen in Wasser getaucht wird. Wasser darf nicht in schädlichen Mengen eindringen (Eintauchen).
8	Das Betriebsmittel (Gehäuse) ist geeignet zum dauernden Untertauchen in Wasser bei Bedingungen, die durch den Hersteller zu beschreiben sind (Untertauchen).[2)]

[2)] Dieser Schutzgrad bedeutet normalerweise ein luftdicht verschlossenes Betriebsmittel. Bei bestimmten Betriebsmitteln kann jedoch Wasser eindringen, sofern es keine schädliche Wirkung hat.

2.5.2 Elektrotechnische Sicherheitsbestimmungen

Errichten von Starkstromanlagen bis 1000 V

DIN 57100 T100/VDE 0100 T100 (Mai 1982), **T200** (Apr 1982), **T310** (Apr 1982), **T410** (Entw. Jan 1982), **T430** (Jun 1981), **T540** (Entw. Jan 1982)

Anlage und Netz (DIN 57100 T200/VDE 0100 T200)

Starkstromanlagen sind elektrische Anlagen mit Betriebsmitteln zum Erzeugen, Umwandeln, Speichern, Fortleiten, Verteilen und Verbrauchen elektrischer Energie mit dem Zweck des Verrichtens von Arbeit – z. B. in Form von mechanischer Arbeit, zur Wärme- und Lichterzeugung oder bei elektrochemischen Vorgängen.

Verteilungsnetz ist die Gesamtheit aller Leitungen und Kabel vom Stromerzeuger bis zur Verbraucheranlage ausschließlich.

Verbraucheranlage ist die Gesamtheit aller elektrischen Betriebsmittel hinter dem Hausanschlußkasten oder, wo dieser nicht benötigt wird, hinter den Ausgangsklemmen der letzten Verteilung vor den Verbrauchsmitteln (Bild **2**.328).

Netzformen (DIN 57100 T310/VDE 0100 T310)

Bezogen auf die Arten der Erdverbindungen unterscheidet man folgende Netzformen (Bild **2**.329):

TN-Netze (Bild **2**.329a und b). In TN-Netzen ist ein Punkt direkt geerdet (Betriebserder); die Körper der elektrischen Anlage sind über Schutzleiter bzw. PEN-Leiter mit diesem Punkt verbunden.

TT-Netz (Bild **2**.329 c). Im TT-Netz ist ein Punkt direkt geerdet (Betriebserder); die Körper der elektrischen Anlage sind mit Erdern verbunden, die vom Betriebserder getrennt sind.

IT-Netz (Bild **2**.329 d). Das IT-Netz hat keine direkte Verbindung zwischen aktiven Leitern und geerdeten Teilen; die Körper der elektrischen Anlage sind geerdet.

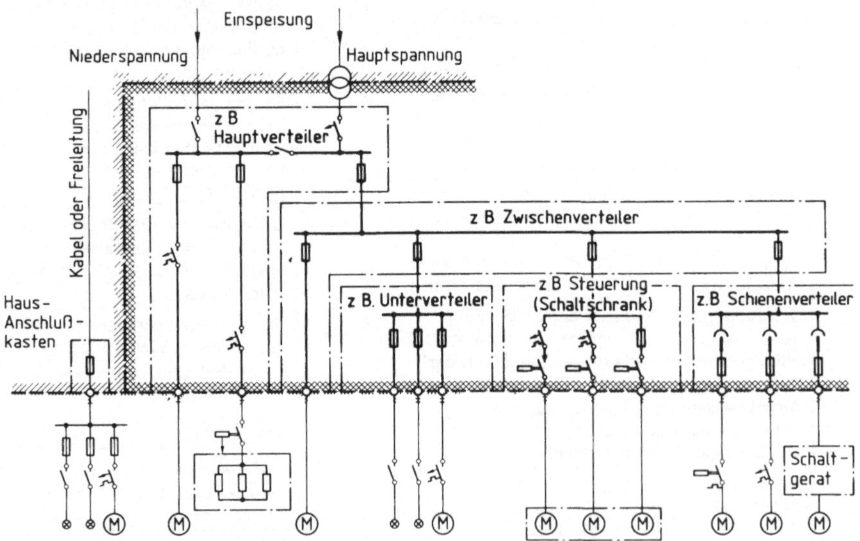

Bild **2**.328 Verbraucheranlage und Verteilungsnetz; Beispiele für die Abgrenzung nach DIN 57100 T200/VDE 0100 T200

Öffentliches Verteilungsnetz
Verteilungsnetz z B in der Industrie
– – – Verbraucheranlage
o Ausgangsklemmen

Außenleiter sind Leiter, die Stromquellen mit Verbrauchsmitteln verbinden, aber nicht vom Mittel- oder Sternpunkt ausgehen.

Neutralleiter (N) ist ein mit dem Mittel- oder Sternpunkt verbundener Leiter, der elektrische Energie fortleitet.

Anmerkung Hierfür wurde bisher der Begriff „Mittelleiter" (Mp) benutzt.

Schutzleiter (PE) ist ein Leiter, der bei einigen Schutzmaßnahmen bei indirektem Berühren zum Verbinden von Körpern mit

- anderen Körpern
- fremden leitfähigen Teilen
- Erdern, Erdungsleitern und geerdeten aktiven Teilen

verwendet wird.

Anmerkung Hierfür wurde bisher die Kurzbezeichnung „SL" benutzt.

PEN-Leiter ist ein Leiter, der die Funktionen von Neutral- und Schutzleiter in sich vereinigt. Hierfür wurde bisher der Begriff „Nulleiter" (SL/Mp) benutzt.

Körper sind berührbare leitfähige Teile von Betriebsmitteln, die nicht aktive Teile sind, jedoch im Fehlerfall unter Spannung stehen können.

Erdung/Erdungsanlagen (DIN 57100T540/VDE 0100T540)

Betriebserdung ist die Erdung eines Punktes des Betriebsstromkreises, die für den ordnungsgemäßen Betrieb von Geräten oder Anlagen notwendig ist. Sie wird bezeichnet:

- als **unmittelbar**, wenn sie außer des Erdungswiderstandes keine weiteren Widerstände enthält,
- als **mittelbar**, wenn sie über zusätzliche ohmsche, induktive oder kapazitive Widerstände hergestellt ist.

Erder ist ein Leiter, der in die Erde eingebettet ist und mit ihr in leitender Verbindung steht, oder ein Leiter, der in Beton eingebettet ist, der mit der Erde großflächig in Berührung steht (z. B. Fundamenterder).

Natürliche Erder ist ein mit der Erde oder mit Wasser unmittelbar oder über Beton in Verbindung stehendes Metallteil, dessen ursprünglicher Zweck nicht die Erdung ist, das aber als Erder wirkt.

Anmerkung Hierzu gehören z. B. Rohrleitungen, Spundwände, Betonpfahlbewehrungen, Stahlteile von Gebäuden usw.

Erdungsleitung ist eine Leitung, die einen zu erdenden Anlageteil mit einem Erder verbindet, soweit sie außerhalb der Erde oder isoliert in Erde verlegt ist.

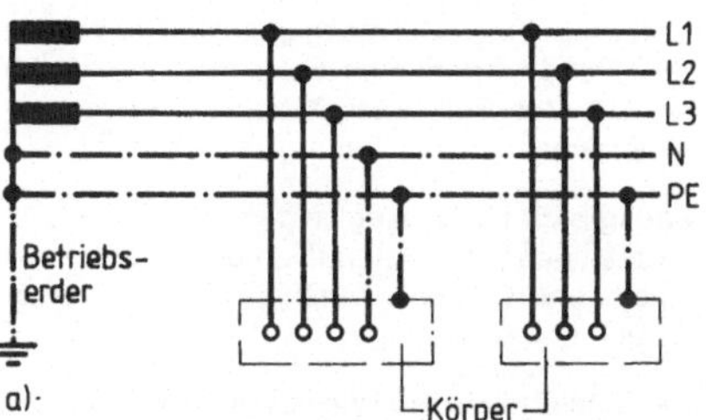

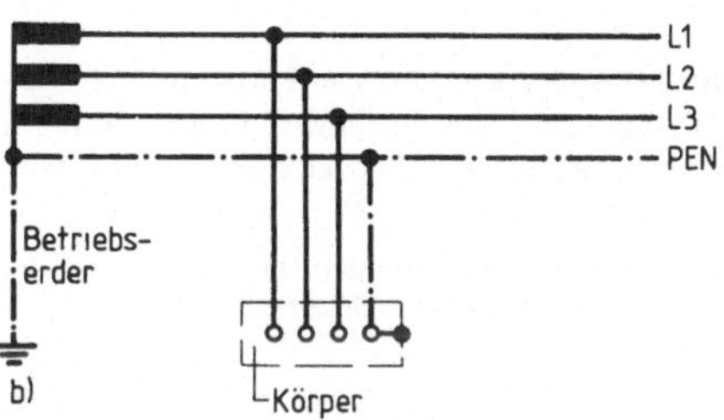

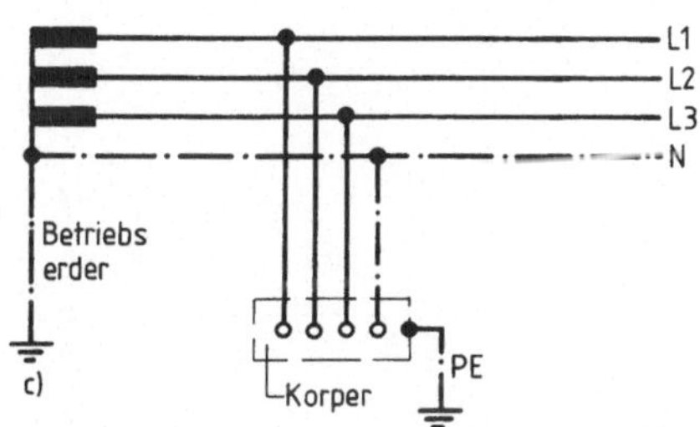

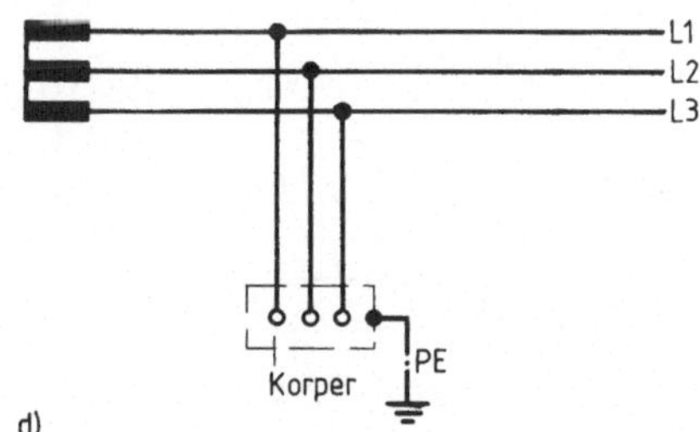

Bild **2.329** Netzformen nach DIN 57100 T310/ VDE 0100 T310
– Beispiele für übliche Drehstromnetze –
a) TN-S-Netz Getrennte Neutralleiter und Schutzleiter im gesamten Netz (gekennzeichnet durch das S)
b) TN-C-Netz Neutralleiter- und Schutzleiterfunktionen sind im gesamten Netz in einem einzigen Leiter, dem PEN-Leiter, zusammengefaßt. (gekennzeichnet durch das C)
c) TT-Netz
d) IT-Netz

Erdungsanlage ist eine ortlich abgegrenzte Gesamtheit miteinander leitend verbundener Erder oder in gleicher Weise wirkender Metallteile (z. B. Mastfüße, Bewehrungen, Kabelmetallmantel) und Erdungsleitungen.

Potentialausgleich ist das Angleichen von Potentialen oder das Beseitigen von Potentialunterschieden zwischen Körpern und fremden leitfähigen Teilen, gegebenenfalls auch untereinander.

Potentialausgleichsleitung ist eine zum Herstellen des Potentialausgleichs dienende elektrisch leitende Verbindung.

Erdungsanlagen können gemeinsam oder getrennt für Schutz- oder Funktionszwecke, je nach den Erfordernissen der elektrischen Anlage, verwendet werden (s. Bilder **2**.330 und **2**.331).

Die Auswahl und das Errichten der Einzelteile der Erdungsanlagen muß sicherstellen, daß:

- der Wert des Ausbreitungswiderstandes der Erder den Erfordernissen des Schutzes und der Funktion der Anlage entspricht und man erwarten kann, daß die Funktion des Erders erhalten bleibt
- der Werkstoff ausreichend bemessen und eventuell mit zusatzlichem mechanischen Schutz versehen ist, damit er den zu erwartenden äußeren Einflüssen standhält
- Erdfehlerströme und Erdableitströme ohne Gefahr, z. B. infolge thermischer, thermomechanischer oder elektrodynamischer Beanspruchungen, abgeleitet werden können.

Verbindungen und Erdungsleitungen und Erder untereinander sowie Abzweigungen von diesen sind so herzustellen, daß eine sichere, elektrisch gut leitende Verbindung dauernd gewährleistet ist.

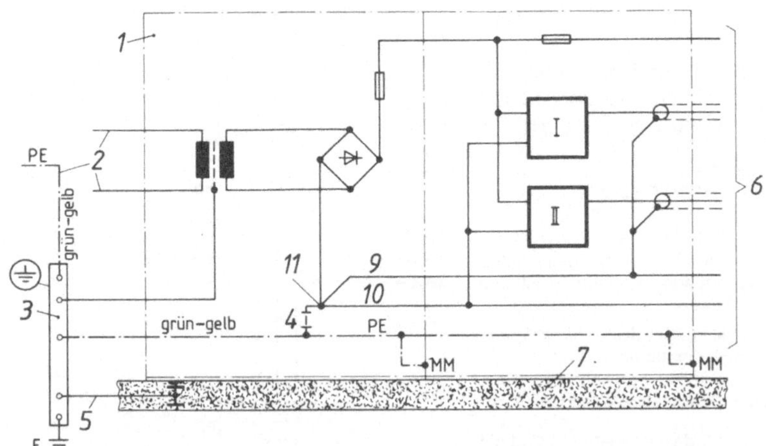

Bild **2**.330 Beispiel einer Erdung gleichzeitig als Funktionserdung und als Erdung mit Schutzfunktion (nach DIN 57160/VDE 0160 s. Norm)

1 Schrank
2 Netz
3 Potentialausgleichsanschlüsse
4 Trennstelle
5 Verbindung zu fremden, leitfähigen Teilen (Potentialausgleichsleiter)
6 nach außen führende Leitungen
7 leitfähige Gebäudekonstruktion
9 Schirmanschlußleiter, außen isoliert
10 Bezugsleiter
11 zentraler Bezugspunkt

PE Schutzleiter
E Erde
MM Masse
I, II EBI (elektronische Betriebsmittel zur Informationsverarbeitung) bzw. BLE (Betriebsmittel der Leistungselektronik)

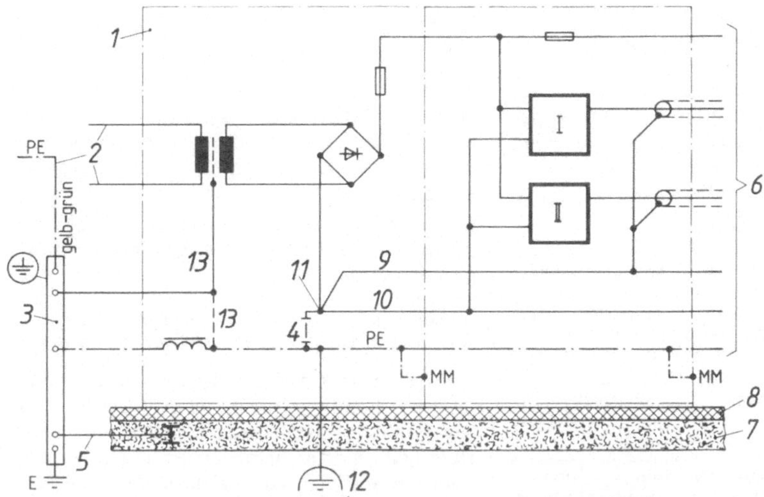

Bild 2.331 Beispiel einer Funktionserdung und Erdung mit Schutzfunktion, mit Drossel im Schutzleiter bei isolierter bzw. schwachleitender Aufstellung (nach DIN 57150/VDE 0160 s. Norm)

1 Schrank
2 Netz
3 Potentialausgleichsanschlüsse
4 Trennstelle
5 Potentialausgleichsleiter
6 nach außen führende Leitungen
7 leitfähige Gebäudekonstruktion
8 Bodenbelag, isoliert bzw. schwachleitend
9 Schirmanschlußleiter, außen isoliert
10 Bezugsleiter
11 zentraler Bezugspunkt
12 Funktionserdung
13 fallweise Verbindung des Transformator-Schirmes vor oder hinter der Drossel
PE Schutzleiter
E Erde
MM Masse
I, II EBI bzw. BLE

Als Erder geeignete Metallteile (DIN 57100T540/VDE 0100T540)

Die Verwendung von metallenen Wasserleitungsnetzen als Erder ist in VDE 0190 § 3 geregelt (s. Norm).

Metallene Rohrleitungen, die für andere Zwecke, z. B. für brennbare Flüssigkeiten oder Gase, Heizungen usw. verwendet werden, dürfen nicht als Erder (auch nicht als Schutzleiter) für Schutzzwecke benutzt werden.

Verbinden der Leitungen und Leiter einer Erdungsanlage (DIN 57100T540/VDE 0100T540)

In jeder Anlage muß eine Haupterdungsschiene (-klemme) oder Potentialausgleichsschiene vorgesehen werden.

Folgende Leiter müssen damit verbunden werden:

- Erdungsleiter
- Schutzleiter
- PEN-Leiter
- Hauptpotentialausgleichsleiter
- Erdungsleitungen für Funktionserdung, wenn erforderlich.
- Leiter zum Blitzschutzerder

Tabelle 2.332 Mindestabmessungen für Erder nach DIN 57100T540/VDE 0100T540

Werkstoff	Erderform	Mindest-querschnitt in mm²	Mindest-dicke in mm
Stahl bei Verlegung im Erdreich, feuerverzinkt mit einer Mindestzinkauflage von 70 µm	Band	100	3
	Rundstahl	78 (entspricht 10 mm ⌀)	
Stahl mit Kupferauflage	Rundstahl	für Stahlseile: 50 für Kupferauflage 20% des Stahlquerschnitts, mindestens jedoch 35	
Kupfer	Band	50	2
	Seil	35	
	Rundkupfer	35	

Schutzleiter (DIN 57100T540/VDE 0100T540)

Im Schutzleiter darf kein Schaltorgan eingebaut werden. Es dürfen jedoch Klemmstellen vorgesehen werden, die für Prüfzwecke mit Werkzeug auftrennbar sind (Bild **2**.330 lfd. Nr. 4).

Die Mindestquerschnitte für Schutzleiter werden nach Tab. **2**.333 ausgewählt.

Tabelle **2**.333 Bestimmung des Mindestquerschnittes des Schutzleiters aufgrund der Zuordnung zum Außenleiter nach DIN 57100T540/VDE 0100T540

Nennquerschnitte				
Außenleiter	Schutzleiter oder PEN-Leiter		Schutzleiter getrennt verlegt	
	Isolierte Starkstromleitungen	0,6/1-kV-Kabel mit 4 Leitern	geschützt Cu/Al	ungeschutzt Cu++
in mm²	in mm²	in mm²	in mm²	in mm²
bis 0,5	0,5	–	2,5/4	4
0,75	0,75	–	2,5/4	4
1	1	–	2,5/4	4
1,5	1,5	1,5	2,5/4	4
2,5	2,5	2,5	2,5/4	4
4	4	4	4	4
6	6	6	6	6
10	10	10	10	10
16	16	16	16	16

Die Werte der Tabelle sind nur gültig, wenn der Schutzleiter aus dem gleichen Werkstoff besteht, wie die Außenleiter.

++ Ungeschutzte Verlegung ist mit Aluminium-Leitern nicht zulässig.

Arten von Schutzleitern. Als Schutzleiter können verwendet werden:

- Leiter in mehradrigen Kabeln und Leitungen;
- isolierte oder blanke Leiter in gemeinsamer Umhüllung mit Außenleitern und dem Neutralleiter z.B. in Rohren, Elektroinstallationskanälen;
- fest verlegte blanke oder isolierte Leiter;
- metallene Umhüllungen wie Mäntel, Schirme und konzentrische Leiter bestimmter Kabel z. B. NKLEY, NYCY, NYCWY;
- Metallrohre oder andere Metallumhüllungen z. B. Installationskanäle, Gehäuse von Stromschienensystemen
- fremde leitfähige Teile

PEN-Leiter (DIN 57100T540/VDE 0100T540)

In TN-Netzen darf bei fester Verlegung und einem Leiterquerschnitt von mindestens 10 mm² Cu, bzw. 16 mm² Al ein gemeinsamer Leiter verwendet werden, der sowohl Schutzleiter als auch Neutralleiter ist.

Der PEN-Leiter muß zur Vermeidung von Streuströmen für die höchste zu erwartende Spannung isoliert werden.

Anmerkung Der PEN-Leiter braucht innerhalb von Schaltanlagen nicht isoliert zu sein.

Kennzeichnung von Schutzleiter, PEN-Leiter, Erdungsleiter und Potentialausgleichsleiter. Isolierte Schutzleiter und isolierte PEN-Leiter sind in ihrem ganzen Verlauf durchgehend grün-gelb zu kennzeichnen (s. auch DIN 57293/VDE 0293, s. Abschn. 2.3.3).

Diese Kennzeichnung darf auch für

- Potentialausgleichsleiter und
- Erdungsleiter

verwendet werden. Für andere Leiter ist die Farbkennzeichnung grün-gelb nicht zulässig.

Fehlerarten in Starkstromanlagen (DIN 57100T200/VDE 0100T200)

Isolationsfehler ist ein fehlerhafter Zustand in der Isolierung.

Körperschluß ist eine durch einen Fehler entstandene leitende Verbindung zwischen Körper und aktiven Teilen elektrischer Betriebsmittel.

Leiterschluß ist eine durch einen Fehler entstandene leitende Verbindung zwischen betriebsmäßig gegeneinander unter Spannung stehenden Leitern (aktiven Teilen), wenn im Fehlerstromkreis ein Nutzwiderstand liegt, z. B. Glühlampen oder dergleichen (Bild **2**.334).

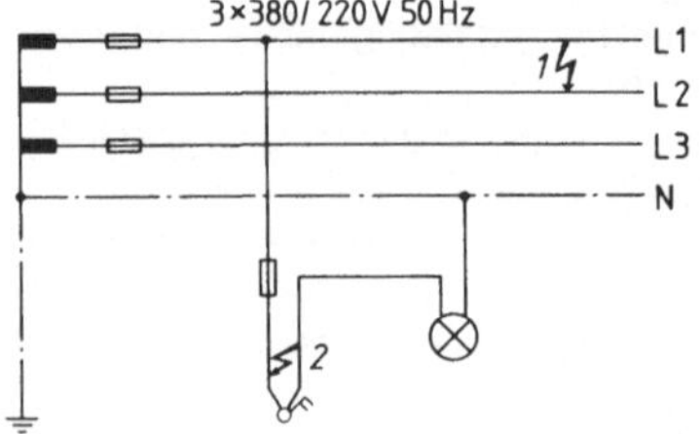

Bild **2**.334 Kurzschluß (*1*) und Leiterschluß (*2*)

Kurzschluß ist eine durch einen Fehler entstandene leitende Verbindung zwischen betriebsmäßig gegeneinander unter Spannung stehenden Leitern (aktiven Teilen), wenn im Fehlerstromkreis kein Nutzwiderstand liegt (Bild **2**.334).

Kurzschlußfest ist ein Betriebsmittel, das den thermischen und dynamischen Wirkungen des an seinem Einbauort zu erwartenden Kurzschlußstromes ohne Beeinträchtigung seiner Funktionsfähigkeit standhält.

Kurzschlußsicher und erdschlußsicher sind Betriebsmittel oder Strombahnen, bei denen durch Anwenden geeigneter Maßnahmen oder Mittel unter bestimmungsgemäßen Betriebsbedingungen weder ein Kurzschluß noch ein Erdschluß zu erwarten ist.

Fehlerstrom ist der Strom, der durch einen Isolationsfehler zum Fließen kommt.

Kurzschlußstrom ist der Strom, der infolge eines Kurzschlusses zum Fließen kommt.

Fehlerspannung ist die Spannung, die zwischen Körpern oder zwischen diesen und der Bezugserde im Fehlerfall auftritt (Bilder **2**.335 und **2**.336).

Berührungsspannung ist der Teil der Fehler- oder Erderspannung, der vom Menschen überbrückt werden kann (Bilder **2**.335 und **2**.336).

Ableitstrom ist der Strom, der betriebsmäßig von aktiven Teilen der Betriebsmittel über die Isolierung zu Körpern und fremden leitfähigen Teilen fließt. Der Ableitstrom kann auch einen kapazitiven Anteil haben, z. B. bei Verwendung von Entstörkondensatoren.

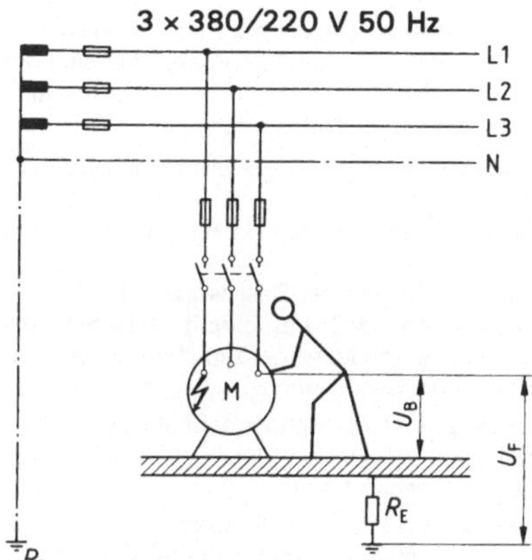

Bild **2**.335 Fehlerspannung (U_F) und Berührungsspannung (U_B) bei nicht isolierendem Fußboden

R_B Summe der Erdungswiderstände des Verteilungsnetzes

R_E Erdungswiderstand am Standort

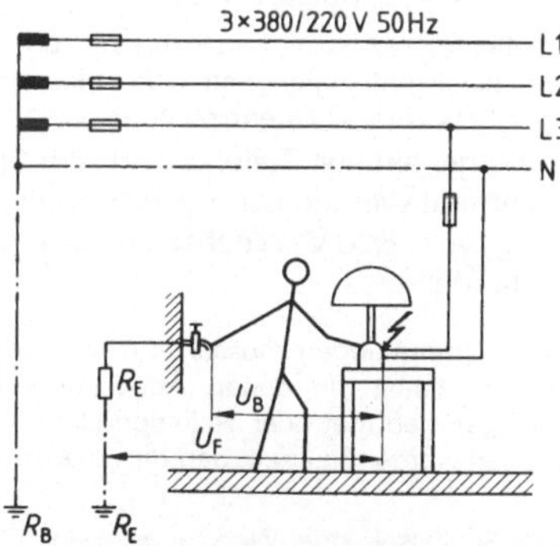

Bild **2**.336 Fehlerspannung (U_F) und Berührungsspannung (U_B) bei isolierendem Fußboden

R_B Summe der Erdungswiderstände des Verteilungsnetzes

R_E Erdungswiderstand der Wasserleitung

Schutz gegen gefährliche Körperströme (DIN 57100T410/VDE 0100T410)

Schutz gegen direktes Berühren sind alle Maßnahmen zum Schutz von Personen und Nutztieren vor Gefahren, die sich aus einer Berührung mit aktiven Teilen elektrischer Betriebsmittel ergeben. Es kann sich hierbei um einen vollständigen oder teilweisen Schutz handeln. Bei teilweisem Schutz besteht nur ein Schutz gegen zufälliges Berühren.

Basisisolierung ist die Isolierung von aktiven Teilen, um den grundlegenden Schutz gegen gefährliche Körperströme zu gewährleisten.

Anmerkung Die Basisisolierung ist nicht notwendigerweise mit der Betriebsisolierung identisch.

Betriebsisolierung ist die für die Reihenspannung der Betriebsmittel bemessene Isolierung aktiver Teile gegeneinander und gegen Körper.

Reihenspannung ist die genormte Spannung, für die die Isolation eines Betriebsmittels bemessen ist.

Schutz bei indirektem Berühren ist der Schutz von Personen und Nutztieren vor Gefahren, die sich im Fehlerfall aus einer Berührung mit Körpern oder fremden leitfähigen Teilen ergeben können.

Schutzisolierung ist eine Schutzmaßnahme und wird hergestellt

- durch eine zusätzliche Isolierung zur Basisisolierung oder
- durch eine Verstärkung der Basisisolierung

in einer solchen Art, daß bei einem Versagen der einfachen Basisisolierung keine gefährlichen Körperströme zum Fließen kommen können.

Schutztrennung ist eine Schutzmaßnahme, bei der Betriebsmittel vom speisenden Netz galvanisch sicher getrennt und nicht geerdet sind.

Schutzkleinspannung ist eine Schutzmaßnahme, bei der Stromkreise mit Nennspannung bis 50 V Wechselspannung bzw. 120 V Gleichspannung ungeerdet betrieben werden und die Speisung aus Stromkreisen höherer Spannung von diesen galvanisch sicher getrennt sind.

Schutz gegen direktes Berühren muß bei einer Nennspannung, die 25 V Wechselspannung bzw. 60 V Gleichspannung überschreitet, sichergestellt werden.

Dies ist u. a. möglich durch:

- Abdeckungen oder Umhüllungen der aktiven Teile mindestens in Schutzart IP 2X

  Horizontale Oberflächen von Abdeckungen oder Umhüllungen, die leicht zugänglich sind, müssen mindestens der Schutzart IP 4X entsprechen.

- eine Isolierung der aktiven Teile, die nur durch Zerstörung entfernt werden kann und die einer Prüfspannung von 500 V Wechselspannung 1 min lang standhält.

Abdeckungen und Umhüllungen müssen dabei sicher befestigt werden. In Fällen, in denen Abdeckungen entfernt, Umhüllungen geöffnet oder Teile von Umhüllungen abgenommen werden müssen, darf dies u. a. nur möglich sein

- mit Hilfe eines Schlüssels oder Werkzeuges oder
- nach Abschalten der Spannung an allen aktiven Teilen, gegenüber denen die Abdeckungen oder Umhüllungen als Schutz dienen; eine Wiedereinschaltung darf erst möglich sein, wenn die Abdeckungen oder Umhüllungen sich wieder an ihrer ursprünglichen Stelle befinden bzw. geschlossen sind.

Bei elektromotorisch angetriebenen Verbrauchsmitteln und Werkzeugen ist Schutz gegen direktes Berühren auch bei Spannungen unterhalb 25 V Wechselspannung bzw. 60 V Gleichspannung erforderlich.

Für diese Betriebsmittel verwendete Leitungen müssen mindestens entsprechend einer Spannung von 250 V isoliert sein.

Als Ergänzung der Schutzmaßnahmen kann die Verwendung von Fehlerstromschutzeinrichtungen (VDE 0664 s. Norm) mit einem Nennfehlerstrom von $I_{\Delta N} \leqq 30$ mA einen zusätzlichen Schutz bei direktem Berühren aktiver Teile geben.

Schutz bei indirektem Berühren. Als Schutz bei indirektem Berühren sind im allgemeinen Maßnahmen wie Schutz durch Abschaltung oder Meldung notwendig und sollten deshalb in jeder elektrischen Anlage vorgesehen werden.

Für besondere Fälle können bestimmte Schutzmaßnahmen zwingend vorgeschrieben sein, z. B. Schutzkleinspannung (s. Norm), Schutzisolierung und Schutztrennung (Tab. **2**.337).

Die Körper müssen entsprechend den für jede Netzform festgelegten Bedingungen an einen Schutzleiter angeschlossen werden.

Beispiele für Schutzmaßnahmen s. Tab. **2**.337.

Diese Schutzmaßnahmen erfordern eine Koordinierung von Netzform (nach DIN 57 100 T310/VDE 0100 T310) und Schutzeinrichtungen, wobei die Schutzeinrichtung den zu schützenden Teil der Anlage im Fehlerfall innerhalb der vorgegebenen Zeit gemäß den nachfolgenden Bestimmungen abschalten muß, damit keine zu hohe Berührungsspannung bestehen bleiben kann.

Die Grenze für die dauernd zulässige Berührungsspannung beträgt bei Wechselspannung $U_L = 50$ V, bei Gleichspannung $U_L = 120$ V.

Vorschrift ist es auch, daß in jedem Gebäude mittels eines Hauptpotentialausgleichs gemäß DIN 57 100 T540/VDE 0100 T540 (s. Norm) die folgenden leitfähigen Teile miteinander verbunden sein müssen: Hauptschutzleiter, Haupterdungsleitung, Hauptwasserrohre, Hauptgasrohre, andere metallene Rohrsysteme wie Steigeleitungen zentraler Heizungs- und Klimaanlagen und Metallteile der Gebäudekonstruktion soweit möglich.

Schutz durch Schutzisolierung. Durch diese Maßnahme soll das Auftreten gefährlicher Spannungen an den berührbaren Teilen elektrischer Betriebsmittel infolge eines Fehlers in der Basisisolierung vermieden werden.

Der Schutz muß u. a. durch eine der folgenden Maßnahmen sichergestellt werden:

- Verwendung elektrischer Betriebsmittel, die den einschlägigen Normen entsprechen und mit dem Symbol ⧈ nach DIN 40 014 (s. Norm) gekennzeichnet sind (Betriebsmittel nach Schutzklasse II).
- Anbringung einer zusätzlichen Isolierung an elektr. Betriebsmitteln, die nur eine Basisisolierung haben.
- Anbringung einer verstärkten Isolierung an nicht isolierten aktiven Teilen.

Tabelle **2**.337 Beispiele für Schutzmaßnahmen mittels Schutzeinrichtungen in verschiedenen Netzformen, nach DIN 57100 T410/VDE 0100 T410

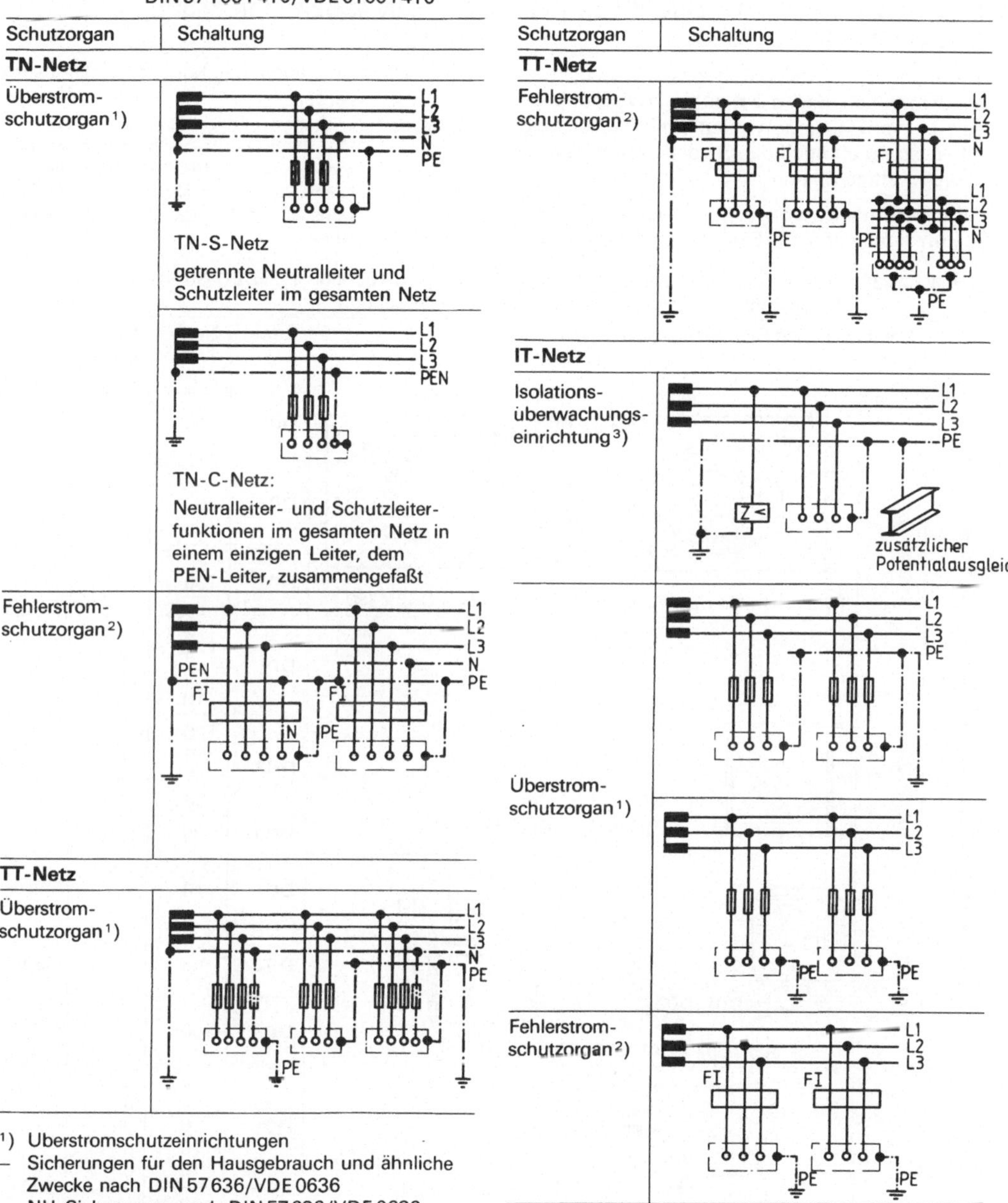

¹) Überstromschutzeinrichtungen
- Sicherungen für den Hausgebrauch und ähnliche Zwecke nach DIN 57636/VDE 0636
- NH-Sicherungen nach DIN 57636/VDE 0636
- Geräteschutzsicherungen nach DIN 57820 T1/VDE 0820 T1
- Leitungsschutzschalter nach DIN 57641/VDE 0641
- Leistungsschalter nach VDE 0660 T1 (s. Normen)

²) Fehlerstromschutzeinrichtungen nach VDE 0664 und VDE 0660 T1 (s. Normen)

³) Isolationsüberwachungseinrichtungen nach DIN 57413 T2/VDE 0413 T2 (s. Norm)

Schutz von Leitungen und Kabeln (DIN 57100 T430/VDE 0100 T430) DIN 49522 (Apr 1981), DIN 49523 (Jun 1981), DIN 49524 (Jun 1980), DIN 49525 T1 (Mrz 1980)

Leitungen und Kabel müssen mit Überstromschutzorganen gegen zu hohe Erwärmung geschützt werden, die sowohl durch betriebsmäßige Überlastung als auch durch vollkommenen Kurzschluß auftreten kann.

Überstromschutzorgane. Als Überstromschutzorgane können Einrichtungen, die sowohl bei Überlast als auch bei Kurzschluß schützen, verwendet werden.

Beispiele Leitungsschutzsicherungen n. DIN 57636/VDE 0636 (s. Tab. **2**.338); Leitungsschutzschalter nach DIN 57641/VDE 0641 (s. Norm); Leitungsschalter nach VDE 0660 T1 (Einstellwerte n. Tab. **2**.255; Schalter s. Norm).

Tabelle **2**.338 Niederspannungssicherungen (D0-System) nach DIN 57636 T41/VDE 0636 T41 als Leitungs- und Kabelschutzsicherungen nach DIN 57636 T1/VDE 0636 T1

Benennung	Norm	Bild und Bezeichnungsbeispiel	Größe	Nennstrom A	Kennfarbe	Nennspannung
D-Sicherungssockel	DIN 49524	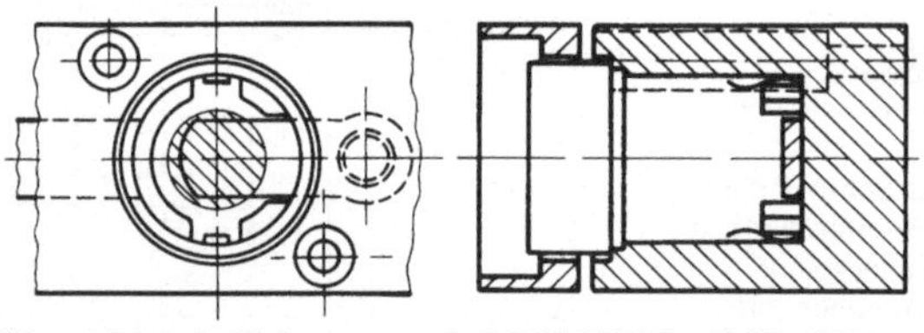 (Draufsicht) D-Sicherungssockel DIN 49524 – D03 × 380	**D01**	16	–	380 V
			D02	63		
			D03	100		
D-Hülsen-Paßeinsätze	DIN 49523	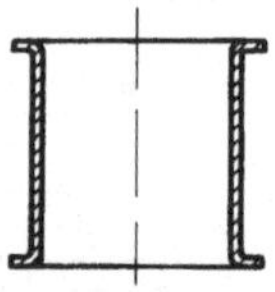 D-Paßeinsatz DIN 49523 – D03 × 80	**D01**	2 4 6 10	rs br gn rt	–
			D02	20 25 35 50	bl ge sw ws	
			D03	80	silber	
D-Schraubkappen	DIN 49525 T1	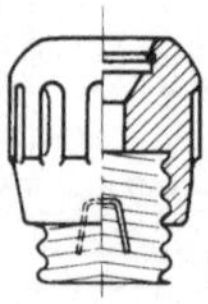 D01, D02 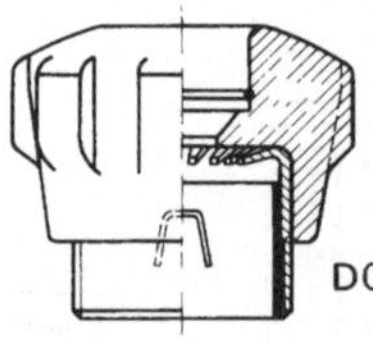 / D03 D-Schraubkappe DIN 49525 – D03 – 380	**D01**	16	–	380 V
			D02	63		
			D03	100		
D-Sicherungseinsätze	DIN 49522	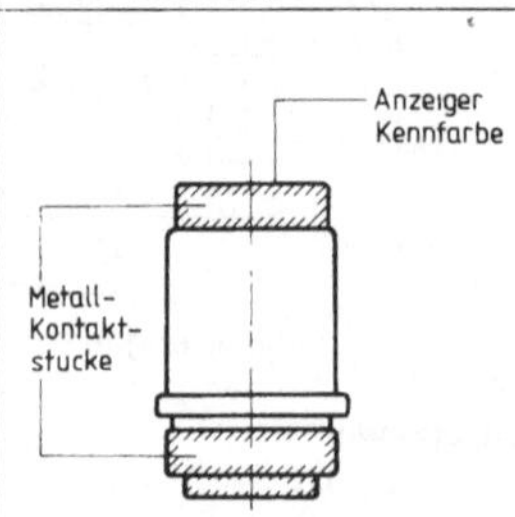 Anzeiger Kennfarbe; Metall-Kontakt-stucke D-Sicherungseinsatz DIN 49522 – D03 × 80 × 380 (Sicherungseinsätze für 16, 63 und 100 A werden direkt (ohne Paßeinsatz) in den Sockel gesteckt)	**D01**	2 4 6 10 16	rs br gn rt gr	380 V ~ 250 V –
			D02	20 25 35 50 63	bl ge sw ws kupfer	
			D03	80 100	silber rot	

Schutz bei Überlast. Der Schutz bei Überlast besteht darin, Schutzorgane vorzusehen, die Überlastströme in den Leitern eines Stromkreises unterbrechen, ehe sie eine für die Leiterisolierung, die Anschluß- und Verbindungsstellen sowie die Umgebung der Leitungen und Kabel schädliche Erwärmung hervorrufen können.

Tabelle **2**.339 Zuordnung von Leitungsschutzsicherungen nach DIN 57636T1/VDE0636T1 (s. auch Tab. **2**.338) und Leitungsschutzschaltern nach DIN 57 641/ VDE 0641 (s. Norm) bei Dauerlast zu den Nennquerschnitten isolierter Leiter nach DIN 57100T430/VDE 0100T430

Nennerquerschnitt in mm²	Nennstrom der Schutzorgane Gruppe 1 [1]) Cu A	Al A	Gruppe 2 [1]) Cu A	Al A
0,75	–	–	6	–
1	6	–	10	–
1,5	10	–	10 [1])	–
2,5	16	10	20	16
4	20	16	25	20
6	25	20	35	25
10	35	25	50	35
16	50	35	63	50
25	63	50	80	63

[1]) Gruppen beziehen sich auf die Leitungs- und Verlegeart; s. DIN 57 100T523/VDE 0100T523, s. Abschn. 2.3.3

Anordnung der Schutzorgane zum Schutz bei Überlast. Schutzorgane zum Schutz bei Überlast müssen am Anfang jedes Stromkreises sowie an allen Stellen eingebaut werden, an denen die Strombelastbarkeit gemindert wird sofern ein vorgeschaltetes Schutzorgan den Schutz nicht sicherstellen kann.

Ursachen für die Minderung der Strombelastbarkeit können sein: Verringerung des Leiterquerschnittes, andere Verlegungsart, andere Leiterisolierung, andere Aderzahl.

Schutzorgane zum Schutz bei Überlast dürfen nicht eingebaut werden, wenn die Unterbrechung des Stromkreises eine Gefahr darstellen kann. Die Stromkreise müssen dann so ausgelegt sein, daß mit dem Auftreten von Überlastströmen nicht gerechnet werden muß.

Beispiele Erregerstromkreise von umlaufenden Maschinen, Speisestromkreise von Hubmagneten, Sekundärstromkreise von Stromwandlern, Stromkreise, die der Sicherheit dienen.

Koordinieren des Schutzes bei Überlast und Kurzschluß. Entspricht das Ausschaltvermögen eines entsprechend Tab. **2**.339 ausgewählten Schutzorgans für den Schutz bei Überlast mindestens dem Strom bei vollkommenem Kurzschluß an der Einbaustelle, so gewährleistet es gleichzeitig den Schutz bei Kurzschluß der nachgeschalteten Leitung.

Leitsätze fur die Berechnung der Kurzschlußstrome sind in DIN 57 102T2/VDE 0102T2 (s. Norm) enthalten.

Schutz der Außenleiter und des Neutralleiters (Mittelleiters)

Schutz des Neutralleiters. Entspricht der Querschnitt des Neutralleiters bei Anlagen mit direkt geerdetem Sternpunkt (TN- oder TT-Netze) mindestens dem Querschnitt der Außenleiter, so braucht für den Neutralleiter weder eine Überstromerfassung noch ein Abschaltorgan vorgesehen zu werden.

Schutz der Außenleiter. Überstromschutzorgane sind in allen Außenleitern vorzusehen; sie müssen die Abschaltung des Leiters, in dem der Überstrom auftritt, bewirken, nicht aber unbedingt auch die Abschaltung der übrigen aktiven Leiter.

Wenn die Abschaltung eines einzelnen Außenleiters eine Gefahr verursachen kann, z. B. bei Drehstrommotoren, muß eine geeignete Vorkehrung getroffen werden.

Sonderbestimmungen

Beleuchtungs- und zweipolige Steckdosen-Stromkreise. Beleuchtungsstromkreise dürfen nur bis 25 A gesichert werden.

Leuchtstofflampen- und Leuchtstoffröhren-Stromkreise sowie Beleuchtungsstromkreise mit Lampenfassungen E 40 nach DIN IEC 238/VDE 0616T1 (s. Norm) können mit höheren Überstromschutzorganen gesichert werden. Dabei ist auf die zulässige Belastung der Leitungen und des Installationsmaterials zu achten.

Der Überstromschutz von Stromkreisen mit Steckdosen muß nicht nur auf die zulässige Belastung der Leitungen, sondern auch auf den Nennstrom der angeschlossenen Steckdosen abgestimmt werden, d. h. auf den niedrigeren der beiden Werte.

Beleuchtungsstromkreise in Hausinstallationen dürfen nur mit Überstromschutzorganen bis 16 A gesichert werden.

Schutzleiter dürfen keine Überstromschutzorgane erhalten. Ausgenommen sind Einrichtungen zur Überwachung des Stromes im PEN-Leiter (Nulleiter), sofern sie beim Ansprechen gleichzeitig entweder nur die Außenleiter oder die Außenleiter mit dem PEN-Leiter abschalten.

2.5.3 Leiterplattentechnik

Leiterplatten (gedruckte Schaltungen)

DIN 40801 T1 (Aug 1971), **T2** (Jan 1969), **DIN 40802 T2** (Feb 1976), **DIN 40803 T1** (Nov 1972) und **Bbl** (Aug 1974), **DIN 40804** (Aug 1977), **DIN 41494 T2** (Jan 1972), **DIN 57110 b/VDE 0110 b** (Feb 1979)

Leiterplatte

Auf Maß zugeschnittenes Basismaterial, das mindestens ein Leiterbild trägt und alle vorgesehenen Löcher enthält.

Sie dient insbesondere der Aufnahme elektrischer Bauteile und ggf. weiterer Leiterplatten, die sie mittels der Leiter elektrisch miteinander verbindet.

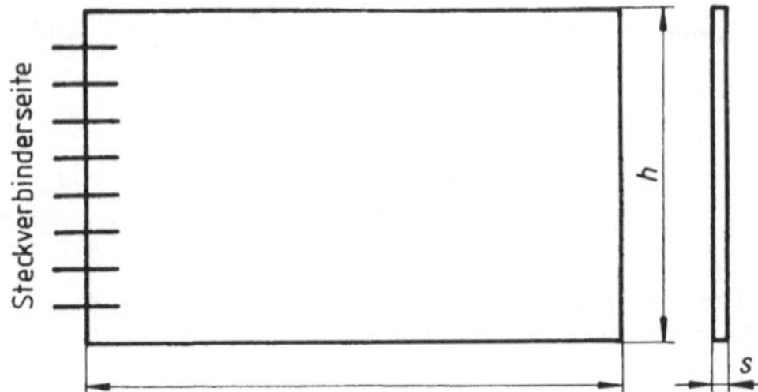

Bild **2.340** Leiterplatten, Maße nach DIN 41494 T2 (s. Tab. **2.342**)

Gedruckte Schaltung

Durch Drucken hergestellte Schaltung mit gedruckter Verdrahtung und konventionellen Bauteilen in einer vorgegebenen Anordnung in oder auf der(n) Oberfläche(n) eines gemeinsamen Trägers.

Gedruckte Verdrahtung

Verdrahtung, bei der die Verbindungen zwischen den Bauteilen aus dünnen leitenden Streifen bestehen, die in oder auf einem Basismaterial angebracht sind.

Leiterbild

Gestalt des elektrisch leitenden Werkstoffes einer gedruckten Schaltung (s. Bild **2.341**).

Leiter

Einzelner leitender Weg (Streifen) in einem Leiterbild.

Anschlußfläche (z. B. Lötauge)

Teil des Leiterbildes, der in der Regel für den Anschluß und/oder die Befestigung von Bauteilen dient (s. Bild **2.341**).

Basismaterial

Isolierstoff, der als Träger des Leiterbildes dient.

Leitende Folie (Metallkaschierung)

Leitender Werkstoff, der der eine oder beide Seiten des Basismaterials bedeckt und aus dem das Leiterbild entstehen soll.

Raster

Rechtwinkliges Netz aus gedachten Linien gleichen Abstandes, das zum Festlegen der Lage von Verbindungen auf einer Leiterplatte dient (s. Bild **2.341**).

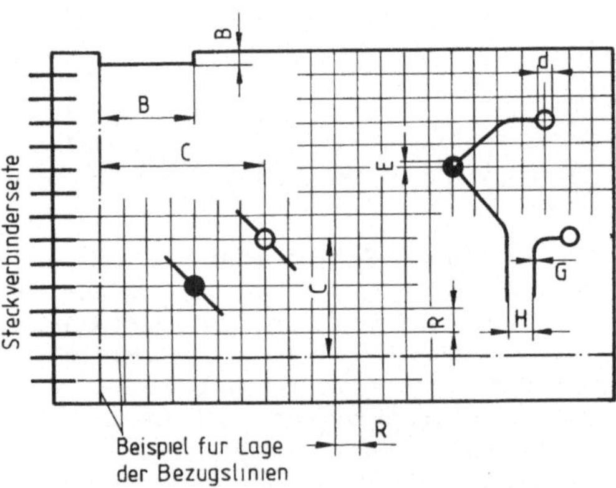

Bild **2.341** Leiterplatte mit Ausschnitt für Führungszwecke und angedeutetem Leiterbild (Anforderungen und Toleranzen nach DIN 40803 T1 s. Tabellen **2.343** und **2.344**)

Die Verbindungen (Lötaugen) sollen auf den Kreuzungspunkten der Rasterlinien liegen. Dagegen ist die Leiterführung unabhängig vom Raster.

Rastermaß

Das Rastermaß ist der Abstand zweier benachbarter Rasterlinien.

Tabelle **2**.342 Grundmaße für Leiterplatten nach Bild **2**.340

Höhe		Tiefe		Nenndicke		Lochdurchmesser[2])		Rastermaß
Nenn- maß	zul. Abw.	Nenn- maß	zul. Abw.	Nenn- maß	zul. Abw.	Nenn- maß	zul.[3]) Abw.	
h in mm		t in mm		s[1]) in mm		d in mm		R in mm
100	−0,3	160	−0,3	0,8	±0,15	0,6 0,8	±0,05	0,625[4])
				1,6[5])	±0,20	1,0 1,3	+0,1	2,50 0,635[4]) 2,54
233,35				2,4	±0,25	1,6 2,0		

[1]) Basismaterial einschließlich der leitenden Folie
[2]) Das Verhältnis Lochdurchmesser zu Nenndicke soll vorzugsweise nicht kleiner als 1:3 sein.
[3]) Bei metallisierten Löchern dürfen die sich aus der Tabelle ergebenden Kleinstmaße nicht unterschritten werden.
[4]) Nur bei erhöhter Packungsdichte anzuwenden.
[5]) Bevorzugte Leiterplattendicke: 1,6 mm

Tabelle **2**.343 Elektrische Anforderungen an Leiterplatten nach DIN 40803 T1 (und DIN IEC 52.141) (s. Bild **2**.341)

Mindestwerte für Leiterbreiten[1])				Mindestwerte für Leiterabstände[2])		
Dauer strom	Leiter- breite	zul Abweichung metall. verstärkt	nicht verstärkt	Bezugs- arbeits- spannung		Leiter- ab- stand
I in A	G in mm	— in mm	— in mm	$U_{W\sim}$ in V	U_{W-} in V	H in mm
0,4	0,15	+0,15 −0,1	+0,1 −0,13	12	15	0,1
0,6	0,2			30	36	
0,9	0,3			60	75	
1,2	0,4					
1,5	0,6			125	150	0,24
2	0.8			250	300	0,85
3	1,3			380	450	1,9
4	2,0					

[1]) Für einseitige Leiterplatten mit $H = G$ und einer max. Temperaturerhöhung von $t = 10\,°C$ (s. DIN IEC 52.141)
[2]) Für Umgebungsbedingungen der Gruppe 2 (s. Norm) nach DIN 57110 b/VDE 0110 b.

Tabelle **2**.344 Allgemeine Anforderungen an Leiterplatten nach DIN 40803 T1 (s. Bild **2**.341)

Lagetoleranz (DIN 7184) für Abstand Lochachse – Bezugslinie		Lochversatz zur Anschlußfläche	Kerben und Ausschnitte
≦150	>150	–	–
C in mm		E in mm	B in mm
0,1	0,2	abhängig von der Fertigungsart (z. B. des Lötens) zu vereinbaren	±0,1

Tabelle **2**.345 Werkstoff-Auswahl für Leiterplatten nach DIN 40802 T2

Basismaterial Typ	Brenn- barkeit	Metallkaschierung Kupferfolie (Cu)		
EP ≙ Epoxid GC ≙ Glasfilament Gewebe	lieferbar in genormten Brennbarkeitsklassen	Nenndicke Nenn- maß	 zul. Abw.	max. Wider- stand bei 20 °C
	—	µm	µm	mΩ
EP-GC 01 EP-GC 02	— x	35	±5	3,5

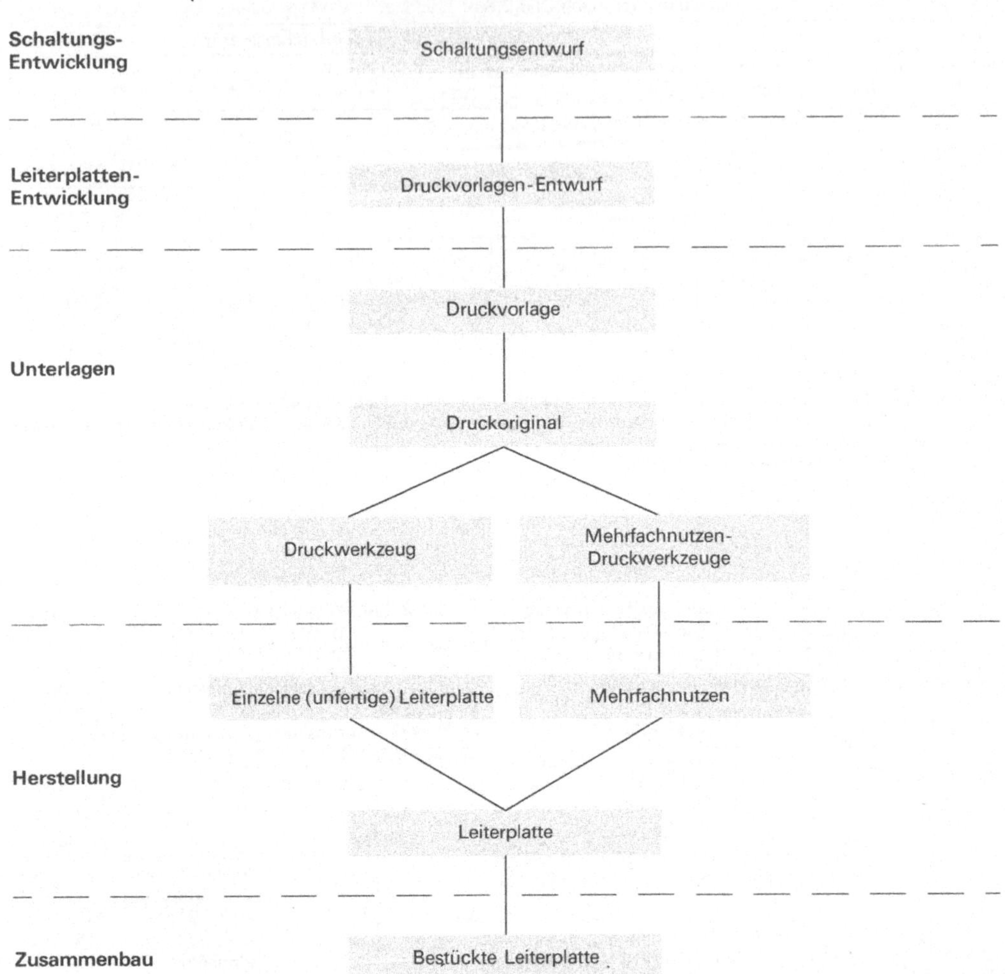

Bild 2.346 Vereinfachtes Ablaufschema der Entwicklung und Fertigung einer Leiterplatte nach DIN 40804. Das tatsächliche Ablaufschema kann je nach Schaltung und verwendeten Herstellungsverfahren abweichen.

3 Normen für die Fertigung

3.1 Toleranzen und Passungen

Begriffe und Grundsätze

DIN 2300 (Nov 1980), DIN 7182 T1 (Entw. Jul 1980)

Grundbegriffe nach DIN 7182 T1 (s. a. Bild **3**.2)

Das **Nennmaß** ist das Maß, auf das sich die Grenzabmaße beziehen.

Das **Istmaß** ist das durch Messen festgestellte Maß.

Anmerkung Jedes Istmaß ist mit einer Meßunsicherheit behaftet (s. DIN 1319 T3 in Abschn. 3.5.2)

Das **Sollmaß** ist das Maß, das während der Fertigung angestrebt werden soll.

Die **Grenzmaße** sind die beiden Maße, (Größtmaß und Kleinstmaß), zwischen denen die Istmaße liegen müssen, wobei Größtmaß und Kleinstmaß eingeschlossen sind.

Das **Paarungsmaß** ist das Maß des größtmöglichen (kleinstmöglichen) und ähnlichen Formelementes von geometrisch idealer Form, das in das innere (äußere) Formelement so eingeschrieben (umschrieben) werden kann, daß es die höchsten Punkte der Oberfläche des inneren (äußeren) Formelementes gerade berührt (s. Bild **3**.1).

Das **Paßmaß** ist das tolerierte Maß, das zu einer Passung gehört.

Anmerkung Paßmaße für zu paarende Teile werden grundsätzlich mit dem Symbol Ⓔ gekennzeichnet.

Das **tolerierte Maß** ist das Nennmaß mit ISO-Toleranzkurzeichen oder mit Grenzabmaßen.

Das **Freimaß** ist das Nennmaß, an dem weder ein ISO-Toleranzkurzzeichen noch Grenzabmaße eingetragen sind, für das aber grundsätzlich Allgemeintoleranzen, z. B. nach DIN 7168 T1 gelten sollen.

Das **Ungefährmaß** ist das Maß, das sich als Folgerung aus anderen Festlegungen zwangsläufig ergibt und durch das vorangestellte Zeichen „≈" gekennzeichnet ist.

Das **Abmaß** ist die algebraische Differenz zwischen einem Grenzmaß oder einem Istmaß und dem Nennmaß.

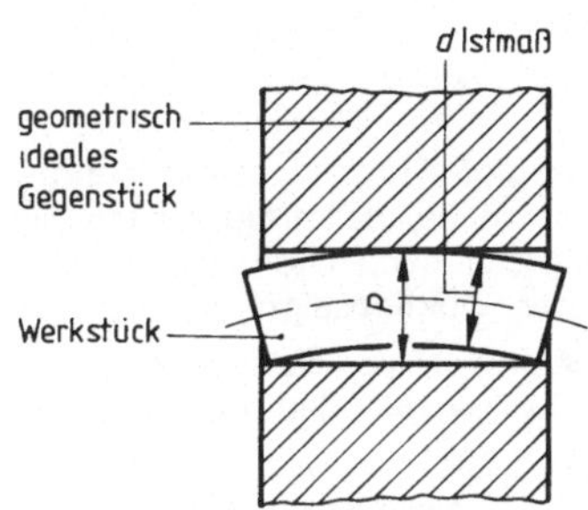

Bild **3**.1 Paarungsmaß *P* für eine Welle

Die **Grenzabmaße** sind die Abmaße, die zusammen mit dem zugehörigen Nennmaß die beiden Grenzmaße festlegen.

Die **Toleranz** ist die Differenz zwischen dem zugelassenen Größt- und Kleinstmaß.

Die **Maßtoleranz** ist Größtmaß minus Kleinstmaß oder oberes Abmaß minus unteres Abmaß.

Anmerkung Die Maßtoleranz hat keine Vorzeichen und läßt die Lage der Maßtoleranz in bezug auf das Nennmaß nicht erkennen.

Die **Grundtoleranz** ist in einem Toleranzsystem die festgelegte Maßtoleranz, die jeweils einem Genauigkeitsgrad und einem Nennmaßbereich zugeordnet ist.

Das **ISO-Toleranzfeld** ist in einer graphischen Darstellung von Maßtoleranzen das Feld zwischen zwei Linien, die Größtmaß und Kleinstmaß darstellen.

Die **Toleranzlage** ist die durch das Grundabmaß festgelegte Lage der Maßtoleranz zum Nennmaß.

Die **Formtoleranz** ist der größte zulässige Wert der Abweichung eines Formelementes von seiner geometrisch idealen Form.

Die **Lagetoleranz** ist der größte zulässige Wert der Abweichung eines Formelementes von seiner theoretischen Lage bzw. größter zulässiger Wert der Abweichung von der theoretischen Lage zweier oder mehrerer Formelemente voneinander.

Die **Allgemeintoleranz** ist der Oberbegriff für Toleranzen für Maße, Form und Lage und für Grenzabmaße, die durch eine allgemeingültige Eintragung in Zeichnungen oder sonstige Unterlagen festgelegt sind, nicht aber direkt in der zeichnerischen Darstellung.

Anmerkung Die Allgemeintoleranz für Maße wurde bisher Freimaßtoleranz genannt.

Der **Genauigkeitsgrad** ist das Kennzeichen für die Toleranzreihe, die im allgemeinen die gleichen Fertigungsschwierigkeiten verursacht und häufig zu gleicher Funktionseignung führt.

Die **Passung** ist die Beziehung zwischen Paßflächen der zu paarenden oder gepaarter Paßteile.

Anmerkung Das ISO-Paßsystem ist auf Rund- und Flachpassungen anwendbar.

Die **Spielpassung** ist eine Passung mit Spiel.

Das **Spiel** ist das Maß der Bohrung minus Maß der Welle, bei dem das Ergebnis positiv sein muß.

Die **Übergangspassung** ist eine Passung mit Spiel oder Übermaß, abhängig von den Istmaßen.

Die **Übermaßpassung** ist eine Passung mit Übermaß.

Anmerkung Bisher Preßpassung genannt (s. DIN 7182 T3).

Das **Übermaß** ist das Maß der Bohrung minus Maß der Welle, bei dem das Ergebnis negativ sein muß.

Das **ISO-Paßsystem „Einheitsbohrung"** ist ein Paßsystem für Bohrungen mit Grundabmaß 0.

Das **ISO-Paßsystem „Einheitswelle"** ist ein Paßsystem für Wellen mit Grundabmaß 0.

Grundsätze für die Tolerierung nach DIN 2300

Jede in eine Zeichnung eingetragene Toleranz muß eingehalten werden. Alle Maß-, Form- und Lagetoleranzen gelten unabhängig voneinander.

Als eingetragene Toleranz gilt auch der Hinweis auf eine Norm über Allgemeintoleranzen.

Maßtoleranzen begrenzen nur die Istmaße an einem Formelement, nicht aber seine Formabweichungen (z. B. nicht die Rundheits- und Geradheitsabweichungen bei zylindrischen Flächen und nicht die Ebenheitsabweichungen an parallelen Flächen).

Form- und Lagetoleranzen gelten unabhängig von den Istmaßen der einzelnen Formelemente, d.h. sie dürfen – jede für sich allein betrachtet – voll ausgenutzt werden.

ISO-System für Toleranzen und Passungen

DIN 7150 T1 (Jun 1966), DIN 7151 (Nov 1964), DIN 7152 (Jul 1965), DIN 7157 (Jan 1966)

Das ISO-System für Toleranzen und Passungen bezieht sich auf Maße an Teilen für Rund- und Flachpassungen. Die Maße können sein, z. B. Durchmesser, Längen, Breiten oder Höhen.

Toleranzen

Ein Werkstück kann nicht auf ein absolutes Maß gefertigt werden. Dem Anwendungszweck entsprechend genügt es, wenn das Istmaß innerhalb eines Größt- und Kleinstmaßes liegt, deren Differenz die Toleranz ergibt.

Der Einfachheit halber wird für das Werkstück ein Nennmaß angegeben und jedes der beiden Grenzmaße durch sein Abmaß von diesem Nennmaß bestimmt. Größe und Vorzeichen des Abmaßes ergeben sich durch Subtraktion des Nennmaßes vom jeweiligen Grenzmaß.

Passungen

Wenn zwei Werkstücke gepaart werden sollen, wird die Beziehung, die sich aus dem Unterschied ihrer Maße vor der Paarung ergibt, Passung genannt.

Je nach Lage des Toleranzfeldes des Innen- oder Außenmaßes kann die Passung sein:

- eine Spielpassung
- eine Übergangspassung
- eine Übermaßpassung

Bild **3.**2 zeigt eine Spielpassung, Bilder **3.**3 und **3.**4 die schematische Darstellung von Toleranzfeldern mit verschiedenem Passungscharakter.

Zwei der allgemein gebräuchlichsten Methoden in der Anwendung des ISO-Systems sind das System der „Einheitsbohrung" und das der „Einheitswelle."

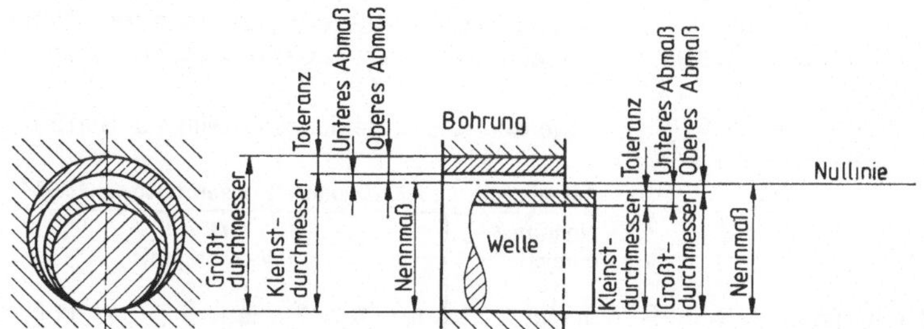

Bild **3.2** Benennungen im ISO-System für Toleranzen und Passungen nach DIN 7150 T1 (dargestellt an Welle und Bohrung)

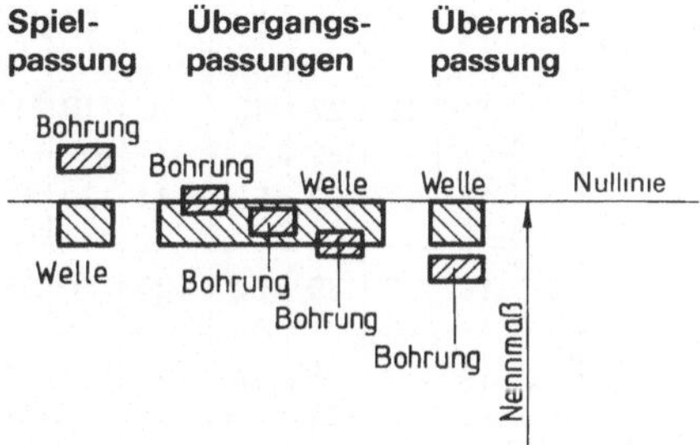

Bild **3.3** Beispiel fur System „Einheitswelle"

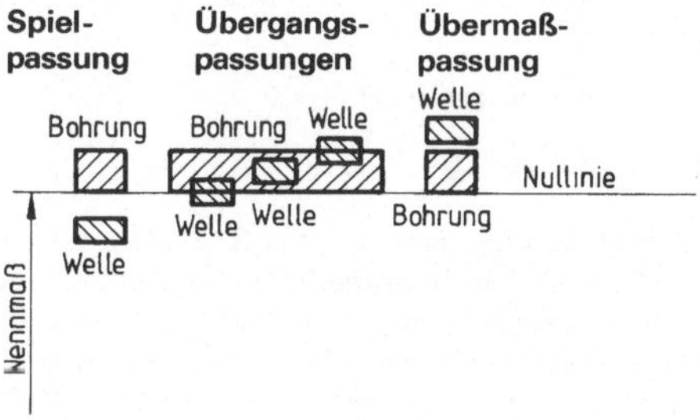

Spiel-passung **Übergangs-passungen** **Übermaß-passung**

Bohrung Welle Nullinie Nennmaß

Bild **3.4** Beispiel für System „Einheitsbohrung"

Kurzzeichen für Toleranzen, Abmaße und Passungen

Um den gegenwärtigen Anforderungen sowohl an Einzelteile als auch an Passungen zu genügen, enthält das System für jedes Nennmaß einerseits eine Reihe von Toleranzen und andererseits eine Reihe von Abmaßen, die die Lage dieser Toleranzen zur „Nullinie", d. h. zur Linie mit dem Abmaß „Null", bestimmen.

Die Toleranz, die eine Funktion des Nennmaßes ist, wird durch eine Zahl (Qualität genannt) ausgedrückt.

Die Lage des Toleranzfeldes zur Nullinie, die eine Funktion des Nennmaßes ist, wird durch einen (in einigen Fällen auch durch zwei) Buchstaben gekennzeichnet (s. Bild **3.**5), und zwar Großbuchstaben für Innenmaße (Bohrungen) und Kleinbuchstaben für Außenmaße (Wellen).

Das tolerierte Maß ist demnach eindeutig bestimmt durch sein Nennmaß mit einem Kurzzeichen, bestehend aus einem bzw. zwei Buchstaben und einer Zahl, z. B.

45g7 (Zeichnungseintragung der Toleranzfelder s. Bilder **3.**20 bis **3.**22).

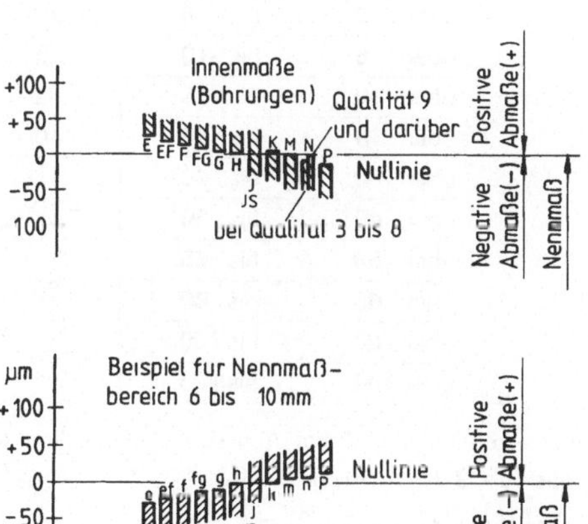

Bild **3.5** Lage und Kurzzeichen der ISO-Toleranzfelder

Eine Passung wird gekennzeichnet durch ihr Nennmaß, das für beide Teile gleich ist und die entsprechenden Kurzzeichen für jedes der beiden zu paarenden Werkstücke, wobei das Kurzzeichen zum Innenmaß (Bohrung) zuerst genannt wird, z. B.

$$\mathbf{45\,H8/g7} \text{ oder } \mathbf{45\frac{H8}{g7}}.$$

Für das ISO-System sind international **Grundtoleranzen** festgelegt (s. Tab. **3.**6). Die Toleranzen werden **Toleranzreihen** unterschiedlicher Qualität und verschiedenen Nennmaßbereichen zugeordnet.

Bezeichnung der ISO-Toleranzreihe (IT) von Qualität 6:

ISO-Toleranzreihe 6

oder abgekürzt IT 6

In den folgenden Tab. **3.**7 bis **3.**10 werden aus DIN 7152 die Grundabmaße fur Nennmaße bis 120 mm und die Toleranzlagen **e** bis **p** bzw. **E** bis **P** angegeben. Aus diesen Grundabmaßen können die anderen Abmaße durch Addition bzw. Subtraktion der Grundtoleranzen nach DIN 7151 (s. Tab. **3.**6) errechnet werden. Grundabmaß und errechnetes Abmaß ergeben dann die Nennabmaße des durch ISO-Kurzzeichen ausdrückbaren Toleranzfeldes.

Lage der Toleranzfelder zur Nullinie s. Bild **3.**5.

Tabelle **3.**6 ISO-Grundtoleranzen nach DIN 7151

Nennmaß-bereich		IT (Werte in µm)							
in mm		**5**	**6**	**7**	**8**	**9**	**10**	**11**	**12**
von	**1**								
bis	**3**	4	6	10	14	25	40	60	100
über	**3**								
bis	**6**	5	8	12	18	30	48	75	120
über	**6**								
bis	**10**	6	9	15	22	36	58	90	150
über	**10**								
bis	**18**	8	11	18	27	43	70	110	180
uber	**18**								
bis	**30**	9	13	21	33	52	84	130	210
über	**30**								
bis	**50**	11	16	25	39	62	100	160	250
über	**50**								
bis	**80**	13	19	30	46	74	120	190	300
über	**80**								
bis	**120**	15	22	35	54	87	140	220	350

Tabelle **3.**7 Obere Abmaße A_o für Außenmaße (Wellen) (Abmaße in µm)

Toleranz		Lage		**e**	**ef**	**f**	**fg**	**g**	**h**	**js**
		Qualität		**alle Qualitäten**						
Nennmaßbereich in mm	von	**1**	bis **3**	–14	–10	–6	–4	–2	0	Die Abmaße betragen $\pm {}^1/_2$ IT der jeweiligen Qualität
	über	**3**	bis **6**	–20	–14	–10	–6	–4	0	
	über	**6**	bis **10**	–25	–18	–13	–8	–5	0	
	uber	**10**	bis **18**	–32	—	–16	—	–6	0	
	uber	**18**	bis **30**	–40	—	–20	—	–7	0	
	uber	**30**	bis **40**	–50	—	–25	—	–9	0	
	über	**40**	bis **50**							
	über	**50**	bis **65**	–60	—	–30	—	–10	0	
	über	**65**	bis **80**							
	über	**80**	bis **100**	–72	—	–36	—	–12	0	
	über	**100**	bis **120**							

Unteres Abmaß A_u = oberes Abmaß A_o – Grundtolerenz, z. B. fur Paßmaße 50 e/6:

A_o aus Tab. **3.**7 = – 50 µm

Grundtoleranz Qualität 6 aus Tab. **3.**6 = 16 µm

A_o = – 50 µm – 16 µm = – 66 µm

also: $50\,e/6 = 50^{-0{,}050}_{-0{,}066}$

Tabelle 3.8 Untere Abmaße A_u für Außenmaße (Wellen) (Abmaße in µm)

Toleranz	Lage	j			k			m	n	p
	Qualität	**5 und 6**	**7**	**8**	bis **3**	**4** bis **7**	ab **8**	alle Qualitäten		
Nennmaßbereich in mm	von **1** bis **3**	−2	− 4	−6	0	0	0	+ 2	+ 4	+ 6
	über **3** bis **6**	−2	− 4	—	0	+1	0	+ 4	+ 8	+12
	über **6** bis **10**	−2	− 5	—	0	+1	0	+ 6	+10	+15
	über **10** bis **18**	−3	− 6	—	0	+1	0	+ 7	+12	+18
	über **18** bis **30**	−4	− 8	—	0	+2	0	+ 8	+15	+22
	über **30** bis **50**	−5	−10	—	0	+2	0	+ 9	+17	+26
	uber **50** bis **80**	−7	−12	—	0	+2	0	+11	+20	+32
	über **80** bis **120**	−9	−15	—	0	+3	0	+13	+23	+37

Oberes Abmaß A_o = unteres Abmaß A_u + Grundtoleranz

Tabelle 3.9 Untere Abmaße A_u für Innenmaße (Bohrungen) (Abmaße in µm)

Toleranz	Lage	E	EF	F	FG	G	H	JS
	Qualitat	alle Qualitäten						
Nennmaßbereich in mm	von **1** bis **3**	+14	+10	+ 6	+4	+ 2	0	Die Abmaße betragen $\pm 1/2$ IT der jeweiligen Qualität
	über **3** bis **6**	+20	+14	+10	+6	+ 4	0	
	uber **6** bis **10**	+25	+18	+13	+8	+ 5	0	
	über **10** bis **18**	+32	—	+16	—	+ 6	0	
	über **18** bis **30**	+40	—	+20	—	+ 7	0	
	über **30** bis **40**	+50	—	+25	—	+ 9	0	
	über **40** bis **50**							
	über **50** bis **65**	+60	—	+30	—	+10	0	
	über **65** bis **80**							
	über **80** bis **100**	+72	—	+36	—	+12	0	
	über **100** bis **120**							

Oberes Abmaß A_o = unteres Abmaß A_u + Grundtoleranz

Tabelle 3.10 Oberes Abmaß A_o für Innenmaße (Bohrungen) (Abmaße in µm)

Toleranz	Lage	J			K					M					N					P			
	Qualitat	6	7	8	5	6	7	8	ab 9	5	6	7	8	ab 9	5	6	7	8	ab 9	5	6	7	ab 8
Nennmaßbereich in mm	von **1** bis **3**	+ 2	+ 4	+ 6	0	0	0	0	0	−2	−2	−2	*)	− 2	− 4	− 4	− 4	−4	−4	− 6	− 6	− 6	− 6
	uber **3** bis **6**	+ 5	+ 6	+10	0	+2	+ 3	+ 5	−	−3	−1	0	0	− 4	− 7	− 5	− 4	−2	0	−11	− 9	− 8	−12
	uber **6** bis **10**	+ 5	+ 8	+12	+1	+2	+ 5	+ 6	−	−4	−3	0	+1	− 6	− 8	− 7	− 4	−3	0	−13	−12	− 9	−15
	uber **10** bis **18**	+ 6	+10	+15	+2	+2	+ 6	+ 8	−	−4	−4	0	+2	− 7	− 9	− 9	− 5	−3	0	−15	−15	−11	−18
	uber **18** bis **30**	+ 8	+12	+20	+1	+2	+ 6	+10	−	−5	−4	0	+4	− 8	−12	−11	− 7	−3	0	−19	−18	−14	−22
	uber **30** bis **50**	+10	+14	+24	+2	+3	+ 7	+12	−	−5	−4	0	+5	− 9	−13	−12	8	−3	0	−22	−21	−17	−26
	uber **50** bis **80**	+13	+18	+28	+3	+4	+ 9	+14	−	−6	−5	0	+5	−11	−15	−14	− 9	−4	0	27	−26	−21	−32
	uber **80** bis **120**	+10	+22	+34	+2	+4	+10	+16	−	−8	−6	0	+6	−13	−18	−16	−10	−4	0	−32	−30	−24	−37

*) Anstelle des Toleranzfeldes M8 ist in diesem Nennmaßbereich N8 zu wählen

Unteres Abmaß A_u = oberes Abmaß A_o − Grundtoleranz

Von der theoretisch möglichen Vielfalt von Passungen enthält DIN 7157 eine Auswahl unter Berücksichtigung einer wirtschaftlichen Fertigung. Gebräuchliche ISO-Toleranzfelder sowie empfohlene Passungen sind für Nennmaße bis 120 mm in den Tab. **3**.11 und **3**.12 wiedergegeben.

Hinweis auf weitere DIN-Normen

DIN 7154 T1 ISO-Passungen für Einheitsbohrung; Toleranzfelder, Abmaße in µm

DIN 7154 T2 ISO-Passungen fur Einheitsbohrung; Paßtoleranzen, Spiele und Ubermaße in µm

DIN 7155 T1 ISO-Passungen für Einheitswelle; Toleranzfelder, Abmaße in µm

DIN 7155 T2 ISO-Passungen für Einheitswelle; Paßtoleranzen; Spiel und Ubermaße in µm

DIN 7160 ISO-Abmaße für Außenmaße (Wellen) für Nennmaße von 1 bis 500 mm

DIN 7161 ISO-Abmaße für Innenmaße (Bohrungen) für Nennmaße von 1 bis 500 mm

Tabelle **3**.11 ISO-Toleranzfelder und -Abmaße nach DIN 7157 (Abmaße in µm)

ISO-Kurzzeichen	n6	h6	h9	f7	H7	H8	F8	E9
von 1 bis 3	+10 +4	0 -6	0 -25	-6 -16	+10 0	+14 0	+20 +6	+39 +14
über 3 bis 6	+16 +8	0 -8	0 -30	-10 -22	+12 0	+18 0	+28 +10	+50 +20
über 6 bis 10	+19 +10	0 -9	0 -36	-13 -28	+15 0	+22 0	+35 +13	+61 +25
über 10 bis 14	+23 +12	0 -11	0 -43	-16 -34	+18 0	+27 0	+43 +16	+75 +32
über 14 bis 18	+23 +12	0 -11	0 -43	-16 -34	+18 0	+27 0	+43 +16	+75 +32
über 18 bis 24 über 24 bis 30	+28 +15	0 -13	0 -52	-20 -41	+21 0	+33 0	+53 +20	+92 -40
über 30 bis 40 über 40 bis 50	+33 +17	0 -16	0 -62	-25 -50	+25 0	+39 0	+64 +25	+112 +50
über 50 bis 65 über 65 bis 80	+39 +20	0 -19	0 -74	-30 -60	+30 0	+46 0	+76 +30	+134 +60
über 80 bis 100 über 100 bis 120	+45 +23	0 -22	0 -87	-36 -71	+35 0	+54 0	+90 +36	+159 +72

Nennmaßbereich in mm

Tabelle **3**.12 Empfohlene Paßtoleranzen nach DIN 7157 (Spiele und Übermaße in µm)

Passung	H7/n6	H7/h6	H8/h9	H7/f7	F8/h6	H8/f7	F8/h9	E9/h9
von 1 bis 3	+6 -10	+16 0	+39 0	+26 +6	+26 +6	+30 +6	+45 +6	+64 +14
über 3 bis 6	+4 -16	+20 0	+48 0	+34 +10	+36 +10	+40 +10	+58 +10	+80 +20
über 6 bis 10	+5 -19	+24 0	+58 0	+43 +13	+44 +13	+50 +13	+71 +13	+97 +25
über 10 bis 14	+6 -23	+29 0	+70 0	+52 +16	+54 +16	+61 +16	+86 +16	+118 +32
über 14 bis 18	+6 -23	+29 0	+70 0	+52 +16	+54 +16	+61 +16	+86 +16	+118 +32
über 18 bis 24 über 24 bis 30	+6 -28	+34 0	+85 0	+62 +20	+66 +20	+74 +20	+105 +20	+144 +40
über 30 bis 40 über 40 bis 50	+8 -33	+41 0	+101 0	+75 +25	+80 +25	+89 +25	+126 +25	+174 +50
über 50 bis 65 über 65 bis 80	+10 -39	+49 0	+120 0	+90 +30	+95 +30	+106 +30	+150 +30	+208 +60
über 80 bis 100 über 100 bis 120	+12 -45	+57 0	+141 0	+106 +36	+112 +36	+125 +36	+177 +36	+246 +72

Nennmaßbereich in mm

Allgemeintoleranzen für Längenmaße
DIN 7168 T1 (Mai 1981)

Die Allgemeintoleranzen nach Tab. **3**.13 sind anwendbar für durch Spanen[1]) oder durch Umformen[1]) gefertigte Teile, sofern es für spezielle Fertigungsverfahren keine anderen Normen für Allgemeintoleranzen gibt.

Allgemeintoleranzen gelten, wenn in Zeichnungen oder zugehörigen Unterlagen (z. B. Lieferbedingungen) darauf hingewiesen ist (s. Abschn. 2.1.2).

Die Allgemeintoleranzen **gelten** für:

a) Längenmaße (z. B. Außen-, Innen-, Absatzmaße, Durchmesser, Abstandsmaße)
b) Längenmaße, die durch Bearbeiten gefügter Teile entstehen.

Die Allgemeintoleranzen **gelten nicht** für:

a) Längenmaße, für die Toleranzen einzeln angegeben sind;
b) Längenmaße, für die in der Zeichnung oder in zugehörigen Unterlagen Normen über andere Allgemeintoleranzen angegeben sind
c) in Klammern stehende Hilfsmaße (s. DIN 406 T2);
d) rechteckig eingerahmte theoretische Maße nach DIN 7184 T1 (Bezugsmaße);
e) Längenmaße, die durch Fügen von Teilen entstehen.

Hinweise in Zeichnungen

In Zeichnungen wird auf diese Allgemeintoleranzen z. B. für den Genauigkeitsgrad „mittel" (m) wie folgt hingewiesen:

DIN 7168 – m

Ausführung technischer Zeichnungen s. Abschn. 2.1

Tabelle **3**.13 Obere und untere Abmaße für Längenmaße, außer Rundungshalbmessern und Fasenhöhen (Schrägungen)

Genauig-keits-grad	Abmaße in mm für Nennmaßbereich in mm											
	0,5[2]) bis 3	uber 3 bis 6	uber 6 bis 30	uber 30 bis 120	uber 120 bis 400	uber 400 bis 1000	uber 1000 bis 2000	uber 2000 bis 4000	über 4000 bis 8000	uber 8000 bis 12000	uber 12 000 bis 16000	uber 16 000 bis 20000
f (fein)	±0,05	±0,05	±0,1	±0,15	±0,2	±0,3	±0,5	±0,8	—	—	—	—
m (mittel)	±0,1	±0,1	±0,2	±0,3	±0,5	±0,8	±1,2	±2	±3	± 4	± 5	± 6
g (grob)	±0,15	±0,2	±0,5	±0,8	±1,2	±2	±3	±4	±5	± 6	± 7	± 8
sg (sehr grob)	—	±0,5	±1	±1,5	±2	±3	±4	±6	±8	±10	±12	±12

[2]) Bei Nennmaßen unter 0,5 mm sind die Abmaße direkt am Nennmaß anzugeben.

Form- und Lagetoleranzen
DIN 7184 T1 (Mai 1972)

Allgemeines

Ein Werkstück setzt sich aus einzelnen geometrischen Formelementen zusammen (Beispiele s. Bild **3**.14).

Da es nicht möglich ist, geometrisch ideale Werkstücke herzustellen, weichen die Formelemente der Werkstücke von der geometrisch idealen Form und Lage ab.

Form- und Lagetoleranzen sollen nur dann eingetragen werden, wenn sie für die Funktionstauglichkeit und/oder wirtschaftliche Herstellung des betreffenden Teiles unerläßlich sind.

Angegebene Form- und Lagetoleranzen bedingen nicht die Anwendung eines bestimmten Fertigungs-, Meß- oder Prüfverfahrens.

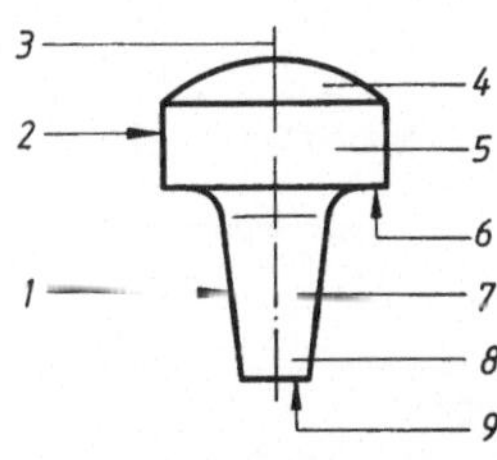

Bild **3**.14 Geometrische Formelemente

1 Kegelmantellinie
2 Zylindermantellinie
3 Achse
4 Kugelabschnittsfläche
5 Zylindermantelfläche
6 Ebene Ringfläche
7 Hohlkehl-Ringfläche
8 Kegelmantelfläche
9 Ebene Kreisfläche

[1]) Begriffe der Fertigungsverfahren s. Abschn. 3.3

Begriffe

Die **Toleranzzone** ist die Zone, innerhalb der alle Punkte eines geometrischen Elementes (Punkt, Linie, Fläche, Mittelebene) liegen müssen.

Formtoleranzen begrenzen die zulässigen Abweichungen eines Elementes von seiner geometrisch idealen Form. Sie bestimmen die Toleranzzone, innerhalb der das Element liegen muß und beliebige Form haben darf.

Lagetoleranzen sind Richtungs-, Orts- oder Lauftoleranzen. Sie begrenzen die zulässigen Abweichungen von der geometrisch idealen Lage zweier oder mehrerer Elemente zueinander.

Eine Lagetoleranz eines geometrischen Elementes bestimmt die Toleranzzone, innerhalb der das tolerierte Element liegen muß und – wenn keine Formtoleranz angegeben ist – beliebige Form haben darf.

Bezugselement ist dasjenige geometrische Element, das bei Anwendung einer Lagetoleranz als Ausgangsbasis dient. Als Bezugselement sollte möglichst das Element gewählt werden, das auch bei der Funktion des Werkstückes als Ausgangsbasis dient. Das Bezugselement muß genügend formgenau sein. Nötigenfalls müssen Formtoleranzen vorgeschrieben werden.

Tabelle **3**.15 Symbole fur tolerierte Eigenschaften

		Tolerierte Eigenschaft	Symbol
	Form-toleranzen	Geradheit	—
		Ebenheit	⏥
		Rundheit (Kreisform)	○
		Zylinderform	⌭
		Profil einer beliebigen Linie	⌒
		Profil einer beliebigen Flache	⌓
Lagetoleranzen	Richtungs-toleranzen	Parallelität	//
		Rechtwinkligkeit	⊥
		Neigung (Winkligkeit)	∠
	Orts-toleranzen	Position	⌖
		Konzentrizitat und Koaxialität	◎
		Symmetrie	⌯
	Lauf-toleranzen	Lauf (Rundlauf, Planlauf)	↗

Grundzeichen für die Eintragung von Form- und Lagetoleranzen

Zum Eintragen der Form- und Lagetoleranzen in Zeichnungen werden verwendet:

Toleranzrahmen mit Bezugspfeil auf das tolerierte Element weisend. Der Bezugspfeil darf unter Umständen auch rechts an den Toleranzrahmen gesetzt werden.

Toleranzrahmen wie oben mit zusatzlichem Feld für Hinweise auf das Bezugselement

– Symbol fur die tolerierte Eigenschaft
– Toleranzwert in der fur die Zeichnung geltenden Maßeinheit
– Bezugsbuchstabe als Hinweis auf das Bezugselement

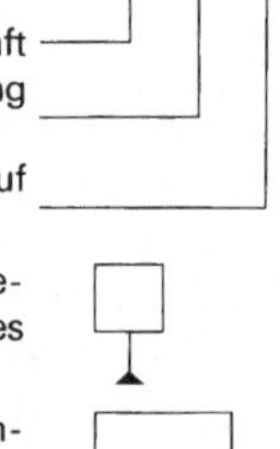

Bezugsdreieck mit Rahmen fur den Bezugsbuchstaben zur Kennzeichnung des Bezugselementes

Rechteckiger Rahmen zur Kennzeichnung von theoretischen Maßen für die Angabe der geometrisch idealen (theoretisch genauen) Lage der Toleranzzone

Eintragung der Bezugspfeile und -dreiecke

Tabelle **3**.16 Bezugspfeile und -dreiecke

Toleriertes Element	Bezugspfeil	Bezugsdreieck
Fläche oder Linie	oder	oder oder
Achse oder Mittelebene	oder	oder
Bei gemeinsamer Mittellinie aller Achsen oder Mittelebenen		

Tabelle **3.17** Anwendungsbeispiele der Form- und Lagetoleranzen

Begriffserklärung der Toleranzzone	Zeichnungseintragung und Erklärung
Geradheitstoleranz einer Linie (Kante, Achse, Mantellinie) ist der Abstand *t* zweier paralleler Ebenen, zwischen denen alle Punkte der Linie liegen müssen, wenn die Toleranz nur in einer Richtung angegeben ist.	Jede Mantellinie des Zylinders muß jeweils in der tolerierten Richtung (Pfeilrichtung) zwischen zwei parallelen Ebenen vom Abstand 0,1 mm liegen.
Rundheitstoleranz einer Kreislinie ist der Abstand *t* zweier in einer Ebene liegender konzentrischer Kreise, zwischen denen alle Punkte der Linie liegen müssen, wenn Schnittlinien toleriert sind.	In jeder achssenkrechten Schnittebene muß die tolerierte Umfangslinie zwischen zwei konzentrischen Kreisen vom Abstand 0,1 mm liegen.
Parallelitätstoleranz einer Fläche zu einer Bezugsfläche ist der Abstand *t* zweier zur Bezugsflache paralleler Ebenen, zwischen denen alle Punkte der tolerierten Flache liegen müssen.	Die tolerierte Fläche muß zwischen zwei zur Bezugsfläche parallelen Ebenen vom Abstand 0,01 mm liegen.
Rechtwinkligkeitstoleranz einer Linie (Kante, Achse, Mantellinie) zu einer Bezugsfläche ist der Abstand *t* zweier paralleler und zur Bezugsflache senkrechter Ebenen, zwischen denen alle Punkte der tolerierten Linie liegen müssen, wenn die Toleranz nur in einer Richtung angegeben ist.	Die tolerierte Achse des Zylinders muß zwischen zwei parallelen, zur Bezugsfläche und zur Pfeilrichtung senkrechten Ebenen vom Abstand 0,1 mm liegen.

Toleranzangaben in Zeichnungen
DIN 406 T2 (Aug 1981)

Weitere Hinweise zur Ausführung von technischen Zeichnungen s. Abschn. 2.1

Toleranzen können angegeben werden:

- durch Abmaße (s. Bild **3.**18 und **3.**19)
- durch ISO-Toleranzfeldkurzzeichen (s. Bilder **3.**20 bis **3.**22)
- durch Allgemeintoleranzen (z. B. nach DIN 7168 T1, s. Hinweis über Tab. **3.**13)
- durch Symbole für Form- und Lagetoleranzen nach DIN 7184 T1 (s. Tab. **3.**15)

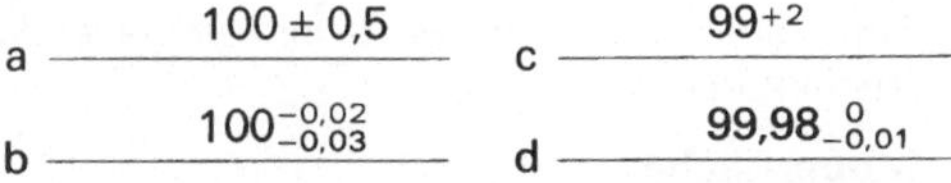

Bild **3.**18 Angabe von Abmaßen in Zeichnungen

Angabe von Toleranzen durch Zahlen

Die Abmaße sind hinter der Maßzahl (Nennmaß) mit dem Vorzeichen (+ oder − oder ±) einzutragen. Dem Nennmaß werden beide Abmaße (oberes und unteres) hinzugefügt, es wird damit die Toleranz festgelegt. Das obere Abmaß ist ohne Rücksicht auf das Vorzeichen höher, das untere Abmaß tiefer als das Nennmaß zu schreiben.

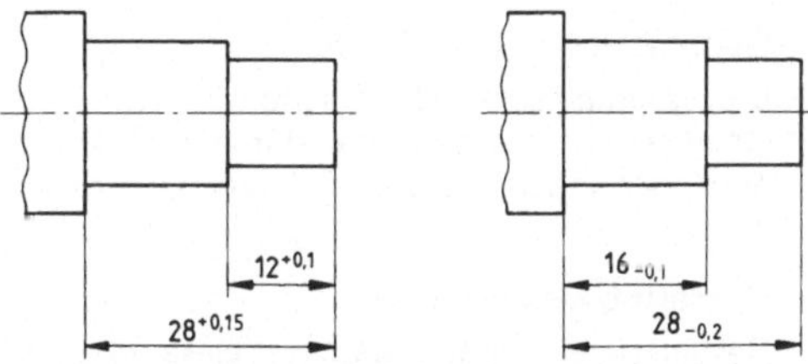

Bild **3.**19 Beispiele für die Eintragung der Abmaße und deren Lage

Wenn oberes und unteres Abmaß den gleichen Betrag haben, steht das Abmaß mit dem Vorzeichen ± nur einmal hinter dem Nennmaß. Das Abmaß 0 soll nur dann eingetragen werden, wenn dies unbedingt nötig ist, (s. Bild **3.**18).

Eintragung von ISO-Toleranzfeldkurzzeichen in Zeichnungen

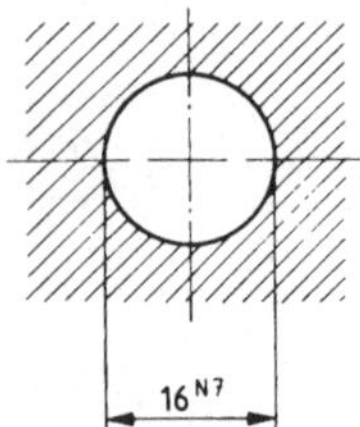

Bild **3.**20 ISO-Toleranzfeld für Bohrungen (Eintragung oben am Nennmaß)

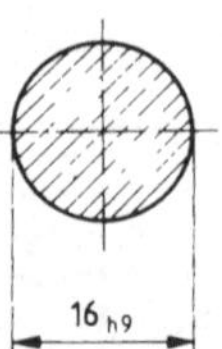

Bild **3.**21 ISO-Toleranzfeld für Wellen (Eintragung unten am Nennmaß)

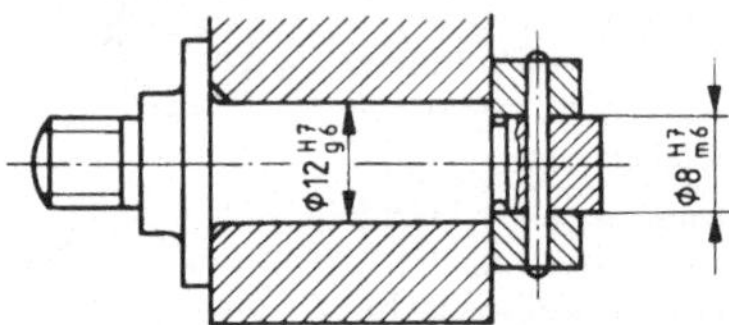

Bild **3.**22 ISO-Toleranzfelder bei gleichem Nennmaß für Bohrung und Welle

3.2 Technische Oberflächen

Ein wesentliches Merkmal für die Funktion eines Werkstückes ist die Oberflächenrauheit. Beim Festlegen einer bestimmten Oberflächenrauhheit ist sorgfältig zwischen der Anforderung an die Funktion und einer wirtschaftlichen Fertigung abzuwägen.

Begriffe und Ordnungssystem
DIN 4760 (Jun 1982)

Wirkliche Oberfläche

Die wirkliche Oberfläche ist die Oberfläche, die den Gegenstand von dem ihn umgebenden Medium trennt.

Istoberfläche

Die Istoberfläche ist das meßtechnische erfaßte, angenäherte Abbild der wirklichen Oberfläche eines Formelementes.

Geometrische Oberfläche

Die geometrische Oberfläche ist eine ideale Oberfläche, deren Nennform durch die Zeichnung und/oder andere technische Unterlagen definiert wird.

Gestaltabweichungen

Gestaltabweichungen sind die Gesamtheit aller Abweichungen der Istoberfläche von der geometrischen Oberfläche.

Tabelle **3.**23 Ordnungssystem für Gestaltabweichungen

Gestaltabweichung	Bemerkungen
1. Ordnung = Formabweichungen	Bei Betrachtung der gesamten Istoberfläche feststellbar
2. Ordnung = Welligkeit	Uberwiegend periodisch auftretend; Verhältnis der Wellenabstande zur Wellentiefe ≈ zwischen 1000:1 und 100:1
3. bis 5. Ordnung = Rauheit	Verhältnis der Abstände zur Tiefe ≈ zwischen 100:1 und 5:1
6. Ordnung = durch den Aufbau der Materie bedingte Abweichungen	Können mit den z. Z. gebräuchlichen Meßverfahren nicht erfaßt werden

Empfohlene Rauheitsmeßgrößen, Prüfen der Rauheit, Oberflächen-Vergleichsmuster

DIN 4768 T1 (Aug 1974), **DIN 4769 T1 bis T3** (Mai 1972) und **T4** (Jul 1974), **DIN 4772** (Nov 1979), **DIN 4775** (Jun 1982)

Rauheitsmeßgrößen nach DIN 4768 T1

Mittenrauhwert R_a. Arithmetischer Mittelwert der absoluten Beträge der Abstände y des Rauhheitsprofiles von der mittleren Linie innerhalb der Meßstrecke. Dies ist gleichbedeutend mit der Höhe eines Rechtecks, dessen Länge gleich der Gesamtmeßstrecke l_m und das flächengleich mit der Summe der zwischen Rauheitsprofil und mittlerer Linie eingeschlossenen Flächen ist (s. Bild **3**.24).

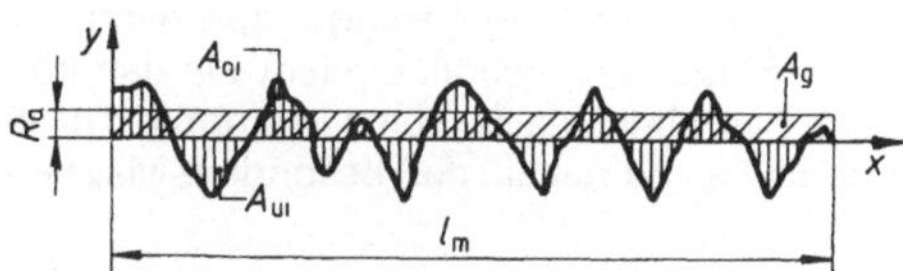

Bild **3**.24 Mittenrauhwert R_a
$\Sigma A_{oi} = \Sigma A_{ui} \quad A_g = \Sigma A_{oi} + \Sigma A_{ui}$

Gemittelte Rauhtiefe R_z. Arithmetisches Mittel aus den Einzelrauhtiefen fünf aneinandergrenzender Einzelmeßstrecken (s. Bild **3**.25).

Maximale Rauhtiefe R_{max}. Größte der auf der Gesamtmeßstrecke l_m vorkommenden Einzelrauhtiefen Z_i, z. B. Z_3 (s. Bild **3**.25).

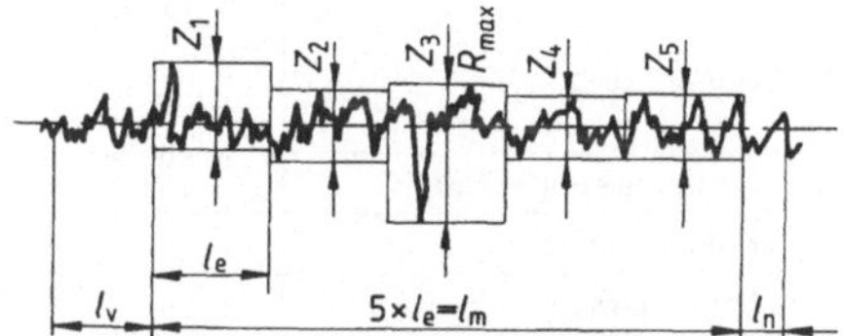

Bild **3**.25 Bilden der gemittelten Rauhtiefe R_z aus dem Rauheitsprofil
l_v = Vorlaufstrecke
l_e = Einzelmeßstrecke (= $^1/_5\, l_m$)
l_m = Gesamtmeßstrecke
l_n = Nachlaufstrecke
$R_z = \frac{1}{5}(Z_1 + Z_2 + Z_3 + Z_4 + Z_5)$

Prüfen der Rauheit

Aus wirtschaftlichen Gründen ist nur eine möglichst geringe Anzahl von Einzelmessungen zur Ermittlung der Rauheit vertretbar.

Bezüglich des anzuwendenden Prüfverfahrens soll nach DIN 4775 folgende Reihenfolge eingehalten werden:

Sichtprüfung

Diese Prüfung soll einen Gesamteindruck der zu beurteilenden Oberfläche vermitteln und eine Grobausscheidung solcher Werkstücke ermöglichen, bei denen eine Rauheitsmessung unnötig oder unzweckmäßig ist.

Sicht- und/oder Tastvergleich

Ein Vergleich der Rauheit von Werkstückoberflächen mit Oberflächen-Vergleichsmustern nach DIN 4769 T1 bis T4 kann

a) durch Sichtvergleich
b) durch Tastvergleich, z. B. mit dem Fingernagel oder einem Kupferstück,

durchgeführt werden.

Dabei wird die Rauheit der Werkstückoberfläche nicht zahlenmäßig bestimmt, sondern es wird nur festgestellt, ob sie die Rauheit des entsprechenden Oberflächen-Vergleichsmusters nicht überschreitet.

Beim Sichtvergleich rilliger (z. B. gedrehter, gestoßener, stirngefräster) Oberflächen soll das Licht quer zum Rillenverlauf der Oberflächen von Werkstück und Vergleichsmuster einfallen.

Beim Tastvergleich erhält man die sichersten Ergebnisse, wenn zum Vergleich das der zulässigen größten Rauheit entsprechende Oberflächen-Vergleichsmuster sowie das nächstfeinere und das nächstgröbere herangezogen werden. Die Oberflächen-Vergleichsmuster sind parallel zur längeren Seite abzutasten.

Rauheitsmessung mit elektrischen Tastschnittgeräten

Lassen Sichtprüfung und Sicht- und/oder Tastvergleich noch keine Entscheidung über die Einhaltung der Rauheitsangaben zu, dann wird die Rauheit der Oberfläche mit dem elektrischen Tastschnittgerät nach DIN 4772 gemessen.

Das elektrische Tastschnittgerät ist ein Meßgerät, das die Oberflächenrauheit technischer Oberflächen mit einer Tastspitze abtastet und die Gestaltabweichungen der Oberfläche, über die die Tastspitze geführt wird, in analoge elektrische Größen umwandelt. Das elektrische Signal wird verstärkt, gegebenenfalls gefiltert, Rechenprogrammen zugeführt, angezeigt und gegebenenfalls aufgezeichnet.

Herstellverfahren der Rauheit von Oberflächen
DIN 4766 T1 (Mrz 1981)

Die in der Tab. **3**.26 angegebenen Werte sind Orientierungs- und Erfahrungswerte, die unter den üblichen Fertigungsbedingungen nach dem jetzigen Stand der Technik erreicht werden können. Der von links nach rechts keilförmig ansteigende Balken deutet an, daß besondere Maßnahmen für das Erreichen der angegebenen Rauheitswerte erforderlich sind. Der von links nach rechts keilförmig abfallende Balken deutet an, daß es sich in diesem Bereich um Rauheitswerte handelt, die bei besonders grober Fertigung auftreten.

Tabelle **3**.26 Erreichbare gemittelte Rauhtiefe R_z

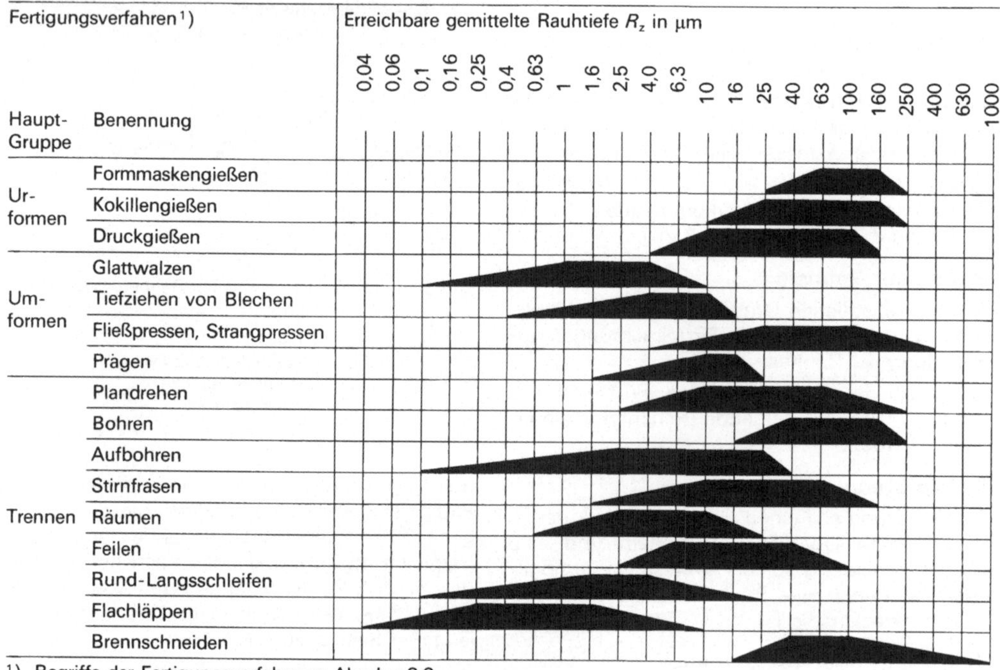

[1]) Begriffe der Fertigungsverfahren s. Abschn. 3.3

Umrechnung der Meßgröße R_a in R_z und umgekehrt
Bbl. 1 zu DIN 4768 T1 (Okt 1978)

Bild **3**.27 zeigt die Ermittlung der gemittelten Rauhtiefe R_z bei vorgeschriebenem Mittenrauhwert R_a bzw. des Mittenrauhwerts R_a bei vorgeschriebener gemittelter Rauhtiefe R_z unter Berücksichtigung des Streubereichs und einer ausreichenden Sicherheit.

Wird zur Festlegung der oberen Grenze des R_z-Wertes bei vorgeschriebenem R_a-Wert die obere Begrenzungslinie des Streubereichs gewählt, kann angenommen werden, daß der vorgeschriebene R_a-Wert nicht überschritten wird. Das Entsprechende gilt für den vorgeschriebenen R_z-Wert, wenn zur Festlegung des R_a-Grenzwerts die untere Linie benutzt wird.

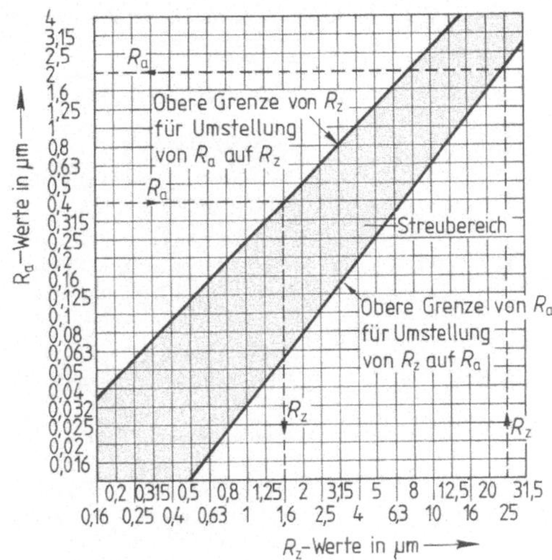

Bild **3**.27
Umrechnung der Meßgröße R_a in R_z und umgekehrt

Angabe der Oberflächenbeschaffenheit in Zeichnungen DIN ISO 1302 (Jun 1980)

Tabelle **3**.28 Symbole für die Angabe der Oberflächenbeschaffenheit

Symbole[1])	Bedeutung/Erläuterung
√	Dieses Symbol ist nur dann aussagefähig, wenn es in der Zeichnung besonders erklärt ist. Bei der Angabe des Symbols in Verbindung mit einem Rauheitswert darf die Oberfläche mit beliebigen Fertigungsverfahren hergestellt bzw. nachgearbeitet werden.
	Die Oberfläche muß durch materialabtrennende Bearbeitung (Spanen, Zerteilen oder Abtragen) hergestellt werden.
	Bei Angabe des Symbols **ohne** Zusatzangaben muß die Oberfläche im Zustand des vorhergehenden Fertigungsverfahrens, d. h. im Anlieferzustand, bleiben, z. B. Halbzeug, Rohguß, geschmiedete Flächen oder vom Vorlieferanten durch materialabtrennende Bearbeitung hergestellte Flächen. Bei Angabe des Symbols **mit** Zusatzangaben muß die Oberfläche ohne materialabtrennende Bearbeitung (spanlos) hergestellt werden, z. B. durch Urformen, Umformen, Beschichten. Spanende Nacharbeit ist nicht zulässig.

Tabelle **3**.29 Zusatzangaben zu den Symbolen für die Oberflächenbeschaffenheit

Zusatzangaben	Lage der Oberflächenangaben am Symbol
b a c(f) e √ d	a = Mittenrauhwert R_a in µm b = Fertigungsverfahren, Behandlung oder Überzug, sonstige Wortangaben c = Bezugsstrecke, Grenzwellenlänge in mm d = Rillenrichtung e = Bearbeitungszugabe f = andere Rauheitsmeßgrößen (z. B. R_z, R_p, R_{max})

[1]) Wenn besondere Oberflächenangaben notwendig werden, erhält der längere Schenkel der Symbole eine zusätzliche, waagrechte Linie (s. z. B. Tab. **3**.29).

Tabelle **3**.30 Beispiele für Symbole mit Zusatzangaben

Angabe	Erklärung
roh √	Unbearbeitete Fläche im Rohzustand oder geputzt, z. B. Überstände abgetrennt.
6,3 √	Beliebig hergestellte Oberfläche mit einem Mittenrauhwert $R_a \leqq 6{,}3$ µm.
1,6 0,8 ∇	Spanend hergestellte Oberfläche mit Mittenrauhwert $R_a = 0{,}8$ bis 1,6 µm.
R_z 2,5	Spanlos hergestellte Oberfläche mit einer größten gemittelten Rauhtiefe $R_z = 2{,}5$ µm.
geschliffen 1/2,5/R_{max} 6,3 0,5 ⊥	Spanend durch Schleifen hergestellte Oberfläche mit Bearbeitungszugabe 0,5 mm, Mittenrauhwert $R_a \leqq 1$ µm bei Grenzwellenlänge 2,5 mm, Rauhtiefe $R_{max} = 6{,}3$ µm bei Grenzwellenlänge 2,5 mm, Rillenrichtung senkrecht zur Projektionsachse.

Beispiele für die Eintragung in Zeichnungen

Oberflächenangaben werden im allgemeinen an allen Flächen einzeln eingetragen, für die sie erforderlich sind. Dies gilt auch für gegenüberliegende Flächen gleicher Oberflächenbeschaffenheit (Bild **3**.31).

Für Teile mit einheitlicher Oberflächenbeschaffenheit genügt eine Oberflächenangabe in der Nähe des Teiles (Bild **3**.32) oder über dem Zeichnungsschriftfeld.

Vereinfachte Angaben an den Flächen des Werkstückes werden mit Buchstaben und dem Grundsymbol gekennzeichnet. Die Bedeutung wird in der Nähe des Teiles oder des Schriftfeldes erklärt (Bild **3**.33) (s. auch Abschn. 2.1.2).

Bei einheitlichen Oberflächenangaben an mehreren Flächen eines Teiles genügt die Eintragung des Symbols, z. B. ∇ für spanende Bearbeitung, dessen Bedeutung an anderer Stelle auf der Zeichnung erklärt wird (Bild **3**.34).

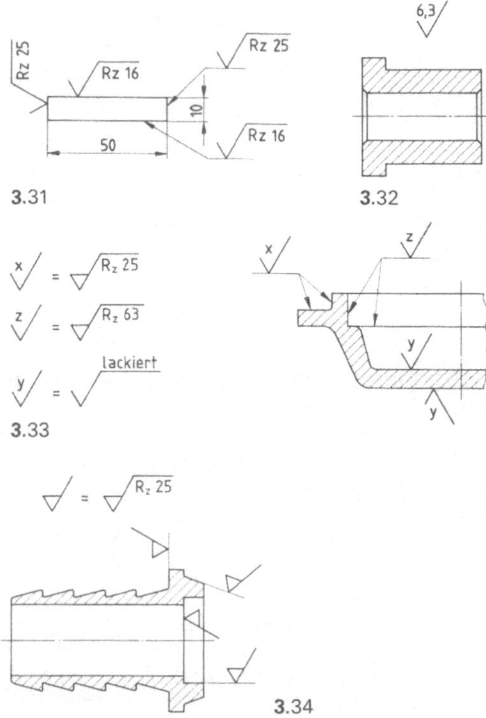

3.31

3.32

3.33

3.34

Gegenüberstellung bisheriger Oberflächenzeichen nach DIN 3141 (Mrz 1960) **zu Angaben nach DIN ISO 1302**

Bbl. 2 zu DIN ISO 1302 (Okt 1980)

Die Umstellung der Zeichnungsangaben muß entsprechend der Funktion der Oberfläche unter Beachtung der im jeweiligen Unternehmen festgelegten Deutung der Oberflächenzeichen zu den Reihen 1 bis 4 nach DIN 3141 vorgenommen werden.

Bestehende Zeichnungen können z. B. durch Anbringen einer Gegenüberstellung der Angaben (Symbole und Rauheitsmeßgrößen) in der Nähe des Zeichnungs-Schriftfeldes umgestellt werden.

Tabelle **3**.35 Beispiel fur Gegenüberstellung DIN 3141 zu DIN ISO 1302

DIN 3141 Reihe 2	DIN ISO 1302
∼	geputzt √
▽	√ R_z 100
▽▽	√ R_z 25
▽▽▽	√ R_z 6,3
▽▽▽▽	√ R_z 1

3.3 Fertigungsverfahren

Einteilung der Fertigungsverfahren
DIN 8580 (Jun 1974)

Tabelle 3.36 Einteilung der Fertigungsverfahren in Hauptgruppen

Einteilung	Definition	Beispiele
Hauptgruppe 1 **Urformen**	Urformen ist Fertigen eines festen Körpers aus formlosem Stoff durch Schaffen des Zusammenhaltes. Hierbei treten die Stoffeigenschaften des Werkstückes bestimmbar in Erscheinung.	Gießen, Sintern
Hauptgruppe 2 **Umformen**	Umformen ist Fertigen durch bildsames (plastisches) Ändern der Form eines festen Körpers.	Pressen, Ziehen, Biegen
Hauptgruppe 3 **Trennen**	Trennen ist Fertigen durch Ändern der Form eines festen Körpers, wobei der Zusammenhalt örtlich aufgehoben, das heißt im ganzen vermindert wird.	Drehen, Bohren, Schleifen, Abschrauben, Strahlen
Hauptgruppe 4 **Fügen**	Fügen ist das Zusammenbringen von zwei oder mehr Werkstücken geometrisch bestimmter fester Form oder von ebensolchen Werkstücken mit formlosem Stoff.	Einlegen, Füllen, Verschrauben, Falzen, Schweißen
Hauptgruppe 5 **Beschichten**	Beschichten ist das Aufbringen einer fest haftenden Schicht aus formlosem Stoff auf ein Werkstück.	Aufdampfen, Anstreichen, Galvanisieren
Hauptgruppe 6 **Stoffeigenschaftändern**	Stoffeigenschaftändern ist Fertigen eines festen Körpers durch Umlagern, Aussondern oder Einbringen von Stoffteilchen, wobei eine etwaige unwillkürliche Formänderung nicht zum Wesen der Verfahren gehört.	Härten, Magnetisieren, Entkohlen, Nitrieren

3.3.1 Urformen

Begriff s. Abschn. 3.3. Gußwerkstoffe für Eisen und Stahl s. Abschn. 2.4.1, Nichteisenmetalle s. Abschn. 2.4.2

Gießereimodelle
DIN 919 T2 (Mrz 1972), DIN 1511 (Apr 1978)

Allgemeines

Gießereimodelle und Zubehör dienen zur Herstellung von Gießformen für Sandguß in der Hand- oder Maschinenformerei. Als Grundlage für die Anfertigung von Modelleinrichtungen dient die Rohteil- und/oder Fertigteilzeichnung des zu formenden Gußteils. Dabei sind insbesondere die Schwindmaße (Maßzugabe für die Gußform gegenüber dem fertigen Werkstück wegen des Zusammenziehens der Werkstoffe beim Erstarren) sowie die Formschrägen zu beachten.

Schwindmaße

Sofern keine anderen Schwindmaße vereinbart wurden, gelten die Anhaltsangaben in Tab. 3.37.

Tabelle 3.37 Anhaltsangaben fur Schwindmaße nach DIN 1511

Gußwerkstoff	nach	Schwindmaß in %
Gußeisen mit Lamellengraphit	DIN 1691 [1])	1,0
Stahlguß	DIN 1681 [1])	2,0
Temperguß GTW	DIN 1692 [1])	1,6
Aluminium-Gußlegierungen	DIN 1725 T2 [2])	1,2
Kupfer-Zinn-Zink-Gußlegierungen (Rotguß)	DIN 1705 [2])	1,3
Gleitlager-Gußlegierungen (Weißmetall)	DIN 1703 [3])	0,5

[1]) s. Abschn. 2.4.1; Tab 2.272
[2]) s. Abschn. 2.4.2; Tab 2.293
[3]) s. Norm

Formschrägen

Vor der Herstellung der Modelleinrichtung ist die erforderliche Formschräge entsprechend den folgenden drei Möglichkeiten (s. Bild 3.38) in der Zeichnung oder durch schriftliche Angaben festzulegen.

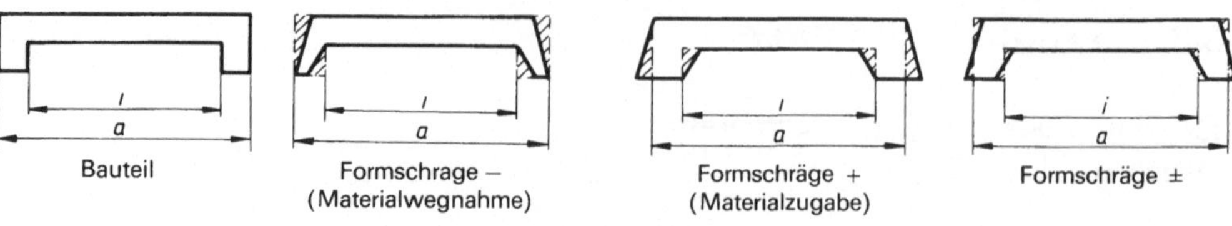

Bild **3**.38 Formschrägen (/// = Formschräge, *i* = innen, *a* = außen)

Beispiel für ein Modell aus Holz nach DIN 919 T2

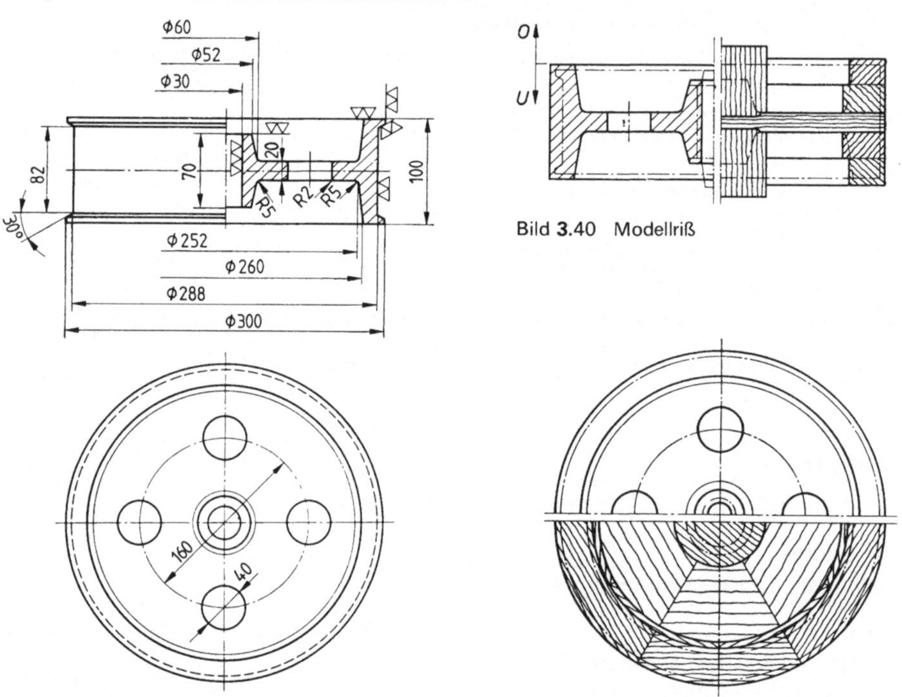

Bild **3**.39 Gußteil-Zeichnung

Umschlusselung der Oberflächenangaben nach DIN ISO 1302 s. Abschn. 3.2

Bild **3**.40 Modellriß

Bild **3**.41 Modellaufbau

Gußrohteile

DIN 1680 T1 (Okt 1980)

Maßabweichungen

Die Maßabweichungen an einem Gußrohteil sind u. a. abhängig von der Lage der Formteilung.

Formgebundene Maße sind Maße im gleichen Formteil (Formoberteil oder -unterteil). Sie bleiben von der Formteilung hinsichtlich ihres Verhaltens gegenüber Maßabweichungen unbeeinflußt (s. Bild **3**.42).

Nichtformgebundene Maße werden durch zwei oder mehrere Formteile gebildet, was zu größeren Maßabweichungen als bei formgebundenen Maßen führen kann.

Zu den nichtformgebundenen Maßen gehören auch die durch Kerne, Losteile, Schieber und Stempel beeinflußten Maße (s. Bild **3**.43).

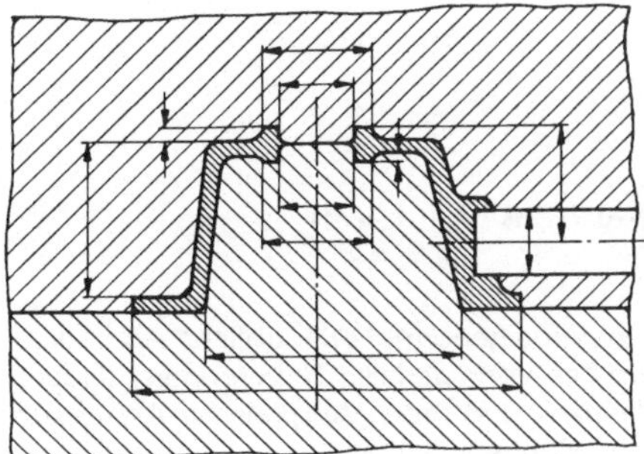

Bild **3**.42 Formgebundene Maße

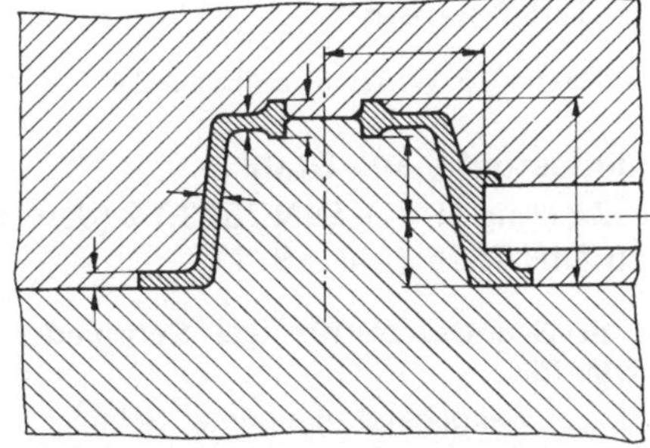

Bild **3**.43 Nichtformgebundene Maße

Bearbeitungszugaben BZ

Bearbeitungszugabe *BZ* bei Gußrohteilen ist eine Stoffzugabe, um durch nachfolgendes spanendes Bearbeiten gießtechnisch bedingte Einflüsse an der Oberfläche zu beseitigen sowie den gewünschten Oberflächenzustand und die erforderliche Maßhaltigkeit zu erreichen.

Die Bearbeitungszugabe *BZ* ist im Sinne einer Schnittzugabe aufzufassen, d. h. bei Rotationskörpern oder bei beidseitiger Bearbeitung ist sie entsprechend zweimal zu berücksichtigen.

Sind für einzelne Flächen des Gußrohteiles andere Bearbeitungszugaben als die genormten erforderlich, sind sie in der Zeichnung an den betreffenden Flächen anzugeben (s. Bild **3**.44).

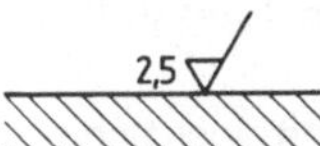

Bild **3**.44 Angabe der Bearbeitungszugabe und der Symbole nach DIN ISO 1302 in Fertigteilzeichnungen.

Ermittlung von Gußrohteil-Nennmaßen

Die Gußrohteil-Nennmaße (*R*), welche erforderlich sind, um unter Berücksichtigung der Gußallgemeintoleranz sowie der Bearbeitungszugabe an spanend zu bearbeitenden Flächen die geforderten Fertigteilmaße (*F*) zu erreichen, können entsprechend Bild **3**.45 ermittelt werden.

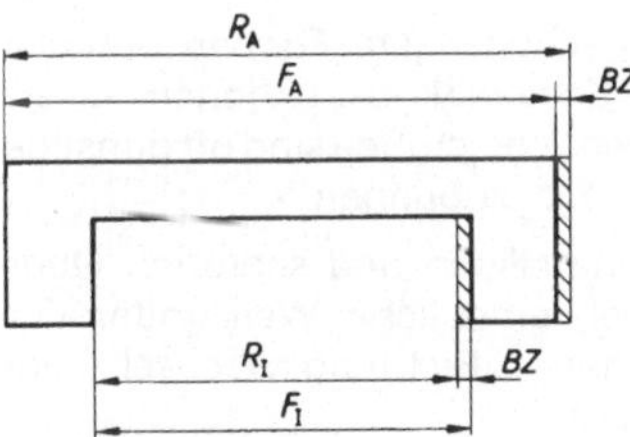

bei Außenmaßen: $R_A = F_A + 1 \times BZ$
bei Innenmaßen: $R_I = F_I - 1 \times BZ$

Bild **3**.45 Ermittlung der Gußrohteil-Nennmaße bei einseitiger Bearbeitung

Zeichnungseintragungen

Bei der Bemaßung von Gußstücken in Rohteil- oder Fertigteilzeichnungen oder Kombinationen sollen die Zeichnungen folgende Angaben enthalten:

a) Genauigkeitsgrad
b) Bearbeitungszugabe (s. auch Bild **3**.44)
c) Formteilung (s. Bild **3**.46)
d) Formschrägen (s. auch Bild **3**.38)
e) Bearbeitungsflächen (s. Bild **3**.47)
f) Bezugsflächen, Spannflächen, Aufnahmeflächen

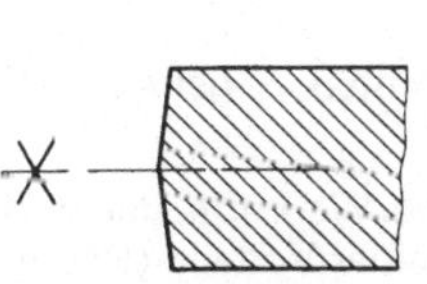

Bild **3**.46 Eintragung der Formteilung in Zeichnungen

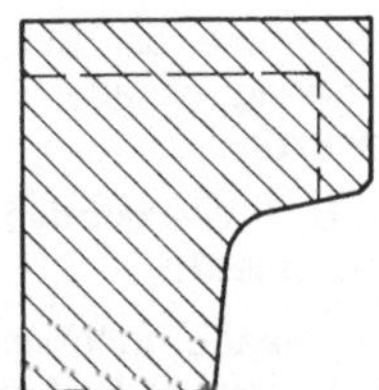

Bild **3**.47 Darstellung der Fertigteilkontur in Gußrohteilzeichnungen

3.3.2 Umformen

Begriff s. Abschn. 3.3. Werkstoffe s. Abschn. 2.4.

Schmiedestücke aus Stahl

DIN 7522 (Aug 1944), **DIN 7523 T2** (Jan 1972), **DIN 7526** (Jan 1969), **Bbl. zu DIN 7526** (Mai 1971)

Wichtige Grundsätze für das Schmieden nach DIN 7522

a) Benutze weitgehend genormte Schmiedestücke, vorhandene Gesenkformen und Werkzeuge.

b) Verwende Schmiedestücke dort, wo es auf Betriebssicherheit, große Beanspruchung, geringes Gewicht und dichten Werkstoff ankommt.

c) Ermittle, ob sich die Herstellung eines Schmiedestückes lohnt.

d) Prüfe, ob große Mengen Schmiedestücke billiger durch Walzprofile zu ersetzen sind.

e) Konstruiere einfache, möglichst symmetrische Formen (Ersparnis der Rechts- und Linksausführung).

f) Überlege, ob schwierigere Formen unterteilt oder durch Schweißkonstruktionen ersetzt werden können. Vorsprünge sind oft günstiger am Gegenstück anzubringen.

g) Vermeide mehrmaligen und schroffen Querschnittwechsel, erhebliche Werkstoffanhäufungen, großen Richtungswechsel und scharfe Umrisse.

h) Bilde die Übergänge von einem Querschnitt zum anderen durch ausreichende Rundungen.

i) Bilde Biegungen mit verstärktem Querschnitt aus.

k) Führe Löcher und Schlitze nicht scharfkantig aus.

l) Verteuere die Schmiedestücke nicht durch unnötig scharfe Vorschriften über Maßgenauigkeit.

m) Gib Werkstoffvorschriften genau an (Normen).

n) Verwende hochwertigen Werkstoff nur nach eingehender Prüfung seiner Vorteile (Raum-, Gewichtsersparnis, hohe Beanspruchung) und seiner Nachteile (schwierige Formung, Wärmebehandlung und Bearbeitung, höherer Preis).

o) Verwende genormte oder übliche Abmessungen des Vormaterials. Du verringerst dadurch Lieferzeit und Preis (Aufpreis für Abmessungen, Mengen, Güte).

p) Achte darauf, daß die Konstruktion den Faserverlauf möglichst nicht zerschneidet oder zerreißt. Der Faserverlauf muß der Form angepaßt werden und den Erfordernissen der Konstruktion Rechnung tragen.

q) Verwende Freiformschmiedestücke im allgemeinen bei geringer Stückzahl

r) Verwende Gesenkschmiedestücke im allgemeinen bei großen oder sich häufig wiederholenden kleineren Stückzahlen.

Faserrichtung bei Schmiedestücken

Beispiele für ungünstigen (s. Bild **3.**48) und günstigen (s. Bild **3.**49) Faserverlauf.

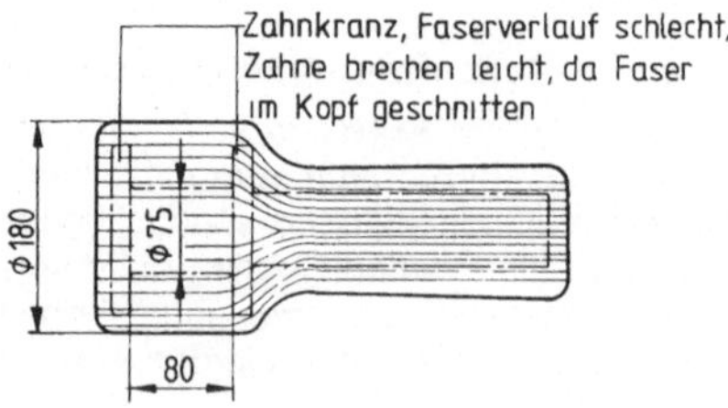

Bild **3.**48 Ungünstiger Faserverlauf bei Schmiedestücken

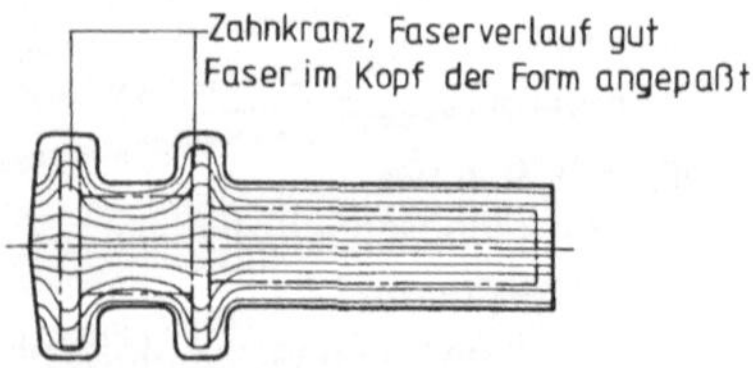

Bild **3.**49 Günstiger Faserverlauf bei Schmiedestücken

Mindestwanddicken von Gesenkschmiedestücken nach DIN 7523 T2

Langformen gleicher Breite Scheibenformen

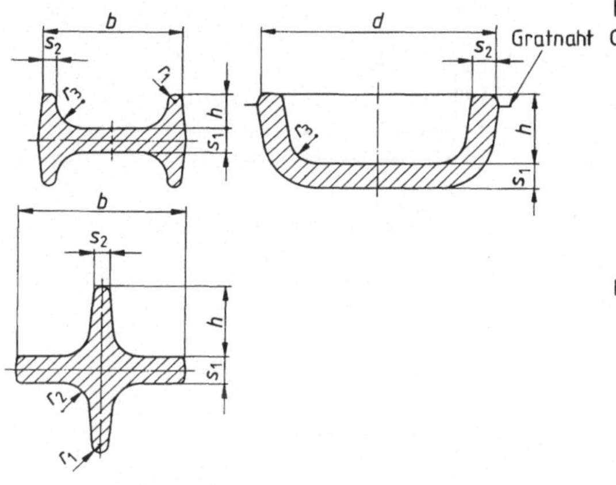

Bild 3.50 Querschnittsformen von Gesenkschmiedestücken
b Breite
d Durchmesser
l Länge
s_1 Bodendicke
s_2 Wand- oder Rippendicke
h Rippenhöhe
r_1 Kantenrundung } nach DIN 7523 T3
r_2 Hohlkehle } (s. Norm)
r_3 Hohlkehle an T-, I- und U-Querschnitten

Tabelle 3.51 Bodendicken, Wand- und Rippendicken, Hohlkehlen

b oder *d* oder *h*		s_1 bei $h \leqq \frac{b}{3}$ und			
		bei $l \geqq 3b$	bei $l > 3b$	s_2	r_3
über	bis	min.	min.	min.	min.
	10			3	5
10	16	2	3	4	6
16	25			5	8
25	40	3	4	8	12
40	63	5	6	12	20
63	100	6	8	20	32
100	160	8	10	32	50
160	250	12	16	50	80

Toleranzangaben für Gesenkschmiedestücke aus Stahl nach DIN 7526

Anwendungsbeispiel „Buchse" aus DIN 7526 Bbl.

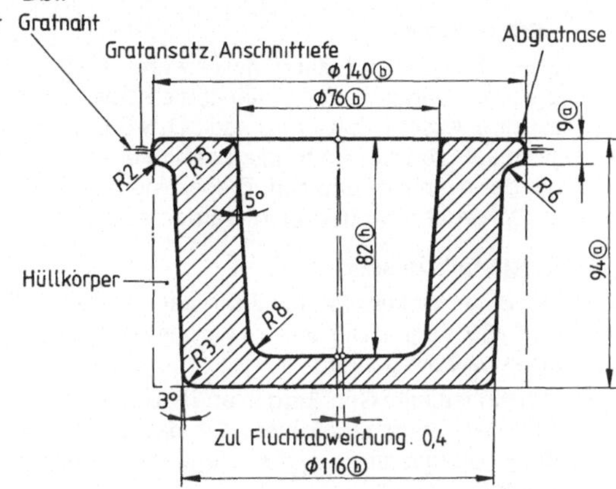

Bild 3.52 Toleranzangaben für eine im Gesenk zu schmiedende Buchse

Tabelle 3.53 Toleranzen und zulässige Abweichungen nach DIN 7526

Maßarten		Toleranzen und zulässige Abweichungen
Breitenmaße[1]), Durchmesser	ⓑ	−1,9 −0,9
Höhenmaße	ⓗ	−1,7 −0,8
Dickenmaße, Durchmesser	ⓐ	−1,7 −0,8
Versatz[2])		1
Gratansatz (+), Anschnittiefe (−)[2])		1,2
Abgratnasen	Höhe	2,5
	Breite	1,2
Hohlkehlen und Kantenrundungen		+0,5 · *r* −0,25 · *r*[3])

[1]) für Innenmaße Zahlenwerte für Plus- und Minus-Abweichungen miteinander vertauschen
[2]) zusätzlich zu anderen Toleranzen
[3]) *r* = Nennmaß für Hohlkehlen oder Kantenrundungen

Biegeumformen, Fließpressen

DIN 6935 (Okt 1975), DIN 9870 T3 (Okt 1972), DIN 59604 T2 (Nov 1970)

Darstellung in Zeichnungen s. Abschn. 2.1.3

Allgemeines

Beim Biegen von flach gewalztem Stahl, wie Blechen, Bändern, Breitflachstählen usw. (Halbzeuge s. Abschn. 2.4.1), ist nach DIN 6935 Rücksicht auf die Walzrichtung zu nehmen, da wegen der besseren Eignung zum Biegen möglichst quer zur Walzrichtung gebogen werden soll.

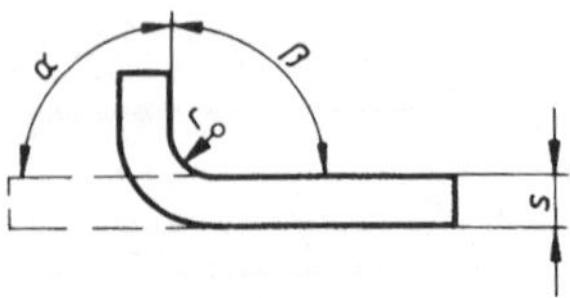

Bild **3.56** Biegehalbmesser und Winkel
r Biegehalbmesser
α Biegewinkel
β Öffnungswinkel

Biegehalbmesser

Der Biegewinkel *α* (s. Bild **3.56**) kann zwischen 0° und 180° liegen. Die Dicke *s* wird in der Rundung bis etwa 20% geringer.

Um einheitliche Rundungen an Biegeschienen zu erreichen, wird empfohlen, für das Biegen nur Biegehalbmesser aus der folgenden Reihe zu wählen.

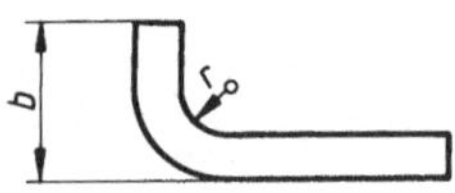

Bild **3.57** Kleinste Biege-Schenkellänge

Tabelle **3.54** Empfohlene Biegehalbmesser

r	1	1,6	2,5	4	6	10	16	20	25	32	40	50	63	80	100

Kleinste Schenkellänge

Beim maschinellen Biegen von Blechprofilen gilt für die Schenkellänge *b* als Ungefährmaß 4 · *r* (s. Bild **3.57**).

Berechnung der gestreckten Längen

Gestreckte Länge = *a* + *b* + *v*.

Je nach dem Wert des Biegewinkels ist *v* verschieden und stellt einen Ausgleichswert dar. Gestreckte Längen sind auf volle Millimeter aufzurunden.

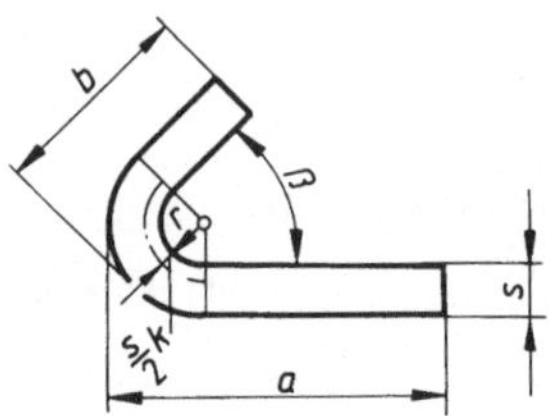

Bild **3.58** Berechnung der gestreckten Lange beim Biegen

Beispiel für einen Offnungswinkel *β* 0° bis 90° (s. Bild **3.58**)

Der Ausgleichswert *v* wird für dieses Beispiel wie folgt errechnet:

$$v = \pi \cdot \left(\frac{180° - \beta}{180°}\right) \cdot \left(r + \frac{s}{2} \cdot k\right) - 2\,(r + s)$$

β = Offnungswinkel
r = Biegehalbmesser
s = Blechdicke
k = Korrekturfaktor (s. Tab. **3.55**)

Tabelle **3.55** Korrekturfaktor *k*, gerundete Werte

Verhältnis *r*:*s*	über 0,65 bis 1	über 1 bis 1,5	über 1,5 bis 2,4	über 2,4 bis 3,8	über 3,8
k	0,6	0,7	0,8	0,9	1

Beispiel für Bemaßung und Berechnung der gestreckten Längen (in mm)

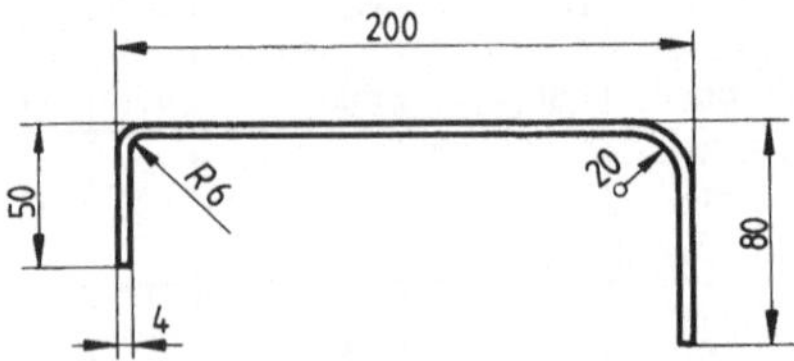

Bild **3.59** Beispiel für Bemaßung und Berechnung der gestreckten Länge beim Biegen

Summe der Schenkellängen	50 + 200 + 80 = 330
für *β* = 90°, *r* + 6 *s* = 4 ergibt sich	*v* = − 8,26
für *β* = 90°, *r* = 20, *s* = 4 ergibt sich	*v* = − 13,44 = − 21,7
gestreckte Länge	= 308,3
	≈ 309

Stanztechnik

Die in der Stanztechnik hauptsächlich angewendeten Verfahren des Biegeumformens sind nach DIN 9870 T3 das

- Gesenkbiegen (Biegen),
- Schwenkbiegen,
- Rollbiegen und
- Knickbiegen.

In der Stanztechnik wird überwiegend das Gesenkbiegen angewendet, das im folgenden ausschließlich Biegen genannt wird. Es wird hierbei unterschieden in Keilbiegen, Abbiegen und Formbiegen. Das Biegegesenk wird hier Gegenstempel genannt.

Keilbiegen

Keilbiegen ist ein Biegen, bei dem beide Schenkel an den jeweils zu biegenden Winkeln ihre Ausgangslage verändern (s. Bild **3.**60).

Abbiegen

Abbiegen ist ein Biegen, bei dem nur ein Schenkel an den jeweils zu biegenden Winkeln seine Ausgangslage verändert (s. Bild **3.**61).

Formbiegen

Formbiegen ist Biegen mit gekrümmten Biegeachsen (s. Bild **3.**62).

Biegeachse

Biegeteile mit geraden (s. Bilder **3.**63 und **3.**64) und/oder gekrümmten (s. Bild **3.**65) Biegeachsen entstehen durch das Umformen von Ausgangsformen mit Stempel und Gegenstempel.

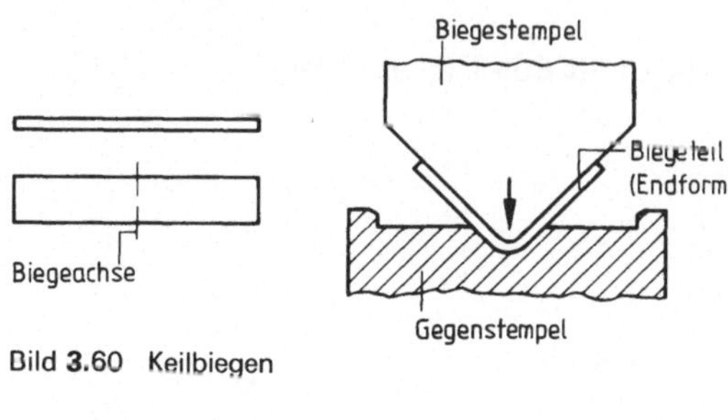

Bild **3.**60 Keilbiegen

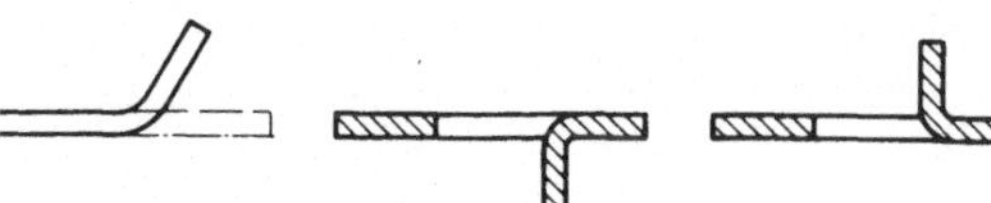

Bild **3.**61 Endformen durch Abbiegen

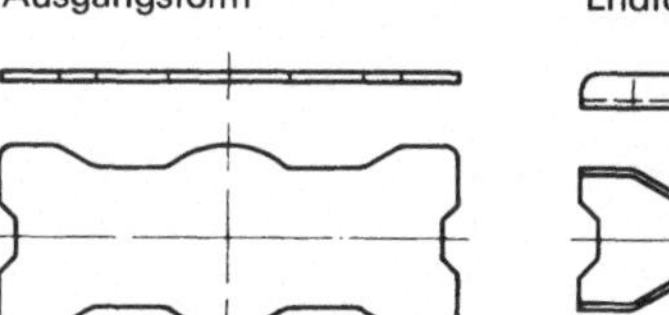

Bild **3.**62 Formbiegen

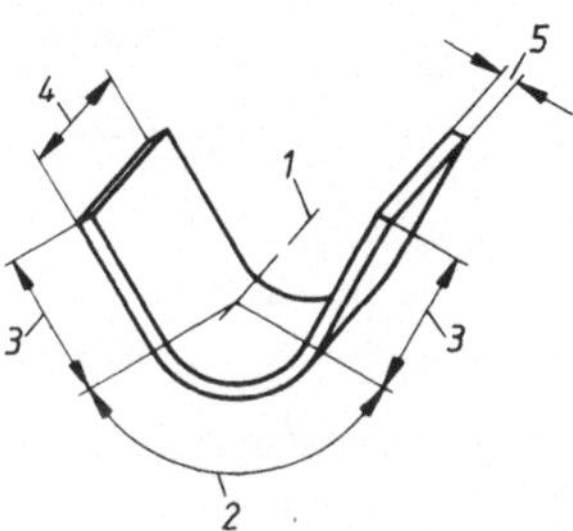

Bild **3.**63 Biegeteil mit **einer** geraden Biegeachse
1 Biegeachse
2 Biegung
3 Schenkel
4 Breite
5 Dicke

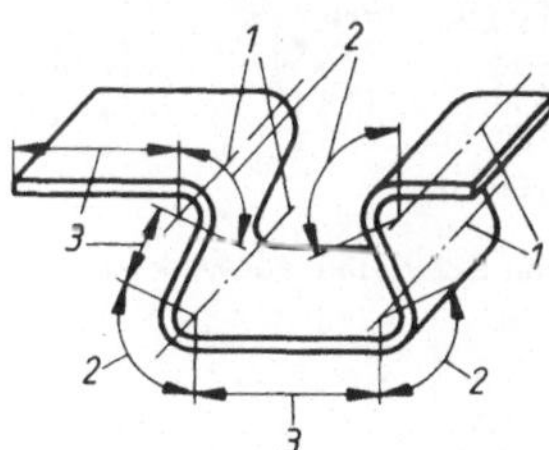

Bild **3.**64 Biegeteil mit **mehreren** (4) geraden Biegeachsen
1 Biegeachse
2 Biegung
3 Schenkel
4 Breite
5 Dicke

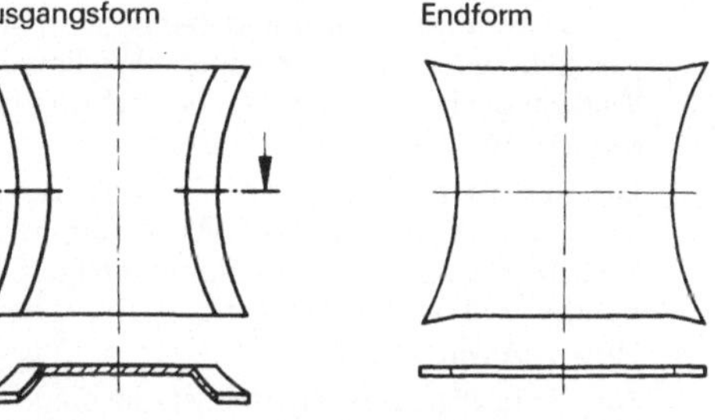

Bild **3.**65 Gekrümmte Biegeachsen beim Formbiegen

Biegewerkzeuge

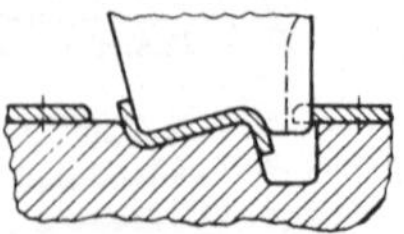

Bild 3.66 Mehrfach-Keilbiegewerkzeug

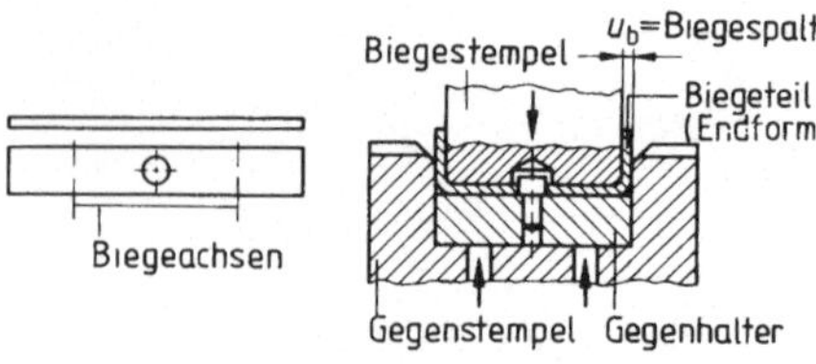

Bild 3.67 Mehrfach-Abbiegewerkzeug mit Gegenhalter

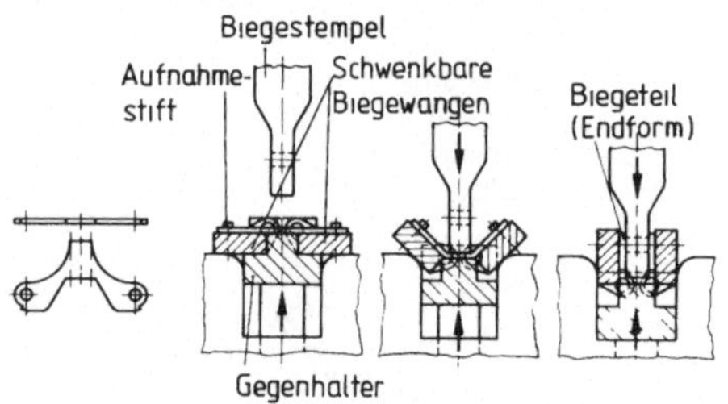

Bild 3.68 Biegen mit Schwenkbiegewerkzeug

Butzen aus Aluminium zum Fließpressen nach DIN 59604 T2

Butzen zum Fließpressen werden aus Blechen und Bändern durch einen geschlossenen Schnitt mit Stempel und Schnittplatte hergestellt.

Herstellbarkeitsgrenzen gestanzter Butzen

Das Verhältnis Butzendurchmesser zu Butzendicke beträgt höchstens 1 : 1, d. h. die Dicke darf höchstens gleich dem Durchmesser sein.

Bei rechteckigen Butzen gilt das gleiche Verhältnis für Butzenbreite zu Butzendicke.

Berechnung des Butzendurchmessers runder Butzen. Für einen bestimmten Fließpreßteil-Durchmesser empfiehlt es sich, den zugehörigen kleineren Butzen-Durchmesser entsprechend Tabelle 3.69 zu berechnen.

Tabelle 3.69 Ermittlung des Butzendurchmessers

Fließpreßteil-Durchmesser Maßbereich		Differenz zwischen Fließpreßteil- und Butzen-Durchmesser
uber	bis	
6	10	0,15
10	80	0,2
80	120	0,25

Berechnungsbeispiel. Für einen Tuben- bzw. Dosendurchmesser von 25 mm ergibt sich nach Tab. 3.69 bei einer Differenz von 0,2 mm ein Butzendurchmesser von 24,8 mm.

3.3.3 Trennen

Begriff s. Abschn. 3.3

Grundlagen der Zerspantechnik

DIN 6580 (Apr 1963), **DIN 6581** (Mai 1966), **DIN 6583** (Sep 1981)

Begriffe nach DIN 6580

Bewegungen zwischen Werkstück und Werkzeugschneide (s. Bilder 3.70 und 3.71). Die Bewegungen bei einem Zerspanvorgang sind Relativbewegungen zwischen Werkstück und Werkzeugschneide. Sie werden auf das ruhend gedachte Werkstück bezogen.

Die Schnittbewegung ist diejenige Bewegung zwischen Werkstück und Werkzeug, die ohne Vorschubbewegung nur eine einmalige Spanabnahme während einer Umdrehung oder eines Hubes bewirken würde.

Die Vorschubbewegung ist diejenige Bewegung zwischen Werkstück und Werkzeug, die

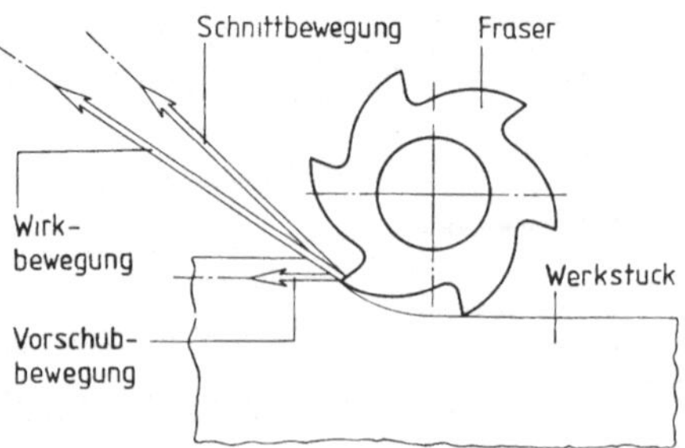

Bild 3.70 Schnittbewegung, Vorschubbewegung und Wirkbewegung beim Fräsen

zusammen mit der Schnittbewegung eine mehrmalige oder stetige Spanabnahme während mehrerer Umdrehungen oder Hübe ermöglicht. Sie kann schrittweise oder stetig vor sich gehen.

Die Wirkbewegung ist die resultierende Bewegung aus Schnittbewegung und gleichzeitig ausgeführter Vorschubbewegung.

Erfolgt keine gleichzeitige Vorschubbewegung, dann ist die Schnittbewegung auch die Wirkbewegung.

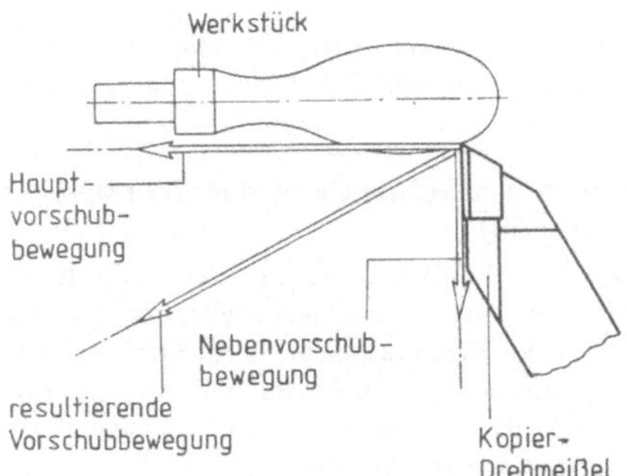

Bild 3.71 Beispiel für eine zusammengsetzte Vorschubbewegung

Richtungen der Bewegungen

Die Schnittrichtung ist die momentane Richtung der Schnittbewegung.

Die Vorschubrichtung ist die momentane Richtung der Vorschubbewegung.

Die Wirkrichtung ist die momentane Richtung der Wirkbewegung.

Wege des Werkzeuges gegenüber dem Werkstück (s. Bild 3.72)

Der Schnittweg w ist derjenige Weg (Summe der Wegelemente), den der betrachtete Schneidenpunkt auf dem Werkstück in Schnittrichtung schneidend zurücklegt.

Der Vorschubweg l ist derjenige Weg (Summe der Wegelemente), den das Werkzeug in Vorschubrichtung zurücklegt.

Der Wirkweg w_e ist derjenige Weg (Summe der Wegelemente), den der betrachtete Schneidenpunkt auf dem Werkstück in Wirkrichtung schneidend zurücklegt.

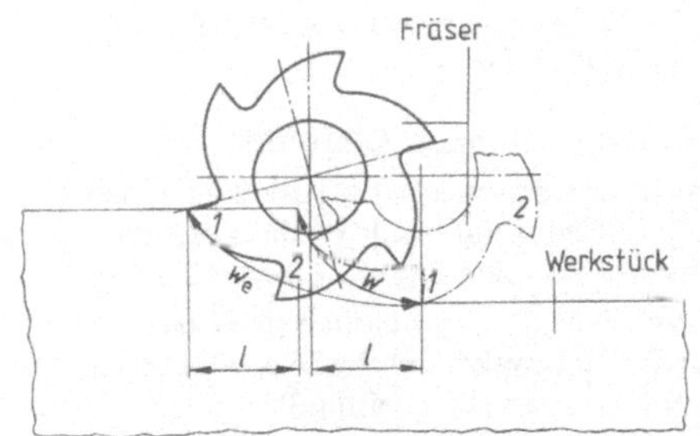

Bild 3.72 Schnittweg w, Vorschubweg l und Wirkweg w_e beim Gegenlauffräsen (Die Zahlen *1* und *2* zeigen die Bewegung der Fräserzähne.)

Geschwindigkeiten

Die Schnittgeschwindigkeit v ist die momentane Geschwindigkeit des betrachteten Schneidepunktes in Schnittrichtung. Es ist gegebenenfalls zwischen den verschiedenen Komponenten der Schnittbewegungen zu unterscheiden.

Die Vorschubgeschwindigkeit u ist die momentane Geschwindigkeit des Werkzeuges in Vorschubrichtung.

Die Wirkgeschwindigkeit v_e ist die momentane Geschwindigkeit des betrachteten Schneidenpunktes in Wirkrichtung. In vielen Fällen ist das Verhältnis u/v so klein, daß die Näherung gilt:

$$v_e \approx v$$

Schnittflächen (s. Bild 3.73)

Die Hauptschnittfläche ist die von einer Hauptschneide (s. Bild 3.74) momentan erzeugte Fläche.

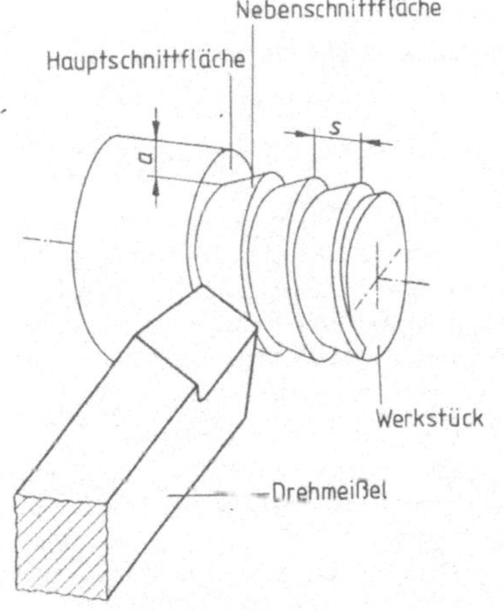

Bild 3.73 Hauptschnittflache und Nebenschnittfläche beim Drehen

Die Nebenschnittfläche ist die von einer Nebenschneide (s. Bild 3.74) momentan erzeugte Fläche.

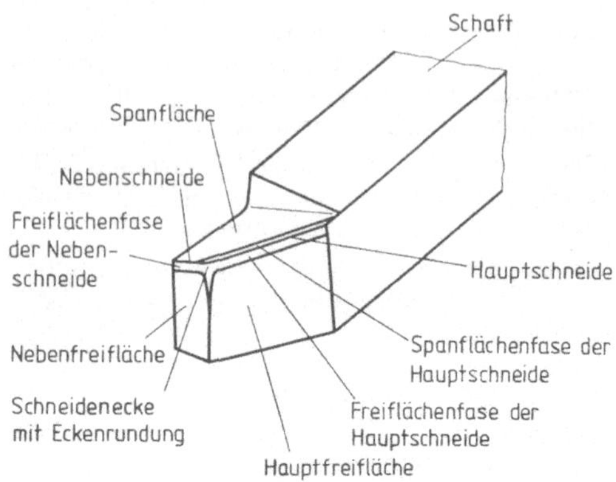

Bild 3.74 Flächen, Schneiden und Schneidenecken am Dreh- oder Hobelmeißel

Geometrie am Schneidkeil des Werkzeuges nach DIN 6581

Der Teil des Werkzeuges, an dem durch die Relativbewegung zwischen Werkzeug und Werkstück der Span entsteht, wird Schneidkeil genannt. Die Schnittlinien der den Keil begrenzenden Flächen sind die Schneiden. Die Schneiden können gerade, geknickt oder gekrümmt sein.

Winkel am Schneidkeil (s. Bild 3.75). Die Winkel am Schneidkeil dienen zur Bestimmung von Lage und Form des Schneidkeiles.

Es ist zwischen den Winkeln an der Hauptschneide und den Winkeln an der Nebenschneide zu unterscheiden.

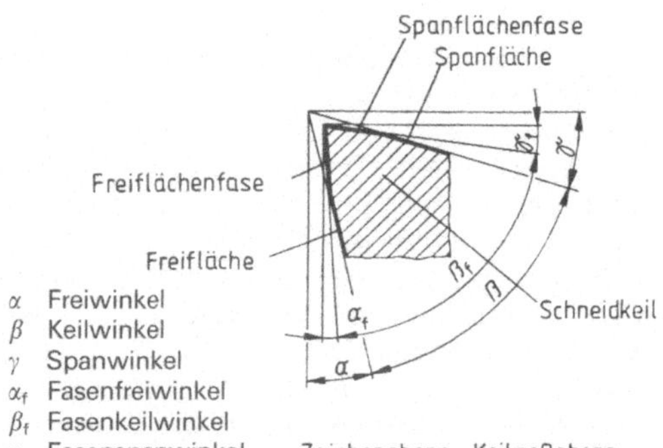

Bild 3.75 Flächen und Winkel am Schneidkeil beim Vorhandensein von Fasen an der Freifläche und der Spanfläche

Standbegriffe nach DIN 6583

Standvermögen ist die Fähigkeit eines Wirkpaares (Werkzeug und Werkstück), einen bestimmten Zerspanvorgang durchzustehen.

Es wird von der Schneidhaltigkeit des Werkzeuges, der Zerspanbarkeit des Werkstückes und den Standbedingungen beeinflußt.

Bewertungsgrößen für das Standvermögen. Als Bewertungsgrößen zur eindeutigen Beschreibung des Standvermögens müssen immer Standbedingungen, Standkriterien und Standgrößen gemeinsam angegeben werden (s. Tab. 3.76).

Tabelle 3.76 Übersicht über Standbegriffe

Standbedingungen

am **Werkzeug**	am **Werkstück**	an der **Werkzeugmaschine**	beim **Zerspanvorgang**	der **Umgebung**
z. B.: Form, Schneidengeometrie, Schneidstoff	z. B.: Gestalt, Werkstoff	z. B.: dynamische und statische Steifigkeit	z. B.: Kinematik, Schneideneingriff	z. B.: Kühlschmierung, thermische Randbedingungen

Standkriterien	**Standvermögen**	**Standgrößen**
am Werkzeug: z. B.: Verschleiß	Schneidfähigkeit und Schneidhaltigkeit des Werkzeuges	Standzeit, Standweg
am Werkstück: z. B.: Veränderung der Rauheit	Zerspanbarkeit des Werkstückes bzw. des Werkstoffes	Standmenge, Standvolumen
am Zerspanvorgang z. B.: Änderung der Schnittkraft		

Werkzeuge zum Zerspanen mit geometrisch bestimmten Schneiden
DIN 1415 T1 (Sep 1973), DIN 4982 (Okt 1980)

Drehmeißel

Tabelle 3.77 Übersicht über Drehmeißel-Formen nach DIN 4982

Bild	Benennung	Bild	Bennung
	Gerade Drehmeißel		Breite Drehmeißel
	Gebogene Drehmeißel		Abgesetzte Drehmeißel
	Innen-Drehmeißel		Abgesetzte Eckdrehmeißel
	Innen-Eckdrehmeißel		Abgesetzte Seitendrehmeißel
	Spitze Drehmeißel		Stechdrehmeißel

Benennungen am Räumwerkzeug und am Werkstück nach DIN 1415 T1

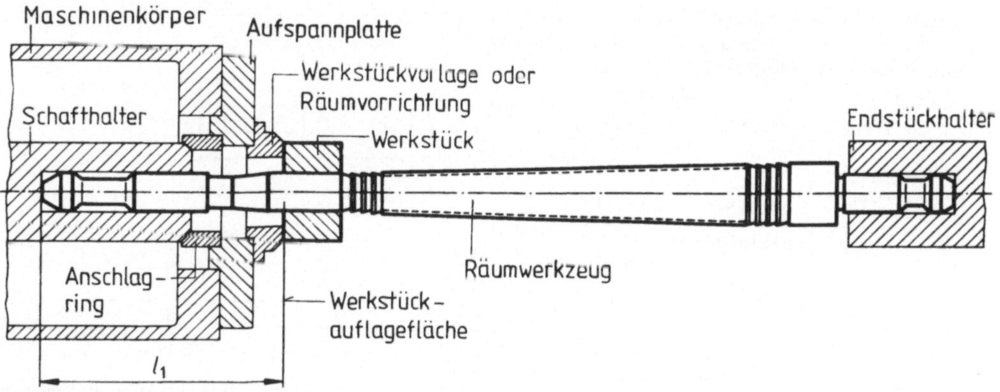

Bild 3.78 Räumwerkzeug mit Schafthalter und Endstückhalter

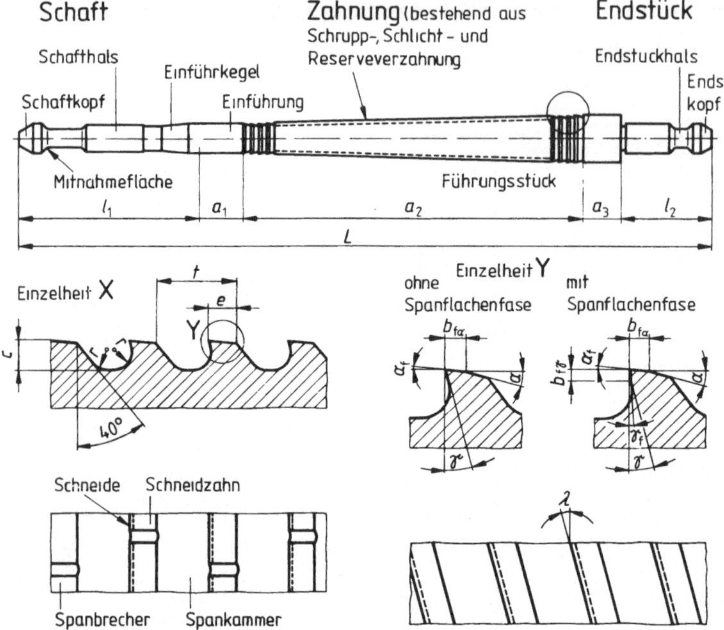

Bild 3.79 Räumwerkzeug

- a_1 Einführungslänge (bis zum Auslauf der Spankammer
- a_2 Zahnungslänge
- a_3 Führungsstücklänge
- $b_{f\alpha}$ Breite der Freiflächenfase
- $b_{f\gamma}$ Breite der Spanflächenfase
- c Spankammertiefe
- e Zahnrückendicke
- L Räumwerkzeug-Gesamtlänge
- l_1 Schaftlänge
- l_2 Endstücklänge
- r Spanflächenradius
- t Teilung
- α Freiwinkel
- α_f Fasenfreiwinkel
- γ Spanwinkel
- γ_f Fasenspanwinkel

Zerteilen (Schneiden)

DIN 6930 T2 (Jan 1983), **DIN 6932** (Jan 1983), **DIN 9869 T2** (Nov 1969), **DIN 9870 T2** (Okt 1972)

Gestaltungsregeln für geschnittene Teile nach DIN 6932

Bei der Gestaltung von geschnittenen Teilen ist zu berücksichtigen, daß Schnittflächen stets einen Einzugsbereich und einen Ausbruchsbereich mit Schnittgrat aufweisen (s. Bild **3**.80).

Dies hat zur Folge, daß die Maße von Löchern an der Ausbruchsseite immer größer sind als an der Einzugsseite (s. Bild **3**.81).

Der Durchmesser d eines Loches soll nicht kleiner als die Werkstückdicke s sein (s. Bild **3**.82).

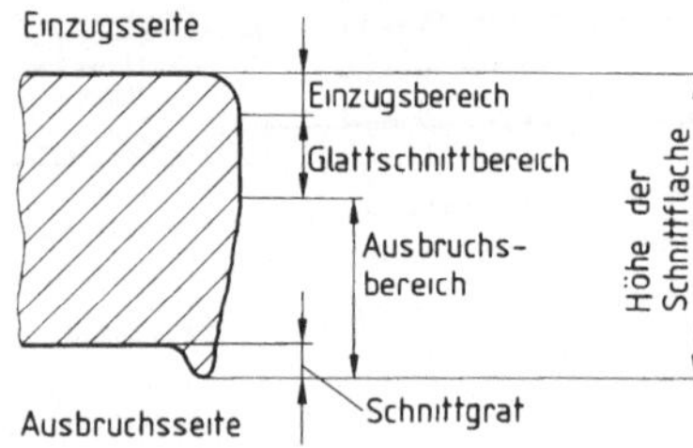

Bild **3**.80 Schnittfläche beim Schneiden

Es gilt die Regel

$$d \geqq s$$

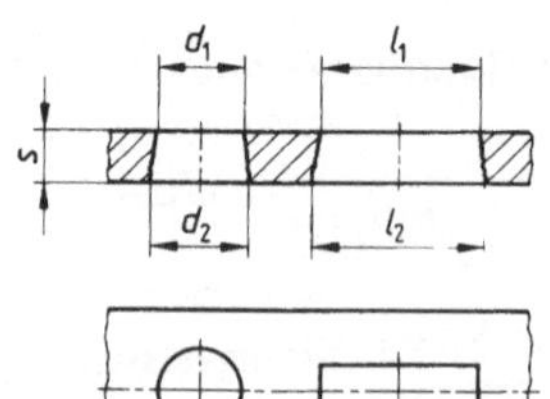

Bild **3**.81 Geschnittene Löcher

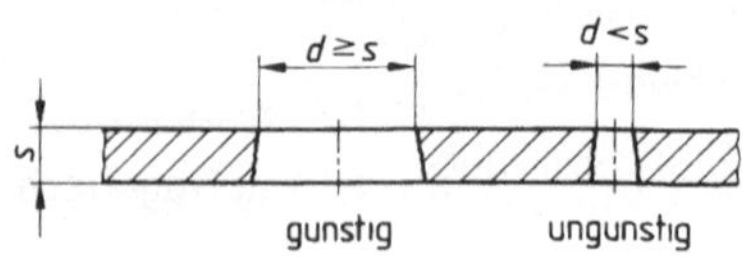

Bild **3**.82 Verhältnis Lochdurchmesser zur Werkstückdicke beim Schneiden

Bei Randabständen und Abständen von Formelementen untereinander gilt die Regel:

$a \geqq 2s$

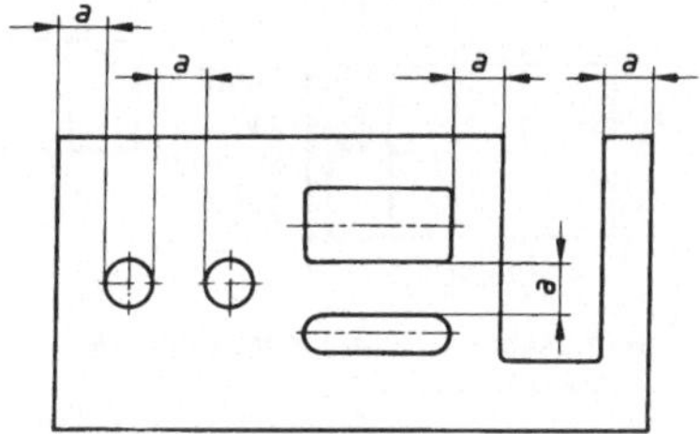

Bild **3**.83 Randabstände beim Schneiden

Löcher und Schnittflächen schräg zur Oberfläche sind zu vermeiden.

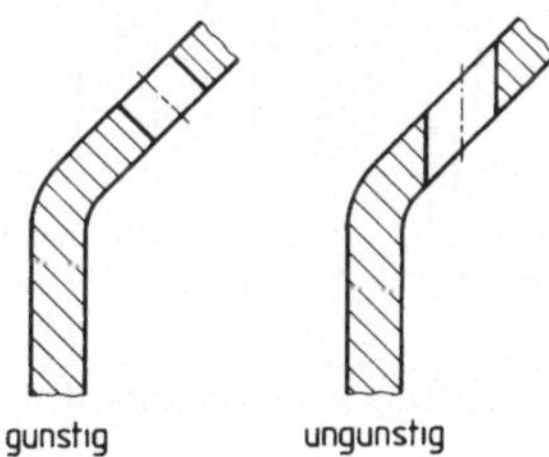

Bild **3**.84 Lage von Löchern zur Oberfläche beim Schneiden

Um Verwechslungen bei Zuschnitten für spiegelbildliche Teile zu vermeiden, ist es zweckmäßig, eine Einlegesicherung vorzusehen.

Beispiel Einlegesicherung für nachfolgendes Biegen (s. Bild **3**.85)

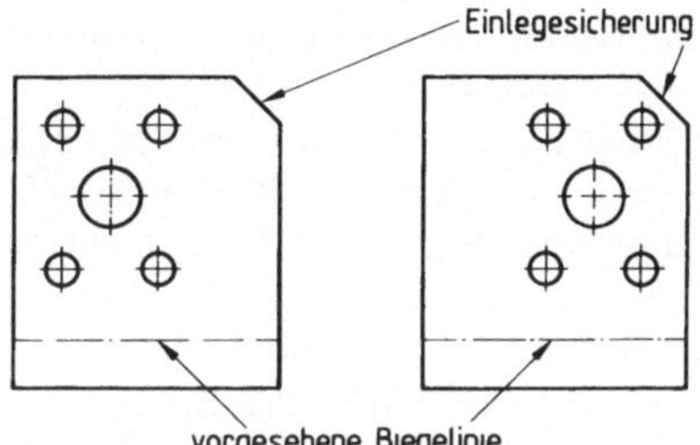

Bild **3**.85

Beim Bemaßen der Lage von Formelementen an Stanzteilen ist möglichst von einer funktionsbedingten Bezugskante oder einem funktionsbedingten Bezugspunkt auszugehen (s. Bild **3**.86)

z. B. bei Lochgruppen:

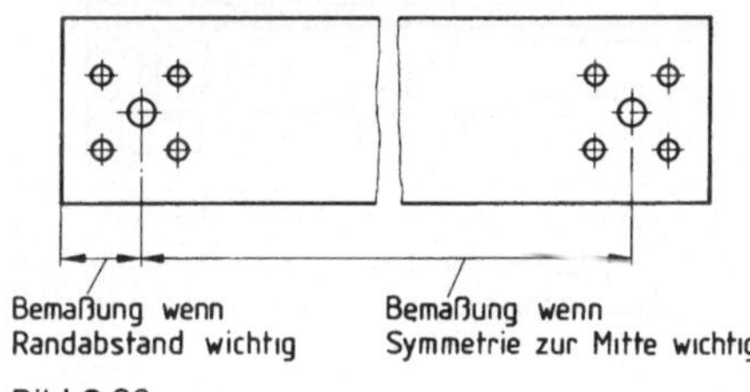

Bild **3**.86

Tabelle **3**.87 Allgemeintoleranzen nach DIN 6930 T2 (Genauigkeitsgrad m) für Längenmaße an ebenen Stanzteilen

Nennmaßbereich	Abmaße für Dickenbereich				
	von 0,1 bis 1	über 1 bis 3	über 3 bis 6	über 6 bis 10	über 10
von 1 bis 6	±0,1	±0,15	±0,2	±0,3	±0,4
über 6 bis 10	±0,15	±0,2	±0,25	±0,4	±0,4
über 10 bis 25	±0,2	±0,25	±0,3	±0,4	±0,6
über 25 bis 63	±0,25	±0,3	±0,4	±0,5	±0,6
über 63 bis 160	±0,3	±0,4	±0,5	±0,6	±0,8
über 160 bis 400	±0,5	±0,6	±0,6	±0,8	±1,0
über 400 bis 1000	±0,8	±0,8	±1	±1	±1,5
über 1000 bis 6300	±1,2	±1,5	±1,5	±2	±2

Schneidwerkzeuge

Die Schneidwerkzeuge der Stanztechnik werden nach DIN 9869 T2 gegliedert in:

- Scherschneidwerkzeuge,
- Keilschneidwerkzeuge und
- Sonderschneidwerkzeuge

Angewendet wird überwiegend das Fertigungsverfahren Scherschneiden.

Darüber hinaus werden die Schneidwerkzeuge nach dem Fertigungsablauf wie folgt unterteilt:

- Einverfahrenwerkzeug (nur ein Schneidvorgang)
- Folgeschneidwerkzeug (s. Bild **3.**88)
- Gesamtschneidwerkzeug (s. Bild **3.**89).

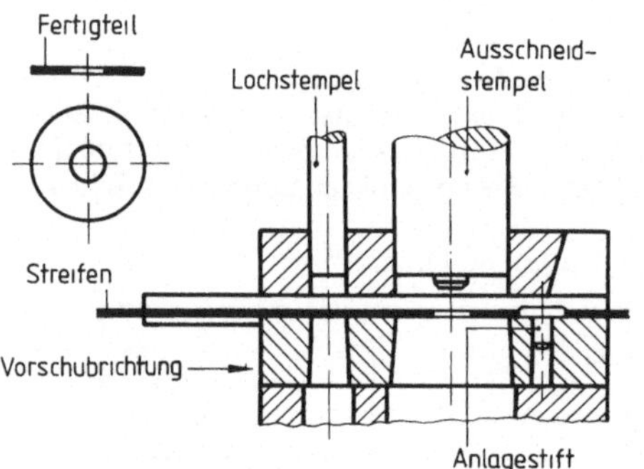

Bild **3.**88 Folgeschneidwerkzeug zum Lochen und Ausschneiden

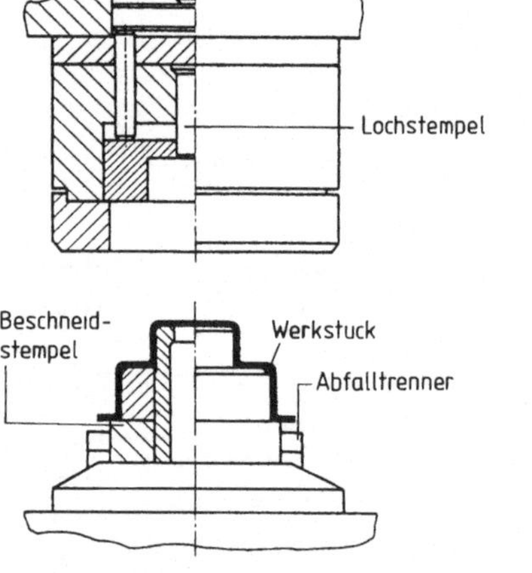

Bild **3.**89 Gesamtschneidewerkzeug zum Lochen und Beschneiden

Fertigungsablauf beim Schneiden nach DIN 9870 T2

Ausgangsform (Streifen oder Band) | **Endformen (Abschnitte)**

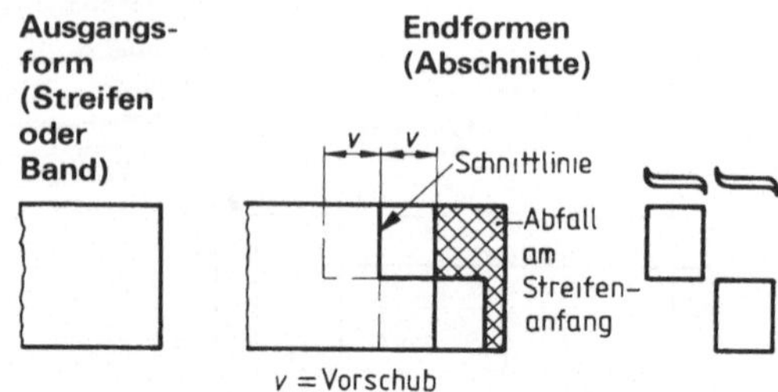

Bild **3.**90 Fertigungsablauf (Zweifachabschneiden ohne Abfall)

Ausgangsform (Streifen oder Band) | **Endformen (Abschnitte)**

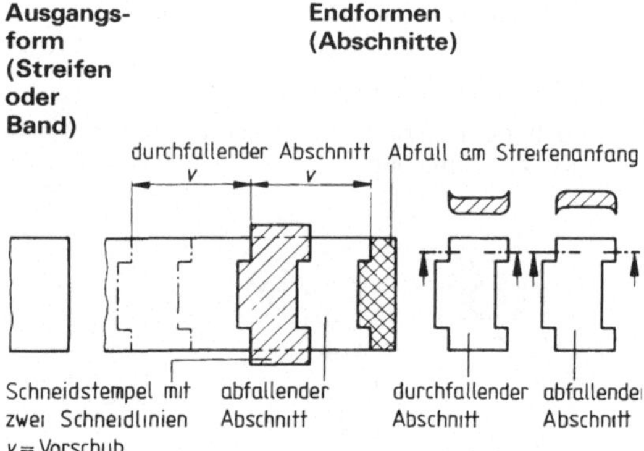

Bild **3.**91 Fertigungsablauf (Doppeltes Abschneiden)

Ausgangsform (Streifen oder Band) | **Endform (Abschnitte)**

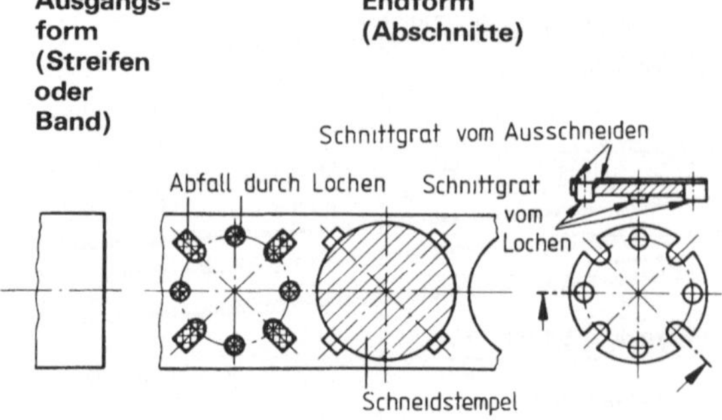

Bild **3.**92 Fertigungsablauf (Einstufiges Lochen vor dem Ausschneiden)

Thermisches Schneiden
DIN 2310 T1 (Feb 1975), T6 (Okt 1980)

Bildlich erläuterte Begriffe nach DIN 2310 T1

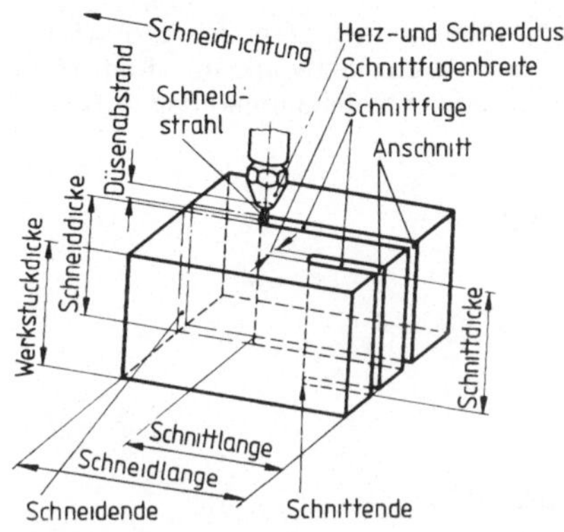

Bild **3**.93 Thermisches Schneiden, Begriffe

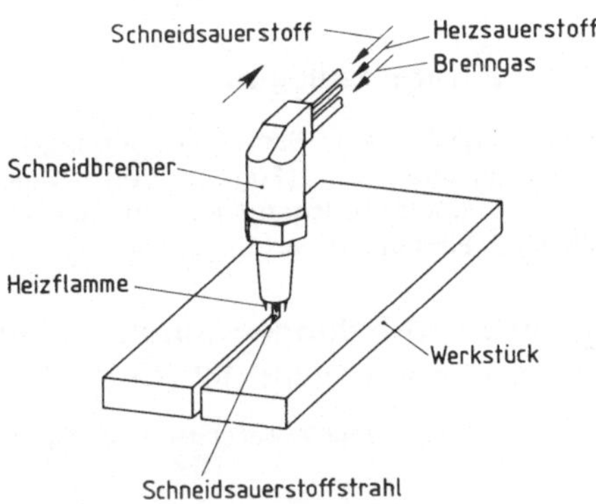

Bild **3**.94 Autogenes Brennschneiden

Einteilung der Verfahren nach DIN 2310 T6

Brennschneiden sind die thermischen Schneidverfahren, bei denen die Schnittfuge dadurch entsteht, daß

- der Werkstoff dort überwiegend oxidiert wird
- die entstehenden Produkte von einem Sauerstoffstrahl hoher Geschwindigkeit ausgeblasen werden, z.B. autogenes Brennschneiden (s. Bild **3**.94).

Schmelzschneiden sind die thermischen Schneidverfahren, bei denen die Schnittfuge dadurch entsteht, daß

- der Werkstoff dort überwiegend geschmolzen wird
- die entstehenden Produkte von einem Gasstrahl hoher Geschwindigkeit und hoher Temperatur ausgeblasen werden, z.B. Plasmaschmelzschneiden (s. Bild **3**.95).

Sublimierschneiden sind die thermischen Schneidverfahren, bei denen die Schnittfuge dadurch entsteht, daß

- der Werkstoff dort überwiegend verdampft wird
- die entstehenden Produkte durch Expansion und/oder von einem Gasstrahl ausgeblasen werden, z.B. Laser-Sublimierschneiden (s. Bild **3**.96).

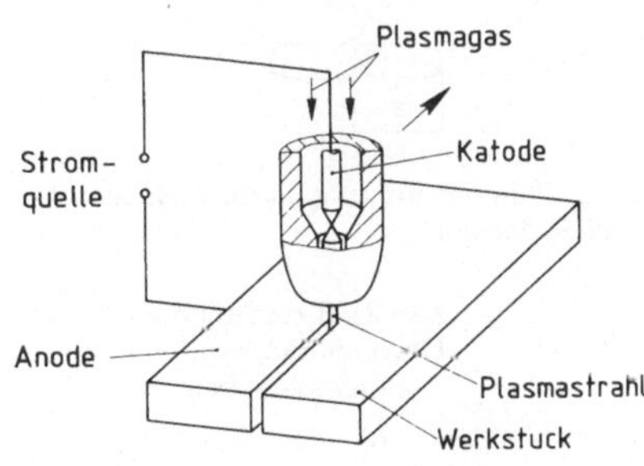

Bild **3**.95 Plasmaschmelzschneiden mit übertragenem Lichtbogen

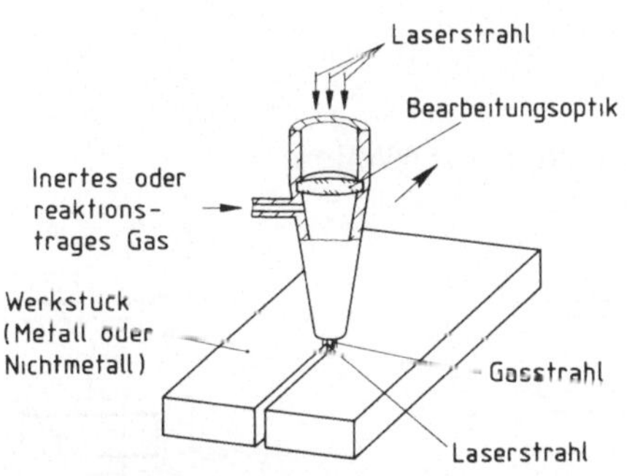

Bild **3**.96 Laser-Sublimierschneiden

3.3.4 Fügen

Begriff s. Abschn. 3.3

3.3.4.1 Zusammenlegen

Zusammenlegen ist eine Sammelbenennung für das Zusammenbringen (Fügen) von Werkstücken, z. B. durch Auflegen, Einlegen, Ineinanderschieben, Einhängen und Einrenken.

Das Verbleiben im gefügten Zustand wird im allgemeinen durch Schwerkraft, Kraftschluß, Formschluß oder Kombinationen davon bewirkt.

Mitnehmerverbindungen durch Nuten und Paßfedern
DIN 6885 T1 (Aug 1968), **T2** (Dez 1967)

Nut- und Paßfedermaße für Wellenenden s. Abschn. 2.2.1

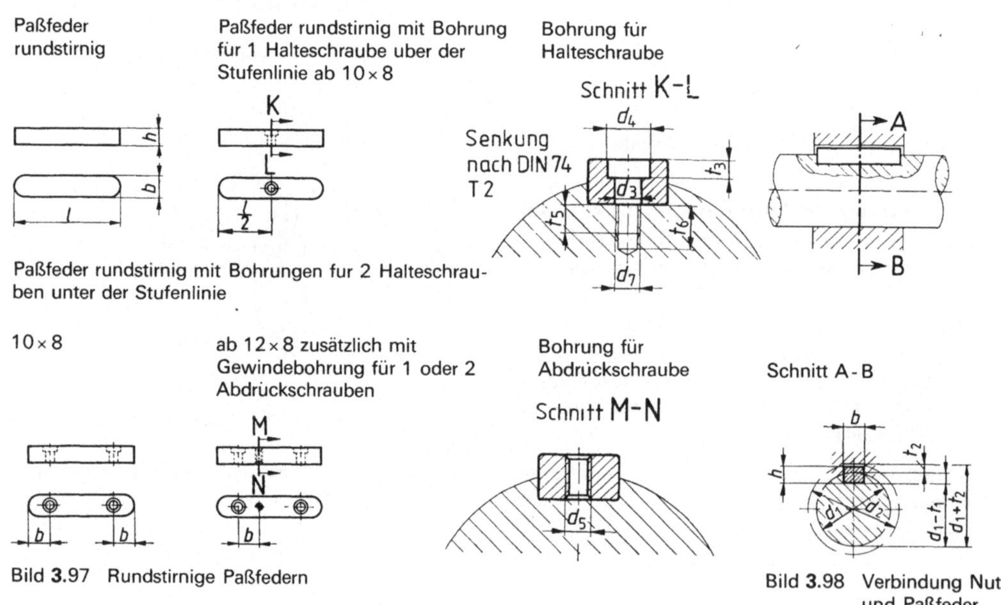

Bild **3**.97 Rundstirnige Paßfedern

Bild **3**.98 Verbindung Nut und Paßfeder

Nutformen für Wellen

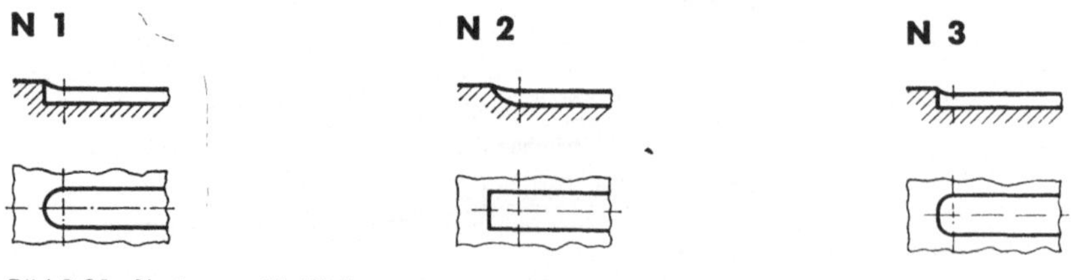

Bild **3**.99 Nutformen für Wellen

Tabelle **3**.100 Maße für Nuten und Paßfedern nach DIN 6885

Paßfeder-Querschnitt (Keilstahl nach DIN 6880)		Breite b	**10**	**12**	**14**	**16**	**18**
		Höhe h	**8**	**8**	**9**	**10**	**11**
Für Wellendurchmesser d_1 [1])		über	30	38	44	50	58
		bis	38	44	50	58	65
Wellennut	Breite b	fester Sitz P9*)	10	12	14	16	18
		leichter Sitz N9*)					
	Tiefe	t_1	6	6	6,5	7,5	8
Nabennut	Breite b	fester Sitz P9*)	10	12	14	16	18
		leichter Sitz JS9*)					
	Tiefe	t_2	2,1	2,1	2,6	2,6	3,1
	d_2 Kleinstmaß [2])	d_1 +	5,5	6	7	8	8,5
Länge l	zul. Abw. Feder	Nut	Zuordnung der Längen durch x gekennzeichnet				
25	0 −0,2	+0,2 0	x				
28			x				
32	0 −0,3	+0,3 0	x	x			
36			x	x			
40			x	x	x		
45			x	x	x	x	
50			x	x	x	x	x
56			x	x	x	x	x
63			x	x	x	x	x
70			x	x	x	x	x
80			x	x	x	x	x
90	0 −0,5	+0,5 0	x	x	x	x	x
100			x	x	x	x	x
110			x	x	x	x	x
Bohrungen für Halteschrauben und Abdrückschrauben	Bohrungen der Paßfeder	d_3	3,4	4,5	5,5		6,6
		d_4	6	8	10		11
		d_5	M3	M4	M5		M6
		t_3	2,4	3,2	4,1		4,8
	Bohrungen der Welle	d_7	M3	M4	M5		M6
		t_5	5	6	6		6
		t_6	8	10	10		11
Halteschraube (Zylinderschraube nach DIN 84, DIN 7984 oder DIN 6912) **)			M3 × 10	M4 × 10	M5 × 10		M6 × 12

Bedeutung der Stufenlinie s. Bild **3**.97

*) Toleranzfelder nach DIN 7152, s. Abschn. 3.1

**) s. Abschn. 2.3.1 und Normen

[1]) Für Anschlußmaße, insbesondere von zylindrischen Wellenenden, ist die Zuordnung der Paßfeder-Querschnitte zu den Wellen-Nenndurchmessern unbedingt einzuhalten. Die Zuordnung der Paßfeder-Querschnitte zu kegeligen Wellenenden und die Maße für die Nuttiefen sind den Normen über kegelige Wellenenden zu entnehmen.

[2]) Die Werte für d_2 entsprechen dem kleinsten Durchmesser von Teilen, die zentrisch über die Paßfeder übergeschoben werden können.

Keilwellen-Verbindungen

DIN 5461 (Sep 1965), DIN 5471 (Aug 1974), DIN 5472 (Dez 1980)

Übersicht über Keilwellen-Verbindungen mit geraden Flanken

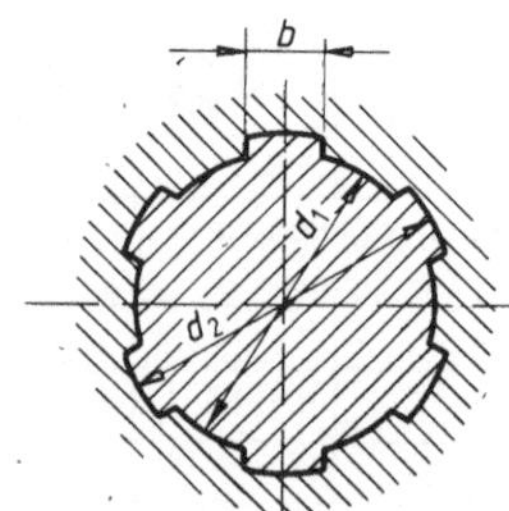

Bild 3.101 Hauptmaße von Keilwellen-Verbindungen mit geraden Flanken nach DIN 5461

Tabelle 3.102 Hauptmaße von Keilwellen-Verbindungen mit geraden Flanken nach DIN 5461

Innen-durch-messer	Leichte Reihe			Schwere Reihe		
d_1	Anzahl der Keile	d_2	b	Anzahl der Keile	d_2	b
21	–	–	–	10	26	3
23	6	26	6	10	29	4
26	6	30	6	10	32	4
28	6	32	7	10	35	4
32	8	36	6	10	40	5
36	8	40	7	10	45	5
42	8	46	8	10	52	6
46	8	50	9	10	56	7
52	8	58	10	16	60	5

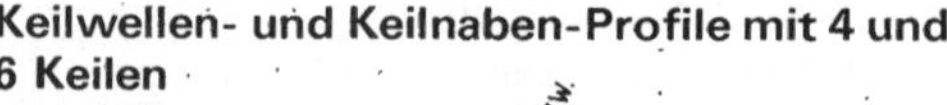

Keilwellen- und Keilnaben-Profile mit 4 und 6 Keilen

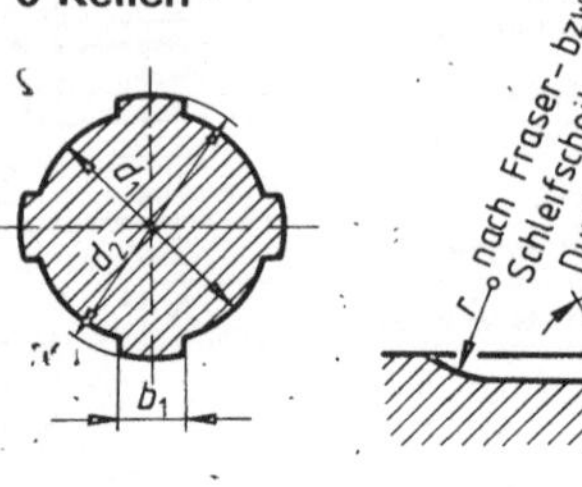

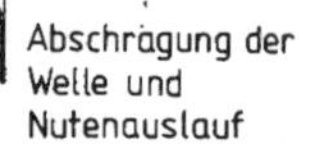

Bild 3.103 Keilwellenprofil mit 4 Keilen (gilt sinngemäß auch für 6 Keile)

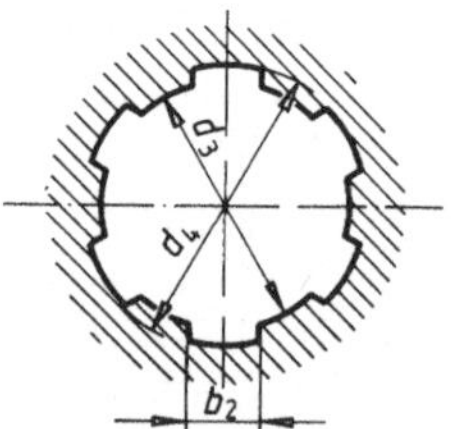

Bild 3.104 Keilnabenprofil für 6 Keile (gilt sinngemäß auch für 4 Keile)

Tabelle 3.105 Maße für Keilwellen- und Keilnaben-Profile mit 4 und 6 Keilen nach DIN 5471 und DIN 5472

Keilwelle				Keilnabe			
d_1 [1]) g6 j6*)	d_2 [2]) a11*)	b_1 h9*)		d_3 H7*)	d_4 H13*)	b_2 D9*)	
		4 Keile	6 Keile			4 Keile	6 Keile
21	25	8	5	21	25	8	5
32	38	10	8	32	38	10	8
36	42	12	8	36	42	12	8
42	48	12	10	42	48	12	10
46	52	14	12	46	52	14	12
52	60	14	14	52	60	14	14
58	65	16	14	58	65	16	14
62	70	16	16	62	70	16	16
68	78	16	16	68	78	16	16

*) Toleranzfelder nach DIN 7152, s. Abschn. 3.1

[1]) g6 gilt für beweglichen Sitz, j6 für festen Sitz.

[2]) Lange Keilwellen, die beim Fräsen oder Schleifen abgestützt werden, müssen zylindrisch innerhalb IT 6 (s. Tab. **3**.6) sein.

3.3.4.2 Schrauben, Keilen, An- und Einpressen

Grundelemente für Verschraubungen

DIN 74 T1 (Dez 1980), T2 (Dez 1980), DIN 76 T1 (Entw. Apr 1982), DIN 78 (Entw. Apr 1982), DIN 336 T1 (Apr 1969), DIN ISO 273 (Sep 1979)

Übersicht über Gewinde nach DIN-Normen s. Tab. **2.**82; Schlüsselweiten für Schrauben und Muttern s. Tab. **2.**90

Durchgangslöcher für Schrauben

Es wird empfohlen, die Durchgangslöcher auszusenken, wenn Überschneidungen zwischen dem Lochrand und dem Übergang unter dem Schraubenkopf vermieden werden sollen.

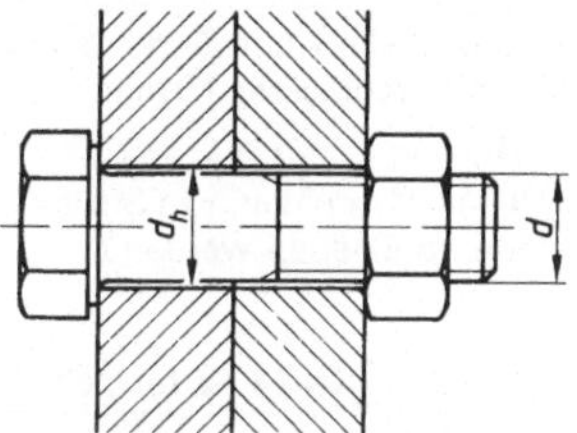

Bild **3.**106 Durchgangslöcher für Schrauben

Tabelle **3.**107 Durchgangslöcher nach DIN ISO 273 fur Schrauben

Gewindedurchmesser d	**3**	**4**	**5**	**6**	**8**	**10**	**12**	**16**	**20**	**24**	**30**
Durchgangsloch d_h	3,4	4,5	5,5	6,6	9	11	13,5	17,5	22	26	33

Senkungen für Senkschrauben

Form A für Senkschrauben nach DIN 963 und DIN 965

Linsensenkschrauben nach DIN 964 und DIN 966

Gewinde-Schneidschrauben Form F und G nach DIN 7513 und Form D und E nach DIN 7516

Gewindefurchende Schrauben Form K, L, M und N nach DIN 7500

Senk-Holzschrauben nach DIN 97 und DIN 7997

Linsensenk-Holzschrauben nach DIN 95 und DIN 7995

(Schraubennormen s. Abschn. 2.3.1)

Ausführung mittel (m)

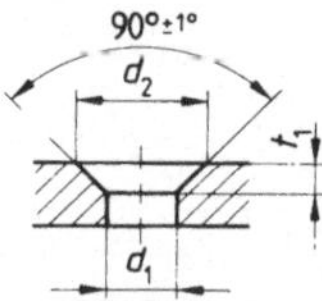

Bild **3.**108 Senkungen Form A für Senkschrauben

Bezeichnung einer Senkung Form A, Ausführung mittel (m), **für Gewindedurchmesser 4 mm:**

Senkung DIN 74 – A m 4

Die Bezeichnung z. B. DIN 74 – A m 4 kann an Stelle der Maße auch in Zeichnungen eingetragen werden.

Tabelle **3.**109 Senkungen nach DIN 74 T1 für Senkschrauben

Gewindedurchmesser		**3**	**4**	**5**	**6**	**8**	**10**	**12**	**16**	**20**
	d_1 [1]) H13 *)	3,9	4,5	5,5	6,6	9	11	13,5	17,5	22
Ausführung m	d_2 H13 *)	7,6	8,6	10,4	12,4	16,4	20,4	23,9	31,9	40,4
	t_1 ≈	1,9	2,1	2,5	2,9	3,7	4,7	5,2	7,2	9,2

*) Toleranzfelder nach DIN 7152, s. Abschn. **3.1**

[1]) Durchgangsloch nach DIN ISO 273

Senkungen für Schrauben mit Zylinderkopf

Form H für Zylinderschrauben nach DIN 84 und DIN 7984
Gewinde-Schneidschrauben Form B nach DIN 7513
Gewindefurchende Schrauben Form A nach DIN 7500
(Schraubennormen s. Abschn. 2.3.1)

Bezeichnung einer Senkung Form H mit Durchgangsloch mittel (m), fur Gewindedurchmesser 10 mm:

Senkung DIN 74 – H m 10

Die Bezeichnung z. B. DIN 74 – H m 10 kann an Stelle der Maße auch in Zeichnungen angegeben werden.

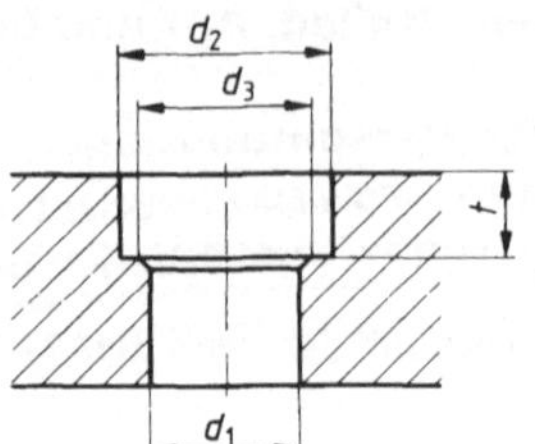

Bild **3**.110 Senkungen Form H fur Schrauben mit Zylinderkopf

Tabelle **3**.111 Senkungen nach DIN 74 T2 fur Schrauben mit Zylinderkopf

Gewindedurchmesser	**3**	**4**	**5**	**6**	**8**	**10**	**12**	**16**	**20**	**24**
d_1 mittel (m)[1]) H13*)	3,4	4,5	5,5	6,6	9	11	13,5	17,5	22	26
d_2 H13*)	6	8	10	11	15	18	20	26	33	40
d_3[2])	–	–	–	–	–	–	16	20	24	28
t	2,4	3,2	4	4,7	6	7	8	10,5	12,5	14,5

*) Toleranzfelder nach DIN 7152, s. Abschn. 3.1
[1]) Durchgangsloch mittel nach DIN ISO 273 (bevorzugen)
[2]) 90°-Senkung oder gerundet, unter 12 mm Gewindedurchmesser nur entgratet.

Gewindeenden

Tabelle **3**.112 Gewindeenden nach DIN 78

Gewinde-durch-messer	Gewinde-steigung	d_p*)	d_t*)	z_2*)	z_3*)	z_4
d	P	h13	h16	H14	H14	≈
3	0,5	2	–	1,5	0,75	0,4
4	0,7	2,5	–	2	1	0,5
5	0,8	3,5	–	2,5	1,25	0,6
6	1	4	1,5	3	1,5	0,7
8	1,25	5,5	2	4	2	1
10	1,5	7	2,5	5	2,5	1
12	1,75	8,5	3	6	3	1,25
16	2	12	4	8	4	1,75
20	2,5	15	5	10	5	2
24	3	18	6	12	6	2,5
30	3,5	23	8	15	7,5	3

*) Toleranzfelder nach DIN 7152, s. Abschn. 3.1

L Linsenkuppe

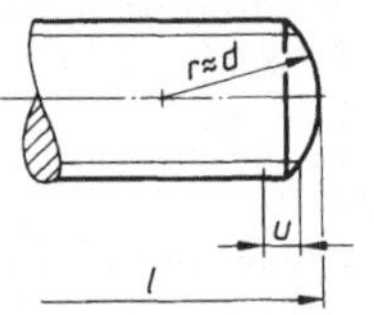

S Spitze

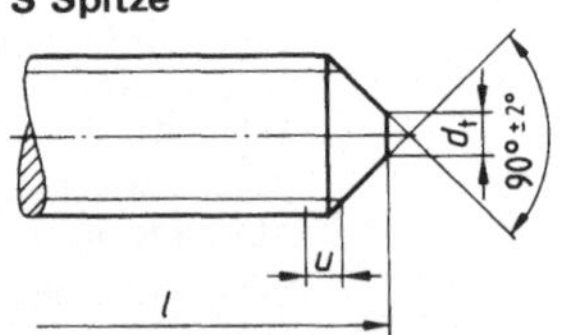

Z Zapfen

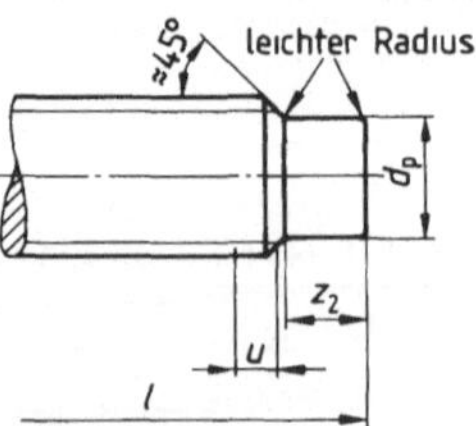

Ak Ansatzkuppe

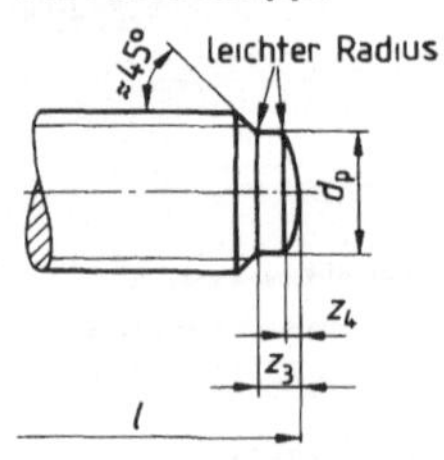

l = Nennlänge
u = max. 2 P unvollständiges Gewinde

Bild **3**.113 Gewindeenden

Schraubenüberstände

Mit den in Tab. **3.**114 festgelegten Werten v_1 bis v_5 für Schraubenüberstände soll sichergestellt werden, daß der Überstand u mindestens $2P$ entspricht. Unterlegteile, z. B. Scheiben, sind besonders zu berücksichtigen.

Tabelle **3.**114 Schraubenüberstände nach DIN 78

d	u[1]) min.	v_1 min. DIN 934	v_1 min. DIN 970	v_2 min.	v_3 min.	v_4 min.	v_5 min.
3	1	3,4	3,4	2,8	–	–	5,1
4	1,4	4,6	4,6	3,6	6,4	–	6,2
5	1,6	5,6	6,3	4,3	7,6	–	8,4
6	2	7	7,2	5,2	9,5	7	9,6
8	2,5	9	9,3	6,5	12	9	12,6
10	3	11	11,4	8	15	11	15,5
12	3,5	13,5	14,3	9,5	18,5	13,5	17,5
16	4	17	18,8	12	23	17	23,6
20	5	21	23	15	27	21	29,5
24	6	25	27,5	18	33	25	35,4
30	7	31	32,6	22	40	31	40,5

[1]) Für selbstsichernde Muttern nach DIN 980 gilt u min. $\geqq 3P$

Schrauben mit Kopf (Die dargestellten Sechskantschrauben sind nur Beispiele) und Stiftschrauben

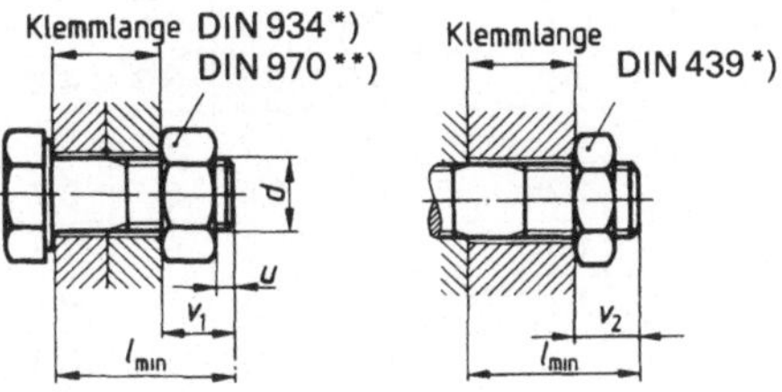

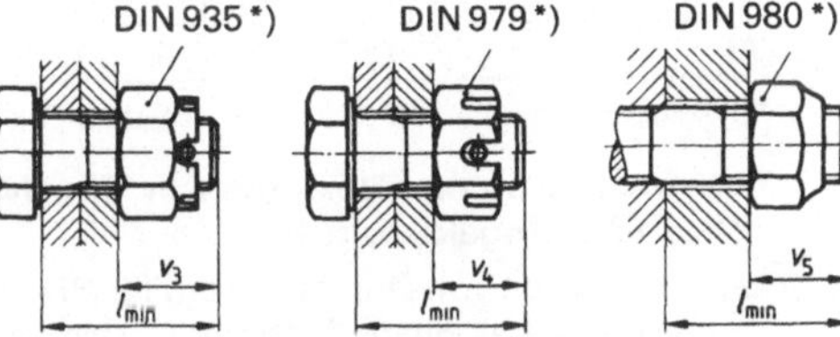

Bild **3.**115 Schraubenüberstände
*) s. Norm **) s. Abschn. 2.3.1

Gewindeausläufe und Gewindefreistiche für Metrisches ISO-Gewinde

Tabelle **3.**116 Gewindeausläufe, -abstände und freistiche für Außengewinde nach DIN 76 T1

Regelgewinde d	Gewindesteigung P	x_1 max.	a_1 max.	d_g[2]) h13	g_1 min.	g_2 min.	r ≈
3	0,5	1,25	1,5	2,2	1,1	1,75	0,2
4	0,7	1,75	2,1	2,9	1,5	2,45	0,4
5	0,8	2	2,4	3,7	1,7	2,8	0,4
6	1	2,5	3	4,4	2,1	3,5	0,6
8	1,25	3,2	4	6	2,7	4,4	0,6
10	1,5	3,8	4,5	7,7	3,2	5,2	0,8
12	1,75	4,3	5,3	9,4	3,9	6,1	1
16	2	5	6	13	4,5	7	1
20	2,5	6,3	7,5	16,4	5,6	8,7	1,2
24	3	7,5	9	19,6	6,7	10,5	1,6
30	3,5	9	10,5	25	7,7	12	1,6
Maße entsprechen ≈		2,5 P	3 P	–	–	3,5 P	0,5 P

[2]) Toleranzfelder nach DIN 7152, s. Abschn. **3.1**

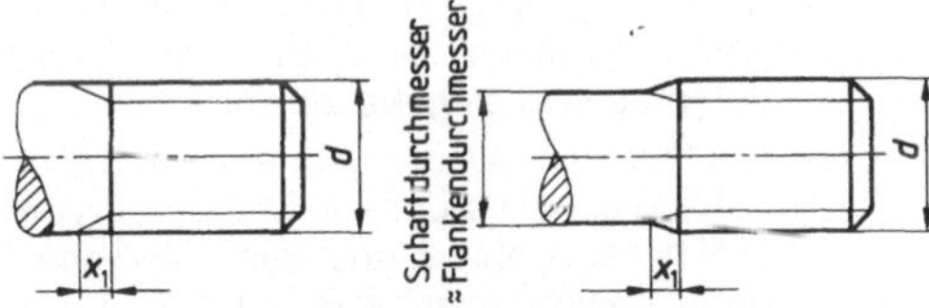

Bild **3.**117 Gewindeausläufe für Außengewinde

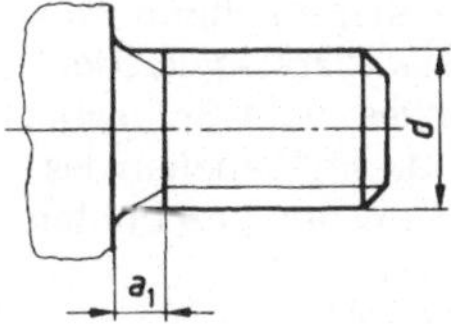

Bild **3.**118 Gewindeabstand für Außengewinde

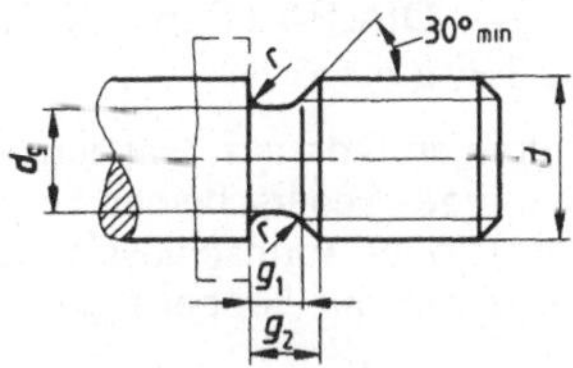

Bild **3.**119 Gewindefreistich für Außengewinde

Tabelle **3**.120 Gewindeausläufe und -freistiche nach DIN 76 T1 in Gewindegrundlöchern

Regel-Gewinde d	Gewinde-steigung P	e_1	d_g *) H13	g_1 min.	g_2 max.	r ≈
3	0,5	2,8	3,3	2	2,7	0,2
4	0,7	3,8	4,3	2,8	3,8	0,4
5	0,8	4,2	5,3	3,2	4,2	0,4
6	1	5,1	6,5	4	5,2	0,6
8	1,25	6,2	8,5	5	6,7	0,6
10	1,5	7,3	10,5	6	7,8	0,8
12	1,75	8,3	12,5	7	9,1	1
16	2	9,3	16,5	8	10,3	1
20	2,5	11,2	20,5	10	13	1,2
24	3	13,1	24,5	12	15,2	1,6
30	3,5	15,2	30,5	14	17,7	1,6

*) Toleranzfelder nach DIN 7152, s. Abschn. 3.1

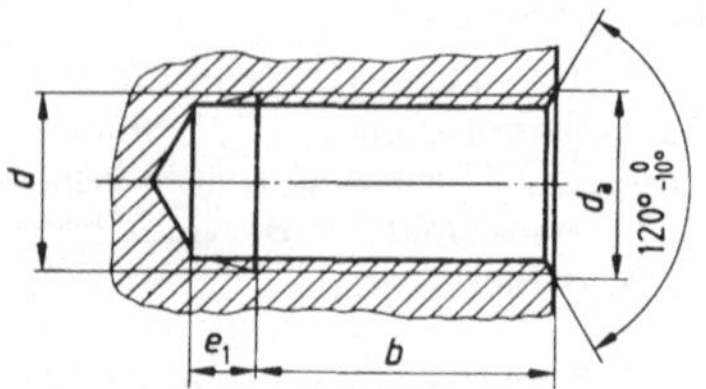

$d_{a\,min} = 1\,d$ $d_{a\,max} = 1{,}05\,d$
b = nutzbare Gewindelange

Bild **3**.121 Gewindeauslauf in Gewindegrundlöchern

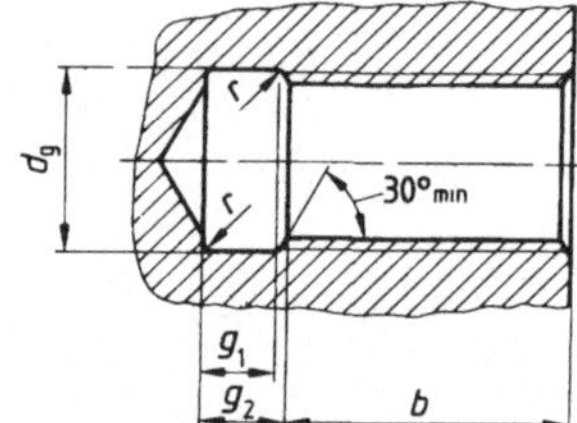

übrige Maße wie in Bild **3**.121

Bild **3**.122 Gewindefreistich in Gewindegrundlöchern

Gewindekernloch-Durchmesser für Metrisches ISO-Regelgewinde

Beim Festlegen von Durchmessern für Bohrwerkzeuge wie Spiralbohrer, Aufbohrer (Spiralsenker) usw. für Gewindekernlöcher ist folgendes zu beachten:

- Beim fertig geschnittenen Gewinde müssen die Grenzmaße des Muttergewinde-Kerndurchmessers eingehalten sein.
- Der Durchmesser des gebohrten Kernloches ist abhängig vom Bohrerdurchmesser, vom Anschliff des Bohrers und den sonstigen Fertigungsbedingungen, z. B. der Güte der Werkzeugführung, Eigenschaften der Werkzeugmaschine, Schmierung usw.
- Der Muttergewinde-Kerndurchmesser des geschnittenen Gewindes ist abhängig vom Durchmesser des Kernloches, vom Schneidteil des Gewindebohrers und vom Verhalten des Werkstoffes, in den das Gewinde geschnitten wird.

Tabelle **3**.123 Bohrerdurchmesser fur Gewindekernlocher nach DIN 336 T1

Gewinde-Kurzzeichen	Bohrerdurchmesser
M3	2,5
M4	3,3
M5	4,2
M6	5
M8	6,8
M10	8,5
M12	10,2
M16	14
M20	17,5
M24	21
M30	26,5

Sichern von Schraubenverbindungen

DIN 93 (Jul 1974), DIN 94 (Sep 1983), DIN 7980 (Dez 1972)

Schraubenverbindungen können kraftschlüssig (z. B. durch Federringe, Federscheiben, selbstsichernde Muttern) oder formschlüssig (z. B. durch Splinte, Scheiben mit Lappen) gesichert werden.

Genormte Sicherungselemente s. Abschn. 2.3.1.

Anwendungsbeispiele

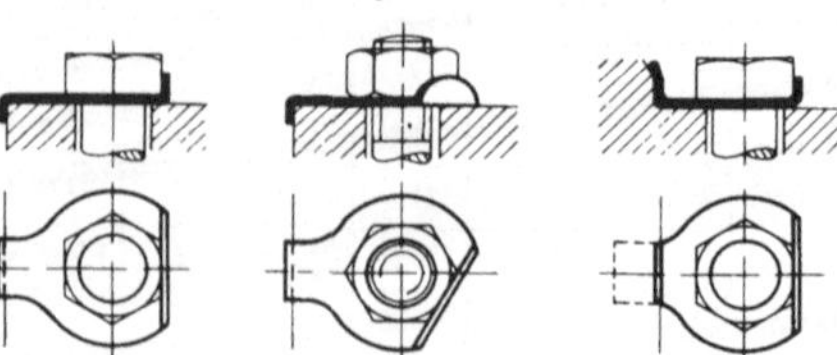

Bild **3**.124 Sichern durch Scheiben mit Lappen nach DIN 93

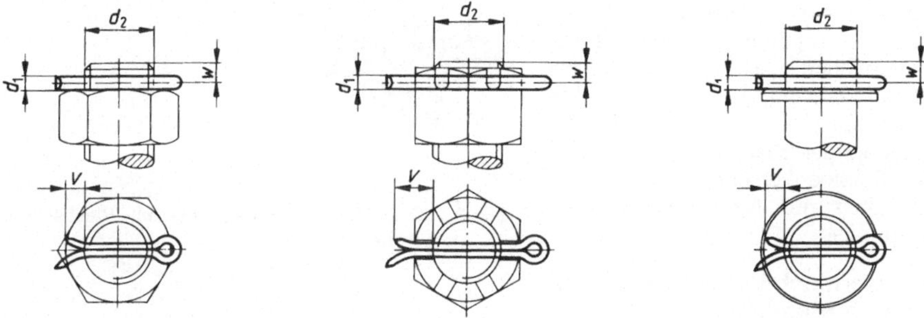

Bild **3.**125 Sichern durch Splinte nach DIN 94

Tabelle **3.**126 Zuordnung Splint- zu Schraubendurchmesser

Nenndurchmesser d_1		1	1,2	1,6	2	2,5	3,2	4	5	6,3
Schrauben-Gewinde-durchmesser d_2	über	3,5	4,5	5,5	7	9	11	14	20	27
	bis	4,5	5,5	7	9	11	14	20	27	39
v	min.	4	5	5	6	6	8	8	10	12

Die Splintlochabstände w richten sich nach den jeweiligen Gegebenheiten und der Form des Schrauben- bzw. Bolzenendes. Sie sind daher in den einzelnen Maßnormen angegeben.

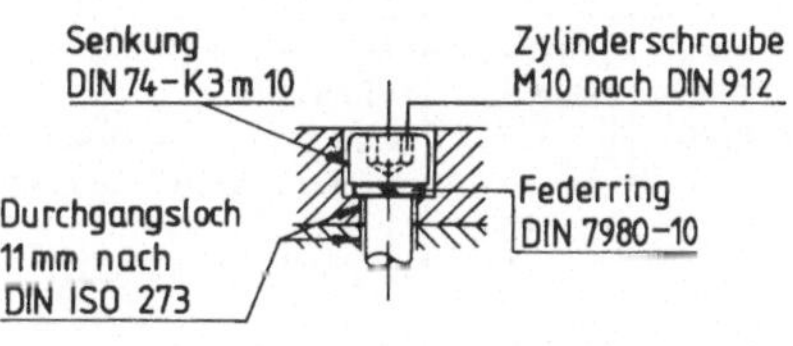

Bild **3.**127 Sichern durch Federing nach DIN 7980

Blechschrauben-Verbindungen, Blechdurchzüge mit Gewinde

DIN 7952 T1 (Jan 1972), T2 (Okt 1971), T3 (Mrz 1983), T4 (Mrz 1983), DIN 7975 (Jul 1970)

Verbindungen mit Blechschrauben

Maßnormen für Blechschrauben s. Abschn. 2.3.1

Das Gewinde für Blechschrauben ist in DIN 7970 festgelegt (s. Norm und Abschn. 2.2.1)

Bei einfachen Verschraubungen, also jenen Verschraubungen, bei denen sich die Blechschraube ihr Muttergewinde selbst schneidet, müssen die Blechdicken der zu verschraubenden Teile zusammen größer sein als die Steigung des Gewindes (s. Bild **3.**128). Ist die gesamte Blechdicke kleiner, so ist es zweckmäßig, die Kernlöcher aufzudornen oder durchzuziehen (s. Bild **3.**129). Hierdurch kann der notwendige Anzug sichergestellt werden.

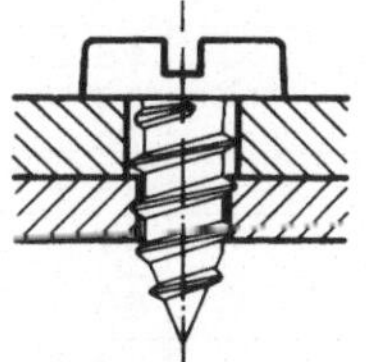

Bild **3.**128
Einfache Verschraubung von Blechen mit Blechschrauben

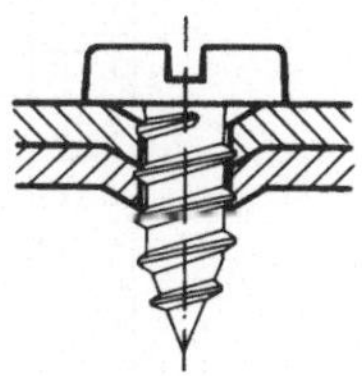

Bild **3.**129
Verschraubung mit Blechschrauben mit aufgedorntem oder durchgezogenem Kernloch (für dünne Bleche)

Häufig sind jedoch auch – besonders in der Massenfertigung – sogenannte Preßlochverschraubungen vorteilhaft. Das Preßloch wird mit einem besonderen Werkzeug gestanzt, geschlitzt und spiralförmig entsprechend der Gewindesteigung der zugehörigen Blechschraube geformt (s. Bild **3**.130). Preßlochverschraubungen werden im allgemeinen nur für kohlenstoffarme Stahlbleche empfohlen.

Bild **3**.130 Preßlochverschraubung mit Blechschrauben

Empfohlene Kernlochdurchmesser für Blechschrauben in Metallen

Erfahrungen mit den Kernlochdurchmessern nach Tab. **3**.131 haben erwiesen, daß sie auch für die meisten Arten von handelsüblichen Schutzüberzügen, z. B. galvanische Überzüge, geeignet sind. Die Werte gelten für Stahl-, Nickel-, Kupfer-Zink- und Kupferbleche.

Tabelle **3**.131 Kernlochdurchmesser nach DIN 7975 für Blechschrauben

Blechschrauben-gewinde nach DIN 7970 Nenn-durchmesser	Blech-dicke über	bis	Kernlochdurchmesser aufgedornt oder durchgezogen	gebohrt oder gestanzt
2,9	0,56	0,75	2,5	2,25
	0,75	0,88	2,5	2,4
	0,88	1,38	–	2,4
	1,38	1,75	–	2,5
4,2	0,5	1,13	3,5	3,2
	1,13	1,38	3,5	3,3
	1,38	2,5	–	3,5
	2,5	3	–	3,8
5,5	1,13	1,38	4,7	4,3
	1,38	1,5	–	4,3
	1,5	1,75	–	4,5
	1,75	2,25	–	4,6
	2,25	3	–	4,7
	3	4	–	5
8	1,75	2	–	6,7
	2	3	–	6,8
	3	4	–	7,2
	4	4,75	–	7,4

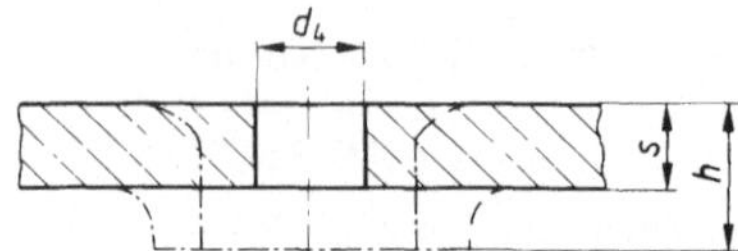

Bild **3**.132 Vorlochdurchmesser für Blechdurchzüge mit Gewinde

Tabelle **3**.133 Vorlochdurchmesser nach DIN 7952 T2

s	$\frac{h}{s}$	Vorlochdurchmesser d_4 für Gewinde M2	M3	M4	M6	M8
0,6	1,6	1,3				
	1,8	1,1				
	2	0,8				
1	1,6	1,1	2,2			
	1,8		1,9			
	2		1,4	2,3		
1,5	1,6		1,7	2,5		
	1,8			1,8		
	2				3,6	
2	1,6			2,4	4,2	
	1,8				3,6	
	2				2,5	4,6
3	1,6				3,4	5,1
	1,8					3,9
	2					

Blechdurchzüge mit Gewinde

Blechdurchzüge mit Gewinde sind Formgestaltungen, die es ermöglichen, tragfähige Gewinde in Werkstücke aus dünnwandigem Blech einzubringen.

Die Werte in Tab. **3**.134 sind frei von fertigungstechnischen Bindungen und gelten für Bleche, bei deren Umformung sich der Werkstoff nicht außergewöhnlich verfestigt, also z. B. nicht für Bleche aus austenitischen Stählen (genormte Bleche s. Tab. **2**.275).

Tabelle **3.134** Blechdurchzüge mit Gewinde nach DIN 7952 T1 (s. Bild **3.137**)

d_1			**M2**	**M3**	**M4**	**M6**	**M8**
d_2			1,65	2,55	3,35	5,1	6,85
s	$\frac{h}{s}$	h	d_3	d_3	d_3	d_3	d_3
0,6	1,6	1	2,18				
	1,8	1,12	2,24				
	2	1,25	2,3				
1	1,6	1,6	2,3	3,25			
	1,8	1,8	2,4	3,38			
	2	2	2,5	3,5	4,46		
1,5	1,6	2,5		3,5	4,46		
	1,8	2,8		3,65	4,65		
	2	3			4,75	6,7	
2	1,6	3,15			4,56	6,5	
	1,8	3,55			4,78	6,75	
	2	4				7,0	8,95
3	1,6	5				7,0	8,95
	1,8	5,6				7,3	9,3
	2	6					9,5

Der Blechdurchzug kann z. B. mit einem Durchziehstempel (s. Bild **3.140**) und einer Durchziehbuchse (s. Bild **3.142**) hergestellt werden.

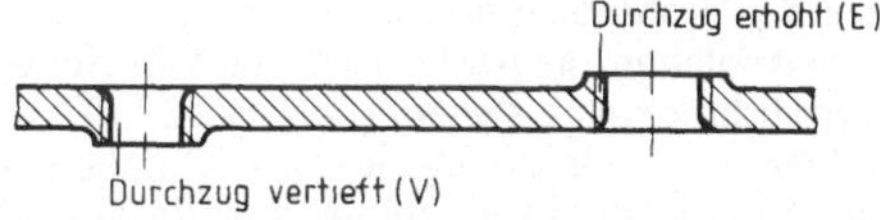

Bild **3.136** Arten von Blechdurchzugen mit Gewinde

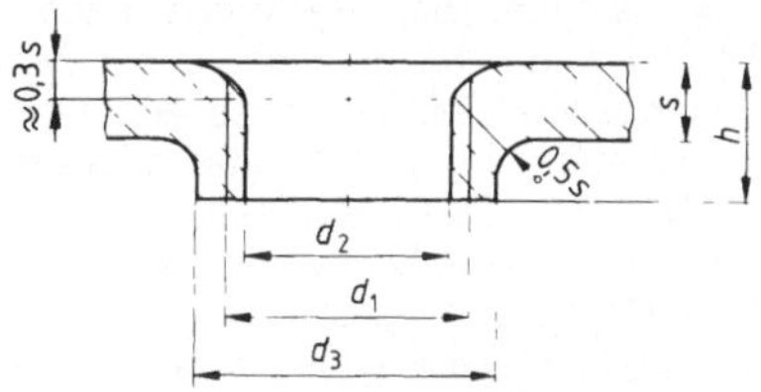

Bild **3.137** Blechdurchzug mit Gewinde

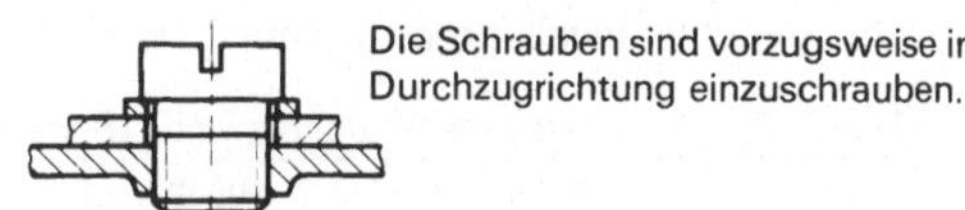

Die Schrauben sind vorzugsweise in Durchzugrichtung einzuschrauben.

Bild **3.138** Anwendung eines Durchzuges mit Gewinde

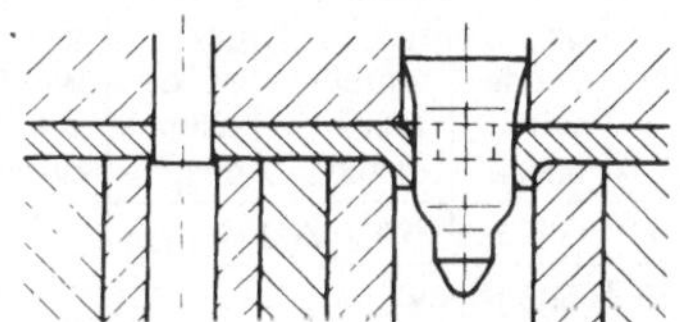

Bild **3.139** Lochen und Durchziehen

Fertigungsverfahren und Werkzeuge für die Herstellung von Blechdurchzügen mit Gewinde nach DIN 7952 T3 und T4

Blechdurchzüge werden durch stanztechnische und in Verbindung mit spangebenden Fertigungsverfahren (Gewindebohren) hergestellt.

Durch Lochen oder Bohren mit Vorlochdurchmesser d_4 nach DIN 7952 T2 wird das Werkstück auf die anschließende Umformung vorbereitet (Bild **3.139** und **3.141**).

Tabelle **3.135** Maße für Durchziehstempel und Durchziehbuchse nach DIN 7952 T4

d_2	s. DIN 7952 T1 (s. Tab. **3.134**)
D_2	0,05 + d_2 bis 0,01 + d_2
d_4	s. DIN 7952 T2 (s. Tab. **3.133**)
d_5	$d_4 - 0{,}03\,s$
l_2	$0{,}3 + \frac{d_2}{10}$
r_1	$0{,}225\,d_2$
r_2	$0{,}1\,d_2$
s	s. DIN 7952 T1 (s. Tab. **3.134**)
d_6	d_3 nach DIN 7952 T1 (s. Tab. **3.134**)
h	Durchzughöhe nach DIN 7952 T1 (s. Tab. **3.134**)

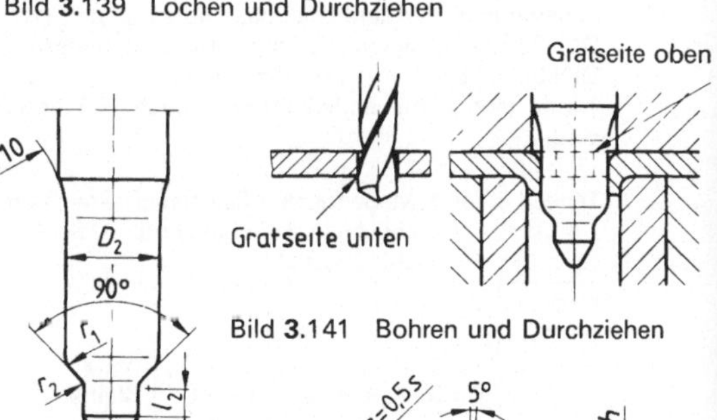

Bild **3.140** Durchziehstempel mit Sucheransatz für Werkstoffdicken <3 mm

Bild **3.141** Bohren und Durchziehen

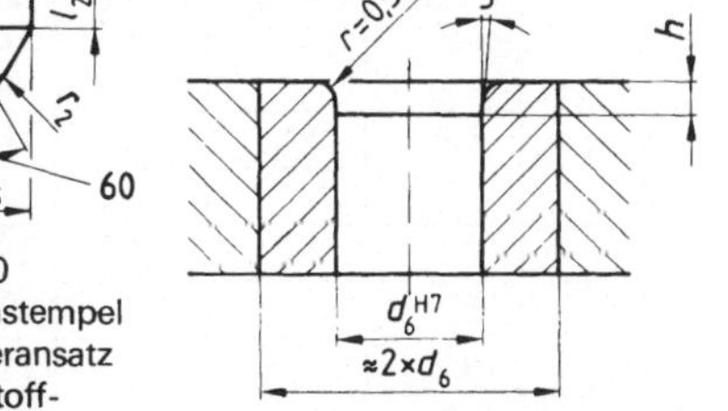

Bild **3.142** Durchziehbuchse

Rohrgewinde

DIN 2999 T1 (Jul 1983), DIN ISO 228 T1 (Mai 1980)

Bei den Rohrgewinden wird unterschieden zwischen solchen, die nicht im Gewinde dichtende Verbindungen herstellen (DIN ISO 228 T1) und solchen, die bis zu bestimmten Drücken auch ohne zusätzliches Dichtmittel für druckdichte Verbindungen geeignet sind (DIN 2999 T1). Die dichtende Wirkung bei Gewinden nach DIN 2999 T1 wird dadurch erzielt, daß in ein zylindrisches Innengewinde ein kegeliges Außengewinde eingeschraubt wird, während bei dem Gewinde nach DIN ISO 228 T1 Innen- und Außengewinde zylindrisch sind. Da mangelhafte Dichtungen häufig ein Sicherheitsrisiko darstellen, dürfen die Gewinde nicht verwechselt werden. Deshalb ist es besonders wichtig, die korrekten Kurzzeichen für die Gewinde anzuwenden. Eine Kurzzeichengegenüberstellung zeigt Tab. **3.**143.

Tabelle **3.**143 Kurzzeichen fur Rohrgewinde (Beispiele)

nach DIN 2999 T1		nach DIN ISO 228 T1		nach DIN 259 T1 **)	
Innengewinde zylindrisch	Außengewinde kegelig	Innengewinde zylindrisch	Außengewinde zylindrisch	Innengewinde zylindrisch	Außengewinde zylindrisch
DIN 2999 R 1 1/2		G 1 1/2	G 1 1/2 A*)	R 1 1/2	

*) A bedeutet Toleranzklasse A.

**) DIN 259 T1 soll nicht mehr für Neukonstruktionen angewendet werden, da das Kurzzeichen (R) mit DIN 2999 T1 verwechselbar ist. Stattdessen ist DIN ISO 228 T1 anzuwenden, worin die gleichen Gewinde jedoch mit anderen Kurzzeichen (G) enthalten sind.

Tabelle **3.**144 Maße für den Einschraubbereich am kegeligen Außengewinde nach DIN 2999 T1

Kurzzeichen	a		l_1		b
	Größtmaß	Kleinstmaß	bei a Größtmaß min.	bei a Kleinstmaß min.	≈
R 1/8	4,9	3,1	7,4	5,6	2,5
R 1/2	10	6,4	15	11,4	5
R 1	12,7	8,1	19,1	14,5	6,4
R 1 1/2	15	10,4	21,4	16,8	6,4
R 2	18,2	13,6	25,7	21,1	7,5
R 4	28,9	21,9	39,3	32,3	10,4

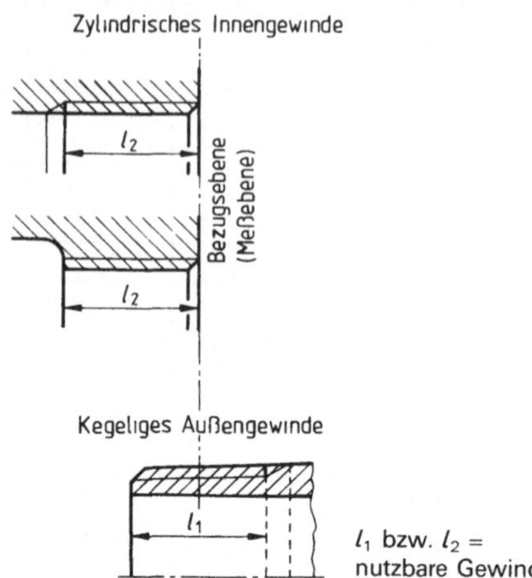

l_1 bzw. l_2 = nutzbare Gewindelange

Bild **3.**145 Paarung eines zylindrischen Innengewindes mit einem kegeligen Außengewinde nach DIN 2999 T1

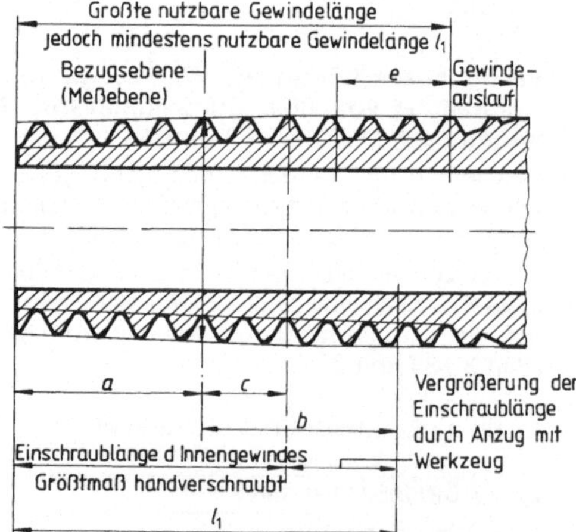

Bild **3.**146 Einschraubbereich am kegeligen Außengewinde nach DIN 2999 T1

a = Abstand der Bezugsebene vom Gewindeanfang
b = mittlerer Einschraubbereich mit Werkzeug
c = Vergrößerung der Einschraublänge, hervorgerufen durch Plus-Abweichung des Innengewindes
e = An der Gewindespitze unvollständige Gewindegänge infolge der Minus-Abweichung des Halbzeuges
l_1 = Nutzbare Gewindelänge

Schraubenverbindungen mit Dehnschaft

DIN 2510 T1 (Sep 1974), **T3, T4, T5,** (jew. Aug 1971), **T6** (Sep 1974) und **T7** (Aug 1971)

Das günstige Verhalten von Dehnschraubenverbindungen beruht auf ihrer Elastizität, insbesondere darauf, daß sie bei gleicher Vorspannung eine größere elastische Längenänderung aufweisen als Starrschraubenverbindungen. Aus diesem Verhalten ergibt sich eine Reihe von Vorteilen:

- Dehnschraubenverbindungen zeigen eine gute Dauerhaltbarkeit, denn die Zusatzbeanspruchungen der Schrauben selbst durch wechselnde Betriebskräfte und Temperaturdehnungen sowie Biegemomente sind herabgesetzt.
- Der Vorspannungsabfall während des Betriebs durch Kriechen des Werkstoffs, Setzerscheinungen in den kräfteübertragenden Flächen der Schraubenverbindung und der verspannten Teile sowie durch Verbiegen der Gewindegänge ist geringer.
- Die Höhe der aufgebrachten Vorspannung ist unter bestimmten Voraussetzungen in einfacher Weise über die Längenänderung der Schrauben zu messen.

Die Mindest-Dehnschaftlänge der Schrauben soll das Zweifache, möglichst das Vierfache des Gewindedurchmessers betragen. Bei zu geringer Flanschdicke ist die Verwendung von Dehnhülsen vorgesehen, um ausreichende Elastizität insbesondere bei temperaturbeanspruchten Schraubenverbindungen zu erhalten.

Anwendungsbeispiele

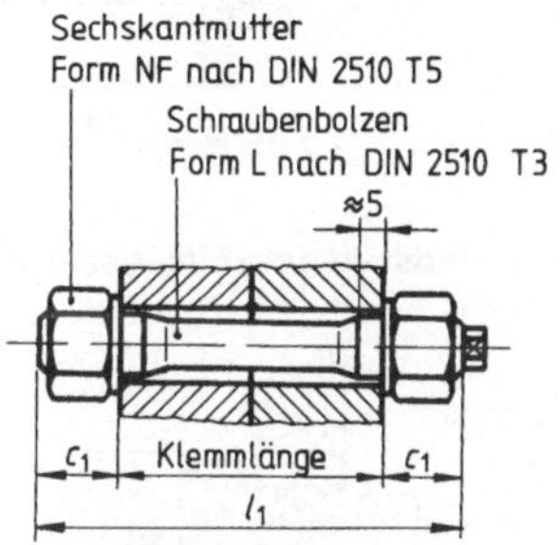

l_1 = Klemmlänge + $2c_1$ (Maße für c_1 s. Tab. **3**.148)
Stufung der Schraubenlänge l_1 von 1 mm zu 1 mm

Bild **3**.147 Dehnschraubenverbindung mit Schraubenbolzen und Sechskantmuttern

Tabelle **3**.148 Schraubenüberstände für Schraubenbolzen mit Dehnschaft

Gewinde	**M12**	**M16**	**M20**	**M24**	**M30**	**M36**	**M42**	**M48**	**M56**
c_1	14	18	22,5	27	33,5	40	46,5	53	61,5

Tabelle **3**.149 Maße für Dehnschraubenverbindung mit Stiftschrauben und Kapselmuttern

Gewinde d_1	c_7	d_3	d_4	t_1	t_2	t_3
M12	16	23	23	1,5	21	23
M16	19	28	28	1,5	25,5	28
M20	23	33	33	1,5	32,5	35
M24	27	37	37	2	38,5	41
M30	34	47	48	2	46,5	50
M36	40	56	57	2	54,5	59
M42	46	66	69	2	62,5	67
M48	54	76	78	3	70	76
M56	62	86	92	3	80	86

l_1 = Klemmlänge + c_7 + t_2 (für Einschraubende G)
oder
l_1 = Klemmlänge + c_7 + t_3 (für Einschraubende H)
Stufung der Schraubenlänge l_1 von 1 mm zu 1 mm

Einschraubende G

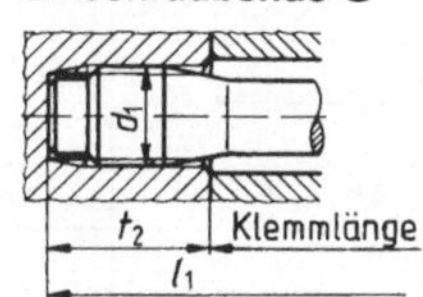

Einschraubende H

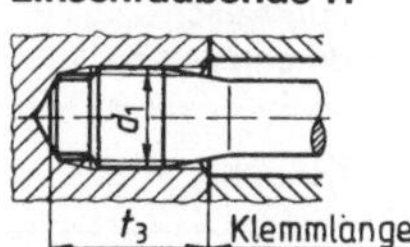

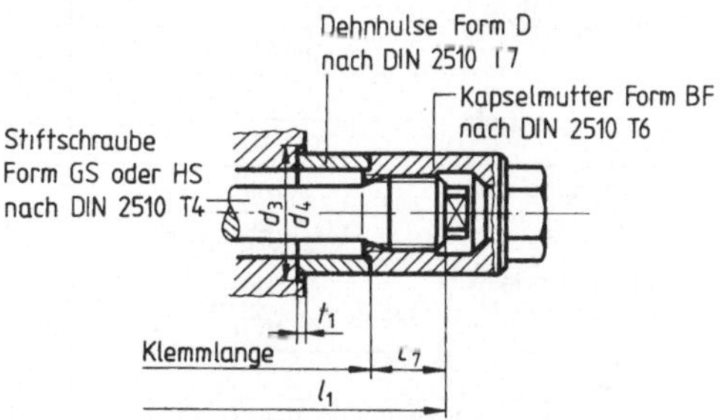

Bild **3**.150 Dehnschraubenverbindung mit Stiftschrauben und Kapselmuttern

Spannungsverbindungen mit Anzug, Preßverbände

DIN 6886 (Dez 1967), DIN 6887 (Apr 1968), DIN 7190 (Mrz 1981)

Spannungsverbindungen durch Keilen

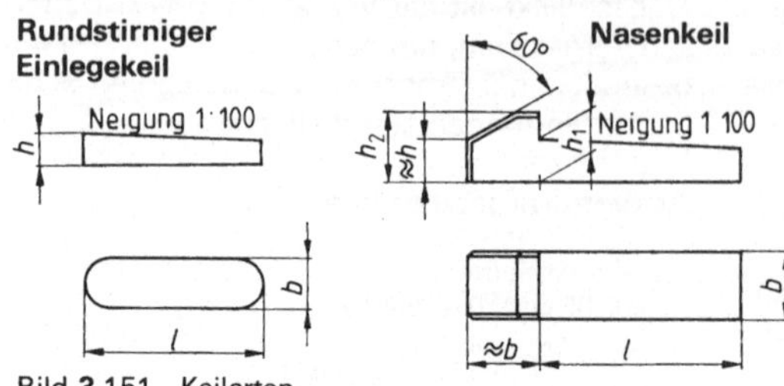

Bild 3.151 Keilarten

Keilverbindung mit rundstirnigem Einlegekeil nach DIN 6886

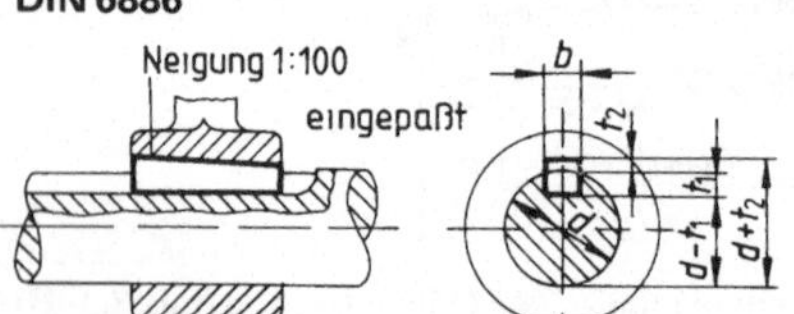

Keilverbindung mit Nasenkeil nach DIN 6887

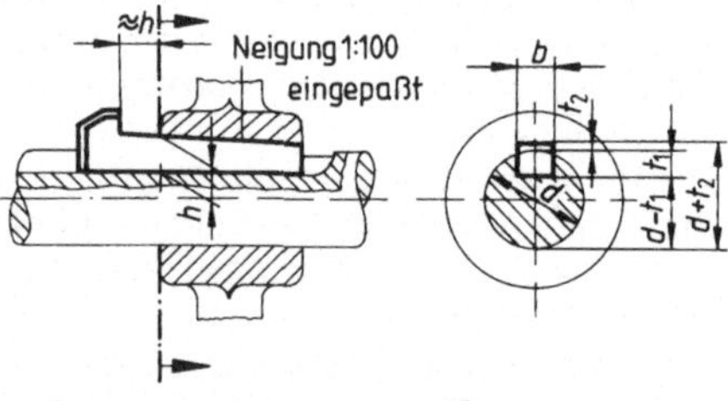

Kantenbrechung (allseitig)
Schrägung Rundung
nach Wahl des Herstellers

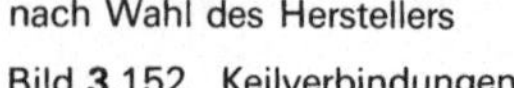

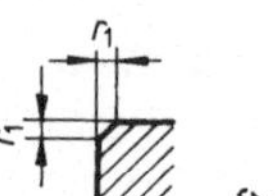

Bild 3.152 Keilverbindungen

Rundung des Nutgrundes für Welle und Nabe

Tabelle 3.153 Keilverbindungen nach DIN 6886 und DIN 6887

Keilbreite	b h9	6	10	14	16	22
Keilhöhe	h Nennmaß	6	8	9	10	14
Für Wellendurchmesser d[1])	über	17	30	44	50	75
	bis	22	38	50	58	85
Keilhöhe	h_1	6,1	8,2	9,2	10,2	14,2
	zul. Abw.	−0,1	−0,2	−0,2	−0,2	−0,2
Nasenhöhe	h_2	10	12	14	16	22
Nutbreite	b D10	6	10	14	16	22
Wellennut-Tiefe	t_1	3,5	5	5,5	6	9
	zul. Abw.	+0,1	+0,2	+0,2	+0,2	+0,2
Nabennut-Tiefe	t_2	2,2	2,4	2,9	3,4	4,4
	zul. Abw.	+0,1	+0,2	+0,2	+0,2	+0,2
Schrägung oder Rundung r_1	min.	0,25	0,4	0,4	0,4	0,6
	max.	0,4	0,6	0,6	0,6	0,8
Rundung des Nutgrundes r_2	max.	0,25	0,4	0,4	0,4	0,6
	min.	0,16	0,25	0,25	0,25	0,4
Länge l		16 bis 70	25 bis 110	40 bis 160	45 bis 180	70 bis 250

Stufung fur l: 16, 18, 20, 22, 25, 28, 32, 36, 40, 45, 50, 56, 63, 70, 80, 90, 100, 110, 125, 140, 160, 180, 200, 220, 250

[1]) Für Anschlußmaße, insbesondere von Wellenenden, ist die Zuordnung des Keilquerschnittes zu den Wellendurchmessern unbedingt einzuhalten.

Preßverbände

Zweck der Preßverbände nach DIN 7190 ist das Fügen von Teilen aus wirtschaftlichen und technischen Gründen. Preßverbände sind besonders gut zum Übertragen großer Kräfte und Momente geeignet. Ihre besonderen Vorzüge liegen in einer optimalen Kraftübertragung bei gleichmäßigem Kraftfluß, ihrer hohen Gestaltfestigkeit und Betriebsfestigkeit sowie im Vermeiden von Querschnittschwächung durch zusätzliche mechanische Verbindungselemente.

Preßverbände werden häufig im Getriebebau, Kranbau und Großmaschinenbau angewendet, weil es in diesen Bereichen oft keine andere Möglichkeit zum Übertragen großer Kräfte gibt. Aber auch in der Feinwerktechnik gibt es zahlreiche wirtschaftliche Anwendungsmöglichkeiten für Preßverbände.

Preßverbände werden angewendet bei:

a) geschlossenen Fugen mit kegeligen, zylindrischen oder ebenen Fügeflächen

b) unterbrochenen Fugen.

Der Fügevorgang erfolgt durch (s. Bild **3**.154):

a) Längseinpressen des Innenteils

b_1) und b_2) Schrumpfen des Außenteils

c) Dehnen des Innenteils

d) Kombinationen aus a), b_1) und c).

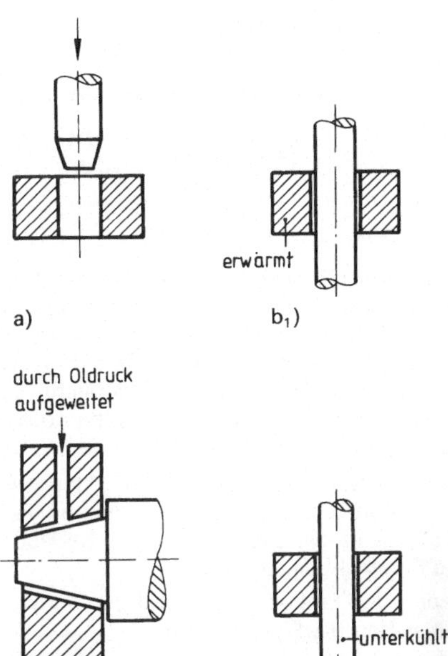

Bild **3**.154 Herstellen von Preßverbänden

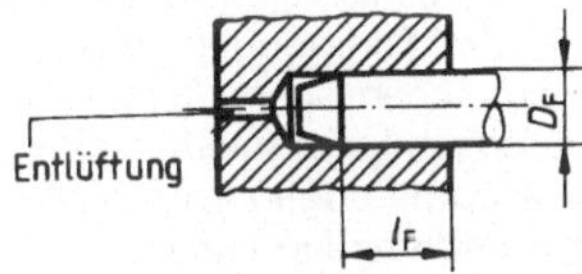

Bild **3**.155 Fugenlänge l_F und Entlüftung bei Preßverbänden

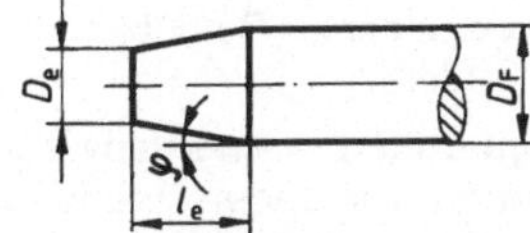

Bild **3**.156 Fasenwinkel φ und Fasenlänge l_e beim Einpressen

Hinweise für Konstruktion und Herstellung von Preßverbänden. Die Fugenlänge l_F sollte höchstens 1,6mal Fugendurchmesser D_F sein (s. Bild **3**.155). Bei größeren Fugenlängen sind u. U. gestufte Fugendurchmesser oder Kegel zweckmäßig.

Bei Preßverbänden in Sacklöchern ist für eine Entlüftungsmöglichkeit zu sorgen (s. Bild **3**.155)

Folgende Bedingungen sind beim Einpressen einzuhalten:

a) Es dürfen an den zu fügenden Teilen keine scharfen Kanten und Übergänge auftreten.

b) Der Fasenwinkel φ soll höchstens 5° betragen (s. Bild **3**.156)

c) Die Fasenlänge l_e soll $\approx \sqrt[3]{D_F}$ betragen.

d) Die Einpreßfase ist an dem Fügeteil mit der höheren Streckgrenze anzubringen (im Regelfall am Innenteil).

Vor dem Einpressen die Fügeflächen mit einer dünnen Ölschicht über die gesamte Fläche hinweg versehen. Verwendung von Additiven wie Molybdänsulfid nur, wenn dies in den Arbeitsunterlagen angegeben ist.

Vorkanten der Fügeteile beim Einpressen ausschließen!

Preßverbände sollen erst nach einer Ablagerungszeit von etwa 24 Stunden beansprucht werden.

3.3.4.3 Stoffverbindungen

Schweißen, Begriffe, Verfahren

DIN 1910 T1 (Jul 1983), **T2** (Aug 1977), **T3** (Sep 1977), **T4** (Aug 1979), **T5** (Sep 1980), **DIN 8528 T1** (Jun 1973)

Grundbegriffe

Schweißen ist das Vereinigen von Werkstoffen in der Schweißzone unter Anwendung von Wärme und/oder Kraft mit oder ohne Schweißzusatz. Es kann durch Schweißhilfsstoffe, z. B. Schutzgase, Schweißpulver oder Pasten, ermöglicht oder erleichtert werden. Die zum Schweißen notwendige Energie wird von außen zugeführt.

Die **Schweißbarkeit** (s. Bild **3**.157) hängt von drei Einflußgrößen Werkstoff, Konstruktion, Fertigung ab, die im wesentlichen gleiche Bedeutung für die Schweißbarkeit haben.

Zwischen den Einflußgrößen und der Schweißbarkeit stehen die Eigenschaften

- Schweißeignung des Werkstoffs
- Schweißsicherheit der Konstruktion und
- Schweißmöglichkeit der Fertigung.

Die **Schweißeignung** eines Werkstoffes ist vorhanden, wenn bei der Fertigung aufgrund der werkstoffgegebenen chemischen, metallurgischen und physikalischen Eigenschaften eine den jeweils gestellten Anforderungen entsprechende Schweißung hergestellt werden kann.

Die **Schweißsicherheit** einer Konstruktion ist vorhanden, wenn mit dem verwendeten Werkstoff das Bauteil aufgrund seiner konstruktiven Gestaltung unter den vorgesehenen Betriebsbedingungen funktionsfähig bleibt.

Die **Schweißmöglichkeit** in einer schweißtechnischen Fertigung ist vorhanden, wenn die an einer Konstruktion vorgesehenen Schweißungen unter den gewählten Fertigungsbedingungen fachgerecht hergestellt werden können.

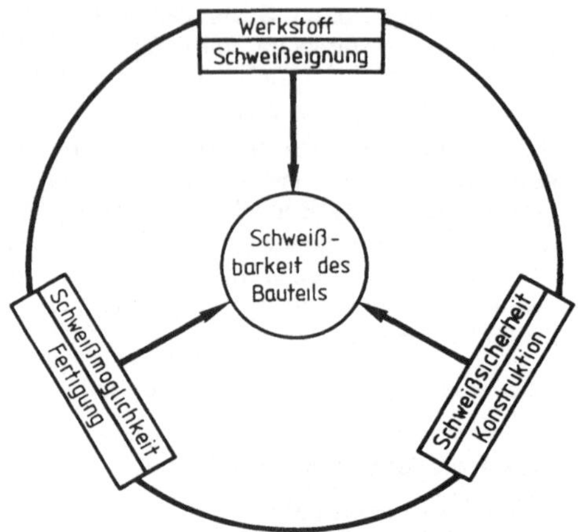

Bild **3**.157 Darstellung der Schweißbarkeit nach DIN 8528 T1

Einteilung der Schweißverfahren

Die Schweißverfahren werden nach DIN 1910 T1 wie folgt eingeteilt:

Einteilung nach der Art des von außen auf das Werkstück einwirkenden Energieträgers. Unterschieden wird zwischen Schweißen durch festen Körper, Flüssigkeit, Gas, elektrische Gasentladung, Strahl, Bewegung oder elektrischen Strom.

Einteilung nach der Art des Grundwerkstoffes. Unterschieden wird zwischen: Schweißen von Metallen (s. DIN 1910 T2, T4 und T5), Schweißen von Kunststoffen (s. DIN 1910 T3) sowie Schweißen von anderen Werkstoffen oder Werkstoffkombinationen.

Einteilung nach dem Zweck des Schweißens

- Verbindungsschweißen
- Auftragschweißen

Einteilung nach dem Ablauf des Schweißens

Preßschweißen. Schweißen unter Anwendung von Kraft ohne oder mit Schweißzusatz; örtlich begrenztes Erwärmen (u. U. bis zum Schmelzen) ermöglicht oder erleichtert das Schweißen.

Schmelzschweißen. Schweißen bei örtlich begrenztem Schmelzfluß ohne Anwendung von Kraft mit oder ohne Schweißzusatz

Einteilung nach der Art der Fertigung (Beispiele s. Tab. **3**.158)

Tabelle **3**.158 Beispiele zur Einteilung der Schweißverfahren nach der Art der Fertigung

Benennung Kurzzeichen	Beispiele für Schutzgasschweißen WIG = Wolfram-Inertgas-Schweißen	Bewegungsvorgänge		
		Brennerführung	Zusatzvorschub	Ablaufarten, Nebentätigkeit, Nebennutzung
Handschweißen (manuelles Schweißen) m	mWIG	von Hand	von Hand	von Hand
Teilmechanisches Schweißen t	tWIG	von Hand	mechanisch	von Hand
Vollmechanisches Schweißen v	vWIG	mechanisch	mechanisch	von Hand
Automatisches Schweißen a		mechanisch	mechanisch	mechanisch

Bildbeispiele verschiedener Schweißverfahren nach DIN 1910 T2 bis T5

In den nachfolgenden Bildern bedeuten:

- ← Bewegungsrichtung des Werkzeugs
- ←ı Bewegungsrichtung des Werkstücks
- ⇦ Richtung der Kraft

Beim Gasschmelzschweißen (s. Bild **3**.159) entsteht das Schweißbad durch unmittelbares, örtlich begrenztes Einwirken einer Brenngas-Sauerstoff- oder Brenngas-Luft-Flamme. Wärme und Schweißzusatz werden im allgemeinen getrennt zugeführt.

Beim Lichtbogenhandschweißen (s. Bild **3**.160) brennt der Lichtbogen zwischen einer abschmelzenden Elektrode und dem Werkstück. Lichtbogen und Schweißbad werden vor dem Zutritt der Atmosphäre nur durch Gase und/oder Schlacken abgeschirmt, die von der Elektrode stammen.

Beim Metall-Schutzgasschweißen (s. Bild **3**.161) brennt der Lichtbogen zwischen einer abschmelzenden Elektrode, die gleichzeitig Schweißzusatz ist, und dem Werkstück. Das Schutzgas ist inert oder aktiv.

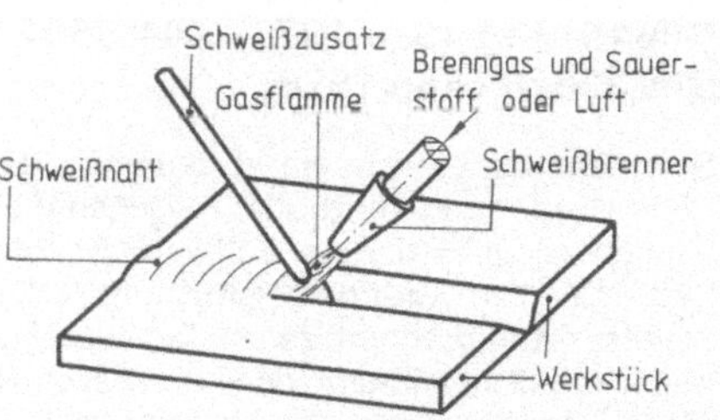

Bild **3**.159 Gasschmelzschweißen (Gasschweißen)

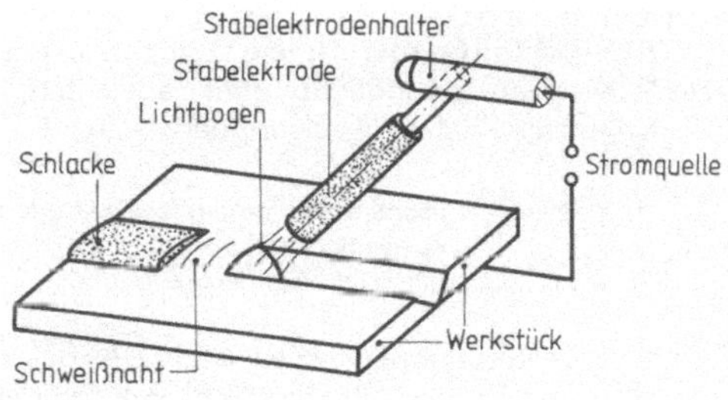

Bild **3**.160 Lichtbogenhandschweißen

Beim zweiseitigen Punktschweißen (s. Bild 3.162) werden die Werkstücke an den Stoßflächen erwärmt und unter Anwendung von Kraft punktförmig (genauer linsenförmig) geschweißt. Strom und Kraft werden durch Punktschweißelektroden übertragen.

Beim Heizelement-Rollbandschweißen (s. Bild 3.163) werden die Werkstücke zwischen Rollbändern (Transportbänder) an dauerbeheizten Heizelementen vorbeigeführt. Die Kraft wird mechanisch über die Transportbänder aufgebracht.

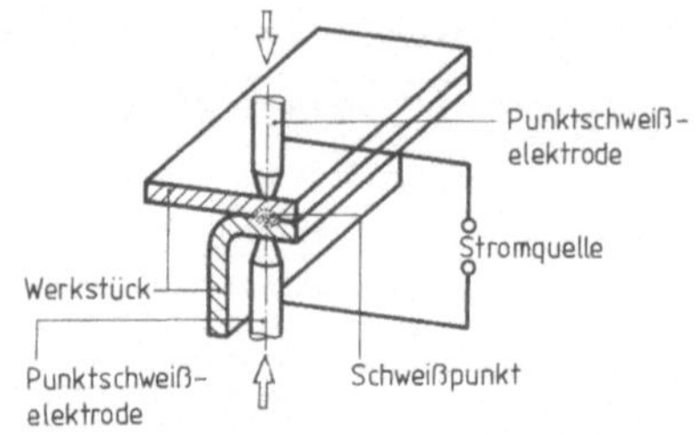

Bild 3.162 Zweiseitiges Punktschweißen

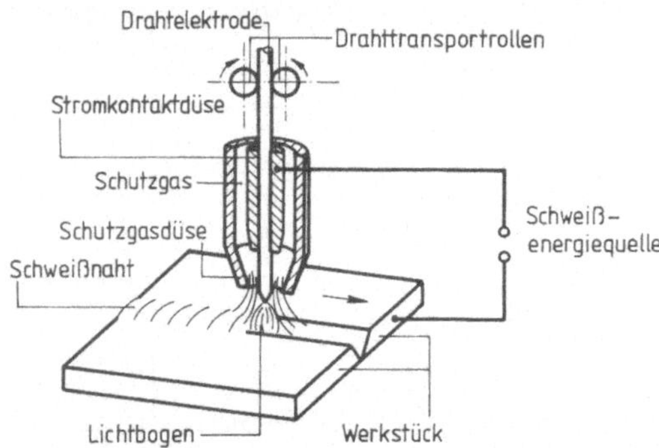

Bild 3.161 Metall-Schutzgasschweißen

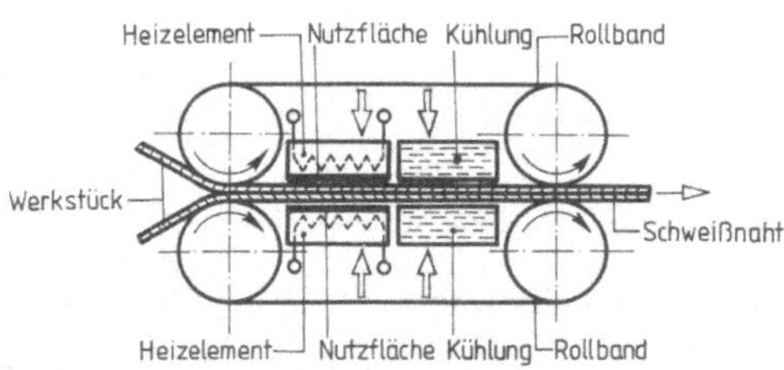

Bild 3.163 Heizelement-Rollbandschweißen (für Kunststoffe)

Schweißzusätze, Schweißhilfsstoffe

DIN 1913 T1 (Jan 1976), **DIN 8554 T1** (Mrz 1976), **DIN 8571** (Jul 1981), **DIN 32526** (Aug 1978)

Schweißzusatz ist ein Erzeugnis, das der Schweißzone zugeführt oder zwischen die Stoßflächen gelegt wird. Beim Schweißen vereinigt er sich mit dem Grundwerkstoff und/oder dem bereits niedergeschmolzenen Schweißgut und bildet die Schweißnaht oder die Beschichtung. Die Vereinigung mit Grundwerkstoff und/oder Schweißgut erfolgt durch Aufmischen bzw. Diffusion.

Schweißhilfsstoff ist ein Erzeugnis, das das Schweißen ermöglicht oder erleichtert, z. B. Schutzgas, Schweißpulver oder Paste.

Anmerkung Nicht abschmelzende Elektroden sind keine Schweißzusätze oder Schweißhilfsstoffe, sondern Zubehör.

Schweißzusätze werden nach DIN 8571 u. a. nach der Art des Abschmelzens wie folgt eingeteilt:

a) stromlos schmelzender Schweißzusatz, Benennung nach Lieferform oder Ausführung, z. B. Schweißdraht
b) stromführend abschmelzender Schweißzusatz, Benennung in Verbindung mit Lieferform oder Ausführung mit dem Wort „...elektrode", z. B. Drahtelektrode.

Stabelektroden für das Verbindungsschweißen von Stahl (dünnumhüllt, mitteldickumhüllt und dickumhüllt) werden nach DIN 1913 T1 wie folgt bezeichnet:

a) Benennung: Stabelektrode und DIN-Nummer (DIN 1913)
b) Kurzzeichen E für das Lichtbogenhandschweißen
c) Kennzahl für Zugfestigkeit, Streckgrenze und Dehnung
d) Kennziffern für die Kerbschlagarbeit
e) Typ-Kurzzeichen für die Umhüllung
f) Kennziffer für die Klasseneinteilung
g) gegebenenfalls Kennzahl für das Ausbringen.

Beispiel Bezeichnung von Stabelektroden für das Lichtbogenhandschweißen (E), deren Schweißgut im Zugfestigkeitsbereich 430 bis 550 N/mm² liegt, eine Streckgrenze ≧ 360 N/mm² aufweist (43), eine Mindestdehnung von 24% erbringt und für das eine Mindestkerbschlagarbeit von 28 J bei – 20 °C und von 47 J bei 0 °C gewährleistet ist (32), die rutilsauerumhüllt sind (AR) und der Klasse 7 (7) entsprechen:

Stabelektrode **DIN 1913–E43 32 AR7**

- Benennung
- DIN-Nummer
- Kurzzeichen für das Lichtbogenhandschweißen
- Kennzahl für Zugfestigkeit, Streckgrenze und Dehnung
- Kennziffer, für Kerbschlagarbeit mind. 28 J
- Kennziffer für erhöhte Kerbschlagarbeit mind. 47 J
- Typ-Kurzzeichen für die Umhüllung
- Kennziffer der Klasse

Tabelle **3.164** Stabelektrodenmaße nach DIN 1913 T1

Durchmesser Nennmaß	Länge Nennmaß
1,5 2,0 2,5	200 250 350
3,25 4,0 5,0	350 450
6,0 8,0	450

Die Durchmesser beziehen sich auf die Kernstabdicke ohne Umhüllung

Hinweise für die Anwendung von Stabelektroden

Die Anwendungsbereiche der Stabelektroden ergeben sich einerseits aus den die mechanischen Gütewerte und die Schweißeigenschaften betreffenden Teilen der Bezeichnungen der einzelnen Stabelektrodentypen und andererseits aus den Mindestanforderungen der einzelnen Stahlsorten. Werden die mechanischen Gütewerte eines Grundwerkstoffes (einer Stahlsorte) nicht voll in Anspruch genommen, so kann die Wahl des Stabelektrodentyps auf die in Anspruch genommenen Eigenschaften des Grundwerkstoffes (der Stahlsorte) abgestimmt werden.

Gasschweißstäbe für das Verbindungsschweißen von Stahl werden nach DIN 8554 T1 entsprechend ihrer chemischen Zusammensetzung in Klassen eingeteilt, die mit römischen Zahlen gekennzeichnet werden.

Zuordnung einiger Schweißstabklassen zu den gewährleisteten Kerbschlagarbeiten sowie Farbkennzeichnung s. Tab. **3.165**

Die Schutzgase zum Schweißen nach DIN 32526 sind geruchlos, farblos, geschmacklos, nicht giftig und – außer Wasserstoff – nicht brennbar. Die für das Schweißen verwendbaren Gase und ihr Reaktionsverhalten beim Schweißen sind in Tab. **3.167** wiedergegeben.

Tabelle **3.165** Schweißstabklassen nach DIN 8554 T1

Schweißstabklasse	I	II	III	IV	V
Gewährleistete Kerbschlagarbeit[1])	00	10	11	11	11
Kennfarbe	–	grau	gold	rot	gelb

[1]) 0 = Keine Gewährleistung
1 = als 1. Kennziffer: 14J bei 20 °C
als 2. Kennziffer: 24J bei 20°C

Tabelle **3.166** Anwendungsbereiche der Schweißstabklassen

Stahlart	Stahlsorte	Geeignete Klasse I	II	III	IV
Allgemeine Baustähle nach DIN 17100	U St 34-2 U St 37-2 U St 42-2		x	x	x
Nahtlose Rohre aus unlegierten Stählen nach DIN 1629*)	St 45	x	x	x	x
	St 52				x
	St 35.4		x	x	x
Kesselbleche nach DIN 17155 T1*)	H II H III			x	x

*) s. Norm

Tabelle **3.167** Schutzgase zum Schweißen

Gasart	chemisches Zeichen	Reaktionsverhalten beim Schweißen
Argon	Ar	inert
Helium	He	inert
Kohlendioxid	CO_2	oxidierend
Sauerstoff	O_2	oxidierend
Stickstoff	N_2	reaktionsträge
Wasserstoff	H_2	reduzierend[1])

[1]) Schutzgasgemische mit mehr als 10% H_2-Anteil sind wegen der Explosionsgefahr abzufackeln.

Schweißnahtvorbereitung, Fugenformen
DIN 8551 T1 (Jun 1976), DIN 8552 T1 (Mai 1981)

Die Auswahl der Fugenform und der Maße ist unter Berücksichtigung des Schweißverfahrens, der Schweißposition, der Zugänglichkeit und eines möglichst geringen Schweißvolumens zu treffen.

Tabelle **3.**168 Fugenformen für das Schweißen von Stahl nach DIN 8551 T1 und Aluminium nach DIN 8552 T1

Werkstückdicke s	Ausführung	Benennung	Symbol[1]	Fugenform Schnitt	Maße: Winkel[2] α in Grad		Spalt[3] b		Steghöhe c		Schweißverfahren[4]	
					St	Al	St	Al	St	Al	Stahl	Aluminium
bis 2	einseitig	Bördelnaht	)(	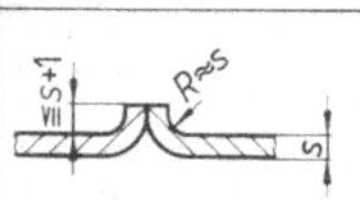	–	–	–	–	–	–	G, E, WIG, MIG, MAG	G, WIG
bis 4	einseitig	I-Naht	||			–	≈ s	0 bis 1	–	–	G, E, WIG	G, WIG
					–		0 bis s		–		MIG, MAG	
3 bis 10 (Al = 4 bis 10)	einseitig oder beidseitig	V-Naht	V	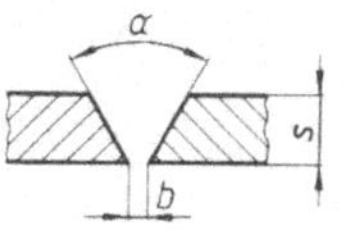	≈ 60	90 bis 100	0 bis 3	0 bis 1	–	–	G	WIG
über 10	beidseitig	Y-Naht	Y		≈ 60	60 bis 70	0 bis 3	0 bis 4	2 bis 4	≈3	E, WIG	WIG
					40 bis 60	50 bis 70				2 bis 6	MIG, MAG	MIG
über 10	beidseitig	DY-Naht	 X	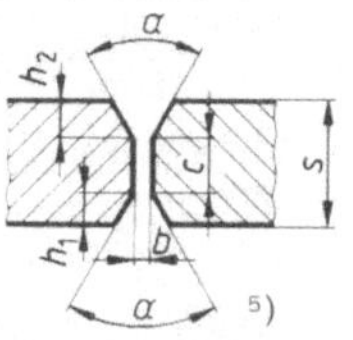 [5]	≈ 60	50 bis 70	0 bis 4	0 bis 2	2 bis 6	3 bis 4	E, WIG	MIG
					40 bis 60						MIG, MAG	

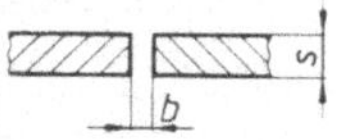

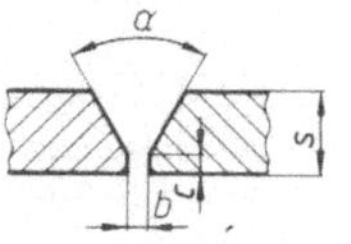

[1]) Eventuelle Zusatzzeichen s. DIN 1912 T5

[2]) Fur Schweißen in Schweißposition q (waagerecht an senkrechter Wand) auch größer und/oder unsymmetrisch

[3]) Die angegebenen Maße gelten für den gehefteten Zustand. Der günstigste Stegabstand ist abhängig von der Schweißposition und vom Schweißverfahren.

[4]) E = Lichtbogenhandschweißen, G = Gasschweißen, MIG = Metall-Inertgas-Schweißen, MAG = Metall-Aktivgas-Schweißen, WIG = Wolfram-Inertgas-Schweißen.

[5]) h_1 bzw. $h_2 = \frac{t-c}{2}$

Allgemeintoleranzen für Schweißkonstruktionen
DIN 8570 T1 (Okt 1974), T3 (Okt 1974)

Die Abweichungen nach Tab. **3.**169 gelten für Längenmaße an Schweißteilen, Schweißgruppen und Schweißkonstruktionen, wie z. B. Außenmaße, Innenmaße, Absatzmaße, Breiten, Mittenabstände (nach DIN 8570 T1) sowie für Geradheits-, Ebenheits- und Parallelitätstoleranzen (nach DIN 8570 T3).

Tabelle **3.**169 Allgemeintoleranzen für Schweißkonstruktionen

	Genauigkeitsgrad	Nennmaßbereich über 30 bis 120	über 120 bis 315	über 315 bis 1000	über 1000 bis 2000	über 2000 bis 4000
Längenmaße	A	±1	±1	±2	±3	±4
	B	±2	±2	±3	±4	±6
	C	±3	±4	±6	±8	±11
	D	±4	±7	±9	±12	±16
	Für Maße bis 30 mm gilt eine zulässige Abweichung von ±1 mm					
Geradheits-, Ebenheits- und Parallelitätstoleranz	E	0,5	1	1,5	2	3
	F	1	1,5	3	4,5	6
	G	1,5	3	5,5	9	11
	H	2,5	5	9	14	18

Tabelle **3.**170 Zulässige Abweichungen für eingetragene Winkelmaße (Die zulässigen Abweichungen gelten auch für nicht eingetragene Winkel von 90° und 180°).

Genauigkeitsgrad	Nennmaßbereich (Länge des kürzeren Schenkels) bis 315	über 315 bis 1000	über 1000
	Zulässige Abweichung in Grad und Minuten		
A	±20′	±15′	±10′
B	±45′	±30′	±20′
C	±1°	±45′	±30′
D	±1°30′	±1°15′	±1°

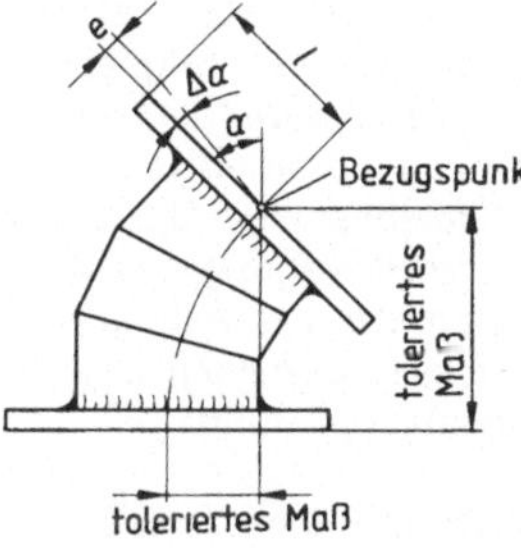

Bild **3.**171 Beispiel für die Maßeintragung von Winkel und Länge

Zeichnerische Darstellung von Schweißverbindungen, s. im Anschluß an den Abschn. Löten.

Löten, Begriffe, Verfahren
DIN 8505 T1 (Mai 1979), T2 (Mai 1979), T3 (Jan 1983)

Löten ist ein thermisches Verfahren zum stoffschlüssigen Fügen und Beschichten von Werkstoffen, wobei eine flüssige Phase durch Schmelzen eines Lotes (Schmelzlöten) oder durch Diffusion an den Grenzflächen (Diffusionslöten) entsteht.

Die Solidustemperatur der Grundwerkstoffe wird nicht erreicht.

Anmerkung Schmelzbereich eines Lotes ist der Temperaturbereich vom Beginn des Schmelzens (Solidustemperatur) bis zur vollständigen Verflüssigung (Liquidustemperatur).

Die beim Lötablauf charakteristischen Temperaturen und Zeiten sind in Bild **3.**172 dargestellt.

Entsprechend den Liquidustemperaturen wird das Löten nach DIN 8505 T2 in folgende Verfahren eingeteilt:

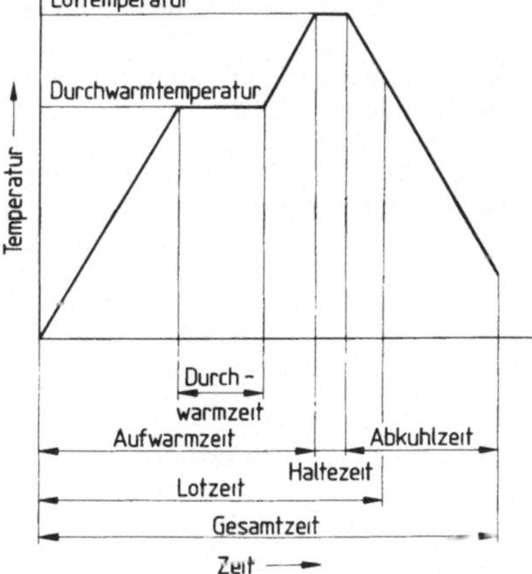

Bild **3.**172 Für das Löten charakteristische Temperaturen und Zeiten.

Weichlöten ist Löten mit Loten, deren Liquidustemperatur unterhalb 450 °C liegt.

Hartlöten ist Löten mit Loten, deren Liquidustemperatur oberhalb 450 °C liegt.

Hochtemperaturlöten ist flußmittelfreies Löten unter Luftabschluß (Vakuum, Schutzgas) mit Loten, deren Liquidustemperatur oberhalb 900 °C liegt.

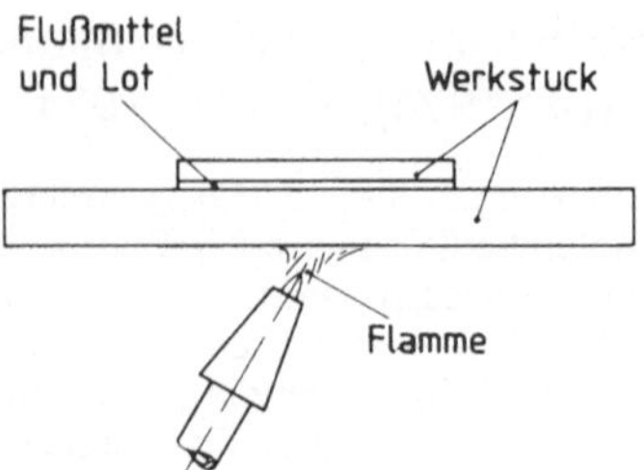

Bild **3**.174 Weichlot-Flammlöten

Besondere Lötverfahren nach DIN 8505 T3 entsprechend den Energieträgern

Kolbenlöten (Bild **3**.173) ist das Erwärmen der Lötstelle und das Abschmelzen des Lotes mit einem von Hand oder maschinell geführten Lötkolben (nur zum Weichlöten geeignet).

Beim **Weichlot-Flammlöten** (Bild **3**.174) wird die Erwärmung durch die Verbrennungswärme des Brenngases erzielt. Die Flamme darf jedoch nicht direkt auf die mit Flußmittel versehene Lötstelle gerichtet sein, da sonst eine Flußmittelschädigung erfolgt. Durch Bewegung des Brenners wird die Umgebung der Lötstelle gleichmäßig erwärmt. Das Lot wird eingelegt oder bei Erreichen der Löttemperatur zugeführt.

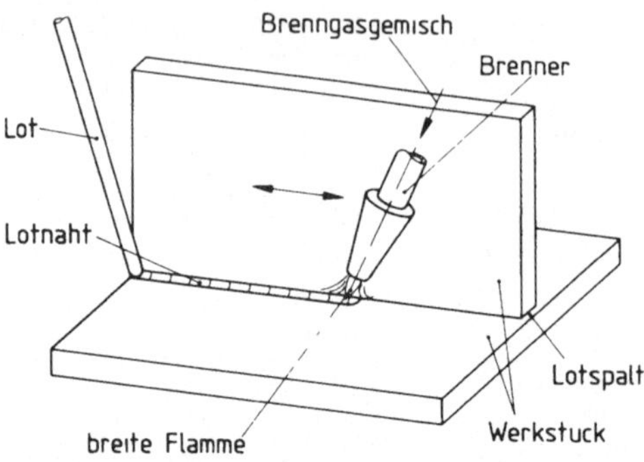

Bild **3**.175 Hartlot-Spaltloten mit Einzelbrenner

Beim **Hartlot-Spaltlöten** (Flammlöten) von Hand wird im allgemeinen der Brenner bewegt, um eine möglichst gleichmäßige Erwärmung der zu lötenden Einzelteile in der Umgebung des Lötspaltes zu erreichen (s. Bild **3**.175).

Beim **Laserstrahllöten** (Hartlöten) wird die Wärme in den zu lötenden Teilen durch Absorption hoch energetischer monochromatischer Strahlung erzeugt (s. Bild **3**.176).

Es kann an Luft mit Flußmittel sowie im Schutzgas oder Vakuum gelötet werden.

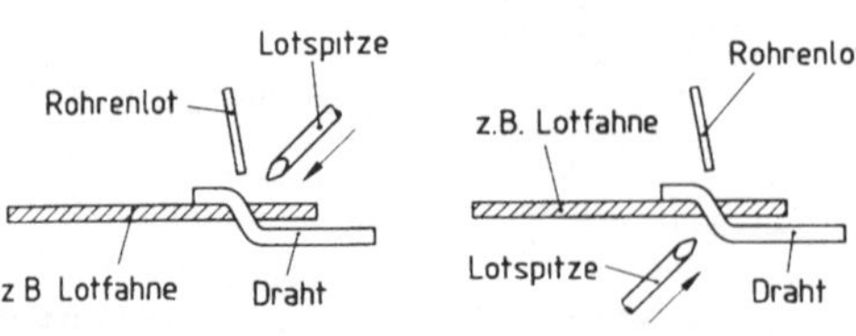

Bild **3**.173 Kolbenlöten

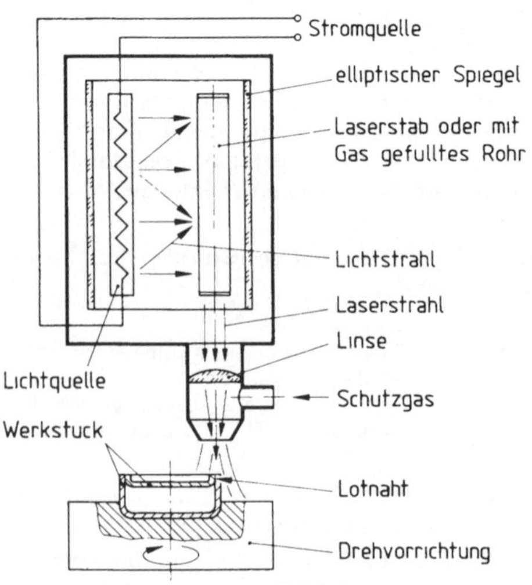

Bild **3**.176 Laserstrahllöten

Lote, Flußmittel

DIN 1707 (Feb 1981), DIN 8511 T1 und T2 (Aug 1967), DIN 8513 T1 bis T3 (Okt 1979)

Lot ist eine als Zusatzwerkstoff zum Löten geeignete Legierung oder ein reines Metall (s. DIN 1707, DIN 8513 T1 bis T3) in Form von z. B. Drähten, Stäben, Blechen, Bändern, Stangen, Pulvern, Pasten oder Formteilen.

Flußmittel (s. DIN 8511 T1 bis T3) ist ein nichtmetallischer Stoff, der vorwiegend die Aufgabe hat, vorhandene Oxide von der Lötfläche zu beseitigen und ihre Neubildung zu verhindern.

Tabelle **3.**177 Weichlote nach DIN 1707

Kurzzeichen	Zusammensetzung Legierungsbestandteile	Schmelzbereich Solidus in °C ≈	Liquidus in °C ≈	Hinweise für die Verwendung
L-PbSn12Sb	≈20% Zinn 0,2 bis 1,2% Antimon, Rest Blei	186	270	Kühlerbau
L-PbSn33(Sb)	≈ 33% Zinn 0,12 bis 0,5% Antimon, Rest Blei	183	242	Kabelmantel-Lötungen
L-Sn60Pb	≈ 60% Zinn Rest Blei	183	190	Elektroindustrie, gedruckte Schaltungen, Verzinnung, Edelstähle
L-Sn60PbAg	≈ 60% Zinn 3 bis 4% Silber Rest Blei	178	180	Elektrogerätebau, Elektronik, Miniaturtechnik, gedruckte Schaltungen
L-SnCu3	≈ 3% Kupfer Rest Zinn	230	250 bis 300	Kupferrohrinstallationen, Klempnerarbeiten, Metallwaren,
L-SnZn40	55 bis 70% Zinn 30 bis 45% Zink	200	340	Reiblöten, vorzugsweise für Al-Kabelmäntel, auch Löten mit lotbildenden Flußmitteln

Tabelle **3.**178 Hartlote nach DIN 8513 T1 bis T3

Kurzzeichen	Zusammensetzung Legierungs-bestandteile	Schmelzbereich Solidus in °C ≈	Liquidus in °C ≈	Arbeits-tempe-ratur in °C ≈	Hinweise für die Verwendung
L-CuSn6	min. 91 %Kupfer 5 bis 8% Zinn Rest Sonstige	910	1040	1040	Eisen- und Nickelwerkstoffe
L-CuZn46	≈ 54% Kupfer Rest Zink	880	890	890	Stähle, Temperguß Kupfer und Kupferlegierungen
L-Ag5P	4 bis 6% Silber 5,7 bis 6,3% Phosphor, Rest Kupfer	650	810	710	Kupfer, Rotguß Kupfer-Zink- und Kupfer-Zinn-Legierungen
L-Ag45Cd	44 bis 46% Silber 18 bis 22% Cadmium, 16 bis 18% Kupfer, Rest Zink	620	635	620	Edelmetalle, Stähle, Double, Kupferlegierungen
L-Ag56InNi	55 bis 57% Silber 13 bis 15% Indium, 3,5 bis 4,5% Nickel, Rest Kupfer	620	730	730	Chrom- und Chrom-/Nickelstähle

Tabelle **3.**179 Flußmittel zum Weichlöten von Schwermetallen nach DIN 8511 T2

Kurzzeichen	Typmerkmale	Lieferform	Hinweise für die Verwendung
F-SW12	Die Flußmittelrückstände sind sorgfältig mit Wasser abzuwaschen.	Flüssigkeit	Kühlerbau Klempnerarbeiten Tauchverzinnen
	Rückstände rufen Korrosion hervor.	Pulver	Abdeckung von Lot- und Zinnbädern
		Lot-Flußmittel-gemische	Wischverzinnen, z. B. von Gußeisen oder von rostfreien Stählen
F-SW22	Rückstände können bedingt korrodierend wirken. Die Flußmittelrückstände sind im allgemeinen mit einem geeigneten Reinigungsverfahren zu beseitigen.	Flüssigkeit Paste Lot-Flußmittel-gemischte	Kupfer und Kupfer-legierungen Kupferrohrinstallation
F-SW32	Flußmittelrückstände wirken nicht korrodierend	Pulver Flußmittelseelen in Weichloten Flüssigkeit	Elektrotechnik Elektronik Miniaturtechnik gedruckte Schaltungen

Tabelle **3.**180 Flußmittel zum Hartlöten von Schwermetallen nach DIN 8511 T1

Typ-Kurzzeichen	Wirktemperaturbereich	Arbeitstemperatur
F-SH1	550 bis ≈800 °C	oberhalb 600 °C
F-SH2	750 bis ≈1100 °C	oberhalb 800 °C
F-SH3	ab 1000 °C	oberhalb 1000 °C
F-SH4	600 bis ≈1000 °C	oberhalb 600 °C

Zeichnerische Darstellung, Schweißen, Löten

DIN 1912 T1 (Jun 1976), T4 (Mai 1981), T5 (Feb 1979)

Ausführung von technischen Zeichnungen s. Abschn. 2.1

Um Zeichnungen übersichtlich zu gestalten und die Zeichenarbeit zu vereinfachen, sind Symbole und Kennzeichen zu verwenden. Die Darstellung muß dabei jedoch eindeutig sein, andernfalls sind die Nähte gesondert zu zeichnen und vollständig zu bemaßen (Grundsymbole s. Tab. **3.**182).

Der Schweiß- bzw. Lötstoß ist der Bereich, in dem die Teile miteinander verbunden werden. Die Stoßart wird durch die konstruktive Anordnung der Teile zueinander bestimmt (s. Tab. **3.**181).

Zusatzsymbole können die Ausführung der Oberflächenform der Nähte kennzeichnen. Die Oberflächenform kann auch durch Nacharbeit erzielt werden (s. Tab. **3.**183).

Ergänzungssymbole geben Hinweise auf den Verlauf der Nähte, z. B. „ringsum"-verlaufende Nähte, und Hinweise auf Montagenähte (s. Tab. **3.**184).

Tabelle **3.**181 Stoßarten beim Schweißen und Löten nach DIN 1912 T1 und T4

Stoßart	Lage der Teile	Beschreibung
Stumpf-stoß		Die Teile liegen in einer Ebene und stoßen stumpf gegeneinander.
Parallel-stoß		Die Teile liegen parallel aufeinander.
Überlapp-stoß	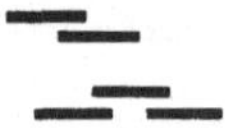	Die Teile liegen parallel aufeinander und überlappen sich.
T-Stoß		Die Teile stoßen recht-winklig (T-förmig) auf-einander.
Eckstoß		Zwei Teile stoßen unter beliebigem Winkel aneinander (Ecke).

Tabelle **3.**182 Grundsymbole für Nahtarten nach DIN 1912 T5

Benennung	Illustration[1])	Symbol
Bördelnaht		
I-Naht		
V-Naht		
Y-Naht		
D(oppel)-Y-Naht		
Kehlnaht		

[1]) Die Illustration dient nur zur Erläuterung der Lage

Tabelle **3.**183 Zusatzsymbole nach DIN 1912 T5

Oberflächenform	Zusatzsymbol
hohl (konkav)	
flach (eben)	
gewölbt (konvex)	

Tabelle **3.**184 Ergänzungssymbole nach DIN 1912 T5

Verlauf und Art der Naht	Ergänzungssymbol
ringsum-verlaufende Nähte, z. B. Kehlnähte	
Montagenähte	

Für die Eintragung der Symbole wird ein Bezugszeichen (s. Bild **3.**185) angewendet. Das Bezugszeichen besteht aus der Bezugslinie und der Pfeillinie sowie ggf. einer Gabel.

Die Bezugslinie soll waagerecht zur Zeichnungshauptlage oder senkrecht dazu verlaufen. Die Pfeillinie führt schräg zum Stoß. Die Gabel ist nur dann erforderlich, wenn ergänzende Angaben, z. B. über Verfahren, eingetragen werden müssen. Die Stellung des Symbols zur Bezugslinie gibt die Lage der Naht am Stoß an. Die Seite des Stoßes, auf die die Pfeillinie hinweist, ist die Bezugsseite. Die Pfeillinie soll bevorzugt auf die „Obere Werkstückfläche" weisen.

Vereinfachte Darstellung s. Abschn. 2.1.3.

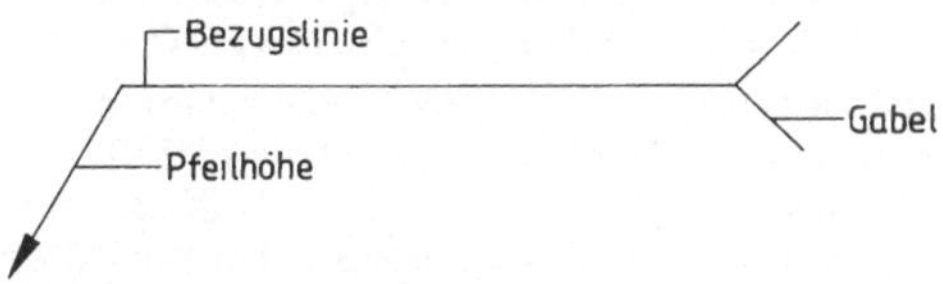

Bild **3.**185 Bezugszeichen

Tabelle **3.**186 Beispiele für die Darstellung in Zeichnungen

Benennung und Symbol	Darstellung		
	räumlich	erläuternd	symbolhaft
V-Naht			
Kehlnaht			

Kleben

DIN 8062 (Feb 1974), **DIN 8063 T2, T6, T7, T8** (alle Jul 1980) und **T10** (Aug 1980), **DIN 16920** (Jun 1981), **DIN 16970** (Dez 1970)

Begriffe zur Klebstoffverarbeitung nach DIN 16920

Kleben ist das Fügen unter Verwendung eines Klebstoffes.

Anmerkung Kleben ist der Oberbegriff und schließt andere gebräuchliche Begriffe, wie z. B. Leimen, ein.

Naßkleben ist ein Klebverfahren, bei dem die Klebstoff-Filme bei Vereinigen noch wesentliche Anteile Lösungs- oder Dispersionsmittel enthalten.

Kontaktkleben ist ein Klebverfahren, bei dem beim Berühren scheinbar trockene Klebstoff-Filme unter Druckeinwirkung vereinigt werden.

Wärmeaktivierkleben ist ein Klebverfahren, bei dem Klebstoffe oder Klebstoff-Filme durch Wärme klebfähig gemacht (= aktiviert) werden.

Lösungsmittelaktivierkleben ist ein Klebverfahren, bei dem die Klebstoff-Filme durch organische Lösungsmittel klebfähig gemacht (= aktiviert) werden.

Haftkleben ist ein Klebverfahren, bei dem Klebstoff-Filme nach beliebiger Zeit schon unter geringem Druck haften.

Abbindzeit ist die Zeitspanne, innerhalb der die Klebung nach dem Vereinigen eine für die bestimmungsgemäße Beanspruchung erforderliche Festigkeit erreicht.

Geklebte Druckrohrleitung aus weichmacherfreiem Polyvinylchlorid (PVC hart)

Die Klebeverbindungen müssen bei einem Innendruck-Zeitstandversuch nach DIN 16970 den Festigkeitsanforderungen nach Tab. **3.**187 entsprechen. Sie müssen während der festgelegten Prüfdauer dicht bleiben.

Tabelle **3.**187 Festigkeitsanforderungen an Klebverbindungen beim Innendruck-Zeitstandversuch

Prüftemperatur in °C	Prüfdauer (Mindest-Standzeit) in Stunden	Prüfdruck in bar
20	1	4,2 ND
20	1000	3,2 ND
60	1000	1 ND

ND = Nenndruck der Druckrohrleitung

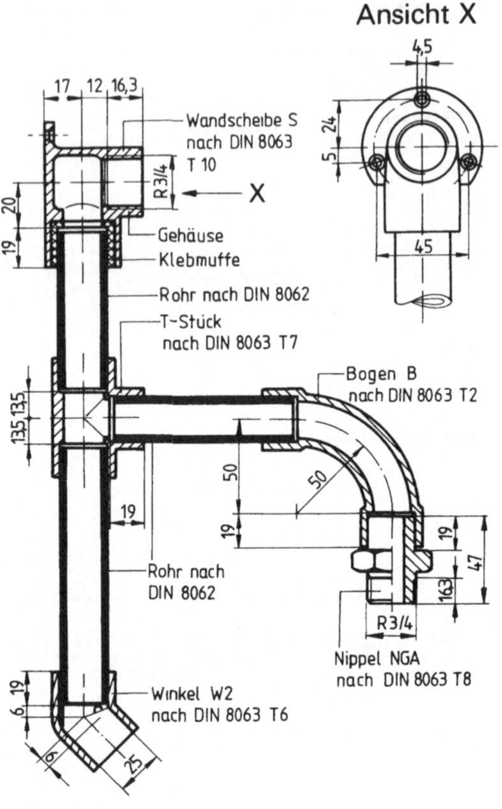

Bild **3.**188 Geklebte Druckrohrleitung

3.3.5 Beschichten (Oberflächenbehandlung)

(Begriff s. Abschn. 3.3)

3.3.5.1 Beschichten aus dem flüssigen, breiigen oder pastenförmigen Zustand

Auftragschweißen

DIN 1910 T1 (Jul 1983), **DIN 1912 T3** (Aug 1982)

Auftragschweißen ist nach DIN 1910 T1 das Beschichten eines Werkstückes durch Schweißen. Es wird unterschieden zwischen:

– Auftragschweißen von Panzerungen (Schweißpanzern). Auftragschweißen mit gegenüber dem Grundwerkstoff vorzugsweise verschleißfesterem Auftragwerkstoff.
– Auftragschweißen von Plattierungen (Schweißplattieren). Auftragschweißen mit gegenüber dem Grundwerkstoff vorzugsweise chemisch beständigerem Auftragwerkstoff.
– Auftragschweißen von Pufferschichten (Puffern). Auftragschweißen mit einem Auftragwerkstoff solcher Eigenschaften, daß zwischen nicht artgleichen Werkstoffen eine beanspruchungsgerechte Bindung erzielt werden kann.

Die Auftragschweißungen werden symbolhaft dargestellt. Die Darstellung muß klar, unmißverständlich und eindeutig sein. Wenn in Einzelfällen die symbolhafte Darstellung zu Mißdeutungen führen kann, dann ist die Auftragschweißung bildlich darzustellen und zu bemaßen.

Das Symbol für die Auftragschweißung ist nach DIN 1912 T3: .

Zusätzlich erforderliche Symbole für Oberflächenangaben s. DIN ISO 1302.

In Zeichnungen werden die Maßangaben nach DIN 406 T1 und T2 eingetragen.

Die Buchstaben in Bild **3**.190 bedeuten:

a = Dicke der Auftragschweißung
b = Breite der Auftragschweißung
l = Länge der Auftragschweißung

Die Bemaßung enthält keine fertigungstechnisch erforderlichen Zugaben. Sofern Pufferschichten erforderlich sind, müssen diese gesondert bemaßt werden.

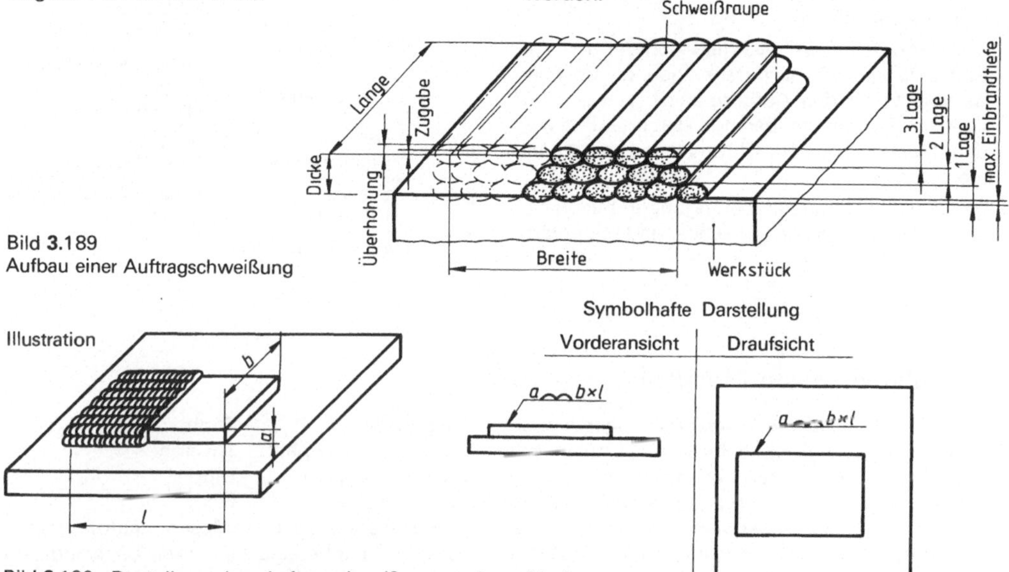

Bild **3**.189
Aufbau einer Auftragschweißung

Bild **3**.190 Darstellung einer Auftragschweißung an einem Blech

3.3.5.2 Beschichten aus dem ionisierten Zustand durch elektrolytisches oder chemisches Abscheiden

DIN 50941 (Mai 1978), **DIN 50942** (Nov 1973), **DIN 50959** (Apr 1982)

Chromatieren von galvanischen Zink- und Cadmiumüberzügen

Unter Chromatieren versteht man nach DIN 50941 das Herstellen einer hauptsächlich aus Chromverbindungen bestehenden Schicht auf der Oberfläche (Chromatierschicht) durch Behandeln von Metallen mit sauren wäßrigen Lösungen, die sechswertiges Chrom enthalten. Während der Chromanteil dieser Schicht stets aus der Behandlungslösung geliefert wird, können weitere Bestandteile der Schicht aus der Behandlungslösung und/oder dem Metall stammen.

Chromatierverfahren werden angewandt, um das Aussehen und die Schutzwirkung von galvanischen Zink- und Cadmiumüberzügen auf Metallen gegen korrosive Einflüsse zu verbessern. Bestimmte Chromatierschichten können außerdem zum Verbessern der Haftfähigkeit von Anstrichen und ähnlichen Beschichtungen auf galvanischen Zink- und Cadmiumüberzügen dienen.

Zum Chromatieren werden die galvanisch verzinkten oder cadmierten Gegenstände, gewöhnlich bei Raumtemperatur, in die ruhende oder bewegte Chromatierlösung eingetaucht, mit ihr übergossen (überflutet) oder bespritzt.

Während des Chromatierens wird stets etwas Zink oder Cadmium gelöst. Dieser Abtrag, je nach

Verfahren 0,2 bis 2 µm, ist beim Aufbringen des Metallüberzuges zu berücksichtigen, weil sonst unter Umständen die vorgeschriebene Mindestschichtdicke unterschritten wird.

Beim Spülen und Trocknen chromatierter Teile darf eine Objekttemperatur von 60 °C nicht überschritten werden.

Bei höherer Temperatur bilden sich Risse, wodurch die Schutzwirkung vermindert wird. Das Haften von Einbrennlacken wird aber dadurch nicht beeinträchtigt.

Alle erforderlichen Wärmebehandlungen der Stahlteile, einschließlich derjenigen, die üblicherweise erst nach dem Aufbringen der galvanischen Zink- und Cadmiumüberzüge durchgeführt werden, müssen vor dem Chromatieren vorgenommen werden.

Je nach den Chromatierbedingungen bilden sich Schichten verschiedener Dicke und Eigenfarbe (s. Tab. **3**.191).

Tabelle **3**.191 Verfahrensgruppen beim Chromatieren von galvanischen Zink- und Cadmiumüberzügen

Kurzzeichen	Verfahrensgruppe	Chromatierschicht Eigenfarbe
X	beliebig	je nach Verfahrensgruppe
A	Farblos-Chromatierung	keine
B	Blau-Chromatierung [1])	bläulich bis bläulich irisierend
C	Gelb-Chromatierung	gelblich schimmernd bis gelbbraun, irisierend
D	Oliv-Chromatierung	olivgrün bis olivbraun
F	Schwarz-Chromatierung	braunschwarz bis schwarz

[1]) Gilt nur fur Zinküberzüge

Phosphatieren von Metallen

Unter Phosphatieren versteht man nach DIN 50942 das Behandeln von Metallen mit sauren, phosphathaltigen Lösungen, um auf ihrer Oberfläche eine Schicht zu erzeugen, die im wesentlichen aus Phosphaten besteht (Phosphatschicht). Das Phosphat-Anion dieser Schicht wird stets aus der Lösung, das Kation aus der Lösung und/oder von dem Trägerwerkstoff geliefert.

Das Phosphatieren von Werkstücken aus Eisenwerkstoffen, Zink, Aluminium, Cadmium und deren Legierungen bzw. von Werkstücken mit Überzügen aus diesen Metallen wird zum Korrosionsschutz, zum Verbessern des Haftens von Anstrichstoffen, zum Erleichtern der spanlosen Formgebung durch Ziehen oder Fließpressen, zur Gleiterleichterung und zur elektrischen Isolation vorgenommen.

Gegenstände, die phosphatiert werden sollen, müssen frei von Korrosionsprodukten jeglicher Art sein. Sofern das Phosphatierbad nicht gleichzeitig reinigend und entfettend wirkt, dürfen auf den Werkstücken keine Öle und Fette, Fingerabdrücke, Schmutz oder auch andere lose aufsitzende Verunreinigungen vorhanden sein.

Es wird zwischen folgenden Schichttypen unterschieden:

Zinkphosphat: Znph
Zinkcalciumphosphat: ZnCaph
Manganphosphat: Mnph
Eisenphosphat: Feph

Zum Erleichtern der spanlosen Kaltformgebung werden Zinkphosphatschichten bevorzugt. Ihr Flächengewicht ist dem jeweiligen Verwendungszweck anzupassen (s. Tab. **3**.192). Es ist zweckmäßig, in diesem Falle die Phosphatschichten nach dem Spülen mit einer wäßrigen, schwach alkalischen Lösung zu neutralisieren. Für die Formgebung ist ein geeignetes Schmiermittel zu verwenden.

Tabelle **3**.192 Zinkphosphatschichten zum Erleichtern der spanlosen Kaltformgebung

Verwendungsart	Bevorzugtes Flächengewicht in g/m²
Ziehen von Stahldrahten	1 bis 10
Ziehen von geschweißten Stahlrohren	1 bis 10
Ziehen von Präzisionsstahlrohren	4 bis 10
Kaltfließpressen	uber 10
Tiefziehen ohne Wanddickenverminderung	1 bis 5
Tiefziehen mit Wanddickenverminderung	4 bis 10

Korrosionsverhalten galvanischer Überzüge auf Eisenwerkstoffen

DIN 50959 gibt Hinweise auf das Korrosionsverhalten der wichtigsten galvanisch abgeschiedenen Metallüberzüge bzw. Überzugssysteme auf Eisenwerkstoffen.

Die Abtragrate galvanischer Überzüge wird wesentlich durch die Klimabedingungen beeinflußt. Dabei unterscheidet man folgende Klimate:

Innenraumklima

In Wohnräumen und in trockenen Arbeitsräumen ist die Abtragrate der gebräuchlichen Überzüge im allgemeinen so gering, daß sie bei der Wahl des Überzuges vernachlässigt werden kann. In Räumen, bei denen mit Kondenswasserbildung zu rechnen ist, z. B. ungeheizten Lagerräumen, ist der korrosive Angriff weitgehend von der Belüftung abhängig. Je nach Grad und Häufigkeit der Betauungen kann hier eine Korrosion wie im Außenraum- oder Freiluftklima, bei schlechter Belüftung sogar verstärkt, auftreten.

Geräteinnenklima

Das Geräteinnenklima kann bei nicht ausreichender Lüftung des Geräteinneren wesentlich vom umgebenden Klima abweichen. Zu den beeinflussenden Faktoren sind u. a. zu zählen: Geräteerwärmung, Funkenbildung an Schaltkontakten und Bauteile aus Kunststoffen, die aggressive Dämpfe abgeben sowie insbesondere Innenbetauung bei Temperaturschwankungen. Das Korrosionsverhalten kann deshalb nicht allgemeingültig beurteilt werden.

Außenraumklima

Für Außenraumklima sind die Hinweise zu beachten, die auch für Freiluftklima gelten, da bis auf die fehlende direkte Einwirkung durch Regen und Sonne nahezu die gleichen Bedingungen vorliegen. Unter Umständen kann wegen der fehlenden Auswaschung durch Regen und der länger anhaltenden Betauungen infolge fehlender Sonnenbestrahlung sogar eine stärkere Korrosionsbeanspruchung auftreten als beim Freiluftklima.

Freiluftklima

Beim Freiluftklima, bei dem alle gebietsüblichen Klimaeinflüsse ungehindert einwirken können, hängt die Abtragrate vom jeweiligen Klima und der jeweiligen Atmosphäre des betreffenden Gebietes ab.

In großen Siedlungsgebieten und hier besonders in Industriebereichen bestimmt hauptsächlich der Schwefeldioxidgehalt der Luft, in Meeres- und Küstengebieten überwiegend ihr Salzgehalt die Abtragrate, jeweils in Verbindung mit der relativen Luftfeuchte.

3.3.5.3 Beschichten aus dem festen (kernigen oder pulverigen) Zustand

Thermisches Spritzen

DIN 8565 (Mrz 1977), DIN 8567 (Apr 1976), DIN 32530 (Okt 1975)

Das **thermische Spritzen** umfaßt Verfahren, bei denen Spritzzusätze inner- oder außerhalb von Spritzgeräten – je nach Art des Zusatzes – geschmolzen oder angeschmolzen und auf Oberflächen von Werkstücken aufgeschleudert werden. Die Oberflächen werden hierbei im allgemeinen nicht angeschmolzen.

Die Spritzverfahren werden nach DIN 32530 wie folgt eingeteilt:

- nach der Form des Spritzzusatzes z. B. Drahtspritzen, Pulverspritzen, Schmelzbadspritzen
- nach dem Anwendungszweck, z. B. Spritzen von Korrosionsschutzschichten, von Verschleißschutzschichten, von Gleitschichten, von Isolierschichten
- nach der Art der Fertigung in teilmechanisches, vollmechanisches und automatisches Spritzen
- nach der Art des Energieträgers, z. B. Schmelzbadspritzen (s. Bild **3.**195), Flammspritzen, Lichtbogenspritzen, Plasmaspritzen (s. Bild **3.**196)

Beim Schmelzbadspritzen wird der niedrigschmelzende stangen- oder blockförmige Spritzzusatz in einem meist elektrisch beheizten Schmelzkessel geschmolzen und durch ein vorgewärmtes Zerstäubergas (z. B. Druckluft) auf die Werkstückoberfläche geschleudert.

Beim Plasmaspritzen wird der pulver- oder drahtförmige Spritzzusatz in oder außerhalb der Spritzpistole durch einen Plasmastrahl geschmolzen und auf die Werkstückoberfläche geschleudert.

Das Plasma wird durch einen im Gas oder im Gasgemisch brennenden Lichtbogen erzeugt, beschleunigt, gebündelt und verläßt als Plasmastrahl hoher Energiedichte die Spritzdüse.

Vorbereitung metallischer Oberflächen für das thermische Spritzen nach DIN 8567

Nur eine sorgfältige, fachkundige Vorbereitung der Oberfläche und das möglichst sofort anschließende Spritzen geben die Gewähr für eine ausreichende Haftung der Spritzschicht.

Die metallische Oberfläche muß so vorbereitet werden, daß eine technisch reine Bindefläche entsteht.

Dazu gehört, daß Zunder, Rost und Verunreinigungen entfernt sind; außerdem sind die Flächen in der Regel aufzurauhen.

Vor dem Aufrauhen müssen ölige und fettige Verunreinigungen sorgfältig entfernt werden. Dies kann chemisch (z. B. mit Lösungsmitteln), thermisch (z. B. durch Erwärmen) oder mechanisch (z. B. mit Ultraschall) erfolgen.

Das Aufrauhen (s. Bild 3.193) kann z. B. durch Rauhdrehen oder Hobeln vorgenommen werden. Dabei werden in Abhängigkeit vom Grundwerkstoff die Werte für die Steigung bzw. den Vorschub und die Tiefe nach Tab. 3.194 empfohlen.

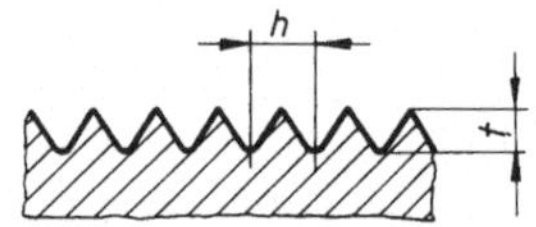

Bild **3.**193 Aufrauhen von Oberflächen

Tabelle **3.**194 Empfohlene Maße fur das Aufrauhen von Oberflächen

Grundwerkstoff	Steigung oder Vorschub h	Tiefe t
Stahl	1 bis 1,5	0,5
Gußeisen	2 bis 2,5	1 bis 3
übrige Metalle	1,5	1

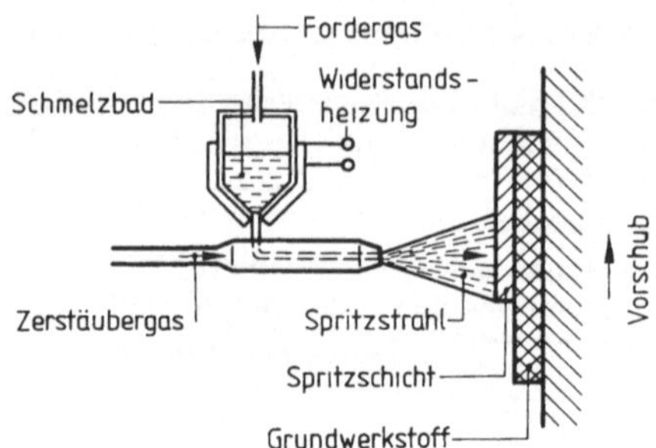

Bild **3.**195 Schmelzbadspritzen

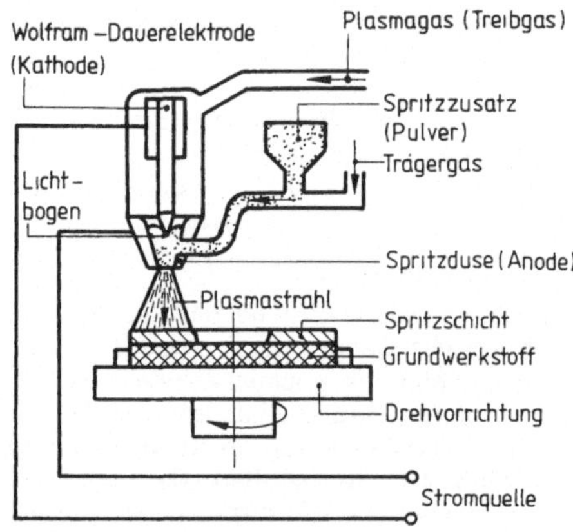

Bild **3.**196 Plasmaspritzen

Korrosionsschutz von Stahlbauten durch thermisches Spritzen von Zink und Aluminium nach DIN 8565

Voraussetzungen für einen dauerhaften Korrosionsschutz sind das gründliche Vorbereiten der zu schützenden Oberflächen, das möglichst sofort anschließende und fachkundig ausgeführte thermische Spritzen und eine genügende Dicke der Spritzschicht.

Thermisch gespritzte Schichten sollen bei atmosphärischer Beanspruchung mit geeigneten zusätzlichen Beschichtungen, z. B. mit Anstrichstoffen, versehen werden; im Wasser und im Boden sind geeignete zusätzliche Beschichtungen stets erforderlich.

Stahlbauten werden je nach Größe im ganzen oder in Teilen gespritzt. Reibflächen hochfester Schraubenverbindungen und Freiflächen sind auszusparen. Diese Montagestöße und gegebenenfalls auch Fehlstellen oder Beschädigungen in der vorher aufgetragenen Spritzschicht sind dann an fertigen Stahlbauten zu strahlen und zu spritzen, notfalls durch geeignete Anstriche auszubessern. Die bereits vorhandenen Spritzschichten dürfen dabei nicht beschädigt werden.

Empfohlene Spritzzusätze sind:

- bei Stadt- und Landatmosphäre: Zink
- bei Industrieatmosphäre: Reinaluminium oder Zink
- bei Meeresatmosphäre: Reinaluminium, Al-Legierungen (AlMg3, AlMg5), Zink
- unter Wasser und im Boden: Spritzzusatz, der für den jeweiligen Fall, unter Berücksichtigung örtlicher Erfahrungen und besonders durchzuführender Wasser- und Korrosionsuntersuchungen geeignet ist.
- bei Wärmebeanspruchung: Zink, in trockener Atmosphäre nicht über 200 °C, in wäßrigen Medien nicht über 60 °C.
  Aluminium, im Regelfall bis 450 °C, in besonderen Anwendungsfällen auch höher.
  Bei zusätzlichen Beschichtungen hat sich bei atmosphärischer Beanspruchung, unter Wasser und im Boden eine Spritzschichtdicke von
- 100 µm bei Zink und von
- 120 µm bei Aluminium
  bewährt.

Werden bei atmosphärischer Beanspruchung gelegentlich Spritzschichten ohne zusätzliche Beschichtungen eingesetzt, so ist die Spritzschichtdicke entsprechend zu erhöhen.

3.3.6 Stoffeigenschaftändern

Begriff s. Abschn. 3.3

Wärmebehandlung von Eisenwerkstoffen
DIN 6773 T2, T4, T5 (alle Mai 1977), DIN 17014 T1 (Mrz 1975), T3 (Mai 1976)

Werkstoffe und Halbzeuge s. Abschn. 2.4.1

Wärmebehandlung ist nach DIN 17014 T1 ein Vorgang, in dessen Verlauf ein Werkstück oder ein Bereich eines Werkstückes absichtlich Temperatur-Zeit-Folgen und gegebenenfalls zusätzlich anderen physikalischen und/oder chemischen Einwirkungen ausgesetzt wird, um ihm Eigenschaften zu verleihen, die für seine Weiterverarbeitung oder Verwendung erforderlich sind.

„Eisenwerkstoff" ist eine für die Verwendung in Bauteilen und Werkzeugen bestimmte Metalllegierung, bei welcher der Gewichtsanteil an Eisen höher als der jedes anderen Elementes ist.

Weitere Begriffe nach DIN 17014 T1

Abschrecken. Abkühlen eines Werkstückes mit größerer Geschwindigkeit als an ruhender Luft.

Altern. Ändern der Eigenschaften eines nicht im thermodynamischen Gleichgewicht befindlichen Werkstoffes in Abhängigkeit von Temperatur und Zeit. Zu unterscheiden ist zwischen

Altern, natürlich, wenn es bei Raumtemperatur und ohne Vorhandensein anderer Einflüsse eintritt,

Altern, künstlich, wenn es durch ein Erwärmen auf mäßige Temperaturen, ein Tiefkühlen, ein Pendeln innerhalb eines Temperaturbereiches (der die Raumtemperatur einschließen kann oder nicht), ein Verformen oder durch mehrere dieser Vorgänge beschleunigt wird.

Anlassen. Erwärmen eines gehärteten Werkstückes auf eine Temperatur zwischen Raumtemperatur und der jeweiligen Anlaßtemperatur und Halten dieser Temperatur mit nachfolgendem zweckentsprechendem Abkühlen.

Aufkohlen. Anreichern der Randschicht eines Werkstückes mit Kohlenstoff durch thermochemische Behandlung. Nach der Art des Aufkohlungsmittels wird zwischen Gas-, Salzbad-, Pulver- und Pastenaufkohlen unterschieden.

Einhärtungstiefe. Senkrechter Abstand von der Oberfläche eines gehärteten Werkstückes bis zu dem Punkt, an dem die Härte einem zweckentsprechend festgelegten Grenzwert entspricht.

Einsatzhärten. Aufkohlen oder Carbonitrieren jeweils mit darauffolgender, zur Härtung führender Wärmebehandlung.

Glühen. Behandlung eines Werkstückes bei einer bestimmten Temperatur mit einer bestimmten Haltedauer und nachfolgendem, der Erzielung der angestrebten Werkstoffeigenschaften angepaßten Abkühlen.

Da das Glühen jedoch als Oberbegriff für verschiedene Behandlungen dient, ist im Hinblick auf das angestrebte Ziel der Ausdruck Glühen unbedingt zu ergänzen, z. B. Rekristallisationsglühen, Spannungsarmglühen usw.

Härtbarkeit. Begriff, der die Aufhärtbarkeit und die Einhärtbarkeit zusammenfaßt. Ein gebräuchliches Verfahren zur Prüfung der Härtbarkeit ist der Stirnabschreckversuch nach DIN 50191 (s. Norm).

Härten. Austenitisieren und Abkühlen mit solcher Geschwindigkeit, daß in mehr oder weniger großen Bereichen des Querschnitts eines Werkstückes eine erhebliche Härtesteigerung durch Martensitbildung eintritt.

Härtetiefe. Senkrechter Abstand von der Oberfläche eines wärmebehandelten Werkstückes bis zu dem Punkt, an dem die Härte einem zweckentsprechend festgelegten Grenzwert entspricht.

Nitrieren (Aufsticken). Anreichern der Randschicht eines Werkstückes mit Stickstoff durch thermochemische Behandlung. Nach der Art des Nitriermittels wird zwischen Gas-, Salzbad-, Pulver- und Plasmanitrieren unterschieden.

Randschichthärten. Auf die Randschicht eines Werkstückes beschränktes Härten.

Spannungsarmglühen. Glühen bei einer hinreichend hohen Temperatur (bei vergüteten Stählen jedoch unterhalb der Anlaßtemperatur) mit anschließendem langsamen Abkühlen, so daß innere Spannungen ohne wesentliche Änderung der anderen Eigenschaften weitgehend abgebaut werden.

Tempern. Glühen von ledeburitischem Gußeisen, um Zerfall des Zementits zu erreichen.

Vergüten. Härten und danach Anlassen im oberen möglichen Temperaturbereich zum Erzielen guter Zähigkeit bei gegebener Zugfestigkeit.

Anmerkung Je nachdem, ob beim Harten das Abschrecken in Wasser, Ol oder an Luft erfolgt, spricht man von Wasser-, Öl- oder Luftvergüten.

Kurzangabe von Wärmebehandlungen nach DIN 17014 T3

Die Kurzangaben kennzeichnen die Temperatur-Zeit-Folge von Wärmebehandlungen in einer Schreibweise, die in Veröffentlichungen oder betrieblichen Fertigungsunterlagen längere Wortangaben ersetzt. Dabei werden folgende Zeichen verwendet:

Schrägstrich (/) oder **Pfeil** (→): Trennungszeichen zwischen unmittelbar oder in festgelegtem Zeitabstand aufeinanderfolgenden Teilschritten.

Pluszeichen (+): Trennungszeichen zwischen zwei Teilschritten, die in nicht besonders festgelegtem Zeitabstand aufeinanderfolgen.

Minuszeichen (–): Kennzeichnung einer Temperatur unter 0 °C.

Runde Klammern ( ): Erläuternde Angaben in ausgeschriebenem Wortlaut

Beispiele für Kurzangaben

880 °C 30 min/Öl bedeutet Erwärmen auf 880 °C, 30 min Halten, Abschrecken in Ol und Abkühlen auf Raumtemperatur (z. B. Härten).

900 °C 20 min/Wasserbrause bis 400 °C/Salzschmelze 400 °C 5 min/Luft bedeutet Erwarmen auf 900 °C, 20 min Halten, Abschrecken mit einer Wasserbrause bis 400 °C, Einbringen in eine Salzschmelze mit einer Temperatur von 400 °C, 5 min Halten und Abkühlen an Luft auf Raumtemperatur.

860 °C 20 min/Öl/–50 °C/Luft bedeutet Erwärmen auf 860 °C, 20 min Halten, Abschrecken in Öl, Tiefkühlen auf –50 °C, Erwärmen an Luft auf Raumtemperatur.

Zeichnungsangaben für wärmebehandelte Teile

Ausführung von technischen Zeichnungen s. Abschn. 2.1

Die Normen der Reihe DIN 6773 legen die für die unterschiedlichen Wärmebehandlungsverfahren (z. B. Härten, Vergüten, Einsatzhärten, Nitrieren) erforderlichen Zeichnungsangaben fest.

Die Zeichnung muß die für das Erreichen des Endzustandes erforderlichen Angaben über den verwendeten Werkstoff enthalten.

Dies sind z. B.: Kurzname des Werkstoffes, Kurzbezeichnung des Werkstoffes, Werkstoff-Nummer, Ausgangsform, Lieferzustand.

Wenn es erforderlich ist, die Meßstelle in der Zeichnung zu kennzeichnen, ist ein Symbol nach Bild **3.**197 einzutragen.

Die Angaben zur Wärmebehandlung sind zweckmäßigerweise in der Nähe des Schriftfeldes einzutragen.

Der gewünschte Zustand nach der Wärmebehandlung ist durch die Wortangaben z. B. „gehärtet", „einsatzgehärtet", „nitriert" oder „vergütet" und die Einzelangaben festzulegen, welche diesen Zustand bestimmen.

Bei örtlich begrenzter Wärmebehandlung sind in der zeichnerischen Darstellung diejenigen Bereiche eines Teiles, welche wärmebehandelt sein müssen, durch eine breite Strichpunktlinie (s. DIN 15 T1) außerhalb der Körperkanten zu kennzeichnen (s. Bilder **3**.198 und **3**.199).

Bei der Wärmebehandlung eines Werkstückes kann es verfahrenstechnisch günstiger sein, einen größeren Bereich zu härten, als erforderlich. Sofern dies statthaft ist, wird der zusätzlich mitgehärtete Bereich mit einer breiten Strichlinie gekennzeichnet. Die Lage des wärmebehandelten Bereiches wird durch Maße angegeben.

Die Härte wird als Rockwellhärte (HRC) nach DIN 50103 T1, T2, als Vickershärte (HV) nach DIN 50133 T1, T2 oder als Brinellhärte (HB) nach DIN 50351 angegeben.

Die Kernhärte ist in der Zeichnung nur einzutragen, wenn ihre Prüfung im Endzustand vorgeschrieben ist.

Die Kernhärte wird als Vickershärte nach DIN 50133 T1, als Brinellhärte nach DIN 50351 oder als Rockwellhärte (Verfahren B und C) nach DIN 50103 T1 angegeben.

In den Fällen, in denen die Teile im Endzustand an der Oberfläche Bereiche mit unterschiedlicher Härte aufweisen sollen (z. B. für stellenweise angelassene Bereiche), sind zusätzliche Härtewerte anzugeben.

Soll ein Teil in einzelnen Bereichen unterschiedliche Härtewerte aufweisen und die Wärmebehandlung entsprechend einer Wärmebehandlungs-Anweisung (WBA) durchgeführt werden, sind die Bereiche unterschiedlicher Härte zu kennzeichnen und gegebenenfalls zu bemaßen. Außerdem ist auf die WBA hinzuweisen.

Allen Härtewerten ist eine größtmögliche, jedoch funktionsgerechte Plus-Toleranz zuzuordnen.

Wird die Darstellung des Teiles durch die Angaben zur Wärmebehandlung unübersichtlich oder ist eine Verwechslung mit anderen Behandlungsverfahren möglich, so ist ein Wärmebehandlungsbild hinzufügen (s. Bild **3**.200).

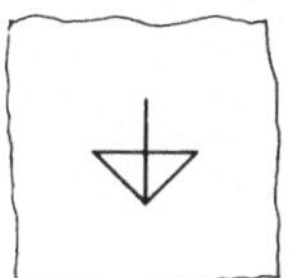
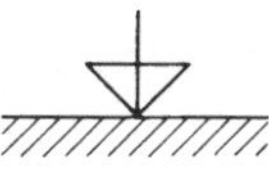

Bild **3**.197 Meßstelle zur Prüfung einer Wärmebehandlung

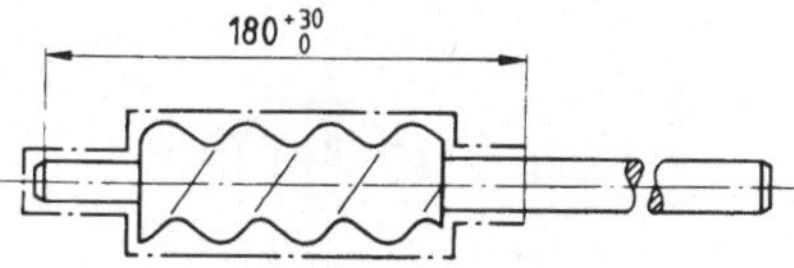

Bild **3**.198 Örtlich begrenzte Härtung

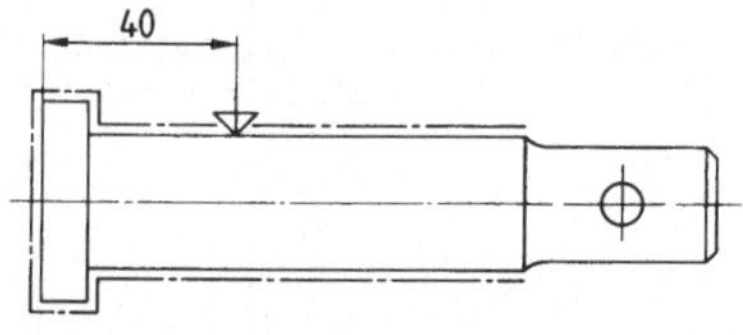

—·—·— nitriert
Nht = 0,4 + 0,2 (Nht = Nitrierhärtetiefe)

Bild **3**.199 Örtlich begrenzte Nitrierung

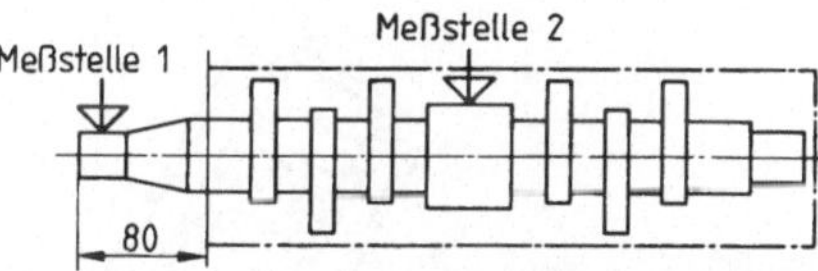

—·—·—	einsatzgehärtet und angelassen
	ganzes Teil gehärtet und angelassen
Meßstelle 1:	25 + 15 HRC
Meßstelle 2:	58 + 4 HRC
	Eht = 1,2 + 0,6
	(Eht = Einsatzhärtungstiefe)

Bild **3**.200 Wärmebehandlungsbild eines einsatzgehärteten Teiles

In diesem Bild, das auch ein Teilbild sein kann, wird auf die für die Wärmebehandlung nicht notwendigen zeichnerischen Einzelheiten verzichtet.

Eine maßstabsgetreue Darstellung ist nicht erforderlich. Das Wärmebehandlungsbild soll in der Nähe des Schriftfeldes angeordnet sein

Es erhält die Kennzeichnung „Wärmebehandlungsbild" und ist mit allen für die Kennzeichnung des wärmebehandelten Zustands notwendigen Angaben zu versehen.

3.4 Werkzeugmaschinen

Baueinheiten (angegebene DIN-Nummern s. Normen)

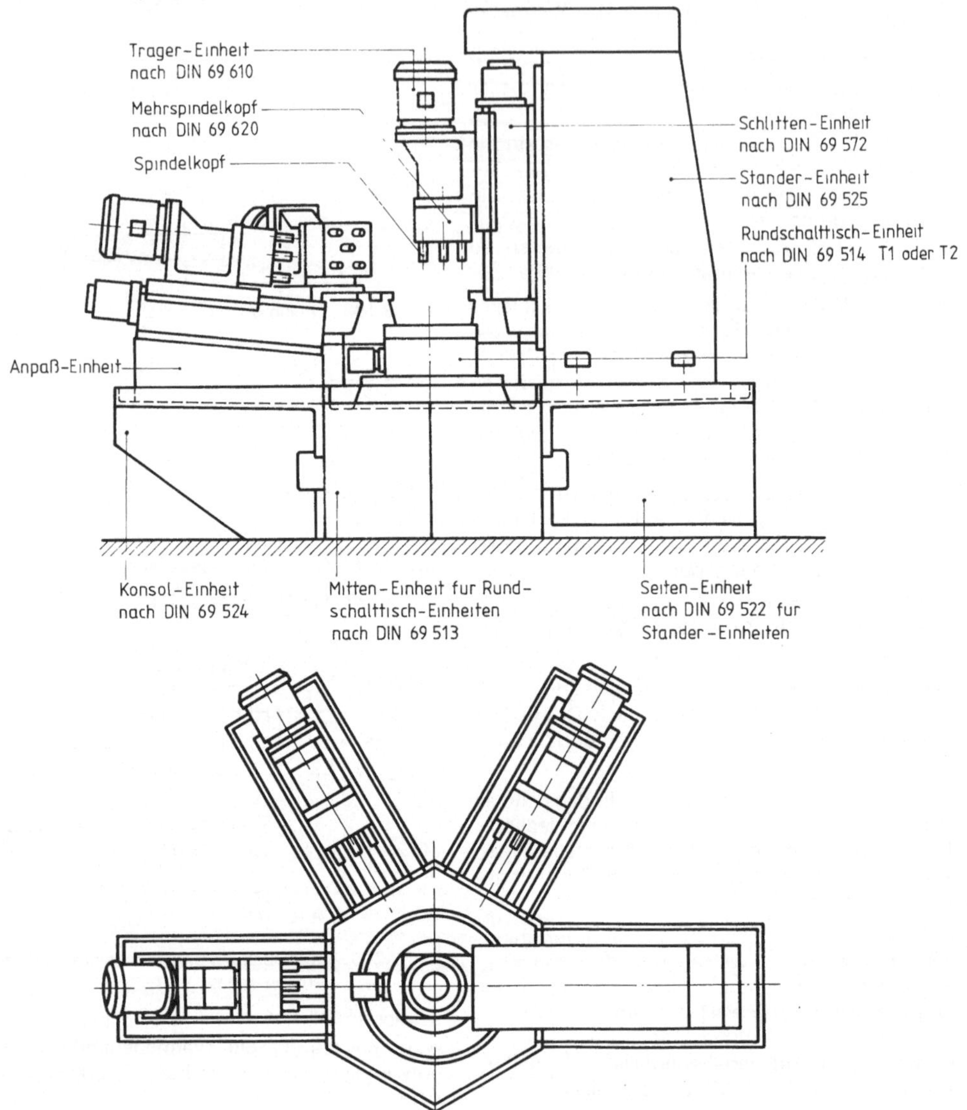

Bild 3.201 Baueinheiten für Werkzeugmaschinen mit Rundschalttisch-Einheiten

Rundschalttisch-Einheiten (s. Bild 3.201) können auf Mitten-Einheiten für Rundschalttisch-Einheiten aufgebaut werden und dienen zur periodischen, ortsverändernden Werkstückbewegung; sie sind jedoch auch ohne Mitten-Einheiten funktionsfähig. Bei Verwendung dieser Rundschalttisch-Einheiten für spanende Maschinen müssen die Mitten-Einheiten zur Aufnahme von Kühlmittelstoff und Spänen ausgebildet sein.

Schlittenständer-Einheiten (s. Bild **3**.202) dienen zur Aufnahme von Verfahrens-Einheiten und ähnlichen Bauteilen und bilden zusammen mit dem Schlitten ein einheitliches Ganzes. Sie werden auf Seiten-Einheiten für Ständer-Einheiten und gegebenenfalls auf Anpaß-Einheiten aufgesetzt. Der Hub entspricht dem der Schlitten-Einheiten.

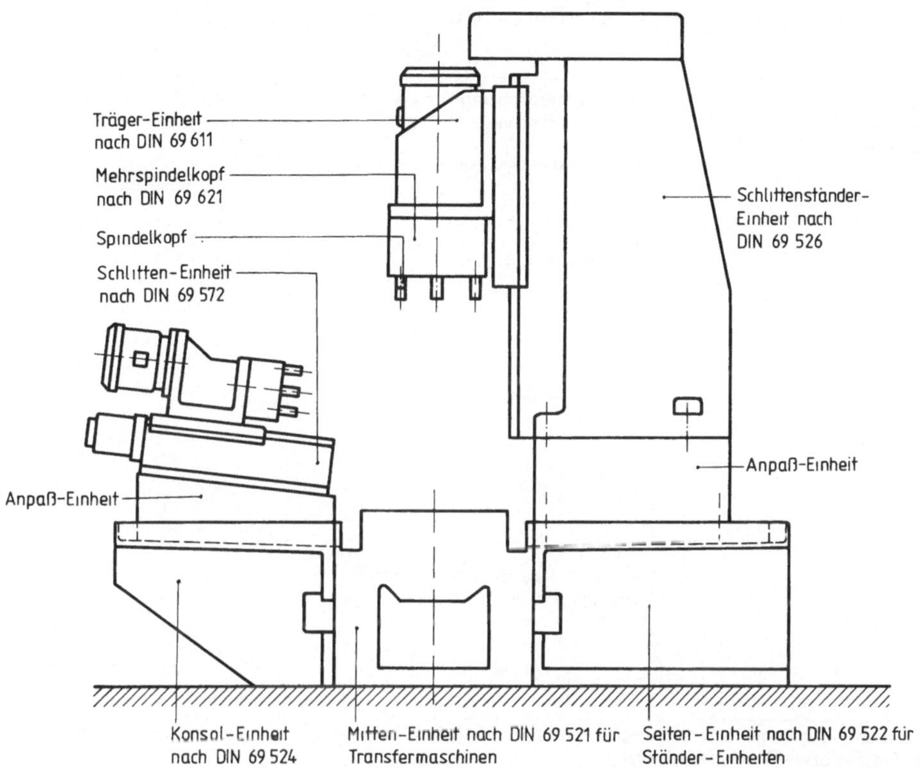

Bild **3**.202 Baueinheiten für Schlittenständer-Einheiten

Stellteile, Vorschübe und Lastdrehzahlen für Werkzeugmaschinen
DIN 803 (Mrz 1977), DIN 804 (Mrz 1977), DIN 1410 (Feb 1956)

Genormte Stellteile (Bedienteile) s. Abschn. 2.2.2

Die Lastdrehzahlen nach Tab. **3**.203 gelten für die Arbeitsspindeln von Werkzeugmaschinen bei voller Belastung des Antriebmotors. Die Vorschübe nach Tab. **3**.203 gelten für die Bewegungen der Arbeitstische, Schlitten, Schieber, Pinolen usw. von Werkzeugmaschinen. Ihre Nennwerte sind in der Vorschubtabelle bzw. Drehzahltabelle oder auf der Einstellskale an der Maschine anzugeben und auch für die Stückzeitberechnung zu verwenden.

Die Reihen können nach unten und oben durch Teilen bzw. Vervielfachen mit 10, 100, usw. fortgesetzt werden.

Tabelle **3**.203 Vorschübe und Lastdrehzahlen

Nennwerte für					
Vorschübe nach DIN 803			Lastdrehzahlen nach DIN 804		
1	1,12	1,25	100	112	125
1,4	1,6	1,8	140	160	180
2	2,24	2,5	200	224	250
2,8	3,15	3,55	280	315	355
4	4,5	5	400	450	500
5,6	6,3	7,1	560	630	710
8	9	10	800	900	1000

Tabelle 3.204 Bewegungsrichtung von Stellteil und Maschinenteil an Werkzeugmaschinen nach DIN 1410

Stellteil	Regel	Bild
Hebel	Die Bewegungsrichtung des Handgriffs ist mit der des Maschinenteils in Übereinstimmung zu bringen.	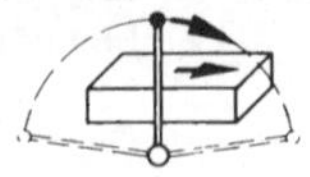 1
Handrad Handkreuz, Kurbel, Sterngriff, usw.	**Bei Rechtsdrehung**[1]) muß sich das Maschinenteil nach **rechts bewegen**	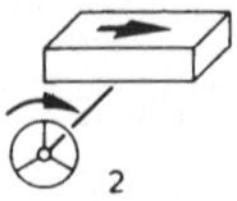 2
	oder nach **oben** bewegen	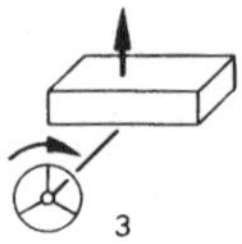 3
	oder vom Handrad **entfernen**	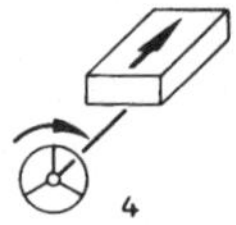 4
	oder ebenfalls eine **Rechtsdrehung**[1]) ausfuhren.	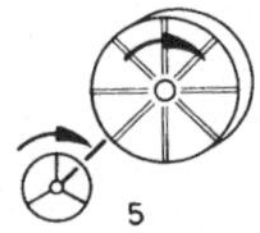 5
		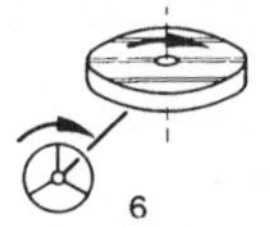 6

[1]) Rechtsdrehung ist immer eine Drehung im Uhrzeigersinn bei Blickrichtung auf das Wellen- oder Spindelende, auf dem das Stellteil bzw. Maschinenteil sitzt.

3.4.1 Einteilung der Werkzeugmaschinen für die Metallbearbeitung

DIN 69651 T2 (Feb 1981)

Die verschiedenen Maschinengattungen (wie z. B. Drehmaschinen, Bohrmaschinen usw.) sind jeweils mit einer Kennzahl (Ordnungsnummer) versehen. Die **Ordnungsnummer (ON)** ist, soweit möglich, auch mit der Ordnungsnummer des zugehörigen Fertigungsverfahrens nach DIN 8580 abgestimmt. Eine Zuordnung einzelner Bauarten wird dabei nur für die ON 2 und 3 vorgenommen.

ON 2 Werkzeugmaschinen zum Umformen

ON 2.1 Pressen
ON 2.2 Hämmer
ON 2.3 Walzmaschinen
ON 2.4 Biegemaschinen
ON 2.5 Ziehmaschinen
ON 2.6 Maschinen zum Umformen mit Wirkmedien oder Wirkenergie

ON 3 Werkzeugmaschinen zum Trennen
ON 3.1 Zerteilende Werkzeugmaschinen

ON 3.1.1 Scheren
ON 3.1.2 Schneidpressen

ON 3.2 Spanende Werkzeugmaschinen für Werkzeuge mit geometrisch bestimmten Schneiden

ON 3.2.1 Drehmaschinen
ON 3.2.2 Bohrmaschinen
ON 3.2.3 Fräsmaschinen
ON 3.2.4 Hobelmaschinen
ON 3.2.5 Räummaschinen
ON 3.2.6 Sägemaschinen
ON 3.2.7 Feilmaschinen
ON 3.2.8 Bürstspanmaschinen
ON 3.2.9 Maschinen zum Meißeln und Schaben

ON 3.3 Spanende Werkzeugmaschinen für Werkzeuge mit geometrisch unbestimmten Schneiden

ON 3.3.1 Schleifmaschinen (für rotierende Werkzeuge)
ON 3.3.2 Bandschleifmaschinen
ON 3.3.3 Hubschleifmaschinen
ON 3.3.4 Honmaschinen
ON 3.3.5 Läppmaschinen
ON 3.3.6 Strahlspanmaschinen
ON 3.3.7 Gleitspanmaschinen
ON 3.3.8 Polierschleifmaschinen

3.4.1.1 Umformende Werkzeugmaschinen

DIN 7380 (Apr 1969), **DIN 7381** (Jun 1969), **DIN 55 211** (Mrz 1980)

Tabelle **3**.205 Baumaße für Sickenmaschinen nach DIN 55 211

Baugröße	Aufnahmewellen-Mittenbestand e[1])	**50**	**80**	**125**
Ausladung	a	200	315	500
Höhe der Ausladung	b	16	25	40
Höhe h	für Handantrieb	250	400	–
	für motorischen Antrieb	–	1000	1000
Verschiebung der Unterwelle l_1		16	16	20
Zustellung der Oberwelle v		16	20	25
Aufnahmewellen	d_1 f7	20	32	50
	d_2	M16 × 1,5	M20 × 1,5	M24 × 1,5
	d_3	M6	M12	M16
	l_2	10	12	20
	l_3	25	40	63
	l_4	18	30	38
	r	1,6	2,5	4
Für größte Blechdicke	s[2])	1	1,6	3

[1]) Der Aufnahmewellen-Mittenabstand e kennzeichnet den Arbeitsdurchmesser der Formwalzen und legt die erreichbare Werkstückform fest.

[2]) Für einfache Sicken bei einem Verhältnis von Rundungshalbmesser zur Blechdicke $r:s \leqq 5$; für Bleche mit einer Streckgrenze von 250 N/mm².

6,3 ∇ Oberflächen nach DIN ISO 1302 allseitig für Unter- und Oberwelle

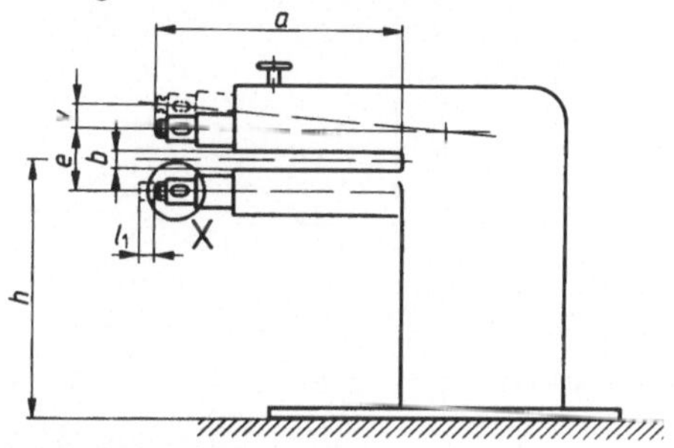

Aufnahmewellen

Einzelheit X für Form A mit Außengewinde

Einzelheit X für Form B mit Innengewinde

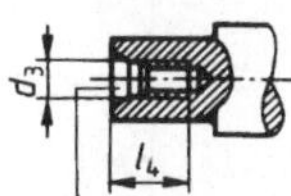

übrige Maße und Angaben wie Form A

Bild **3**.205 Sickenmaschine mit schwenkbarer Oberwelle

Tabelle **3**.207 Maße fur Sickenwalzen nach DIN 7381

Walzenmitten-abstand e	b_1	t	b_2	b_3	b_4	d_3	d_4	r_1	r_2
50	2 bis 20	0,3 b_1 bis 0,75 b_1	–	35	17,5	50	–	nach Wahl des Herstellers	2,5
80	5 bis 25		52	40	20	80	45		2,5
125	5 bis 35		83	63	31,5	125	75		4

Anschlußmaße für Aufnahme auf Maschine nach DIN 7380 (s. Bild **3**.209 und Tab. **3**.210)

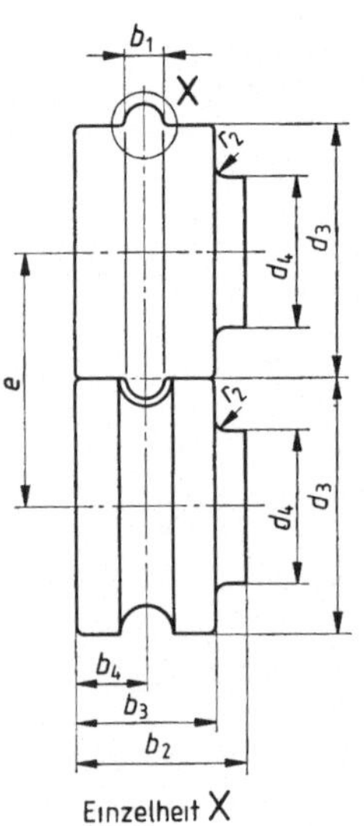

$t>0{,}5b_1$ $t=0{,}5b_1$ $t<0{,}5b_1$

Bild **3**.208 Sickenwalzen

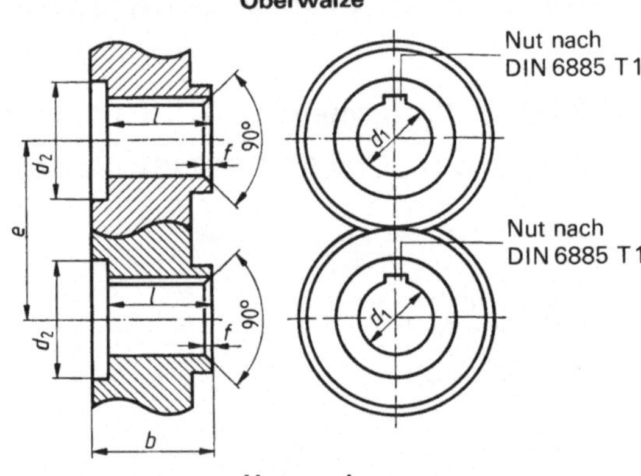

Bild **3**.209 Formwalzen nach DIN 7380 für Sickenmaschinen

Tabelle **3**.210 Maße für Formwalzen nach DIN 7380

Walzen-mitten-abstand e	b ≈	d_1 H7	d_2	f	l
50	35	20	32	2	26
80	52	32	50	3	41
125	83	50	67	5	65

Tabelle **3**.211 Übersicht nach DIN 7380 über Formwalzen fur Sickenmaschinen

Benennung	Bild	Benennung	Bild
Sickenwalzen (s. DIN 7381)		Bordelwalzen	
Falzwalzen			
Knierohrwalzen			
Messerwalzen			

3.4.1.2 Spanende Werkzeugmaschinen für Werkzeuge mit geometrisch bestimmten Schneiden

DIN 781 (Dez 1973), **DIN 782** (Feb 1976), **DIN 8609 T1** (Mrz 1979), **DIN 8620 T1** (Mai 1978), **DIN 55086** (Sep 1975)

Wechselräder und Zähnezahlen

Tabelle **3**.212 Maße für Wechselräder nach DIN 782

Modul	Kleinste Zähnezahl	b h10	d_1 H5
1	23	15	15
1,5	22	18	20
2	21	20	28
3	20	30	40
4	19	40	50
5	18	50	60

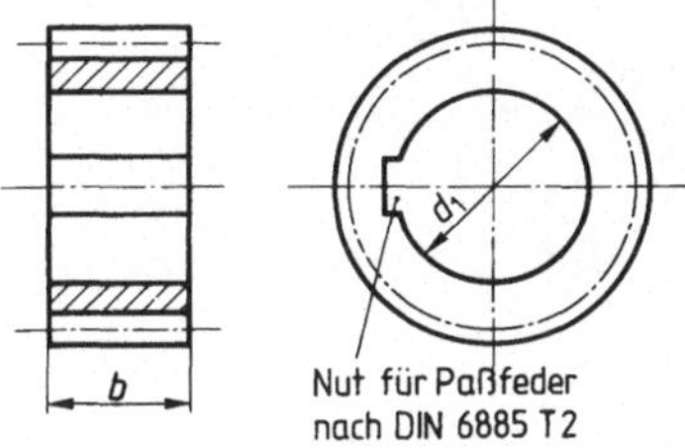

Bild **3**.214 Wechselrad für Werkzeugmaschinen

Tabelle **3**.213 Zähnezahlen nach DIN 781 für Wechselräder für Fräsmaschinen

24	28	32	36	40	48	56	64	72	80	90	96

Bügelsägemaschinen

Tabelle **3**.215 Hauptmaße für Bügelsägemaschinen nach DIN 55 086

Schnittbereich[1])	e	160, 200, 250, 320, 400						
Auflagehöhe	h	500 oder 600						
Sägeblattlänge	l	300	350		400		450	
Sägeblattbreite	b	25	25	32	32	40	32	40
Sageblattdicke	s	1,25	1,25	1,6	1,6	2	1,6	2
Spannbolzendurchmesser	d	8	8		8		10	

[1]) Eine Zuordnung ist nicht vorgesehen

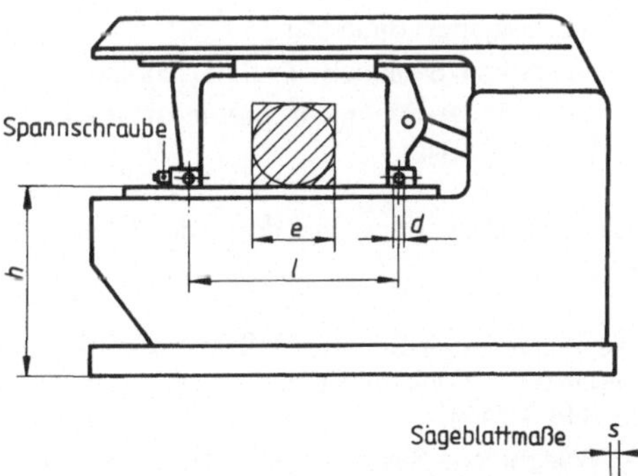

Bild **3**.216 Bügelsägemaschine

Waagerecht-Bohr-Fräsmaschinen nach DIN 8620 T1

Es gibt folgende Bauarten:

- Tisch-Bohr-Fräsmaschine
- Kreuzbett-Bohr-Fräsmaschine
- Platten-Bohr-Fräsmaschine.

Tisch-Bohr Fräsmaschinen (s. Bild **3**.218) sind Maschinen mit festem Ständer.

Bei dieser Maschinenart bildet der Ständer für den Spindelstock mit dem Bett eine Einheit.

Die Schnittbewegung erfolgt durch Drehbewegung der Spindel.

Es gibt folgende Vorschubbewegungen (s. Bild **3**.217):

- Längs- und Querbewegung und eventuell Drehung des Aufspanntisches (X, W, B)
- Senkrecht-Bewegung des Spindelstockes (Y)
- Axialbewegung der Spindel (Z).

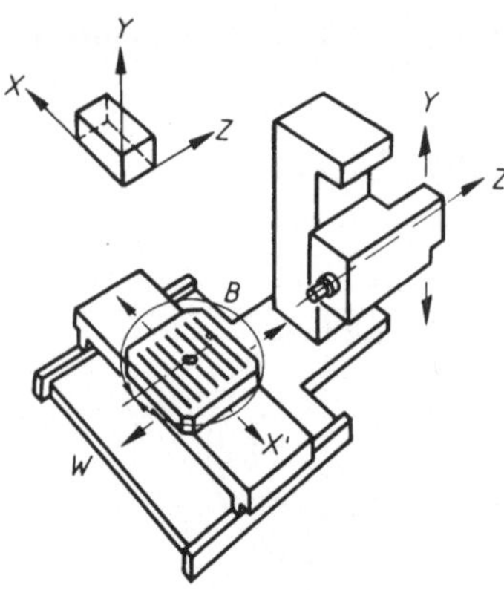

Bild **3.**217 Vorschubbewegungen an Tisch-Bohr-Fräsmaschinen

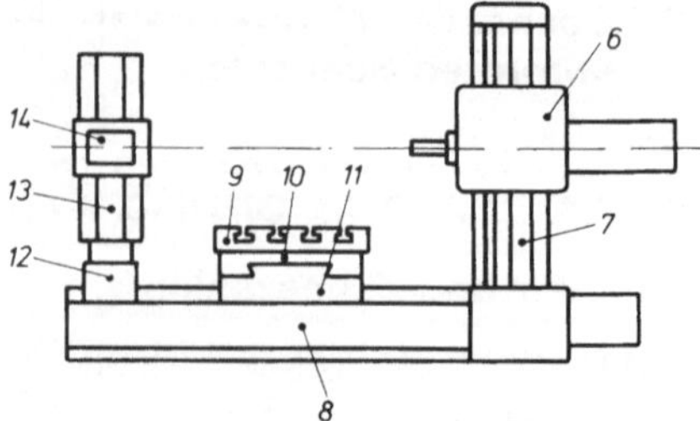

Bild **3.**218 Tisch-Bohr-Fräsmaschine mit festem Ständer, kreuzbeweglichem und drehbarem Aufspanntisch

6 Spindelstock
7 Maschinenständer
8 Maschinenbett
9 Aufspanntisch
10 Querschlitten
11 Bettschlitten
12 Gegenhalter-bettschlitten
13 Gegenhalterstander
14 Gegenhalterlager

Senkrecht-Drehmaschinen nach DIN 8609 T1

Es gibt folgende Bauarten:
- Einständer-Senkrecht-Drehmaschinen
- Zweiständer-Senkrecht-Drehmaschinen (s. Bild **3.**219)

Die Schnittbewegung wird durch die Planscheibe ausgeführt.

Die Zweiständer-Senkrecht-Drehmaschine kann folgende Vorschubbewegungen ausführen (s. Bild **3.**219):
- Waagerecht-Bewegungen der beiden Querbalkensupporte auf dem Querbalken (X, U)
- Senkrecht- oder Schrägbewegungen der Meißelschieber oder Stößel (Z, W)
- Senkrecht-Bewegung des Seitensupportes (R)
- Waagerecht- oder Schrägbewegungen des Seitensupport-Schiebers (P).

Diese Bewegungen können meistens auch mit einer Schnellverstellung ausgeführt werden.

Die Senkrecht-Bewegung des Querbalkens und eventuelle Bewegungen der Ständer bzw. des Untersatzes auf den Betten sind nur Zustellbewegungen und keine Vorschubbewegungen.

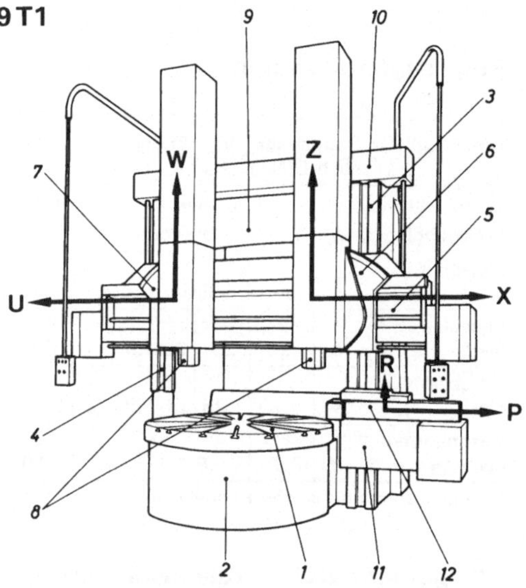

Bild **3.**219 Zweiständer-Senkrecht-Drehmaschine

1 Planscheibe
2 Untersatz
3 Ständer, rechts
4 Ständer, links
5 Querbalken
6 Querbalkensupport, rechts
7 Querbalkensupport, links
8 Meißelschieber (rechts oder links)
9 Traverse
10 Abdeckung
11 Seitensupport
12 Seitensupport-Schieber

3.4.1.3 Spanende Werkzeugmaschinen für Werkzeuge mit geometrisch unbestimmten Schneiden

Außen-Rundschleifmaschinen
DIN 69718 T1 (Mai 1976), T3 (Feb 1977)

Begriffe nach DIN 69718 T1 beim Einsatz von Außen-Rundschleifmaschinen

Beim **Längsschleifen** (Bild **3**.220) wird über den Längsvorschub des Werkstückschlittens das eingespannte Werkstück an der Schleifscheiben-Umlauffläche entlang bewegt. Das – meist stufenweise – Zustellen der Schleifscheibe erfolgt in der rechten bzw. linken oder in beiden Umkehrstellungen des Werkstückschlittens. In der Umkehrstellung, in der die Schleifscheibe das Werkstück in Längsrichtung nicht ausreichend überfahren kann, wird die Umkehrbewegung zeitlich verzögert.

Beim **Einstechschleifen** (Bild **3**.221) senkrecht zur Werkstückachse mit mehreren Schleifscheiben gleichzeitig (Schleifscheibensatz) erfolgt der Vorschub der Schleifscheibe über den Schleifschlitten – meist kontinuierlich – bis zum Erreichen des Fertigmaßes am Werkstück. Beim Schleifen unterschiedlicher Durchmesser am Werkstück ergeben sich auch unterschiedliche Durchmesser der Schleifscheiben und damit unterschiedliche Umfanggeschwindigkeiten, weshalb gewisse Durchmesserdifferenzen nicht überschritten werden sollen.

Beim **Einstechschälschleifen** (Bild **3**.222) senkrecht zur Werkstückachse erfolgt der Vorschub der Schleifscheibe über den Schleifschlitten – meist kontinuierlich – zum Schleifen der Schultern des Werkstückes, bevor die Umlauffläche des Werkstückes geschliffen wird.

Mit **spitzlosen Außen-Rundschleifmaschinen** (Bild **3**.223) werden die Oberflächen von Werkstücken mit kreis-zylindrischem Profil oder kreis-zylindrischem Längsprofil fein- oder feinstbearbeitet, wobei gleichzeitig große Spanleistungen erzielt werden können. Der Begriff „Spitzenlose Außen-Rundschleifmaschine" besagt, daß das Werkstück während des Arbeitsvorganges in seiner Lage zum Werkzeug nicht durch Zentrierspitzen gehalten, sondern frei auf einer Werkstückauflage zwischen der im Durchmesser unterschiedlich großen Schleif- und Regelscheibe geführt und geschliffen wird. Diese Maschine wird sowohl für die Bearbeitung der Oberflächen von Einzel- und Massenteilen als auch der von Stangen und Rohren eingesetzt.

Bauarten. Die Anordnung der Schleif- und Regelscheibenspindel ist meistens waagerecht zueinander. Die Größenordnung der Maschine wird bestimmt durch die Abmessungen der Durchmesser der Schleif- und Regelscheiben sowie deren Bewegungsmöglichkeiten und die Führung der Werkstückauflage. Maschinen mit senkrecht übereinander liegenden oder in der Waagerecht-Ebene schwenkbaren Schleif- und Regelscheiben sind Sonderbauarten.

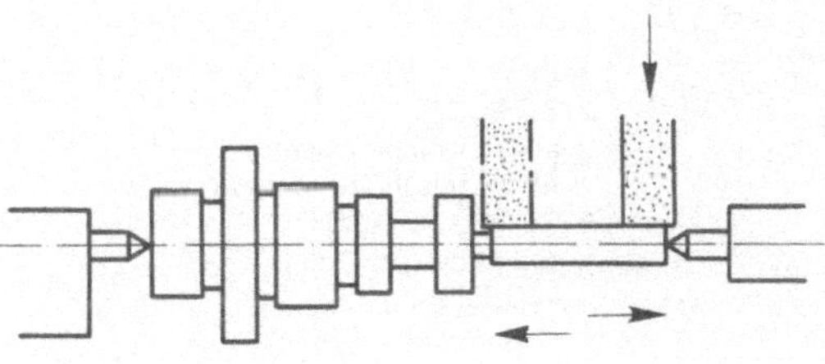

Bild **3**.220 Längsschleifen

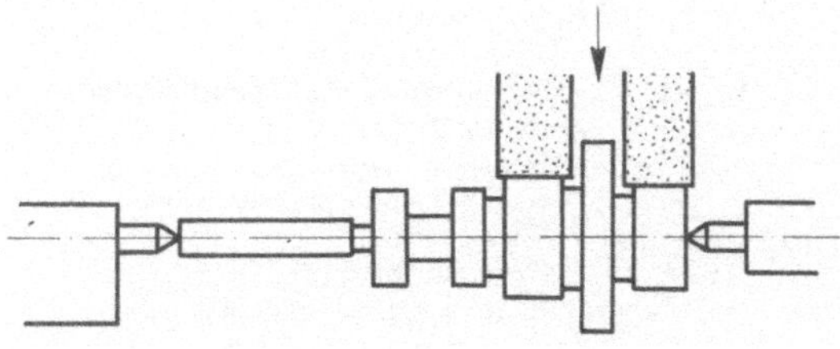

Bild **3**.221 Geradeeinstechschleifen mit Scheibensatz

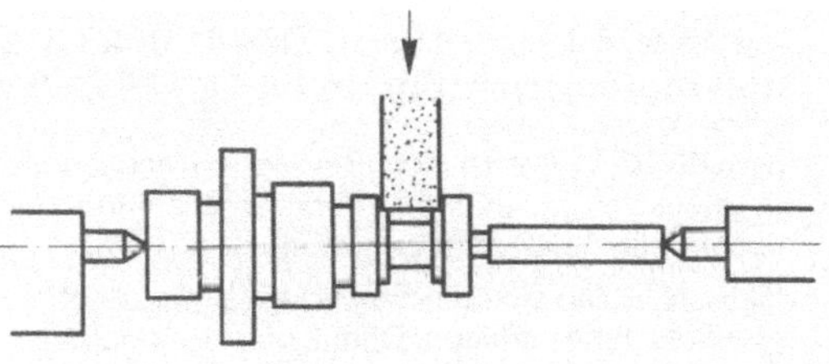

Bild **3**.222 Einstechschälschleifen

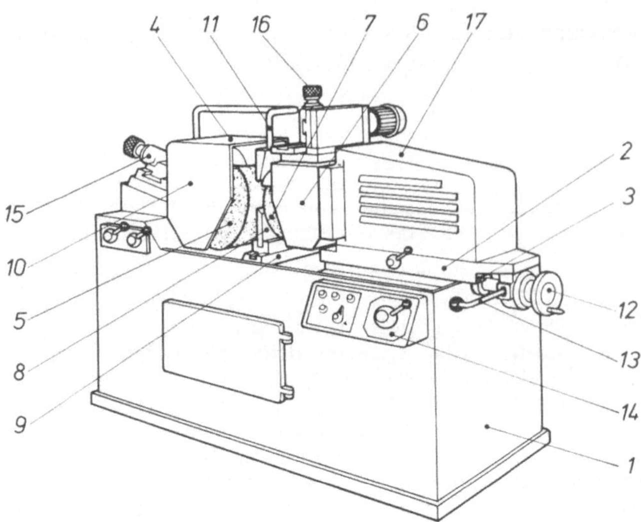

Bild 3.223 Spitzenlose Außen-Rundschleifmaschine nach DIN 69718 T3

1 Bett
2 Schlitten
für Schleifspindelstock
für Regelscheibenspindelstock
3 Schlittenführung
Gleitführung
Wälzführung
Hydrostatische Führung
4 Schleifspindelstock
Schleifspindel
Schleifspindellagerung
5 Schleifscheibe
Schleifscheibensatz
Schleifscheibenaufnahmeflansche
6 Regelscheibenspindelstock
Regelscheibenspindel
Regelscheibenspindellagerung
7 Regelscheibe
Regelscheibensatz
Regelscheibenaufnahmeflansche
8 Werkstückauflage
für Durchgangschleifen
für Einstechschleifen
9 Werkstückauflagehalterung
für Durchgangschleifen
für Einstechschleifen
10 Sicherheitsschutzhaube
für Schleifscheibe
für Regelscheibe
11 Kühlmittelleitung
12 Zustellhandrad
13 Verstellhebel
für Zustellspindel
14 Steuertafel
15 Abrichtgerät für Schleifscheibe
16 Abrichtgerät für Regelscheibe
17 Winkelgehause = Lagerwinkel

3.4.1.4 Numerisch gesteuerte Werkzeugmaschinen (NC-Maschinen; NC = Numerical controlled)

DIN 406 T4 (Dez 1980), **DIN 55 003 T3** (Aug 1981), **DIN 66 217** (Dez 1975) Bewegungsrichtungen an NC-Maschinen

In DIN 66 217 wird den Bewegungsachsen der numerisch gesteuerten Arbeitsmaschinen ein Koordinatensystem zugeordnet.

Daraus lassen sich die Bewegungsrichtungen für die Maschine herleiten. Damit wird zur Vereinheitlichung der Programmierung numerisch gesteuerter Arbeitsmaschinen beigetragen.

Verwendet wird ein rechtshändiges, rechtwinkliges Koordinatensystem mit den Achsen X, Y, und Z (s. Bild **3**.224) das auf die Hauptführungsbahnen der Maschine ausgerichtet ist, und sich auf das auf der Maschine aufgespannte Werkstück bezieht.

Da das Koordinatensystem auf das Werkstück bezogen wird, erfolgt die Programmierung unabhängig davon, ob bei der Bearbeitung das Werkzeug oder das Werkstück bewegt wird. Der Programmierer nimmt immer an, daß sich das Werkzeug relativ zum Koordinatensystem des stillstehend gedachten Werkstückes bewegt.

A, B und C (s. Bild **3**.225) bezeichnen Drehungen, deren Achsen parallel zu X, Y bzw. Z sind. Der Drehsinn der Drehung ist positiv (positive Drehrichtung), wenn die Drehbewegung bei Blick in die positive Richtung der Koordinatenachse im Uhrzeigersinn erfolgt.

Die Bewegung einer Maschinenkomponente in positiver Richtung führt, bezogen auf das Werkstück, zu größeren Koordinatenwerten. Dies gilt sowohl für die Bewegungen in Richtung Koordinatenachsen als auch für Drehbewegungen um die Koordinatenachsen.

Daraus ergibt sich:

- Wird die Maschinenkomponente Werkzeugträger bewegt, so sind Bewegungsrichtung und Achsrichtung gleichgerichtet. Die positiven Bewegungsrichtungen werden in diesem Falle wie die positiven Achsrichtungen mit +X, +Y, +Z, +A, +B usw. bezeichnet.
- Wird die Maschinenkomponente Werkstückträger bewegt, so sind Bewegungsrichtung und Achsrichtung einander entgegengerichtet. Die positiven Bewegungsrichtungen werden dann mit +X', +Y', +Z', +A', +B' usw. bezeichnet (s. Bilder **3**.226 und **3**.227).

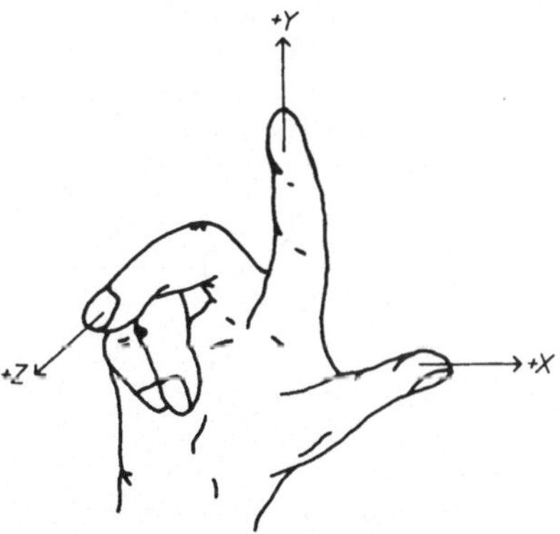

Bild **3**.224 Koordinatensystem für numerisch gesteuerte Werkzeugmaschinen

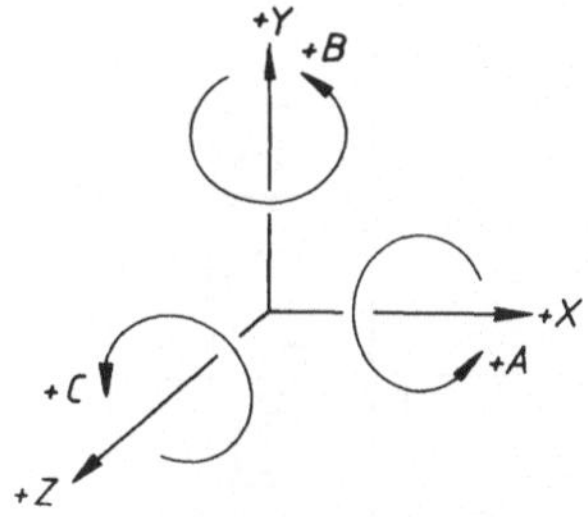

Bild **3**.225 Drehsinn der Drehungen bei numerisch gesteuerten Werkzeugmaschinen

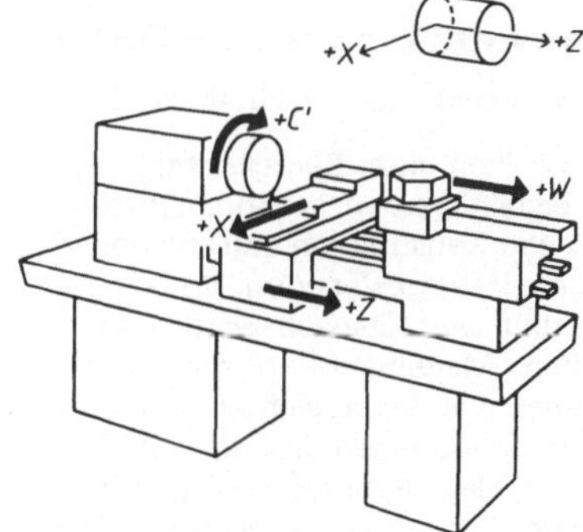

Bild **3**.226 Bewegungsrichtungen an einer Revolver-Drehmaschine

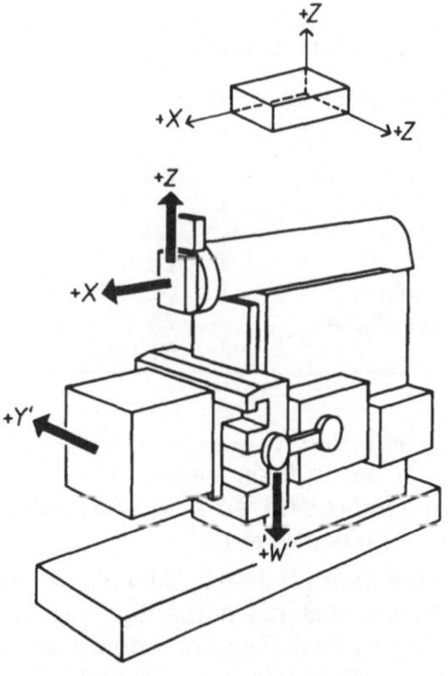

Bild **3**.227 Bewegungsrichtungen an einer Waagerecht-Stoßmaschine

Bildzeichen für NC-Maschinen

Tabelle **3**.228 Auswahl von Bildzeichen für NC-Maschinen nach DIN 55 003 T3

Programm-Anfang		Dateneingabe in einen Speicher	
Programm-Ende		Fehlerhafte Programmdaten	
Handeingabe		Programm ändern	
Positioniergenauigkeit – mittel		Suchlauf vorwärts auf bestimmte Daten Ohne Maschinenfunktionen	

Zeichnungseintragung für die Fertigung auf NC-Maschinen

Bemaßung durch Koordinaten s. auch Abschn. 2.1.3

Zeichnungen sollten unter Berücksichtigung von DIN 406 T4 erstellt werden, wenn bereits bei der Entwicklung und Konstruktion entschieden wird, daß auf numerisch gesteuerten Werkzeugmaschinen gefertigt wird. Danach werden statt der herkömmlichen Maßeintragung die geometrischen Elemente, aus denen sich ein Teil zusammensetzt, mit Kennzeichen (s. Tab. **3**.229) versehen. Die zu den Kennzeichen gehörenden Definitionen der Elemente werden in einer Tabelle aufgeführt, die Bestandteil des Zeichnungssatzes ist.

Tabelle **3**.229 Geometrische Elemente und deren Kurzzeichen

Geometrische Elemente	
Benennung	Kurzzeichen
Punkt	P
Gerade	L
Ebene Fläche	PL
Kreis	C
Kugel	SH
Ellipse	EL
allgemeiner Kegelschnitt	GC
einfach gekrummte Fläche	TA
Regelfläche	RS

Jedes Kennzeichen darf nur einmal vergeben werden. Wenn in besonderen Fällen herkömmliche Maße notwendig sind, so sind diese nach DIN 406 T1 bis T3 einzutragen.

Die Eintragung der Kennzeichen in die Zeichnung ist so vorzunehmen, daß die eindeutige Zuordnung zum geometrischen Element sichergestellt ist, z. B. mit Hilfe von Bezugslinien (s. Bild **3**.230).

An einem Werkstück können mehrere Koordinatensysteme (kartesisch oder polar) auftreten, die gegebenenfalls aufeinander zu beziehen sind. Die Koordinatensysteme können entweder durch herkömmliche, direkte Bemaßung (s. Bild **3**.231) oder durch Definition in der Tabelle einander zugeordnet werden.

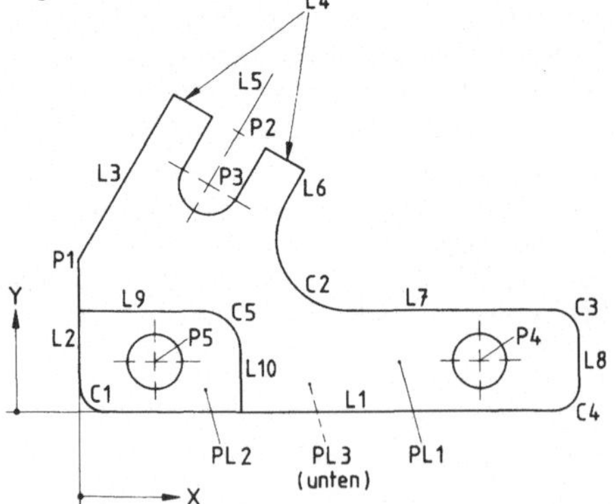

Bild **3**.230 Beispiel für das Eintragen von Kennzeichen für geometrische Elemente

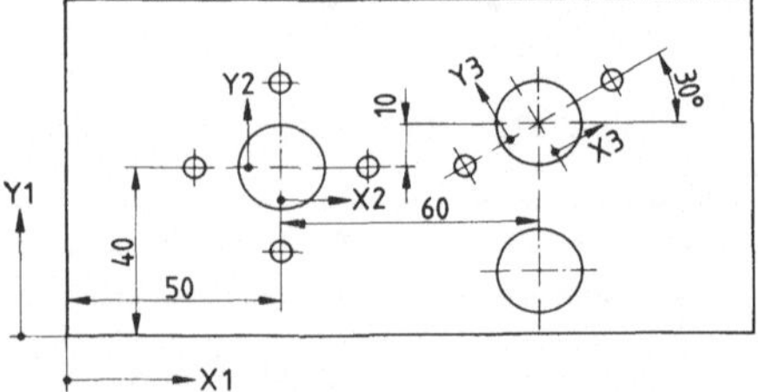

Bild **3**.231 Zuordnung der Koordinatensysteme durch direkte Maßeintragung

3.4.2 Instandhaltung; Verschleiß und Schmierung an Werkzeugmaschinen

DIN 8659 T1 (Apr 1980), **DIN 11 042 T1** (Nov 1978), DIN 31 051 (Mrz 1982), **DIN 31 052** (Jun 1981), **DIN 50 320** (Dez 1979)

Grundbegriffe nach DIN 31 051

Instandhaltung umfaßt die Maßnahmen zur Bewahrung und Wiederherstellung des Sollzustandes sowie zur Feststellung und Beurteilung des Istzustandes von technischen Mitteln eines Systems.

Diese Maßnahmen beinhalten:

- die Wartung,
- die Inspektion,
- die Instandsetzung.

Wartung umfaßt die Maßnahmen zur Bewahrung des Sollzustandes von technischen Mitteln eines Systems.

Inspektion umfaßt die Maßnahmen zur Feststellung und Beurteilung des Istzustandes von technischen Mitteln eines Systems.

Instandsetzung umfaßt die Maßnahmen zur Wiederherstellung des Sollzustandes von technischen Mitteln eines Systems.

Abnutzung ist im Sinne der Instandhaltung Abbau des Abnutzungsvorrats infolge physikalischer und/oder chemischer Einwirkungen.

Anmerkung Abnutzung im Sinne der Instandhaltung sind z. B. Verschleiß, Alterung, Korrosion.

Abnutzungsvorrat ist im Sinne der Instandhaltung ein Vorrat von möglichen Funktionserfüllungen unter festgelegten Bedingungen, der für eine Betrachtungseinheit aufgrund der Herstellung oder aufgrund der Wiederherstellung durch Instandsetzung vorhanden ist.

Zur Erläuterung des Begriffkomplexes „Abnutzung/Abnutzungsvorrat" dient Bild **3**.232, wobei der Abnutzungsvorrat ein für die Instandhaltung charakteristisches Merkmal zur Beschreibung des Zustandes ist.

Instandhaltungsanleitungen

Instandhaltungsanleitungen nach DIN 31 052 sollen dem Betreiber oder Instandhalter die vom Hersteller für notwendig gehaltenen Informationen für die Durchführung der Instandhaltung bzw. für die Erstellung einer innerbetrieblichen Instandhaltungsanweisung vermitteln. Instandhaltungsanleitungen sollen leicht verständlich sein. Bildliche Darstellung können umfangreiche textliche Erläuterungen ersetzen.

Ein Beispiel für die Ausführung einer Wartungs- bzw. Inspektionsliste zeigt Tab. **3**.233.

Bildzeichen sind in Tab. **3**.234 dargestellt.

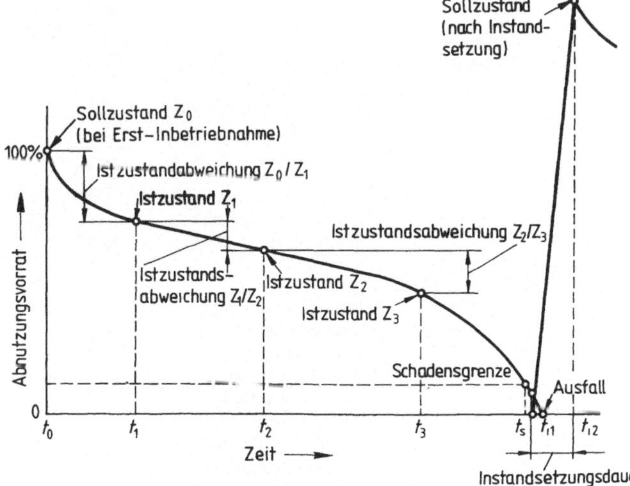

Istzustände Z_1, Z_2, Z_3 durch Inspektion festgestellt.

Bild **3**.232 Erläuterung des Begriffskomplexes „Abnutzung/Abnutzungsvorrat"

Tabelle **3**.233 Beispiel für die Ausführung einer Wartungs- bzw. Inspektionsliste

	Hersteller	Wartungsliste/Inspektionsliste					Erzeugnis ... Liste Nr ...
Lfd. Nr.	Auszuführende Arbeiten	Meß- und Prüfgröße Betriebs- und Hilfsstoffe	Häufigkeit m	 3m	 6m	 a	Bemerkungen
1	E-Motor						
1.1	Lagertemperatur prüfen	60 °C max.		X			
1.2	Zustand der Kohlebürsten prüfen				X		
2	Getriebe						
2.1	Ölstand prüfen		X				
2.2	Öl wechseln	Schmieröl DIN 51 517 – C 100				X	
①	②	③	④				⑤

① Benummerung nach DIN 1421 T1 (s. Norm)

② Wartungs- bzw. Inspektionsarbeiten entsprechend dem gewählten Gliederungsschema angeben.

③ Bei Betriebs- und Hilfsstoffen firmenneutrale Bezeichnungen, z. B. nach DIN, SAE usw. angeben.

④ Unter Häufigkeiten können Zeitintervalle z. B. abgekürzt wie folgt angegeben werden:

h = stündlich w = wöchentlich a = jährlich
d = täglich m = monatlich usw.

Vielfache solcher Häufigkeiten werden durch vorangestellte Zahlen gekennzeichnet, z. B.:

6m = alle 6 Monate

⑤ Hier können z. B. folgende Abgaben erscheinen:

- Sonderwerkzeuge, Meß- und Prüfgeräte, Anschlagmittel, Hilfsmittel, Vorrichtungen
- Prüfung bei einem bestimmten Betriebszustand
- Verweis auf ergänzende Instandhaltungsunterlagen
- Hinweis auf besondere Gefahren
- Sicherheitseinrichtungen und -maßnahmen, persönliche Schutzausrüstung

Tabelle **3**.234 Bildzeichen für Instandhaltung nach DIN 11 042 T1

Bildzeichen	Benennung	Erläuterung – Hinweis
	Abbauen, Ausbauen	Bevor eine Baugruppe zerlegt werden kann, werden alle diese Tätigkeit behindernden Teile abgebaut oder ausgebaut.
	Zusammenbauen	Zusammenbauen von Einzelteilen zu einer Baugruppe
	Einbauen, Anbauen	Nachdem eine vorher zerlegte Baugruppe wieder zusammengebaut worden ist, werden alle Teile, die beim Zerlegen hinderlich waren, wieder eingebaut oder angebaut.
	Einfüllen, Auffüllen, Nachfüllen	Aufforderung zum Einfüllen von flüssigen oder festen Stoffen, z. B. Schmierstoffe, Bremsflüssigkeit.
	Bei Bedarf auswechseln	Erst nach Prüfung wiederverwendbar, falls notwendig auswechseln
	Bei jeder Montage auswechseln	Nicht wieder verwendbar
	Einölen	Teile werden aus arbeitstechnischen Gründen eingeölt
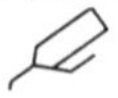	Schmieren mit Öl	Teile sind mit Öl zu schmieren. Die Ölsorte und -menge kann unter dem Bild angegeben werden.

Verschleiß und Schmierung

Schmiernippel s. Abschn. 2.2.2

Nach DIN 31 051 ist der Verschleiß ein Kriterium für die Abnutzung. In DIN 50 320 wird diese Erscheinung Verschleiß für alle Bereiche der Technik ausführlich behandelt.

Verschleiß ist der fortschreitende Materialverlust aus der Oberfläche eines festen Körpers, hervorgerufen durch mechanische Ursachen, d.h. Kontakt und Relativbewegung eines festen, flüssigen oder gasförmigen Gegenkörpers.

Hinweis Die Beanspruchung der Oberfläche eines festen Körpers durch Kontakt und Relativbewegung eines festen, flüssigen oder gasförmigen Gegenkörpers wird als tribologische Beanspruchung bezeichnet.

Verschleiß tritt in der Technik an Bauteilen auf, deren technische Funktion mit tribologischen Beanspruchungen verbunden ist. Im Unterschied zu den Festigkeitseigenschaften wie Zugfestigkeit, Druckfestigkeit usw., die als „stoffbezogene" Werkstoffkenngrößen angesehen werden, resultiert der unter tribologischen Beanspruchungen auftretende Verschleiß aus dem Zusammenwirken aller am Verschleißvorgang beteiligten Teile einer technischen Konstruktion und kann nur durch „systembezogene" Verschleißkenngrößen beschrieben werden. Ein tribologisches System (oder „Tribosystem") ist schematisch in Bild **3**.236 dargestellt.

Ein Mittel, den Verschleiß zu mindern, ist die Schmierung. DIN 8659 T1 enthält Schmieranleitungen für Werkzeugmaschinen. Danach muß eine Schmieranleitung folgende technische Daten enthalten:

- Die zu schmierenden Bauteile der Werkzeugmaschine
- Die genaue Lage aller Eingriffstellen
- **Die Art des vorzunehmenden Eingriffes** (Kontrolle, Nachfüllen, Reinigen, Schmierstoffwechsel, Betätigung eines Hebels usw.)
- Die Bezeichnung der zu verwendenden Schmierstoffe und das Fassungsvermögen der Behälter
- Das Zeitintorvall in Betriebsstunden der Maschine, in welchem die Eingriffe an der Eingriffstelle zu erfolgen haben.

Ein Beispiel für eine Schmieranleitung für eine Außen-Rundschleifmaschine zeigen Bild **3**.236 und Tab. **3**.237.

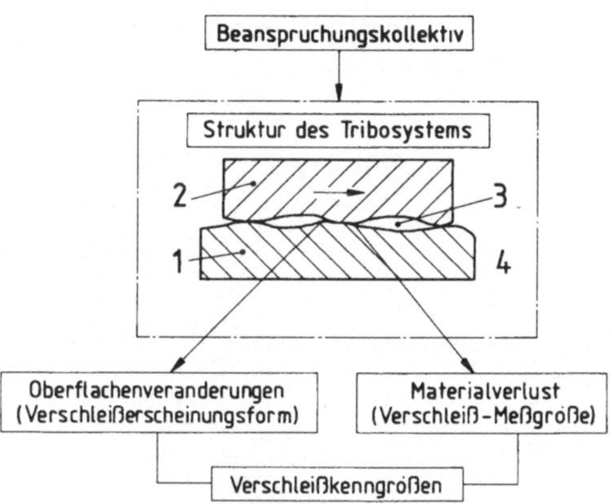

Bild **3**.235 Darstellung eines tribologischen Systems
1 Grundkörper
2 Gegenkörper
3 Zwischenstoff
4 Umgebungsmedium

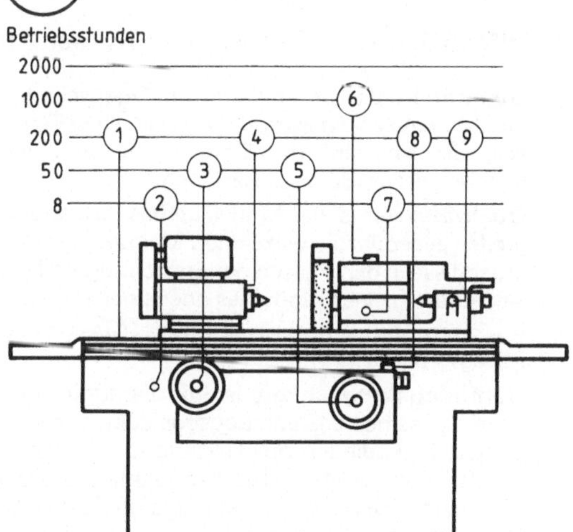

Achtung! Vor der Schmierung alle Eingriffstellen reinigen!

Bild **3**.236 Bildliche Darstellung in einer Schmieranleitung für eine Außen-Rundschleifmaschine

Tabelle 3.237 Angaben in einer Schmieranleitung für eine Außen-Rundschleifmaschine

Maschinenteile	Tisch-führungsbahnen		Tisch-Verschiebung	Werk-stück-spindel	Schleif-scheiben-Zustellung	Schleifspindel		Schleif-scheiben-Feinzu-stellung	Reit-stock
Nr der Eingriffstelle (s. Bild 3.236)	1	2	3	4	5	6	7	8	9
Art des Eingriffes – Bildzeichen des Eingriffes [1])	↓	↓▽	↓	↓	↓	↓	↓▽	↓	↓
Prüfen (h)									
Prüfen und evtl nachfüllen (h)		8					8		
Betätigen (h)									
Auffüllen (h)	200		50	200	50	1000		200	200
Reinigen oder ersetzen (h)									
Austauschen (h)									
Schmierstoff [2]) nach ISO 3498-1979	G 68		G 68	XM 2	G 68	FC 10		G 68	G 68
Schmierstoff [2]) nach DIN 8659 T2	CG 68		CG 68	K2K	CG 68	CL 10		CG 68	CG 68
Behälterkapazität (l)	2		0,3	0,1	0,3	1,5		0,1	0,1

[1]) Die Bildzeichen bedeuten:

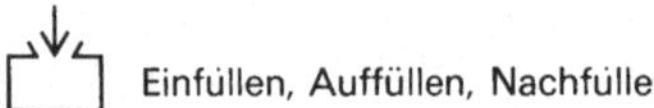
Einfüllen, Auffüllen, Nachfüllen

Bis auf Niveau nachfüllen

[2]) s. Normen

3.5 Qualitätssicherung

3.5.1 Grundbegriffe

DIN 55 350 T11 (Sep 1980), T13 (Jan 1981)

Qualität ist die Gesamtheit von Eigenschaften und Merkmalen eines Produktes oder einer Tätigkeit, die sich auf die Eignung zur Erfüllung gegebener Erfordernisse beziehen.

Qualitätskreis ist das Modell für das Ineinandergreifen aller qualitätswirksamen Maßnahmen und Ergebnisse in den Phasen der Entstehung und der Anwendung eines Produktes oder einer Tätigkeit.

Bild 3.238 zeigt ein Beispiel des Qualitätskreises für ein auftragsgebundenes Projekt.

Gebrauchstauglichkeit ist die Eignung eines Gutes für seinen bestimmungsgemäßen Verwendungszweck, die auf objektiv und nicht objektiv feststellbaren Gebrauchseigenschaften beruht und deren Beurteilung sich aus individuellen Bedürfnissen ableitet.

Qualitätssicherung umfaßt die Maßnahmen zur Erzielung der geforderten Qualität.

Anmerkung Bestandteile der Qualitätssicherung sind die Qualitätsplanung, die Qualitätslenkung und die Qualitätsprüfung.

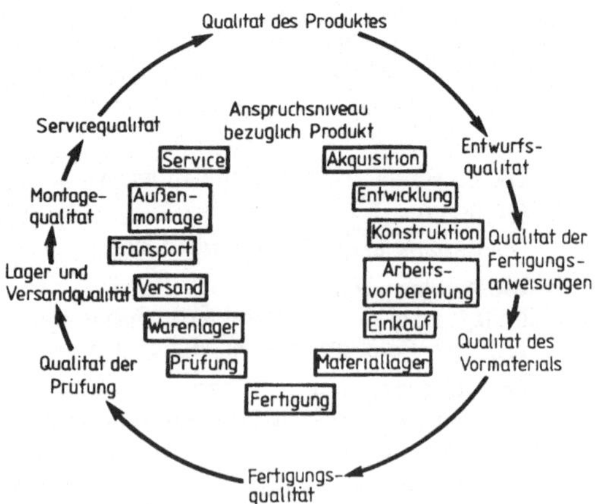

Bild 3.238 Beispiel eines Qualitätskreises nach DIN 55 350 T11

Genauigkeit ist die allgemeine qualitative Bezeichnung für die Annäherung von Beurteilungsergebnissen (Beobachtungs-, Berechnungs- sowie statistische Schätzergebnisse) an die exakten oder an die wahren Werte.

Anmerkung Es wird dringend davon abgeraten, quantitative Angaben für die Annäherung von Beurteilungsergebnissen an die exakten oder wahren Werte mit der Benennung „Genauigkeit" zu versehen. Hierfür ist die Benennung „Ergebnisunsicherheit", bei Meßergebnissen die Benennung „Meßunsicherheit", vorgesehen.

Präzision ist die quantitative Bezeichnung für das Ausmaß der Übereinstimmung zwischen Ergebnissen, wie sie bei wiederholter Anwendung eines festgelegten Ermittlungsverfahrens gewonnen werden.

Anmerkung In der Meßtechnik werden als Maß für die Präzision im allgemeinen die Standardabweichung der unter Wiederholbedingungen gewonnenen Meßwerte oder/und die Standardabweichung der unter Vergleichbedingungen gewonnenen Meßwerte verwendet.

Wiederholbarkeit (qualitativ) ist das Außmaß der Übereinstimmung zwischen Ergebnissen, wie sie bei wiederholter Anwendung eines festgelegten Ermittlungsverfahrens am identischen Untersuchungsobjekt in kurzen Zeitabständen unter denselben Bedingungen (derselbe Beobachter, diesselben Geräte und derselbe Untersuchungsort/dasselbe Labor) gewonnen werden.

Vergleichbarkeit (qualitativ) ist das Ausmaß der Übereinstimmung zwischen Ergebnissen, wie sie bei Anwendung eines festgelegten Ermittlungsverfahrens am identischen Untersuchungsobjekt zu verschiedenen Zeiten unter verschiedenen Bedingungen (verschiedene Beobachter, verschiedene Geräte und verschiedene Untersuchungsorte/Labors) gewonnen werden.

Die Wiederholbarkeit bzw. die Vergleichbarkeit ist quantitativ der Betrag, unter dem der Absolutwert der Differenz zwischen zwei unter den genannten Bedingungen gewonnenen Einzelergebnissen mit einer vorgegebenen Wahrscheinlichkeit oder, bei Fehlen einer anderen Vorgabe, mit einer Wahrscheinlichkeit von 95% erwartet werden kann.

3.5.2 Messen und Prüfen

Grundbegriffe der Meßtechnik

DIN 1319 T1 (Nov 1971), T2 (Jan 1980), T3 (Aug 1983)

Prüfen heißt feststellen, ob der Prüfgegenstand (Probekörper, Probe, Meßgerät) eine oder mehrere vereinbarte oder vorgeschriebene oder erwartete Bedingungen erfüllt, insbesondere ob vorgegebene Fehlergrenzen oder Toleranzen eingehalten werden. Mit dem Prüfen ist daher immer eine Entscheidung verbunden.

Das Prüfen kann subjektiv durch Sinneswahrnehmung ohne Hilfsgerät oder objektiv mit Meßgeräten oder mit Prüfgeräten, die auch automatisch arbeiten können, geschehen. Ein subjektives Prüfen führt meist nur zu einer qualitativen Angabe.

Messen ist der experimentelle Vorgang, durch den ein spezieller Wert einer physikalischen Größe als Vielfaches einer Einheit oder eines Bezugswertes ermittelt wird.

Kalibrieren ist in der Meßtechnik das Feststellen des Zusammenhanges zwischen Ausgangsgröße und Eingangsgröße, z. B. zwischen Anzeige und Meßgröße. Bei benannten Skalen wird durch das Kalibrieren der Fehler der Anzeige eines Meßgerätes oder der Fehler einer Maßverkörperung festgestellt, wie er in DIN 1319 T3, Ausg. Dez 1968, Abschn. 3, als Differenz zwischen Istanzeige und richtigem Wert der Meßgröße (Sollanzeige) oder zwischen Nennmaß (Nennwert) und richtigem Wert definiert ist.

Justieren im Bereich der Meßtechnik heißt, ein Meßgerät oder eine Maßverkörperung so einstellen oder abgleichen, daß die Ausgangsgröße (z. B. die Anzeige) vom richtigen Wert oder als richtig geltenden Wert so wenig wie möglich abweicht, oder daß die Abweichungen innerhalb der Fehlergrenzen bleiben. Das Justieren erfordert also einen Eingriff, der das Meßgerät oder die Maßverkörperung oft bleibend verändert.

Das **Eichen** eines Meßgerätes oder einer Maßverkörperung umfaßt die von der zuständigen Eichbehörde nach den Eichvorschriften vorzunehmenden Prüfungen und die Stempelung. Durch die Prüfung wird festgestellt, ob das vorgelegte Meßgerät den Eichvorschriften entspricht. Welche Meßgeräte der Eichpflicht unterliegen und welche davon befreit sind, ist gesetzlich geregelt.

Beispiele Eichen von Waagen, Gewichtstücken, Druckmeßgeräten, Fieberthermometern, Meßgeräten für Gase (Gaszähler).

Ein **anzeigendes Meßgerät** ist dadurch gekennzeichnet, daß die von ihm angebotene oder ausgegebene Information, der Meßwert unmittelbar abgelesen oder abgenommen werden kann.

Anmerkung Als anzeigendes Meßgerät gilt auch ein Meßgerät mit Nullanzeige (Skalen- oder Ziffernanzeige) in einer Meßeinrichtung, wobei der der Nullage zugeordnete Meßwert durch ein Vergleichsnormal gegeben ist.

Ein **registrierendes Meßgerät** zeichnet einzelne Meßwerte oder den Verlauf – und zwar meist den zeitlichen Verlauf – von Meßwerten auf (Schreiber, Drucker).

Ein **zählendes Meßgerät** gibt als Meßwert eine Anzahl aus (z. B. Stückzähler, Meßeinrichtung zum Zählen von α-Teilchen) oder die Summe von Quantisierungseinheiten (z. B. Wasserzähler mit Meßkammern, Kolbengaszähler mit zählendem Meßwerk), oder es gehört zu den meist ebenfalls „Zähler" genannten, eine Meßgröße über die Zeit integrierenden Meßgeräten (z. B. Elektrizitätszähler, Gasdurchfluß-Integratoren).

Die **Empfindlichkeit** eines Meßgerätes (unter Umständen an einer bestimmten Stelle) ist der Quotient einer beobachteten Änderung des Ausgangssignals (oder der Anzeige) durch die sie verursachende (hinreichend kleine) Änderung des Eingangssignals (oder der Meßgröße). Der Begriff der Empfindlichkeit wird vorwiegend bei anzeigenden Meßgeräten verwendet.

Fehlergrenzen sind vereinbarte Höchstbeträge für (positive oder negative) Abweichungen.

Fehlergrenzen werden im wesentlichen im Hinblick auf systematische Abweichungen der Meßwerte vom richtigen Wert oder einem anderen festgelegten oder vereinbarten Wert der Meßgröße vorgegeben; sie dürfen auch durch zufällige Abweichungen nicht überschritten werden.

Das endgültige Meßergebnis aus einer Meßreihe ist der um die bekannten systematischen Abweichungen berichtigte Mittelwert verbunden mit einem Intervall, in dem vermutlich der wahre Wert der Meßgröße liegt. Die Differenz zwischen der oberen Grenze dieses Intervalls und dem korrigierten Mittelwert bzw. die Differenz zwischen dem korrigierten Mittelwert und der unteren Grenze dieses Intervalls wird als **Meßunsicherheit** bezeichnet. Meistens, aber nicht immer, haben beide Differenzen den gleichen Wert.

3.5.2.1 Längenmeß- und Längenprüftechnik

Längenmeßgeräte

DIN 862 (Mrz 1979), **DIN 863 T2** (Jun 1981), **DIN 878** (Jan 1979), **DIN 2270** (Sep 1976)

Tabelle **3.**239 Übersicht über genormte Längenmeßgeräte

<table>
<tr><th colspan="2">Benennung</th><th>Skalenteilungswert</th><th>Meßbereich</th><th>nach</th><th>siehe</th></tr>
<tr><td colspan="2">Parallelendmaße</td><td>–</td><td>bis 1000</td><td>DIN 861 T1</td><td>Norm</td></tr>
<tr><td colspan="2">Meßschieber</td><td>0,1 oder 0,05</td><td>bis 2000</td><td>DIN 862</td><td>Bild 3.240</td></tr>
<tr><td rowspan="3">Meß-schrauben</td><td>Bügelmeßschraube</td><td>0,01</td><td>bis 500</td><td>DIN 863 T1</td><td>Norm</td></tr>
<tr><td>Einbaumeßschraube</td><td>0,01</td><td>bis 25</td><td>DIN 863 T2</td><td>Norm</td></tr>
<tr><td>Tiefenmeßschraube</td><td>0,01</td><td>bis 25</td><td>DIN 863 T2</td><td>Bild 3.242</td></tr>
<tr><td colspan="2">Meßuhren</td><td>0,01</td><td>bis 10</td><td>DIN 878</td><td>Bild 3.243</td></tr>
<tr><td rowspan="2">Fein-zeiger</td><td>mit mechanischer Anzeige</td><td>50, 10, 5, 2, 1 oder 0,5 μm</td><td>bis 3</td><td>DIN 879 T1</td><td>Norm</td></tr>
<tr><td>mit elektrischen Grenzkontakten</td><td>50, 10, 5, 2, 1 oder 0,5 μm</td><td>bis 3</td><td>DIN 879 T3</td><td>Norm</td></tr>
<tr><td colspan="2">Fühlhebelmeßgeräte</td><td>0,01</td><td>bis 1,6</td><td>DIN 2270</td><td>Bild 3.244</td></tr>
</table>

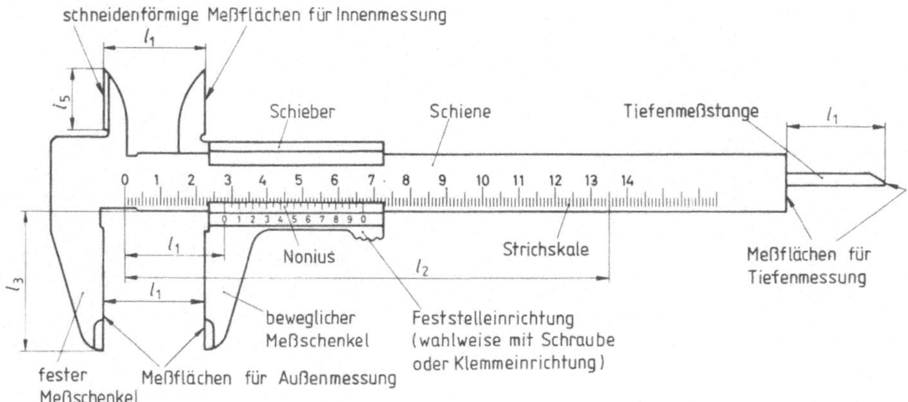

Bild **3**.240 Meßschieber nach DIN 862

Tabelle **3**.241 Maße für Meßschieber

Meßbereich			Zulässige Abweichungen der Anzeige	
l_2	l_3	l_5	für Meßlänge l_1	µm
0 bis 135 0 bis 160 0 bis 200	40 40 60	8 8 8	0 bis 200	40
0 bis 250 0 bis 300	75 90	10 10	über 200 bis 300	50

Anwendungshinweise für Meßschieber

Spiel im Lauf des Schiebers und starkes Andrücken des beweglichen Meßschenkels an den Prüfgegenstand bewirken ein Abkippen des Schiebers und elastische Verbiegung der Schiene. Dadurch entstehen Winkelfehler, die den Meßwert und die Meßunsicherheit beeinflussen. Um die Winkelfehler klein zu halten, soll der Prüfgegenstand nahe an der Schiene an den Meßflächen des Meßschiebers anliegen.

Anwendungshinweise für Meßuhren (s. Bild 3.243)

Es ist darauf zu achten, daß der Meßbolzen beim Einspannen des Einspannschaftes nicht verklemmt wird.

Der Meßbolzen darf weder geölt noch gefettet werden, da anderenfalls das Meßergebnis negativ beeinflußt wird.

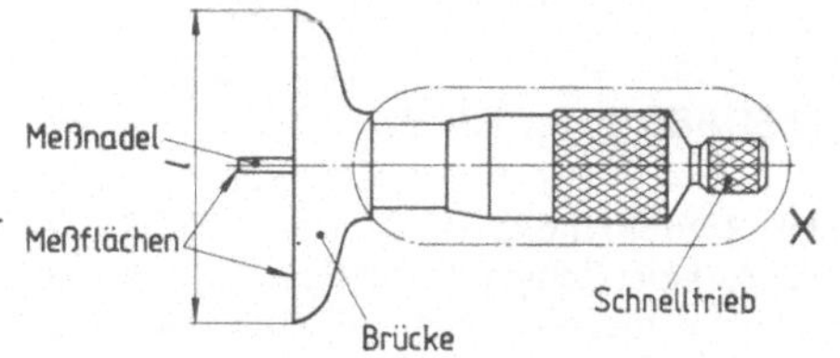

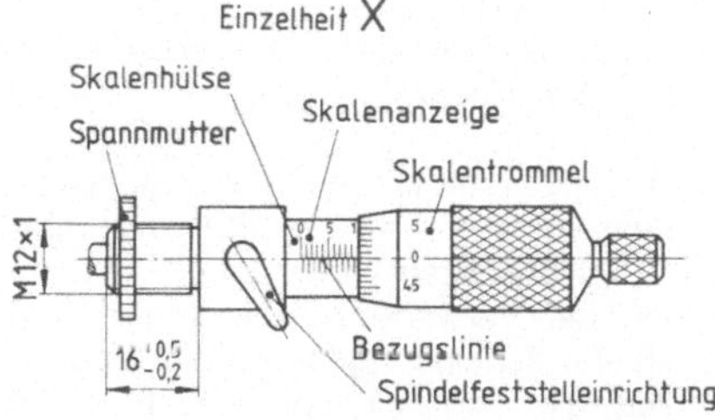

Bild **3**.242 Tiefenmeßschraube nach DIN 863 T2

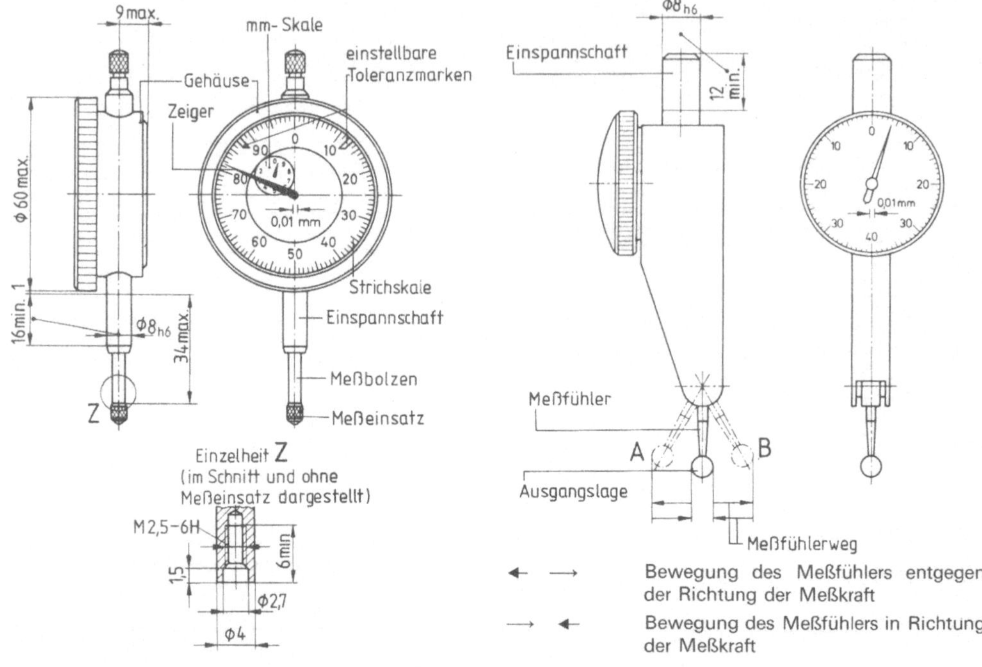

Bild **3**.243 Meßuhr nach DIN 878

Bild **3**.244 Fühlhebelmeßgerät nach DIN 2270

Messung von Schichtdicken

DIN 50948 (Apr 1980), DIN 50982 T1, T2, und T3 (jeweils Mai 1978), DIN 50986 (Mrz 1979)

Unter **Schichtdicke** wird nach DIN 50982 T1 die Dicke einer Schicht (einer Beschichtung, eines Überzuges oder einer Auflage) auf einem Grundwerkstoff verstanden, die schützende, dekorative oder funktionelle Aufgaben zu erfüllen hat.

Anmerkung Die Schichtdicke wird in µm oder mm angegeben und die flächenbezogene Masse in g/m².

Wesentliche Fläche ist der Oberflächenbereich eines Gegenstandes, an dem die vorgesehene Schicht (Schichtsystem) vorhanden sein muß und alle für den Verwendungszweck und für das Aussehen erforderliche Eigenschaften, insbesondere auch die vorgeschriebene Schichtdicke, vorliegen müssen.

Referenzflächen sind die Oberflächenteilbereiche von wesentlichen Flächen, innerhalb denen eine festzulegende Anzahl von Einzelmessungen auszuführen ist.

Meßstelle ist der Oberflächenbereich innerhalb einer Referenzfläche, der für eine Einzelmessung erforderlich ist und einen Meßwert liefert.

Die **örtliche Schichtdicke** ist der arithmetische Mittelwert aus den Einzelmessungen, die im Bereich einer Referenzfläche ausgeführt werden.

Gebräuchliche Verfahren zur Messung von Schichtdicken enthält DIN 50982 T2, z. B.:

Magnetische Verfahren

Beim magnetisch-induktiven Meßprinzip wird die Abhängigkeit des magnetischen Flusses, der von der Meßsonde durch die nichtferromagnetische Schicht zum ferromagnetischen Grundwerkstoff fließt, zur Messung der Schichtdicke ausgenutzt. Je dicker die Schicht ist, desto geringer ist der magnetische Fluß.

Im allgemeinen können Schichten von 2 µm bis zu mehreren cm Dicke gemessen werden.

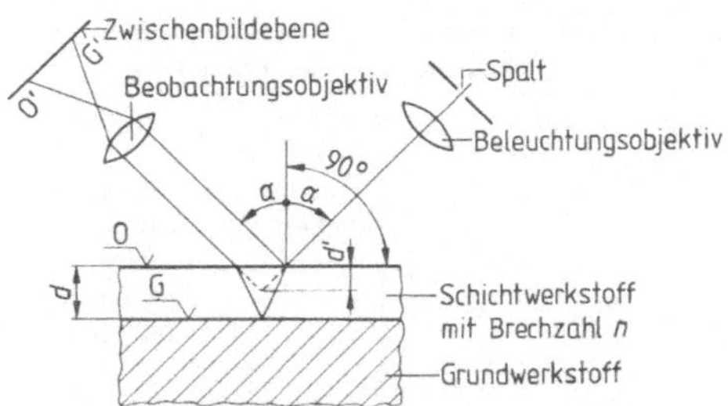

Bild 3.245 Strahlenverlauf bei der Messung der Schichtdicke d mit dem Lichtschnitt-Verfahren bei transparenter Schicht (d' scheinbare Schichtdicke) nach DIN 50948

O = Oberfläche der Schicht

G = Grenzfläche zwischen Grundwerkstoff und Schicht

O' und G' = Spaltbilder zu O und G

Lichtschnittverfahren

Im Lichtschnittmikroskop wird ein durch eine Lichtquelle beleuchteter Spalt unter einem zur Probenoberfläche festliegenden Winkel α (z. B. 45°) auf der Probenoberfläche abgebildet. Durch Reflexion, teilweise an der Oberfläche der Schicht und teilweise an der Grenzfläche zwischen Schicht und Grundwerkstoff, entstehen zwei Spaltbilder, deren Abstand gemessen wird. Der Abstand der beiden Spaltbilder stellt unter Berückrichtigung der Brechzahl n der transparenten Schicht ein Maß für die gesuchte Schichtdicke dar.

Im allgemeinen können Schichten von 5 bis 400 µm Dicke gemessen werden.

Das zerstörungsfrei arbeitende Lichtschnittverfahren ist zur Dickenmessung von transparenten Schichten, wie sie z. B. bei anodisch oxidiertem Aluminium oder Lackierungen mit Klarlacken vorliegen, geeignet. (Strahlenverlauf bei einem Lichtschnitt-Verfahren nach DIN 50948 s. Bild 3.245).

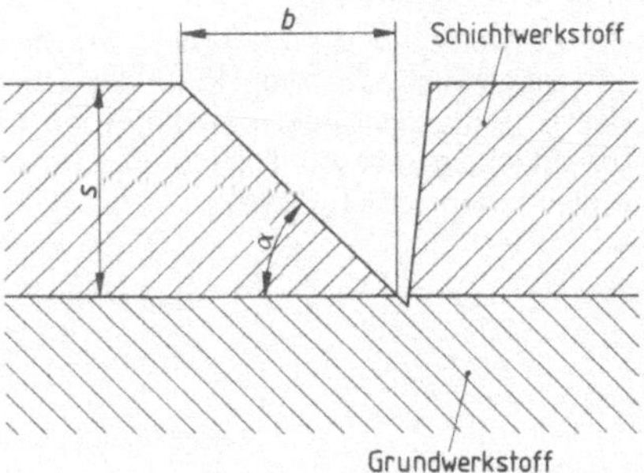

Bild 3.246 Schematische Darstellung eines Keilschnitts nach DIN 50986

Keilschnitt-Verfahren

Mit einer geschliffenen Schneide mit ausreichender Härte wird die zu prüfende Schicht durchgeritzt, wobei ein keilförmiger Schnitt mit einer bestimmten Winkelneigung entsteht. Bei bekanntem Schnittwinkel α kann mit Hilfe eines Meßmikroskops, Lichtschnittmikroskop o. ä., aus der Breite b des Anschnitts der Schicht deren Dicke s ermittelt werden. Schematische Darstellung eines Keilschnitts nach DIN 50986 s. Bild 3.246.

Es können im allgemeinen Schichtdicken von etwa 10 µm bis 2 mm gemessen werden.

Das Keilschnitt-Verfahren ist zur Messung der Dicke von Anstrichen und ähnlichen Beschichtungen einsetzbar.

Abhängigkeit des Meßwertes vom Schnittwinkel. Zwischen der Schichtdicke s, der Projektion b der Schnittflanke der Schicht und dem Schnittwinkel α (s. Bild 3.246) besteht die Beziehung:

$$s = b \cdot \tan\alpha$$

Bei einem Schnittwinkel von 45° ist b gleich der Schichtdicke s. Bei dünneren Schichten kann die Meßunsicherheit verringert werden, wenn ein kleinerer Schnittwinkel als 45° gewählt wird.

Die Tab. 3.247 enthält Angaben für Ausführungsformen von Meßmikroskopen, bei denen die Skale in 100 Teile geteilt ist.

Tabelle 3.247 Angaben zu Meßmikroskopen fur die Messung von Schichtdicken

Schnittwinkel α	tan α	größte meßbare Schichtdicke s in µm	Umrechnungsfaktor: Schichtdicke je Skalenteil (Skt) in µm/Skt
45°	1	2000	20
26,6°	0,5	1000	10
21,8°	0,4	800	8
5,7°	0,1	200	2
4,3°	0,075	150	1,5

Bei Verwendung eines Lichtschnittmikroskops bleibt eine Anderung des Schnittwinkels ohne Einfluß auf den Meßwert. Es können im allgemeinen Schichtdicken bis zu etwa 400 µm gemessen werden.

Differenzdickenmessung

Mit einem Feinzeiger wird an der gleichen Stelle oder dicht nebeneinander die Höhe der Oberfläche des Grundwerkstoffes und die Höhe der Schichtoberfläche gemessen. Die Höhendifferenz ist dann gleich der Schichtdicke.

Im allgemeinen können Schichten von 2 µm bis zu mehreren mm Dicke gemessen werden.

Die Differenzdickenmessung ist für alle Materialien geeignet, an denen eine ausmeßbare Stufe zwischen Schicht- und Grundwerkstoffoberfläche vorliegt oder erzeugt werden kann, s. DIN 50933 (s. Norm).

Auswertung von Schichtdickenmessungen nach DIN 50982 T3. Aus n Einzelmeßwerten x_i innerhalb einer Referenzfläche ergibt sich die örtliche Schichtdicke $\bar{x}_j$ (s. DIN 50982 T1) als arithmetischer Mittelwert nach folgender Gleichung:

$$\bar{x}_j = \frac{x_1 + x_2 + \ldots + x_n}{n}$$

Aus den örtlichen Schichtdicken $\bar{x}_j$ innerhalb der wesentlichen Fläche ergibt sich die Schichtdicke $\bar{x}$ der wesentlichen Fläche als arithmetischer Mittelwert nach folgender Gleichung:

$$\bar{x} = \frac{\bar{x}_1 + \bar{x}_2 + \ldots + \bar{x}_m}{m}$$

m = Anzahl der Referenzflächen innerhalb der wesentlichen Fläche

Längenprüftechnik

DIN 2257 T1 (Nov 1982), **DIN 2259** (Okt 1982)

Grundlagen für das Lehren

Lehren ist nach DIN 2257 T1 das Feststellen, ob bestimmte Längen, Winkel oder Formen eines Prüfgegenstandes, die durch Maß- oder Formverkörperungen – die Lehren – gegebenen Grenzen einhalten oder in welcher Richtung diese überschreiten. Der Betrag der Abweichung wird nicht festgestellt. Eine Grenzlehrung erfordert zwei Maßverkörperungen, die dem Größtmaß und dem Kleinstmaß entsprechen.

Eine **Lehre** verkörpert Maße, Formen oder beides, die in der Regel auf Grenzmaße bezogen sind.

Der **Tylorsche Grundsatz** bezieht sich auf die Gestaltung und Anwendung von Lehren und besagt:

Die **Gutlehre**, die man mit jedem als gut zu bezeichnenden Prüfgegenstand paaren kann, muß jedem Element der zu prüfenden Werkstückfläche ein eigenes Flächenelement gegenüberstellen. Damit werden sowohl die Form als auch die Abmessungen geprüft. Die Gutlehre muß also so ausgebildet sein, daß sie die zu prüfende Form in ihrer Gesamtwirkung prüft.

Die **Ausschußlehre**, die man mit einem als gut zu bezeichnenden Prüfgegenstand nicht paaren kann, soll dagegen so kleine Flächenelemente besitzen, daß sie durch Paarung mit sehr kleinen Elementen der zu prüfenden Werkstückfläche das Nichteinhalten des geforderten Grenzmaßes anzeigt. Damit werden nur einzelne Abmessungen des Prüfgegenstandes geprüft.

Lehren für Rundpassungen

Tabelle **3**.248 Arbeitslehren für Innenmaße (Bohrungslehren) nach DIN 2259

Art der Lehre	Arbeitslehre mit Beschriftungsbeispiel[1]) und Kennzeichnungsangabe	Nenndurchmesserbereich	Form und Baumaße[2])
Gutlehrdorne	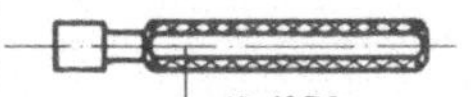 +13 10F8	über 5 bis 40	Form Z nach DIN 2246 T1
	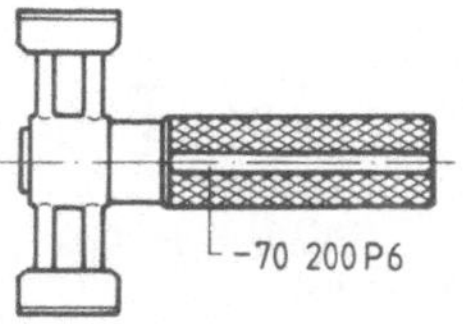 −70 200P6	über 120 bis 200	Form FG nach DIN 2246 T2
Ausschußlehrdorne	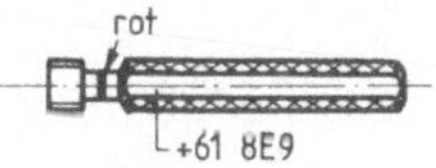 rot +61 8E9	über 5 bis 40	Form V nach DIN 2247 T1
	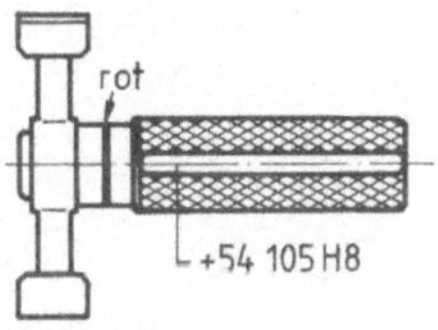 rot +54 105H8	über 120 bis 200	Form FA nach DIN 2247 T4
Grenzlehrdorn	 rot −20 50M6 −4	über 40 bis 65	Form Z nach DIN 2245 T2

[1]) Beschriftung: Nennmaß mit Toleranzfeld und oberes und/oder unteres Abmaß in μm
[2]) s. angegebene Normen

Tabelle **3**.249 Arbeitslehren für Außenmaße (Wellenlehren) nach DIN 2259

Art der Lehre	Arbeitslehre mit Beschriftungsbeispiel[1]) und Kennzeichnungsangabe	Nenndurchmesserbereich	Baumaße nach
Gutlehrring	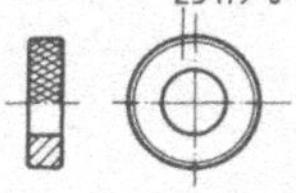 25h9 0	1 bis 100	DIN 2250 T1 (s. Norm)
Ausschußlehrring (Feinwerktechnik)	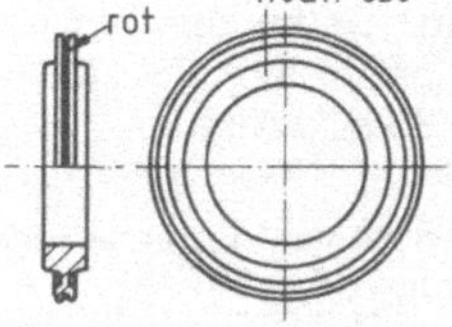 rot 170a11−830	über 50 bis 315	DIN 2254 T2 (s. Norm)
Gutrachenlehre	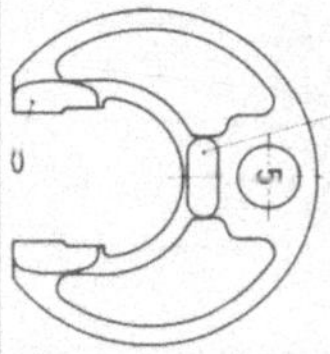 0 90h6 5	über 3 bis 100	DIN 2233 (s. Norm)
Ausschußrachenlehre	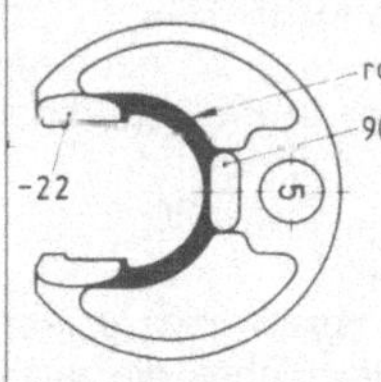 rot 90h6 −22 5	über 3 bis 100	DIN 2232 (s. Norm)

[1]) Beschriftung auf einer Stirnfläche: Nennmaß mit Toleranzfeld und oberes bzw. unteres Abmaß in μm

3.5.2.2 Werkstoffprüfung

Prüfung metallischer Werkstoffe

DIN 50115 (Feb 1975), **DIN 50145** (Mai 1975), **DIN 51222** (Jan 1979)

Beim Zugversuch nach DIN 50145 werden eine oder mehrere der nachstehend beschriebenen Festigkeits- und Verformungskenngrößen bestimmt. Dazu wird eine Zugprobe gedehnt, im allgemeinen bis zum Bruch, und die dabei erforderliche Zugkraft gemessen. Wichtige Kenngrößen sind dabei die Meßlängen an der Zugprobe.

Die Meßlänge L ist in jedem Augenblick des Zugversuches die Länge im zylindrischen oder prismatischen Teil der Zugprobe, die durch zwei Meßmarken gekennzeichnet ist.

Die Anfangsmeßlänge L_0 ist die Meßlänge der Zugprobe vor dem Versuch, gemessen bei einer Raumtemperatur von 18 bis 28 °C nach DIN 50014 (s. Norm).

Die Meßlänge nach dem Bruch L_u ist die Meßlänge nach sorgfältigem Zusammenfügen der beiden Bruchstücke der Zugprobe.

Die Verlängerung ΔL ist in jedem Augenblick des Zugversuches die Differenz zwischen der Meßlänge L und der Anfangsmeßlänge L_o

$$\Delta L = L - L_o$$

Aus den jeweiligen Längen ergibt sich die Dehnung ε in %.

$$\varepsilon = \frac{\Delta L}{L_o} \cdot 100$$

Man unterscheidet verschiedene Arten der Verlängerungen und Dehnungen. Sie sind in Tab. **3**.250 und beispielhaft für die elastische Dehnung in Bild **3**.251 erläutert.

Tabelle **3**.250 Arten der Verlängerungen und Dehnungen nach DIN 50145

Art	Verlängerung	Dehnung
elastisch	ΔL_e	ε_e
nichtproportional	ΔL_p	ε_p
bleibend	ΔL_r	ε_r
gesamt	ΔL_t	ε_t

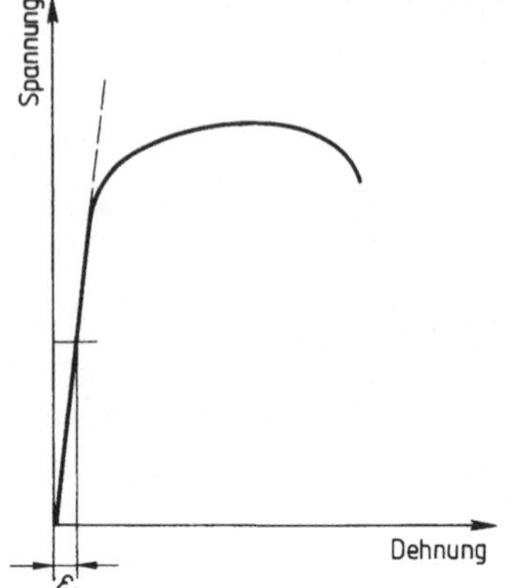

Bild **3**.251 Elastische Dehnung im Spannung-Dehnung-Diagramm

Die Bruchdehnung (Dehnung nach dem Bruch) A ist die auf die Anfangsmeßlänge L_o bezogene bleibende Längenänderung ΔL_r nach dem Bruch der Zugprobe. Sie wird in Prozent angegeben.

$$A = \frac{L_u - L_o}{L_o} \cdot 100 = \frac{\Delta L_r}{L_o} \cdot 100$$

Die Spannung (Nennspannung) σ ist in jedem Augenblick des Zugversuches die auf den Anfangsquerschnitt S_o bezogene Zugkraft F.

$$\sigma = \frac{F}{S_o}$$

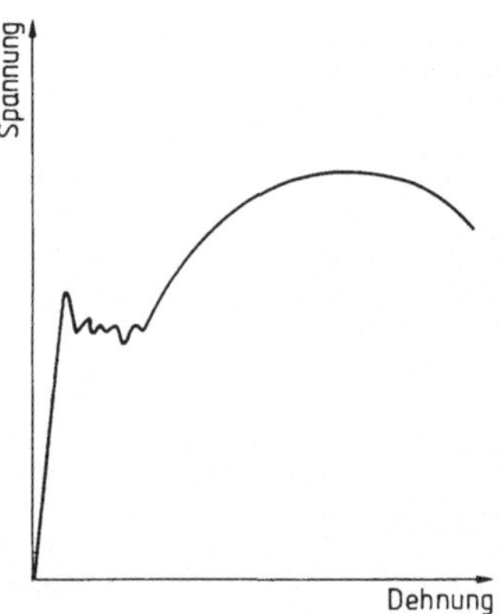

Bild **3**.252 Spannung-Dehnung-Diagramm mit unstetigem Übergang vom elastischen in den plastischen Bereich

Dehngrenze und Streckgrenze

Je nach Werkstoff und/oder Prüfbedingung kann im Spannung-Dehnung-Diagramm der Übergang vom elastischen in den plastischen Bereich stetig (s. z. B. Bild **3**.251) oder unstetig (s. Bild **3**.252) sein. Bei stetigem Übergang werden Dehngrenzen, bei unstetigem Übergang wird die Streckgrenze bestimmt.

Eine wesentliche Kenngröße für viele Werkstoffe ist die Zugfestigkeit R_m.

Sie entspricht der Spannung, die sich aus der auf den Anfangsquerschnitt S_o bezogenen Höchstzugkraft F_m ergibt.

$$R_m = \frac{F_m}{S_o}$$

Kerbschlagbiegeversuch

Der Kerbschlagbiegeversuch nach DIN 50115 an metallischen Werkstoffen dient vor allem

a) zur Güteprüfung der Werkstoffe

b) zur Beurteilung des Bruchverhaltens.

Der Kerbschlagbiegeversuch liefert keinen Kennwert für die Festigkeitsberechnung. Aus ihm kann auch nicht unmittelbar auf die tiefste Einsatztemperatur eines Werkstoffes in einem Bauteil geschlossen werden.

Beim Kerbschlagbiegeversuch wird eine doppelseitig auf zwei Auflagern und gegen zwei Widerlager liegende Probe durch das Schlagwerk mit einem einzigen Schlag entweder durchgebrochen oder durch die Widerlager gezogen. Die dabei verbrauchte Kerbschlagarbeit A_v wird gemessen. Sie wird in der Einheit Joule (J) angegeben. Dem Kurzzeichen A_v wird bei Angabe des Prüfergebnisses das Kurzzeichen der jeweiligen Probenform zugefügt (s. Tab. **3**.253).

Die Prüfung wird mit Pendelschlagwerken nach DIN 51 222 durchgeführt (s. Bild **3**.254).

Tabelle **3**.253 Kerbschlagproben

Benennung	Maße Oberflächen Reihe 1 DIN 3141 [1])	Kurzzeichen
ISO-Spitzkerbprobe	55±0,6; 27,5±0,3; R0,25±0,025; 10±0,1; 10±0,1; 8±0,1; 45°±2°	ISO-V
DVMK-Probe	44±1; 22±0,5; R0,75±0,05; 6±0,1; 6±0,1; 4±0,1	DVMK
Kleinstprobe	27±0,6; 13,5±0,3; R0,1±0,025; 4±0,1; 3±0,1; 3±0,1; 60°±2°	KLST

[1]) Umschlüsselung der Oberflächenangaben nach DIN ISO 1302 s. Abschn. 3.2

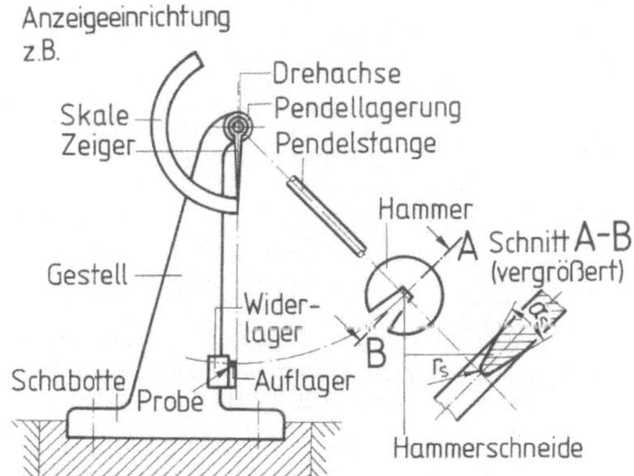

Bild **3**.254 Pendelschlagwerk nach DIN 51 222

Härteprüfung metallischer Werkstoffe

DIN 50103 T1 (Dez 1972), **DIN 50133 T1** (Dez 1972), **DIN 50150** (Dez 1976), **DIN 50351** (Jan 1973)

Die wesentlichsten genormten Verfahren für die Härteprüfung metallischer Werkstoffe sind in Tab. **3**.255 zusammengestellt.

Bei der **Härteprüfung nach Rockwell** wird ein Eindringkörper (Kegel aus Diamant mit gerundeter Spitze oder Kugel aus Stahl) in 2 Stufen in die Probe eingedrückt. Die bleibende Eindringtiefe t_b dieses Eindringkörpers wird unter den nachstehend aufgeführten Bedingungen ermittelt. Aus der Eindringtiefe t_b wird die Rockwellhärte abgeleitet (s. Bild **3**.257).

Tabelle **3**.255 Übersicht über Härteprüfungen

Härteprüfung nach	Kurzzeichen	Prüfkraft in N	Norm
Rockwell T1	HRC	1373	DIN 50103 T1
	HRA	490	
	HRB	883	
Vickers	HV	49 bis 980	DIN 50133 T1
Brinell	HB	12,25 bis 29420	DIN 50351

Tabelle **3**.256 Erklärungen zu Bild **3**.257

Nr. im Bild **3**.256	Zeichen	Begriffe
1	–	Kegelwinkel = 120°
2	–	Rundungshalbmesser der Kegelspitze = 0,200 mm
3	F_0	Prüfvorkraft
4	F_1	Prüfkraft
5	F	Prüfgesamtkraft = $F_0 + F_1$
6	t_0	Eindringtiefe in mm unter der Prüfvorkraft F_0. Durch sie wird die Bezugsebene für die Messung von t_b festgelegt.
7	t_1	Gesamttiefe in mm unter der Prüfkraft F_1
8	t_b	Bleibende Eindringtiefe in mm, gemessen nach Entlastung von F_1 auf F_0
9	e	Bleibende Eindringtiefe, ausgedrückt in Einheiten von 0,002 mm: $e = \frac{t_b}{0{,}002}$
10	HRC HRA	Rockwellhärte = 100 – e

Der ermittelte Härtewert steht vor dem Zeichen fur das angewandte Verfahren, z. B. 45 HRC

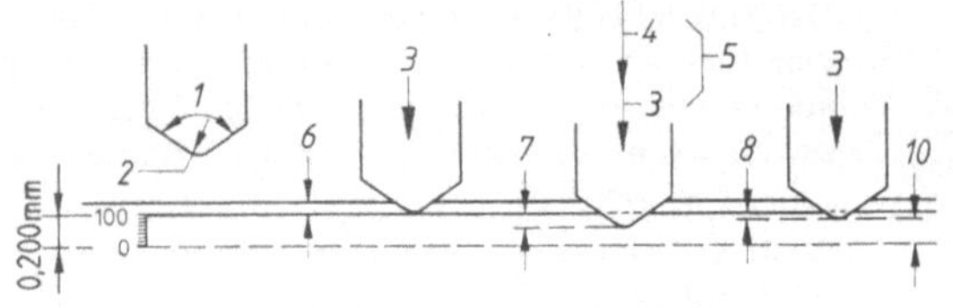

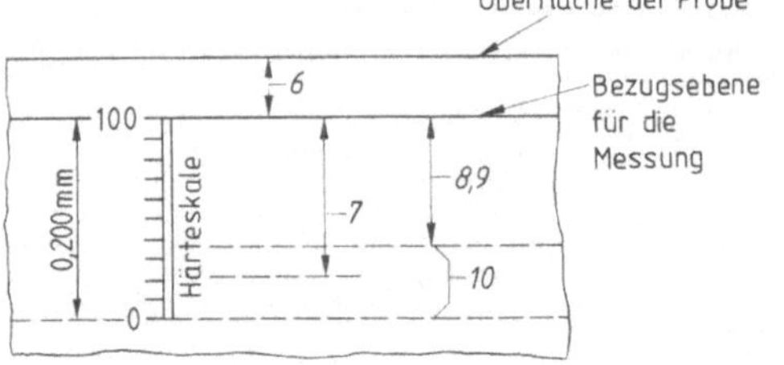

Bild **3**.257 Prinzip der Härteprüfung nach Rockwell C (HRC) und A (HRA)

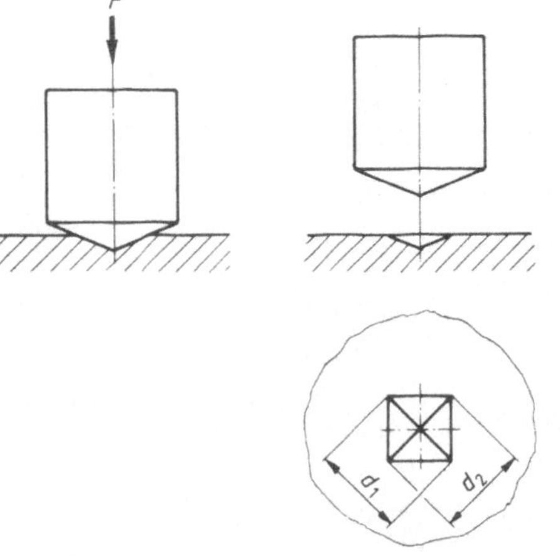

Bild **3**.258 Prinzip der Härteprüfung nach Vickers

Die **Härteprüfung nach Vickers** ist an metallischen Werkstoffen von sehr geringer bis zu sehr hoher Härte anwendbar. Das Verfahren eignet sich besonders für sehr harte Stoffe oder Schichten und für kleine oder dünne Proben.

Bei dem Verfahren wird ein aus Diamant bestehender, als gerade Pyramide mit quadratischer Grundfläche und einem Flächenwinkel von 136° ausgebildeter Eindringkörper mit der gewählten Prüfkraft für eine festgelegte Einwirkdauer in der Probe eingedrückt. Die Längen der Diagonalen des entstandenen bleibenden Eindruckes werden gemessen und daraus der arithmetische Mittelwert gebildet. Die Vickershärte wird aus dem Quotienten von Prüfkraft und Oberfläche des bleibenden Eindrucks errechnet. Für die Praxis sind Tabellen aufgestellt worden, aus denen die Vickershärte entnommen werden kann.

Das Kurzzeichen für die Vickershärte setzt sich zusammen aus den Buchstaben HV, dem mit dem Faktor 0,102 multiplizierten Zahlenwert der Prüfkraft F in N und dem mit einem Schrägstrich angeschlossenen Zahlenwert der Einwirkdauer der Prüfkraft in Sekunden. Ist die Einwirkdauer der Prüfkraft 10 bis 15 Sekunden, so wird sie im Kurzzeichen nicht angegeben. Der Härtewert steht vor diesem Kurzzeichen.

Beispiele 640 HV 30 bedeutet: Die Vickershärte beträgt 640. Sie ist geprüft mit einer Prüfkraft $F = 294$ N ($294 \cdot 0{,}102 = 30$) bei einer Einwirkdauer der Prüfkraft von 10 bis 15 Sekunden.

180 HV 50/30 bedeutet: Die Vickershärte beträgt 180. Sie ist geprüft mit einer Prüfkraft $F = 490$ N ($490 \cdot 0{,}102 = 50$) bei einer Einwirkdauer der Prüfkraft von 30 Sekunden.

Bei der **Härteprüfung nach Brinell** wird eine Kugel mit einem bestimmten Durchmesser mit der gewählten Prüfkraft für eine festgelegte Einwirkdauer in die Probe eingedrückt. Der Durchmesser des entstandenen bleibenden Eindruckes wird gemessen. Die Brinellhärte wird aus dem Quotienten von Prüfkraft und Oberfläche des bleibenden Eindruckes errechnet. Für die Praxis sind Tabellen aufgestellt worden, aus denen die Brinellhärte entnommen werden kann.

Das Kurzzeichen für die Brinellhärte setzt sich zusammen aus den Buchstaben HB, dem Zahlenwert des Kugeldurchmessers D in mm, dem mit einem Schrägstrich angeschlossenen mit dem Faktor 0,102 multiplizierten Zahlenwert der Prüfkraft F in N und dem mit einem Schrägstrich angeschlossenen Zahlenwert der Einwirkdauer der Prüfkraft in Sekunden. Ist die Einwirkdauer der Prüfkraft 10 bis 15 Sekunden, so wird sie im Kurzzeichen nicht angegeben. Sind der Kugeldurchmesser 10 mm, die Prüfkraft 29420 N und die Einwirkdauer der Prüfkraft 10 bis 15 Sekunden, so ist das Kurzzeichen lediglich HB. Der Härtewert steht vor diesem Kurzzeichen.

Beispiele 350 HB bedeutet: Die Brinellhärte beträgt 350. Sie ist geprüft mit einer Kugel von 10 mm Durchmesser, einer Prüfkraft von 29420 N und einer Einwirkdauer der Prüfkraft von 10 bis 15 Sekunden.

120 HB 5/250/30 bedeutet: Die Brinellhärte beträgt 120. Sie ist geprüft mit einer Kugel von 5 mm Durchmesser, einer Prüfkraft von 2450 N (2450 · 0,102 = 250) und einer Einwirkdauer der Prüfkraft von 30 Sekunden.

Die in DIN 50150 enthaltene Umwertungstabelle (Auszug s. Tab. **3.**260) gilt

- für Härtewerte, die nach folgenden Normen ermittelt worden sind:
  DIN 50103 (Rockwell)
  DIN 50133 (Vickers) und
  DIN 50351 (Brinell), sowie
- für Zugfestigkeitswerte, die nach DIN 50145 ermittelt worden sind.

Mit Einschränkungen ist diese Umwertungstabelle gültig für unlegierte und niedriglegierte Stähle und Stahlguß im warmumgeformten oder wärmebehandelten Zustand. Bei hochlegierten und/oder kaltverfestigten Stählen sind meistens erhebliche Abweichungen bei der Umwertung zu erwarten.

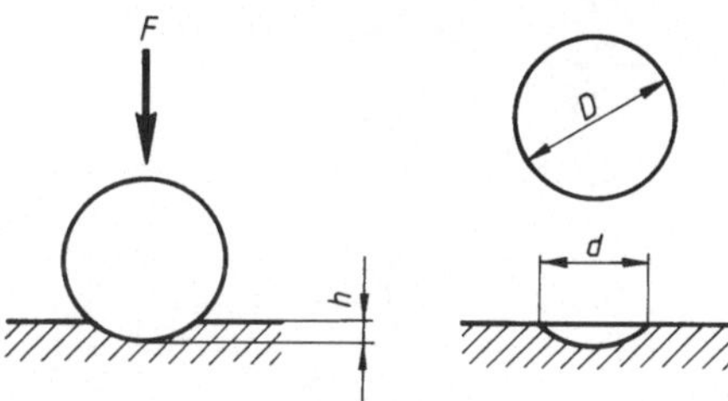

Bild **3.**259 Prinzip der Härteprüfung nach Brinell

Tabelle **3.**260 Umwertung von Zugfestigkeit und Härten nach DIN 50150

Zugfestigkeit in N/mm²	Vickershärte ($F \geq 98$ N)	Brinellhärte[1]) $\left(0{,}102 \cdot \frac{F}{D^2} = 30 \frac{N}{mm^2}\right)$	Rockwellhärte HRB	HRC	HRA
740	230	219	96,7		
755	235	223			
770	240	228	98,1	20,3	60,7
785	245	233		21,3	61,2
800	250	238	99,5	22,2	61,6

[1]) Errechnet aus: HB = 0,95 HV

Prüfung von Kunststoffen

DIN 53452 (Apr 1977), DIN 53455 (Aug 1981)

Der **Zugversuch** nach DIN 53455 dient zur Beurteilung des Verhaltens von Kunststoffen bei einachsiger Beanspruchung auf Zug.

Grundlagen zum Zugversuch s. DIN 50145 im Kapitel „Prüfung metallischer Werkstoffe".

Das Bild **3.**261 zeigt ein Kraft-Längen-Änderungsdiagramm beim Zugversuch an Kunststoffen.

Der **Biegeversuch** nach DIN 53452 dient zur Bestimmung der Festigkeits- und Formänderungseigenschaften von Kunststoffen bei Biegebeanspruchung unter Dreipunktbeanspruchung.

Die **Biegespannung** σ_b ist der Quotient aus Biegemoment des Probekörpers in Probekörpermitte zu jedem beliebigen Zeitpunkt des Versuches und Widerstandsmoment vor dem Versuch.

Die **Biegefestigkeit** σ_{bB} ist die Biegespannung bei Höchstkraft.

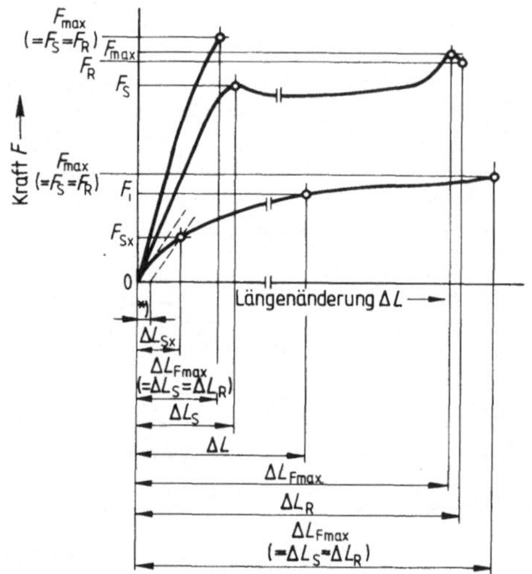

Bild **3**.261 Kraft-Langenänderungs-Diagramm beim Zugversuch an Kunststoffen

Die Formelzeichen ın Bild **3**.261 bedeuten

F_{max}	Hochstkraft
F_R	Reißkraft
F_S	Kraft bei Streckspannung
F_{Sx}	Kraft bei x %-Dehnspannung
F_i	Kraft bei i %-Dehnung
$\Delta L_{F\,max}$	Längenänderung bei Höchstkraft
ΔL_R	Längenänderung bei Reißkraft
ΔL_S	Längenänderung bei der Kraft, die der Streckspannung entspricht
ΔL_{Sx}	Längenänderung bei der Kraft, die der x %-Dehnspannung entspricht
ΔL_x	Längenanderung, die zur Bestimmung der x %-Dehnspannung vorgegeben wird

$$\Delta L_x = \frac{x \cdot L_0}{100}$$

ΔL_i	Längenänderung bei i %-Dehnung

Ermittlung der Biegespannung

Zur Ermittlung der Biegespannung wird ein Probekörper mit den Maßen:

- Länge l = (80 ± 5,0) mm
- Breite b = (10 ± 0,6) mm
- Dicke h = (4 ± 0,2) mm,

(sofern nichts anderes vereinbart oder in den Normen für das betreffende Erzeugnis nichts anderes festgelegt ist) in das Prüfgerät nach Bild **3**.262 eingespannt.

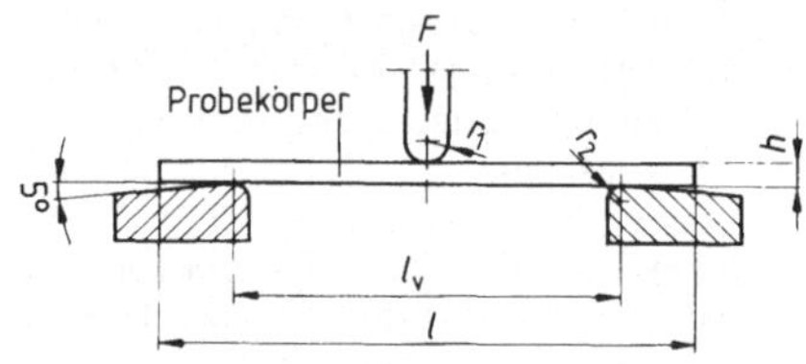

Bild **3**.262 Prüfgerät für den Biegeversuch an Kunststoffen

Die Stützweite l_v wird auf

$$l_v = (16 \pm 1) \cdot h$$

eingestellt.

r_1 = (5 ± 0,1) mm

r_2 = (2 ± 0,2) mm für Probekörper mit einer Dicke ≦ 3 mm

r_2 = (5 ± 0,2) mm für Probekörper mit einer Dicke > 3 mm.

Die Biegespannung σ_b in $\frac{N}{mm^2}$ ergibt sich dann wie folgt:

$$\sigma_b = \frac{3}{2} \cdot \frac{F \cdot l_v}{b \cdot h^2}$$

Hierin bedeuten

F	Kraft in N
b	Breite des Probekörpers in mm
h	Dicke des Probekorpers in mm
l_v	Stützweite in mm

4 Anhang

4.1 Größen, Einheiten, Formelzeichen

DIN 1301 T1 (Okt 1978), **T2** (Feb 1978), **T3** (Okt 1979), **DIN 1304** (Feb 1978), **DIN 1453 T1** (Mai 1958), **DIN 58122** (Feb 1978)

Tabelle **4**.1 Basisgrößen, SI-Basiseinheiten und Definitionen nach DIN 1301 T1

Basisgröße	SI-Basiseinheit		Definitionen
	Name	Zeichen	
Länge	Meter	m	1 Meter ist das 1 650 763,73fache der Wellenlänge der von Atomen des Nuklids ^{86}Kr beim Übergang vom Zustand $5d_5$ zum Zustand $2p_{10}$ ausgesandten, sich im Vakuum ausbreitenden Strahlung.
Masse	Kilogramm	kg	1 Kilogramm ist die Masse des Internationalen Kilogrammprototyps.
Zeit	Sekunde	s	1 Sekunde ist das 9 192 631 770fache der Periodendauer der dem Übergang zwischen den beiden Hyperfeinstrukturniveaus des Grundzustandes von Atomen des Nuklids ^{133}Cs entsprechenden Strahlung.
elektrische Stromstärke	Ampere	A	1 Ampere ist die Stärke eines zeitlich unveränderlichen elektrischen Stromes, der, durch zwei im Vakuum parallel im Abstand von 1 Meter voneinander angeordnete, geradlinige, unendlich lange Leiter von vernachlässigbar kleinem, kreisförmigem Querschnitt fließend, zwischen diesen Leitern je 1 Meter Leiterlänge die Kraft $2 \cdot 10^{-7}$ Newton hervorrufen würde.
thermodynamische Temperatur	Kelvin	K	1 Kelvin ist der 273,16te Teil der thermodynamischen Temperatur des Tripelpunktes des Wassers.
Stoffmenge	Mol	mol	1 Mol ist die Stoffmenge eines Systems, das aus ebensoviel Einzelteilchen besteht, wie Atome in 12/1000 Kilogramm des Kohlenstoffnuklids ^{12}C enthalten sind. Bei Verwendung des Mol müssen die Einzelteilchen des Systems spezifiert sein und können Atome, Moleküle, Ionen, Elektronen sowie andere Teilchen oder Gruppen solcher Teilchen genau angegebener Zusammensetzung sein.
Lichtstärke	Candela	cd	1 Candela ist die Lichtstärke, mit der 1/600 000 Quadratmeter der Oberfläche eines schwarzen Strahlers bei der Temperatur des beim Druck 101 325 Newton durch Quadratmeter erstarrenden Platins senkrecht zu seiner Oberfläche leuchtet.

Tabelle **4.2** Vorsatze fur Einheiten nach DIN 1301 T1

Faktor, mit dem die Einheit multipliziert wird	Vorsatz	Vorsatzzeichen
10^{-18}	Atto	a
10^{-15}	Femto	f
10^{-12}	Piko	p
10^{-9}	Nano	n
10^{-6}	Mikro	µ
10^{-3}	Milli	m
10^{-2}	Zenti	c
10^{-1}	Dezi	d
10^{1}	Deka	da
10^{2}	Hekto	h
10^{3}	Kilo	k
10^{6}	Mega	M
10^{9}	Giga	G
10^{12}	Tera	T
10^{15}	Peta	P
10^{18}	Exa	E

Tabelle **4.3** Werte für konstante Größen.

f, G	Gravitationskonstante	$6{,}6720 \cdot 10^{-11}\ \frac{\mathrm{N \cdot m^2}}{\mathrm{kg^2}}$
e	Elementarladung	$1{,}6021892 \cdot 10^{-19}\ \mathrm{C}$
ε_0	elektrische Feldkonstante	$8{,}85418782 \cdot 10^{-12}\ \frac{\mathrm{F}}{\mathrm{m}}$
μ_0	magnetische Feldkonstante	$4\pi \cdot 10^{-7}\ \frac{\mathrm{H}}{\mathrm{m}}$
V_0	stoffmengenbezogenes Normvolumen des idealen Gases	$0{,}02241383\ \frac{\mathrm{m^3}}{\mathrm{mol}}$
N_A, L	Avogadro-Konstante	$6{,}022045 \cdot 10^{23}\ \frac{1}{\mathrm{mol}}$
F, g_F	Faraday-Konstante	$9{,}648456 \cdot 10^{4}\ \frac{\mathrm{C}}{\mathrm{mol}}$
R, R_0	universelle Gaskonstante	$8{,}31441\ \frac{\mathrm{J}}{\mathrm{K \cdot mol}}$
k	Boltzmann-Konstante	$1{,}380662 \cdot 10^{-23}\ \frac{\mathrm{J}}{\mathrm{K}}$
c_0	Lichtgeschwindigkeit im leeren Raum	$299792458\ \frac{\mathrm{m}}{\mathrm{s}}$
σ	Stefan-Boltzmann-Konstante	$5{,}67032 \cdot 10^{-8}\ \frac{\mathrm{W}}{\mathrm{m^2\ K^4}}$
h	Plancksches Wirkungsquantum	$6{,}626176 \cdot 10^{-34}\ \mathrm{J \cdot s}$
a_0	Bohr-Radius	$0{,}52917706 \cdot 10^{-10}\ \mathrm{m}$
R_∞	Rydberg-Konstante	$1{,}097373177 \cdot 10^{7}\ \frac{1}{\mathrm{m}}$

Tabelle **4.4** Indizes und ihre Bedeutung nach DIN 1304

Index	Bedeutung
0	null, Leerlauf, ohne Dampfung, fester Bezugswert
1	primar, Eingang, Anfangszustand
2	sekundär, Ausgang, Endzustand
3	tertiär
∞	unendlich
a	außen
d	Dämpfung
e	überschreitend (excedens)
eff	effektiv
h	Haupt-
H	Hysterese
id	ideell
int	innen (intus)
k	Kurzschluß
lim	Grenzwert (limes)
lin	linear
m	stoffmengenbezogen, molar
max	maximal
med	mittel, medial
mes	gemessen
min	minimal
n	allgemeine Zahl, Normwert
o	offen, Leerlauf
p	Wirk-(potential) konstanter Druck, isobar
q	blind
rad	radial
red	reduziert
rel	relativ
rev	reversibel
R	Reibung
s	Schein
ser	Reihe, Serie
t	Augenblickswert, Zeitabhangigkeit
th	Warme, thermisch
T	tangential
v	Verlust
vir	virtuell
V	konstantes Volumen, isochor
w	Wirk-
zul	zulässig
Σ	Summe

(Die angegebenen Größenwerte einiger Konstanten wurden aus dem CODATA-Bulletin Nr 11 vom Dezember 1973 International Council of Scientific Unions entnommen. Formelzeichen und Benennung der Große entsprechen den Festlegungen nach DIN 1304, die Einheiten den Festlegungen nach DIN 1301 T2).

Tabelle 4.5 Formelzeichen und Größen nach DIN 1304, SI-Einheiten und Einheiten nach DIN 1302 T2 (Zusammenstellung nach DIN 58122)

Formelzeichen	Größe	SI-Einheit
Länge und ihre Potenzen		
α, β, γ	ebener Winkel	rad (Radiant) $1 \text{ rad} = 1 \frac{m}{m}$ ° (Grad)[1], $1° = \frac{\pi}{180} \text{rad}$ gon (Gon)[1], $1 \text{ gon} = \frac{\pi}{200} \text{rad}$
Ω, ω	Raumwinkel	sr (Steradiant) $1 \text{ sr} = 1 \frac{m^2}{m^2}$
l	Lange	m (Meter) 1 internationale Seemeile[1]) = 1852 m
b	Breite	m
h	Höhe	m
H	Höhe über dem Meeresspiegel, Höhe über Normal-Null	m
δ	Dicke, Schichtdicke	m
r	Radius	m
d	Durchmesser	m
s	Weglänge, Kurvenlänge	m
A, S	Fläche, Oberfläche	m^2 (Quadratmeter)
S, q	Querschnitt	m^2
V, τ	Volumen	m^3 (Kubikmeter) l (Liter)[1]), $1 \text{ l} = 10^{-3} \text{ m}^3$
Zeit und Raum		
t	Zeit, Zeitspanne, Dauer	s (Sekunde) min (Minute)[1]), 1 min = 60 s h (Stunde)[1]), 1 h = 60 min d (Tag)[1]), 1 d = 24 h a (Gemeinjahr)[1]) 1 a = 365 d = 8760 h

Formelzeichen	Größe	SI-Einheit
Zeit und Raum		
T	Periodendauer, Schwingungsdauer	s
f, ν	Frequenz, Periodenfrequenz	Hz (Hertz) $1 \text{ Hz} = 1 \text{ s}^{-1}$
ω	Kreisfrequenz	s^{-1}
n	Drehzahl, Umdrehungsfrequenz	s^{-1} min^{-1} [1])
ω, Ω	Winkelgeschwindigkeit	$\frac{rad}{s}$
α	Winkelbeschleunigung	$\frac{rad}{s^2}$
λ	Wellenlänge	m
v, u	Geschwindigkeit	$\frac{m}{s}$
a	Beschleunigung	$\frac{m}{s^2}$
g	örtliche Fallbeschleunigung	$\frac{m}{s^2}$
Mechanik		
m	Masse	kg (Kilogramm) g (Gramm)[1]), $1 \text{ g} = 10^{-3} \text{ kg}$ t (Tonne)[1]), $1 \text{ t} = 10^3 \text{ kg}$
ϱ	Dichte	$\frac{kg}{m^3}$
J	Trägheitsmoment	$kg \cdot m^2$
F	Kraft	N (Newton) $1 \text{ N} = 1 \frac{kg \cdot m}{s^2}$
G, F_G	Gewichtskraft	N
f, G	Gravitationskonstante	$\frac{N \cdot m^2}{kg^2}$
M	Drehmoment	$N \cdot m$
p, I	Impuls, Bewegungsgröße	$N \cdot s$
L	Drehimpuls	$\frac{kg \cdot m^2}{s}$

[1]) Einheiten außerhalb des SI

Tabelle **4**.5, Fortsetzung

Formelzeichen	Größe	SI-Einheit
Mechanik		
p	Druck	Pa (Pascal) $1\ \text{Pa} = 1\ \frac{\text{N}}{\text{m}^2}$ bar (Bar)[1], $1\ \text{bar} = 10^5\ \text{Pa}$
σ	Normalspannung, Zug- oder Druckspannung	$\frac{\text{N}}{\text{m}^2}$
τ	Schubspannung	$\frac{\text{N}}{\text{m}^2}$
ε	Dehnung, relative Längenänderung	1
E	Elastizitätsmodul	$\frac{\text{N}}{\text{m}^2}$
μ, f	Reibungszahl	1
η	dynamische Viskosität	Pa · s
ν	kinematische Viskosität	$\frac{\text{m}^2}{\text{s}}$
σ, γ	Grenzflachenspannung, Oberflachenspannung	$\frac{\text{N}}{\text{m}}$
W	Widerstandsmoment	m^3
W, A	Arbeit	J (Joule)
E, W	Energie	1 J = 1 N · m = 1 W · s W · h (Wattstunde)[1]) 1 W · h = 3600 J
P	Leistung	W (Watt) $1\ \text{W} = 1\ \frac{\text{J}}{\text{s}}$
η	Wirkungsgrad	1
Elektrizität und Magnetismus		
Q	elektrische Ladung, Elektrizitätsmenge	C (Coulomb) 1 C = 1 A · s
e	Elementarladung	C
D	elektrische Flußdichte	$\frac{\text{C}}{\text{m}^2}$

[1]) s. Seite 259

Formelzeichen	Größe	SI-Einheit
Elektrizität und Magnetismus		
φ	elektrisches Potential	V (Volt) $1\ \text{V} = 1\ \frac{\text{W}}{\text{A}}$
U	elektrische Spannung	V
E	elektrische Feldstarke	$\frac{\text{V}}{\text{m}}$
C	elektrische Kapazitat	F (Farad) $1\ \text{F} = 1\ \frac{\text{C}}{\text{V}}$
ε	Permittivitat, Dielektrizitatskonstante	$\frac{\text{F}}{\text{m}}$
ε_0	elektrische Feldkonstante	$\frac{\text{F}}{\text{m}}$
ε_r	Permittivitatszahl, Dielektrizitatszahl	1
I	elektrische Stromstarke	A (Ampere)
H	magnetische Feldstarke magnetische Erregung	$\frac{\text{A}}{\text{m}}$
Φ	magnetischer Fluß	Wb (Weber) 1 Wb = 1 V · s
B	magnetische Flußdichte, magnetische Induktion	T (Tesla) $1\ \text{T} = 1\ \frac{\text{Wb}}{\text{m}^2}$
L	Induktivität, Selbstinduktivitat	H (Henry) $1\ \text{H} = 1\ \frac{\text{Wb}}{\text{A}}$
μ	Permeabilität	$\frac{\text{H}}{\text{m}}$
μ_0	magnetische Feldkonstante	$\frac{\text{H}}{\text{m}}$
μ_r	Permeabilitatszahl	1
R	elektrischer Widerstand, Wirkwiderstand, Resistanz	Ω (Ohm) $1\ \Omega = 1\ \frac{\text{V}}{\text{A}}$
G	elektrischer Leitwert, Wirkleitwert	S (Siemens) $1\ \text{S} = 1\ \frac{1}{\Omega}$

Tabelle 4.5, Fortsetzung

Formelzeichen	Größe	SI-Einheit
Elektrizität und Magnetismus		
ϱ	spezifischer elektrischer Widerstand	$\Omega \cdot m$
X	Blindwiderstand	Ω
B	Blindleitwert	S
Z	Impedanz, (komplexe Impedanz)	Ω
$\|Z\|$	Scheinwiderstand, Betrag der Impedanz	Ω
Y	Admittanz, (komplexe Admittanz)	S
$\|Y\|$	Scheinleitwert, Betrag der Admittanz	S
P	Leistung	W (Watt) $1\,W = 1\,\frac{J}{s}$
P, P_p	Wirkleistung	W
Q, P_q	Blindleistung	W
S, P_s	Scheinleistung	W
φ	Phasenverschiebungswinkel	rad
N	Windungszahl	1
n	Windungszahlverhältnis	1
Thermodynamik und Wärmeübertragung		
T	Temperatur, thermodynamische Temperatur	K (Kelvin)
ΔT, Δt	Temperaturdifferenz	K
t, ϑ	Celsius-Temperatur	°C (Grad Celsius) 1 °C = 1 K
α, α_1	(thermischer) Längenausdehnungskoeffizient	$\frac{1}{K}$
α_V, γ	(thermischer) Volumenausdehnungskoeffizient	$\frac{1}{K}$
Q	Wärmemenge	J
Φ, Q	Wärmestrom	W
λ	Wärmeleitfähigkeit	$\frac{W}{K \cdot m}$
α, h	Wärmeübergangskoeffizient	$\frac{W}{K \cdot m^2}$
C	Wärmekapazität	$\frac{J}{K}$

Formelzeichen	Größe	SI-Einheit
Thermodynamik und Wärmeübertragung		
c	spezifische Wärmekapazität	$\frac{J}{kg \cdot K}$
S	Entropie	$\frac{J}{K}$
H	Enthalpie	J
U	innere Energie	J
H_u	spezifischer Heizwert	$\frac{J}{kg}$
R_i	spezifische Gaskonstante des Stoffes *i*	$\frac{J}{kg \cdot K}$
Physikalische Chemie und Molekularphysik		
N	Anzahl der Teilchen, Teilchenzahl	1
n	Teilchenzahldichte	$\frac{1}{m^3}$
m_x	Masse eines Teilchens *x*	kg
z_i	Ladungszahl eines Ions	1
n, ν	Stoffmenge	mol (Mol)
c_i	Konzentration eines Stoffes *i*, Stoffmengenkonzentration	$\frac{mol}{m^3}$
V_m	stoffmengenbezogenes (molares) Volumen	$\frac{m^3}{mol}$
V_{mn}	stoffmengenbezogenes (molares) Normvolumen	$\frac{m^3}{mol}$
b, m	Molalität eines Stoffes	$\frac{mol}{kg}$
M	stoffmengenbezogene (molare) Masse	$\frac{kg}{mol}$
C_m	stoffmengenbezogene (molare) Wärmekapazität	$\frac{J}{K \cdot mol}$
A	Affinität einer chemischen Reaktion	$\frac{J}{mol}$
α	Dissoziationsgrad eines Elektrolyten	1
N_A, L	Avogadro-Konstante	$\frac{1}{mol}$
F, g_F	Faraday-Konstante	$\frac{C}{mol}$

Tabelle **4**.5, Fortsetzung

Formelzeichen	Größe	SI-Einheit
Physikalische Chemie und Molekularphysik		
R, R_0	universelle Gaskonstante	$\frac{J}{K \cdot mol}$
k	Boltzmann-Konstante	$\frac{J}{K}$
Licht und verwandte elektromagnetische Strahlungen		
I, I_v	Lichtstärke	cd (Candela)
Φ, Φ_v	Lichtstrom	lm (Lumen) 1 lm = 1 cd · sr
η	Lichtausbeute	$\frac{lm}{W}$
Q, Q_v	Lichtmenge	lm · s
L, L_v	Leuchtdichte	$\frac{cd}{m^2}$
E, E_v	Beleuchtungsstärke	lx (Lux) $1\ lx = 1\ \frac{lm}{m^2}$
H, H_v	Belichtung	lx · s
c_0	Lichtgeschwindigkeit im leeren Raum	$\frac{m}{s}$
f	Brennweite	m
n	Brechzahl	1
D	Brechwert von Linsen	$\frac{1}{m}$ dpt (Dioptrie)[1] $1\ dpt = 1\ \frac{1}{m}$
Q_e, W	Strahlungsenergie, Strahlungsmenge	J
Φ_e, P	Strahlungsfluß, Strahlungsleistung	W
φ, ψ	Strahlungsflußdichte	$\frac{W}{m^2}$
I, I_e	Strahlstarke	$\frac{W}{sr}$
L, L_e	Strahldichte	$\frac{W}{sr \cdot m^2}$
M, M_e	spezifische Ausstrahlung	$\frac{W}{m^2}$
E, E_e	Bestrahlungsstarke	$\frac{W}{m^2}$

[1]) s. Seite 259

Formelzeichen	Größe	SI-Einheit
Licht und verwandte elektromagnetische Strahlungen		
H, H_e	Bestrahlung	$\frac{J}{m^2}$
σ	Stefan-Boltzmann-Konstante	$\frac{W}{m^2 \cdot K^4}$
h	Plancksches Wirkungsquantum	J · s
ε	Emissionsgrad	1
ϱ	Reflexionsgrad	1
α	Absorptionsgrad	1
τ	Transmissionsgrad	1
Atom- und Kernphysik		
Z	Ordnungszahl, Protonenzahl, Kernladungszahl	1
N	Neutronenzahl, Teilchenzahl	1
A	Nukleonenzahl, Massenzahl	1
m_a	Atommasse, Nuklidmasse	kg
a_0	Bohr-Radius	m
R_∞	Rydberg-Konstante	$\frac{1}{m}$
R	Kernradius	m
λ_C	Compton-Wellenlänge	m
B	Massendefekt	kg
τ	mittlere Lebensdauer	s
λ	Zerfallkonstante	$\frac{1}{s}$
$T_{1/2}$	Halbwertzeit	s
Kernreaktionen und ionisierende Strahlungen		
A	Aktivitat einer radioaktiven Substanz	Bq (Becquerel) $1\ Bq = 1\ \frac{1}{s}$
a	spezifische Aktivitat einer radioaktiven Substanz	$\frac{Bq}{kg}$
Q	Reaktionsenergie	J
σ	Wirkungsquerschnitt	m^2
Φ	Teilchenfluenz	$\frac{1}{m^2}$

Tabelle **4**.5, Fortsetzung

Formelzeichen	Größe	SI-Einheit
Kernreaktionen und ionisierende Strahlungen		
φ	Teilchenflußdichte	$\frac{1}{m^2 \cdot s}$
I	Teilchenstrom	$\frac{1}{s}$
j	Teilchenstromdichte	$\frac{1}{m^2 \cdot s}$
μ	linearer Schwächungskoeffizient	$\frac{1}{m}$
l, λ	mittlere freie Weglänge	m
D	Energiedosis	Gy (Gray) $1\ Gy = 1\ \frac{J}{kg}$
$\dot{D}$	Energiedosisrate, Energiedosisleistung	$\frac{Gy}{s}$
q	Bewertungsfaktor	1
D_q	Äquivalentdosis	$\frac{J}{kg}$
$\dot{D}_q$	Äquivalentdosisrate, Äquivalentdosisleistung	$\frac{W}{kg}$

[1]) s. Seite 259

Formelzeichen	Größe	SI-Einheit
Akustik		
p	Schalldruck	Pa
ξ, η, ζ	Schallausschlag	m
v	Schallschnelle	$\frac{m}{s}$
c	Schallgeschwindigkeit	$\frac{m}{s}$
q	Schallfluß	$\frac{m^3}{s}$
P_a, P	Schalleistung	W
J	Schallintensität	$\frac{W}{m^2}$
Z_s, Z	spezifische Schallimpedanz, Feldimpedanz	$\frac{Pa \cdot s}{m}$
L_p	Schalldruckpegel	dB (Dezibel) [1])
T	Nachhallzeit	s
L_N, L_S	Lautstärkepegel	phon (Phon) [1])

Tabelle **4**.6 Einheiten, Umrechnung für **nicht mehr anzuwendende** Einheiten nach DIN 1301 T3

Nicht mehr anzuwendende Einheiten – Name	Zeichen	Umrechnung in die zugehörige SI-Einheit und/oder weitere empfohlene Einheiten	Bemerkungen
Ångström	Å	1 Å = 10^{-10} m = 0,1 nm	
Atmosphäre, physikalische	atm	1 atm = 101,32**5** kPa = 1,013 2**5** bar	101,32**5** kPa ist der Normwert des Luftdrucks.
Atmosphäre, technische	at ata atu atü	1 at = 98,066**5** kPa = 0,980 66**5** bar	Die Anhängezeichen a, u, ü wurden benutzt, um einen Absolut-, Unter- bzw. Überdruck zu kennzeichnen, siehe DIN 1314.
Curie	Ci	**1 Ci = 3,7 · 10^{10} Bq**	Die Anwendung des Curie ist zwar gesetzlich noch bis 31. Dezember 1985 erlaubt. Es ist aber empfehlenswert, ab sofort das Becquerel (Bq) anzuwenden.
Doppelzentner	dz	1 dz = 100 kg = 1 dt	
Dyn	dyn	1 dyn = 10^{-5} N	Ursprüngliche Definition: 1 dyn = 1 g · cm/s²
Erg	erg	1 erg = 10^{-7} J	Ursprüngliche Definition: 1 erg = 1 dyn · cm
Festmeter	Fm	1 Fm = 1 m³	Bisher besonderer Name für das Kubikmeter bei Volumenangaben für Langholz, errechnet aus Stammlänge und Stammdurchmesser.

Fortsetzung s. nächste Seiten

Tabelle **4**.6, Fortsetzung

Nicht mehr anzuwendende Einheiten Name	 Zeichen	Umrechnung in die zugehörige SI-Einheit und/oder weitere empfohlene Einheiten	Bemerkungen
Gauß	G	1 G = 10^{-4} T	
Kalorie	cal	1 cal = 4,186**8** J	Es gab auch andere Umrechnungsbeziehungen.
Kilogramm, (Kraft-)	kg* kg_f kg_p kgf	1 kg* = 1 kg_f = 1 kg_p = 1 kgf = 9,806 **65** N	Wurde zur Angabe von Kräften benutzt.
Kilopond	kp	1 kp = 9,806 **65** N	Wurde zur Angabe von Kräften benutzt.
(Kubik...)	cmm ccm cdm cbm	1 cmm = 1 mm^3, 1 ccm = 1 cm^3 1 cdm = 1 dm^3, 1 cbm = 1 m^3	Name weiter erlaubt, Zeichen nicht mehr.
Meter Wassersäule, konventionelle	mWS	1 mWS = 98,066**5** mbar	
Millimeter Quecksilbersäule konventionelle	mmHg mmQS	1 mmHg = 1,333 22 mbar = 133,322 Pa	
Morgen	Morgen	1 Morgen = 2500 m^2 = 25 a	Regional waren auch andere Umrechnungen üblich.
Pferdestärke	PS	1 PS = 735,498 7**5** W	
Pfund	Pfd ℔	1 Pfd = 1℔ = 0,5 kg	
Pond	p	1 p = 9,806 **65** · 10^{-3} N	Wurde zur Angabe von Kräften benutzt.
(Quadrat...)	qmm qcm qdm qm qkm	1 qmm = 1 mm^2, 1 qcm = 1 cm^2 1 qdm = 1 dm^2, 1 qm = 1 m^2 1 qkm = 1 km^2	Name weiter erlaubt, Zeichen nicht mehr erlaubt.
Raummeter	Rm	1 Rm = 1 m^3	Bisher besonderer Name für das Kubikmeter bei Volumenangaben für geschichtetes Holz einschl. der Luftzwischenräume.
Rem	rem	1 rem = 10^{-2} J/kg	Die Anwendung des Rem ist zwar gesetzlich noch bis 31. Dezember 1985 erlaubt. Es ist aber empfehlenswert, ab sofort das Joule durch Kilogramm (J/kg) anzuwenden.
Röntgen	R	1 R = 25**8** · 10^{-6} C/kg	Die Anwendung des Röntgen ist gesetzlich noch bis 31. Dezember 1985 erlaubt.
Tonne Steinkohleneinheiten	t SKE	1 t SKE = 29,3076 GJ = 8,141 MWh	Der Energieeinheit Tonne SKE lag ein Heizwert von 7000 kcal/kg zugrunde.
Torr	Torr	1 Torr = 1,333 22 mbar	
Zentner	Ztr	1 Ztr = 50 kg	Regional auch andere Umrechnungen.
Zoll	″	———	Bei der Umrechnung wird als Zoll meist die angelsächsische Einheit inch (= 25,**4** mm) zugrunde gelegt.

Ausführung von Formelzeichen

Schräge Schrift

α	β	γ	δ	ε	ζ	η	ϑ	ι	$\varkappa$	λ	μ
Alpha	Beta	Gamma	Delta	Epsilon	Zeta	Eta	Theta	Jota	Kappa	Lambda	My
ν	ξ	o	π	ϱ	σ	τ	υ	φ	χ	ψ	ω
Ny	Ksi	Omikron	Pi	Rho	Sigma	Tau	Ypsilon	Phi	Chi	Psi	Omega
A	B	$\mathit{\Gamma}$	$\mathit{\Delta}$	E	Z	H	$\mathit{\Theta}$	I	K	$\mathit{\Lambda}$	M
Alpha	Beta	Gamma	Delta	Epsilon	Zeta	Eta	Theta	Jota	Kappa	Lambda	My
N	$\mathit{\Xi}$	O	$\mathit{\Pi}$	P	$\mathit{\Sigma}$	T	$\mathit{\Upsilon}$	$\mathit{\Phi}$	X	$\mathit{\Psi}$	$\mathit{\Omega}$
Ny	Ksi	Omikron	Pi	Rho	Sigma	Tau	Ypsilon	Phi	Chi	Psi	Omega

Senkrechte Schrift

α	β	γ	δ	ε	ζ	η	ϑ	ι	ϰ	λ	μ
ν	ξ	ο	π	ρ	σ	τ	υ	φ	χ	ψ	ω
Α	Β	Γ	Δ	Ε	Ζ	Η	Θ	Ι	Κ	Λ	Μ
Ν	Ξ	Ο	Π	Ρ	Σ	Τ	Υ	Φ	Χ	Ψ	Ω

Bild 4.7 Griechische Schrift für Formelzeichen nach DIN 1453 T1

4.2 Mathematische Zeichen, Zahlenreihen

DIN 323 T1 (Aug 1974), **DIN 1302** (Aug 1980), **DIN 5473** (Jun 1976), **DIN 5474** (Sep 1973)

Tabelle **4**.8 Häufig gebrauchte allgemeine mathematische Zeichen nach DIN 1302

Zeichen	Verwendung	Sprechweise	Bemerkungen
$\approx$	$x \approx y$	x ist ungefähr gleich y	x und y stimmen mit einer für den Benutzer ausreichenden Genauigkeit überein
$\ll$	$x \ll y$	x ist klein gegen y	x kann gegenüber y für die Zwecke des Benutzers vernachlässigt werden
$\gg$	$x \gg y$	x ist groß gegen y	$y \ll x$
$\triangleq$	$x \triangleq y$	x entspricht y	in einer modellmäßigen Darstellung wird y durch x dargestellt; x wird durch y interpretiert
$\dots$		und so weiter bis, und so weiter (unbegrenzt), Punkt, Punkt, Punkt	Bestandteil von Ausdrücken, der eine Auslassung kennzeichnet, die in bestimmter Weise ergänzt werden muß Verwendung u. a. zur Angabe endlicher oder unendlicher Folgen: $a_1, \dots, a_n$ $a_0, a_1, \dots$ Verwendung auch für Bereichsangaben (Laufvorschriften) von Indizes $i = 1, \dots, n$ $k = 0, 1, 2, \dots$
$=$	$x = y$	x gleich y	
$\neq$	$x \neq y$	x ungleich y	es ist nicht der Fall, daß $x = y$
$=_{\text{def}}$	$x =_{\text{def}} y$	x ist definitionsgemäß gleich y	Das Zeichen $=_{\text{def}}$ wird verwendet, wenn x (das Definiendum) als gleichbedeutend mit y (dem Definiens) eingeführt wird. Es sind auch die Zeichen $\underset{\text{def}}{=}$ und $:=$ gebräuchlich.
$<$	$x < y$	x kleiner als y	
$\leq$	$x \leq y$	x kleiner oder gleich y, x höchstens gleich y	$x < y$ oder $x = y$
$>$	$x > y$	x größer als y	$y < x$
$\geq$	$x \geq y$	x größer oder gleich y, x mindestens gleich y	$y \leq x$
$+$	$x + y$	x plus y, Summe von x und y	
$-$	$x - y$	x minus y, Differenz von x und y	
$\cdot$ oder $\times$	$x \cdot y$ oder xy	x mal y, Produkt von x und y	Verwendung von $\times$ nach DIN 1338 (s. Norm)
— oder / oder :	$\frac{x}{y}$ oder x/y	x durch y, Quotient von x und y	

Fortsetzung s. nächste Seiten

Tabelle **4.8**, Fortsetzung

Zeichen	Verwendung	Sprechweise	Bemerkungen
$\sum$	$\sum_{i=1}^{n} x_i$	Summe über x_i von i gleich 1 bis n	Es ist $\sum_{i=1}^{n} x_i = x_1 + x_2 + \ldots + x_n$ Fur $n = 0$ setzt man $\sum_{i=1}^{0} x_i =_{\text{def}} 0$ (leere Summe).
$\sim$	$f \sim g$	f ist proportional zu g	es gibt eine Konstante $c \neq 0$, so daß für alle x gilt: $f(x) = cg(x)$ Hierbei sind f, g Funktionen.
π		pi	die kleinste positive Nullstelle der Funktion; π ist gleich dem Verhältnis von Kreisumfang zum Durchmesser, $\pi = 3{,}14159\ldots$
e			e ist die Basis der natürlichen Logarithmen; e = 2,71828...
	x^n	x hoch n, n-te Potenz von x	rekursive Definition für $n \geq 0$: $x^0 =_{\text{def}} 1$ $x^{n+1} =_{\text{def}} x^n\, x$,
$\sqrt{}$	$\sqrt{x}$	Wurzel (Quadratwurzel) aus x	das (eindeutig bestimmte) y mit $y \geq 0$ und $y^2 = x$
$\sqrt[n]{}$	$\sqrt[n]{x}$	n-te Wurzel aus x	das (eindeutig bestimmte) y mit $y \geq 0$ und $y^n = x$
$\vert\ \vert$	$\vert x\vert$	Betrag von x	$\vert x\vert =_{\text{def}} \begin{cases} x, & \text{wenn } x \geq 0 \\ -x, & \text{wenn } x < 0 \end{cases}$
∞		unendlich	Diese Schreibfigur bezeichnet keine Zahl, sie tritt in verschiedenen zusammengesetzten Ausdrücken auf, die jeweils für sich definiert werden müssen.
Re	Re z	Realteil von z	
Im	Im z	Imaginärteil von z	
i oder j			imaginäre Einheit, sie genügt der Bedingung $i^2 = -1$ In der Mathematik ist die Schreibweise i üblich, in der Elektrotechnik die Schreibweise j.
$\perp$	$g \perp h$	g ist orthogonal zu h	g, h sind Geraden
$\parallel$	$g \parallel h$	g ist parallel zu h	g, h sind Geraden
$\uparrow\uparrow$	$g \uparrow\uparrow h$	g und h sind gleichsinnig parallel	g und h sind orientierte Geraden.
$\uparrow\downarrow$	$g \uparrow\downarrow h$	g und h sind gegensinnig parallel	g, h sind orientierte Geraden
$\sphericalangle$	$\sphericalangle(g, h)$	(nicht orientierter) Winkel zwischen g und h	g, h sind Strahlen mit dem selben Anfangspunkt P.
$\overset{\frown}{\sphericalangle}$	$\overset{\frown}{\sphericalangle}(g, h)$	orientierter Winkel von g nach h	g, h sind Strahlen mit demselben Anfangspunkt P.
$\overline{}$	$\overline{PQ}$	Strecke von P nach Q	
d	$d(P, Q)$	Abstand (Distanz) von P und Q	$\vert\overrightarrow{PQ}\vert$
$\triangle$	$\triangle(PQR)$	Dreieck PQR	$\overline{PQ} \cup \overline{QR} \cup \overline{RP}$

Fortsetzung s. nächste Seiten

Tabelle **4**.8, Fortsetzung

Zeichen	Verwendung	Sprechweise	Bemerkungen
$\odot$	$\odot(P, r)$	Kreis um P mit Radius r	$r > 0$
$\cong$	$M \cong N$	M ist kongruent zu N	es gibt eine Kongruenzabbildung, die M in N überführt; M, N sind hierbei Punktmengen.
lim	$a = \lim\limits_{n \to \infty} a_n$	a ist Limes (Grenzwert) der Folge (a_n), die Folge (a_n) konvergiert gegen a	
$\sum\limits_{n=0}^{\infty}$	$\sum\limits_{n=0}^{\infty} a_n$	Summe der Reihe $\sum\limits_{n=0} a_n$	$\lim\limits_{m \to \infty} \left(\sum\limits_{n=0}^{m} a_n \right)$ Die Summe der Reihe ist ihr Limes.
$\simeq$	$f \simeq g$	f ist asymptotisch gleich g	$\lim\limits_{x \to \infty} \frac{f(x)}{g(x)} = 1$
	f' $\frac{\mathrm{d}f(x)}{\mathrm{d}x}$	f Strich, df (x) nach dx, Ableitung von f	$\langle x \mapsto f'(x) \rangle$ Die Ableitung von f ist dort definiert, wo f differenzierbar ist.
	$f'', f''', \ldots, f^{(n)}$ $\frac{\mathrm{d}^n f(x)}{\mathrm{d}x^n}$	f zwei Strich, f drei Strich, ..., $f\,n$-Strich, n-te Ableitung, Ableitung n-ter Ordnung	rekursive Definition: $f^{(n+1)} =_{\text{def}} (f^{(n)})'$
Δ	Δx oder Δf	Delta x oder Delta f	Differenz zweier Werte, die dem Kontext zu entnehmen sind
$\int$	$\int\limits_a^b f(x)\,\mathrm{d}x$ $\int\limits_a^b f$	Integral uber $f(x)$ dx von a bis b, Integral uber f von a bis b	der gemeinsame Wert, der zugleich Supremum der Untersummen und Infimum der Obersummen ist
exp	$\exp z$ oder e^z	Exponentialfunktion von z, e hoch z	$\sum\limits_{k=0}^{\infty} \frac{z^k}{k!}$
ln	$\ln x$	naturlicher Logarithmus von x	ln ist die Umkehrfunktion der Einschränkung von exp auf $\mathbb{R}$ (Menge der reellen Zahlen)
	x^z	x hoch z	$\exp(z \ln x)$ Man beachte $\mathrm{e}^z = \exp z$.
log	$\log_y x$	Logarithmus von x zur Basis y	$\frac{\ln x}{\ln y}$ Man beachte $\log_e x = \ln x$.
lg	$\lg x$	dekadischer Logarithmus von x	$\log_{10} x$
lb	$\mathrm{lb}\, x$	binärer Logarithmus von x	$\log_2 x$
sin	$\sin z$	Sinus von z	Bei den nachfolgenden Winkelfunktionen und ihren Umkehrungen ist z eine komplexe und y eine reelle Zahl
cos	$\cos z$	Cosinus von z	
tan	$\tan z$	Tangens von z	$\frac{\sin z}{\cos z}$
cot	$\cot z$	Cotangens von z	$\frac{\cos z}{\sin z}$

Fortsetzung s. nachste Seite

Tabelle **4.**8, Fortsetzung

Zeichen	Verwendung	Sprechweise	Bemerkungen
arcsin	arcsin x	Arcussinus von x	Diese und die nachfolgend aufgeführten Funktion arcsin usw. sind sog. Hauptzweige oder -werte, beschränkt auf das Reelle.
arccos	arccos x	Arcuscosinus von x	
arctan	arctan x	Arcustangens von x	
arccot	arccot x	Arcuscotangens von x	

Tabelle **4.**9 Zeichen der mathematischen Logik nach DIN 5474

Zeichen	Verwendung	Sprechweise	Benennung
Junktoren			
$\neg$	$\neg\varphi$	nicht φ	**Negation**
$\wedge$	$(\varphi \wedge \psi)$	φ und ψ	**Konjunktion**
$\vee$	$(\varphi \vee \psi)$	φ oder ψ	**Adjunktion,** Alternation, Disjunktion
$\rightarrow$	$(\varphi \rightarrow \psi)$	φ Pfeil ψ wenn φ, so ψ	**Subjunktion,** Implikationen
$\leftrightarrow$	$(\varphi \leftrightarrow \psi)$	φ Doppelpfeil ψ φ genau dann, wenn ψ	**Bisubjunktion,** Äquijunktion, Äquivalenz
Weitere logische Operatoren			
$\{\ \mid\ \}$	$\{x\vert\varphi\}$	Die Menge aller x mit φ	**Mengenbildungsoperator**
$\langle\mapsto\rangle$	$\langle x \mapsto t\rangle$	Die Funktion, die x den Wert t zuordnet	**Funktionsbildungsoperator**
ι	$\iota x \varphi$	Das x mit φ	**Kennzeichnungsoperator**

Tabelle **4.**10 Zeichen und Begriffe der Mengenlehre nach DIN 5473

Zeichen	Verwendung	Sprechweise		Bemerkungen
$\in$ $\notin$	$x \in M$ $x \notin M$	x ist Element von M x ist nicht Element von M	 $\neg\, x \in M$	Das Zeichen „$\in$" ist ein stilisiertes (kein normales) kleines griechisches Epsilon (s. Bild **4.**7)
$\subseteq$ oder $\subset$	$A \subseteq B$	A ist Teilmenge von B, **A sub B**	$\wedge z\,(z \in A \rightarrow z \in B)$	**Inklusionsrelation; A ist Teil**menge von B, wenn jedes Element von A auch ein Element von B ist.
$\supseteq$	$B \supseteq A$	B ist Obermenge von A, B umfaßt A		
$\cap$	$A \cap B$	A geschnitten mit B, Durchschnitt von A und B	$\{z\vert z \in A \wedge z \in B\}$	$A \cap B$ enthält genau die Elemente, die A und B gemeinsam sind.
$\cup$	$A \cup B$	A vereinigt mit B, Vereinigung von A und B	$\{z\vert z \in A \vee z \in B\}$	$A \cup B$ enthält genau die Elemente die in wenigsten einer der Mengen A, B liegen.
Δ	$A \,\Delta\, B$	symmetrische Differenz von A und B	$(A \setminus B) \cup (B \setminus A)$	$A \setminus B \triangleq A$ ohne B (Differenzmenge)

Fortsetzung s. nächste Seite

Tabelle **4**.10, Fortsetzung

Zeichen	Verwendung	Sprechweise		Bemerkungen
$\emptyset$		leere Menge	$\{z \mid z \neq z\}$	Die leere Menge enthalt keine Elemente. Als definierende Bedingung der leeren Menge kann auch jede andere nicht erfüllbare Formel genommen werden.
$\times$	$A \times B$	kartesisches Produkt von A und B, A Kreuz B	$\{x, y \mid x \in A \wedge y \in B\}$	$A \times B$ enthält als Elemente genau alle Paare mit erster Koordinate in A und zweiter Koordinate in B. Für $A \times A$ schreibt man auch A^2.
D	$D(f)$	Definitionsbereich (Argumentbereich) von f	$\{x \mid \bigvee y\, xfy\}$	
W	$W(f)$	Wertebereich von f	$\{y \mid \bigvee x\, xfy\}$	
$\prod$ oder $\times$	$\prod\limits_{i \in I} A_i$ oder $\mathop{\times}\limits_{i \in I} A_i$	allgemeines kartesisches Produkt über die Familie der A_i mit $i \in I$	$\{f \mid D(f) = I \wedge (\bigwedge i \in I) f(i) \in A_i\}$	Hierbei ist I eine Menge, die auch als Indexmenge bezeichnet wird. Es handelt sich um die Funktionen auf I, deren Werte für jeden Index i in der i-ten Menge A_i liegen. Wenn $\mathfrak{F} = \langle A_i \mid i \in I \rangle$ ist (Mengenfamilie), so kann man auch $\prod \mathfrak{F}$ oder $\times \mathfrak{F}$ schreiben.
glz	A glz B	A ist gleichzahlig (gleichmächtig, äquivalent) zu B	$\bigvee f\, f: A \rightarrowtail\!\!\!\twoheadrightarrow B$	Die Gleichzahligkeit ist eine Äquivalenzrelation auf Mengen. Für A glz B schreibt man auch $A \sim B$.
$\mathbb{N}$ oder **N**		Menge der natürlichen Zahlen		$\mathbb{N}$ enthält die Zahl 0. Die Buchstaben i, j, k, l, m, n werden oft als Variablen für natürliche Zahlen oder als Variablen für ganze Zahlen verwendet.
$\mathbb{Z}$ oder **Z**		Menge der ganzen Zahlen		
$\mathbb{Q}$ oder **Q**		Menge der rationalen Zahlen		
$\mathbb{R}$ oder **R**		Menge der reellen Zahlen		
$\mathbb{C}$ oder **C**		Menge der komplexen Zahlen		

Normzahlen

Um z. B. bei der Erzeugnisentwicklung, Konstruktion, Fertigung, Lagerhaltung und Fertigungsmittelplanung mit möglichst wenig Varianten auszukommen, ist es notwendig, bestimmte Vorzugsreihen festzulegen. Diese Vorzugsreihen basieren größtenteils auf Normzahlen. Die Normzahlen sollen dabei zweckmäßige und logische Stufungen (Beispiele: DIN 803 Vorschübe für Werkzeugmaschinen, DIN 804, Lastdrehzahlen für Werkzeugmaschinen; s. Normen) ermöglichen.

Entwicklung der Normzahlenreihen

Betrachtet man den Wertzuwachs in der natürlichen Zahlenreihe – 1, 2, 3, 4 usw. –, so stellt man fest, daß dieser von Zahl zu Zahl unterschiedlich ist.

Statt von Wertzuwachs kann man auch vom Stufensprung "q" sprechen, mit dem man die vorhergehende Zahl multiplizieren muß, um auf die nächstgrößere zu kommen.

Tabelle **4**.11 Die Grundreihen der Normzahlen nach DIN 323 T1

Hauptwerte Grundreihen R 5	R 10	R 20	R 40	Ordnungs-nummern *N*	Mantissen	Genauwerte	Abweichung der Hauptwerte von den Genau-werten in %
1,00	1,00	1,00	1,00	0	000	1,0000	0
			1,06	1	025	1,0593	+0,07
		1,12	1,12	2	050	1,1220	−0,18
			1,18	3	075	1,1885	−0,71
	1,25	1,25	1,25	4	100	1,2589	−0,71
			1,32	5	125	1,3353	−1,01
		1,40	1,40	6	150	1,4125	−0,88
			1,50	7	175	1,4962	+0,25
1,60	1,60	1,60	1,60	8	200	1,5849	+0,95
			1,70	9	225	1,6788	+1,26
		1,80	1,80	10	250	1,7783	+1,22
			1,90	11	275	1,8836	+0,87
	2,00	2,00	2,00	12	300	1,9953	+0,24
			2,12	13	325	2,1135	+0,31
		2,24	2,24	14	350	2,2387	+0,06
			2,36	15	375	2,3714	−0,48
2,50	2,50	2,50	2,50	16	400	2,5119	−0,47
			2,65	17	425	2,6607	−0,40
		2,80	2,80	18	450	2,8184	−0,65
			3,00	19	475	2,9854	+0,49
	3,15	3,15	3,15	20	500	3,1623	−0,39
			3,35	21	525	3,3497	+0,01
		3,55	3,55	22	550	3,5481	+0,05
			3,75	23	575	3,7584	−0,22
4,00	4,00	4,00	4,00	24	600	3,9811	+0,47
			4,25	25	625	4,2170	+0,78
		4,50	4,50	26	650	4,4668	+0,74
			4,75	**27**	**675**	**4,7315**	**+0,39**
	5,00	5,00	5,00	28	700	5,0119	−0,24
			5,30	29	725	5,3088	−0,17
		5,60	5,60	30	750	5,6234	−0,42
			6,00	31	775	5,9566	+0,73
6,30	6,30	6,30	6,30	32	800	6,3096	−0,15
			6,70	33	825	6,6834	+0,25
		7,10	7,10	34	850	7,0795	+0,29
			7,50	35	875	7,4989	+0,01
	8,00	8,00	8,00	36	900	7,9433	+0,71
			8,50	37	925	8,4140	+1,02
		9,00	9,00	38	950	8,9125	+0,98
			9,50	39	975	9,4406	+0,63
10,00	10,00	10,00	10,00	40	000	10,0000	0

Die Schreibweise der Normzahlen ohne Endnullen ist international ebenfalls gebräuchlich.

Bild **4.**12 zeigt den entsprechenden Stufensprung q für die natürliche Zahlenreihe im Vergleich zu dem Stufensprung der Normzahlenreihe R 10.

Im Gegensatz zu einer arithmetischen Reihe ist eine in bestimmten Verhältnissen stehende Reihenstufung bei den geometrischen Reihen gegeben (s. Bild **4.**10) Hierbei wird jedes nachfolgende Glied aus der Reihe aus dem vorhergehenden durch Multiplikation mit einer bestimmten Zahl q gewonnen:

$a_n = a_1 q^{n-1}$; mit $n = 1, 2, 3 \ldots$

Ein solches System stellen auch die Normzahlenreihen nach DIN 323 dar (Tab. **4.**11).

Eine Einführung in die Theorie der Normzahlenreihen gibt DIN 323 T 2 (s. Norm). Hinweise über Entwicklung, Anwendung und vertiefende Literatur sind im Handbuch der Normung, Band I (zu beziehen durch die Beuth Verlag GmbH, Berlin) enthalten.

Normzahlen sind in verschiedenen Reihen festgehalten und in Hauptwerte, Genauwerte und Rundwerte gegliedert (Tabelle **4.**11).

Natürliche Zahlenreihe

1 2 3 4 5 6 7 8 9 10

Stufensprung q = 2 1,5 1,33 1,25 1,2 1,16 1,14 1,12 1,11

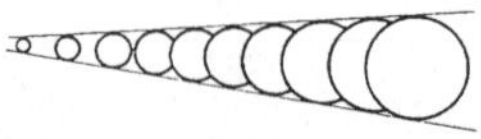

Reihe von Kugeln mit arithmetisch gestuften Durchmessern

Normzahlenreihe R 10

1 1,25 1,6 2 2,5 3,15 4 5 6,3 8 10

Stufensprung q = 1,25 ← → 1,25

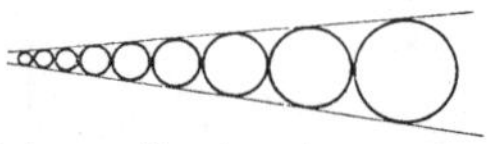

Reihe von Kugeln mit geometrisch gestuften Durchmessern

Bild **4.**12 Natürliche Zahlenreihe und Normzahlenreihe

4.3 Weitere DIN-Normen

Aus Abschn. 1 ist ersichtlich, wie DIN-Normen entstehen und welche Rolle die Normenausschüsse dabei spielen. Mehr als 120 Normenausschüsse (NA) mit rund 40000 ehrenamtlichen Mitarbeitern aus der Industrie, Wissenschaft und Verwaltung sind an der Gemeinschaftsarbeit im DIN beteiligt.

Die Arbeiten der Normenausschüsse umfassen Gebiete,

1. die in sich abgeschlossen sind, z. B. Bergbau, Kraftfahrzeuge, Lebensmittel und landwirtschaftliche Produkte, Schienenfahrzeuge, Schiffbau,
2. die zwar in sich abgeschlossen sind, aber mit anderen Gebieten mehr oder minder eng zusammenhängen, z. B. Elektrotechnik (Antriebe und Steuerungen für viele Arten von Maschinen, elektrische Ausrüstungen für Fahrzeuge, Schiffe), Maschinenbau (Maschinen für Schiffe, den Bergbau, die Landwirtschaft, das Bauwesen usw.), Bauwesen (Maschinenfundamente, Stahlbau),
3. die sich quer durch alle übrigen erstrecken, z. B. Eisen und Stahl, Nichteisenmetalle, Kunststoffe, Anstrichstoffe, Materialprüfung, Einheiten und Formelgrößen, Bedienteile, Keile, Schrauben, Toleranzen und Passungen, Werkzeuge, Spannzeuge und Meßzeuge, Zeichnungen.

Eine Auswahl der Normen, die aus den Gebieten nach 3. (s. oben) stammen, sowie allgemein interessierende Normen aus dem Gebiet nach 2. bilden den Inhalt der Abschnitte 2 und 3. Weitere Angaben über die darüber hinaus noch bestehenden zahlreichen Normen müssen im Rahmen dieses Buches auf nachstehende Beispiele beschränkt bleiben.

Akustik, Elektro-Akustik, Schwingungstechnik

Die auf diesem Gebiet herausgekommenen DIN-Normen und DIN-Normenentwürfe beinhalten u.a. Festlegungen, die der Vereinheitlichung von **Begriffen, Benennungen und Formelzeichen** dienen. Vorhanden sind weiterhin DIN-Normen für Lautstärke- und Geräuschmessungen z. B. für Normfrequenzen, bauakustische Prüfungen, für mechanische Schwingungen und Stöße, der Schwingungslehre und -meßgeräte, für Ultraschall, musikalische Akustik sowie Elektro-Akustik und auch DIN-Normen über verschiedene Aufzeichnungstechniken.

Arbeitsschutz

In das Gebiet des Arbeitsschutzes ist die technische Normung in der Hauptsache durch die Verknüpfung mit den betreffenden Rechtsnormen, wie Gerätesicherheitsgesetz und Arbeitsstättenverordnung sowie den Unfallverhütungsvorschriften (UVV) der Berufsgenossenschaften eingebettet. Die in DIN-Normen getroffenen Festlegungen konkretisieren hierbei die vom Gesetz- oder Verordnungsgeber nur als Zielsystem vorgegebenen Sicherheitsmaßstäbe. Sie betreffen dabei in der Hauptsache das allgemeine sicherheitsgerechte Gestalten von technischen Erzeugnissen, wobei z. B. Schutzeinrichtungen definiert und Sicherheitsabstände festgelegt werden. Darüber hinaus sind z. B. Anforderungen an Schutzkleidungen sowie Arten von Gefahren- und Handsignalen neben sicherheitstechnischen Anforderungen an Werkzeuge und Betriebsmittel in DIN-Normen festgelegt. Ein in sich geschlossenes sicherheitstechnisches Normenwerk stellen z. B. auch die DIN-Normen, die zusätzlich als VDE-Bestimmungen gekennzeichnet sind, dar. Für viele Bereiche, die sich mit Arbeitsschutzmaßnahmen und Sicherheitstechnik zu befassen haben, bilden die DIN-Normen des NA Ergonomie z. B. über Arbeitssysteme, Arbeitsplätze und Körpermaße des Menschen die Arbeitsgrundlagen.

Bauwesen

DIN-Normen und DIN-Normen-Entwürfe über Planungs- und Berechnungsgrundlagen, über Begriffe, Formelzeichen, Einheiten, Zeichnungen und Toleranzen, über die Kostengliederung und -Ermittlung bilden die Basis der Arbeiten auf diesem Gebiet. Daneben erschließen DIN-Normen über Maße, technische Lieferbedingungen und Prüfverfahren das umfangreiche Gebiet der Baustoffe, angefangen beim Holzbau, über den Mauerwerksbau bis hin zum Beton- und Stahlbetonbau sowie Stahlbau. Die DIN-Normen der „Verdingungsordnung für Bauleistungen" (VOB) und die DIN-Normen, die im „Standardleistungsbuch für das Bauwesen" (StLB) zitiert sind, stellen darüber hinaus die rechtliche Grundlage für die meisten Bauverträge dar. Berechnungsverfahren, Kennwerte, Baustoffe und Prüfungen z. B. für Wärme- und Schalldämmung sind ebenfalls in DIN-Normen festgelegt.

Bergbau

Grundsätzlicher Art sind die DIN-Normen für das Markscheidewesen, über bergmännisches Rißwerk, bergbauliche Lagerstätten usw. Bezüglich

Schachtbau sowie Schachtförderung sind Rohre, Führungsschlitten, Schächte, Fördermaschinen, Fördergerüste, Förderseile, Geschirre und Gleisanlagen unter Tage genormt. Weiterhin bestehen DIN-Normen im Hinblick auf die besonderen Anforderungen an elektrische Betriebsmittel im Bergbau sowie für die gleislose Förderung z. B. über Kettenförderer und Stetigförderer und über den Grubenausbau, Bewetterung und Wasserhaltung. Ein weiteres wesentliches Arbeitsgebiet der Normung für den Bergbau ist noch der Bereich der Grubensicherheit, worunter Normen über persönliche Sicherheitsausrüstungen und sonstige Sicherheitseinrichtungen, wie Warnschilder und Hinweisschilder, fallen. Neben den DIN-Normen für die Aufbereitung und Brikettierung sei abschließend noch auf solche für die Kokerei- und Kohlenwertstoffanlagen sowie der Prüfung fester Brennstoffe hingewiesen.

Bürowesen, Papier und Pappe

Im Bürowesen wurden u.a. DIN-Normen für Büromöbel, Registratureinrichtungen, Hilfsmittel und Büromaschinen und über Schriftgut Behälter, Schreibtische, Tastaturen und Tastenordnungen, Zeilenabstände für Schreibmaschinen usw. erarbeitet. Bezüglich der Papierherstellung gibt es DIN-Normen, die z. B. die Faserklassen für Papier, die Eigenschaften und Prüfverfahren von Papier für Fernschreibgeräte, Datenverarbeitung und Landkartendruck, Schreibpapier, Briefhüllenpapier usw. festlegen. Auch die Endformate für Papier, Briefhüllen sowie Plakate und darüber hinaus bestimmte Vordrucke für Geschäftsbriefe, Rechnungen, Bestellungen usw. sind genormt. Die DIN-Normen über Ordnungs- und Schreibregeln wie Kalender mit Wochennumerierung, Regeln für Maschinenschreiben sowie Korrekturzeichen tragen wesentlich zur Rationalisierung in der Verwaltung bei.

Chemie-Ingenieurwesen

Neben säurefestem Steinzeug für chemische Anlagen sind Schauglasplatten für Druckbeanspruchung, Filter, Filtermaterial, Filtersande und Filterkiese sowie u.a. Fließbilder für verfahrenstechnische Anlagen genormt. Weiterhin sind noch DIN-Normen über sicherheitstechnische Anforderungen und Prüfungen, allgemeine technische Anforderungen sowie Richtlinien für die Konstruktion von chemischen Apparaten und Geräten wie Druckbehälter, auszumauernde Behälter, Chemieöfen usw. festgelegt. Um das problemlose und sichere Verbinden chemischer Apparate, wie Rührwerke, Wärmeaustauscher usw. untereinander zu ermöglichen, wurden u.a. auch DIN-Normen über Vorschweißbunde, Auslaufarmaturen, Antriebssäulen usw. erarbeitet. Im Bereich der Vakuumtechnik sind neben Benennungen, Definitionen und Grundbegriffen u.a. auch Kenngrößen und Betriebsbedingungen für massenspektrometrische Partialdruckmeßgeräte sowie Abnahmeregeln für Massenspektrometer-Lecksuchgeräte, Diffusionspumpen, Dampfstrahlvakuumpumpen und Verfahren zum Kalibrieren von z.B. Vakuummetern genormt.

Feuerwehrwesen und kommunale Technik

DIN-Normen über Begriffsbestimmungen, Kennzeichen, Bildzeichen und Schilder für das Feuerwehrwesen bilden auf diesem Gebiet die Grundlage. Darüber hinaus sind in den betreffenden DIN-Normen die Maße, Werkstoffe, Ausführungen, Behandlungen sowie allgemeine Anforderungen und Prüfungen für Sanitäts- und Rettungsgeräte, Löschmittel, Löschanlagen, Armaturen, Schläuche, Schlauchzubehör sowie für Löschgeräte Spritzen und Pumpen festgelegt. Für Löschfahrzeuge, Rüst- und Gerätewagen, Schlauchwagen usw. wurden die Einteilung, die Anforderungen, die technischen Einrichtungen sowie Sicherheitseinrichtungen ebenfalls genormt. Festlegungen über Planungsgrundlagen sowie Aufbau und Betrieb von baulichen Anlagen und Einrichtungen wie Feuerwehrhäuser, Löschwasserleitungen, ortsfeste Feuerlöschanlagen usw. wurde ebenfalls erarbeitet. Ähnlich wie beim Feuerwehrwesen gibt es im Bereich der kommunalen Technik DIN-Normen über Maße, Werkstoffanforderungen, sonstige technische Anforderungen, Abnahmebedingungen, Sicherheitsanforderungen usw. So z. B. für Fahrzeuge und Geräte der Müllabfuhr, des Winterdienstes und der Straßenreinigung, aber auch für Werkzeuge und Geräte der Kanal- und Sinkkästenreinigung.

Feinwerktechnik

Der Normungsbereich der Feinwerktechnik erstreckt sich von der Feinmechanik und Optik über Uhren und Schmuck bis hin zur Dentaltechnik und Medizin. Grundnormen z.B. für Verzahnungen, Gewinde, Passungen gehören ebenso dazu wie spezielle Fachnormen z. B. für dünne Schichten für die Optik, Schlierenmaß, Paßfehler, Zentrierfehler, Oberflächengüte für Optikeinzelteile, Schrauben für die Feinwerktechnik (M 0,3 bis M 1,4). Auf dem Gebiet der Uhrentechnik bestehen neben Maßnormen für das Uhrwerk, Gehäuse, Steine usw. auch Qualitäts- und Prüfnormen, die die Mindestanforderungen beispielsweise für die Stoßsicherheit und Wasserdichtheit festlegen. Auf dem Gebiet der Schmucktechnik sind vor allem die DIN-Normen über die Schmuck-Klassifizierung zu nennen. Zum Bereich der Medizin und Dentaltechnik gehören solche DIN-Normen, die Maße, Werkstoffe, Ausführungen, Prüfungen usw. für medizinische Instrumente wie Pinzetten, Wundhaken, Sonden usw., aber auch für chirurgische Implantate sowie für Dentalinstrumente festlegen. Auch zahnärztliche Werkstoffe wie Silikatzement, Amalgam, Prothesenkunststoffe, Gußlegierungen usw. wurden genormt.

Gastechnik

Zu diesem Bereich können auch die DIN-Normen für Druckgasanlagen gezählt werden. U.a. gibt es solche über Berechnungsgrundlagen, Maße, Ausrüstung sowie Richtlinien für die Prüfung von Druckreglern für Druckgasflaschen, Druckluftbehälter, Flüssiggasanlagen, Anschlüsse und Füll-Leitungen usw. Weiterhin entstanden Normen für Heiz-, Koch- und Wärmegeräte für gasförmige Brennstoffe sowie für Gasrohre, Gasarmaturen usw. Hierin werden u.a. Maße, Anforderungen, insbesondere Sicherheitsanforderungen, Werkstoffanforderungen sowie Oberflächenbehandlungen festgelegt.

Holzwirtschaft

Neben DIN-Normen, die u.a. Maße, Profile, Gütebedingungen und Prüfungen für z. B. Vollholz, Faserplatten, Spanplatten, Sperrholz, Holzwolleplatten festlegen, werden auch solche für Verschnittberechnungen, für Wohn-, Küchen-, Büro- und Schulmöbel sowie Fußböden, Fenster und Fensterläden, Türen und Treppen usw. herausgegeben.

Informationsverarbeitung

Auf diesem fachübergreifenden Gebiet (z. B. Nachrichtentechnik, Bürowesen, Datenverarbeitung, Fertigungstechnik) sind mehrere Normenausschüsse tätig. Die wichtigsten Teilgebiete, für die DIN-Normen und DIN-Norm-Entwürfe (z. B. Begriffsnormen, Maßnormen, Planungsnormen, Prüf- und Verfahrensnormen) erstellt werden, sind: Codierung und Zeichenerkennung, Beschreibungsmittel, Datenträger (z. B. Mikrofilm, Lochstreifen, Magnetband und -platte), Programmierung, Datenübertragung/-übermittlung (z. B. Schnittstellen, Datenendeinrichtungen), Geräte- und Rechnerschnittstellen sowie Schnittstelle Mensch-Maschine (z. B. Bildschirmarbeitsplätze).

Kerntechnik

Auch auf diesem Gebiet wird der für die Weiterentwicklung notwendige Erfahrungsaustausch u.a. durch Verständigungsnormen z. B. über Begriffe, Einheiten und Formelzeichen gefördert.

Darüber hinaus sind zunächst vor allem auch DIN-Normen über Grundsätze der Kritikalitätssicherheit bei der Herstellung und Handhabung von Kernbrennstoffen sowie Kritikalitätsdaten und Gesichtspunkte für eine sichere Auslegung von Reaktoren Schleusen, Abschirmwänden und sonstigen kerntechnischen Anlagen erarbeitet worden. Weiterhin befaßt sich die Normung auf diesem Gebiet z. B. mit der Dekontamination, Strahlenschutzregeln, Fernbedienungsgeräten usw. Festlegungen von wiederkehrenden Prüfungen, wie mechanisierte Ultraschallprüfung, Sichtprüfung usw. sind ebenfalls Inhalt zahlreicher DIN-Normen. Im Hinblick auf seismische Einwirkungen auf Kernkraftwerke wurden entsprechende sicherheitstechnische Anforderungen festgelegt.

Radiologische Normen, wie Sicherheitsnormen, Meß- und Prüfnormen, gerätetechnische Normen usw., die im Einzelfall Anforderungen und Regeln für die Herstellung von z. B. Strahlenschutztüren oder Dosismeßverfahren, Röntgenbildverstärker und Strahlenschutzbehälter festlegen, gehören ebenfalls zu dem großen Normungsgebiet der Kerntechnik. Bezüglich der Strahlentherapie wurden zahlreiche DIN-Normen, so u.a. für die Bestrahlungsplanung, den Bestrahlungsraum, der Röntgen-, Gamma- und Elektronentherapie herausgegeben. Auf dem medizinischen Sektor sind darüber hinaus noch solche für die Nuklearmedizin sowie für Röntgeneinrichtungen erschienen.

Kraftfahrzeuge

Vorhanden sind u.a. DIN-Normen für einheitliche Begriffe und Benennungen, elektrische Ausrüstung z. B. Zündausrüstungen, elektrische Verbindungen, Einspritzeinrichtungen sowie Normen für Motor, Getriebe, Kupplungen, Reifen, Felgen, Rohrleitungen, Armaturen, Kraftübertragung, Schmiervorrichtungen, Fahrgestellteile usw. Darüber hinaus wurden DIN-Normen über die Fahrzeugdynamik und das Fahrverhalten so u.a. auch zur Ermittlung des Kraftstoffverbrauches, sowie über Elektro-Straßenfahrzeuge, über die Fahrzeugsicherung, Sicherheitseinrichtungen wie Sicherheitsgurte und Diagnoseverfahren herausgegeben.

Laborgeräte und -einrichtungen

Erarbeitet wurden DIN-Normen für Laborgeräte aus Glas, Porzellan und Metall sowie allgemein für mechanische, physikalische und elektrische Laborgeräte. In ihnen werden u.a. Maße, Anforderungen und Prüfungen festgelegt. Darüber hinaus bestehen noch DIN-Normen über Verbindungselemente und Hähne, Volumenmeßgeräte und sonstige Laboreinrichtungen, wie u.a. über Anforderungen an Labortische, Abzüge und Spülbecken. Weiterhin gibt es solche für Glas und Gegenstände aus Glas, die u.a. Maße, Anforderungen und Prüfungen für Laborglas, Flaschen und Behälterglas, Textilglasfasern, Gläser und Glasfasern im Bau, Gläser für optische Zwecke, Uhren, Leuchten usw. festlegen.

Lebensmittel und landwirtschaftliche Produkte

Untersuchungsverfahren sowie die entsprechenden Laborgeräte, Arbeitsgeräte und Hilfsmittel für Milch und Milcherzeugnisse sowie für Fleisch und Fleischerzeugnisse sind in DIN-Normen festgelegt. Darüber hinaus sind zahlreiche Prüfnormen für Speisefette und -öle sowie für Getreide, Hülsenfrüchte und Futtermittel, Obst usw. herausgegeben worden. Auch Technische Lieferbedingungen und Untersuchungsverfahren für Gewürze und Würzmittel, Kaffee, Tabak und andere Genußmittel wurden genormt, wobei diese z.B. im Falle der Bestimmung des Nikotin- und Kondensatgehaltes (Teergehalt) von Tabakerzeugnissen in Verbindung mit Gesetzen und Verordnungen, im Beispiel mit dem § 35 des Lebensmittel- und Bedarfsgegenständegesetz (LMBG), stehen bzw. stehen können. Für das Gebiet des Land- und Gartenbaus entstanden u.a. auch DIN-Normen über Vorkeimkästen, Blumentöpfe und andere Hilfsmittel sowie solche, die technische Lieferbedingungen und z. B. Prüfverfahren, so für Torf beinhalten.

Schiffsbau

Die besonderen Anforderungen, die im Schiffsbau z. B. an die Werkstoffe und Werkstoffpaarungen gestellt werden, aber auch die unterschiedlichsten Klimaverhältnisse sowie die auftretenden Rüttel- und Stoßbelastungen schaffen Bedingungen, die bei Landanlagen in dieser Kombinationsfülle nicht in dem Maße zu berücksichtigen sind. So wurden speziell für den Schiffsbau DIN-Normen für Werkstoffe und Halbzeuge, für Einrichtungen wie Fenster, Türen, Geländer, Leitern und Treppen, Ladegeschirre, Seile, elektrische Anlagen, Befestigungsmittel usw., die diesen erhöhten Anforderungen Rechnung tragen, erarbeitet. Darüber hinaus werden aber auch DIN-Normen für nautische Geräte, Kompasse, Positionslaternen, Rettungsgeräte usw. erstellt.

Textilwirtschaft

Neben den Begriffen, Klassierungen, Faserarten, Faserformen usw. sind Arbeitsgänge und Bearbeitungsverfahren für Spinnereien und Textilveredlungsbetriebe genormt. DIN-Normen über Spinnstoff-Aufbereitungs- und --Vorbereitungsmaschinen, wie Spinn- und Zwirnmaschinen, Weberei-Vorbereitungsmaschinen, Schaftmaschinen, Webereimaschinen, Wirk- und Strickmaschinen, Textilveredlungsmaschinen usw. liegen ebenfalls vor. Für die Erzeugnisse der Textilindustrie wie Garne, Zwirne, textile Flächengebilde und Bekleidungen wurden u.a. Festlegungen für Maße, technische Lieferbedingungen und Prüfungen erarbeitet. Auf dem Gebiet der Prüfungen gibt es dabei DIN-Normen für physikalisch-technologische Prüfungen, chemische und biologische Prüfungen. Weitere DIN-Normen wurden zur Bestimmung des Brennverhaltens sowie zur Farbechtheitsbestimmung von Textilien veröffentlicht.

Transportwesen

Begriffe der Transportkette sowie Grundsätze der modularen Koordination einer Transportkette sind in einzelnen Normen festgelegt. Darüber hinaus gibt es in Festlegungen für die Nenngrößen, Hauptmaße und Formen für Flachpaletten, Boxpaletten, Förderzeuge, Frachtbehälter usw. Weiterhin wurden die Anschlußmaße und Zentriereinrichtungen für Wechselbehälter, z. B. für Lastkraftwagen genormt. Wesentliche Voraussetzung für eine einwandfrei funktionierende Transportkette bilden die DIN-Normen auf dem Gebiet der Verpackungswirtschaft.

Hier gibt es u.a. welche über Verpackungsmaschinen z. B. Füllmaschinen und Verschließmaschinen, aber auch über die verschiedensten Packmittel und Packstoffe z.B. Beutel, Tüten, Dosen, Flaschen und Schachteln. Weiterhin sind Maße, Anforderungen und auch Auswahlmaße von Einzelpackungen für Kleinelektromaterial, Kleineisenwaren, Papier- und Bürobedarf, Hartkurzwaren usw. genormt. Auch für Packhilfsmittel, wie Hebeverschlüsse, Verschlußkappen, selbstklebende Schilder und Trockenmittel in Beuteln wurden DIN-Normen erarbeitet. Um die Transport- und Lagerbeanspruchungen durch entsprechende Kurzzeitprüfungen simulieren zu können, wurden diesbezügliche Verpackungsprüfnormen, so für Staubprüfungen, für Stoßprüfungen, für Rüttelprüfungen, für Klimatisierung usw., entwickelt.

5 Verzeichnisse

5.1 Werkstoffübersicht, (Kurznamen, Kurzzeichen)

Werkstoff Kurzzeichen	Werkstoff-Nummer	DIN-Norm DIN	T	Seite
Stahl-Eisen				
9SMn28	1.0715	1651		107, 109
9SMnPb28	1.0718	1651		107, 109
10S20	1.0721	1651		107, 110
15CrNi6	1.5919	17210		108, 110
16MnCrS5	1.7139	17210		108, 110
17CrNiMo6	1 6587	17210		108, 110
30CrMoV9	1.7707	17200		107, 110
30CrNiMo8	1.6580	17200		107, 110
34CrS4	1.7037	17200		107, 110
42CrMoS4	1.7227	17200		107, 110
45S20	1.0727	1651		107, 110
50CrV4	1.8159	17200		107, 110
115CrV3	1.2210	17350		111
C45	1.0503	17200		107, 110
C60	1.0601	17222		108, 110
C60W	1.1740	17350		111
C75	1.0605	17222		108, 110
Ck15	1.1141	17210		108, 110
Ck45	1.1191	17200		107, 110
PSt50-2	1.0538	17100		107
PSt52-3	1.0572	17100		107
QSt52-3	1.0573	17100		107
RPSt37-2	1.0172	17100		107
RQSt37-2	1.0122	17100		107
RSt37-2	1.0038	17100		107, 109
SC6-5-2	1.3342	17350		111
St50-2	1.0050	17100		107, 109
St52-3	1.0570	17100		107, 109
St70-2	1.0070	17100		107, 109
UQSt37-2	1.0121	17100		107
USt37-2	1.0036	17100		107, 109
X5CrNi1911	1.4303	17440		112, 113
X10Cr13	1.4006	17440		112, 113
X10CrNiMoTi1810	1.4571	17440		112, 113
X10CrNiTi189	1.4541	17440		112, 113
X22CrNi17	1.4057	17440		112, 113
X40CrMoV51	1.2344	17350		111
Gußeisen-Stahlguß				
GG-10	0.6010	1691		113 bis 115
GG-15	0.6015	1691		113 bis 115
GG-20	0.6020	1691		113 bis 115
GG-25	0.6025	1691		113 bis 115
GG-30	0.6030	1691		113 bis 115
GG-35	0.6035	1691		113 bis 115
GG-40	0.6040	1691		113 bis 115
GGG-Ni35	0.7683	1694		113 bis 115
GGG-NiCr301	0.7677	1694		113 bis 115
GGG-NiSiCr3055	0.7680	1694		113 bis 115
GGL-NiCr303	0.6676	1694		113 bis 115
GGL-NiCuCr1563	0.6656	1694		113 bis 115
GGL-NiMn137	0.6652	1694		113 bis 115
GS-38	1.0416	1681		113 bis 115
GS-45	1.0443	1681		113 bis 115

Werkstoff Kurzzeichen	Werkstoff-Nummer	DIN-Norm DIN	T	Seite
GS-52	1.0551	1681		113 bis 115
GS-62	1.0555	1681		113 bis 115
GS-70	1.0554	1681		113 bis 115
GTS-35-10	0.8135	1692		113 bis 115
GTS-55-04	0.8155	1692		113 bis 115
GTS-70-02	0.8170	1692		113 bis 115
GTW-35-04	0.8035	1692		113 bis 115
GTW-40-05	0.8040	1692		113 bis 115
GTW-S38-12	0.8038	1692		113 bis 115
NE-Metalle				
Al99	3.0205	1712	3	124
Al99,5	3.0255	1712	3	124
Al99,8	3.0285	1712	3	124
Al99,9H	3.0300	1712	1	124
Al99,9MgSiF24	3.3208.72	1725	1	126
Al99,99R	3.0400	1712	1	124
AlCuMg2F44	3.1355.51	1725	1	126
AlMg3F18	3.3535.08	1725	1	126
AlMg3F29	3.3535.30	1725	1	126
AlMgSi1F21	3.2315.51	1725	1	126
AlMgSi1F28	3.2315.71	1725	1	126
AlRMg0,5	3.3309	1725	1	126
AlZn4,5Mg1F35	3.4335.71	1725	1	126
CuAl8F38	2.0920.10	17665		126
CuAl9MnF45	2.0960.97	17665		126
CuAl9MnF60	2.0960.98	17665		126
CuAl10FeF65	2.0936.97	17665		126
CuAl10FeF70	2.0936.98	17665		126
CuAl11NiF70	2.0978.97	17665		126
CuAl11NiF85	2.0978.98	17665		126
CuNi12Zn24F35	2.0730.10	17663		125
CuNi12Zn24F65	2.0730.32	17663		125
CuNi12Zn30PbF50	2.0780.30	17663		125
CuNi18Zn20F40	2.0740.10	17663		126
CuNi18Zn20F55	2.0740.30	17663		126
CuZn15F26	2.0240.10	17660		125
CuZn15F38	2.0240.30	17660		125
CuZn37F30	**2.0321.10**	**17660**		**125**
CuZn37F55	2.0321.32	17660		125
CuZn39Pb2F37	2.0380.10	17660		125
CuZn39Pb2F50	2.0380.30	17660		125
CuZn39Pb3F37	2.0401.10	17660		125
CuZn39Pb3F51	2.0401.30	17660		125
CuZn40Pb2F37	2.0402.10	17660		125
CuZn40Pb2F51	2.0402.30	17660		125
E1-Cu58	2.0061	1708		123
E-Al	3.0257	1712	3	124
E-AlH	3.0256	1712	1	124
E-Cu57	2.0060	1708		123
H-Mg99,8	3.5003	17800		124
H-Mg99,95	3.5002	17800		124
H-Ni99,5	2.4022	1701		124
H-Ni99,95	2.4017	1701		124
H-Ni99,96	2.4011	1701		124
KE-Cu	2.0050	1708		123

Werkstoff Kurzzeichen	Werkstoff-Nummer	DIN-Norm DIN	T	Seite
Ni99,0	2 4040	1702		124
Ni99,7	2.4036	1702		124
Pb99,9	2.3040	1719		123
Pb99,94	2.3030	1719		123
Pb99,985	2.3020	1719		123
Pb99,99	2 3010	1719		123
SE-Cu	2.0070	1708		124
SF-Cu	2 0090	1708		124
SW-Cu	2.0076	1708		124
Titan[1])	3.7025	17850		124
Titan[1])	3.7065	17850		124
Zn97,5	2.2075	1706		124
Zn99,5	2.2095	1706		124
Zn99,95	2.2035	1706		124
Zn99,995	2.2045	1706		124
NE-Metalle, Gußlegierungen				
G-AlMg3Si	3.3241.01	1725	2	131
G-AlSi5Mgka	3.2341.41	1725	2	131
G-AlSi6Cu4	3.2151.01	1725	2	131
G-AlSi7Mgwa	2.3271.61	1725	2	131
G-AlSi8Cu3	3.2161.01	1725	2	131
G-AlSi9Mgwa	3.2373.61	1725	2	131
G-AlSi12	3.2581.01	1725	2	131
G-CuAl9Ni	2.0970.01	1714		129
G-CuAl10Fe	2.0940.01	1714		129
G-CuAl10Ni	2.0975.01	1714		130
G-CuSn5ZnPb	2.1096.01	1705		130
G-CuSn6ZnNi	2.1093.01	1705		130
G-CuSn7ZnPb	2.1090.01	1705		130
G-CuSn10	2.1050.01	1705		130
G-CuSn12Pb	2.1061.01	1705		130
GD-AlMg9	3.3292.05	1725	2	131
GK-CuAl9Ni	2.0970.02	1714		129
GK-CuAl10Fe	2.0940.02	1714		129
GK-CuAl10Ni	2.0975.02	1714		130
GZ-CuSn12Pb	2 1061.03	1705		130
Kunststoffe, Formmassen				
Aminoplast		7708	3	141
Celluloseester		7742	1 u. 2	138
EVA		16778	1 u. 2	139
PC		7744	1 u. 2	139
PE		16776	1 u. 2	139

[1]) Kurzzeichen noch nicht festgelegt

Werkstoff Kurzzeichen	Werkstoff-Nummer	DIN-Norm DIN	T	Seite
Phenoplast		7708	2	142
PMMA		7745	1 u. 2	140
PP		16774	1 u 2	140
PS		7741	1 u 2	140
PVC-P		7749	1 u. 2	140
PVC-U		7748	1 u. 2	141
Kunststoffe, Formstoffe				
FS Typ 31		7708	2	142
FS Typ 131		7708	3	141
Kunststoffe/Isolierstoffe				
EP-GC01		40802	2	167
EP-GC02		40802	2	167
Schweiß-, Löt- und Spritzzusätze				
Stabelektroden:				
E4332AR7	–	1913	1	215
Flußmittel zum Hartloten:				
F-SH1	–	8511	1	220
F-SH2	–	8511	1	220
F-SH3	–	8511	1	220
F-SH4	–	8511	1	220
Flußmittel zum Weichloten:				
F-SW12	–	8511	2	220
F-SW22	–	8511	2	220
F-SW32	–	8511	2	220
Hartlote:				
L-Ag5P	2.1466	8513	2	219
L-Ag45Cd	2.5146	8513	3	219
L-Ag56InNi	2.5162	8513	3	219
L-CuSn6	2.1021	8513	1	219
L-CuZn46	2.0413	8513	1	219
Weichlote:				
L-PbSn12Sb	2.3412	1707		219
L-PbSn33(Sb)	2.3433	1707		219
L-Sn60Pb	2.3660	1707		219
L-Sn60PbAg	2.3667	1707		219
L-SnCu3	2.3691	1707		219
L-SnZn40	2.3830	1707		219

5.2 Werkstoffübersicht (Werkstoffnummern)

Werkstoff-nummer	DIN-Norm DIN	Teil	Seite
0.6010	1691		113 bis 115
0.6015	1691		113 bis 115
0.6020	1691		113 bis 115
0.6025	1691		113 bis 115
0.6030	1691		113 bis 115
0.6035	1691		113 bis 115
0.6040	1691		113 bis 115
0.6652	1694		113 bis 115
0.6656	1694		113 bis 115
0.6676	1694		113 bis 115
0.7677	1694		113 bis 115
0.7680	1694		113 bis 115
0.7683	1694		113 bis 115
0.8035	1692		113 bis 115
0.8038	1692		113 bis 115
0.8040	1692		113 bis 115
0.8135	1692		113 bis 115
0.8155	1692		113 bis 115
0.8170	1692		113 bis 115
1.0036	17100		107, 109
1.0038	17100		107, 109
1.0050	17100		107, 109
1.0070	17100		107, 109
1.0121	17100		107
1.0122	17100		107
1.0172	17100		107
1.0416	1681		113 bis 115
1.0443	1681		113 bis 115
1.0503	17200		107, 110
1.0538	17100		107
1.0551	1681		113 bis 115
1.0554	1681		113 bis 115
1.0555	1681		113 bis 115
1.0570	17100		107, 109
1.0572	17100		107
1.0573	17100		107
1.0601	17222		108, 110
1.0605	17222		108, 110
1.0715	1651		107, 109
1.0718	1651		107, 109
1.0721	1651		107, 110
1.0727	1651		107, 110
1.1141	17210		108, 110
1.1191	17200		107, 110
1.1740	17350		111
1.2210	17350		111
1.2344	17350		111
1.3342	17350		111
1.4006	17440		112, 113
1.4057	17440		112, 113
1.4303	17440		112, 113
1.4541	17440		112, 113
1.4571	17440		112, 113
1.5919	17210		108, 110
1.6580	17200		107, 110
1.6587	17210		108, 110
1.7037	17200		107, 110
1.7139	17210		108, 110
1.7227	17200		107, 110
1,7707	17200		107, 110
1.8159	17200		107, 110
2.0050	1708		123
2.0060	1708		123
2.0061	1708		123
2.0070	1708		124
2.0076	1708		124
2.0090	1708		124
2.0240.10	17660		125
2.0240.30	17660		125
2.0321.10	17660		125
2.0321.32	17660		125
2.0380.10	17660		125
2.0380.30	17660		125
2.0401.10	17660		125
2.0401.30	17660		125
2.0402.10	17660		125
2.0402.30	17660		125
2.0413	8513	1	219
2.0730.10	17663		125
2.0730.32	17663		125
2.0740.10	17663		126
2.0740.30	17663		126
2.0780.30	17663		125
2.0920.10	17665		126
2.0936.97	17665		126
2.0936.98	17665		126
2.0940.01	1714		129
2.0940.02	1714		129
2.0960.97	17665		126
2.0960.98	17665		126
2.0970.01	1714		129
2.0970.02	1714		129
2.0975.01	1714		130
2.0975.02	1714		130
2.0978.97	17665		126
2.0978.98	17665		126
2.1021	8513	1	219
2.1050.01	1705		130
2.1061.01	1705		130
2.1061.03	1705		130
2.1090.01	1705		130
2.1093.01	1705		130
2.1096.01	1705		130
2.1466	8513	2	219
2.2035	1706		124
2.2045	1706		124
2.2075	1706		124
2.2095	1706		124

Werkstoff-nummer	DIN-Norm DIN	Teil	Seite
2.3010	1719		123
2.3020	1719		123
2.3030	1719		123
2.3040	1719		123
2.3271.61	1725	2	131
2.3412	1707		219
2.3433	1707		219
2.3660	1707		219
2.3667	1707		219
2.3691	1707		219
2.3830	1707		219
2.4011	1701		124
2.4017	1701		124
2.4022	1701		124
2.4036	1702		124
2.4040	1702		124
2.5146	8513	3	219
2.5162	8513	3	219
3.0205	1712	3	124
3.0255	1712	3	124
3.0256	1712	1	124
3.0257	1712	3	124

Werkstoff-nummer	DIN-Norm DIN	Teil	Seite
3.0285	1712	3	124
3.0300	1712	1	124
3.0400	1712	1	124
3.1355.51	1725	1	126
3.2151.01	1725	2	131
3.2161.01	1725	2	131
3.2315.51	1725	1	126
3.2315.71	1725	1	126
3.2341.41	1725	2	131
3.2373.61	1725	2	131
3.2581.01	1725	2	131
3.3208.72	1725	1	126
3.3241.01	1725	2	131
3.3292.05	1725	2	131
3.3309	1725	1	126
3.3535.08	1725	1	126
3.3535.30	1725	1	126
3.4335.71	1725	1	126
3.5002	17800		124
3.5003	17800		124
3.7025	17850		124
3.7065	17850		124

5.3 Nummernverzeichnis der behandelten DIN-Normen

Sachverzeichnis